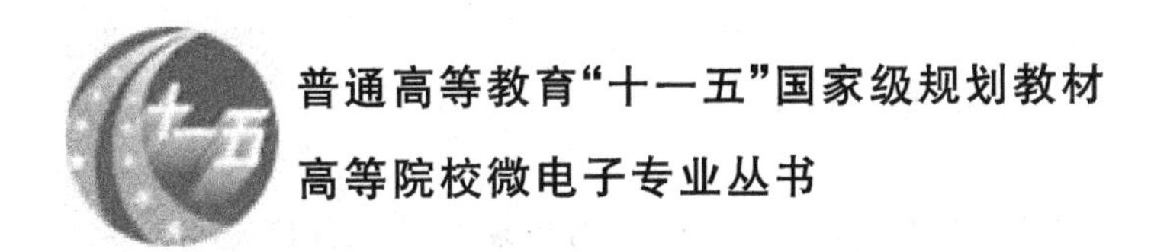

普通高等教育"十一五"国家级规划教材

高等院校微电子专业丛书

半导体器件物理基础

（第二版）

曾树荣　编著

北京大学出版社
PEKING UNIVERSITY PRESS

内 容 简 介

本书内容大体可分为两个部分。前两章为第一部分，介绍学习半导体器件必须的知识，包括半导体基本知识和pn结理论；其余各章为第二部分，阐述主要半导体器件的基本原理和特性，这些器件包括：双极型晶体管、化合物半导体场效应晶体管、MOS器件、微波二极管、量子效应器件和光器件。每章末均有习题，书后附有习题参考解答。

本书简明扼要，讨论深入，内容丰富，可作为大学有关专业半导体物理与器件方面课程的教材或参考书，分章节供本科生和研究生使用；也可供有关研究人员参考。

图书在版编目(CIP)数据

半导体器件物理基础(第二版)/曾树荣编著. —北京：北京大学出版社，2007.1
ISBN 978-7-301-05456-7

Ⅰ. 半… Ⅱ. 曾… Ⅲ. 半导体器件-半导体物理 Ⅳ. TN303

中国版本图书馆CIP数据核字(2002)第001726号

书　　名：半导体器件物理基础(第二版)
著作责任者：曾树荣　编著
责 任 编 辑：沈承凤
标 准 书 号：ISBN 978-7-301-05456-7/TP・0648
出 版 发 行：北京大学出版社
地　　址：北京市海淀区成府路205号　100871
网　　址：http://www.pup.cn　　电子信箱：zpup@pup.pku.edu.cn
电　　话：邮购部62752015　发行部62750672　编辑部62752038　出版部62754962
印 刷 者：北京虎彩文化传播有限公司
经 销 者：新华书店
787毫米×1092毫米　16开本　24.5印张　566千字
2002年2月第1版
2007年1月第2版　2023年8月第7次印刷
定　　价：36.00元

第二版前言

本书出版将近五年了，这次除改正公式和图形中的错误以及修改文字上的不妥以外，重写了许多章节，内容方面也有不少增删，力求把主要半导体器件的基本原理和特性叙述得更清楚、更充实些。此外，还补充了几类重要器件，包括非晶硅薄膜晶体管、发光二极管、太阳能电池和低维半导体器件。后者是当前半导体器件研究的热点。

书中的许多地方涉及量子力学，第二版附有三个专题，定性或半定量地介绍了这方面的一些基本概念和有关知识，为读者阅读本书提供方便。这些知识十分有限，甚至不能算做量子力学的入门介绍。但是，它们密切联系半导体物理与器件的实际，讲述新颖，对读者应该有一定参考价值。

第二版增加了习题部分，与所在章节的基本内容密切配合，可加深对有关内容的理解。有的习题有一定难度。书末附有习题解答，供参考。书中的基本公式均由国际单位制给出，焦耳和米在很多公式中需要使用。然而，在半导体领域，常用电子伏表示能量单位，厘米（或微米、纳米等）表示长度单位，所以，读者在解题时要特别注意这些单位之间的换算关系。

能够通过修订以更新本书内容，反映半导体器件领域新的进展，是作者十分高兴的事情。作者感谢北京大学出版社为再版本书所做的大量工作，感谢赵宝瑛、甘学温两位教授审阅全书并提出许多宝贵意见。

作者

2006 年 12 月

前　言

人类已经进入21世纪，这将是社会高度信息化的世纪。计算机网络和通信技术的进步是信息化发展的标志。今天，无论何时何地，人们都可以高速交换信息，使区域性很强的政治、经济、文化国际化。但是，如果没有以晶体管为基础的微电子学的发展就谈不上个人计算机的高性能和多功能，没有以激光器和光探测器为主体的光电子学的发展就谈不上信息的高速传输，也就是说不可能有现代信息技术。本书介绍微电子学和光电子学领域主要半导体器件的基本原理，供将要从事或者正在从事电子信息专业特别是微电子学专业的人员阅读。

微电子学的主体是在以晶体管、二极管为单元的各种半导体器件的基础上构成的集成电路。1947年半导体三极管（双极晶体管）诞生之后，半个世纪的时间内，半导体器件的理论和制造技术飞速发展。1958年集成电路问世，标志着微电子学时代开始；1968年MOS大规模集成电路产业化，从此集成电路的集成度一直以每三年4倍的惊人速度发展。今天，大部分的半导体器件是用硅做的，硅集成电路占据主导地位。就高速和功率应用而言，双极晶体管一直领先；但MOS场效应晶体管（MOSFET）易于小型化和功耗很小，在集成度方面占有明显的优势，所以MOS器件集成度的提高实际上代表了当今微电子学的进步。但是，随着电子装备向更高级发展，硅器件在许多领域不能适应，化合物半导体电子器件及集成电路成为重要的发展方向。1966年，砷化镓肖特基栅场效应晶体管（GaAs MESFET）问世。其后，随着异质结技术和超薄外延生长技术的日趋成熟，相继出现了机理各异、结构新颖、性能优异的各种器件。除GaAs MESFET有了长足进步之外，又接连开发了异质结双极晶体管（HBT）和高电子迁移率晶体管（HEMT），这些器件已经成功地用于毫米波及超高速电路。已经或正在开发的还有新一代电子器件——量子电子学器件，包括共振隧穿器件和各种介观器件。微电子学发展的现状和趋势说明，这一领域生机勃勃，预期在本世纪上半叶器件的理论和制造技术仍将不断取得突破性进展。

光电子学是在电子学的基础上吸收了光技术而形成的一门高技术学科，主体是半导体光电子学。半导体激光器在1962年发明并在1970年实现室温下连续工作，以及后来各种半导体光电器件的出现，逐渐形成了以半导体激光器和探测器为主体的光电子学。进入20世纪80年代以后，随着光通信等应用技术的迅猛发展，半导体光电产品的市场迅速扩大，光盘、激光打印机、光通信系统和家用摄像机等都是家喻户晓的产品。据测，到2010年，光电子产品市场将达到可以与集成电路市场相比的程度。由于光电子信息技术和产业具有强大的生命力，半导体光电子器件的研究和开发将更加受到重视。随着原子级薄膜生长和纳米级微细加工技术的发展，通过人工设计的材料如异质、超晶格及量子阱（线、点）材料来研制新器件，将是半导体光电子学器件今后的发展趋势。

20 世纪 90 年代将近 10 年的时间内，我曾在北京大学计算机科学技术系为微电子学专业的三年级本科生和一年级硕士生讲授“半导体器件物理”课程，在上述认识的基础上，组织了这门课程的教学，最后编写了这本书。

本书远非包揽所有半导体器件。半导体器件的种类很多，广泛应用于社会、经济和军事的各个领域。本书只是以电子信息技术为主干线，选择一些用途最广和最具代表性的器件，讲述理解器件行为所需的一些基础知识，因此取名为“半导体器件物理基础”。在编写时，我特别注意物理图像清晰，尽力做到叙述上正确，既简明扼要地阐明学习器件必需的半导体知识及器件的基本特性，也用尽可能简化的模型讨论器件发展中新的物理效应和介绍新器件，力图使学生不仅能获得充足的基础知识，而且建立一些新的观念，能够适应半导体器件的现代发展。

本书应教材建设需要编写，得到了王阳元院士、韩汝琦教授和赵宝瑛教授的鼓励与关心。赵宝瑛、甘学温教授细致地审阅了全书，傅春寅、吴恩教授也阅读了部分章节，他们的热情帮助使作者受益颇多。北京大学出版社沈承凤老师和其他有关工作人员为本书的出版付出了辛勤劳动。在此，作者一并致谢。

对我来说，写这样一本书的确是一项艰巨的工作，为之耗费了难以置信的时间。我也深感学识浅薄，本书肯定有许多不足、不妥和错误，诚恳希望有关方面的专家和读者指正。

作　者

2001 年 9 月

主要符号表

a	晶格常数
A	面积
A^*	里查孙常数
c	真空中的光速
C	电容;声速
d	厚度
D	扩散系数
D_n	电子扩散系数
D_p	空穴扩散系数
E	能量
E_c	导带底的能量
E_F	费米能级
E_{Fn}	电子准费米能级
E_{Fp}	空穴准费米能级
E_i	本征费米能级
E_g	禁带宽度(禁带隙)
E_v	价带顶的能量
$\mathscr{E}, \boldsymbol{\mathscr{E}}$	电场
$\mathscr{E}_c$	临界电场,最大击穿电场
$\mathscr{E}_m$	最大电场
f	频率
$f(E)$	费米-狄拉克分布函数;占有几率
$f_n(E)$	电子占有几率
$f_p(E)$	空穴占有几率
g	态密度;电导
G	产生率;增益系数
h	普朗克常数
I	电流强度
I_C	集电极电流
I_E	发射极电流
I_B	基极电流
I_{ph}	光电流
J	电流密度
J_{th}	阈值电流密度
J_n	电子电流密度
J_p	空穴电流密度
k_B	玻尔兹曼常量
$k, \boldsymbol{k}$	电子波矢
l	长度
L	扩散长度;长度
L_D	德拜长度
L_n	电子扩散长度
L_p	空穴扩散长度
m	有效质量
m_d	态密度有效质量
m_l	纵向有效质量
m_n	电子有效质量
m_p	空穴有效质量
m_{ph}	重空穴有效质量
m_{pl}	轻空穴有效质量
m_t	横向有效质量
m_0	自由电子质量
m_σ	电导有效质量
n	电子浓度
$\bar{n}$	实折射率
$\tilde{n}$	复折射率
n_i	本征载流子浓度
n_q	波矢为 q 的声子数
n_s	表面电子浓度
N	杂质浓度

N_A	受主杂质浓度
N_c	导带有效态密度
N_D	施主杂质浓度
N_v	价带有效态密度
p	空穴浓度;动量
P	散射几率,功率
q	电子电荷
$\boldsymbol{q}$	声子波矢
Q_b	耗尽层电荷面密度
Q_g	栅电荷面密度
Q_i	反型层电荷面密度
Q_0	有效界面电荷面密度
Q_s	半导体表面层电荷面密度
R	电阻;反射率
t	时间;厚度
T	绝对温度
$v, \boldsymbol{v}$	速度
v_c	热发射速度
v_n	电子漂移速度
v_p	空穴漂移速度
v_s	饱和速度
v_{th}	热运动速度
V	电压
V_{bi}	内建电势
V_{BE}	基极-发射极电压
V_{BC}	基极-集电极电压
V_B	击穿电压
V_{FB}	平带电压
V_T	阈值电压
W	中性基区宽度
α	吸收系数;共基极电流增益
α_c	线宽增益因子
α_i	腔内损耗系数
α_m	端面损耗系数
β	共发射极电流增益
γ	发射效率;衬偏系数
δ	间隙宽度
Γ	光限制因子
ε_0	真空介电常数
ε_{ox}	氧化物介电常数
ε_s	半导体介电常数
τ	寿命或弛豫时间
η	转换效率;量子效率
θ	角度;渡越角
λ	波长;平均自由程
ν	光的频率
μ_n	电子迁移率
μ_p	空穴迁移率
ρ	电阻率;电荷密度
σ	电导率;俘获截面
σ_G	微分增益系数
ϕ_F	费米势
ϕ_{Bn}	n 型半导体的肖特基势垒高度
ϕ_m	金属功函数
ϕ_s	半导体功函数
χ	电子亲和势
ψ	电势;电子波函数
ω	角频率

目　　录

第一章　半导体基本知识

作为理解各类半导体器件性质的基础，本章概述半导体的能带、载流子浓度、输运现象和光学性质。在标准的半导体物理学或固体物理学的教科书中，这些课题都得到了详细的论述，我们这里只是以比较直观的论证方式介绍一些基本概念和重要结论。

1.1　半导体材料和载流子模型

目前广泛使用的半导体都是单晶材料。在单晶半导体中，原子在三维空间中规则排列，形成一种周期性结构。此外，还有无定形（非晶）半导体和多晶半导体，前者的原子排列不存在长程有序，即不存在周期性；后者的原子排列形成许多取向、形状和大小都不同的小单晶体（晶粒）。非晶和多晶材料也得到了一定的应用，例如，非晶硅薄膜晶体管被用来制造驱动大面积液晶显示的电路，多晶硅被用来制作 MOS 场效应晶体管的栅极。但是，半导体器件的大部分仍然要用单晶材料，因此本书涉及的半导体都是单晶材料。而且，在前言中已经说明，硅在半导体材料中目前占据主导地位，而化合物半导体（例如 GaAs）具有比硅优越的电子输运性质和光学性质，所以本书主要论述硅和砷化镓器件。

1.1.1　半导体晶格

单晶中原子的周期排列称为晶格。任何晶格都可以用一个我们称之为晶胞的基本单元周期性地重复得到。晶胞的划分有一定的任意性，有实际意义的选取方法有两种：一种是选取最小的重复单元，即使得晶胞中包含的原子数最少，我们把这种最小的周期重复单元称

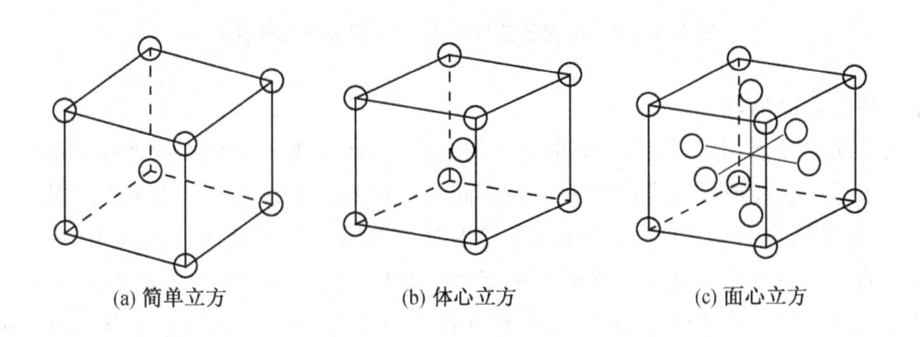

图 1.1　三种立方晶格单胞

为原胞;另一种选取能够最大限度反映晶格对称性质的最小单元,通常称为晶体学单胞,单胞各个边的实际长度称为晶格常数。图 1.1 画出了三种简单晶格(简单立方、体心立方和面心立方)的单胞。对于这些具有立方对称性的晶格,晶格常数只有一个。显然,晶格常数不一定等于近邻原子间的距离。所谓简单晶格,是指实际晶格本身和它的布拉维格子(体现晶格周期性的格子,它的每一个格点对应一个原胞)完全相同,每个原胞只有一个原子,所有原子都是等价的。

金刚石结构和闪锌矿结构

许多重要的半导体是具有立方对称性的晶体,元素半导体硅(Si)和锗具有金刚石晶格结构,如图 1.2(a) 所示,这种结构也属于立方晶系,并可看成由两个面心立方子晶格沿立方对称晶胞的体对角线错开 1/4 长度套构而成,两个子晶格的原子相同,但仔细观察以后不难看出,位于体对角线上的原子(被涂黑)与位于顶角或面心的原子几何上不等价,它们伸"爪"的方向相反。这种含有不等价原子的晶格称为复式晶格,其布拉维格子的每个原胞中包含两个不等价的格点。砷化镓(GaAs)等大多数Ⅲ-Ⅴ族化合物半导体具有闪锌矿晶格结构,如图 1.2(b) 所示。闪锌矿晶格和金刚石晶格相比较,除去其中一个面心立方子晶格由Ⅲ族元素(Ga)组成、而另一个子晶格由Ⅴ族元素(As)所组成外,二者是相同的。

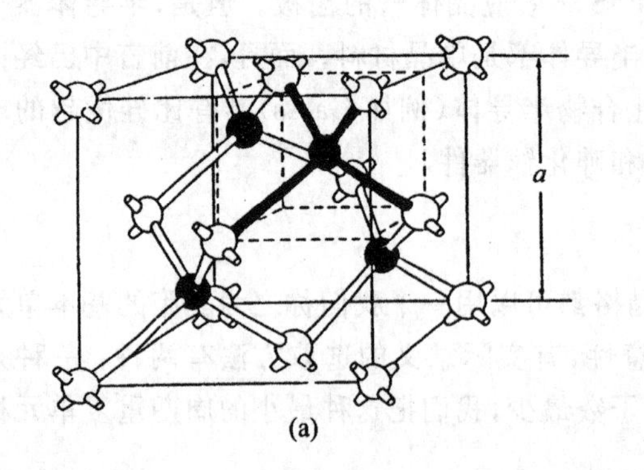

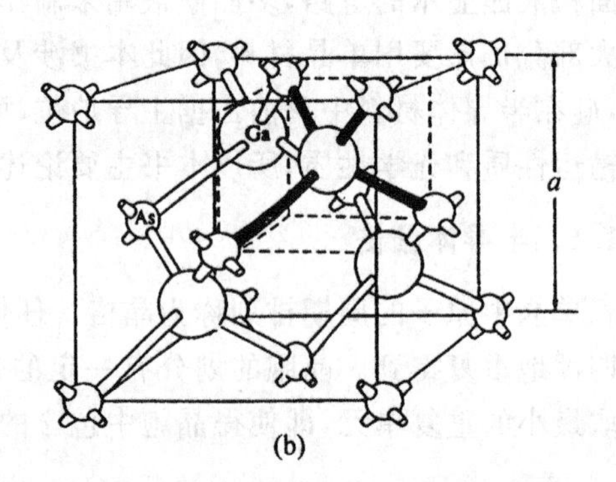

图 1.2 (a) 金刚石晶格结构;(b) 闪锌矿晶格结构

晶向和晶面的标志

提到晶向或晶面,并不指某个个别的晶向或晶面,而是指符合晶格的平移对称性而完全等价的一簇平行直线或平行等距平面。而不同的晶向和晶面上,原子排列的情况一般是不同的,晶体的性质也就不同,所以实际工作要求对不同的晶向和晶面作出标志(只需用组成实际晶格的任一简单晶格做基础来进行标志,例如对立方晶系用简单立方晶格)。用米勒指数可以做到这一点。具体做法如下,选一格点作为原点并作出沿原胞三个基矢 $\boldsymbol{a},\boldsymbol{b},\boldsymbol{c}$ 的轴线,因为所有格点都在晶面系上,必然有一晶面通过原点,其他晶面因互相平行等距而均匀切割各轴。这样,从原点算起第一个晶面在矢量 $\boldsymbol{a},\boldsymbol{b},\boldsymbol{c}$ 上的截距必然分别为 $a/h,b/k,c/l$。h,k,l 为正的或负的整数,这是因为任意两格点间所通过的平行晶面总是整数个。平常就

用$(h\ k\ l)$来标记这个晶面系，称为米勒指数，$|h|$，$|k|$，$|l|$实际表明等距的晶面分别把基矢$\boldsymbol{a}$(或$-\boldsymbol{a}$)，$\boldsymbol{b}$(或$-\boldsymbol{b}$)，$\boldsymbol{c}$(或$-\boldsymbol{c}$)分割成多少等份，它们也是以$|\boldsymbol{a}|$，$|\boldsymbol{b}|$，$|\boldsymbol{c}|$为各轴的长度单位所求得的晶面截距的倒数值。如果晶面系和某一个轴平行，截距将为∞，所以相应的指数将为0，立方晶系中一些重要晶面的米勒指数如图1.3所示。

为了全面了解米勒指数，还需要注意以下几点：① 如果晶面与坐标轴的截距是负数，则在这个数的上面加负号表示负截距；② 由于旋转对称性，某些非平行的平面按旋转对称性可能是等价的，这时用同一组米勒指数来概括，并用花括号表示，例如在立方晶系中，指数{100}表示6个晶面：(100)，(010)，(001)，$(\bar{1}00)$，$(0\bar{1}0)$，$(00\bar{1})$；③ 在立方晶系中，晶向和晶面互相垂直时，晶向指数和晶面的米勒指数相同，例如晶向[100]沿x轴，它垂直于(100)面。总结上述，我们得到下述符号表示的意义：

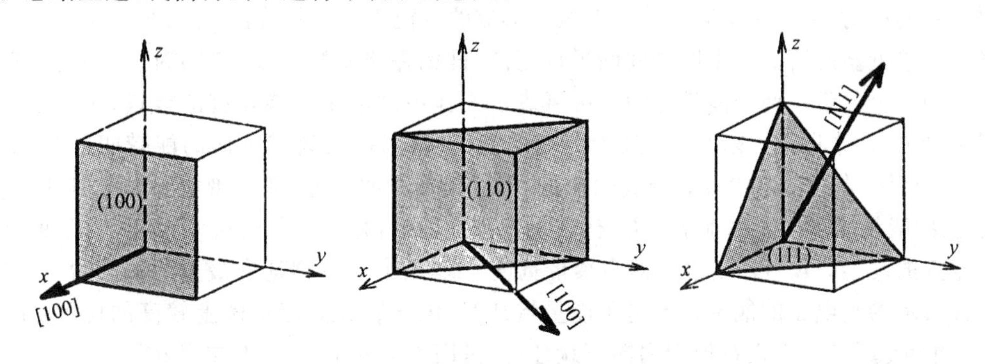

图1.3　立方晶系中一些重要晶面的米勒指数及晶向

$(\bar{h}\ k\ l)$：表示晶面与x轴的截距在原点的负方向。

$\{h\ k\ l\}$：等价晶面。

$[h\ k\ l]$：与晶面$(h\ k\ l)$垂直的晶向。

$\langle h\ k\ l\rangle$：等价晶向。

价键模型

在图1.2中我们注意到，无论是金刚石结构或闪锌矿结构，晶体中的每个原子都有4个属于不同子晶格的最近邻原子，它们位于一个正四面体的顶点(图中粗黑线条所连接的那些小球)。金刚石晶格中每个原子有4个价电子，同4个最近邻原子共有，形成4个双电子键(即共价键)。但是在具有闪锌矿结构的GaAs晶体中，每个As原子(有5个价电子)的最近邻是4个Ga原子，而每个Ga原子有3个价电子；同样，每个Ga原子的4个最近邻是As原子。这些Ga-As原子对互相结合成键，本质上主要是共价性，但也有部分是离子性的(Ga^-离子和As^+离子之间的静电吸引)。当一个键被打破后，自由了的电子离开原子，并留下一个空位，可以被相邻键的电子填补，结果形成晶格内空位的移动。空位可以看作是与电子相似的粒子，在即将叙述的能带模型中，这种虚拟的粒子就是价带中的空穴。空穴带正电，并在外电场作用下运动，运动的方向与电子相反。形象地讲，空穴的概念和液体中的气泡类似，显然实际上是液体在流动，但我们可以把它看成是气泡沿相反的方向移动。显然，用气泡描述液体运动更加简单明了。

1.1.2　半导体的能带

1. 能带

按照固体的量子理论，当原子凝聚成为固体（并不只限于晶体）时，由于原子间的相互作用，相应于孤立原子的每个能级加宽成由间隔极小（准连续）的分立能级所组成的能带，能带之间隔着宽的禁带。图 1.4(a) 为金刚石结构晶体如何从孤立的硅原子能级形成能带的示意图，图左端画出了孤立原子的两个分立能级（如果将这些孤立原子看成一个体系，那么每个分立能级都是简并的），随着原子间距的减小，各个简并的能级分裂，形成能带。当原子间距进一步缩小时，由各个不同的分立能级所形成的各能带失去其特性，合并成一个能带。当原子间距接近金刚石晶体中原子间的平衡距离（硅的晶格常数为 5.43Å）时，这一能带再次分裂成为两个能带。两个能带之间的区域表示固体中的电子不能具有的能量，所以称之为禁带或带隙，通常以 E_g 表示。在禁带上面的能带叫导带，在禁带下面的能带叫价带，如图 1.4(b) 所示。其中，E_c 代表导带底的能量，相应于电子的势能，即导带电子静止时的能量；E_c 以上的能量表示电子的动能。E_v 代表价带顶的能量，相应于空穴的势能，E_v 以下的能量表示空穴的动能。E_c 和 E_v 之差即为禁带宽度：E_g 是半导体物理中最重要的参数。通常，能带图表示的是电子的能量。当电子能量增加时，电子跃迁到能带图上较高的位置；相反，空穴的能量增加时，空穴在价带内向下跃迁（这是因为空穴带正电，与电子相反）。

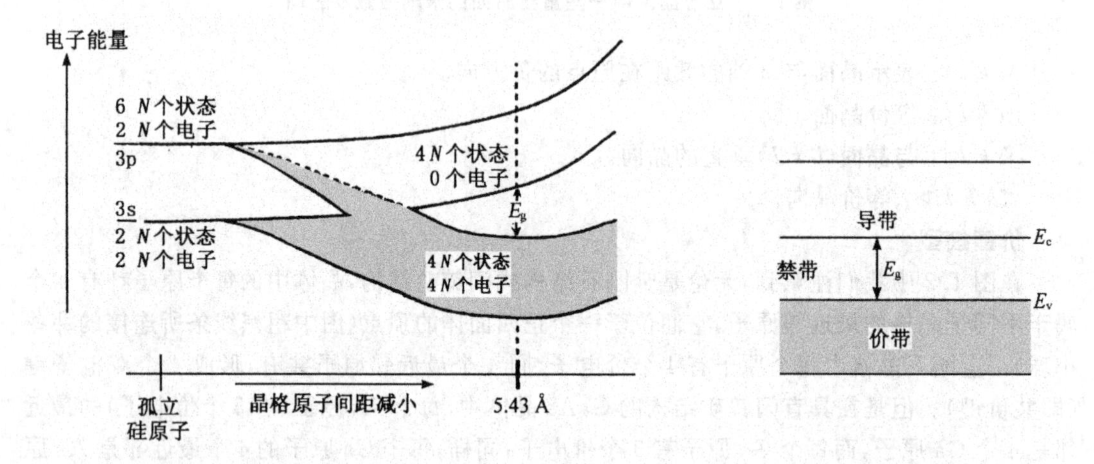

图 1.4　(a) 使孤立的硅原子彼此接近组成金刚石结构晶体时形成能带；(b) 能带模型

固体的电学性质由原子最外围电子（价电子）填满或只是部分填充固体能带来决定。对于我们所讨论器件涉及的半导体，价电子实际上完全填满价带。因为能带填满了，就电子的整体而言是不能获得能量的，所以不能产生净电流流动。因此，除非能够使一些电子离开价带，让位给少量电子以获得能量，否则是不可能导电的。另一方面，少量电子进入邻近的较高能带（导带），导带中的电子将自由地获得能量，所以能够导电。

虽然在较高的温度下，热振动会使结合强度一般的半导体价键（不像绝缘体的价电子与最近邻原子形成强键）中的一些破裂，有少量价带电子越过禁带进入导带，但是这种本征过程是不重要的。用于器件的半导体材料主要是非本征的，即载流子是由掺入半导体的特定类型的杂质原子所产生的。如果载流子是导带中的电子，则杂质被称作施主，相应的半导体材料是 n 型；反之，如果半导体中含有收留来自价带电子（从而留给价带一个电子空位或者说一个空穴）的杂质，则杂质被称作受主，相应的半导体材料是 p 型。

实验结果表明，大多数半导体的禁带宽度随温度的升高而减小，禁带宽度随温度的变化可近似表示为

$$E_g(T) = E_g(0) - \alpha T^2/(T+\beta) \tag{1.1}$$

对 Si，Ge 和 GaAs，参数 $E_g(0)$，α 和 β 之值如表 1.1 所示。

表 1.1　$E_g(T)$ 表示式(1.1)中的参数值

半导体材料	$E_g(0)$/eV	$\alpha/(\times10^{-4}\text{eV}\cdot\text{K}^{-1})$	β/K
Si	1.17	4.73	636
Ge	0.74	4.77	235
GaAs	1.52	5.41	204

在室温及常压下，硅的禁带宽度为 1.12eV，锗为 0.68eV，砷化镓为 1.42eV。

2. *有效质量近似*

量子力学分析表明，晶体中电子的波函数为布洛赫函数，形式为

$$\psi_k(\boldsymbol{r}) = u_k(\boldsymbol{r})\exp(\mathrm{i}\boldsymbol{k}\cdot\boldsymbol{r}) \tag{1.2}$$

$\boldsymbol{k}$ 是波矢，$\boldsymbol{r}$ 是空间矢量，$u_k(\boldsymbol{r})$ 是具有和晶格相同周期的周期函数。$u_k(\boldsymbol{r})$ 反映周期场对电子运动的影响，所以，周期场中的电子波函数相当于一个调幅的平面波。对于自由电子（动量 $\boldsymbol{p}=\hbar\boldsymbol{k}$，$\hbar=h/2\pi$ 是约化普朗克常数），波函数退化为平面波 $\psi_k(\boldsymbol{r})=A\exp(\mathrm{i}\boldsymbol{k}\cdot\boldsymbol{r})$，$A$ 是与位置无关的常数。显然，与平面波不同，布洛赫函数并不对应于确定的动量，即晶体中波矢 $\boldsymbol{k}$ 的状态并不对应确定的动量，$\boldsymbol{p}=\hbar\boldsymbol{k}$ 不再具有严格意义下的动量的含义，而称之为晶体动量。

无疑，电子在晶体中的能级（本征值）和相应的布洛赫函数（本征态）是讨论各种有关电子问题的基础。但是，可以证明，对于一般的输运过程问题（例如电、磁场中各种电导效应），可以把电子（或空穴）看成具有动量 $\boldsymbol{p}$（对于 $\boldsymbol{k}$ 的状态，$\boldsymbol{p}=\hbar\boldsymbol{k}$）和能量 $E=\boldsymbol{p}^2/2m$ 的粒子（量子波包），m 称为有效质量。这种方法称为有效质量近似。

E-$\boldsymbol{k}$ 关系

已经采用各种数值方法对固体的能带（E-$\boldsymbol{k}$ 关系）进行了理论研究。图 1.5 示出了 Ge，

Si 和 GaAs 的能带图。下面只是从有效质量近似出发,对 E-$\boldsymbol{k}$ 关系进行一些讨论。

在有效质量近似下,电子的动量 $\boldsymbol{p}$ 和能量 E 分别为

$$\boldsymbol{p} = \hbar\boldsymbol{k} \tag{1.3}$$

$$E = (\hbar^2/2m)\boldsymbol{k}\cdot\boldsymbol{k} \tag{1.4}$$

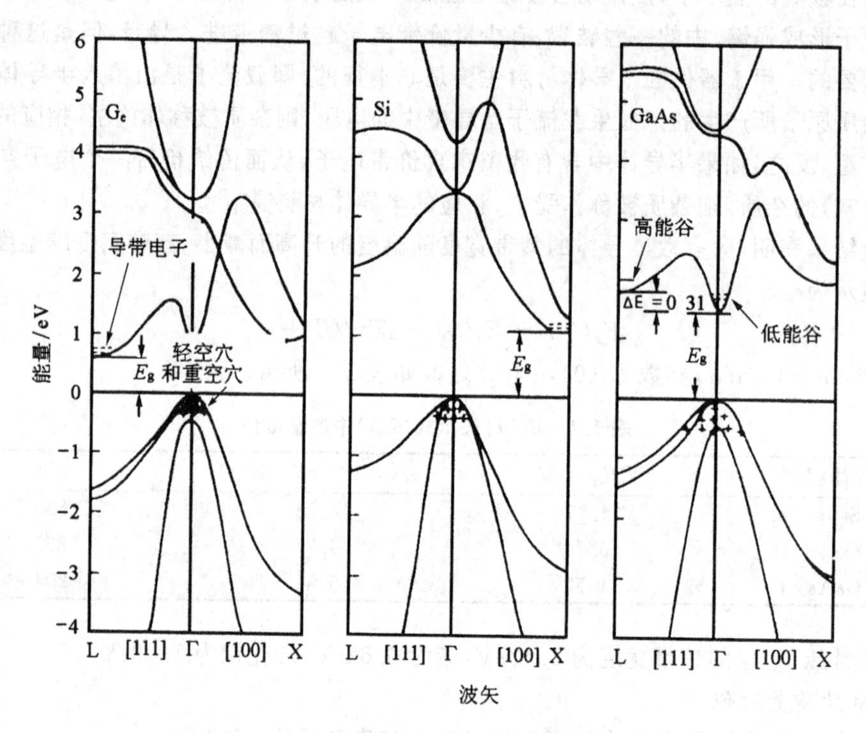

图 1.5　Ge,Si 和 GaAs 的能带结构

一般,$E(\boldsymbol{k})$在 $\boldsymbol{k}=\boldsymbol{k}_0$ 处有极值(极大值或极小值)E_0。在导带中,电子倾向在最低能量处,因此其行为可以用在最小能量附近的级数展开式来描述:

$$E - E_0 = (\hbar^2/2m)(\boldsymbol{k} - \boldsymbol{k}_0)^2 \tag{1.5}$$

如果画出能量 $E(\boldsymbol{k})$=常数的三维表面,它将是一个圆球,即所谓球形等能面。画等能面的空间叫做 $\boldsymbol{k}$ 空间。

在更普遍的情形下,$\boldsymbol{k}$ 空间的等能面是椭球面,即方程(1.5)应修改成

$$E - E_0 = (\hbar^2/2m_1)(k_1 - k_{10})^2 + (\hbar^2/2m_2)(k_2 - k_{20})^2 + (\hbar^2/2m_3)(k_3 - k_{30})^2 \tag{1.6}$$

这里必须适当地选择各轴在 $\boldsymbol{k}$ 空间的方向。普遍说来,有效质量是一个张量,m_1,m_2,m_3 是主质量。

热电子是能量远远超过晶体中电子的正常平均热能的电子,其能量并不局限在最小能量的区域中,有效质量近似显然有很大的误差。但是,由于这种近似用起来很方便,并且已经证实甚至在理解高能电子现象时也有实用价值,所以通常使用这一近似方法。

空穴实际上是价带中最高能量上面的电子波波包，等效于式(1.5)的展开式为

$$E - E_0 = -(\hbar^2/2m)(\boldsymbol{k} - \boldsymbol{k}_0)^2 \tag{1.7}$$

上式中的负号表示最大值。这些电子具有负有效质量。然而，如果全部带负电荷和负有效质量的电子被电场扫动的话，则波包的运动与一个带正荷和正有效质量的粒子的运动是不可区分的。这个粒子就是空穴。

布里渊区

前面的论述说明了半导体中的电子只能取一定允许的能量或动量值。如果我们考虑在一定方向上传播的平面电子波(对于这里讨论的问题，波幅无关紧要)，在此方向上晶体中等效原子平面的间距为 a，则波函数在每一个周期的平面上都有反射，而当 a 等于半波长 $\lambda/2$ 时，被邻近原子反射的子波相位相差 π。但是当被 B 反射的子波到达被 A 反射的子波时，它们的相位相同。这点也适用于其他的子波。这样，所有反射的子波相长地干涉，如图 1.4 所示。结果形成电子波的全部反射，即当波矢量满足条件

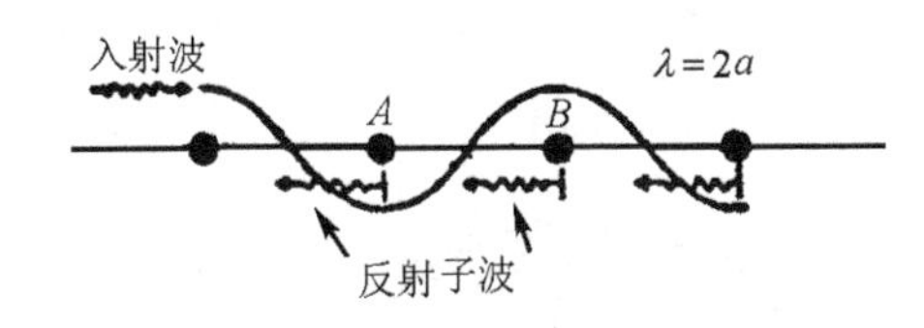

图 1.6　晶体中反射波的相长干涉

$$|\boldsymbol{k}_{\mathrm{m}}| = \frac{2\pi}{\lambda} = \frac{\pi}{a} \tag{1.8}$$

时，能量的传播成为不可能。因为晶体的周期性随方向而变，传播停止的 $|\boldsymbol{k}_{\mathrm{m}}|$ 值也随方向而变。在 $\boldsymbol{k}$ 空间中，由所有这些 $\boldsymbol{k}_{\mathrm{m}}$ 矢量形成的空间叫做布里渊区(第一布里渊区，或简约布里渊区)。

图 1.7 画出了面心立方晶格(例如金刚石和闪锌矿晶格)的第一布里渊区。元素半导体

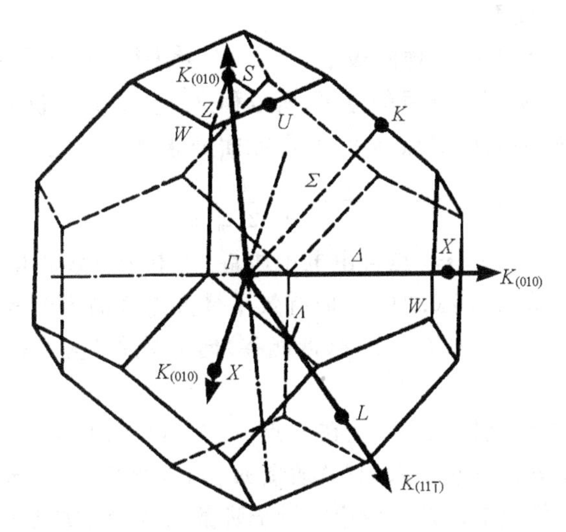

图 1.7　金刚石和闪锌矿晶格的布里渊区

Si 和 Ge 具有金刚石结构，而大多数Ⅲ-Ⅴ族化合物半导体(例如 GaAs)具有闪锌矿结构晶格。图 1.7 也标出了布里渊区的对称点和对称线。例如，Γ 表示 $\boldsymbol{k}=0$(布里渊区中心)的点，L 表示沿〈111〉轴(Λ)的边缘点，X 表示沿〈100〉轴(Δ)的边缘点，K 表示沿〈110〉轴(Σ)的边缘点。

值得注意的是电子的动量 $\hbar\boldsymbol{k}$ 可以超过式(1.8)定义的 $\hbar\boldsymbol{k}_{\mathrm{m}}$，但电子能量是由 $\boldsymbol{k}-n\boldsymbol{k}_{\mathrm{m}}$ 来计算的，其中整数 n 的选择条件是使得总的波矢量位于布里渊区内。换句话说，$E(\boldsymbol{k})$是随 $\boldsymbol{k}$ 周期性地重复的函数，周期性的单元由布里渊区确定。正因为如此，图 1.5 限定的 k 值足以描述电子的E-$\boldsymbol{k}$关系。

多能谷半导体

许多重要的半导体(例如 Ge，Si，GaAs)不是只有一个导带极小值，而是有若干个位于 $\boldsymbol{k}$ 空间不同点的极小值。例如，Si 具有位于〈100〉轴上 $k=k_0$ 的 6 个极小值(k_0 约等于最大波矢量的 0.85 倍)，相应地有 6 个能谷(极小值为能谷的谷底)，如图 1.6 所示。通常，E-$\boldsymbol{k}$ 围绕极小值不是球对称，而是旋转椭球对称。

$$E-E_{\mathrm{c}}=\frac{\hbar^2}{2m_{\mathrm{l}}}(k_{\mathrm{l}}-k_0)^2+\frac{\hbar^2 k_{\mathrm{t}}^2}{2m_{\mathrm{t}}} \tag{1.9}$$

E_{c} 为谷底(导带底)能量，k_{l} 是沿椭球长轴方向(纵向)的波矢，k_{t} 是横向波矢，m_{l} 和 m_{t} 分别是纵向和横向有效质量。

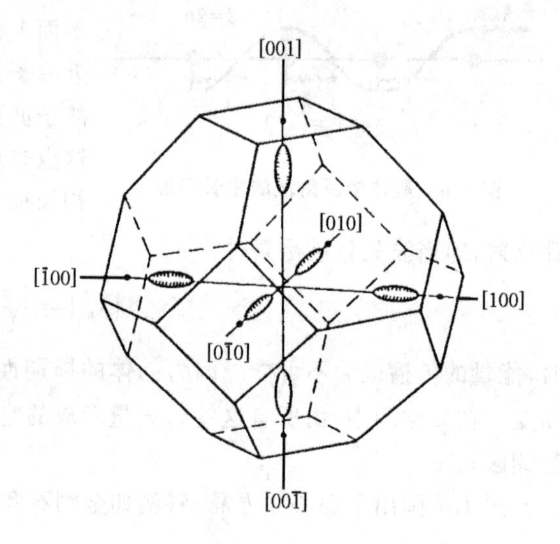

图 1.8 Si 中导带的椭球等能面

上述 Si 的导带能谷都具有同样的极小值和性质，平均来说能容纳同样数目的电子，所以称这些能谷是等价的。

在 GaAs 中，导带极小值在 Γ 点($\boldsymbol{k}=0$)，等能面是球面，

$$E-E_{\mathrm{c}}=\frac{\hbar^2}{2m_{\mathrm{n}}}k^2 \tag{1.10}$$

k 为波矢数值，m_{n}(约 $0.067m_0$，m_0 是自由电子质量)为电子有效质量。除 Γ 处外，沿〈111〉轴接近 L 点还有能量稍高(约高 0.31eV)但有效质量大得多的 8 个等价能谷。在强电场下获得足够高的能量时，电子可以由 Γ 能谷(低能谷)向 L 能谷(次能谷)转移，产生所谓电子转移效应。

对于价带，普遍的情形是极大值发生在 Γ 点，并有两个简并化的能谷，从而产生两类空穴，即轻空穴(有效质量 m_{pl})和重空穴(有效质量 m_{ph})。这种简并性质来源于自旋和轨道角动量之间耦合的量子力学效应。这一效应在量子阱激光器中是重要的。

表 1.2　Ge,Si,GaAs 中电和子空穴的有效质量

半导体材料	电　子	空　穴
Ge	$1.64(m_l/m_0)$	$0.04(m_{pl}/m_0)$
	$0.082(m_t/m_0)$	$0.28(m_{ph}/m_0)$
Si	$0.98(m_l/m_0)$	$0.16(m_{pl}/m_0)$
	$0.19(m_t/m_0)$	$0.49(m_{ph}/m_0)$
GaAs	$0.067(m_n/m_0)$	$0.082(m_{pl}/m_0)$
		$0.45(m_{ph}/m_0)$

注：(m_0：自由电子质量)

3. 态密度

每当我们想知道能谷中的电子数量时，就要知道能谷的量子态密度，亦即单位体积单位能量间隔可容许的能态数目(单位：能态数/eV · cm^3)，这里简单考虑一下导带能谷的情况，类似的结果也适用于价带空穴。

在有效质量近似中，具有动量 $\hbar\boldsymbol{k}$ 的电子代表中心位置为 $\boldsymbol{k}$ 的小范围 $\Delta\boldsymbol{k}$ 的布洛赫波组成的量子波包，波包占据的空间范围 Δx 和波包所要求的量子波矢量范围 Δk 之间满足下述关系：

$$\Delta x \cdot \Delta k = 2\pi \tag{1.11}$$

在三维情形下有：

$$V \cdot V_{\boldsymbol{k}} = (2\pi)^3 \tag{1.12}$$

由此得出占据空间体积 V 的一个量子态在 $\boldsymbol{k}$ 空间所要求的体积 $V_{\boldsymbol{k}}$。由于具有相同波矢量的电子具有不同的自旋，每个 $\boldsymbol{k}$ 矢量存在两种状态，所以式(1.12)应修改为

$$2V \cdot V_{\boldsymbol{k}} = (2\pi)^3 \tag{1.13}$$

现在，对于单位实际空间体积($V=1$)，我们来计算能量在 E 和 $E+\mathrm{d}E$ 之间的量子态数目 $g(E)\mathrm{d}E$。对位于$\boldsymbol{k}_0$的球对称能谷，由式(1.5)决定的在 $\boldsymbol{k}$ 空间中球的半径为

$$\left(\frac{2m_n}{\hbar^2}\right)^{1/2}(E-E_c)^{1/2} \tag{1.14}$$

相应的球的体积为

$$\frac{4\pi}{3}\left(\frac{2m_n}{\hbar^2}\right)^{3/2}(E-E_c)^{3/2} \tag{1.15}$$

球内的量子态数($V=1$)为

$$\frac{2}{(2\pi)^3}\cdot\frac{4\pi}{3}\left(\frac{2m_n}{\hbar^2}\right)^{3/2}(E-E_c)^{3/2} \tag{1.16}$$

当 E 增加时得到能量在 E 和 $E+\mathrm{d}E$ 间隔内的量子态总数，即

$$g_c(E)\mathrm{d}E = \frac{1}{2\pi^2}\left(\frac{2m_n}{\hbar^2}\right)^{3/2}(E-E_c)^{1/2}\mathrm{d}E \tag{1.17}$$

其中能态密度分布函数为

$$g_c(E)=\frac{1}{2\pi^2}\left(\frac{2m_n}{\hbar^2}\right)^{3/2}(E-E_c)^{1/2} \tag{1.18}$$

E_c 为谷底(导带底)的能量。

对椭球对称的能谷，E-$\boldsymbol{k}$关系已由方程(1.6)给出，等能面是以(k_{10},k_{20},k_{30})为中心的椭球面。能量为 E 的椭球面的方程为

$$\frac{(k_1-k_{10})^2}{\frac{2m_1}{\hbar^2}(E-E_c)}+\frac{(k_2-k_{20})^2}{\frac{2m_2}{\hbar^2}(E-E_c)}+\frac{(k_3-k_{30})^2}{\frac{2m_3}{\hbar^2}(E-E_c)}=1 \tag{1.19}$$

各项的分母等于椭球各个半轴长的平方，因此椭球的体积为

$$\frac{4\pi}{3}\left(\frac{8m_1m_2m_3}{\hbar^2}\right)^{1/2}(E-E_c)^{3/2} \tag{1.20}$$

我们注意到，如果在式(1.20)中令$(m_1m_2m_3)^{1/3}=m_n$，则就是式(1.15)。所以不难理解，如果引入

$$m_{dn}=(m_1m_2m_3)^{1/3} \tag{1.21}$$

代替式(1.18)中的 m_n，就可以得到椭球等能面能谷(球形等能面能谷是它的特殊情形)的能态密度分布函数：

$$g_c(E)=\frac{1}{2\pi^2}\left(\frac{2m_{dn}}{\hbar^2}\right)^{3/2}(E-E_c)^{1/2} \tag{1.22}$$

m_{dn}称为电子的态密度有效质量。如果存在 s 个等价能谷，状态密度应该包括所有这 s 个能谷的贡献。把这种效应算进态密度有效质量，则有

$$m_{dn}=(s^2m_1m_2m_3)^{1/3} \tag{1.23}$$

GaAs 只有 $\Gamma(\boldsymbol{k}=0)$处一个导带能谷，等能面是球面，$m_{dn}=m_n$；Si 和 Ge 都有多个导带能谷，等能面是旋转椭球面，$m_{dn}=(s^2m_lm_t^2)^{1/3}$，$m_l$ 和 m_t 分别为纵向和横向有效质量。

1.1.3 载流子平衡浓度

半导体中的电子和空穴通常称为载流子，因为输运电流的正是这些粒子。载流子的浓度决定了半导体的电导率，是半导体的一个重要参量。为了确定载流子浓度，需要利用统计物理的基本结果。

1. 费米分布函数

根据统计物理，能级为 E 的电子态能被电子占据的几率由费米分布函数给出：

$$f(E)=\frac{1}{1+\exp[(E-E_F)/k_BT]} \tag{1.24}$$

式中，k_B 为玻尔兹曼常量，T 为绝对温度，E_F 为费米能级。E_F 的物理意义是，该能级上的一个状态被电子占据的几率为 1/2。当能量比 E_F 大于 $3k_BT$ 时，式(1.24)可简化为

$$f(E)\approx\exp[-(E-E_F)/k_BT] \tag{1.25}$$

这正是经典的玻尔兹曼分布。

2. 载流子浓度

我们用下述方法来计算导带中的电子浓度：在能量 E 至 $E+\mathrm{d}E$ 范围内的状态数为 $g_c(E)\mathrm{d}E$，这里的 $g_c(E)$ 是能态密度，由式(1.22)给出；因为每个态被电子占据的几率为 $f(E)$，所以出现在此能量范围内的电子浓度等于 $f(E)g_c(E)\mathrm{d}E$，对整个导带积分便得到导带中的电子浓度 n，即

$$n=\int_{E_c} f(E)g_c(E)\mathrm{d}E \tag{1.26}$$

将式(1.24)和(1.22)代入，并考虑到高能量时被积函数按指数下降，从而把积分上限取作无限大而不致引起明显误差，可得

$$\begin{aligned} n &= \frac{1}{2\pi^2}\left(\frac{2m_{dn}}{\hbar^2}\right)^{3/2}\int_{E_c}^{\infty}\frac{(E-E_c)^{1/2}\mathrm{d}E}{1+\exp[(E-E_F)/k_BT]} \\ &= N_cF_{1/2}(\eta_c) \end{aligned} \tag{1.27}$$

式中，N_c 称为导带有效态密度，

$$N_c=2\left(\frac{m_{dn}k_BT}{2\pi\hbar^2}\right)^{3/2} \tag{1.28}$$

$F_{1/2}(\eta_c)$为 1/2 阶费米-狄拉克积分①，

$$F_{1/2}(\eta_c)=\left(\frac{2}{\sqrt{\pi}}\right)\int_0^{\infty}\frac{\xi^{1/2}\mathrm{d}\xi}{1+\exp(\xi-\eta_c)} \tag{1.29}$$

$$\xi=\frac{E-E_c}{k_BT},\ \eta_c=\frac{E_F-E_c}{k_BT} \tag{1.30}$$

$F_{1/2}(\eta)$有下述性质：当 $\eta\ll-1$ 时，有

$$F_{1/2}(\eta)\approx\exp(\eta) \tag{1.31}$$

当 $\eta\gg1$ 时，有

$$F_{1/2}(\eta)\approx\frac{4\eta^{3/2}}{3\sqrt{\pi}} \tag{1.32}$$

以后我们将利用 $F_{1/2}(\eta)$的这种性质，讨论非简并和简并两种极限情形下的载流子浓度。

上述对导带中电子浓度的考虑完全适用于价带空穴。因为价带中的能量 E 的状态被电子占据的几率是 $f(E)$，所以它被一个空穴占据的几率 $f_p(E)$为

$$\begin{aligned} f_p(E) &= 1-f(E) \\ &= \frac{1}{1+\exp[(E_F-E)/k_BT]} \end{aligned} \tag{1.33}$$

---

① j 阶费米-狄拉克积分定义为

$$F_j(\eta)=\frac{1}{\Gamma(j+1)}\int_0^{\infty}\frac{\xi^j\mathrm{d}\xi}{1+\exp(\xi-\eta)}$$

关于 Γ 函数的性质，例如可参考郭敦仁《数学物理方法》(人民教育出版社，1965)，pp. 125—132. 对 $j=1/2$，0，$-1/2$，分别有 $\Gamma(3/2)=2/\sqrt{\pi}$，$\Gamma(1)=1$，$\Gamma(1/2)=\sqrt{\pi}$。

空穴的能态密度 $g_v(E)$ 可以按照类似于推导电子能态密度 $g_c(E)$ 的过程得到，但应注意这时的 E 与 k 关系为 $E_v-E=\hbar^2k^2/2m_{dp}$，故有

$$g_v(E)=\frac{1}{2\pi^2}\left(\frac{2m_{dp}}{\hbar^2}\right)^{3/2}(E_v-E)^{1/2} \tag{1.34}$$

m_{dp} 为空穴的态密度有效质量，考虑到空穴总数应包括轻、重空穴带，有

$$m_{dp}=({m_{pl}}^{3/2}+{m_{ph}}^{3/2})^{2/3} \tag{1.35}$$

m_{pl}，m_{ph} 分别为轻、重空穴有效质量。还应注意，在式(1.34)中 $E<E_v$（E_v 为价带顶的能量）。空穴浓度为

$$\begin{aligned} p&=\int f_p(E)g_v(E)\mathrm{d}E \\ &=\frac{1}{2\pi^2}\left(\frac{2m_{dp}}{\hbar^2}\right)^{3/2}\int\frac{(E_v-E)^{1/2}\mathrm{d}E}{1+\exp[(E_F-E)/k_BT]} \end{aligned} \tag{1.36}$$

积分遍及整个价带，即从价带的最低能量积至价带顶。如果令

$$\xi=\frac{E_F-E}{k_BT},\quad \eta_v=\frac{E_v-E_F}{k_BT} \tag{1.37}$$

则式(1.36)可写作

$$\begin{aligned} p&=\frac{1}{2\pi^2}\left(\frac{2m_{dp}k_BT}{\hbar^2}\right)^{3/2}\int_0^\infty\frac{\xi^{1/2}\mathrm{d}\xi}{1+\exp(\xi-\eta_v)} \\ &=N_vF_{1/2}(\eta_v) \end{aligned} \tag{1.38}$$

N_v 称为价带有效态密度，

$$N_v=2\left(\frac{m_{dp}k_BT}{2\pi\hbar^2}\right)^{3/2} \tag{1.39}$$

3. 简并和非简并半导体

当费米能级 E_F 位于禁带内并且至能带边的距离大于若干个 k_BT（$\eta_c<-3$，$\eta_v<-3$）时，半导体被称作是非简并的。这时有 $F_{1/2}(\eta)\approx\exp(\eta)$，故

$$n=N_c\exp[-(E_c-E_F)/k_BT] \tag{1.40}$$

$$p=N_v\exp[-(E_F-E_v)/k_BT] \tag{1.41}$$

相反，当 E_F 进入导带或价带内时，半导体是简并的。这时有

$$F_{1/2}(\eta)\approx\frac{4}{3\sqrt{\pi}}\eta^{3/2}$$

若 E_F 进入导带内，则有

$$n=\frac{1}{3\pi^2}\left[\frac{2m_{dn}(E_F-E_c)}{\hbar^2}\right]^{3/2} \tag{1.42}$$

E_F 进入价带内，则有

$$p=\frac{1}{3\pi^2}\left[\frac{2m_{dp}(E_v-E_F)}{\hbar^2}\right]^{3/2} \tag{1.43}$$

对于非简并半导体，由式(1.40)和(1.41)相乘，得到

$$np = N_c N_v \exp(-E_g/k_B T) \tag{1.44}$$

这一结果表明，乘积 np 和费米能级 E_F 无关，只决定于导带和价带的态密度、禁带宽度和温度。另一方面，式(1.44)也可以写作

$$np = n_i^2 \tag{1.45}$$

其中 n_i 称为本征载流子浓度，

$$n_i = (N_c N_v)^{1/2} \exp(-E_g/2k_B T) \tag{1.46}$$

n_i 强烈依赖于温度 T，随温度上升而指数增加。室温时，硅的 n_i 为 $1.0\times10^{10}\,\mathrm{cm}^{-3}$，砷化镓的 n_i 为 $2.1\times10^{6}\,\mathrm{cm}^{-3}$。半导体的禁带宽度越大，本征载流子浓度越小。

从掺杂浓度的角度，式(1.45)只适用于半导体中杂质浓度不高的情形。这时，杂质原子彼此间没有相互作用，不会影响晶体的能带结构。例如，掺杂浓度为 $5\times10^{15}\,\mathrm{cm}^{-3}$ 时每 10^7 个硅原子中只有一个杂质原子，可以认为杂质原子是彼此独立的，在硅的禁带中形成相同的杂质能级。但是，随着掺杂浓度的增加，引入的杂质能级将会分裂，展开为能带，这些杂质能带可与邻近的导带或价带交叠，使半导体的禁带宽度降低，从而引起自由载流子浓度 n 和 p 的乘积增加。对于这一效应，通常是将式(1.45)修改为

$$np = n_i^2 \exp(\Delta E_g/k_B T) = n_{ie}^2 \tag{1.47}$$

式中 n_{ie} 是本征载流子浓度的有效值，ΔE_g 表示重掺杂引起的有效禁带宽度的减小。掺杂浓度不是特别高时，硅的禁带宽度减小可以用一个简单的表示式

$$\Delta E_g \approx 22.5\left(\frac{N_D}{10^{18}}\,\frac{300}{T(\mathrm{K})}\right)^{1/2}\mathrm{meV} \tag{1.48}$$

给出，其中 N_D 为施主浓度，可见在掺杂浓度达到 $10^{18}\sim10^{19}\,\mathrm{cm}^{-3}$ 时，禁带变窄效应就比较明显，这一效应限制了双极晶体管的电流增益，还会在双极和 MOS 器件中增加不希望的漏电流。

4. 本征和非本征半导体

如果半导体十分纯净，以致电子和空穴的浓度相等，则称之为本征半导体，意思是载流子浓度决定于半导体的固有(本征)性质。反之，半导体掺入杂质以后就成为非本征半导体(掺杂半导体)，在禁带内引入了杂质能级。

本征半导体　在本征半导体中，载流子只能通过将价带电子激发到导带来产生，即电子和空穴成对产生，从而浓度相等，为

$$n = p = n_i \tag{1.49}$$

因 n_i 随温度升高迅速增大，在足够高的温度下，一切半导体(除非掺杂浓度异常高)都将变成是本征的。

n 型半导体　如图 1.9 所示。当原来被 Si 原子(基质原子)占据的某些格点被五价杂质原子(例如 As 原子)占据时，As 的五个价电子中有四个参与同邻近的四个 Si 原子(Si 原子是四价的)形成共价键，第五个价电子不能进入已经饱和的键，它从杂质原子中分离出去，并

像一个自由电子那样在整个晶体中运动，亦即此电子进入导带。由于硅中增加了带负电荷的载流子，所以成为 n 型半导体，As 原子称为施主。As 原子现在实际上是一个正离子 As^+，它有俘获一个自由电子的趋势，但由于它对电子的束缚能很小(像硅中的 As 这类施主称为浅施主，能级位置在导带底之下仅仅约 0.01eV)，只要是温度不太低(不低于 100K)就不足以俘获电子。所以，如果温度高到一定程度，以致热能足以使浅施主电离，但本征激发的载流子浓度 n_i 还远低于掺杂浓度(室温就属于这种情形)，则 n 型半导体(设浅施主浓

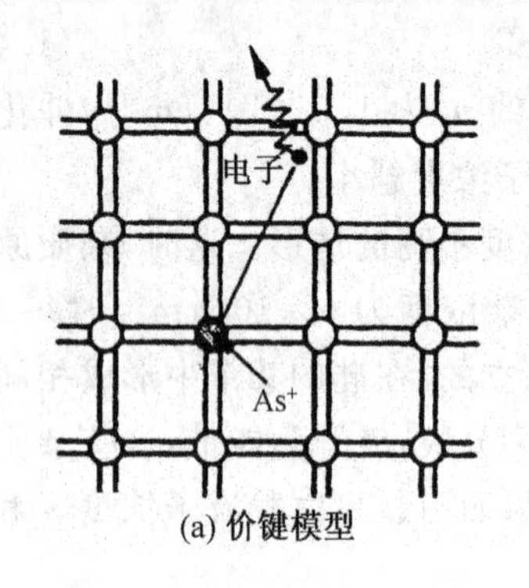

(a) 价键模型

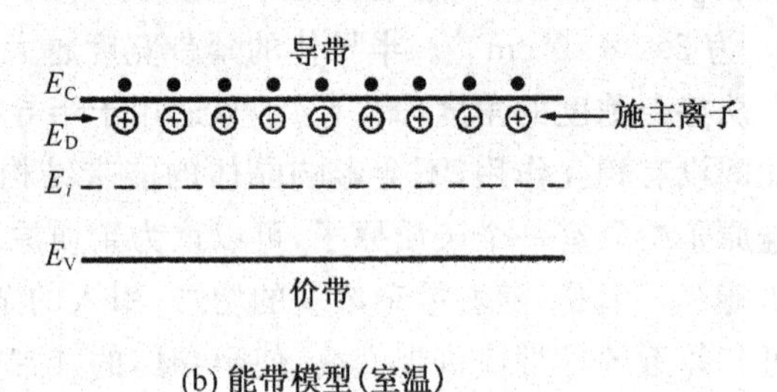

(b) 能带模型(室温)

图 1.9 带有施主杂质(砷)的 n 型硅

度为 N_D)中的电子浓度为

$$n_n = N_D \tag{1.50}$$

下标 n 表示 n 型半导体，空穴浓度可由式(1.45)得到，为

$$p_n = n_i^2 / N_D \tag{1.51}$$

P 型半导体 如图 1.10 所示。如果是三价原子(例如 B 原子)占据了硅中某些 Si 原子的格点位置，则 B 原子与邻近的 Si 原子形成共价键时，有一个键是空着的，此空键可能接受来自另一个键中的电子，于是后一个键处将出现一个空位(空穴)。此空穴在整个晶体中自由移动，亦即它进入价带。由于硅中增加了带正电荷的载流子(空穴)，所以成为 p 型半导体，B 原子称为受主。受主在俘获一个附加电子后成为负离子，由于产生的空穴带有正电荷，它将受到受主的吸引作用。B 在硅中是浅受主，能级位于禁带中稍高于价带项(约 0.01eV)处，因此室温下几乎全部电离。当一个受主被电离(从价带顶激发一个电子填充其空键)时，便有一个空穴落入价带顶，成为一个自由载流子。按电子能量标度，此电离过程既可以说成是电子向上的跃迁，也可以说成是空穴向下的跃迁。与 n 型半导体类似，对 p 型半导体(设浅受主浓度为 N_A)，室温时的空穴浓度为

$$p_p = N_A \tag{1.52}$$

电子浓度为

$$n_p = n_i^2 / N_A \tag{1.53}$$

其中下标 p 表示 p 型半导体。

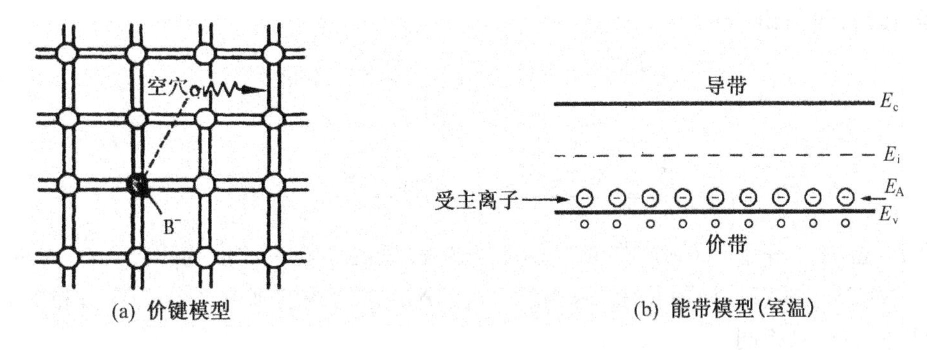

图 1.10 带有受主杂质(硼)的 p 型硅

5. 费米能级

由前面的讨论可知,费米能级 E_F 是确定半导体中载流子浓度的最重要的参数。对于本征半导体,$n=p$,令式(1.40)与式(1.41)相等,即得

$$E_F = E_i = \frac{E_c + E_v}{2} + \frac{3}{4}k_B T\ln(m_{dp}/m_{dn}) \tag{1.54}$$

室温时,上式右边第二项比禁带宽度小得多,因此本征半导体的费米能级(即本征费米能级)E_i 接近禁带中线。对于掺杂半导体,室温下 E_F 远离禁带中线,但多数情形(非简并情形)下处于禁带内某处,并且随半导体越来越变成 n 型时接近导带,越来越 p 型时移向价带。另一方面,由于本征载流子浓度随温度上升而指数增加,无论半导体是 n 型或 p 型的,温度高到一定程度以后将变成是本征的(此时本征载流子浓度远远超过施主浓度或受主浓度),即随着温度升高,对于一定的施主浓度或受主浓度,半导体的费米能级将移向禁带中线。图 1.11 对硅和砷化镓表示了费米能级随杂质浓度和温度的变化关系,还标明了禁带宽度随温度的变化。

在讨论非本征半导体时,常用 E_i 作为参考能级。对于非简并情形,用本征载流子浓度 n_i 和本征费米能级 E_i,可将电子浓度表示为

$$\begin{aligned} n &= N_c\exp[-(E_c - E_F)/k_B T] = N_c\exp[-(E_c - E_i)/k_B T]\cdot\exp[(E_F - E_i)/k_B T] \\ &= n_i\exp[(E_F - E_i)/k_B T] \end{aligned} \tag{1.55a}$$

同理,空穴浓度可表示为

$$p = n_i\exp[-(E_F - E_i)/k_B T] \tag{1.55b}$$

在均匀掺杂的半导体中应当没有净电荷,电中性条件成立,即正电荷的数目必须等于负电荷的数目。正电荷由电离施主和空穴组成,负电荷由电离受主和电子组成。这样,在所掺杂质都电离的条件下,有

$$n + N_A = p + N_D \tag{1.56}$$

利用 np 乘积可得 $p=n_i^2/n$,代入上式,得到

$$n - n_i^2/n = N_D - N_A \tag{1.57}$$

由方程(1.57)可解出

$$n = \frac{N_D - N_A}{2} + \left[\left(\frac{N_D - N_A}{2}\right)^2 + n_i^2\right]^{1/2} \tag{1.58}$$

和

$$p = \frac{n_i^2}{n} = \frac{N_A - N_D}{2} + \left[\left(\frac{N_A - N_D}{2}\right)^2 + n_i^2\right]^{1/2} \tag{1.59}$$

在室温下，硅中 n_i 等于 $1.0\times10^{10}\,\text{cm}^{-3}$，n 型硅中典型的净施主浓度为 $10^{15}\,\text{cm}^{-3}$ 或更大，因此 $N_D - N_A \gg n_i$，式(1.58)简化为 $n \approx N_D - N_A \approx N_D$，空穴浓度则有 $p \approx n_i^2/N_D$，和前面讨论 n 型半导体的结果相同。

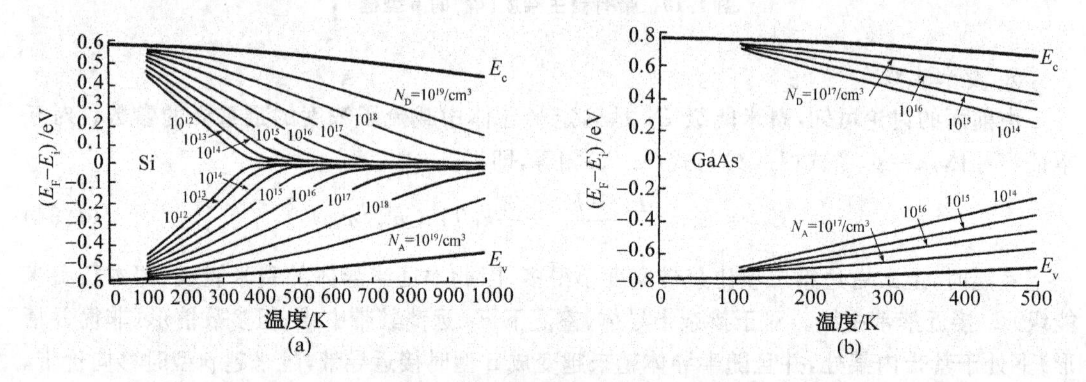

图 1.11 Si 和 GaAs 的费米能级随杂质浓度和温度的变化关系

在掺杂浓度并非很低的一般情形下，玻尔兹曼分布并不是一个很好的近似，与之相应的表示式(1.40)和(1.41)是不精确的。在载流子浓度和费米能级之间，一个有用的表示式(Joyce-Dixon 近似)为

$$E_F = E_c + k_B T\left[\ln\frac{n}{N_c} + \frac{1}{\sqrt{8}}\frac{n}{N_c}\right] = E_v - k_B T\left[\ln\frac{p}{N_v} + \frac{1}{\sqrt{8}}\frac{p}{N_v}\right] \tag{1.60}$$

若载流子浓度 n 已知，上式可用来得到费米能级 E_F；反之，如果 E_F 已知，可用迭代法求解上式得到 n。当$(n/\sqrt{8}N_c)$的项可以忽略时，结果对应玻尔兹曼近似。

6. 补偿半导体

实际上，所有半导体，甚至是很纯的半导体，都含有多种不同杂质，施主和受主二者并存。究竟是哪种导电类型，取决于过剩的是施主还是受主。这种施主和受主同时存在的半导体称为补偿半导体，因为一类掺杂剂的作用受到另一类掺杂剂"补偿"。最简单的补偿情形是半导体中只有一种施主杂质和一种受主杂质。在这种情形下，若 $N_A > N_D$，则有效受主浓度为

$$N_{Aeff} \approx N_A - N_D \tag{1.61}$$

反之，$N_D > N_A$，则有效施主浓度为

$$N_{\mathrm{Deff}} \approx N_{\mathrm{D}} - N_{\mathrm{A}} \tag{1.62}$$

正如从式(1.61)或(1.62)所见,补偿作用可用来降低有效掺杂浓度,从而降低半导体的电导率。为明确起见,我们考虑 $N_{\mathrm{D}}<N_{\mathrm{A}}$,并且是深受主(能级位置靠近禁带中线的受主)。在这种情形下,来自浅施主杂质的电子全部掉进了受主能级,即施主被补偿了,材料的行为类似于本征半导体;尤其是宽禁带情形下更类似于绝缘体。例如 GaAs,以氧或铬作为深能级杂质形成的所谓"半绝缘"GaAs 材料,就是依靠了这种补偿过程,其电阻高达 $10^8\,\Omega\cdot\mathrm{cm}$。

乍一看来,施主浓度(N_{D})和受主浓度(N_{A})都很大且近乎相等的半导体很像本征半导体。实际上,杂质进入半导体材料是一个统计过程,施主浓度和受主浓度随位置局部起伏。当 N_{D} 和 N_{A} 很大时,这种杂质浓度起伏导致显著的电势起伏,能带图看起来会像一组在空间无规则分布的波峰和波谷,如图 1.12 所示。强补偿半导体有不少诱人的异常性质。例如,就像图1.12所表示的那样,费米能级在某些区域可能进入导带,而别的一些区域又可能在价带内。这意味着将形成电子和空穴的"液滴",从而这种强补偿材料在低温下的行为像一个嵌入金属小颗粒的绝缘体。而且,在如此强补偿的材料中,低能量的导带电子受导带波峰阻挡而被定域,但高能导带电子可以穿越波峰。把这些低能和高能电子分开的临界能量称为渗透能级,它相对费米能级的位置决定强补偿半导体的电导率。

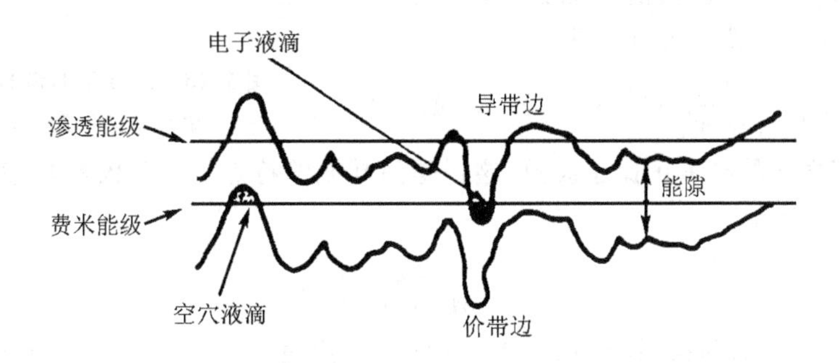

图 1.12 强补偿半导体中能带随位置的变化;电子势能起伏由施主及受主浓度的起伏引起

1.2 晶格振动

至此一直假定,半导体是完整晶体,原子处在严格的固定位置(格点)上。在这种理想的周期性晶格中,电子以有效质量自由运动。实际上,晶体原子离开其平衡位置的热振动,以及缺陷、杂质、位错和晶体边界等,都会影响电子的运动,使半导体产生电阻。其中,晶格热振动是半导体电阻的最基本的原因。

1.2.1 晶格振动和格波

晶体中原子的振动不是各自独立进行的，恰恰相反，它们可以分解成一系列在晶体中传播的波，称为晶体振动模或格波。每个格波是以其波长 λ（或波数 $q=2\pi/\lambda$）和振动频率 ν（或 $\omega=2\pi\nu$）来表征的。在 Ge 和 Si 中，尤其明显地在 GaAs 中，每个原胞（晶体周期性的最小单元）都有二个不等价的原子，因此原子的周期点阵将组成所谓的双原子链。对于一维双原子链，振动频率为

$$\omega^2 \pm = \beta\left(\frac{1}{M_1}+\frac{1}{M_2}\right) \pm \beta\left[\left(\frac{1}{M_1}+\frac{1}{M_2}\right)^2-\frac{4\sin^2(qa)}{M_1M_2}\right]^{1/2} \tag{1.63}$$

其中，a 为两个相邻原子的距离，β 为原子之间的力常数，其典型值约为 10^3 达因/厘米。与公式(1.63)的正、负号对应，图 1.13 画出各自不同值 q 的格波频率 ω_+，ω_-，属于 ω_+ 的格波分支称为光学支，属于 ω_- 的格波分支称为声学支。

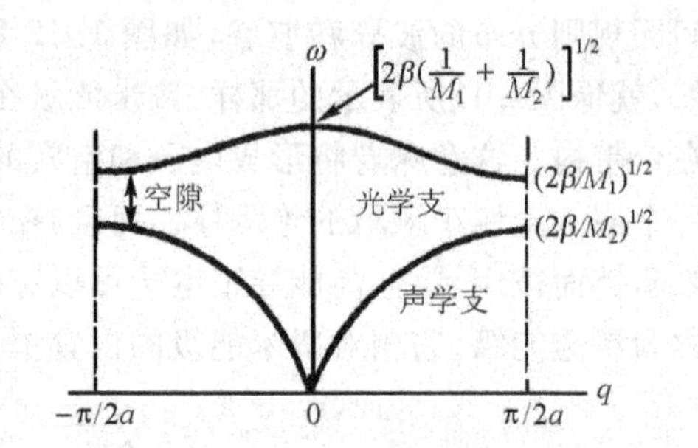

图 1.13 双原子晶格的光学波和声学波($M_1<M_2$)

声学支和光学支之间的差异可以通过比较它们在长波极限($q\to0$)的性质清楚地看到。对于声学波，当($q\to0$)时，由式(1.63)可得

$$\omega_- \approx \left(\frac{2\beta}{M_1+M_2}\right)^{1/2} aq = Cq \tag{1.64}$$

上式表明，长声学波的频率正比于波数，这正是弹性波的特点。声学波的群速($v_g=\partial\omega/\partial q$)和相速($v_p=\omega/q$)为

$$C = \left(\frac{2\beta}{M_1+M_2}\right)^{1/2} a \tag{1.65}$$

相应于 5Å 左右的晶格周期和约 10^{-23} g 的原子质量，$C\sim5\times10^3$ m/s，而声学波的最高频率近似为 5×10^{12} Hz。对于光学波，当 $q\to0$，

$$\omega_+ = \omega_0 \approx \left[2\beta\left(\frac{1}{M_1}+\frac{1}{M_2}\right)\right]^{1/2} \tag{1.66}$$

其典型值 10^{13} Hz，这个频率在红外区内，相应的频率分支也就叫做光学支。

值得指出的是，在声学支中，原胞中的两种原子近似地作同相位运动，特别在长波极限下，两种原子的运动是完全一致的(振幅和相位均无差别)。而在光学支中，原胞中的两种原子基本上围绕质心作振动，特别在长波极限下，两种原子的振动有完全相反的相位而保持质心不动。图 1.14 形象地表示了长波极限下声学支和光学支中的原子位移。显然，如果原胞中只有一种原子，那就没有光学支。在 Ge，Si 和 GaAs 中，每个原胞中都有两个不等价的原子，所以都有光学支。

还应当指出，在 $q=\pi/2a$ 处(这与前面讨论布里渊区的情形不同，实际点阵的周期是 $2a$，而不是 a)形成驻波，能量不能传播。这里，第一布里渊区是 $-\pi/2a\leqslant q\leqslant\pi/2a$。而由式

(1.63)可知，在 q 空间中 $\omega(q)$ 是周期性的，周期为 π/a，即

$$\omega(q+\pi/a)=\omega(q) \tag{1.67}$$

这说明相应于波矢 q 和 $q'=q+\pi/a$ 的两个格波表示相同的物理运动。为作出单值表示，并注意到 $\omega(-q)=\omega(q)$ 的反射对称性，将格波的波矢限制在刚才叙述的第一布里渊区内是十分方便的(参阅图 1.13)。

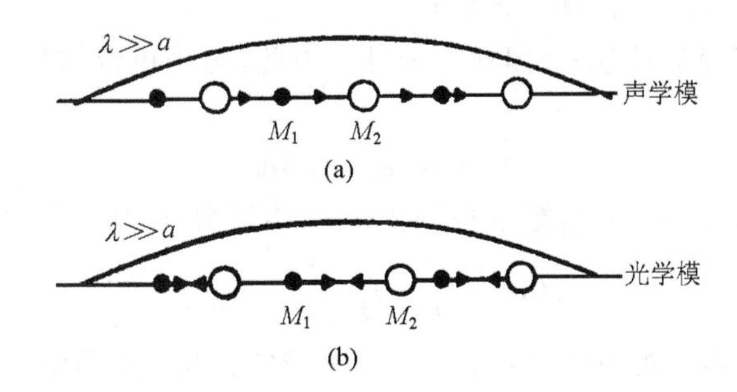

图 1.14　(a) 无限长波长($q=0$)的声学模中的原子位移
(b) 无限长波长的光学模中的原子位移

上面的讨论使用了一维振动模型，相应的格波只能是纵波。对于实际晶体，还应包括两个独立方向的横向振动。这样，对于原胞内包含两个原子的三维晶体，有一个纵声学支(LA)和一个纵光学支(LO)，它们来自每个原子沿波矢方向位移；有两个横声学支(TA)和两个横光学支(TO)，它们来自原子在垂直于波矢的平面内振动。图 1.15 示出了 Ge，Si 和 GaAs 的实测结果。

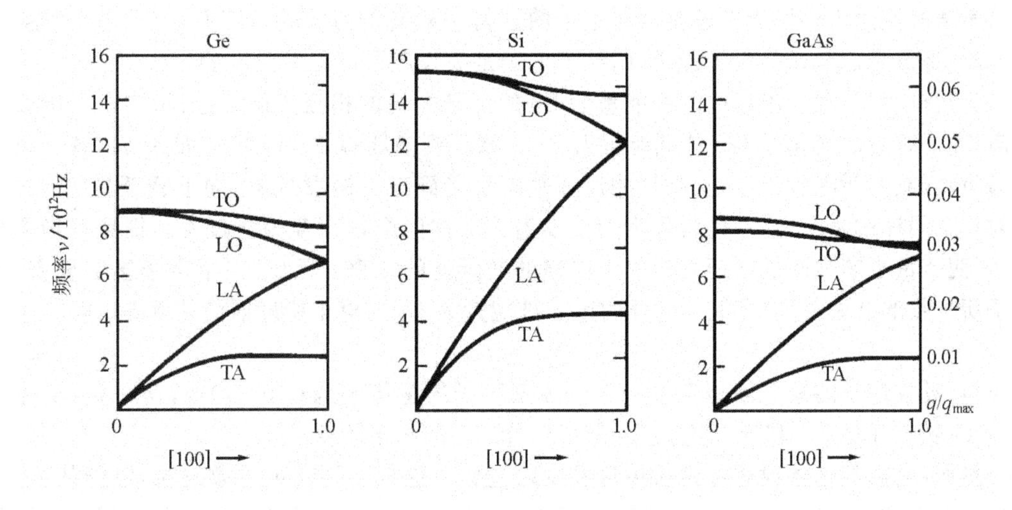

图 1.15　Ge，Si 和 GaAs 中的声子谱

1.2.2 声子

犹如光子是与电磁波相联系的量子粒子，声子是与格波相联系的量子粒子。与光子类似，对频率 ω 和波矢 $\boldsymbol{q}$ 的格波，声子的能量是 $\hbar\omega$，动量是 $\hbar\boldsymbol{q}$。因为每个格波的振动能量是量子化的，只能改变 $\hbar\omega$ 的整数倍，所以若格波的振动能量减少 $\hbar\omega$，则可以说它失去一个声子；反之，若振动能量增加 $\hbar\omega$，则获得一个声子。

同光子一样，声子遵守玻色-爱因斯坦统计。因此，对于单位体积，频率 ω 至 $\omega+\mathrm{d}\omega$ 范围内的声子数是

$$N = g(\omega)n_q(\omega)\mathrm{d}\omega \tag{1.68}$$

函数 $g(\omega)$是声子态密度；$n_q(\omega)$是能态 $\hbar\omega$ 上的平均声子数，服从玻色-爱因斯坦分布：

$$n_q(\omega) = \frac{1}{\exp(\hbar\omega/k_\mathrm{B}T)-1} \tag{1.69}$$

态密度 $g(\omega)$用类似于电子的方法(参见 1.1 节)来确定。在 q 空间中，一个状态占据的体积 V_q 和实际空间的有效体积 V 之间有下述关系：

$$V_\mathrm{q}\cdot V = (2\pi)^3 \tag{1.70}$$

例如声学波，设 $\omega\approx Cq$，并设横向(二种模式)和纵向(一种模式)声子的速度皆为 C，则 q 和 $q+\mathrm{d}q$之间每单位体积的声学声子数是

$$g(q)\mathrm{d}q = 3\cdot\left(\frac{4\pi q^2\mathrm{d}q}{8\pi^3}\right) \tag{1.71}$$

所以

$$g(\omega)\mathrm{d}\omega = g(q)\frac{\mathrm{d}q}{\mathrm{d}\omega}\mathrm{d}\omega = \frac{3\omega^2}{2\pi^2C^3}\mathrm{d}\omega \tag{1.72}$$

声子的概念主要用于考虑格波对电子的散射。从量子力学的角度看，一个电子与声子碰撞时，是得到能量还是失去能量，归结于电子是吸收声子还是发射声子。

为简单明了，我们考虑电子和能量为 $\hbar\omega$ 的声子之间的相互作用。这样，当电子吸收一个声子时，能量的变化是 $\hbar\omega$，从低能态 E_1 向上跃迁到高能态 E_2，即 $E_2-E_1=\hbar\omega$，这一过程称为吸收(或受激吸收)。与这相反的过程是电子受到声子激发从 E_2 向下跃迁到 E_1，并且发射一个同样的声子，这一过程称为受激发射。上述两个过程互为逆过程。细致平衡原理表明，两个量子态之间的跃迁几率等于严格的逆跃迁的几率。因此，一个声子被能量 E_1 的电子所吸收的几率 b_{12}应当等于同样的声子被能量为 E_2 的电子所发射的几率 b_{21}，即

$$b_{12} = b_{21} \tag{1.73}$$

相应地，吸收声子的总几率是 $b_{12}n_q(\omega)n_1$，发射声子的总几率是 $b_{21}n_q(\omega)n_2$，其中 $n_q(\omega)$是能量为 $\hbar\omega$ 的声子数，n_1 和 n_2 是能量分别为 E_1 和 E_2 的电子浓度。

然而，上面的论述没有考虑所谓自发发射过程。这是不存在声子激发时，电子从 E_2 自发向下跃迁到 E_1，并且发射一个能量为 E_2-E_1(等于 $\hbar\omega$)的声子的过程。此过程可理解如下：由于半导体中总是有电子到处移动，即便原来晶格绝对静止，也会因为电子和晶格原子

的电场相互作用，激励原子进入振动状态，即激发声子。这样发射一个声子自然与声子密度无关。自发发射的总几率为 $a_{21}n_2$，a_{21}是每个电子发射声子的几率。

在平衡情况下，必须是吸收多少声子就发射多少声子，所以

$$b_{12}n_q(\omega)n_1 = b_{21}n_q(\omega)n_2 + a_{21}n_2 \tag{1.74}$$

利用式(1.73)得到

$$b_{12}\left[\frac{n_1}{n_2} - 1\right]n_q(\omega) = a_{21} \tag{1.75}$$

设电子按能量服从玻尔兹曼分布，则有

$$\frac{n_1}{n_2} = \mathrm{e}^{-(E_1-E_2)/k_BT} = \mathrm{e}^{\hbar\omega/k_BT} \tag{1.76}$$

同时，由式(1.69)得知 $n_q(\omega)=[\mathrm{e}^{\hbar\omega/k_BT}-1]^{-1}$，所以

$$b_{12} = a_{21} = b_{21} \tag{1.77}$$

由方程(1.74)和式(1.77)不难得出结论：

$$\begin{gathered}\text{吸收声子几率} \propto n_q(\omega)\\ \text{发射声子几率} \propto [n_q(\omega)+1]\end{gathered} \tag{1.78}$$

最后，我们利用上述结论来确定电子和声子之间每次碰撞的能量损失。

设电子温度为 T_e，晶格温度为 T_0。根据上述，对于这样一个系统，吸收 $\hbar\omega$ 声子的几率是 $b_{12}\ n_q\ (\omega,\ T_0)\ n_1\ (T_e)$，发射（包括自发和受激发射）声子的几率是 $b_{21}[n_q(\omega,T_0)+1]n_2(T_e)$，且 $b_{12}=b_{21}$。能量的交换总是 $\hbar\omega$，所以平均说来每次碰撞的能量损失是

$$\begin{aligned}\Delta E &= \hbar\omega\,\frac{n_2(T_e)[n_q(\omega,T_0)+1]-n_1(T_e)n_q(\omega,T_0)}{n_2(T_e)[n_q(\omega,T_0)+1]+n_1(T_e)n_q(\omega,T_0)}\\ &= \hbar\omega\,\frac{\exp(\hbar\omega/k_BT_0)-\exp(\hbar\omega/k_BT_e)}{\exp(\hbar\omega/k_BT_0)+\exp(\hbar\omega/k_BT_e)}\end{aligned} \tag{1.79}$$

1.2.3　晶格散射

如果所有原子都在平衡位置，那么就有一个周期性电势，允许电子以有效质量自由运动。当任一原子位移时就产生一个电势的扰动，作用在电子上就会改变电子的动量和能量；另一方面，电子对移位的原子也有反作用，所以任何动量或能量的交换都是相互的。在良好的半导体中，单个位移原子所引起的散射是很弱的，只有全部位移原子的联合作用(即移过晶体的振动波，或者说格波)才是显著的。格波使晶体在许多晶格间距上发生形变，从图1.4表示的能带随晶格间距变化的图像不难看出，晶体的形变将引起电子势能的变化(形变势)，它反射或散射电子波(形变势散射)。在非极性半导体(例如 Ge,Si)中，晶格散射为形变势散射，声学波引起的声学形变势散射的作用通常被认为大于光学形变势散射。对于谷内散射，电子和声子碰撞之后仍然在它原来的导带能谷内，因此，其动量的变化只是热动量 mv_{th} 的数量级(v_{th}是对应电子温度 T_e 的平均热速度，为 10^7 cm/s 数量级)，即碰撞中涉及的声子

动量只可能是 $mv_{\rm th}$ 的数量级，主要是长波。对于长声学波，由式(1.64)可知，声子的能量 $\hbar\omega\approx\hbar Cq$，故有

$$\frac{\hbar\omega}{k_{\rm B}T_{\rm e}}\sim\frac{Cmv_{\rm th}}{mv_{\rm th}^2}\sim\frac{C}{v_{\rm th}}\sim 10^{-2}(\text{数量级}) \tag{1.80}$$

因此电子在与声学声子碰撞时，尽管电子动量有很大变化，但电子得到或失去的能量部分是很小的，即碰撞是近似弹性的。在经典近似中，这种碰撞对应轻粒子和重粒子的碰撞。可以在 $T_{\rm e}$ 接近 T_0 条件下，通过式(1.79)计算声学声子每次碰撞的能量损失，结果为

$$\Delta E=\frac{(\hbar\omega)^2}{k_{\rm B}T_{\rm e}}\frac{T_{\rm e}-T_0}{T_{\rm e}} \tag{1.81}$$

对于谷间散射，电子从 k 空间的一个能谷变化到另一个能谷，相应的波矢量相当于两个能谷在 k 空间的间距。这样的声子接近于声学分支的顶部或光学分支的底部，它的能量总是和 $\hbar\omega_0$ 同数量级的(参阅图 1.13)，这是任何一个声子可能取得的最高能量。若 $T_{\rm e}$ 接近 T_0，平均每次碰撞的能量损失仍由式(1.81)表示，只是 ω 应由 ω_0 代替。而当电子获得的能量使 $T_{\rm e}$ 远高于 T_0 时，每次碰撞的能量损失趋于一个常数值，$\hbar\omega_0\tanh(\hbar\omega_0/2k_{\rm B}T_{\rm e})=\hbar\omega_{光}$，几乎是声子可能取得的最大能量。所以，谷间散射可能引起可观的能量损失。就光学声子散射而言，当电子能量增大时，与声子每次碰撞的能量损失趋近一个常数 $\hbar\omega_{光}$(近似等于 $\hbar\omega_0$)。因此在非极性半导体中，光学声子在电子波的散射以及引起能量对晶格的损失中可能起重要作用。

在极性半导体(例如 GaAs)中，一类原子(As 原子)倾向于附着到另一类原子(Ga 原子)上，所以两类原子有相反的电荷，结果产生一个极化电场，把两类原子束缚在一起。两类原子的相对位移使平衡周期场变化，结果这一变化就直接作用在电子(或空穴)上，这种散射作用来自光学波(因为移动极性半导体中的极化原子的是光学波)，称为极性光学波散射。因此，在极性半导体中，引起电阻和能量损失的主要是光学声子。根据上面的论述可以认为能量损失率的增加应该趋向于一个极限。实际并非如此。这可能是与极性光学声子碰到的有效几率的减小有关。粗略地讲，在经典理论中相互作用的减少是极化场的局域化所引起的，高能量电子扫过原子之间极化电场的时间很短，以致能量损失随电子(或空穴)能量的增加而减小。

1.3 载流子输运现象

通常采用漂移-扩散方程为核心的简单理论来近似描述半导体中载流子(电子和空穴)的稳态输运现象。本节除考虑载流子在电场作用下的漂移现象和在载流子浓度梯度作用下的扩散现象以外，还将考虑载流子在非平衡情形下的复合过程和产生过程；并且导出半导体器件工作过程所遵循的基本方程，包括电流密度方程(漂移-扩散方程)和连续性方程。最后，指出稳态输运理论的局限性，并简要讨论瞬态输运现象。

1.3.1 载流子漂移

1. 动量和能量弛豫时间

考虑一块均匀的 n 型半导体。在热平衡状态下，电子在半导体中朝各个方向迅速运动，其平均热运动速度 v_{th} 可由下式得到：

$$\frac{1}{2}m_n v_{th}^2 = \frac{3}{2}k_B T \tag{1.82}$$

式中 m_n 为电子质量，T 为绝对温度。对室温(300K)的硅和砷化镓，v_{th} 约为 10^7cm/s。可以把单个电子的热运动看成是电子与晶格原子、杂质原子及其他散射中心的一系列随机碰撞，在足够长的时间间隔内电子随机运动的净位移为零。两次碰撞之间的平均时间称为平均自由时间 τ，不难验证 τ 与粒子在上一次碰撞之后的时间 t 至 $t+\mathrm{d}t$ 之间的散射几率 $P(t)\mathrm{d}t$ 有下述关系

$$P(t)\mathrm{d}t = \frac{1}{\tau}\exp(-t/\tau)\mathrm{d}t \tag{1.83}$$

相继两次碰撞之间的平均距离称为平均自由程 λ，类比于平均自由时间，我们说上一次碰撞后的 x 至 $x+\mathrm{d}x$ 距离上的碰撞几率为

$$P(x)\mathrm{d}x = (1/\lambda)\exp(-x/\lambda)\mathrm{d}x \tag{1.84}$$

应该注意到，如果粒子的平均自由程与速度 v 无关，则平均自由时间与速度有关($\tau=\lambda/v$)。普遍地讲，τ 与粒子的能量 E 有关，即 $\tau=\tau(E)$。

当有一个小的电场 $\mathscr{E}$ 加到半导体样品上时，每个电子在电场力 $-q\mathscr{E}$ 的作用下，在相继两次碰撞之间会被电场加速(与电场方向相反)。因此在电子热运动上会叠加一个附加的速度分量，这个附加的速度分量称为漂移速度。

如果电子自由运动时从电场中获的动量在碰撞时全部失去，则在两次碰撞之间电子作自由运动时，电场给电子的冲量(力×时间)等于该期间内电子获得的动量，即可得到稳态情形下电子的漂移速度。电场给电子的冲量为 $-q\mathscr{E}\tau$，电子获得的动量为 $m_n v_n$，因此有

$$-q\mathscr{E}\tau = m_n v_n \tag{1.85}$$

式中，τ 为平均自由时间，v_n 为电子的漂移速度。

实际上碰撞并不像上面假定的那样理想，一个改进的模型是，载流子(电子或空穴)在碰撞之后一定数量的动量和能量保留下来，而由于相碰的结果又加上一定的无规量。为简单起见，我们假定电子每次碰撞后动量的不变分数是 b，并且与原来动量同方向；而附加的无规动量是 $\boldsymbol{w}$。原来动量的其余部分传给晶格或者失去。这样，取 $\boldsymbol{p}_n$ 为在第 n 次相碰前一个电子的动量，在第 n 次相碰后就变为 $b\,\boldsymbol{p}_n+\boldsymbol{w}$，电场力 $q\mathscr{E}$ 正好沿着电场方向增加动量。所以，在第 $n+1$ 次相碰之前，在第 n 次相碰后的一段时间 t 内，我们有

$$\boldsymbol{p}_{n+1} = b\,\boldsymbol{p}_n + \boldsymbol{w} + q\mathscr{E}t \tag{1.86}$$

我们注意到电子的平均动量 $\langle \boldsymbol{p}_n \rangle$ 与已经进行的碰撞次数 n 无关，所以 $\langle \boldsymbol{p}_n \rangle$ 恰好就是平

均动量

$$\langle \boldsymbol{p}_{\mathrm{n}} \rangle = mv \tag{1.87}$$

动量弛豫时间

设粒子的平均自由时间为τ，利用(1.83)式引入的自由时间分布来平均(1.86)式的两边，我们得到

$$mv = bmv + q\mathscr{E}\tau$$

$$mv = q\mathscr{E}\tau_{\mathrm{m}},\ \tau_{\mathrm{m}} = \frac{\tau}{1-b} \tag{1.88}$$

由于$\boldsymbol{w}$在方向上是无规则分布的，所以已令$\langle \boldsymbol{w} \rangle = 0$，方程(1.86)可作如下解释。如果每次碰撞失去的动量分数是$(1-b)$，则失去全部动量的有效碰撞次数为$1/(1-b)$。参数τ_{m}就可以看作是丧失动量碰撞之间的有效平均时间。对于各向同性散射，散射过程是对称的，参量b的平均值是零，这时τ_{m}和τ这两个时间常数没有区别。

我们知道，一个力的作用能产生一个动量变化，如果把碰撞作用看作一个和电场方向相反、强度为$-\boldsymbol{p}/\tau_{\mathrm{m}}$($\boldsymbol{p}=mv$)的阻力，则带电粒子受到电场力$q\mathscr{E}$和这个阻力的共同作用，由稳态情形下动量变化率$\mathrm{d}\boldsymbol{P}/\mathrm{d}t=0$的条件，就得到方程(1.88)。而在没有电场时，可以预料

$$\frac{\mathrm{d}\boldsymbol{p}}{\mathrm{d}t} = -\boldsymbol{p}/\tau_{\mathrm{m}} \tag{1.89}$$

因此当去掉电场时，粒子动量平均以时间常数率τ_{m}衰减或弛豫到零。为此，把τ_{m}称作动量弛豫时间。

能量弛豫时间

我们应用同样的模型来讨论电场$\mathscr{E}$到粒子的能量转移。我们从方程(1.86)的两边取平方出发

$$\boldsymbol{p}_{n+1}{}^2 = b^2\,\boldsymbol{p}_{\mathrm{n}}{}^2 + \boldsymbol{w}^2 + (q\mathscr{E}t)^2 + 2b\,\boldsymbol{p}_{\mathrm{n}} \cdot q\mathscr{E}t + 2b\,\boldsymbol{p}_{\mathrm{n}} \cdot \boldsymbol{w} + 2\boldsymbol{w} \cdot q\mathscr{E}t \tag{1.90}$$

可以使用像对(1.86)式同样的平均过程，但必须注意，虽然包含单独$\boldsymbol{w}$的项的平均值是零，然而$\boldsymbol{w}^2$项的平均值不是零。现在，$\langle \boldsymbol{p}_{\mathrm{n}}{}^2/2m \rangle = E$是每个粒子的平均能量，既然是平均值，那就与$n$的值无关。因此，利用这个式子以及(1.88)式，在进行整理后得到

$$(1-b^2)E = \frac{\langle \boldsymbol{w}^2 \rangle}{2m} + \frac{(q\,\mathscr{E})^2}{m}\tau_{\mathrm{m}}\tau \tag{1.91}$$

在平均过程中还用到下式：

$$\langle t^2 \rangle = \int_0^{\infty} \frac{t^2}{\tau} \mathrm{e}^{t/\tau} \mathrm{d}t = 2\tau^2 \tag{1.92}$$

如果电场是零，则稳态情形下粒子与晶格处于某一温度T_0的热平衡状态，此时粒子的能量应该相当于$\frac{3}{2}k_{\mathrm{B}}T_0 = E_0$，而必然有

$$\frac{\langle \boldsymbol{w}^2 \rangle}{2m} = (1-b^2)E_0 \tag{1.93}$$

方程(1.91)则变成

$$E - E_0 = q\mathscr{E} \cdot v\tau_E,\ 其中\ \tau_E = \frac{\tau}{1-b^2} \tag{1.94}$$

在更普遍的情况下,参量 b 可能是依赖于方向的变数,此时在这里使用的值应该是平方值的平均。

正如动量弛豫时间一样,如果去掉电场 $\mathscr{E}$,则粒子能量以时间常数 τ_E 弛豫到热平衡值 E_0。τ_E 称作能量弛豫时间。

根据上面的讨论,稳态情形下有

$$\tau_m(E) = \frac{mv}{q\mathscr{E}},\ \tau_E(E) = \frac{E-E_0}{q\mathscr{E}v} \tag{1.95}$$

为计算 $\tau_m(E)$ 和 $\tau_E(E)$,可以用数值方法模拟半导体中的一个电子(或空穴)在电场和声子、杂质等散射机制共同作用下,在足够长时间内的运动,得到有关物理量的统计平均值,例如,漂移速度 v 和平均能量 E 等(蒙特-卡罗方法)。这些宏观物理量显然和电场强度 $\mathscr{E}$ 有关。图1.16和图 1.17 分别为利用蒙特-卡罗方法和方程(1.95)计算得到的 Si 和 GaAs 的动量弛豫时间和能量弛豫时间。由图可见,能量弛豫时间比动量弛豫时间大一个数量级。只要考虑到 $\tau_m(E)$ 取决于各种散射(包括弹性的和非弹性的),而 $\tau_E(E)$ 只取决于非弹性散射,就不难理解这一结果。

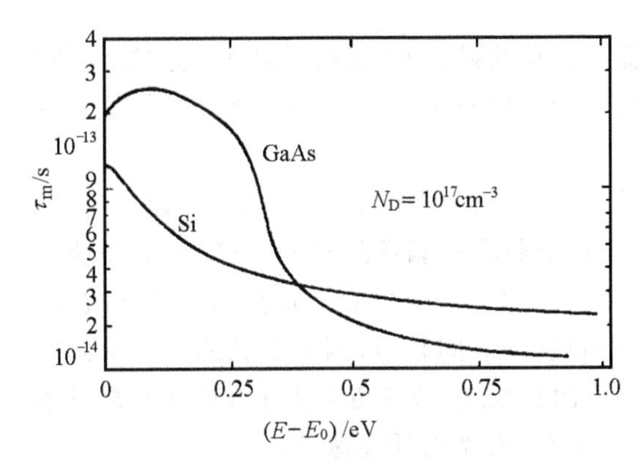

图 1.16　Si 和 GaAs 的动量弛豫时间(温度为 300K)

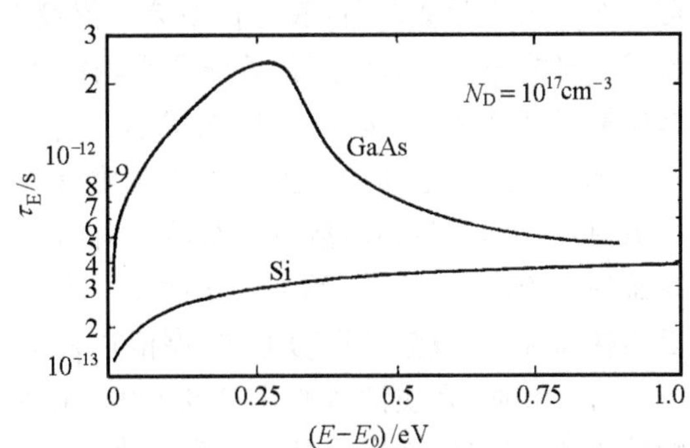

图 1.17　Si 和 GaAs 的能量弛豫时间(温度为 300K)

2. 迁移率

通过动量平衡方程 $q\mathscr{E}\tau_m = mv$[参见(1.95)式],直接给出迁移率 μ 的概念:

$$\mu = \frac{q\tau_m}{m} \tag{1.96}$$

其中 m 是载流子有效质量,τ_m 是动量弛豫时间。如前所述,如果散射是对称的,则 τ_m 和 τ 这两个时间没有区别。因为常常是这种情况,我们倾向在初步的处理中认为两个概念之间没有区别。

平均自由时间 τ（或动量弛豫时间 τ_m）是粒子平均能量 E 的函数，只是通过 E 间接依赖于电场 $\mathscr{E}$，$\mathscr{E}$ 特别小时与电场无关，这时漂移速度和电场成正比，比例常数就是低场迁移率。低电场时，对电子有

$$v_n = -\mu_n \mathscr{E} \tag{1.97}$$

负号表示电子的运动方向与电场方向相反；式中 $\mu_n = q\tau/m_n$ 是电子迁移率。对空穴有

$$v_p = \mu_p \mathscr{E}\text{，其中 } \mu_p = \frac{q\tau}{m_p} \tag{1.98}$$

μ_p 为空穴迁移率。

由上述有关的表示式可见，迁移率与碰撞的平均自由时间直接有关，而碰撞又取决于各种散射机构。两种最重要的散射机构是晶格散射和电离杂质散射。晶格散射起因于晶格原子在绝对零度以上的热振动，我们在 1.2 节作了比较详细的讨论。当电场 $\mathscr{E}$ 十分小时，载流子能量偏离热平衡值很小，主要受声学声子散射，即长声学波散射。计算表明，长声学波散射是各向同性的，对载流子的散射几率（平均碰撞频率，即 $1/\tau$）正比于格波振幅的平方，亦即正比于其振动能量 $k_B T \approx n_q \hbar\omega$（$n_q$ 为每一种振动模式的平均声子数，表示式参见(1.69)式）。此外，散射几率还应正比于终态的态密度（$\sim E^{1/2}$）。因此有

$$\tau_L \propto \frac{E^{-1/2}}{k_B T} \tag{1.99}$$

可见对于长声学波散射，散射几率除了依赖于晶格振动的强度外（依赖于温度），还依赖于载流子自身能量 E，温度愈高，载流子平均能量亦应愈高，而有 $E \propto T$，从而 $\tau_L \propto T^{-3/2}$，这导致晶格散射迁移率 μ_L 按 $T^{-3/2}$ 比例减小。

载流子经过电离的施主或受主杂质时，将受到库仑力的作用，运动方向发生偏折（卢瑟福散射），亦即发生杂质散射。杂质散射的几率反比于载流子能量的平方（$\approx E^{-2}$）和正比于终态的态密度（$\approx E^{1/2}$），因而有 $\tau_I \propto E^{3/2}$，即 $\tau_I \propto T^{3/2}$。这说明杂质散射在高温下显著减弱。因为在高温时，载流子运动加快，停留在杂质原子附近的时间较短，因此受到的有效散射较小。另一方面，杂质散射的几率也正比于电离杂质的总浓度，即带负电离子和带正电离子浓度的总和。这样，杂质散射迁移率 μ_I 按 $T^{3/2} N_I^{-1}$ 变化（N_I 为杂质总浓度）。

在同时存在几种散射机构并且彼此"独立"（即一种散射机构的存在并不影响其他散射机构的作用方式）时，总的几率应为各散射几率之和。对于晶格散射和电离杂质散射，可以得到

$$\frac{1}{\tau} = \frac{1}{\tau_L} + \frac{1}{\tau_I} \tag{1.100}$$

或

$$\frac{1}{\mu} = \frac{1}{\mu_L} + \frac{1}{\mu_I} \tag{1.101}$$

图 1.18 表示室温下硅和砷化镓实测的迁移率与杂质浓度的关系。迁移率在低杂质浓

度下达到一个最大值，这对应于晶格散射的极限。一定温度（例如 300K）下，因杂质散射作用的增强，迁移率随杂质浓度的增大而减小，最后在高杂质浓度下趋近一个最小值。可以看到电子迁移率比空穴迁移率要大，这主要是因为电子的有效质量较小的缘故。

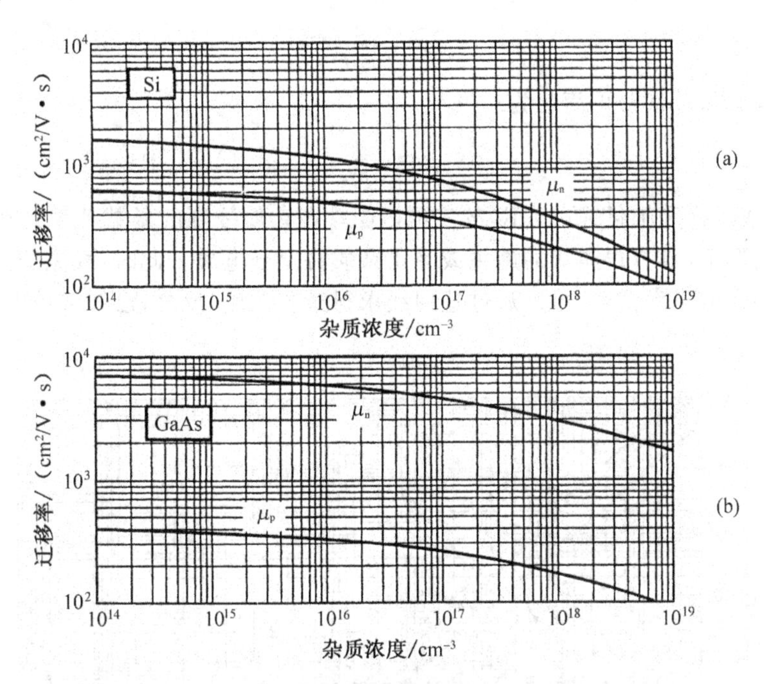

图 1.18　Si 和 GaAs 中迁移和杂质浓度的关系（温度为 300K）

3. 电阻率

现在讨论均匀半导体材料的电导。低电场时，可以利用迁移率把载流子在电场作用下输运产生的电流（漂移电流）表示出来。电子的漂移电流密度可表示为

$$J_n = -qnv_n = qn\mu_n\mathscr{E} \tag{1.102}$$

n 为电子浓度。与此类似，对于空穴有

$$J_p = qp\mu_p\mathscr{E} \tag{1.103}$$

在外加电场 $\mathscr{E}$ 作用下，流过半导体样品的总电流密度是电子电流密度分量和空穴电流密度分量之和：

$$J = J_n + J_p = (qn\mu_n + qp\mu_p)\mathscr{E} \tag{1.04}$$

括号中的量称为电导率，即

$$\sigma = (qn\mu_n + qp\mu_p) \tag{1.05}$$

电子和空穴对电导率的贡献是简单相加。

半导体的电阻率 ρ 是 σ 的倒数，即

$$\rho = \frac{1}{\sigma} = \frac{1}{q(n\mu_n + p\mu_p)} \tag{1.106}$$

对于掺杂的非本征半导体来说，在式(1.104)或式(1.105)中，通常只有一个电流分量是主要的，因为两种载流子的浓度相差好几个数量级。因此，对n型半导体，式(1.106)可简化为

$$\rho = \frac{1}{qn\mu_n} \tag{1.107}$$

对p型半导体，式(1.106)可简化为

$$\rho = \frac{1}{qp\mu_p} \tag{1.108}$$

图1.19表示硅和砷化镓(300K)的实测电阻率与杂质浓度的函数关系。在这个温度和低杂质浓度情况下，具有浅能级的施主或受主杂质将全部电离。此时，载流子浓度等于杂质浓度。若半导体电阻率已知，可以从这些曲线求得杂质浓度，反之，已知杂质浓度，也可求出电阻率。

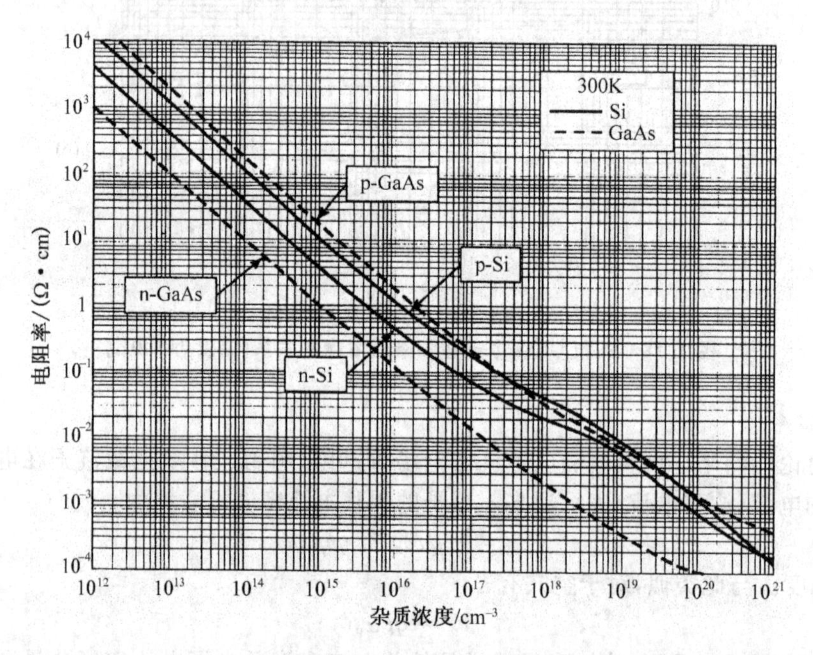

图1.19　Si和GaAs的电阻率和浓度的关系

此外Si和Ge中，导带有多个旋转椭球对称的等价能谷，电子电流应该包括所有这些能谷中电子的贡献。如果引入电导有效质量的概念，则材料的输运行为和各向同性的半导体类似，即电子漂移电流密度形式仍可表示为

$$J_n = qn\mu_n\mathscr{E} \tag{1.109}$$

但迁移率表示式中的有效质量为电导有效质量，即

$$\mu_n = \frac{q\tau}{m_\sigma} \tag{1.110}$$

式中 m_σ 为电导有效质量。Si 的导带在 $\boldsymbol{k}$ 空间的<100>方向共有 6 个等价能谷，m_σ 满足下式：

$$\frac{1}{m_\sigma}=\frac{1}{3}\left[\frac{1}{m_l}+\frac{2}{m_t}\right] \tag{1.111}$$

m_l，m_t 分别为纵向、横向有效质量。

4．集成电路电阻器

集成电路中的电阻通常是靠近硅片表面的半导体薄层构成的，即在均匀掺杂硅衬底表面的 SiO_2 保护层上开窗口，然后用离子注入（或扩散）掺进类型相反的杂质，例如 n 型衬底掺入 p 型杂质。掺杂形成的 p 区与衬底（n 区）的界面处形成阻挡电流流动的势垒。因此，如果在 p 区两端附近形成接触电极，这一区域在加电压时将会有平行于表面的电流流过。下面我们来计算这个 p 型薄层的电阻，需要注意：薄层的杂质浓度是不均匀的，从靠近表面的极大值向硅内部逐渐下降，在这种情形下，考虑平行于表面的电导会有帮助。

在深度 x 处，对于一个平行于表面、厚度为 $\mathrm{d}x$ 的薄层 p 型区域，微分电导 $\mathrm{d}G(x)$ 为

$$\mathrm{d}G(x)=q\mu_p p(x)\frac{W}{L}\mathrm{d}x \tag{1.112}$$

式中 W 和 L 分别为薄层电阻器的宽度和长度，对从表面一直到底部的每一薄层电导相加，就得到整个 p 型区域的电导

$$G=\frac{W}{L}\int_0^{x_j}q\mu_p p(x)\mathrm{d}x \tag{1.113}$$

式中 x_j 为结深，即空穴浓度可忽略时的深度（接近 $N_A=N_D$ 处），令

$$g=\int_0^{x_j}q\mu_p p(x)\mathrm{d}x \tag{1.114}$$

g 是一个方形电阻的电导（即 $L=W$ 时 $G=g$），它和 $p(x)$ 的分布及 μ_p 值（μ_p 是掺杂浓度的函数）有关。

因此，电阻

$$R=\frac{1}{G}=\frac{L}{W}\cdot\frac{1}{g} \tag{1.115}$$

式中，$1/g$ 通常用符号 $R_\square$ 表示，称为薄层电阻或方块电阻。薄层电阻的单位是欧姆（Ω），但一般用 Ω/□表示。

1.3.2　载流子扩散

上一小节讨论了载流子在电场作用下输运产生的电流，即漂移电流。若半导体材料中载流子浓度存在空间上的变化，载流子倾向于从高浓度区流向低浓度区，这种由于扩散作用引起的电流称为扩散电流。

扩散是通过载流子的热运动实现的。由于热运动，不同区域不断进行着载流子的交换，若载流子不均匀分布，这种交换就会引起载流子的宏观流动。因此，扩散流的大小与载流子

的绝对数量没有直接联系。为了进一步理解扩散过程，假设电子浓度沿 x 方向变化，半导体的温度是均匀的，因此电子的平均热能不随 x 变化，只是浓度 $n(x)$ 随 x 变化。我们考虑单位时间内通过 $x=0$ 平面单位面积上的电子数。在一定温度下，电子以热运动速度 v_{th}，平均自由程 λ ($\lambda=v_{th}\tau$，τ 为平均自由时间)作无规则热运动。在 $x=-\lambda$(即左边距离 $x=0$ 为一个平均自由程处)的电子向左或向右的机会相等；在一个平均自由时间 τ 内，有一半电子穿过 $x=0$ 的平面。因此，单位时间内从左向右通过 $x=0$ 平面单位面积的电子平均流量 F_1 为

$$F_1 = \frac{\frac{1}{2}n(-\lambda)}{\tau} = \frac{1}{2}n(-\lambda)v_{th} \tag{1.116}$$

同样，单位时间内在 $x=\lambda$ 处的电子从右向左通过 $x=0$ 平面单位面积的平均流量 F_2 为

$$F_2 = \frac{1}{2}n(\lambda)v_{th} \tag{1.117}$$

这样，单位时间内电子从左向右的净流量

$$F = F_1 - F_2 = \frac{1}{2}v_{th}[n(-\lambda) - n(\lambda)] \tag{1.118}$$

将随空间变化的电子浓度在 $x=\pm\lambda$ 处展开成泰勒级数，取头两项作为近似，可得

$$F = -v_{th}\lambda\frac{dn}{dx} \equiv -D_n\frac{dn}{dx} \tag{1.119}$$

式中 $D_n=v_{th}\lambda$ 称为扩散系数。每个电子所带电荷为 $-q$，因此电子流动产生的电流为

$$J_n = -qF = qD_n\frac{dn}{dx} \tag{1.120}$$

扩散电流正比于电子浓度对空间的导数，它是在有浓度梯度时由载流子的无规则热运动引起的。随着 x 的增加电子浓度梯度是正时，电子将向负 x 方向扩散，此时电流是正的，即电流方向与电子扩散的方向相反。

1.3.3 电流密度方程(漂移-扩散方程)

通常忽略热电子效应，即假定电子温度和晶格温度相同(热平衡近似)。在这种情形下，当电场和浓度梯度同时存在时，半导体内任一点的电流是漂移分量和扩散分量之和：

$$J_n = q\mu_n n\mathscr{E} + qD_n\frac{dn}{dx} \tag{1.121}$$

扩散系数和迁移率二者受一共同的因素 τ 制约，因而有一定的必然联系。现在，我们寻求热平衡时它们之间的关系。热平衡时，各处费米能级在同一水平上，载流子浓度的高低反映在带边与费米能级距离的大小上。带边的弯曲意味着存在电场，它的作用在于产生适当的漂移电流与浓度梯度引起的扩散电流相抵消。我们注意到，存在电场 $\mathscr{E}$ 时，每个电子受电场力 $-q\mathscr{E}$ 作用，电场力等于势能梯度的负值，即 $-q\mathscr{E}=-$(电子势能梯度)。本章开头我们就曾经指出，导带底 E_c 相当于电子的势能(普遍地讲，由于势能可以差一个常数，能带图上平行

于 E_c 的任何一条曲线，例如本征费米能级 E_i，也可以表示电子势能)，因而有

$$\mathscr{E} = \frac{1}{q}\frac{dE_c}{dx} \tag{1.122}$$

我们还注意到，热平衡电子浓度(参见(1.37)式)为

$$n = N_c F_{1/2}(\eta_c) \tag{1.123}$$

其中 $\eta_c=(E_F-E_c)/k_B T$，所以电子浓度是能量差 E_F-E_c 的函数，即 $n=n(E_F-E_c)$。注意到这两个方面以及热平衡时电流为零，对于方程(1.121)令 $J_n=0$，可以证明

$$\mu_n = qD_n \frac{d(\ln n)}{dE_F} \tag{1.124}$$

式(1.124)表示广义的爱因斯坦关系，不论半导体简并或非简并它都适用。非简并时，$n=N_c e^{\eta_c}$，我们得到熟知的爱因斯坦关系：

$$D_n = \left[\frac{k_B T}{q}\right]\mu_n \tag{1.125}$$

有电流时，电子分布总在一定程度上偏离平衡。只要相对平衡分布的偏离不是很大，我们可以定义与位置有关的费米能级(准费米能级)$E_F(x)$，把方程(1.123)推广到非平衡情形，并且认为爱因斯坦关系式仍然成立。用准费米能级 $E_F(x)$ 和广义爱因斯坦关系[式(1.124)]，可以把电流方程(1.121)改写为

$$\boldsymbol{J}_n = \mu_n n \frac{dE_F(x)}{dx} \tag{1.126}$$

在三维情形下，梯度符号$\frac{d}{dx}$应该用$\nabla=\frac{\partial}{\partial x}\boldsymbol{i}+\frac{\partial}{\partial y}\boldsymbol{j}+\frac{\partial}{\partial z}\boldsymbol{k}$ 代替，$\boldsymbol{i}$、$\boldsymbol{j}$、$\boldsymbol{k}$ 分别为沿 x、y、z 轴方向的单位矢量。这样，电子电流密度为

$$\boldsymbol{J}_n = q\mu_n n\mathscr{E} + qD_n \nabla n \tag{1.127}$$

或

$$\boldsymbol{J}_n = \mu_n n \nabla E_F(r) \tag{1.128}$$

对空穴电流可得与电子电流类似的表达式，在三维情形下为

$$\boldsymbol{J}_p = q\mu_p p\mathscr{E} - qD_p \nabla p \tag{1.129}$$

或

$$\boldsymbol{J}_p = \mu_p p \nabla E_F(r) \tag{1.130}$$

式(1.129)中的扩散项取负号，是由于空穴浓度梯度(一维情形是 dp/dx)为正时，空穴将向负 x 方向扩散，由此引起的空穴电流也流向负 x 方向。扩散系数 D_p 和迁移率 μ_p 之间同样也存在爱因斯坦关系

$$\mu_p = -qD_p \frac{d(\ln p)}{dE_F} \tag{1.131}$$

非简并情形下，式(1.131)简化为下述熟知的表示式：

$$D_p = \left[\frac{k_B T}{q}\right]\mu_p \tag{1.132}$$

总的传导电流密度是电子电流密度与空穴电流密度之和：

$$\boldsymbol{J}=\boldsymbol{J}_{\mathrm{n}}+\boldsymbol{J}_{\mathrm{p}} \tag{1.133}$$

式(1.133)以及关于 $\boldsymbol{J}_{\mathrm{n}}$，$\boldsymbol{J}_{\mathrm{p}}$ 的表达式构成电流密度方程。这些方程对分析器件在低电场下的工作是非常重要的。但强电场下迁移率与电场有关，$\mu_{\mathrm{n}}\mathscr{E}$ 及 $\mu_{\mathrm{p}}\mathscr{E}$ 应该用漂移速度 v_{n} 及 v_{p} 代替(电场足够高时，v_{n}，v_{p} 趋近于饱和值 v_{s})。另一方面，电子(或空穴)的浓度梯度很大时，扩散流偏离式(1.119)表示的扩散定律(Fick 定律)。

1.3.4 过剩载流子及其产生与复合

在热平衡下，关系式 $pn=n_{\mathrm{i}}^2$ 成立。若有过剩载流子被引入半导体，使得 $pn>n_{\mathrm{i}}^2$，这时半导体处于非平衡状态。引入过剩载流子的过程称为载流子注入。可以用多种方法注入载流子，其中包括光激发和对 pn 结加正向偏置(后者将在第二章中讨论)。在光激发的情形下，用光照射半导体，若光子能量 $h\nu$ 大于半导体禁带宽度 E_{g}(这里 h 为普朗克常量，ν 为光的频率)，则光子被半导体吸收并产生一个电子-空穴对。光激发增加了电子和空穴的浓度，使其超过平衡值，这些新增加的载流子叫过剩载流子。过剩载流子也常称为非平衡载流子。这里“非平衡”仅指数量上偏离平衡值，其能量分布仍可与平衡分布相同。相反，在有些情形下，载流子的浓度虽然未发生显著变化，但其能量分布却可以是非平衡的，强场下的热电子就是这种情况。

1. 准费米能级

我们知道，热平衡时电子和空穴的分布由费米函数给出；一旦知道费米能级，分布函数就被确定。显然，如果过剩电子和空穴注入半导体，就不能用同样的函数来描述状态的占据几率。在一定的假设下，电子和空穴的占据几率用准费米能级描述。这些假设是：(1) 电子实际上在导带内热平衡，空穴在价带内热平衡。这意味着载流子既不能从晶格原子得到能量，也不会失去能量。(2) 电子-空穴复合时间比起电子在导带内和空穴在价带内达到平衡的时间来说要长得多。

在许多实际问题中，在同一能带内达到平衡的时间大约小于 10^{-10} s，而电子-空穴复合时间通常是 μs 数量级。这样，上述假设通常可以满足。在这种情形下，准平衡的电子和空穴可以由电子费米函数 $f_{\mathrm{n}}(E)$ 和空穴费米函数 $f_{\mathrm{p}}(E)$ 表示，并有

$$n=\int_{E_{\mathrm{c}}}^{\infty} f_{\mathrm{n}}(E) g_{\mathrm{c}}(E) \mathrm{d}E \tag{1.134}$$

$$p=\int_{-\infty}^{E_{\mathrm{v}}} f_{\mathrm{p}}(E) g_{\mathrm{v}}(E) \mathrm{d}E \tag{1.135}$$

其中

$$f_{\mathrm{n}}(E)=\frac{1}{\exp[(E-E_{\mathrm{Fn}})/k_{\mathrm{B}}T]+1} \tag{1.136}$$

E_{Fn} 为电子准费米能级。若 $f_{\mathrm{v}}(E)$ 是价带中的电子占据率，空穴占据率就是

$$f_p(E) = 1 - f_v(E) = 1 - \frac{1}{\exp[(E - E_{FP})/k_B T] + 1}$$

$$= \frac{1}{\exp[(E_{FP} - E)/k_B T] + 1} \qquad (1.137)$$

E_{FP}为空穴准费米能级。

2. 直接复合

每当热平衡状态受到破坏($pn \neq n_i^2$),就会存在一个使系统恢复平衡($pn = n_i^2$)的过程。在注入过剩载流子的情况下,恢复平衡的机制是导带中的过剩电子逐渐回到价带之中。这个过程称为复合。

电子和空穴的复合总是通过具体过程实现的。就复合过程中电子、空穴所经历的状态来说,复合过程可分为直接复合和间接复合。在直接复合过程中,电子直接跃迁至价带中的某一空状态。而在间接复合过程中,电子在跃迁到价带某一空状态之前还要经历某一(或某些)中间状态,例如电子先跃迁至某一杂质(缺陷)能级,然后再向价带跃迁。在复合之前,电子和空穴也可以由于库仑相互作用,先结合在一起,形成一种束缚态——激子,再通过激子的湮灭实现复合(激子复合)。在复合的每一跃迁过程中,不管是电子直接跃迁至价带或者跃迁至杂质能级,还是激子的形成和湮灭,都能释放能量和动量。释放出来的能量可作为光子发射出去,也可以热能(发射声子,且通常是多声子过程,因为通常跃迁中释放的能量比单个声子的能量大得多)的形式传给晶格,这取决于复合过程的性质。发射光子的复合过程称为辐射复合,否则称为非辐射复合。

直接禁带中半导体的导带底和价带顶在 $\boldsymbol{k}$ 空间的同一位置,电子和空穴通过禁带复合不需涉及晶体动量变化(即不需要吸收或发射声子)。所以,在直接半导体中引入过剩载流子时,电子和空穴直接复合的几率很高。可以预料,单位时间和单位体积内复合的电子-空穴对数正比于电子浓度 n 和空穴浓度 p:

$$R = \gamma n p \qquad (1.138)$$

R 为复合速率;γ 称为直接复合系数,它实际上是对于各种能量的电子和空穴的平均值。在非简并情形下,电子和空穴有相同的能量分布,γ 应与电子和空穴的浓度无关。

热平衡时,产生率(单位时间和单位体积内产生的电子-空穴对数)G_{th}和复合率 R_{th}必定相等,以使载流子浓度保持常数,并且维持条件 $pn = n_i^2$ 成立。

因此,对 n 型半导体有

$$G_{th} = R_{th} = \gamma n_{n0} p_{n0} \qquad (1.139)$$

式中 n_{n0},p_{n0}分别为 n 型半导体热平衡时的电子浓度和空穴浓度。

有外界激发(例如光照)时,半导体的载流子浓度将超过其平衡值。此时,复合率和产生率分别为

$$R = \gamma n_n p_n = \gamma(n_{n0} + \Delta n)(p_{n0} + \Delta p) \qquad (1.140)$$

和

$$G = G_L + G_{th} \tag{1.141}$$

G_L 表示光激发产生率。式中 Δn 和 Δp 为过剩载流子浓度，并有 $\Delta n = \Delta p$ 以保持整体的电中性。

空穴浓度的净变化率为

$$\frac{dp_n}{dt} = G - R = G_L + G_{th} - R \tag{1.142}$$

在稳态下，$\frac{dp_n}{dt} = 0$，由上式可得

$$G_L = R - G_{th} \equiv U \tag{1.143}$$

式中 U 为净复合率。把式(1.139)，(1.140)代入式(1.143)得到

$$U \approx \gamma(n_{n0} + p_{n0} + \Delta p)\Delta p \tag{1.144}$$

对于小注入，$\Delta p \ll n_{n0}$，且对 n 型半导体有 $p_{n0} \ll n_{n0}$，故式(1.144)可简化为

$$U \approx \gamma n_{n0} \Delta p = \frac{p_n - p_{n0}}{1/(\gamma n_{n0})} \tag{1.145}$$

因此，净复合率正比于过剩少数载流子浓度，比例常数 $\frac{1}{\gamma n_{n0}}$ 称为过剩少数载流子的寿命 τ_p。式(1.145)可写为

$$U = \frac{p_n - p_{n0}}{\tau_p} \tag{1.146}$$

其中，

$$\tau_p = \frac{1}{\gamma n_{n0}} \tag{1.147}$$

寿命的物理意义可用外界激发因素(例如光照)撤除以后过剩载流子消失的情形来说明。设照射 n 型半导体的光源在 $t=0$ 时刻关断，则由式(1.142)可知，关断光照($G_L = 0$)以后，空穴浓度的净变化率为

$$\frac{dp_n}{dt} = G_{th} - R = -U = -\frac{p_n - p_{n0}}{\tau_p} \tag{1.148}$$

求解方程(1.148)，得到过剩载流子浓度按指数规律衰减：

$$\Delta p_n(t) = (\Delta p_n)_0 \exp(-t/\tau_p) \tag{1.149}$$

$(\Delta p_n)_0$ 为 $t=0$ 时的过剩载流子浓度。由上式容易证明 τ_p 就等于过剩载流子的平均存在时间，即寿命。在 t 和 $t + dt$ 之间复合掉的过剩载流子为

$$d(\Delta p_n) = -\frac{(\Delta p_n)_0}{\tau_p} \exp(-t/\tau_p) dt \tag{1.150}$$

因此，过剩载流子的平均存在时间为

$$\langle t \rangle = \frac{\int_0^{\infty} (\Delta p_n)_0 \frac{t}{\tau_p} \exp(-t/\tau_p) dt}{(\Delta p_n)_0} = \tau_p \tag{1.151}$$

可见 τ_p 就是过剩载流子的寿命。

τ_p 的倒数代表过剩载流子的复合几率

$$P=\frac{1}{\tau_p} \tag{1.152}$$

它可理解为每个过剩载流子在单位时间内发生复合的平均次数。

3. 间接复合

像硅这类间接禁带半导体，导带底和价带顶不在 $\boldsymbol{k}$ 空间的同一位置，即导带底的电子相对价带顶的空穴有非零的晶体动量变化。因此，不与晶格相互作用而动量和能量都守恒的直接跃迁是不可能的。这类半导体中的主要复合过程是通过禁带中局域能态（杂质或缺陷能级）的间接跃迁。这些局域能态相当于导带与价带之间的“跳板”，跃迁几率依赖于导带以及价带边缘与“跳板”之间的能量差，这些中间能级的存在会显著加快复合过程。这些中间能态也称复合中心，或产生-复合中心，因为这些能态对自由载流子既能起复合作用，又能起产生作用。

几乎所有半导体物理教科书都对间接复合理论做了详细叙述，我们这里予以省略。根据这一理论，通过单能级复合中心的净复合率为

$$U=\frac{pn-n_i^2}{\tau_p(n+n_t)+\tau_n(p+p_t)} \tag{1.153}$$

其中，

$$n_t=n_i e^{(E_t-E_i)/k_B T} \tag{1.154}$$

$$p_t=n_i e^{(E_i-E_t)/k_B T} \tag{1.155}$$

E_t 是复合中心的能级位置。

为了便于理解式(1.153)的主要特征，我们先考虑一个极限情况，即小注入下的 n 型半导体，此时 $n_n \gg p_n$。并假定复合中心靠近禁带中线，使 $n_n \gg n_t$。因此 U 可近似为

$$U \approx \frac{p_n-p_{n0}}{\tau_p} \tag{1.156}$$

这个表达式与式(1.146)的形式相同，所以 τ_p 为相应的 n 型半导体中空穴的寿命（平均存在时间）。

平均存在时间可通过俘获截面 σ 来描述。我们设想空穴具有截面积 σ_p，则它在单位时间内扫过的体积是 $\sigma_p v_{th}$（v_{th}是热运动速度）。如果复合中心在该体积内，空穴将被它俘获。复合中心可看作直径是零，浓度为 N_t。则单位时间内每个空穴被俘获 $N_t\sigma_p v_{th}$次，即平均存在时间为

$$\tau_p=\frac{1}{N_t\sigma_p v_{th}} \tag{1.157}$$

σ_p 是复合中心对空穴的有效俘获截面。俘获截面的概念，可以完全等效地以另一种方式来实现，这便是假设复合中心具有有效面积，而粒子（空穴）的直径是零。每单位时间内的平均俘获次数仍然是 $N_t\sigma_p v_{th}$。因此俘获截面在粒子和复合中心之间具有互易的性质，但是不能

同时指定两者都有有效面积，并且不能设想俘获截面具有粒子或复合中心的实际横截面积的物理意义。俘获截面的典型值为 $10^{-15}\sim10^{-13}\,\text{cm}^2$。

对于 p 型半导体中电子的寿命，可以得到类似的表达式

$$\tau_n = \frac{1}{N_t\sigma_n v_{th}} \tag{1.158}$$

σ_n 是复合中心对电子的有效俘获截面。

室温下，n 型硅中寿命 τ_p 的典型值约为 $0.3\mu s$，p 型硅中寿命 τ_n 为 $1.0\mu s$。寿命与多数载流子浓度无关。这是因为 n 型半导体中存在大量的电子，只要有一个空穴被复合中心俘获，立刻就有一个电子被该中心俘获，从而完成复合过程。因此，复合过程中限制速率的是少数载流子的俘获。

将式(1.154)，(1.155)，(1.157)和(1.158)代入式(1.153)，有

$$U = \frac{v_{th}\sigma_n\sigma_p N_t(pn - n_i^2)}{\sigma_p[p + n_i\exp[(E_i - E_t)/k_B T]] + \sigma_n[n + n_i\exp[(E_t - E_i)/k_B T]]} \tag{1.159}$$

假设电子的俘获截面与空穴的相等，即 $\sigma_n=\sigma_p=\sigma_0$，式(1.149)可简化为

$$U = v_{th}\sigma_0 N_t \frac{(pn - n_i^2)}{p + n + 2n_i\cosh\left[\dfrac{E_t - E_i}{k_B T}\right]} \tag{1.160}$$

为具体起见，考虑 n 型半导体($n_{n0}\gg p_{n0}$)。这时，在上式中 $p=p_n=p_{n0}+\Delta p$，$n=n_{n0}+\Delta n$，n_{n0} 和 p_{n0} 分别为热平衡时的电子浓度和空穴浓度，$\Delta n=\Delta p$ 为过剩载流子浓度。通常 $pn\gg n_i^2$，小注入时，外在因素不会显著改变热平衡时总的自由载流子浓度，故有 $\Delta p\ll n_{n0}$。在上述条件下，式(1.160)简化为

$$\begin{aligned} U &= v_{th}\sigma_0 N_t \frac{(n_{n0} + p_{n0})\Delta p}{(n_{n0} + p_{n0}) + 2n_i\cosh\left[\dfrac{E_t - E_i}{k_B T}\right]} \\ &= v_{th}\sigma_0 N_t \frac{p_n - p_{n0}}{1 + \left[\dfrac{2n_i}{n_{n0} + p_{n0}}\right]\cosh\left[\dfrac{E_t - E_i}{k_B T}\right]} \\ &= \frac{p_n - p_{n0}}{\tau_r} \end{aligned} \tag{1.161}$$

其中 τ_r 为复合寿命，由式

$$\tau_r = \frac{1 + \left[\dfrac{2n_i}{n_{n0} + p_{n0}}\right]\cosh\left[\dfrac{E_t - E_i}{k_B T}\right]}{v_{th}\sigma_0 N_t} \tag{1.162}$$

给出。由于 $n_{n0}\gg n_i$，复合寿命 τ_r 是 $(E_t-E_i)/k_B T$ 的缓变函数，即 τ_r 的最小值(等于 $1/v_{th}\sigma_0 N_t$)的范围是相当宽的。在 $n_{n0}=10^{15}\,\text{cm}^{-3}$ 的情况下，即使复合中心能级 E_t 在禁带中线上下一个相当大的范围(达 $\pm10k_B T$)内变化，τ_r 仍基本上为一个常数($\approx1/v_{th}\sigma_0 N_t$)。若多数载流子浓度更高，这个能量范围也变得更大。

到现在为止，我们考虑的都是过剩载流子注入半导体中，以致有 $pn>n_i^2$ 的情况，此时使系统恢复到平衡的是复合。另一方面，如果 $pn<n_i^2$，意味着载流子从半导体中抽出，为了恢复系统的平衡，产生-复合中心必然产生载流子。把 $n<n_i$ 及 $p<n_i$ 代入式(1.160)，即可得到产生率

$$G=-U=\frac{n_i}{\tau_g} \tag{1.163}$$

其中 τ_g 为产生寿命，由下式给出：

$$\tau_g=\frac{2\cosh\left[\frac{E_t-E_i}{k_BT}\right]}{v_{th}\sigma_0N_t} \tag{1.164}$$

注意产生寿命强烈依赖于复合中心的能级位置，当复合中心能级位于禁带中线附近时，τ_g 取最小值。这是由于在低载流子浓度情形下，复合中心与导带和价带之间的跃迁速率趋向于相等时，这些能级起较大的作用。

由式(1.162)和(1.164)可得

$$\frac{\tau_g}{\tau_r}\approx 2\cosh\left[\frac{E_t-E_i}{k_BT}\right] \tag{1.165}$$

可见，当 $E_t\neq E_i$ 时，产生寿命比复合寿命大得多。式(1.165)对于器件设计具有重要意义。如果选择适当能级的复合中心，可使 $\tau_g\gg\tau_r$。因此，和 τ_r 有关的器件特性(如二极管的关断时间)可以独立改变，而不影响器件与 τ_g 有关的特性，如二极管的漏电流(见第二章)。

4. 俄歇复合

俄歇复合是电子和空穴直接复合、同时把释放出来的能量交给另一个电子或空穴(在 n 型半导体中是电子，在 p 型半导体中是空穴)的复合过程。俄歇复合寿命 τ_A 与多数载流子浓度的平方成反比，可表示为

$$\tau_A=\frac{1}{G_nn^2}\text{(n 型半导体)} \tag{1.166}$$

或

$$\tau_A=\frac{1}{G_pp^2}\text{(p 型半导体)} \tag{1.167}$$

G_n，G_p 称为俄歇系数，常用单位是 cm^6s^{-1}。对于硅，$G_n\approx2.28\times10^{-31}cm^6\cdot s^{-1}$，$G_p\approx9.9\times10^{-32}cm^6\cdot s^{-1}$。

尽管由于俄歇过程是一个三粒子过程，发生该过程的几率较小，但在高载流子浓度下，该过程可起重要作用。所以在重掺杂半导体中，俄歇复合是主要的复合机制。

5. 表面复合

由于晶体原子的周期排列在表面终止，在表面区引入了大量的局域能态或产生-复合中心。这些能态可以大大增加表面区域的复合率。因为表面复合对许多半导体器件的特性有很大的影响，所以了解表面复合过程是很重要的。

表面复合和前面讨论过的间接复合类似，是通过表面复合中心进行的。单位时间单位

面积内载流子在表面复合的总数可用类似于式(1.153)的形式[并且利用了式(1.157)和(1.158)]表示为

$$U=\frac{v_{\mathrm{th}}\sigma_{\mathrm{p}}\sigma_{\mathrm{n}}N_{\mathrm{st}}(p_{\mathrm{s}}n_{\mathrm{s}}-n_{\mathrm{i}}^{2})}{\sigma_{\mathrm{p}}(p_{\mathrm{s}}+p_{\mathrm{t}})+\sigma_{\mathrm{n}}(n_{\mathrm{s}}+n_{\mathrm{t}})} \tag{1.168}$$

式中 n_s 和 p_s 分别为表面区中电子和空穴的浓度，N_{st} 为表面区域单位面积的复合中心数。在 n_s 基本上等于体内的多数载流子浓度 n_{n0}、且表面的电子和空穴俘获截面相等($\sigma_n=\sigma_p=\sigma_s$)的条件下，由上式可得

$$U_{\mathrm{s}}=\frac{v_{\mathrm{th}}\sigma_{\mathrm{s}}N_{\mathrm{st}}n_{\mathrm{n0}}}{p_{\mathrm{s}}+n_{\mathrm{n0}}+2n_{\mathrm{i}}\cosh\left[\frac{E_{\mathrm{st}}-E_{\mathrm{i}}}{k_{\mathrm{B}}T}\right]}(p_{\mathrm{s}}-p_{\mathrm{n0}}) \tag{1.169}$$

E_{st} 为表面复合中心能级。上式右侧(p_s-p_{n0})的系数通常被定义为表面复合速度

$$S_{\mathrm{r}}=\frac{v_{\mathrm{th}}\sigma_{\mathrm{s}}N_{\mathrm{st}}n_{\mathrm{n0}}}{p_{\mathrm{s}}+n_{\mathrm{n0}}+2n_{\mathrm{i}}\cosh\left[\frac{E_{\mathrm{st}}-E_{\mathrm{i}}}{k_{\mathrm{B}}T}\right]} \tag{1.170}$$

表面产生率 G_s 可令 $p_s<n_i$ 和 $n_s<n_i$ 求得，为

$$G_{\mathrm{s}}=-U_{\mathrm{s}}=\frac{v_{\mathrm{th}}\sigma_{\mathrm{s}}N_{\mathrm{st}}}{2\cosh\left[\frac{E_{\mathrm{st}}-E_{\mathrm{i}}}{k_{\mathrm{B}}T}\right]}n_{\mathrm{i}} \tag{1.171}$$

相应的产生速度为

$$S_{\mathrm{g}}=\frac{v_{\mathrm{th}}\sigma_{\mathrm{s}}N_{\mathrm{st}}}{2\cosh\left[\frac{E_{\mathrm{st}}-E_{\mathrm{i}}}{k_{\mathrm{B}}T}\right]} \tag{1.172}$$

因乘积 $v_{th}\sigma_s N_{st}$ 的量纲是 cm/s，S_r 和 S_g 具有速度的量纲。S_r 和 S_g 的表达式分别具有体复合寿命和体产生寿命表达式的倒数形式，而如前所述，体复合寿命比产生寿命小得多，因此可以预料，表面复合速度要比表面产生速度高，即 $S_r>S_g$，硅工艺控制的最新发展，已使 S_r 值低至 80cm/s，S_g 则更低，为 0.1cm/s。

一般情形下，半导体表面载流子的浓度和体内不同，如图 1.20 所示。对此可大致解释

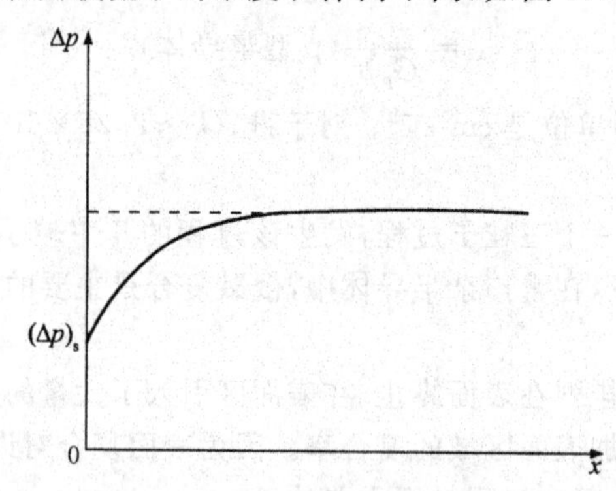

图 1.20 稳态过剩载流子浓度与表面距离的关系

如下。通常，表面处缺陷的密度大于内部缺陷的密度，故表面处过剩少数载流子的寿命比内部的短，若表面和内部的复合率相等（当假设表面和内部的产生率相等时，由于在稳态时复合率和产生率相等，必然导致这一结论），则表面处的过剩少数载流子浓度小于内部的过剩少数载流子浓度。

如图 1.20 所示，表面附近的过剩载流子浓度存在梯度，结果向表面扩散并复合。例如空穴，这种向表面的扩散可用下述方程描述：

$$D_p \frac{d(\Delta p)}{dx} \Big|_{\text{表面}} = S_{pr} \Delta p \Big|_{\text{表面}} \tag{1.173}$$

写出上述方程时已经考虑了载流子的扩散方向与所选坐标方向相反，利用图 1.20 所示的坐标，$d(\Delta p_n)/dx$ 为正值，所以表面复合速度 S_{pr} 为正值。

作为应用方程(1.173)的例题，考虑一个受到均匀光照的 n 型样品，它的一端($x=0$)存在表面复合，即

$$D_p \frac{d(\Delta p_n)}{dx} \Big|_{x=0} = S_{pr}[p_n(0) - p_{n0}] \tag{1.174}$$

稳定时，样品内过剩少数载流子(空穴)的浓度满足方程

$$D_p \frac{d^2(p_n - p_{n0})}{dx^2} + G_L - \frac{p_n - p_{n0}}{\tau_p} = 0 \tag{1.175}$$

G_L 为光照产生电子-空穴对的产生率。方程(1.175)的解有如下形式：

$$p_n(x) - p_{n0} = \tau_p G_L + A\exp(x/L_p) + B\exp(-x/L_p) \tag{1.176}$$

$L_p=\sqrt{D_p\tau_p}$为空穴的扩散长度，A,B 为待定系数。当 $x\to\infty$时，$p_n - p_{n0} = \tau_p G_L$，这意味着 $A=0$；当 $x=0$时，则有

$$p_n(0) - p_{n0} = \tau_p G_L + B \tag{1.177}$$

和

$$\frac{d(p_n - p_{n0})}{dx} \Big|_{x=0} = -\frac{B}{L_p} \tag{1.178}$$

将式(1.177)和(1.178)代入方程(1.174)，得到

$$B = -\frac{S_{pr}\tau_p G_L}{S_{pr} + D_p/L_p} \tag{1.179}$$

过剩少数载流子(空穴)的浓度则为

$$p_n(x) - p_{n0} = \tau_p G_L \left[1 - \frac{S_{pr} L_p \exp(-x/L_p)}{S_{pr} L_p + D_p}\right] \tag{1.180}$$

从上式不难看出，当 $S_{pr}\to\infty$时，表面处的少数载流子浓度接近于热平衡值 p_{n0}。

1.3.5　连续性方程和泊松方程

前面已经讨论了载流子的漂移、扩散、复合和产生。描述所有这些作用总体效应的基本方程为连续性方程。连续性方程基于粒子数守恒，即单位体积内电子增加的速率等于净流

入的速率和净产生率(G_n-U_n)之和：

$$\frac{\partial n}{\partial t}=\frac{1}{q}\nabla\cdot\boldsymbol{J}_n+G_n-U_n \tag{1.181}$$

式中，G_n 为外界因素作用(例如光子的光激发和强电场下的碰撞电离)下电子的产生率；U_n 为 p 型半导体中的电子复合率，在小注入(注入的载流子浓度远小于平衡多数载流子浓度)状态下，U_n 可表示为$(n_p-n_{p0})/\tau_n$，式中 n_p 为电子(少数载流子)浓度，n_{p0} 为热平衡电子浓度，τ_n 为电子寿命。若电子和空穴成对产生和复合，没有陷阱效应或其他效应，则 $\tau_n=\tau_p$(τ_p 为空穴寿命)。对于空穴也有类似的连续性方程：

$$\frac{\partial p}{\partial t}=-\frac{1}{q}\nabla\cdot\boldsymbol{J}_p+G_p-U_p \tag{1.182}$$

除连续性方程外，还必须满足泊松方程。这一方程由静电场强和电势梯度的关系 $\mathscr{E}=-\nabla\psi$和高斯定理的微分形式$\nabla\cdot\mathscr{E}=\rho/\varepsilon_s$ 得到，为

$$\nabla^2\psi=-\rho/\varepsilon_s \tag{1.183}$$

式中，ε_s 是半导体的介电常数，等于相对介电常数 ε_r 和真空介电常数 ε_0 的乘积($\varepsilon_s=\varepsilon_r\varepsilon_0$)；$\rho=q(p-n+N_D^+-N_A^-)$，即载流子浓度和电离杂质浓度的代数和。

1.3.6　强电场效应

1. 非线性的速度-电场关系

在讨论迁移率时，我们假定迁移率 μ(或两次碰撞间的时间间隔 τ)与电场 $\mathscr{E}$ 无关，从而漂移速度 v 与 $\mathscr{E}$ 呈线性关系。这一假定在弱电场下是成立的。实际上，只要载流子的平均能量偏离热平衡值$\frac{3}{2}k_BT$(T 晶格温度)很小，或者说只要漂移速度比热运动速度(室温下约为 10^7 cm/s)小得多，这个假定就是合理的。但随着 $\mathscr{E}$ 的不断增大，载流子从电场获得的能量越来越多，其平均能量(通常象对理想电子气那样用$\frac{3}{2}k_BT_e$ 表示，其中 T_e 称为热电子温度)将显著高于热平衡值，或者说漂移速度将接近热速度。在这种情形下，μ 将与 $\mathscr{E}$ 有关。这就是非线性 v-$\mathscr{E}$关系的起源。

图 1.21 为硅与砷化镓中电子及空穴的漂移速度和电场关系的实验结果。先考察硅的情况。显然，漂移速度与电场的关系起初是线性的，相应的迁移率是常数；随着电场进一步增加，漂移速度的增加减慢，当电场足够强时，漂移速度趋向于一个饱和值。饱和漂移速度起因于光学声子(能量为 $\hbar\omega_0$)对载流子能量损失速率的限制，对此我们进一步说明如下。当电场足够强时，载流子有足够能量和光学声子相互作用，能量损失主要通过发射光学声子。平均说来，载流子通过发射光学声子损失能量的速率为

$$\left\langle\frac{\mathrm{d}E}{\mathrm{d}t}\right\rangle_1=\frac{\hbar\omega_0}{\tau} \tag{1.184}$$

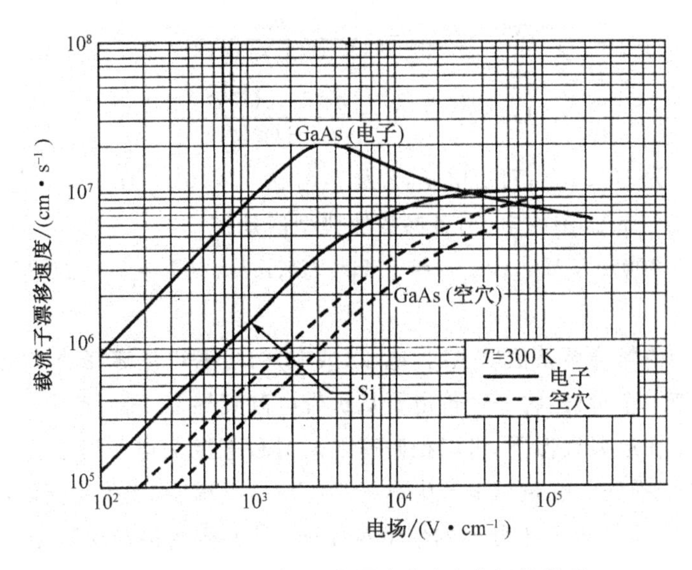

图 1.21　GaAs 与 Si 中漂移速度和电场的关系

这里的时间 τ 就是载流子在光学声子散射下的平均自由时间。载流子从电场获得能量的平均速率为

$$\left\langle\frac{\mathrm{d}E}{\mathrm{d}t}\right\rangle_2 = qv\mathscr{E} \tag{1.185}$$

稳定时，$\left\langle\frac{\mathrm{d}E}{\mathrm{d}t}\right\rangle_1=\left\langle\frac{\mathrm{d}E}{\mathrm{d}t}\right\rangle_2$ 和 $q\mathscr{E}\tau=mv$，故有

$$v = v_s = \sqrt{\hbar\omega_0/m} \tag{1.186}$$

v_s 表示载流子的饱和漂移速度。对硅中的电子，$\hbar\omega_0\approx0.05\mathrm{eV}$，$m=m_\sigma\approx0.26m_0$，($m_0$ 为自由电子质量)，v_s 约等于 $1.7\times10^7\mathrm{cm/s}$。

n 型砷化镓的强场输运现象与硅很不相同。由图 1.21 可见，对 n 型 GaAs，漂移速度达到最大值后，将随着电场的进一步增加而减小。这种现象起因于 GaAs 的导带结构。在叙述多能谷半导体时曾经提到，GaAs 的导带底在 Γ 点（$\boldsymbol{k}=0$）上；但在 L 点（沿<111>方向）上也存在着能谷，其能量约高 0.31eV。弱电场时，所有电子都留在低能谷（Γ 能谷）；电场增高，一些电子从电场获得足够能量转移到高能谷（L 能谷）；电场足够高时，所有电子都转移到 L 能谷。L 能谷的电子由于碰撞频繁（τ 小）和有效质量大，迁移率比 Γ 能谷的小得多。所以，当 $k_\mathrm{B}T_\mathrm{e}$ 和两能谷的能量差可比时，大多数电子移入 L 能谷，电子的平均迁移率减小，即漂移速度减小，直至所有电子都转移到了 L 能谷为止。由于 n 型 GaAs 的漂移速度具有这种特点，因此 GaAs 材料被用来做微波转移电子器件（参见第六章）。

漂移速度与电场关系的实验结果也可以用经验公式近似表示，较为常用的经验公式是：

$$\text{Si: } v_n, v_p = \frac{v_s}{[1+(\mathscr{E}_0/\mathscr{E})^\gamma]^{1/\gamma}} \tag{1.187}$$

$$\text{GaAs: } v(\mathscr{E}) = \frac{\mu\mathscr{E} + v_s(\mathscr{E}/\mathscr{E}_0)^4}{1+(\mathscr{E}/\mathscr{E}_0)^4} \tag{1.188}$$

就 Si 而言，v_s 为 10^7 cm/s；对于电子，γ 为 2，$\mathscr{E}_0$ 为 7×10^3 V/cm；对于空穴，γ 为 1，$\mathscr{E}_0$ 为 2×10^4 V/cm。对于 GaAs 中的电子，各参数的典型值是：

$$\mu = 8\,000\text{cm}^2/\text{V}\cdot\text{s}, \quad v_s = 7.7\times10^6\text{cm/s}, \quad \mathscr{E}_0 = 4\times10^3\text{V/cm}$$

2. 碰撞电离

当半导体中的电场增至某值以上时，电子(或空穴)可获得足够高的动能与晶格碰撞，给出大部分动能打破一个价健，将一个价电子从价带电离到导带，因而产生一个电子-空穴对。这就是碰撞电离。在经典近似下，可以把碰撞电离过程想象为电子同静止的晶格原子之间的非弹性碰撞，电子损失的能量用来产生电子-空穴对，电离能(产生碰撞电离作用的电子必须具有的最低能量)E_i 应大于半导体的禁带宽度 E_g，这是因为碰撞时除能量守恒外，还必须满足动量守恒条件。在上述经典模型的基础上经过简单分析，可以得到 $E_i\approx\frac{3}{2}E_g$。

根据上面的论述，只有动能$\left(\text{等于}\frac{3}{2}k_B(T_e-T)，T_e\text{ 是电子温度，}T\text{ 是晶格温度}\right)$超过 E_i 的电子具有碰撞电离作用。对于玻尔兹曼分布，这部分电子所占比例为 $\exp(-E_i/k_BT_e)$。电离率(一个电子或空穴在单位长度的路程上通过碰撞电离产生的电子-空穴对数目)将正比于这一比例因子，

$$\alpha = A\exp(-E_i/k_BT_e) \tag{1.189}$$

A 为比例常数。电子从电场获得的动能为

$$\frac{3}{2}k_BT_e \approx q\mathscr{E}v_s\tau_E \tag{1.190}$$

τ_E 是电子的能量弛豫时间。由于碰撞电离是强电场作用，所以式(1.190)中用 T_e 代替了 (T_e-T)，用饱和漂移速度 v_s 代替了 $\mu\mathscr{E}$。利用式(1.190)可以将表示电离率 α 的式(1.189)改写为

$$\alpha = A\exp(-B/\mathscr{E}) \tag{1.191}$$

其中

$$B = \frac{3E_i}{2qv_s\tau_E} \tag{1.192}$$

对于一些重要的半导体，表 1.3 列出了电离率 $\alpha=A\exp(-B/\mathscr{E})$ 中参数 A 和 B 的实验数据($\mathscr{E}$ 的单位用 V/cm)。

表 1.3　$\alpha=A\exp(-B/\mathscr{E})$ 中的参数 A 和 B

半导体材料	电子		空穴	
	A/cm^{-1}	$B/\mathrm{V}\cdot\mathrm{cm}^{-1}$	A/cm^{-1}	$B/\mathrm{V}\cdot\mathrm{cm}^{-1}$
Ge	1.61×10^{7}	1.60×10^{6}	1.04×10^{-7}	1.28×10^{6}
Si	2.24×10^{6}	1.61×10^{6}	1.01×10^{6}	2.11×10^{6}
GaAs	1.05×10^{6}	1.52×10^{6}	1.70×10^{6}	1.85×10^{6}
GaP	2.26×10^{6}	3.33×10^{6}	2.26×10^{6}	3.33×10^{6}
InP	3.48×10^{6}	2.76×10^{6}	2.64×10^{6}	2.40×10^{6}

实验发现，只有少数半导体的电子电离率 α_n 和空穴电离率 α_p 是一样的。一般情形下，$\alpha_n\neq\alpha_p$，应有

$$\alpha_n = A_n\exp(-B_n/\mathscr{E}) \tag{1.193}$$

$$\alpha_p = A_p\exp(-B_p/\mathscr{E}) \tag{1.194}$$

碰撞电离是强电场引起的重要的产生过程。由于电子和空穴成对产生，产生率既可用单位体积每秒产生的电子数 $\mathrm{d}n/\mathrm{d}t$ 表示，也可以用相应的空穴数(或电子-空穴对数)表示。同时，碰撞电离是电子和空穴都参与的过程，产生率应该是它们的贡献之和。由于电子的碰撞电离作用，电子的增加率为 $(\mathrm{d}n/\mathrm{d}t)=(\mathrm{d}n/\mathrm{d}x)(\mathrm{d}x/\mathrm{d}t)=n\alpha_n v_n$，空穴的增加率显然也是 $n\alpha_n v_n$；同理，由于空穴的碰撞电离作用，电子(或空穴)的增加率是 $p\alpha_p v_p$。将二者的作用相加，即得碰撞电离的产生率为

$$\begin{aligned} G_I &= n\alpha_n v_n + p\alpha_p v_p \\ &= (nv_n)\cdot A_n\exp(-B_n/\mathscr{E}) + (pv_p)\cdot A_p\exp(-B_P/\mathscr{E}) \end{aligned} \tag{1.195}$$

n 和 v_n 分别为电子的浓度和运动速度，p 和 v_p 分别为空穴的浓度和运动速度。若 $\alpha_n=\alpha_p=\alpha$，则式(1.195)简化为

$$G_I = \alpha(nv_n + pv_p) \tag{1.196}$$

1.3.7　非稳态输运效应：速度过冲

前面我们实际上只讨论了稳态输运问题。与之相应，描述半导体输运性质的基本方程(漂移-扩散方程和泊松方程)只适合于常规器件，即只适合于大尺寸的器件(如沟道长度大于亚微米)和低于一定工作频率(例如 30GHz)的器件。目前，随着微细加工技术的发展，半导体器件的尺寸越来越小，已经能做到 0.1μm(深亚微米)的数量级。对于深亚微米器件，非稳态效应将出现，如产生载流子速度过冲。

在前面的讨论中一直认为，对应于某一确定的电场存在恒定不变的漂移速度。显然，这是一个稳态输运的概念。在电场对于载流子的加速时间小于能量弛豫时间的尺度内，漂移速度将随时间变化，即不能再把漂移速度看作电场的函数。图 1.22 表示在时间阶梯电场作

用下，Si 和 GaAs 中电子漂移速度的瞬态特征。由图可见，在加上电场以后十分之几皮秒(ps)时间内，漂移速度急剧上升，并达到一极大值，它比稳态值大若干倍。漂移速度达到极大值以后就逐渐减小，并趋于稳态值。这种现象称为速度过冲。

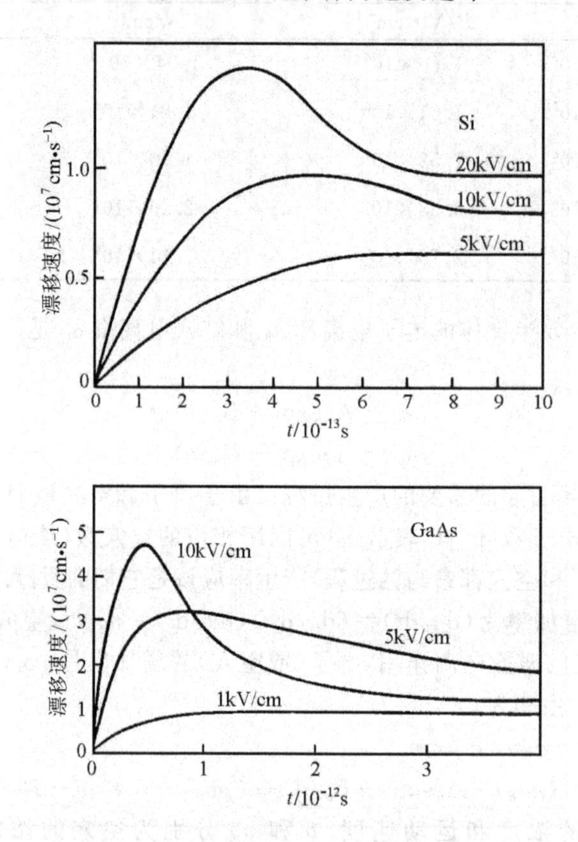

图 1.22 Si 和 GaAs 中电子在时间阶梯电场作用下漂移速度随时间的变化

速度过冲现象可定性解释如下。在加上电场以后，电子被加速，电子能量也逐渐增加。由于能量弛豫时间比动量弛豫时间长得多，在动量弛豫时间的时间尺度内，电子能量要低于将要达到的稳定能量。电子能量较低通常意味着受到散射作用较小(即动量弛豫时间较长)，从而在一个短暂的时间内可以达到一个高于稳态值的漂移速度。然后，随着时间的推移，电子能量将逐渐上升到一稳定值，电子漂移速度因散射作用逐渐下降到一稳定值。在 Si 和 Ge 中，声子散射速率强烈依赖于载流子能量，上述定性解释是直截了当的。而在 GaAs 和其他某些Ⅲ-Ⅴ族化合物中，Γ 能谷中主要的散射过程由极性光学声子引起，电子能量足够高时这些散射过程的速率近似与能量无关，所以只有在高于发生电子转移效应的阈值电场(GaAs 中≥3.2kv/cm，InP 中≥11kv/cm)下才出现速度过冲。同时，在这些材料中，代替能量弛豫时间的应是能量上升的时间加上从低能谷向高能谷转移的时间，速度过冲现象尤其显著。

速度过冲现象对于深亚微米器件的工作速度是十分重要的。为此，把电子漂移速度作为从源算起的距离（$x(t)=\int v(t')\mathrm{d}t'$）的函数是更直截了当的。作为简单估计，我们可以只是把图 1.22 中的时间坐标乘以饱和速度 $v_s \approx 10^7\,\mathrm{cm/s}$，就把漂移速度与时间的关系变换为漂移速度与距离的关系。从图 1.22 的数据不难看出，Si 中速度过冲的特征长度（即电子以高于稳态漂移速度行进的距离）为几百埃的量级；而在 GaAs 中，速度过冲的特征长度可以大到 1 微米。在 GaAs 晶体管的设计中，速度过冲的蒙特-卡罗模拟是十分有用的工具。

1.4　半导体的光学性质

1.4.1　引言

正像晶格振动能够引起电子在不同状态之间的跃迁一样，在光的作用下，半导体中的电子也可以在不同状态之间跃迁并引起光的吸收或发射。这种跃迁可以发生在不同能带的状态之间，或同一能带内的各个状态之间，也可以发生在分立能级和能带之间。半导体器件中最重要的光电子相互作用是能带间的跃迁。对于能带间跃迁，在光子吸收的过程中，一个光子把价带中的一个电子散射到导带内；在相反的过程中，导带电子同价带一个空穴复合而产生一个光子（这种情况称为辐射跃迁；也有不辐射出光的情况，此时由于碰撞而失去能量，这就是无辐射跃迁）。这两个过程显然对光探测和光发射的器件是十分重要的。本节叙述的半导体光学性质将为讨论光电子器件提供一定的物理基础。

电子在跃迁过程中不但要满足能量守恒，而且要满足动量守恒。在光跃迁中，它们可分别表示为：

（1）能量守恒　在直接吸收和发射过程中，对于电子的终态能量 E_f 和初态能量 E_i 有

吸收　　$E_f = E_i + h\nu$

发射　　$E_f = E_i - h\nu$

$h\nu$ 是光子能量，其中 h 是普朗克常数，ν 是光子频率。由于导带状态和价带态的最小能量差是禁带宽度 E_g，光子能量必须高于 E_g 才能发生带间吸收。

（2）动量守恒（$\boldsymbol{k}$ 守恒）　光子动量之值为 $\hbar k_L = h/\lambda$，其中 k_L 是光子波矢，$\hbar = h/2\pi$ 是约化普朗克常数。由于能量 leV 的光子对应波长 $\lambda = 1.24\mu\mathrm{m}$，$k_L$ 为 $10^4\,\mathrm{cm}^{-1}$ 的数量级，与晶体电子的 k 值（k 在布里渊区的尺度内，即 $k \sim 1/a$，a 是晶格常数）相比是微不足道的。所以，在光跃迁过程中电子波矢 $\boldsymbol{k}$ 基本不变，这就是所谓的 $\boldsymbol{k}$ 选择定则。

由于 $\boldsymbol{k}$ 守恒的限制，价带边和导带边同在 $\boldsymbol{k}=0$ 的半导体（直接禁带半导体）中，只有竖直跃迁是允许的。这种光跃迁不需要声子参与，因而是很强的。而在 Si 和 Ge 等间接禁带半导体中，需要晶格振动以满足 $\boldsymbol{k}$ 守恒，带边附近的光跃迁很弱。

因为竖直跃迁中电子和空穴的 $\boldsymbol{k}$ 值相同，对于光子能量 $\hbar\omega$（$\omega=2\pi\nu$ 是光子的角频率）大于禁带宽度 E_g 的情形，有

$$\hbar\omega = E_g + \frac{\hbar^2 k^2}{2}\left[\frac{1}{m_n}+\frac{1}{m_p}\right] = E_g + \frac{\hbar^2 k^2}{2m_r} \tag{1.197}$$

m_r 是电子-空穴的折合质量。这样，在竖直跃迁中，相关的态密度函数中的有效质量应当为折合质量。这种态密度称为联合态密度。

1.4.2 辐射跃迁和光吸收

在包括半导体在内的原子系统中，光子和电子之间的相互作用有三种基本过程：吸收、自发发射和受激发射。当一个能量 $h\nu_{12}=E_2-E_1$ 的光子入射到这个系统上时，一个处于低能态 E_1 的粒子就要吸收这个光子，跃迁到高能态 E_2，这个过程就是吸收过程，如图 1.23(a)所示。粒子的高能态是不稳定的，在一段时间内，如果没有外界激发，它又自动回到低能态 E_1，并发射一个能量 $h\nu_{12}$ 的光子，这种过程称为自发发射过程，如图 1.23(b)所示。在能量 $h\nu_{12}$ 的光子作用下，已经处在高能态 E_2 的粒子将受到激发，跃迁回到低能态 E_1，并发射出一个能量 $h\nu_{12}$ 的光子，这种过程称为受激发射过程，如图 1.23(c)所示。在自发发射过程中，产生的光子在传播方向、相位和偏振状态上是随机的，彼此无关，出射光为非相干光，半导体发光二极管就是利用这种自发发射效应出光。在受激发射过程中，产生的光子和入射光子具有相同的频率、传播方向、偏振状态和相位，即入射光得到放大，出射光是相干光，半导体激光器就是利用这个原理制成的。光电探测器和太阳电池则是利用了光吸收过程。

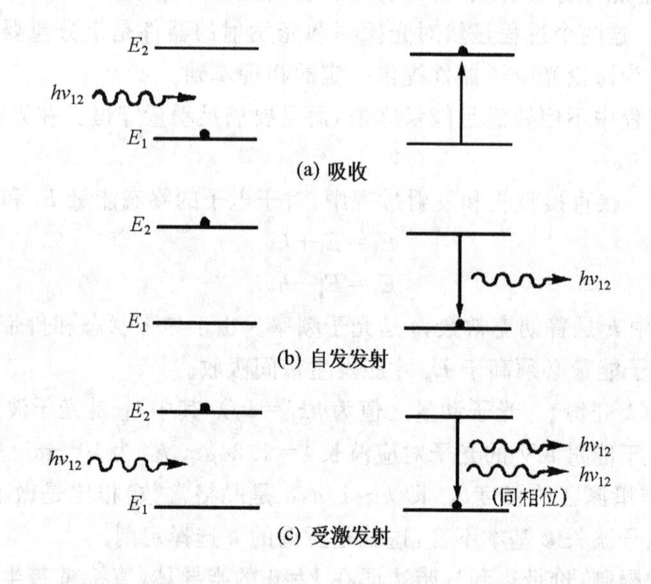

图 1.23 两能级之间的基本跃迁过程(黑点表示粒子的状态)

1. 自发发射

假定系统中处在高能态 E_2 的粒子的浓度为 N_2，则自发向低能态 E_1 跃迁而减少的速率可表示为

$$-\frac{dN_2}{dt} = A_{21}N_2 \tag{1.198}$$

A_{21}是比例系数，表示单位时间内每个 E_2 能态粒子向能态 E_1 跃迁的几率，即自发跃迁速率。

2. 受激发射

在光子能量 $\hbar\omega = E_2 - E_1$ 的光波作用下，高能态 E_2 的粒子减少的速率可表示为

$$-\frac{dN_2}{dt} = B_{21}\rho(\hbar\omega)N_2 \tag{1.199}$$

比例系数 B_{21}称为受激发射(吸收)系数，$\rho(\hbar\omega)$是能量 $\hbar\omega$ 至 $\hbar\omega + d(\hbar\omega)$范围内的光子密度，$B_{21}\rho(\hbar\omega)$表示光作用下单位时间内每个 E_2 能态粒子发生 2→1 的跃迁并发射能量为 $\hbar\omega$ 的光子的几率，即受激发射速率。

3. 受激吸收

由于吸收能量 $\hbar\omega = E_2 - E_1$ 的光子，粒子发生 1→2 的受激跃迁，低能态 E_1 的粒子减少的速率可表示为

$$-\frac{dN_1}{dt} = B_{21}\rho(\hbar\omega)N_1 \tag{1.200}$$

N_1 表示系统中处在低能态 E_1 的粒子的浓度。

热平衡的系统中上述三个过程虽然在不断进行，但在宏观上吸收和发射应互相抵消，即

$$[A_{21} + B_{21}\rho(\hbar\omega)]N_2 = B_{12}\rho(\hbar\omega)N_1 \tag{1.201}$$

可以解出

$$\rho(\hbar\omega) = \frac{A_{21}/B_{21}}{\frac{B_{12}}{B_{21}}\frac{N_1}{N_2} - 1} \tag{1.202}$$

当 $E_2 - E_1 > 3k_B T$ 时，粒子数之比由玻尔兹曼因子决定：

$$\frac{N_2}{N_1} = \exp(-\hbar\omega/k_B T) \tag{1.203}$$

另一方面，$\rho(\hbar\omega)$也可以理论计算如下。对于单位实际空间体积，波数 k 和 $k + dk$ 范围内的光子状态(光子模式)数为

$$2 \times \frac{4\pi k^2 dk}{(2\pi)^3}$$

因子 2 表示光子有两种彼此独立(相互正交)的偏振状态。在折射率为 $\bar{n}$ 的介质中，$k = \frac{2\pi}{\lambda} = \frac{\omega\bar{n}}{c}$，$c$ 是真空中的光速，故上式又可表示成

$$\frac{\omega^2 \bar{n}^3}{\pi^2 \hbar c^3} \mathrm{d}(\hbar\omega)$$

$\frac{\omega^2 \bar{n}^3}{\pi^2 \hbar c^3}$为能量从$\hbar\omega$至$\hbar\omega+\mathrm{d}(\hbar\omega)$范围内的电磁波(光子)的状态密度。

根据玻色-爱因斯坦分布,平衡时能量为$\hbar\omega$的光子模所包含的光子数$N(\hbar\omega)$为$1/[\exp(\hbar\omega/k_B T)-1]$,可把$\rho(\hbar\omega)$一般地表示为

$$\rho(\hbar\omega) = \frac{\omega^2 \bar{n}^3}{\pi^2 \hbar c^3} \cdot \frac{1}{\exp(\hbar\omega/k_B T) - 1} \tag{1.204}$$

将式(1.204)和式(1.202)比较,并注意所得关系式对任何温度下都应当成立,可得

$$B_{12} = B_{21} \tag{1.205}$$

$$A_{21} = \frac{\omega^2 \bar{n}^3}{\pi^2 \hbar c^3} B_{12} \tag{1.206}$$

式(1.205)表明两个量子态之间互为逆过程的跃迁几率相等,这正是从细致平衡原理可以预期的结果。式(1.206)表明,粒子的自发寿命τ_0(等于$1/A_{21}$,A_{21}代表E_2能态的粒子每秒自发向能态E_1跃迁的平均次数)可通过计算量子跃迁几率得到,为

$$A_{21} = \frac{q^2 \bar{n} \hbar\omega}{\pi m_0^2 \varepsilon_0 c^3 \hbar^2} |\boldsymbol{e} \cdot \boldsymbol{p}_{21}|^2 \tag{1.207}$$

m_0是自由电子质量;ε_0是真空介电常数;$\boldsymbol{e}$为偏振方向的单位矢量;$\boldsymbol{p}_{21}$为状态2和1之间的动量矩阵元(见参考文献[2])。

1.4.3 直接禁带半导体中带间跃迁的自发发射和载流子寿命

上面用两能级模型介绍了光发射和光吸收的基本理论,现在将这一理论用于直接禁带半导体的自发发射。为此,应当考虑下述两个方面:(1)上、下能态分别对应导带态和价带态,这些态准连续分布并且遵从费米-狄拉克统计;(2)对于带间跃迁,遵从$\boldsymbol{k}$守恒定则,即对应每一个$\boldsymbol{k}_c$的导带态有一个并且只有一个相应的价带态$\boldsymbol{k}_v=\boldsymbol{k}_c$。所以单位体积中参与自发发射的状态数是$\rho(k)\mathrm{d}k$,$\rho(k)$是$k$空间的能态密度。基于这些考虑,自发发射的速率为

$$R_{sp} = \int A\rho(k) f_n f_p \mathrm{d}k \tag{1.208}$$

其中,f_n为导带态E_n上电子的占有几率,f_p为价带能级E_p上空穴的占有几率,可用各自的准费米能级E_{Fn}和E_{Fp}分别表示如下:

$$f_n = [1 + \exp\{(E_n - E_{Fn})/k_B T\}]^{-1} \tag{1.209}$$

$$f_p = [1 + \exp\{(E_{Fp} - E_p)/k_B T\}]^{-1} \tag{1.210}$$

A(或$1/\tau_0$)由式(1.207)得到为

$$A = \frac{q^2 \bar{n} \hbar\omega}{\pi m_0^2 \varepsilon_0 c^3 \hbar^2} |\boldsymbol{e} \cdot \boldsymbol{p}_{cv}|^2 \tag{1.211}$$

$\boldsymbol{p}_{cv}$为导带和价带之间的动量矩阵元。对于绝大多数半导体，$2p_{cv}^2/m_0 \approx 20\text{eV}$。在 τ_0 的定义中，假定了电子可以找到一个与之复合的空穴。如果找到这种空穴的几率很小，则辐射的时间就会很长。对于 GaAs 这样的材料，τ_0 之值约为 1ns，但对于间接禁带材料，复合时间可长达 $1\mu\text{s}$。

在 k 值附近，导带电子能量 E_n 和价带空穴能量 E_p 可表示为

$$E_n = E_c + \frac{\hbar^2 k^2}{2m_n} \tag{1.212}$$

$$E_p = E_v - \frac{\hbar^2 k^2}{2m_p} \tag{1.213}$$

m_n 和 m_p 分别是电子和空穴的有效质量，于是跃迁能量为

$$\hbar\omega = E_n - E_p = E_g + \frac{\hbar^2 k^2}{2m_r} \tag{1.214}$$

其中 $1/m_r = 1/m_n + 1/m_p$ 为折合质量。对于半导体单位体积，k 值落入 $\text{d}k$ 的球壳内的能级对数为

$$\rho(k)\text{d}k = 2 \times \frac{4\pi k^2}{(2\pi)^3}\text{d}k \tag{1.215}$$

所以，

$$\rho(k) = k^2/\pi^2 \tag{1.216}$$

下面改用能量 $\hbar\omega$ 作为积分变量。为此，利用式(1.214)得到

$$\rho(k)\text{d}k = \frac{\sqrt{2}m_r^{3/2}(\hbar\omega - E_g)^{1/2}}{\pi^2\hbar^3}\text{d}(\hbar\omega) = g_{cv}(\hbar\omega)\text{d}(\hbar\omega) \tag{1.217}$$

$g_{cv}(\hbar\omega)$称为联合态密度。将式(1.211)及(1.217)代入式(1.208)，可得

$$R_{sp} = \int \frac{1}{\tau_0}\text{d}(\hbar\omega)g_{cv}(\hbar\omega)f_n f_p \tag{1.218}$$

对于带隙附近的跃迁，我们假定 τ_0 与 ω 无关，于是上式简化为

$$R_{sp} = \frac{1}{\tau_0}\int \text{d}(\hbar\omega)g_{cv}(\hbar\omega)f_n(E_n)f_p(E_p) \tag{1.219}$$

除了自发发射速率以外，实际感兴趣的另一个物理量是载流子的辐射寿命。对于小注入情形下的非简并半导体，费米分布可用玻尔兹曼分布近似，有

$$f_n f_p \approx \exp[-(E_c - E_{Fn})/k_B T]\exp[-(E_{Fp} - E_v)/k_B T]\exp[-(\hbar\omega - E_g)/k_B T] \tag{1.220}$$

将式(1.220)用于方程(1.219)，得到

$$R_{sp} = \frac{1}{2\tau_0}\left(\frac{2\pi\hbar^2 m_r}{m_n m_p k_B T}\right)^{3/2} np \tag{1.221}$$

若把总电荷表示为热平衡电荷加过剩电荷($n = n_0 + \Delta n$，$p = p_0 + \Delta p$)，并注意到热平衡时复合速率和产生速率相等，则不难证明，净复合率是 $\Delta n/\tau_r$，其中

$$\frac{1}{\tau_r} = \frac{1}{2\tau_0}\left(\frac{2\pi\hbar^2 m_r}{m_n m_p k_B T}\right)^{3/2} (n_0 + p_0) \tag{1.222}$$

τ_r 为过剩载流子的辐射寿命。τ_r 远大于 τ_0，这是因为小注入时电子找到与之复合的空穴的几率很小。

另一种重要情形是简并半导体。设样品为重掺杂 n 型，且 $n \gg p$，这时可以假定 $f_n = 1$ 和 f_p 服从玻尔兹曼分布，由方程(1.202)可以求得自发跃迁速率为

$$R_{sp} = \frac{1}{\tau_0}\left(\frac{m_r}{m_p}\right)^{3/2} p \tag{1.223}$$

自发辐射速率正比于少数载流子(这时为空穴)浓度。空穴寿命 τ_r 为

$$\frac{1}{\tau_r} = \frac{1}{\tau_0}\left(\frac{m_r}{m_p}\right)^{3/2} \tag{1.224}$$

同样，对简并 p 型半导体，电子寿命为

$$\frac{1}{\tau_r} = \frac{1}{\tau_0}\left(\frac{m_r}{m_n}\right)^{3/2} \tag{1.225}$$

综上所述，对于每个过剩载流子的辐射复合时间 τ_r 通常可以写成

$$\tau_r = \Delta n / R_{sp} \tag{1.226}$$

在简并半导体或大注入的情形下，$\tau_r \approx \tau_0$；粒子数反转时(假定 $f_n \approx f_p = 1/2$)，$\tau_r \approx 4\tau_0$，只要注意到 τ_0 是一个电子能找到一个空穴($f_n = f_p = 1$)时的辐射复合时间，就不难理解这一结果；一般情形下，R_{sp}(所以 τ_r)强烈依赖于载流子浓度。

1.4.4 直接禁带半导体中的光吸收和光增益

光是一种电磁波，在作为吸收介质的半导体中传播时，电磁波中的电场可表示为

$$\mathscr{E} = \mathscr{E}_0 \exp\left[\mathrm{i}\omega\left(\frac{\bar{n}x}{c} - t\right)\right]\exp(-\alpha x/2) \tag{1.227}$$

x 是传播方向，ω 是频率，$\bar{n}$ 是折射率(实部)，α 是介质的吸收系数。若 α 为零，电磁波无衰减传播，速度为 $c/\bar{n}$(c 是真空中的光速)；但对于 α 不为零，光子流密度 $I(\approx \mathscr{E}^*\mathscr{E})$ 下降为

$$I(x) = I(o)\exp(-\alpha x) \tag{1.228}$$

对于直接禁带半导体的带间吸收，α 可表示为(详细推导可参阅叶良修《半导体物理学》13.1 节)

$$\alpha = \frac{\pi q^2 \hbar}{\bar{n} c m_0^2 \hbar\omega\, \varepsilon_0} |p_{cv}|^2 g_{cv}(\hbar\omega) \tag{1.229}$$

$g_{cv}(\hbar\omega)$为联合态密度，其表示式可由(1.217)给出，为

$$g_{cv}(\hbar\omega) = \frac{\sqrt{2} m_r^{3/2}}{\pi^2 \hbar^3}(\hbar\omega - E_g)^{1/2} \tag{1.230}$$

p_{cv}为动量矩阵元，对于非偏振光，平均的矩阵元为$(1/3)p_{cv}^2$。计算表明 GaAs 对非偏振光的吸收系数可表示为

$$\alpha(\hbar\omega) \approx 5.6 \times 10^4 \frac{(\hbar\omega - E_g)^{1/2}}{\hbar\omega} \tag{1.231}$$

其中 $\hbar\omega$ 和 E_g 的单位用 eV。对于任何其他直接禁带半导体，前面的数值因子可以通过折合质量比的 3/2 次方按比例得到。

吸收过程要求价带态有电子存在，而导带态没有电子。现在，设想电子注入导带而空穴注入价带。在这种情形下，电子-空穴对复合。发射的光子可能比吸收的多，从而导致光的放大。对于直接禁带半导体，假设跃迁过程中保持 k 守恒，我们将公式(1.229)推广，得到光放大的增益系数(受激发射系数与吸收系数之差)为

$$G(\hbar\omega) = \frac{\pi q^2 \hbar}{\bar{n} c m_0^2 \hbar\omega \varepsilon_0} \mid p_{cv} \mid^2 g_{cv}(\hbar\omega)[f_n + f_p - 1] \tag{1.232}$$

光子发射正比于导带能级被电子占据几率 $f_n(E_n)$ 与价带能级被空穴占据几率 $f_p(E_p)$ 的乘积 $f_n f_p$，而光子吸收正比于导带能级被空穴占据几率 $(1-f_n)$ 与价带能级被电子占据几率 $(1-f_p)$ 的乘积 $(1-f_n)(1-f_p)$，方括号因子即为二者之差。显然，对于增益系数 $G(\hbar\omega)$ 为正，有

$$f_n + f_p - 1 > 0 \tag{1.233}$$

式(1.233)称为粒子数反转条件。这时，$G>0$，光波通过介质时将增长，而不是衰减，入射光强 I 随透射深度 x 的变化可表示为

$$I = I_0 \exp(Gx) \tag{1.234}$$

G 表示单位距离的光强增益系数，和吸收系数 α 有相同的量纲(cm^{-1})。

光增益是半导体激光器的基础。在非偏振光的情形下，GaAs 中的光增益系数为

$$G(\hbar\omega) \approx 5.6 \times 10^4 \frac{(\hbar\omega - E_g)^{1/2}}{\hbar\omega}[f_n(E_n) + f_p(E_p) - 1] \tag{1.235}$$

对于折合质量 $m_r(\mathrm{A})$ 的半导体材料，前面的数值因子可通过乘以 $(m_r(\mathrm{A})/m_r(\mathrm{GaAs}))^{3/2}$ 得到。

半导体中的反转分布，可以通过光照射或电子照射，将价带的电子激发到导带，形成大量的电子-空穴对来实现。但是，最有用的方法是形成简并的 pn 结，通过正向电流，向结界面附近的耗尽区内大量注入少数载流子。图 1.24(a)表示一个直接禁带 pn 结加正向偏压时的能带图。根据 $f_n(E_n)+f_p(E_p)-1>0$ 的条件，为了获得反转分布，外加电压必须满足

$$qV = E_{Fn} - E_{Fp} > \hbar\omega (\text{或 } qV > E_g)$$

这时，在 pn 结界面附近，电子数在导带底处显著超过价带顶处，形成一个反转区域(有源区)。图 1.24(b) 则表示在光子能量 $h\nu(\hbar\omega)$ 的光波激励下的电子跃迁，为了得到光放大，向下跃迁的速率应当超过向上跃迁的速率，顺便指出，由电流注入而激励的半导体激光器称为注入型激光器，也称激光二极管(Laser Diode，简称 LD)。最早的激光二极管是由同种半导体材料(GaAs)制成的 pn 结，即同质结构二极管。为了获得光放大所必需的反转分布，同质结构的 LD 需要非常大的注入电流密度($>50\mathrm{kA/cm^2}$)，因此只限于低温和脉冲工作。为了在室温下连续工作，随后开发了双异质结构(Double Heterostructure，简称 DH)激光器。为

了避免和第七章的内容重叠，这里对 DH 激光器不作描述。

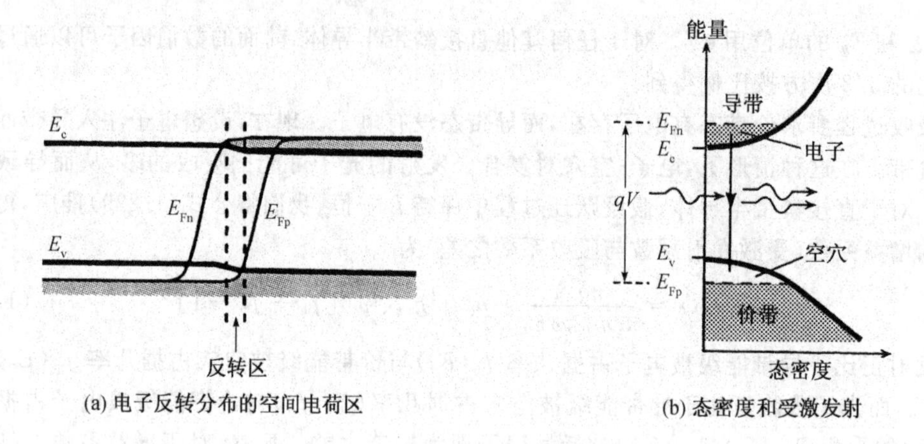

(a) 电子反转分布的空间电荷区　　(b) 态密度和受激发射

图 1.24　正向偏置的直接禁带简并 pn 结

1.4.5　光在半导体中的传播

半导体是吸收介质，前面的讨论已经描述了半导体中电子跃迁和光吸收的量子图像。对于光波在这类介质中的传播，我们将用经典的电磁理论来说明基本规律，顺便指出，本书以后介绍的光电子器件涉及的只是从红外到紫外的光电磁波，波长范围内包括成千上万个原子。这时的半导体材料可视为连续介质，对光波完全可以用经典方法处理。总起来说，作为理解半导体光电子器件所需的光学入门知识，这种在电子方面用量子论，而光波用经典理论的半经典理论是比较实际的。

1. 复数介电常数和光吸收

光是波长很短的电磁波，在折射率 $\bar{n}=c/v$ 的透明介质中传播时不衰减，其电场分量 $\mathscr{E}$ 可写作

$$\mathscr{E}=\mathscr{E}_0\exp\left[\mathrm{i}\omega\left(\frac{x}{v}-t\right)\right]=\mathscr{E}_0\exp\left[\mathrm{i}\omega\left(\frac{\bar{n}}{c}x-t\right)\right] \tag{1.236}$$

x 是光波的传播方向，ω 是光波的圆频率，c 是真空中的光速，折射率 $\bar{n}$ 与介电常数 ε 的关系为 $\bar{n}=\sqrt{\varepsilon_r}$。一个透明介质，对电磁波传播的影响，主要表现在介电常数上，对光学来讲，重要的是介电常数与光的圆频率 ω 有关，即不同的频率，折射率不同，所以，从物理上讲，介电常数 $\varepsilon_r(\omega)$ 主要描述了“色散”现象。

在半导体中，价带的电子可以吸收光子的能量，跃迁到导带，所以半导体是吸收介质。这样，分析电磁波在半导体中传播的问题时，必须考虑吸收的影响，介电常数要用复数来描述。我们引入

$$\tilde{\varepsilon}(\omega)=\varepsilon_r(\omega)+\mathrm{i}\varepsilon_i(\omega) \tag{1.237}$$

来代替透明介质中的实介电常数，其中 $\varepsilon_r(\omega)$ 为实数部分，$\varepsilon_i(\omega)$ 为虚数部分。注意式(1.237)是针对电场 $\mathscr{E}$ 取 $\exp(-i\omega t)$ 而言的，如果 $\mathscr{E}$ 取 $\exp(i\omega t)$，则 $\tilde{\varepsilon}(\omega)$ 应取 $\varepsilon_r(\omega)-i\varepsilon_i(\omega)$。

下面讨论复介电常数如何描述光的吸收(参阅参考文献[10])。

由电磁学知道，在介质中，

$$\boldsymbol{D}=\varepsilon_0\mathscr{E}+\boldsymbol{P}=\varepsilon_0\tilde{\varepsilon}\mathscr{E} \tag{1.238}$$

其中 $\boldsymbol{D}$ 为电位移矢量；$\boldsymbol{P}$ 为极化强度，$\boldsymbol{P}$ 可表示为①

$$\boldsymbol{P}=\frac{1}{\Delta V}\sum_i^{(\Delta V)}q_i\boldsymbol{r}_i \tag{1.239}$$

其中 q_i 为小体积 ΔV 中的第 i 个电荷，$\boldsymbol{r}_i$ 为该电荷的位移，故 $q_i\boldsymbol{r}_i$ 为 ΔV 中第 i 个电偶极矩，加式 $\sum_i^{\Delta V}$ 表示对 ΔV 中所有的电偶极矩求和，用 ΔV 除，即表示单位体积的电偶极矩，这正是极化强度 $\boldsymbol{P}$ 的物理意义。

利用方程(1.238)，极化强度 $\boldsymbol{P}$ 可通过介电常数 $\tilde{\varepsilon}$ 表示为

$$\boldsymbol{P}=\varepsilon_0(\tilde{\varepsilon}-1)\mathscr{E} \tag{1.240}$$

相应的电流密度 $\boldsymbol{j}$ 为

$$\boldsymbol{j}=\frac{\mathrm{d}\boldsymbol{P}}{\mathrm{d}t}=\varepsilon_0(\tilde{\varepsilon}-1)\frac{\mathrm{d}\mathscr{E}}{\mathrm{d}t} \tag{1.241}$$

取 $\mathscr{E}=\mathscr{E}_0\exp(-i\omega t)$ 代入上式，得

$$\boldsymbol{j}=\varepsilon_0[(\varepsilon_r-1)+i\varepsilon_i](-i\omega)\mathscr{E}=-i\omega\varepsilon_0(\varepsilon_r-1)\mathscr{E}+\omega\varepsilon_0\varepsilon_i\mathscr{E} \tag{1.242}$$

式(1.242)表明，在吸收介质中，电流 $\boldsymbol{j}$ 分为两部分：一部分与电场 $\mathscr{E}$ 相位差 90°(式(1.242)右端第一项)，另一部分则与电场同相位(式(1.242)右端第二项)；前者称为极化电流，后者称为传导电流。对于极化电流，由于电流和电场相位差 90°，对一个周期平均来讲，电场作功为零，因而不消耗电磁场能量。而传导电流则不然，传导电流具有欧姆定律的形式 $\boldsymbol{j}=\sigma\mathscr{E}$，其中 $\sigma=\omega\varepsilon_0\varepsilon_i(\omega)$，所以要消耗电磁场的能量。单位时间消耗的能量(即损耗功率)应为 $\sigma\overline{\mathscr{E}^2}$，这正是介质所吸收的能量。所以复介电常数中的虚部 $\varepsilon_i(\omega)$ 与吸收功率之间存在着内在的联系，这正是复数介电常数得以描述光吸收的实质所在。

2. 光在半导体中的传播

光波在吸收介质中传播时，形式上与式(1.236)相同，只是要用复折射率 $\bar{n}$ 代替。令复折射率为 $\bar{n}+i\bar{k}$，利用复折射率和复介电常数的关系 $(\bar{n}+i\bar{k})^2=\varepsilon_r(\omega)+i\varepsilon_i(\omega)$，可得

$$\bar{n}^2-\bar{k}^2=\varepsilon_r(\omega) \tag{1.243a}$$

---

① 极化强度 $\boldsymbol{P}$ 也可以写为

$$\boldsymbol{P}=\varepsilon_0\chi\mathscr{E}$$

式中 χ 为介质的极化率，将上式代入式(1.234)，可得介电常数和极化率之间的关系为

$$\tilde{\varepsilon}=1+\chi$$

$$2\bar{n}\bar{k} = \varepsilon_i(\omega) \tag{1.243b}$$

其中 $\bar{n}$ 和 $\bar{k}$ 称为光学常数,它们分别为复折射率的实数部分和虚数部分。$\bar{k}$ 可以表示为 $\bar{k} = \varepsilon_i(\omega)/2\bar{n} = \sigma/2\bar{n}\omega\varepsilon_0$,$\sigma$ 是介质的电导率。

将复折射率代入式(1.236),即得吸收介质中光波的电场分量:

$$\begin{aligned}\mathscr{E} &= \mathscr{E}_0\exp[\mathrm{i}\omega(\tilde{n}x/c - t)] \\ &= \mathscr{E}_0\exp[\mathrm{i}(k_0\bar{n}x - \omega t)]\exp(-k_0\sigma x/2\bar{n}\omega\varepsilon_0)\end{aligned} \tag{1.244}$$

式中 $k_0 = \omega/c = 2\pi/\lambda$ 为真空中光波波矢的数值(波数)。顺带地,$\beta = k_0\bar{n}$ 称为传播常数;对于复数传播常数 $\tilde{\beta}$,则有 $\tilde{\beta} = k_0\tilde{n}$。

可见,在吸收介质中传播的电磁波是衰减波。由于光强$\propto|\mathscr{E}|^2$,所以光强按 $\exp(-\alpha x)$ 衰减,其中$\alpha(=k_0\sigma/\bar{n}\omega\varepsilon_0)$称为吸收系数。

以上所述虽然也能适合半导体介质,但是对半导体激光器的有源层(激光介质),严格来说还应考虑注入载流子效应。以 χ 表示载流子的极化率,则复介电常数可以换写成含有 χ 的形式:

$$\tilde{\varepsilon} = \varepsilon_r + \chi + \mathrm{i}\sigma/\omega\varepsilon_0 \tag{1.245}$$

在继续往下讨论之前,为了能够比较直观说明注入载流子效应,我们引用来自经典模型的

$$\chi = -\frac{nq^2/\omega\varepsilon_0}{\omega^2 + \mathrm{i}\omega/\tau_m} \tag{1.246}$$

式中,ω 为光电磁波的圆频率,n 为注入载流子浓度,τ_m 为载流子的动量弛豫时间。此式表明,注入有源层的载流子变化将使复介电常数(复折射率)的虚部和实部都要产生变化,也就是说,不仅使增益也使折射率产生变化。例如,若 n 增加,则实部 ε_r 减少,从而有源层的折射率 $\bar{n}$ 也减小;反之亦然。

现在回到公式(1.245)。该式第一项表示介电性,第二、三项表示载流子注入与损耗,通常第二、三项比第一项小,可以作为微小扰动来处理,有

$$\delta\tilde{\varepsilon} = \chi + \mathrm{i}\sigma/\omega\varepsilon_0 \tag{1.247}$$

$\delta\tilde{\varepsilon}$ 为复介电常数的微小扰动。由 $\tilde{n} = \tilde{\varepsilon}^{1/2}$,与上式相对应的复折射率的扰动可以写成:

$$\delta\tilde{n} = \Delta\bar{n} - \mathrm{i}G/2k_0 + \mathrm{i}\alpha/2k_0 \tag{1.248}$$

其中,

$$\Delta\bar{n} = (1/2\bar{n})\chi_r \tag{1.249}$$

$$G = -(k_0/\bar{n})\chi_i \tag{1.250}$$

$$\alpha = k_0\sigma/\bar{n}\omega\varepsilon_0 \tag{1.251}$$

χ_r 和 χ_i 分别为复数极化率 χ 的实部和虚部。利用上述结果,式(1.244)可以换写成

$$\mathscr{E} = \mathscr{E}_0\exp\{\mathrm{i}[k_0(\bar{n} + \Delta\bar{n})x - \omega t]\}\exp[(G - \alpha)x/2] \tag{1.252}$$

由此可知,G 与 $\Delta\bar{n}$ 表示因注入激励而引起的功率增益系数与折射率变化,α 表示功率衰减

系数。

习　题

1.1　室温下硅的晶格常数为5.43Å，计算：

(1) 硅的原子密度(个/cm^3)及硅的密度(g/cm^3)；

(2) 硅中(100)、(110)及(111)平面上的原子密度(个/cm^2)。

1.2　立方晶体的某晶面与三个直角坐标轴的截距分别为a,$2a$,$2a$(见图1.25)，其中a为晶格常数，求该晶面的米勒指数。

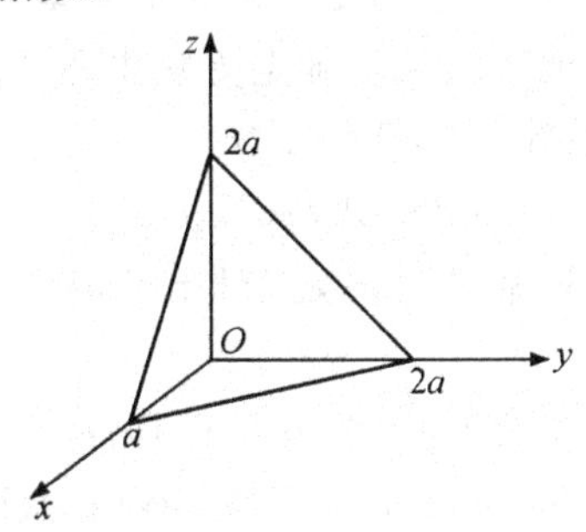

图1.25

1.3　考虑二维情形下的电子。设这些电子在z方向受到限制，而在x-y平面内自由运动，能量和本征态可写为

$$E = E_n + (\hbar^2/2m)(k_x^2 + k_y^2),\ \psi(x,y,z) = u_n(z)\exp[\mathrm{i}(k_x x + k_y y)]$$

试对一个本征态(例如$n=1$的态)，求：(1) 状态密度函数$D(E)$；(2) 电子密度n_{2D}；(3) x方向的平均速度$\overline{v}_x$.

1.4　计算Si和GaAs中的态密度有效质量。

1.5　在玻尔兹曼分布($f(E)=e^{-(E-E_F)/k_BT}$)近似下，导带中的电子浓度分布$n(E)=g_c(E)f(E)$可表示为

$$n(E) = A_0(E-E_c)^{1/2}e^{-(E-E_c)/k_BT}$$

A_0是依赖于温度，但与能量E无关的常数，计算：(1) $n(E)$取最大值时的能量位置；(2) 半最大值的全宽度(FWHM)；(3) 求导带电子的平均能量。

1.6　(1) 计算$T=450$K时硅的本征载流子浓度；(2) 求300K时(此时硅的本征载流子浓度为$1.0\times10^{10}cm^{-3}$)掺硼浓度为1×10^{14}原子/cm^3硅中的空穴浓度、电子浓度和费米能级；(3) 在$T=450$K时重新计算(2)。计算时考虑E_g随T的变化。

1.7　推导公式(1.83)。

1.8　已知GaAs样品掺杂浓度$N_D=10^{17}cm^{-3}$，300K时电子迁移率为5000cm^2/V·s。计算：(1) 电子的平均寿命；(2) 在外加电场$\mathscr{E}=10^3$V/cm下的漂移速度；(3) 300K时的

热运动速度。

1.9 GaAs的导带和价带有效态密度分别为$N_c=4.7\times10^{17}\text{cm}^{-3}$和$N_v=7\times10^{18}\text{cm}^{-3}$，带隙能量为$E_g=1.42\text{eV}$。(1) 计算在$T=300\text{K}$时的本征载流子浓度和电阻率；(2) 假定$N_c$和$N_v$随$T^{3/2}$而变，100℃时的本征载流子浓度将是多少？(3) 若施主掺杂浓度为10^{18}cm^{-3}，在$T=300\text{K}$时计算费米能级和电阻率(已知$\mu_n=2400\text{cm}^2/\text{V}\cdot\text{s}$)。

1.10 纯硅中的电子迁移率为$1500\text{cm}^2/\text{V}\cdot\text{s}$。用电导有效质量$m_\sigma$计算散射事件之间的时间$\tau$。

1.11 (1) 设计一个夹在两个低阻p^+接触之间的条形p型电阻，电阻条长$4\mu\text{m}$，宽$1\mu\text{m}$，结深$1\mu\text{m}$，需要达到的电阻值为$1\text{k}\Omega$。确定方块电阻$R_\square$和符合指标所需的平均电阻率$\bar{\rho}$；(2) 电阻器的温度系数(TCR)定义为

$$\text{TCR}=(1/R)(\partial R/\partial T)\times100 \qquad (\%\cdot\text{度}^{-1})$$

设载流子迁移率主要由晶格散射决定，对于室温300K时$1\text{k}\Omega$的电阻，估算其在75℃时之值。

1.12 一个室温下电阻率为$0.25\Omega\cdot\text{cm}$的n型硅样品，其体内复合中心浓度为$2\times10^{15}\text{cm}^{-3}$，表面复合中心浓度为$10^{10}\text{cm}^{-2}$。(1) 当俘获截面$\sigma_p$和$\sigma_s$分别为$5\times10^{-15}\text{cm}^2$和$2\times10^{-16}\text{cm}^2$时，求小注入时体内少数载流子的寿命$\tau_p$及表面复合速度$S_{pr}$；(2) 若样品受到均匀光照并产生$10^{17}/(\text{cm}^2\cdot\text{s})$电子-空穴对，表面的空穴浓度$p_s$是多少？

1.13 对GaAs，$2p_{cv}^2/m_0\approx23\text{eV}$，$\hbar\omega\approx1.5\text{eV}$，$\bar{n}=3.5$。(1) 计算热平衡时电子-空穴对的复合时间$\tau_0$；(2) 室温下空穴注入(假定小注入)到掺杂浓度为10^{16}cm^{-3}的n区的寿命。

1.14 (1) 证明单位面积光子发射率按频率ν分布的普朗克黑体辐射公式：

$$N_{ph}(\nu)=(2\pi\nu^2/c^2)[\exp(h\nu/k_BT)-1]^{-1}$$

(2) 证明辐射强度(单位面积发射的功率，或面发光度)为

$$H=\sigma T^4$$

式中$\sigma=5.67\times10^{-8}\text{W/m}^2\text{K}^4$称为Stefan常数，$T$是黑体的表面温度。已知太阳表面$T=5800\text{K}$，求太阳的辐射强度。

(3) 求太阳常数(大气层外太阳照射地球的辐射强度)。

1.15 推导公式(1.246)。

参考文献

[1] 黄昆原著，韩汝琦改编. 固体物理学. 北京：高等教育出版社，1988.
[2] 叶良修. 半导体物理学. 北京：高等教育出版社，1983.
[3] 黄昆，韩汝琦. 半导体物理基础. 北京：科学出版社，1979.
[4] Sze S M. 半导体器件物理. 黄振岗译. 北京：电子工业出版社，1989.
[5] Wang S. Fundamentals of Semiconductor Theory and Device Physics. NJ：Prentice-Hall，1989.

[6] Shur M. Physics of Semiconductor Devices. NJ：Prentice-Hall，1990.

[7] Sze S M. 半导体器件：物理和工艺. 王阳元，嵇光大，卢文豪译. 北京：科学出版社，1992.

[8] Pierret R F. 半导体器件基础. 黄如，王漪，王金延，金海岩译. 北京：电子工业出版社，2004.

[9] Corrall J E. 热电子微波发生器. 赵学恕，汪兆平，武振民，韩忠惠译. 北京：科学出版社，1975.

[10] 黄昆. 黄昆文集. 北京：北京大学出版社，2004.

[11] Singh J. Optoelectronics：An Inteoduction to Materials and Devices. New York：McGraw-Hill，1996.

[12] （日）栖原敏明著，周南生译. 半导体激光器基础. 北京：科学出版社，2002.

[13] Ng K K. Complete Guide to Semiconductor Devices，2nd ed. New York：Wiley，2002.

第二章 pn 结

现代电子技术中广泛使用pn结作为整流、开关及其他用途的器件,半导体微波器件及光电器件的基本结构也是pn结,同时,pn结也是双极型晶体管、可控硅整流器和场效应晶体管的基本组成部分,所以pn结在对半导体器件的理解方面起着十分重要的作用。本章讨论由同种半导体材料的p型区和n型区构成的pn结的性质。

pn结的最重要的性质是它的整流效应,即它只允许电流沿一个方向通过。图2.1是一个典型pn结的伏-安特性,当在pn结加一正向偏置时(偏置的极性在2.2节中说明),电流随着偏压增加而迅速增大。但是当加“反向偏置”时,开始阶段几乎没有电流,反向偏压增加,电流也一直很小,当电压达到临界点时电流急剧增加。这种电流突然增大的现象称为结的击穿。所加的正向电压通常小于1V,但反向击穿电压可以从几伏到几千伏,这和掺杂浓度以及器件的其他参数有关。

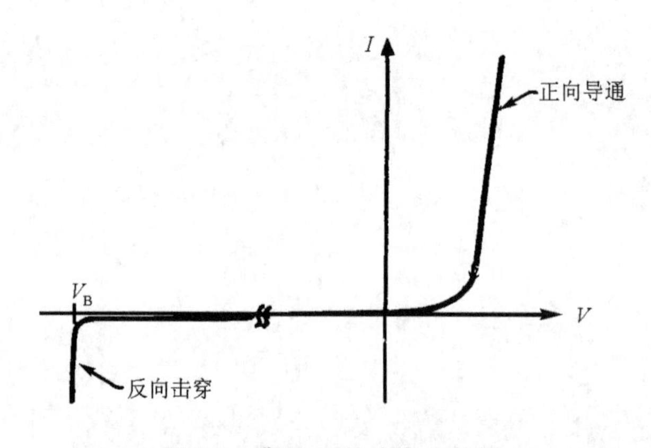

图2.1 典型pn结的伏-安特性

2.1 热平衡状态

一块p型半导体和一块n型半导体紧密接触就是一个pn结。形成pn结的方法很多,例如用一块n型半导体,可以通过高温扩散或离子注入从表面掺入p型杂质,形成一层p型半导体,也可以在它上面生长一层p型半导体。后一类方法称为外延(epitaxy),有气相、液相和分子束外延。为简单起见,本节考虑p区和n区都为均匀掺杂的情形,即突变pn结。

pn结中有很大的载流子浓度梯度,它将引起载流子的相互扩散,p区空穴向n区扩散,n区电子向p区扩散。这样,在交界面附近,p区留下了不能移动的带负电荷的电离受主,n

区留下了不能移动的带正电荷的电离施主，即形成所谓空间电荷区。空间电荷区产生电场，其方向从正电荷指向负电荷。空间电荷区也称势垒区。

空间电荷区电场的方向和载流子扩散流动的方向相反。在热平衡下，也就是在没有外界激发并给定温度的稳定条件下，通过结的净电流为零。这样，无论电子或空穴，由电场引起的漂移电流和由浓度梯度引起的扩散电流恰好抵消。可以证明，在热平衡下，整个 pn 结样品的费米能级 E_F 为一常数。

图 2.2 表示热平衡时突变 pn 结的能带图。在图中，$x \leqslant -x_p$ 的区域为 p 型中性区；$x \geqslant x_n$ 的区域为 n 型中性区；$-x_p \leqslant x \leqslant x_n$ 的区域为空间电荷区(耗尽区)。

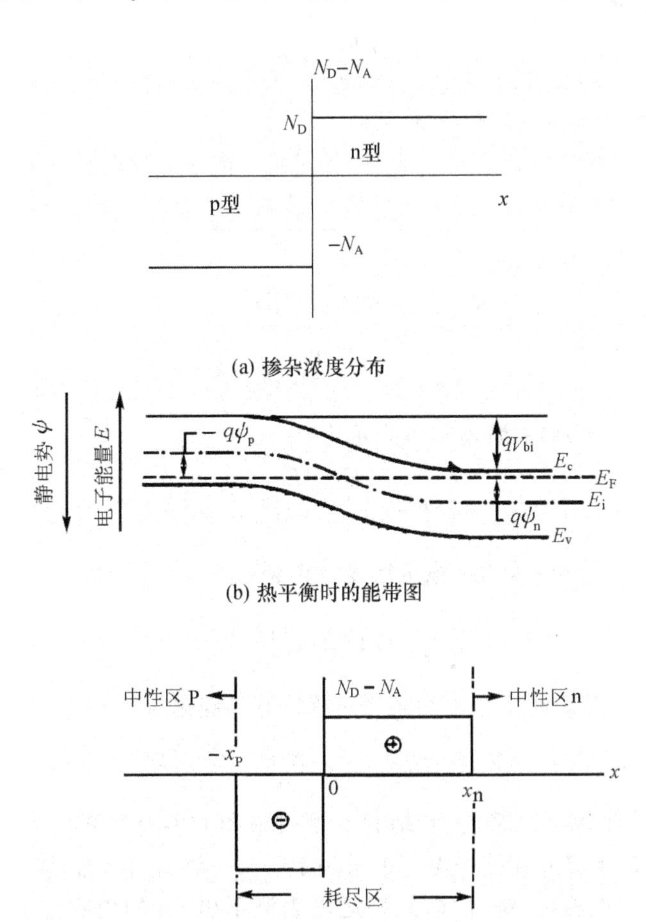

图 2.2　在冶金结突变的 pn 结

在图 2.2(b) 中,我们注意到费米能级 E_F 是一条水平直线(与 x 无关)。由 1.3 节给出的电流密度方程(式(1.126)和(1.130))

$$J_n = \mu_n n \frac{dE_{Fn}}{dx} \tag{2.1}$$

和

$$J_p = \mu_p p \frac{dE_{Fp}}{dx} \tag{2.2}$$

可以说明这一点。在热平衡时,不仅电子和空穴有统一的费米能级 E_F,而且由于既无电子电流又无空穴电流,所以有

$$\frac{dE_F}{dx} = 0$$

即费米能级 E_F 在整个样品内与位置 x 无关。

由图 2.2 可见,p 型中性区($x \leqslant -x_p$)内相对费米能级的静电势可表示为

$$\psi_p = \frac{(E_i - E_F)_{x \leqslant -x_p}}{-q} \tag{2.3}$$

利用 $p = n_i \exp\left(\frac{E_i - E_F}{k_B T}\right)$ 和 $p \approx N_A$(受主浓度),得到

$$\psi_p = -\frac{k_B T}{q} \ln\left(\frac{N_A}{n_i}\right) \tag{2.4}$$

同理,n 型中性区($x \geqslant x_n$)内的静电势可表示为

$$\psi_n = \frac{(E_i - E_F)_{x \geqslant x_n}}{-q} \tag{2.5}$$

利用 $n = n_i \exp\left(\frac{E_F - E_i}{k_B T}\right)$ 和 $n \approx N_D$(施主浓度),得到

$$\psi_n = \frac{k_B T}{q} \ln\left(\frac{N_D}{n_i}\right) \tag{2.6}$$

热平衡时,n 型中性区和 p 型中性区之间总的电势变化为

$$V_{bi} = \psi_n - \psi_p = \frac{k_B T}{q} \ln \frac{N_A N_D}{n_i^2} \tag{2.7}$$

V_{bi}称为内建电势,它实际上是组成 pn 结的 n 型材料和 p 型材料之间的接触电势差。按照多种材料串联接触的电势差在同一温度下只决定于第一种材料和最后一种材料而和中间任何一种材料无关这一性质,不难理解,用普通电表测不出 pn 的内建电势;无论画电路图或列电路方程都不应当考虑这个电势差。但内建电势影响载流子分布,在研究半导体器件中的物理过程时是十分重要的。

值得指出的是,当掺杂浓度接近有效态密度 N_c 或 N_v($\sim 10^{19} cm^{-3}$)时必须考虑费米-狄拉克统计。然而在计算 pn 结上的电势时,不需要仔细考虑费米-狄拉克统计,因为高掺杂浓度时,费米能级接近能带边,重掺杂一侧的电势大约等于 $E_g/2$(例如对硅为 0.56V),所以

重掺杂的 p 区和轻掺杂的 n 区组成单边的 p^+n 结时，内建电势是

$$V_{bi}=\frac{E_g}{2}+\frac{k_BT}{q}\ln\left(\frac{N_D}{n_i}\right) \tag{2.8}$$

对于 n^+p 结可以得到相似的结论，只需用 N_A 代替 N_D。

2.2　耗尽区和耗尽层电容

本节考虑最重要的两类 pn 结：突变结和线性缓变结，讨论耗尽区内的电场分布和电势分布，以及它的电容性质。

2.2.1　热平衡情形

pn 结内电势 $\psi(x)$ 和电荷密度分布 $\rho(x)$ 之间的关系由泊松方程决定：

$$\begin{aligned}\frac{d^2\psi}{dx^2}&=-\frac{\rho(x)}{\varepsilon_s}\\&=-\frac{q}{\varepsilon_s}(N_D-N_A+p-n)\end{aligned} \tag{2.9}$$

ε_s 是半导体的介电常数，可以表示为 $\varepsilon_s=\varepsilon_r\varepsilon_0$，$\varepsilon_r$ 为相对介电常数，是一个无量纲的数，对于 Si，$\varepsilon_r\approx12$；ε_0 为真空介电常数，$\varepsilon_0\approx8.85\times10^{-12}$ F/m，在 pn 结的空间电荷区内，载流子数目很小，作为一级近似，令 $n=p=0$，这是所谓的耗尽近似，空间电荷区也通常称为耗尽区，其空间电荷全部为电离杂质电荷。

1. 突变结

热平衡时的空间电荷分布和电场分布如图 2.3 所示，泊松方程为

$$\frac{d^2\psi}{dx^2}=\begin{cases}qN_A/\varepsilon_s & (-x_p\leqslant x\leqslant 0)\\-qN_D/\varepsilon_s & (0\leqslant x\leqslant x_n)\end{cases} \tag{2.10}$$

将上式积分一次，并利用耗尽区边界及其外面区域内（$x\leqslant -x_p, x\geqslant x_n$）电场为零的条件，得到耗尽区内的电场分布为

$$\begin{aligned}\mathscr{E}(x)&=-d\psi/dx\\&=\begin{cases}qN_A(x+x_p)/\varepsilon_s & (-x_p\leqslant x\leqslant 0)\\qN_D(x-x_n)/\varepsilon_s & (0<x\leqslant x_n)\end{cases}\end{aligned} \tag{2.11}$$

n 区一侧正电荷（施主离子）发出的电力线都终止于 p 区一侧的负电荷（受主离子），因此在界面（$x=0$）处电场强度最大，数值为

$$\mathscr{E}_m=\frac{qN_Ax_p}{\varepsilon_s}=\frac{qN_Dx_n}{\varepsilon_s} \tag{2.12}$$

半导体内总体呈中性的条件要求

$$N_Ax_p=N_Dx_n \tag{2.13}$$

总的耗尽区厚度为

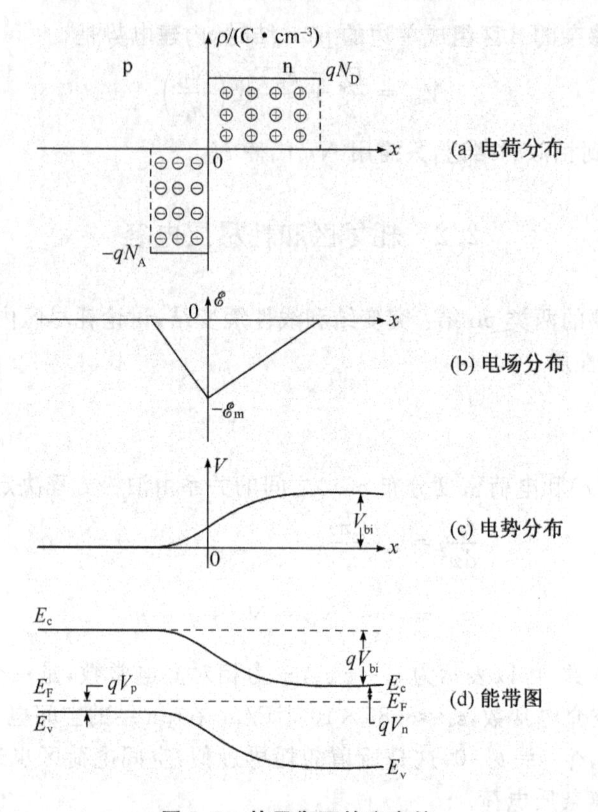

图 2.3　热平衡下的突变结

$$W = x_n + x_p \tag{2.14}$$

在耗尽区对公式(2.11)积分,得到内建电势为

$$V_{bi} = -\int_{-x_p}^{x_n} \mathscr{E}(x)\mathrm{d}x = -\int_{-x_p}^{o} \mathscr{E}(x)\mathrm{d}x\ \Big|_{\text{p侧}} - \int_{O}^{x_n} \mathscr{E}(x)\mathrm{d}x\ \Big|_{\text{n侧}}$$

$$= \frac{qN_A x_p^2}{2\varepsilon_s} + \frac{qN_D x_n^2}{2\varepsilon_s} = \frac{1}{2}\mathscr{E}_m W \tag{2.15}$$

联立(2.12)至(2.15)式,得到

$$x_P = \left[\frac{2\varepsilon_s}{q} \cdot \frac{N_D}{(N_A + N_D)N_A} V_{bi}\right]^{\frac{1}{2}} \tag{2.16}$$

$$x_n = \left[\frac{2\varepsilon_s}{q} \cdot \frac{N_A}{(N_A + N_D)N_D} V_{bi}\right]^{\frac{1}{2}} \tag{2.17}$$

$$W = \left[\frac{2\varepsilon_s}{q} \cdot \frac{N_A + N_D}{N_A N_D} V_{bi}\right]^{\frac{1}{2}} \tag{2.18}$$

实际问题中经常遇到 p 区和 n 区掺杂浓度相差悬殊的情况,即所谓单边突变结的情况,例如 p^+n 结中 $N_A \geqslant N_D$,这时有

$$x_p \approx 0 \tag{2.19}$$

$$W \approx x_n = \left(\frac{2\varepsilon_s}{qN_D}V_{bi}\right)^{\frac{1}{2}} \tag{2.20}$$

$$\mathscr{E}_m = \frac{qN_D W}{\varepsilon_s} \tag{2.21}$$

$$\psi(x) = |\mathscr{E}_m|\left(x - \frac{x^2}{2W}\right) \tag{2.22}$$

W 为耗尽区宽度，公式(2.22)已经规定了 p 型中性区为电势零点，即 $\psi(0)=0$。

2. 线性缓变结

热平衡时的空间电荷分布和电场分布如图 2.4 所示，泊松方程为

$$\frac{d^2\psi}{dx^2} = -\frac{d\mathscr{E}}{dx} = -\frac{q}{\varepsilon_s}ax \tag{2.23}$$

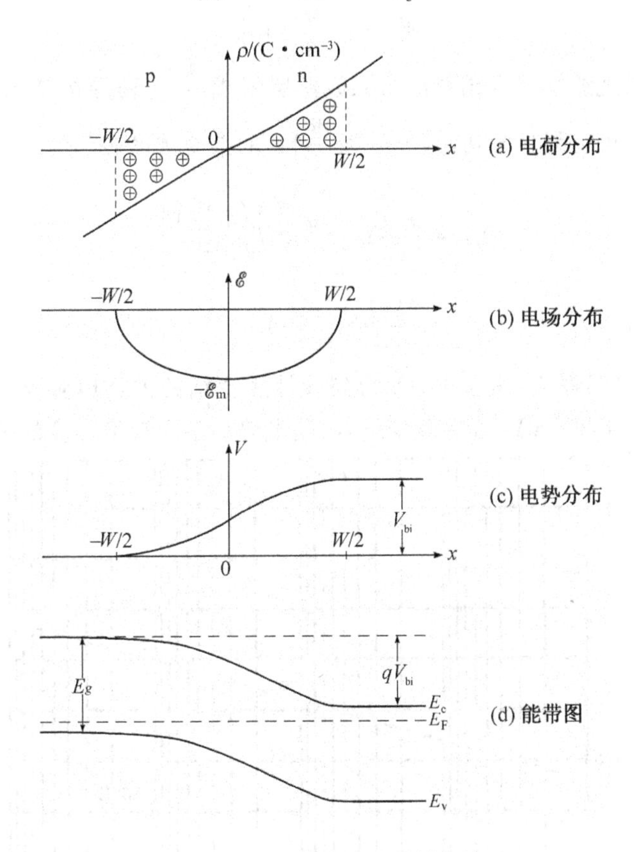

图 2.4　热平衡时的线性缓变结

a 是杂质浓度梯度(单位为 cm^{-4})，电场的边界条件为

$$\mathscr{E}\,\big|_{x=\pm\frac{W}{2}} = 0 \tag{2.24}$$

从以上二式得到电场分布

$$\mathscr{E}(x)=-\frac{qa}{\varepsilon_s}\left[\frac{\left(\frac{W}{2}\right)^2-x^2}{2}\right] \tag{2.25}$$

最大电场强度在 $x=0$ 处，大小为

$$\mathscr{E}_m=\frac{qa}{8\varepsilon_s}W^2 \tag{2.26}$$

W 为耗尽区宽度，内建电势为

$$V_{bi}=-\int_{-\frac{W}{2}}^{\frac{W}{2}}\mathscr{E}(x)\,dx=\frac{qa}{12\varepsilon_s}W^3 \tag{2.27}$$

由上式得到线性缓变结的耗尽区宽度为

$$W=\left[\frac{12\varepsilon_s}{qa}V_{bi}\right]^{\frac{1}{3}} \tag{2.28}$$

另一方面，如果把线性缓变结看成由无数薄层组成，每一薄层的掺杂浓度均匀，则类似于突变结，内建电势可由耗尽区边缘$\left(-\frac{W}{2}及\frac{W}{2}\right)$处的杂质浓度表示为

$$\begin{aligned}V_{bi}&=\frac{k_BT}{q}\ln\left[\frac{\left(a\frac{W}{2}\right)\left(a\frac{W}{2}\right)}{n_i^2}\right]\\&=\frac{2k_BT}{q}\ln\left(\frac{aW}{2n_i}\right)\end{aligned} \tag{2.29}$$

将公式(2.28)和(2.29)联立，消去 W，就得到线性缓变结的内建电势 V_{bi}，它是杂质浓度梯度 a 的函数。对于 Si 和 GaAs 线性缓变结，内建电势和杂质浓度梯度的关系示于图 2.5。

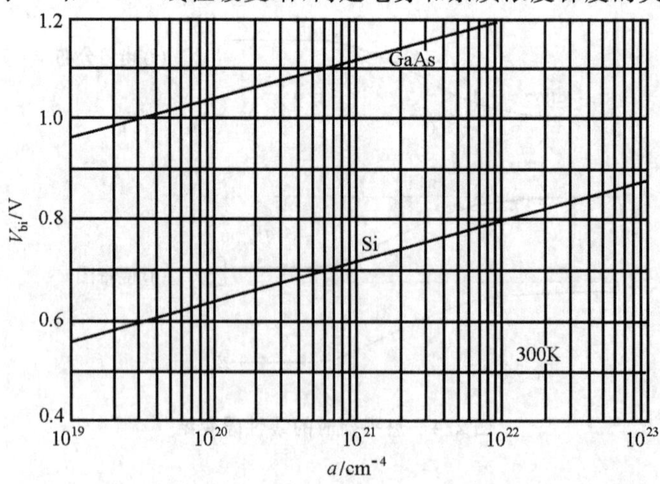

图 2.5　Si 和 GaAs 线性缓变结的内建电势与杂质梯度的关系

2.2.2　非平衡情形

有外加电压时，pn结不再处于平衡状态，能带图如图2.6所示。由于一般情形下势垒区内的载流子浓度很低，电阻很大，而势垒区外的p区或n区载流子浓度较高，电阻较小，外加电压基本上都降落在势垒区上。这样，如图2.6(b)所示，对p区加一个相对于n区为正的电压(正向偏置)V_F时，n区的电相位对p区降低，势垒高度由热平衡时的V_{bi}降低为$V_{bi}-V_F$；反之，如图2.6(c)所示，对n区加一个相对于p区为正的电压(反向偏置)V_R时，势垒高度增加到$V_{bi}+V_R$。所以在一定条件下，把与势垒高度相关的物理量(例如耗尽层宽度)的表示式，从热平衡推广到非平衡情形，具体做法是把V_{bi}换成$V_{bi}-V$，正向偏置时V是正的，反向偏置时V是负的。

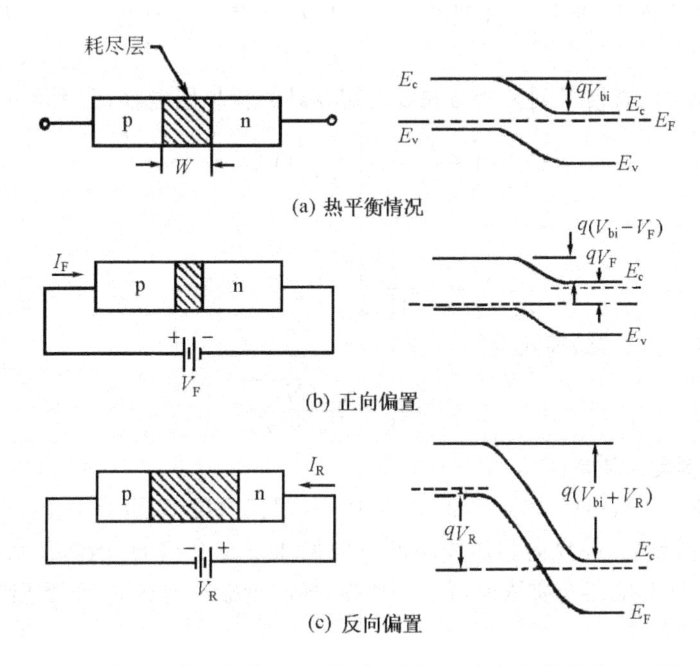

图2.6　在不同偏置条件下pn结的耗尽层宽度和能带图的示意图

2.2.3　耗尽层电容(势垒电容)

pn结的耗尽区宽度随外加电压改变，因此它所包含的电离杂质数目随外加电压改变，即耗尽区内的正、负电荷量随外加电压改变。这种电压变化引起电荷量变化的电容效应称为耗尽层电容，或势垒电容。耗尽区是一个由电离施主和电离受主组成的正负电荷量相等的偶极层，设Q为单位面积耗尽区内正的(或负的)电荷量，则单位面积耗尽层电容定义为

$$C_j=\frac{dQ}{dV}\tag{2.30}$$

对于任意掺杂分布的 pn 结，在外加电压增量 dV 的作用下，耗尽区宽度变化产生的增量电荷 dQ 将是在耗尽区边缘。由电中性条件，耗尽区 n 型和 p 型两侧边缘附近都有增量电荷 dQ，但符号相反，所以耗尽区内的电场强度增量为

$$d\mathscr{E} = dQ/\varepsilon_s \tag{2.31}$$

所以耗尽区的电压增量为

$$dV \approx W \cdot dQ/\varepsilon_s \tag{2.32}$$

根据式(2.30)给出的定义，由式(2.32)得到，对任意掺杂分布的 pn 结，单位面积耗尽层电容为

$$C_j = \frac{\varepsilon_s}{W} \tag{2.33}$$

ε_s 是半导体介电常数，W 是耗尽区宽度，由于 dQ/dV 表示微分电容，上式只是小信号情形下成立。

由式(2.33)可以直接得到突变结和线性缓变结的耗尽层电容，分别为

$$C_j = \left[\frac{q\varepsilon_s N_A N_D}{(N_A + N_D)}\right]^{\frac{1}{2}} (V_{bi} - V)^{-\frac{1}{2}} \tag{2.34}$$

和

$$C_j = \left[\frac{qa\varepsilon_s^3}{12}\right]^{\frac{1}{3}} (V_{bi} - V)^{-\frac{1}{3}} \tag{2.35}$$

对于单边突变结，式(2.34)简化为

$$C_j = \sqrt{\frac{q\varepsilon_s N_B}{2(V_{bi} - V)}} \tag{2.36}$$

N_B 是轻掺杂一例的杂质浓度。

在应用(2.32)式写出(2.34)至(2.36)式时，耗尽区宽度 W 由热平衡时的表示式通过以 $V_{bi} - V$ 代替 V_{bi} 得到，这在反向偏压或小的正向偏压下是合理的；但对于大的正向偏压，势垒区内载流子浓度和电离杂质浓度可以相比拟，耗尽近似不再成立，上述推广得到的结果也就不再有效。

2.3 直流特性

2.3.1 理想伏-安特性

下面根据下述条件推导 pn 结的电流-电压方程：(1) 全部外加电压降落在耗尽区上，耗尽区外半导体为电中性；(2) 小注入；(3) 耗尽区内不存在复合或产生电流；(4) 半导体非简并。

非简并条件下，电子和空穴都服从玻尔兹曼分布，即

$$n = n_i \exp[(E_{Fn} - E_i)/k_B T] \tag{2.37}$$

$$p = n_i \exp[(E_i - E_{Fp})/k_B T] \tag{2.38}$$

E_{Fn}和 E_{Fp}分别为电子、空穴的准费米能级。非平衡时，半导体中的导带电子和价带空穴应看作两个不同的体系，各自有自己的费米能级。电子和空穴的浓度乘积为

$$pn = n_i^2 \exp[(E_{Fn} - E_{Fp})/k_B T] \tag{2.39}$$

如果耗尽区宽度显著小于载流子的扩散长度，则可认为 E_{Fn}和 E_{Fp}平直通过耗尽区，这时在耗尽区内(包括耗尽区边界)有 $E_{Fn} - E_{Fp} = qV$，V 是外加电压，所以

$$pn = n_i^2 \exp(qV/k_B T) \tag{2.40}$$

以脚标 n 和 p 表示半导体的类型，以脚标"0"标志热平衡，则小注入条件下的多子浓度分别为 $n_n \approx n_{n0}$和 $p_p \approx p_{p0}$，在耗尽区边界的少子浓度分别为

$$n_p(-x_p) = \frac{n_i^2}{p_p}\exp(qV/k_B T) \approx n_{p0}\exp(qV/k_B T) \tag{2.41}$$

$$p_n(x_n) \approx p_{n0}\exp(qV/k_B T) \tag{2.42}$$

准中性 n 区($x \geqslant x_n$)　空穴是少数载流子，其浓度分布的连续方程为

$$\frac{\partial p_n}{\partial t} = D_p \frac{\partial^2 p_n}{\partial x^2} - \frac{p_n - p_{n0}}{\tau_p} \tag{2.43}$$

D_p 和 τ_p 分别为空穴的扩散系数和寿命，上式右边第一项来自空穴流动产生积累的速率，第二项来自空穴被复合的速率，由于中性区内的电场被忽略，空穴只有扩散运动，稳态时$\frac{\partial p_n}{\partial t}=0$，故有

$$\frac{d^2 p_n}{dx^2} - \frac{p_n - p_{n0}}{D_p \tau_p} = 0 \tag{2.44}$$

对突变结，$dp_{n0}/dx = 0$，上式可改写为

$$\frac{d^2(p_n - p_{n0})}{dx^2} - \frac{p_n - p_{n0}}{L_p^2} = 0 \tag{2.45}$$

$L_p = \sqrt{D_p \tau_p}$是空穴的扩散长度。准中性 n 区内空穴分布的边界条件为

$$p_n(x_n) - p_{n0} = p_{n0}[\exp(qV/k_B T) - 1] \tag{2.46}$$

$$p_n(W_n) - p_{n0} = 0 \tag{2.47}$$

W_n 是从结的位置($x=0$)算起至 n 型区欧姆接触的距离，即原始 n 区的宽度；式(2.47)表示，在欧姆接触处，少数载流子(空穴)浓度为热平衡浓度 p_{n0}。微分方程(2.45)的通解既可用指数函数 $\exp(x/L_p)$和 $\exp(-x/L_p)$表示，也可用双曲函数表示，对于上述边界条件，最简单的是通过双曲正弦函数把它表示成

$$p_n(x) - p_{n0} = A\sinh\left(\frac{W_n - x}{L_p}\right) + B\sinh\left(\frac{x}{L_p}\right) \tag{2.48}$$

A，B 是待定常数。显然，由边界条件式(2.47)可以立刻得到 $B=0$，而由边界条件式(2.46)得到

$$A = p_{n0}[\exp(qV/k_B T) - 1]/\sinh\left(\frac{W_n - x_n}{L_p}\right)$$

最后，方程(2.45)满足边界条件的解为

$$p_n(x)-p_{n0}=p_{n0}[\exp(qV/k_BT)-1]\frac{\sinh\left(\frac{W_n-x}{L_p}\right)}{\sinh\left(\frac{W_n-x_n}{L_p}\right)} \tag{2.49}$$

其中，

$$\sinh(\xi)=\frac{\exp(\xi)-\exp(-\xi)}{2}$$

在准中性区，由于电场被忽略，少数载流子只有扩散电流。所以，注入 n 型中性区的空穴扩散电流密度为

$$\begin{aligned}J_p(x)&=-qD_p\frac{dp_n(x)}{dx}\\&=q\frac{D_p}{L_p}p_{n0}[\exp(qV/k_BT)-1]\frac{\cosh\left(\frac{W_n-x}{L_p}\right)}{\sinh\left(\frac{W_n-X_n}{L_p}\right)}\end{aligned} \tag{2.50}$$

$$\cosh(\xi)=\frac{\exp(\xi)+\exp(-\xi)}{2}$$

在耗尽区边界 $x=x_n$ 处，

$$\begin{aligned}J_p(x_n)&=q\frac{D_p}{L_p}p_{n0}[\exp(qV/k_BT)-1]\frac{\cosh\left(\frac{W_n-x_n}{L_p}\right)}{\sinh\left(\frac{W_n-x_n}{L_p}\right)}\\&=q\frac{D_p}{L_p}p_{n0}[\exp(qV/k_BT)-1]\frac{1}{\tanh(W'_n/L_p)}\end{aligned} \tag{2.51}$$

$$\tanh(\xi)=\frac{\exp(\xi)-\exp(-\xi)}{\exp(\xi)+\exp(-\xi)}$$

$W'_n=W_n-x_n$ 是准中性 n 区的宽度。式(2.51)是适合于所有 W'_n 的通用解。

准中性 p 区($x\leqslant -x_p$)　电子是少数载流子，其浓度分布和电流密度可以作同样处理。电子浓度分布为

$$n_p(x)-n_{p0}=n_{p0}[\exp(qV/k_BT)-1]\frac{\sinh\left(\frac{W_p+x}{L_n}\right)}{\sinh\left(\frac{W_p-x_p}{L_n}\right)} \tag{2.52}$$

W_p 是原始 p 区宽度。注入 p 型中性区的电子扩散电流密度为

$$J_n(x)=qD_n\frac{dn_p(x)}{dx}$$

$$= q\frac{D_n}{L_n}n_{p0}[\exp(qV/k_BT)-1]\frac{\cosh\left(\frac{W_p+x}{L_n}\right)}{\sinh\left(\frac{W_p-x_p}{L_n}\right)} \tag{2.53}$$

在耗尽区边界 $x=-x_p$ 处，

$$J_n(-x_p) = q\frac{D_n}{L_n}n_{p0}[\exp(qV/k_BT)-1]\frac{1}{\tanh(W'_p/L_n)} \tag{2.54}$$

$W'_p=W_p-x_p$ 是准中性 p 区的宽度。式(2.54)适合于所有的 W'_p。

两种极端情形

(1) 长 pn 结。准中性区宽度(W'_n,W'_p)比少数载流子的扩散长度大得多的 pn 结。由于 $W'_n \gg L_p$，$\sinh(\xi)$ 表示式中的负指数项 $\exp(-\xi)\to 0$，因此，在准中性 n 区内，根据式(2.49)，空穴浓度分布可表示为

$$p_n(x)-p_{n0}-p_{n0} = p_{n0}[\exp(qV/k_BT)-1]\exp[-(x-x_n)/L_p] \tag{2.55}$$

上式表明，过剩空穴浓度随行进距离 x 的增加而减少，这是因为注入空穴在穿越中性区时不断被复合，L_p 是它们被复合前在中性区行进的平均距离。所以对于 $W'_p \gg L_p$ 的情形，所有注入空穴在到达欧姆接触之前就被复合掉了。由式(2.50)可以得到注入中性区的空穴扩散电流密度为

$$J_p(x) = q\frac{D_p}{L_p}p_{n0}[\exp(qV/k_BT)-1]\exp[-(x-x_n)/L_p] \tag{2.56}$$

空穴电流在 $x=x_n$ 处最大，随着离开结的距离 x 的增加而逐渐减小，这是因为注入空穴的浓度因复合减小时，其下降的梯度也减少。稳态时总的电流必须保持为常数，所以随 x 的增加，电子电流也增加，提供与空穴复合的电子。在欧姆接触的 W_n 处，总电流完全由电子组成。在耗尽区边界 $x=x_n$ 处，

$$J_p(x_n) = q\frac{D_p}{L_p}p_{n0}[\exp(qV/k_BT)-1] \tag{2.57}$$

在准中性 p 区内，电子浓度分布和电流密度可作同样处理。当 $W'_p \gg L_n$ 时，由式(2.52)可得

$$n_p(x)-n_{p0} = n_{p0}[\exp(qV/k_BT)-1]\exp[(x+x_p)/L_n] \tag{2.58}$$

电子扩散电流密度为

$$J_n(x) = q\frac{D_n}{L_n}n_{p0}[\exp(qV/k_BT)-1]\exp[(x+x_p)/L_n] \tag{2.59}$$

在耗尽区边界 $x=-x_p$ 处，

$$J_n(-x_p) = q\frac{D_n}{L_n}n_{p0}[\exp(qV/k_BT)-1] \tag{2.60}$$

图 2.7 表示长 pn 结内注入的少数载流子分布和电子、空穴电流。

当假定耗尽区内的产生或复合可以忽略时，通过 pn 结的总的电流密度为

$$J = J_p(x_n) + J_n(-x_p) = J_s[\exp(qV/k_BT) - 1] \tag{2.61}$$

$$J_s = q\frac{D_p}{L_p}p_{n0} + q\frac{D_n}{L_n}n_{p0} \tag{2.62}$$

式(2.61)通常称为理想二极管方程，J_s 称为饱和电流密度。利用 $p_{n0} = n_i^2/N_D$ 和 $n_{p0} = n_i^2/N_A$（N_D 和 N_A 分别为 n 区和 p 区的掺杂浓度，n_i 是本征载流子浓度），J_s 又可表述成

$$J_s = q\left(\frac{D_p}{L_pN_D} + \frac{D_n}{L_nN_A}\right)n_i^2 \tag{2.63}$$

由上式可以看到，J_s 取决于结的轻掺杂一侧。例如，如果 p 型区的掺杂浓度远小于 n 型区，则通过结注入到 p 区的电子电流远大于注入到 n 区的空穴电流。以后将看到，npn 晶体管的发射结就是这种情况。

(2) 短 pn 结。准中性区宽度（W'_n，W'_p）比少数载流子扩散长度（L_p，L_n）小得多的 pn 结。对于 $W'_n \ll L_p$，在式(2.49)中，因为 $0 \leqslant x \leqslant W'_n$（或 $x_n \leqslant x \leqslant W_n$），自变量 $(W_n - x)/L_p$ 对所有的 x 值也远小于 1，所以该式中所有的 $\sinh(\xi)$ 函数都可以用它们的自变量 ξ 代替。这样，我们得到准中性 n 区内空穴的浓度分布为

$$p_n(x) - p_{n0} = p_{n0}[\exp(qV/k_BT) - 1]\left(1 - \frac{x - x_n}{W'_n}\right) \tag{2.64}$$

注入空穴在 n 型区随距离 x 的增加线性减小。$L_p \gg W'_n$ 意味着所有注入空穴在 n 型内不被复合，即它的寿命 τ_p 无限大，从而微分方程(2.44)有线性解。相应地，空穴扩散电流密度为

$$J_p = q\frac{D_p}{W'_n}p_{n0}[\exp(qV/k_BT) - 1] \tag{2.65}$$

上式与式(2.57)相比，实际上只是与几何结构相关的特征长度不同。长 pn 结的特征长度是少数载流子扩散长度，短 pn 结则为准中性区的长度。同样，短 pn 结的总电流由注入到 n 区的空穴电流和注入到 p 区的电子电流组成。

$$J = J_s[\exp(qV/k_BT) - 1] \tag{2.66}$$

$$J_s = q\left(\frac{D_p}{W'_nN_D} + \frac{D_n}{W'_pN_A}\right)n_i^2 \tag{2.67}$$

实际的 pn 结也可能是长、短两种情况的组合，例如 n 区长度远大于空穴扩散长度而 p 区长度远小于电子扩散长度，或者相反。对于这样的情形，显然也不难处理。

图 2.7 表示注入的少数载流子分布和电子、空穴扩散电流。注入的少数载流子离开边界后，便不断和多数载流子复合，在 n 区中的空穴扩散电流和在 p 区中的电子扩散电流都随距离指数衰减，其特征长度分别为 L_p 和 L_n。

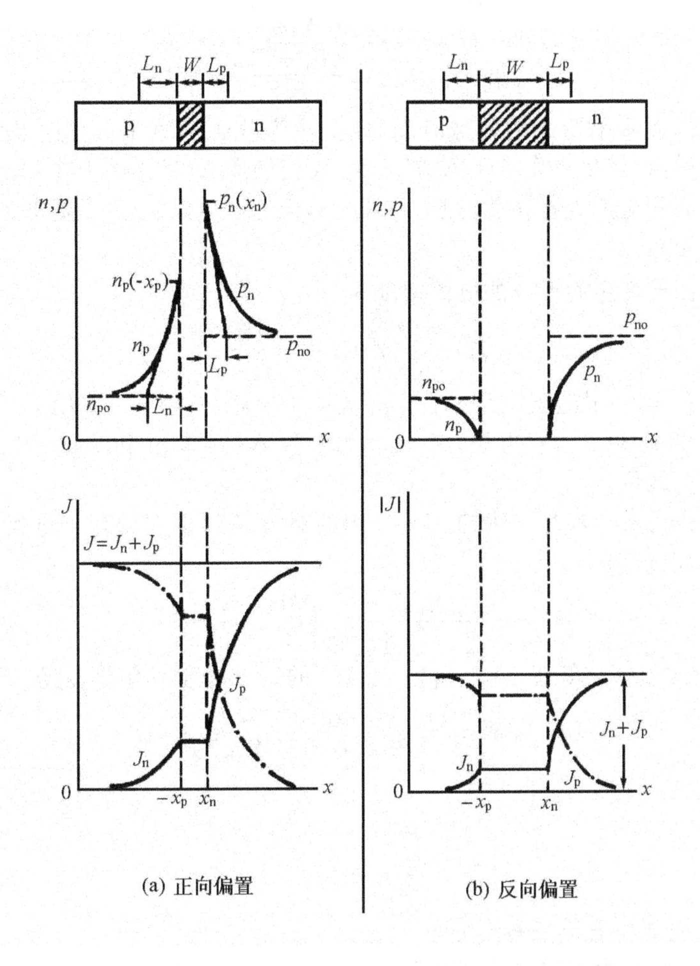

图 2.7　注入的少数载流子分布和电子、空穴扩散电流

2.3.2　产生-复合效应

理想二极管方程只能与实际情形定性符合，偏压很小时发生偏离的主要原因是耗尽区内的产生一复合过程。根据表示式(1.160)，对于 $\sigma_n=\sigma_p=\sigma_0$ 的简单情形，复合率 U 可表述为

$$U=\frac{\sigma_0 v_{th} N_t n_i^2 \exp[(qV/k_B T)-1]}{n+p+2n_i\cosh\dfrac{(E_i-E_t)}{k_B T}} \tag{2.68}$$

反向偏置时，$pn<n_i^2$，电子和空穴的产生过程占支配地位，如果 $p<n_i$ 和 $n<n_i$，则根据式(2.68)，产生率为

$$G = -U = \frac{\sigma_0 v_{th} N_t n_i}{2\cosh\frac{(E_i - E_t)}{k_B T}} = \frac{n_i}{\tau_g} \tag{2.69}$$

τ_g 是载流子浓度恢复到平衡态的弛豫时间，通常称为载流子寿命。在这里代表产生寿命，由式(2.69)可以看出，产生率在 $E_t = E_i$ 时最大，而当偏离 E_i 时指数下降，即只有能级 E_t 靠近禁带中央的中心才对产生有显著贡献。实际上，无论产生或复合，最有效的是能级在禁带中央附近的那些中心。

耗尽区内载流子产生而形成的电流密度为

$$J_g = \int_0^W qG\,dx \approx \frac{qn_i W}{\tau_g} \tag{2.70}$$

J_g 和 n_i 成正比，J_s 和 n_i^2 成正比，所以对于 n_i 大的半导体，例如 Ge，室温下扩散电流占支配地位，反向电流遵从理想二极管方程；对 n_i 小的半导体，例如 Si 和 GaAs，室温下耗尽区产生电流可能占支配地位。

正向偏置时，$pn > n_i^2$，耗尽区内起支配作用的是电子和空穴的复合过程。对于 $E_t = E_i$ 的情形，式(2.68)简化为

$$U = \frac{\sigma_0 v_{th} N_t n_i^2 \exp[(qV/k_B T) - 1]}{n + p + 2n_i} \tag{2.71}$$

可以证明，耗尽区中 $n = p$（等于 $n_i \exp(qV/2k_B T)$）的地方复合率有最大值：

$$U_{max} = \sigma_0 v_{th} N_t \frac{n_i^2[\exp(qV/k_B T) - 1]}{2n_i \exp[(qV/2k_B T) + 1]} \tag{2.72}$$

当 $V > \frac{3k_B T}{q}$ 时有

$$U_{max} = \frac{n_i}{2\tau_r}\exp(qV/2k_B T) \tag{2.73}$$

其中 $\tau_r = 1/\sigma_0 v_{th} N_t$ 表示有效复合寿命。

耗尽区载流子复合引起的电流密度为

$$J_r = \int_0^W qU\,dx \approx \frac{qn_i W}{2\tau_r}\exp(qV/2k_B T) \tag{2.74}$$

对于 p^+n 结，总的正向电流密度为

$$J_F = q\sqrt{\frac{D_p}{\tau_p}}\frac{n_i^2}{N_D}\exp(qV/k_B T) + \frac{qn_i W}{2\tau_r}\exp(qV/2k_B T) \tag{2.75}$$

通常，实验结果可用下述经验公式表示：

$$J_F \approx \exp(qV/\eta k_B T) \tag{2.76}$$

式中的 η 称为理想因子，其数值在 1 和 2 之间，小电流时，复合电流占支配地位，$\eta = 2$；较大电流时，理想扩散电流占支配地位，$\eta = 1$。

2.3.3　大注入效应

所谓大注入，是正向偏压下注入的少数载流子浓度可以与多数载流子浓度相比，即在 n

区有 $p_n(x_n)\approx n_n$，p 区有 $n_p(-x_p)\approx p_p$，将这一条件代入 $pn=n_i^2\exp(qV/k_BT)$，就得到大注入时的边界条件

$$p_n(x_n) = n_i\exp(qV/2k_BT) \tag{2.77}$$

和

$$n_p(-x_p) = n_i\exp(qV/2k_BT) \tag{2.78}$$

在 n 型或 p 型中性区的少数载流子扩散区域内，非平衡载流子浓度(包括多子)随离开耗尽区边界的距离衰减，稳定时，这种不均匀分布靠扩散区域内的自建电场来维持。大注入时，注入扩散区域内的少数载流子数量很大，这时自建电场作用不能忽略，从多数载流子电流为零的条件可以求得这一自建电场，以 n 型中性区为例，在空穴扩散的区域内，自建电场 $\mathscr{E}$ 满足 $J_n=0$ 的条件，即

$$q\mu_n n_n\mathscr{E} + qD_n\frac{\mathrm{d}n_n}{\mathrm{d}x} = 0 \tag{2.79}$$

故有

$$\mathscr{E} = -\frac{k_BT}{q}\frac{1}{n_n}\frac{\mathrm{d}n_n}{\mathrm{d}x} \tag{2.80}$$

注入的空穴电流密度为

$$\begin{aligned}J_p(x_n) &= \left[q\mu_p p_n\mathscr{E} - qD_p\frac{\mathrm{d}p_n}{\mathrm{d}x}\right]_{x_n} = -qD_p\left[\frac{p_n}{n_n}\frac{\mathrm{d}n_n}{\mathrm{d}x} + \frac{\mathrm{d}p_n}{\mathrm{d}x}\right]_{x_n} \\ &= -q(2D_p)\left.\frac{\mathrm{d}p_n}{\mathrm{d}x}\right|_{x_n}\end{aligned} \tag{2.81}$$

上式表明，在大注入条件下，自建电场对少数载流子(空穴)漂移的作用相当于空穴的扩散系数增加一倍，这一结论同样适合于注入 p 区的电子电流。

综合上述，大注入电流的表示式可以在小注入分析结果的基础上得到，只需以 $2D_p$ 和 $2D_n$ 分别代替 D_p 和 D_n，以 $n_i\exp(qV/2k_BT)$ 代替 $p_{n0}\exp(qV/k_BT)$ 或 $n_{p0}\exp(qV/k_BT)$，所得电流大体上正比于 $\exp(qV/2k_BT)$，故大电流下电流随电压增加的速度减小。

大电流时，在串联电阻(包括中性区的电阻和非理想欧姆接触的电阻)上的电压降落也不能忽略，以 R 表示串联电阻，I 表示流过 pn 结的电流，则加在势垒上的电压实际只有 $V-IR$，其中 V 是电源电压，理想扩散电流的表示式应为

$$I = I_s\exp[q(V-IR)/k_BT] \tag{2.82}$$

它下降一个因子 $\exp(IR/k_BT)$，这在电流很大时十分显著。

2.3.4　温度效应

无论是正向偏置，还是反向偏置，扩散电流和产生-复合电流都强烈地依赖于温度，根据前面的讨论，扩散电流为

$$I_{扩散} = I_s[\exp(qV/k_BT) - 1] \tag{2.83}$$

式中，I_s 为饱和电流，

$$I_s = qA\left(\frac{D_n n_{p0}}{L_n} + \frac{D_p p_{n0}}{L_p}\right) = qA\left(\frac{D_n}{L_n N_A} + \frac{D_p}{L_p N_D}\right)n_i^2 \tag{2.84}$$

A 为 pn 结面积。复合和产生电流分别为

$$I_{复合} = qA\,\frac{Wn_i}{2\tau_r}\exp(qV/2k_B T) \tag{2.85}$$

$$I_{产生} = qA\,\frac{Wn_i}{\tau_g} \tag{2.86}$$

反向偏置情形　扩散电流与产生电流之比为

$$\frac{I_{扩散}}{I_{产生}} \approx \frac{\tau_g}{W}\left(\frac{D_n}{L_n N_A} + \frac{D_p}{L_p N_D}\right)n_i \tag{2.87}$$

随温度增加，n_i 增大，$I_{扩散}$ 将占优势。下面根据式(2.83)来讨论温度对反向电流的影响。当反向偏压 $V>3k_B T/q$ 时，有

$$I_{扩散} = I_s \sim n_i^2 \sim T^3\exp(-E_{g0}/k_B T) \tag{2.88}$$

E_{g0} 为绝对零度时的禁带宽度，对于 Si，$E_{g0}\approx1.17\text{eV}$。由式(2.88)可得

$$\frac{1}{I_s}\frac{\mathrm{d}I_s}{\mathrm{d}T} \approx \frac{E_{g0}}{k_B T^2} \tag{2.89}$$

k_B 约等于 $8.62\times10^{-5}\text{eV/K}$。可见，在室温(300K)附近，对于硅 pn 结，温度每增加 1℃，I_s 相对增加 15%，即温度每增加 6℃，就会使反向电流增加一倍。

正向偏置情形　若 $V>3k_B T/q$，则有

$$\frac{I_{扩散}}{I_{复合}} = \frac{2\tau_r}{W}\left(\frac{D_n}{L_n N_A} + \frac{D_p}{L_p N_D}\right)n_i\exp(qV/2k_B T) \tag{2.90}$$

上式说明，偏压增加或温度增加时，$I_{扩散}$ 对 $I_{复合}$ 的比率增加，研究表明，高于室温时，不大的正向电压(~0.3V)就使 $I_{扩散}$ 占优势。所以，下面我们仅根据 $I_{扩散}$ 来讨论温度对正向伏安特性的影响。

根据 $I_{扩散}\approx I_s\exp(qV/k_B T)$，若维持 I 不变，则结电压 V 随温度的变化为

$$\left.\frac{\mathrm{d}V}{\mathrm{d}T}\right|_I = \frac{V}{T} - \frac{k_B T}{q}\left(\frac{1}{I_s}\frac{\mathrm{d}I_s}{\mathrm{d}T}\right) = \frac{V - E_{g0}/q}{T} \tag{2.91}$$

若维持结电压不变，则正向电流 I 随温度的变化率为

$$\frac{1}{I}\left(\frac{\mathrm{d}I}{\mathrm{d}T}\right)_V = \frac{1}{I_s}\cdot\frac{\mathrm{d}I_s}{\mathrm{d}T} - \frac{qV}{k_B T^2} = \frac{E_{g0} - qV}{k_B T^2} \tag{2.92}$$

对于硅 pn 结，典型的工作电压为 $V=0.6$ 伏，在室温附近，每增加 10℃，电流约增加一倍；电压的变化率约 -2mV/℃，所以结电压随温度的变化十分灵敏，这一特性被用来精确测温和控温。

2.4　交流小信号特性；扩散电容

设 pn 结正向偏置，偏压为 V_0，在结上又叠加一个频率 ω 的交流小电压，$V_1\exp(\mathrm{j}\omega t)$($V_1$

$\ll V_0$)，则结上总电压为

$$V(t)=V_0+V_1\exp(\mathrm{j}\omega t) \tag{2.93}$$

仍从 n 型中性区开始分析。在边界 $x=x_n$ 处的空穴浓度为

$$\begin{aligned}p_n(x_n,t)&=p_{n0}\exp(qV/k_BT)\approx p_{n0}\exp(qV_0/k_BT)+\frac{qV_1}{k_BT}p_{n0}\exp(qV_0/k_BT)\exp(\mathrm{j}\omega t)\\&=p_{ns}(x_n)+p_{n1}(x_n)\exp(\mathrm{j}\omega t)\end{aligned} \tag{2.94}$$

上式的第二步用到了 $V_1\ll V_0$ 的小信号条件，式中，$p_{ns}(x_n)$代表 $p_n(x_n,t)$的稳定值，$p_{n1}(x_n)$则是 $p_n(x_n,t)$随时间变化部分的振幅。从这一结果可以看出，在小信号条件下，n 型中性区内的空穴分布可以表示成

$$p_n(x,t)=p_n(x)+p_{n1}(x)\exp(\mathrm{j}\omega t) \tag{2.95}$$

上式右边第一项代表稳定分布，第二项代表与时间有关的分布，$p_n(x,t)$满足连续方程

$$\frac{\partial p_n(x,t)}{\partial t}=D_p\frac{\partial^2 p_n(x,t)}{\partial x^2}-\frac{p_n(x,t)-p_{n0}}{\tau_p} \tag{2.96}$$

将式(2.95)代入上式，并注意 $D_p\dfrac{\partial^2 p_{ns}}{\partial x^2}-\dfrac{p_{ns}-p_{n0}}{\tau_p}=0$，便可得到一个关于交流振幅 $p_{n1}(x)$的微分方程：

$$\frac{\mathrm{d}^2 p_{n1}(x)}{\mathrm{d}x^2}-\frac{p_{n1}(x)}{L_p'^2}=0 \tag{2.97}$$

式中

$$L'_p=L_p/\sqrt{1+\mathrm{j}\omega\tau_p} \tag{2.98}$$

方程(2.97)所应满足的边界条件为：$x=W_n$ 时 $p_{n1}=0$；$x=x_n$ 时 $p_{n1}(x_n)=\dfrac{qV_1}{k_BT}p_{n0}\exp(qV_0/k_BT)$。满足边界条件的解为

$$p_{n1}(x)=p_{n1}(x_n)\frac{\sinh\left(\dfrac{W_n-x}{L'_p}\right)}{\sinh\left(\dfrac{W_n-x_n}{L'_p}\right)} \tag{2.99}$$

W_n 是 n 区的长度。对于长 pn 结，n 型中性区内空穴分布的交流分量为

$$p_{n1}(x,t)=p_{n1}(x_n)\exp[-(x-x_n)/L'_p]\exp(\mathrm{j}\omega t) \tag{2.100}$$

注入 n 区的空穴电流中的交流分量为

$$J_{p1}(t)=-qD_p\left.\frac{\partial p_n(x,t)}{\partial x}\right|_{x_n}=\frac{qD_p p_{n1}(x_n)}{L'_p}\exp(\mathrm{j}\omega t) \tag{2.101}$$

同理，注入 p 区的电子电流中的交流分量为

$$J_{n1}(t)=\frac{qD_n n_{p1}(-x_p)}{L'_n}\exp(\mathrm{j}\omega t) \tag{2.102}$$

式中

$$L'_n=L_n/\sqrt{1+\mathrm{j}\omega\tau_n} \tag{2.103}$$

$$n_{p1}(-x_p)=\frac{qV_1}{k_BT}n_{p0}\exp(qV_0/k_BT) \tag{2.104}$$

将式(2.101)和(2.102)相加，就得到通过 pn 结的交流电流密度为

$$J_1(t)=\left[\frac{qD_p p_{n1}(x_n)}{L'_p}+\frac{qD_n n_{p1}(-x_p)}{L'_n}\right]\exp(j\omega t)$$

$$=\frac{qV_1}{k_BT}\left[\frac{qD_p p_{n0}}{L_p/\sqrt{1+j\omega\tau_p}}+\frac{qD_n n_{p0}}{L_n/\sqrt{1+j\omega\tau_n}}\right]\exp(qV_0/k_BT)\exp(j\omega t) \tag{2.105}$$

交流导纳 Y(等于 $I_1(t)/V_1\exp(j\omega t)$)可表示为

$$Y=G_d+j\omega C_d \tag{2.106}$$

上式右方第一项 G_d 表示电导；第二项是电容性的，C_d 为扩散电容，它来源于 n 型和 p 型中性区的电容效应，中性区内存储有等量的过剩电子电荷和空穴电荷，它们的数量受结电压控制，当频率很低($\omega\tau_p,\omega\tau_n\leqslant 1$)时，将 $J_1(t)$ 的振幅作泰勒展开，只保留到一次项，即得扩散电导为

$$G_d=\frac{qA}{k_BT}\left[\frac{qD_p p_{n0}}{L_p}+\frac{qD_n n_{p0}}{L_n}\right]\exp(qV_0/k_BT)=\frac{q}{k_BT}I_0 \tag{2.107}$$

扩散电容为

$$C_d=\frac{qA}{k_BT}\left[\frac{qL_p p_{n0}}{2}+\frac{qL_n n_{p0}}{2}\right]\exp(qV_0/k_BT) \tag{2.108}$$

A 是 pn 结的横截面积

C_d 与外加信号的频率 ω 有关，器件物理中常以乘积 $\omega\tau$ 来划分频率的高低，其中 τ 是非平衡载流子的寿命，亦即存储电荷再分布的弛豫时间。$\omega\tau_p,\omega\tau_n\ll 1$ 的条件标志外加信号变化周期远大于存储电荷再分布时间的低频情形，C_d 由式(2.108)表示；而对 $\omega\tau_p,\omega\tau_n\gg 1$ 的高频情形，存储电荷跟不上结电压的变化，C_d 很小(C_d 随$\sqrt{\omega\tau}$下降)。另方面，C_d 随直流偏压增加，所以，在低频和正向偏压下，扩散电容特别重要。

在许多应用中，总是根据在使用条件下半导体器件各部分的物理作用，用电阻、电容、电流源和电压源等组成一定的电路来等效器件的功能。根据前面的讨论，对理想 pn 结，小信号等效电路如图 2.8 所示。图中，C_j 是耗尽层电容，C_d 是扩散电容，G 是电流通过器件的电导，C_j，C_d 和 G 分别由式(2.33)、(2.108)和(2.107)得到。

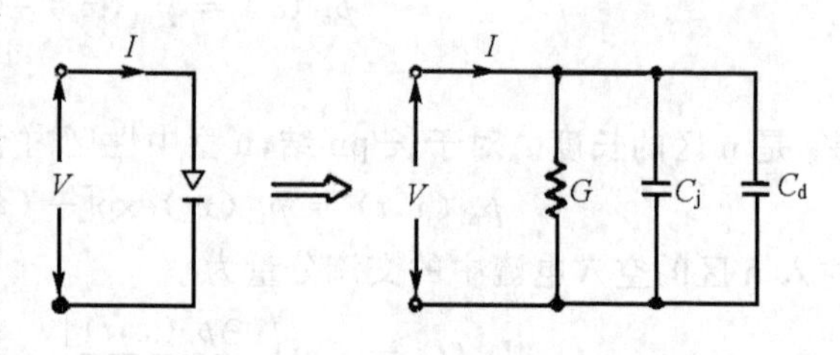

图 2.8 pn 结小信号等效电路

2.5　电荷存储和反向恢复时间

正向偏置时，电子从 n 区注入到 p 区，空穴从 p 区注入到 n 区。少数载流子一旦注入，便吸引多数载流子保持电中性并与之复合，最终形成非平衡载流子浓度随距离衰减的稳定分布。这些非平衡载流子导致 pn 结内的电荷积累，即等量的过剩电子电荷和过剩空穴电荷的存储。当结上外加偏压突然反向时，这些存储电荷不能立即去除，即需要经过一定时间 pn 结才能达到反偏状态，这个时间称为反向恢复时间，其间存储电荷和电流等随时间的变化说明 pn 结的反向瞬态特性。

2.5.1　存储电荷

为简单起见，考虑一个长的 p^+n 结，并将边界 x_n 取为 0。在 n 型中性区内对过剩空穴积分便得到存储电荷量，有

$$Q = qA\int_0^\infty (p_n - p_{n0})dx = qA\int_0^\infty p_{n0}[\exp(qV_F/k_BT)-1]\exp(-x/L_p)dx$$
$$= qAL_p p_{n0}[\exp(qV_F/k_BT)-1] \tag{2.109}$$

A 是结面积，V_F 是外加正向偏压，利用 $I_F = \dfrac{qAD_p}{L_p}p_{n0}[\exp(qV_F/k_BT)-1]$ 及 $L_p=\sqrt{D_p\tau_p}$，上式可改写为

$$Q = \tau_p I_F \tag{2.110}$$

即存储电荷量是注入电流和少数载流子寿命的乘积。注入电流越大，进入中性区的少数载流子越多；少数载流子寿命越长，它们在复合之前扩散进中性区越远，存储的电荷也就越多。

2.5.2　瞬态特性和反向恢复时间

图 2.9 表示 pn 结的瞬态特性，其中图 2.9(a)表示一个能够改变 pn 结偏置方向的简单

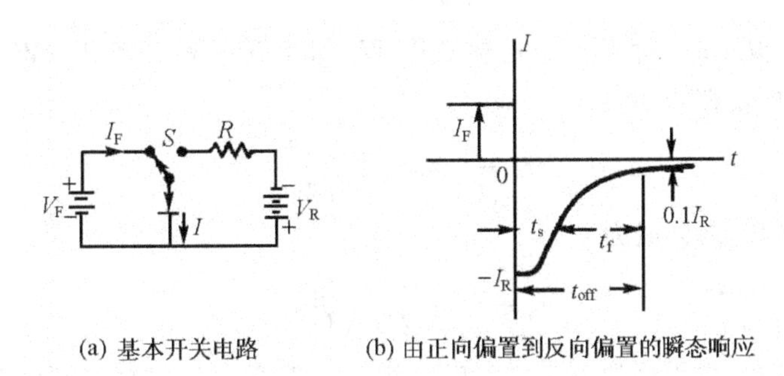

(a) 基本开关电路　　(b) 由正向偏置到反向偏置的瞬态响应

图 2.9　pn 结瞬态特性

电路。正向时，有一电流 I_F 流过 pn 结。在 $t=0$ 时刻，开关 S 突然掷到右边，此时通过 pn

结的电流并不是立即变为反向饱和电流 I_s，而是先经过一个较大的恒定反向电流 I_R 的阶段，然后再逐渐衰减到 I_s，如图 2.9(b)所示。即 pn 结的反向瞬变过程可以分为电流恒定和电流衰减两个阶段，相应的瞬变时间分别以 t_s 和 t_f 表示。t_s 称为存储时间；t_f 称为下降时间，定义为从 I_R 开始衰减到 $0.1I_R$ 所经过的时间。$t_{off}=t_s+t_f$ 即为反向恢复时间，它比偏压从反向突变为正向的瞬变时间长得多。

下面采用电荷控制模型，对长 p^+n 结的情形，近似计算瞬变时间。反偏刚开始的一段时间($0<t<t_s$)内，p^+n 结处于反向低阻状态，电流基本恒定，由外电路决定：

$$I_R \approx V_R/R \tag{2.111}$$

R 为偏置电阻，存储电荷通过外电路流走(反向抽取)和自身复合减少，即

$$-\frac{dQ}{dt} = I_R + Q/\tau_p \tag{2.112}$$

上述方程的解为

$$Q(t) = \tau_p(I_F + I_R)\exp(-t/\tau_p) - \tau_p I_R \tag{2.113}$$

得到上式时已用了 $t=0$ 时 $Q=\tau_p I_F$ 的初始条件。令 $t=t_s$ 时存储电荷完全消失，即 $Q(t_s)=0$，由此得到存储时间为

$$t_s = \tau_p \ln[1 + I_F/I_R] \tag{2.114}$$

经过时间 t_s 以后，可认为 pn 结已经进入反向高阻状态。

严格分析瞬变过程应根据空穴分布的连续方程(2.47)，对于 p^+n 结，结果为

$$\mathrm{erf}\sqrt{\frac{t_s}{\tau_p}} = (1 + I_R/I_F)^{-1} \tag{2.115}$$

$$\mathrm{erf}\sqrt{\frac{t_f}{\tau_p}} + \frac{\exp(-t_f/\tau_p)}{\sqrt{\pi(t_f/\tau_p)}} = 1 + 0.1\left(\frac{I_R}{I_F}\right) \tag{2.116}$$

其中 $\mathrm{erf}x$ 为误差函数，表示为

$$\mathrm{erf}x = \frac{2}{\sqrt{\pi}}\int_0^x \exp(-u^2)\,du \tag{2.117}$$

当比值 I_R/I_F 很小时，对于 n 型材料长度 W_n 远大于扩散长度 L_p($W_n \geqslant L_p$)的长 p^+n 结，反向恢复时间可近似表示为

$$t_s + t_f \approx \frac{\tau_p}{2}\left(\frac{I_R}{I_F}\right)^{-1} \tag{2.118}$$

对于 $W_n \leqslant L_p$ 的情形，则近似为

$$t_s + t_f \approx \frac{W_n^2}{2D_p}\left(\frac{I_R}{I_F}\right)^{-1} \tag{2.119}$$

由上述分析可知，对于高速开关，要求 τ_p 很小。如果引进能级靠禁带中央的复合中心(例如硅中掺金)，则可大大降低少数载流子寿命 τ_p。此外，金属-半导体二极管(肖特基势垒二极管)具有高速开关特性，这是因为它是多数载流子承担电流输运的器件，电荷存储效应可以忽略。

2.6　结的击穿

加到 pn 结上的反向电压超过某一临界值 V_B 时，pn 结发生击穿，产生很大的电流。V_B 称为击穿电压。击穿本身不是破坏性的，但必须通过外电路对最大电流加以限制，以避免 pn 结过热烧毁。pn 结击穿有两种重要机制：隧道效应和雪崩倍增。碰撞电离引起的雪崩倍增使大多数半导体器件的工作电压受到限制；另方面，雪崩倍增现象也可以利用(已被用在产生微波功率和探测光信号等方面)。在 p 区和 n 区掺杂浓度相当高($>5\times10^{17}\,\mathrm{cm}^{-3}$)的 pn 结中，当外加反向电场强度达到 $10^6\,\mathrm{V/cm}$ 或更高时，由于空间电荷区宽度很小，p 区价带占据态上的电子有很大几率穿过禁带进入 n 区导带的空态。这种因为电子隧道穿透效应在强电场下迅速增加而产生大电流的现象，称为隧道击穿。对硅和砷化镓 pn 结，击穿电压小于 $4E_g/q$(E_g 为禁带宽度)时，通常是隧道击穿；击穿电压大于 $6E_g/q$ 时，则是雪崩击穿。击穿电压在 $4E_g/q$ 和 $6E_g/q$ 之间时，是这两种击穿的混合。另外，隧道击穿电压随温度增加而减小(负温度系数)，因为能参与隧穿的价带电子流随温度增加；而雪崩击穿电压则随温度增加而增加(正温度系数)，这是因为温度高时晶格振动强烈，载流子同晶格碰撞损失的能量增加，使得从电场积累能量的速度减慢，只有在更强的电场下才能具有碰撞电离和雪崩倍增所需的能量。这两种击穿电压随温度的变化趋势截然相反，一方面可用来判断结的击穿机制，另方面也可用于集成电路参考电压源的设计，让其使两种击穿同时发生从而使结的击穿电压随温度的变化非常小。本节详细讨论雪崩击穿，隧道击穿将在第六章讨论。

对于掺杂浓度不太高的 pn 结，例如 p^+n 结，当反向偏压很大时，热产生电子能够在短距离内从强电场中获得足够能量同晶格原子碰撞，破坏晶格键，产生电子-空穴对，这一过程称为碰撞电离。新产生的电子和空穴再从电场获得能量，进一步产生电子-空穴对。这种连锁过程称为雪崩倍增。由雪崩倍增而产生大电流的现象称为雪崩击穿。

1. 雪崩击穿条件

图 2.10 表示 pn 结耗尽区内的雪崩倍增。初始电子电流 I_{n0} 从耗尽区左边($x=0$)流入，若耗尽区内电场强度大到引起雪崩倍增，则电子电流 $I_n(x)$ 随距离增大，流出耗尽区时增大到 $I_n(W)=M_nI_{n0}$，M_n 称为电子的倍增因子，

$$M_n=\frac{I_n(W)}{I_{n0}} \tag{2.120}$$

初始空穴电流 I_{p0} 则从耗尽区右边($x=W$)流入，流出耗尽区时增大到 $I_p(0)=M_pI_{p0}$。空穴倍增因子为

$$M_p=\frac{I_p(0)}{I_{p0}} \tag{2.121}$$

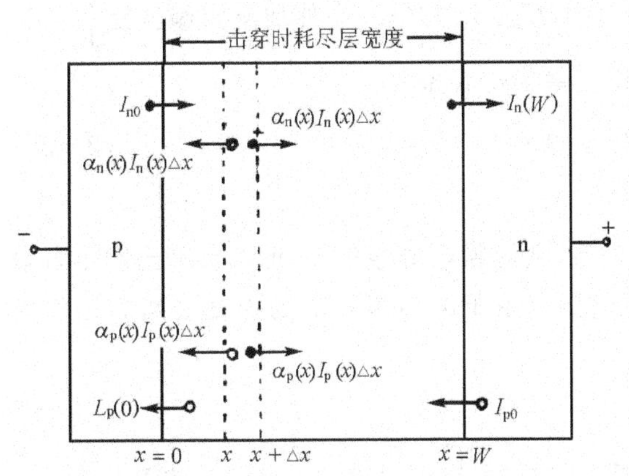

图 2.10　pn 结耗尽区内的雪崩倍增

稳态时通过 pn 结的总电流 $I=I_n+I_p$ 为常量。

在 x 处增加的电子流等于 dx 范围内电子和空穴的倍增作用之和，即

$$d\left(\frac{I_n}{q}\right)=\alpha_n\frac{I_n}{q}dx+\alpha_p\frac{I_p}{q}dx \tag{2.122}$$

或

$$\frac{dI_n}{dx}+(\alpha_p-\alpha_n)I_n=\alpha_p I \tag{2.123}$$

式中 α_n 和 α_p 分别是电子和空穴的电离率，即电子或空穴在单位距离内通过碰撞电离产生的电子-空穴对数目。α_n 和 α_p 都强烈依赖于电场强度，所以一般情形下是位置 x 的函数。同样，对空穴流的增加可以写出

$$\frac{dI_p}{dx}+(\alpha_p-\alpha_n)I_p=-\alpha_n I \tag{2.124}$$

方程(2.123)和(2.124)是 $dy/dx+p(x)y=Q(x)$ 类型的微分方程，可以分别利用 $I_n(W)=M_nI_{n0}$ 和 $I_p(0)=M_pI_{p0}$ 的边界条件求解①。下面只讨论 $\alpha_n=\alpha_p=\alpha$ 的简单情形。这时，两个方程分别简化为 $dI_n/dx=\alpha I$ 和 $dI_p/dx=-\alpha I$，从而有

$$I_n(x)=I\int_0^x\alpha dx+I_{n0} \tag{2.125}$$

和

$$I_p(x)=I\int_x^W\alpha dx+I_{p0} \tag{2.126}$$

以上二式相加，并注意 $I_n(x)+I_p(x)=I$，得到

$$1-\frac{1}{M}=\int_0^W\alpha dx \tag{2.127}$$

式中 M 是倍增因子，定义为

$$M=I/I_0 \tag{2.128}$$

它表示雪崩倍增以后的总电流 I 与初始电流 $I_0(=I_{n0}+I_{p0})$ 之比，当外加反向偏压使 $\int_0^W\alpha dx\to1$ 时，$M\to\infty$，I 增加到无限大。这样，我们得到雪崩击穿条件：

$$\int_0^W\alpha dx=1 \tag{2.129}$$

2. 雪崩击穿电压

由实验测得的电离率对电场强度的依赖关系，利用雪崩击穿条件，可以计算出发生雪崩击穿的临界电场强度 $\mathscr{E}_c$(击穿时的最大电场强度)。由于电离率和电场强度之间有比较复

---

① 可以证明

$$1-\frac{1}{M_n}=\int_0^W\alpha_n\left[\exp\left(-\int_0^x(\alpha_n-\alpha_p)dx'\right)\right]dx \quad 和 \quad 1-\frac{1}{M_p}=\int_0^W\alpha_p\left[\exp\left(-\int_x^W(\alpha_p-\alpha_n)dx'\right)\right]dx$$

杂的函数关系，而且除某些特殊情形(例如 pin 结)外，电场强度是位置 x 的函数，计算十分复杂。为了应用方便，已经把计算结果画成图表，例如图 2.11；或者表示成经验公式，例如：

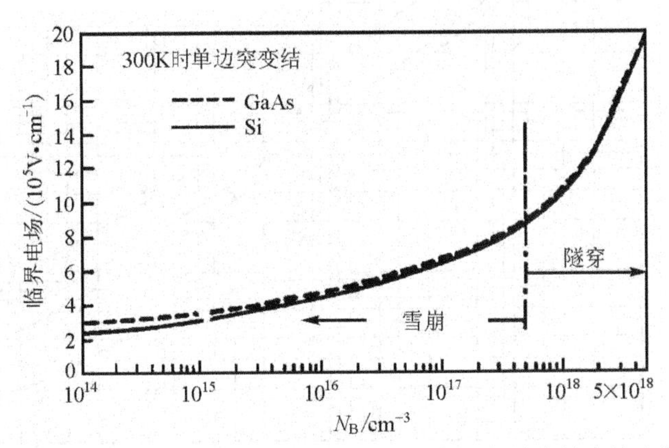

图 2.11　Si,GaAs 单边突变结击穿临界电场和衬底掺杂浓度的关系

$$\mathscr{E}_c \approx 1.1\times10^7\left(\frac{q}{\varepsilon_s}\right)^{\frac{1}{2}}\left(\frac{E_g}{1.1}\right)^{\frac{3}{4}}N_B^{\frac{1}{8}}\quad(\text{单边突变结})\tag{2.130}$$

和

$$\mathscr{E}_c \approx 1.5\times10^8\left(\frac{q}{\varepsilon_s}\right)^{\frac{1}{3}}\left(\frac{E_g}{1.1}\right)^{\frac{4}{5}}a^{1/15}\quad(\text{线性缓变结})\tag{2.131}$$

其中，E_g 是半导体材料的禁带宽度，N_B 是轻掺杂一侧的杂质浓度，a 是杂质浓度梯度。

根据临界电场，利用前述关于耗尽区电压、最大电场强度同耗尽区宽度的关系，可以计算击穿电压 V_B 和击穿时耗尽区宽度 X_{mB}。对单边突变结，有：

$$V_B=\frac{\varepsilon_s\mathscr{E}_c^2}{2q}\cdot\frac{1}{N_B}\tag{2.132}$$

$$X_{mB}=\left[\frac{2\varepsilon_s V_B}{qN_B}\right]^{\frac{1}{2}}\tag{2.133}$$

对线性突变结，有：

$$V_B=\frac{4}{3}\mathscr{E}_c^{\frac{3}{2}}\left[\frac{2\varepsilon_s}{q}\right]^{\frac{1}{2}}a^{-\frac{1}{2}}\tag{2.134}$$

$$X_{mB}=\left[\frac{12\varepsilon_s V_B}{qa}\right]^{\frac{1}{3}}\tag{2.135}$$

对于一定的半导体材料，把 E_g、ε_s 和 q 的数据代入，可直接表示出 pn 结的击穿电压同掺杂浓度或杂质浓度梯度的函数关系，例如图 2.12 所示的情形。

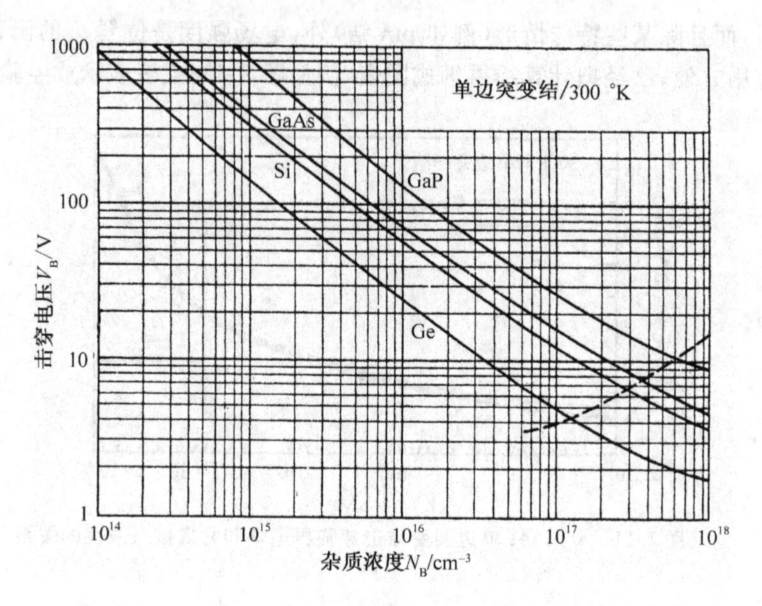

图 2.12 Ge、Si、GaAs 和 GaP 单边突变结的雪崩击穿电压和杂质浓度的关系(点划线表示开始出现隧道击穿机制)

实际 pn 结的击穿电压受许多因素的影响,首先要考虑半导体厚度 W。当 $W<X_m$(击穿时耗尽区宽度)时,器件将穿通,也就是击穿前耗尽区已扩散到了衬底,随着反向电压进一步增加,器件将发生击穿。由于对一定的半导体材料和 pn 结形状,临界击穿电场 $\mathscr{E}_c$ 基本上是常数,所以穿通 pn 结的击穿电压比由电阻率决定的雪崩击穿电压 V_B 低得多。击穿电压还和结面的形状有关。通过半导体表面绝缘层的窗口(通常是矩形窗口)扩散形成 pn 结时,杂质既向下作纵向扩散,又向侧面作横向扩散,因此,结的侧面是圆柱形,底部是平面结,尖角处是球面,曲率半径小的地方电场集中而首先击穿,所以球面区或柱面区决定器件的击穿电压,它将低于前面按照平面结模型得出的数值。为了消除结面弯曲造成局部电场集中的影响,工艺上可采用高浓度扩散环或台面结来切断横向扩散,也可以用深扩散结的方法,还可以采用磨角(正斜角)的方法。所谓正斜角是指斜面横截面积由高浓度侧向低浓度侧逐渐减小。为维持耗尽区内正、负空间电荷数量相等,高掺杂一侧的空间电荷区宽度略微减小,而低掺杂一侧的空间电荷区宽度明显增大,结果表面耗尽区宽度大于体内耗尽区宽度,而导致表面电场减弱。

习 题

2.1 一个理想的硅突变 pn 结,掺杂浓度分别为 $N_A=10^{17}\,\text{cm}^{-3}$,$N_D=10^{16}\,\text{cm}^{-3}$。当 $T=300\text{K}$ 时,求:(1) 自建电压 V_{bi};(2) 耗尽区宽度 W;(3) 最大电场强度 $\mathscr{E}_m$。

2.2 对于题 2.1 考虑的 pn 结,计算降落在 n 型区的电压占总反向电压的百分比,结果说明什么?

2.3 图 2.13 画出了三种 p^+n 结的杂质分布，n 区归一化的掺杂浓度为

$$N = Bx^m$$

其中，B 是常数，$m=1$ 对应线性缓变结，$m=0$ 对应突变结，$m=-3/2$ 对应超突变结。试导出耗尽层电容 C_j 和反向偏压 V_R 的关系。

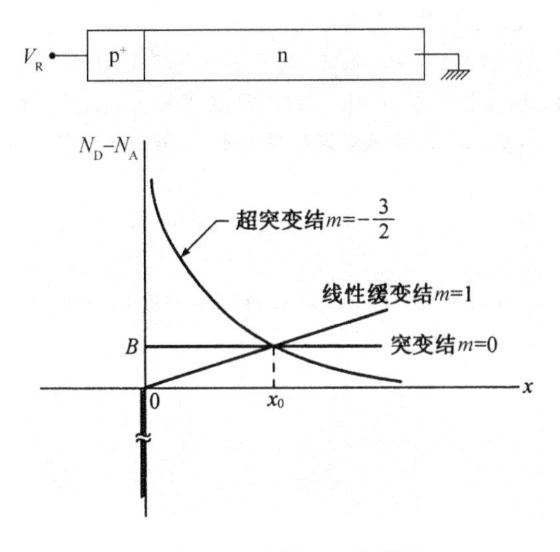

图 2.13 习题 2.3 的附图

2.4 一个硅突变长 pn 结在 300K 时有下述参数：$N_A=10^{17}\,cm^{-3}$，$N_D=10^{16}\,cm^{-3}$，$D_p=10cm^2/s$，$D_n=20cm^2/s$，假定少数载流子寿命 τ 依赖于掺杂浓度 N(N_A 或 N_D)有如下近似关系：

$$\tau = \frac{5\times 10^{-7}}{1+2\times 10^{-17}N}$$

结的横截面积是 $10^{-4}cm^2$。计算：(1) 饱和电流；(2) ± 0.7V 时的正向和反向电流。

2.5 设题 2.4 中考虑的 pn 结中含有 $10^{15}\,cm^{-3}$ 的产生-复合中心，这些中心的能级位于本征费米能级以上 0.02eV 处，且 $\sigma_n=\sigma_p=10^{-15}\,cm^2$。若 $v_{th}=10^7\,cm/s$，在 ± 0.5V 下计算：(1) 复合电流 I_r 和产生电流 I_g；(2) 总的正向电流和反向电流。

2.6 一个横截面积 $1mm^2$ 的对称 GaAs pn 结，在室温 300K 时有下述参数：$N_A=N_D=10^{17}\,cm^{-3}$，$\gamma=7.2\times 10^{-10}\,cm^3/s$($\gamma$ 称为直接复合系数)，$\mu_p=250cm^2/V\cdot s$，$\mu_n=5000cm^2/V\cdot s$。外加正向电压为 1V。计算：(1) 由少数载流子扩散引起的电流；(2) 设耗尽区内有效复合寿命 $\tau_r=10$ns 时的复合电流。

2.7 对于题 2.4 的 pn 结，计算小信号扩散电导 G_d 和扩散电容 C_d。

2.8 设计一个 p^+n 硅突变平面结，室温 300K 时的击穿电压 $V_B=110$V。求：

(1) N_B；(2) $\mathscr{E}_c$；(3) X_{mB}

2.9 设 GaAs 中 $\alpha_n=\alpha_p=10^4(\mathscr{E}/(4\times10^5))^6\text{cm}^{-1}$，式中电场$\mathscr{E}$的单位用 V/cm，求下列情形下的击穿电压 V_B：(1) pin 二极管，其本征层宽度为 10μm；(2) 长 p^+n 结，n 区掺杂浓度为 10^{16}cm^{-3}。

参考文献

[1] 叶良修. 半导体物理学. 北京：高等教育出版社，1983.

[2] Sze S M. 半导体器件物理. 黄振岗，译. 北京：电子工业出版社，1989.

[3] Sze S M. 半导体器件：物理和工艺. 王阳元，嵇光大，卢文豪，译. 北京：科学出版社，1992.

[4] Muller R S，Kamins T I，Chan M. 集成电路器件电子学(第三版). 王燕，张莉，译. 北京：电子工业出版社，2004.

[5] Neamen D A. 半导体器件导论(An Introduction to Semiconductor Devices)，影印版. 北京：清华大学出版社，2006.

[6] Ng K K. Complete Guide to Semiconductor Devices，2nd ed. New York：Wiley，2002.

第三章　双极型晶体管

双极型晶体管是最先(1947 年)出现的三端半导体器件，具有放大作用，高速性能尤其突出。近三十年来，金属-氧化物-半导体场效应晶体管(MOSFET)技术迅速发展，双极型晶体管的突出地位受到了严重挑战，但它在诸如高速计算机、火箭和卫星、现代通信和电力系统方面仍是关键性器件。而且，双极技术目前也有了突破性进展，双极型晶体管有希望保持其在电路工作速度方面的领先地位。

关于双极型晶体管的理论、工艺和应用，已经有大量著作，本章只是叙述双极型晶体管的基本原理和一般特性，这些知识对理解其应用和学习双极集成电路都是必不可少的基础。

3.1　基 本 原 理

3.1.1　基本结构

双极型晶体管由二个 pn 结组成，即一薄层 p 型半导体夹在二层 n 型半导体中间，或者反过来，n 型半导体夹在 p 型半导体中间。前者称为 npn 晶体管，后者称为 pnp 晶体管。这两种晶体管的基本结构及其在电路中的表示符号示于图 3.1 中，图中箭头表示正常工作条件(放大状态)下的电流方向。

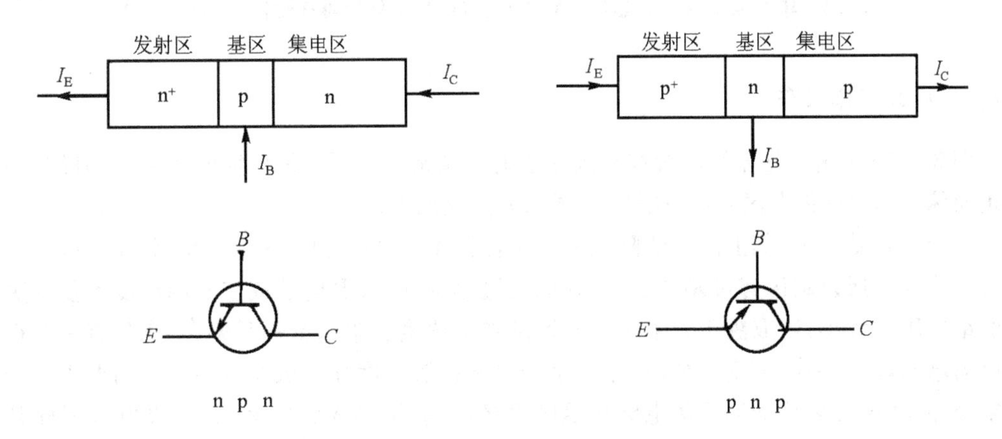

图 3.1　晶体管结构的简化模型和代表符号

本章用 npn 结构来叙述双极型晶体管的机理。但不论采用何种结构，结果是可以互换的，只要改变电压极性和导电类型，就可以换到由另一种结构出发得到的结果。

图 3.2 为集成电路中 npn 晶体管两种基本结构的剖面图。它们是在 n 型外延层中用硼和砷杂质的扩散产生 p 基区和 n^+ 发射区的双层扩散结构，其基本工艺如下。采用高阻 p 型硅作为衬底，在表面热生长一层厚氧化层(0.5～1μm)并在其上面开窗口，进行高浓度的 n 型杂质(通常使用扩散系数小的砷或锑作为杂质以尽量减小外延生长以及其后各种高温过程引起的杂质再分布)扩散，形成 n^+ 埋层。埋层的主要目的是在集电区和上端的集电极接触之间形成低阻通道，以减小集电极串联电阻。接着在埋层上外延生长低浓度的 n 型层，外延层的厚度和掺杂浓度是决定晶体管耐压和结电容等器件性能的重要参数，由器件的用途决定。在常规结构(见图 3.2(a))中，采用 np^+ 结隔离；在氧化物隔离结构(见图 3.2(b))中，经常是通过硅的局部氧化(Local Oxidation of Silicon，简称 LOCOS)工艺形成 SiO_2 墙，使之与 n^+ 埋层相接来实现。横向氧化物隔离不仅可以缩小器件尺寸，而且能减小寄生电容，这是因为 SiO_2 的相对介电常数为 3.9，比 Si 的 11.7 小。但在小尺寸电路中，现在已经开始使用直接制作绝缘氧化物的深槽隔离技术，这种技术显著减小了隔离区的面积。

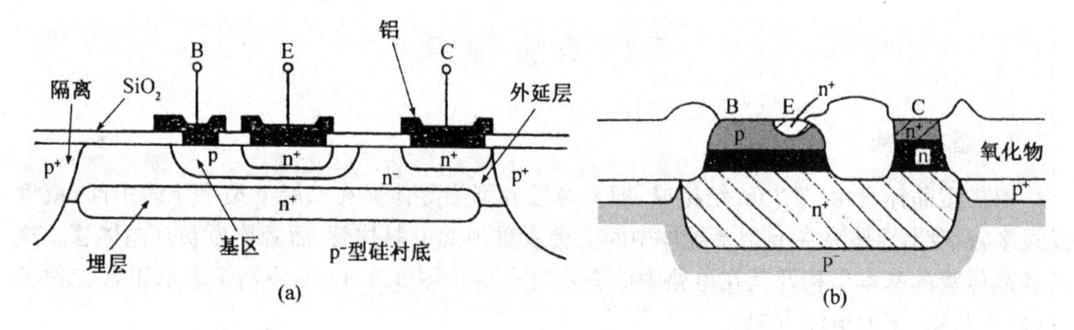

图 3.2 集成电路中 npn 晶体管常规结构(a)和氧化物隔离结构(b)的剖面图

3.1.2 放大工作状态

图 3.3 表示 npn 晶体管偏置在放大状态时的情形。这时，基区-发射区结(发射结)必须加正向偏压，基区-集电区结(集电结)必须加大的反向偏压。

由于发射结正偏，其上的电势降低 qV_{BE}，电子将从发射区向基区注入，空穴将从基区向发射区注入。所以基区有过剩电子，发射区有过剩空穴，过剩电子或空穴的浓度不仅取决于发射结偏压的大小，还取决于发射区或基区的掺杂浓度。集电结强反偏，本身只有一个很小的反向电流，但当基区宽度十分小(远远小于电子扩散长度)时，从发射区注入的电子除少数被复合外，其余大多数能到达集电结耗尽区边缘，然后被扫入集电区，集电极电流因此基本上等于发射极电流中的电子电流。如果在集电极回路中接入较大的负载电阻，就可以将信号放大。

如果基区宽度远大于电子(少子)的扩散长度，晶体管仅仅是两个背靠背的 pn 结，不可能有放大作用。

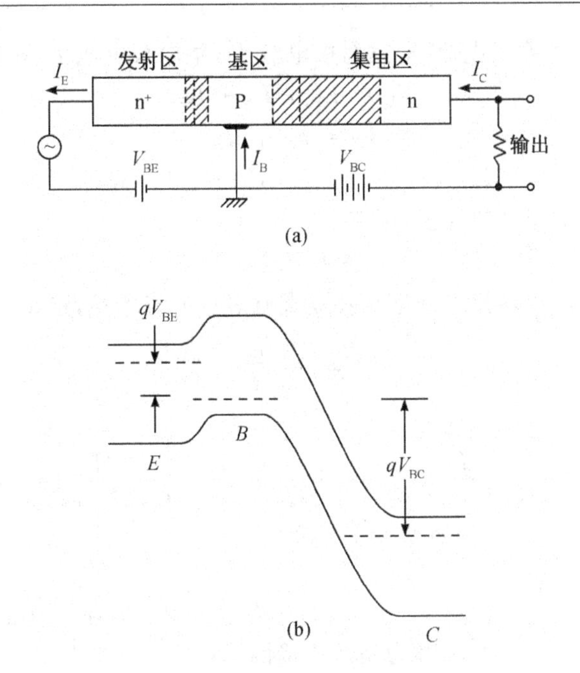

图 3.3　npn 晶体管共基极放大电路(a)和能带图(b)

3.1.3　电流增益

图 3.4 表示工作在放大状态时 npn 晶体管内的电流。I_{En}是从发射区注入到基区中的电子电流，I_{Cn}是被集电区收集到的电子电流，I_{En}和 I_{Cn}是晶体管内主要的电流分量。I_{Ep}是从基区注入到发射区的空穴电流，通常比 I_{En}小得多。I_{ER}是发射结耗尽区内的复合电流。I_{BR}(等于 $I_{En}-I_{Cn}$)是基区内的复合而必须补充的空穴电流。I_{CB0}是流过集电结的反向电流，主要是集电结附近热产生的空穴被扫入基区形成的电流。

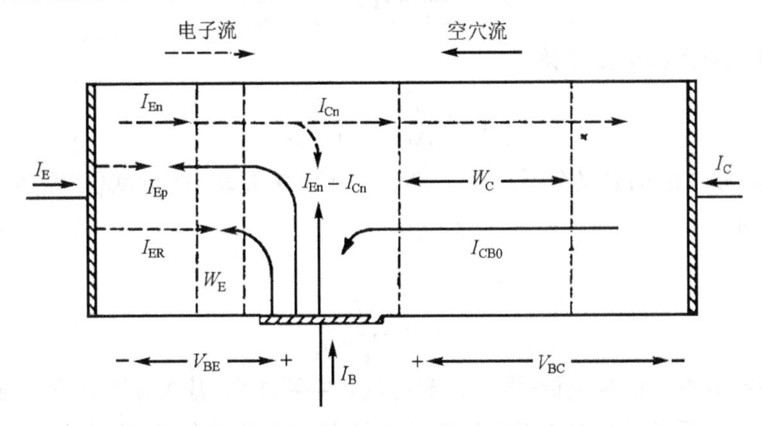

图 3.4　放大工作时 npn 晶体管内的电流

由图 3.4,晶体管的终端电流,即发射极电流 I_E,集电极电流 I_C 和基极电流 I_B 如下:

$$I_E = I_{En} + I_{Ep} + I_{ER} \tag{3.1}$$

$$I_C = I_{Cn} + I_{CB0} \tag{3.2}$$

$$I_B = I_{Ep} + I_{ER} + (I_{En} - I_{Cn}) - I_{CB0} \tag{3.3}$$

若规定流入晶体管的电流方向为正,则有

$$I_E + I_C + I_B = 0 \tag{3.4}$$

双极型晶体管的重要参数之一是共基极直流短路电流增益,定义为

$$\alpha_0 \equiv \frac{I_{Cn}}{I_E} \tag{3.5}$$

将式(3.1)代入,有

$$\alpha_0 \equiv \frac{I_{Cn}}{I_{En} + I_{Ep} + I_{ER}} = \left[\frac{I_{En}}{I_{En} + I_{Ep} + I_{ER}}\right]\left[\frac{I_{Cn}}{I_{En}}\right] = \gamma\alpha_T \tag{3.6}$$

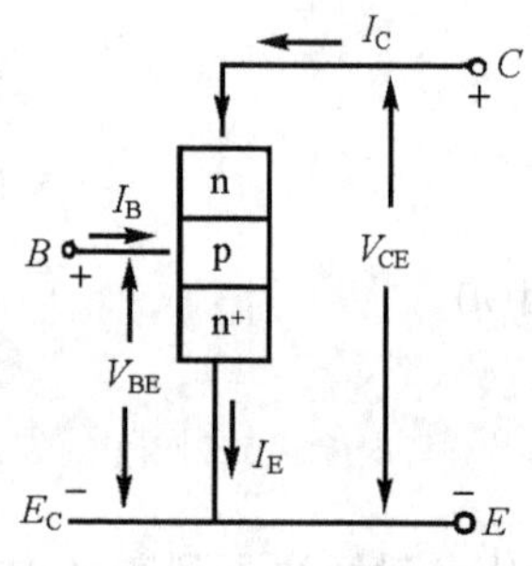

图 3.5 npn 晶体管的共发射极接法

γ 称为发射效率,

$$\gamma \equiv \frac{I_{En}}{I_{En} + I_{Ep} + I_{ER}} \tag{3.7}$$

α_T 称为基区传输因子,

$$\alpha_T \equiv \frac{I_{Cn}}{I_{En}} \tag{3.8}$$

利用 α_0,集电极电流可表示为

$$I_C = \alpha_0 I_E + I_{CB0} \tag{3.9}$$

在许多电路应用中,常利用共发射极接法(见图 3.5),为了表示相应的电流增益,将式(3.9)改写为

$$I_C = \alpha_0(I_C + I_B) + I_{CB0} \tag{3.10}$$

或

$$I_C = \frac{\alpha_0}{1-\alpha_0}I_B + \frac{I_{CB0}}{1-\alpha_0} \tag{3.11}$$

定义共发射极直流短路电流增益

$$\beta_0 \equiv \frac{\Delta I_C}{\Delta I_B} = \frac{\alpha_0}{1-\alpha_0} \tag{3.12}$$

这里,增量 ΔI_C 和 ΔI_B 的含义只不过是 I_C 和 I_B 中不考虑 I_{CB0} 的贡献(因为 I_{CB0} 不受 V_{BE} 控制),而并非小量。

令

$$I_{CE0} = \frac{I_{CB0}}{1-\alpha_0} \tag{3.13}$$

I_{CE0} 是基极开路($I_B=0$)的集电极-发射极漏电流。需要注意,基极开路并非发射结上没有电压,实际上,由于强反偏的集电结对发射区的电子有一定吸引作用,发射结势垒降低,即 V_{BE}

$\gtrsim 0$。所以，发射结有微弱的注入作用，使 $I_{CE0} \gg I_{CB0}$。利用 β_0 和 I_{CEO}，集电极电流可表示为

$$I_C = \beta_0 I_B + I_{CE0} \tag{3.14}$$

3.2　双极型晶体管的直流特性

3.2.1　理想晶体管的电流

假定发射区、基区和集电压都是均匀掺杂，杂质分布及耗尽区如图 3.6 所示，图中画斜线的区域为耗尽区。并假定小注入，耗尽区内没有产生-复合电流，器件中不存在串联电阻。

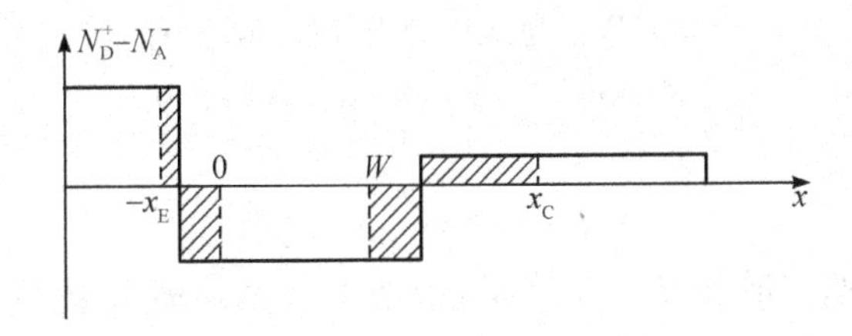

图 3.6　各区均匀掺杂 npn 晶体管的杂质分布

基区$(0 \leqslant x \leqslant W)$　少数载流子是电子，其分布满足没有电场的稳态连续方程：

$$D_n \frac{d^2 n_p}{dx^2} - \frac{n_p - n_{p0}}{\tau_n} = 0 \tag{3.15}$$

及下述边界条件：

$$n_p(0) = n_{p0} \exp(qV_{BE}/k_B T) \tag{3.16}$$

$$n_p(W) = n_{p0} \exp(qV_{BC}/k_B T) \tag{3.17}$$

解之，得到基区内的电子(少数载流子)分布为

$$n_p(x) = n_{p0} + n_{p0}[\exp(qV_{BE}/k_B T) - 1]\left[\frac{\sinh\left(\frac{W-x}{L_n}\right)}{\sinh\left(\frac{W}{L_n}\right)}\right] + n_{p0}[\exp(qV_{BC}/k_B T) - 1]\left[\frac{\sinh(x/L_n)}{\sinh(W/L_n)}\right] \tag{3.18}$$

由于基区内的电场被忽略。少数载流子只有扩散电流，因此流过发射结的电子电流为

$$\begin{aligned} I_{En} &= A\left[qD_n \frac{dn_p(x)}{dx}\Big|_{x=0}\right] \\ &= -qA\frac{D_n}{L_n}\left\{\frac{\cosh(W/L_n)}{\sinh(W/L_n)}[\exp(qV_{BE}/k_B T) - 1] - \frac{1}{\sinh(W/L_n)}[\exp(qV_{BC}/k_B T) - 1]\right\} \end{aligned} \tag{3.19}$$

A 是结的面积。流过集电结的电子电流则为

$$I_{\mathrm{Cn}}=A\left[qD_{\mathrm{n}}\frac{\mathrm{d}n_{\mathrm{p}}(x)}{\mathrm{d}x}\bigg|_{x=W}\right]$$

$$=-qA\frac{D_{\mathrm{n}}}{L_{\mathrm{n}}}\left\{\frac{1}{\sinh(W/L_{\mathrm{n}})}[\exp(qV_{\mathrm{BE}}/k_{\mathrm{B}}T)-1]-\frac{\cosh(W/L_{\mathrm{n}})}{\sinh(W/L_{\mathrm{n}})}[\exp(qV_{\mathrm{BC}}/k_{\mathrm{B}}T)-1]\right\} \tag{3.20}$$

发射区和集电区 这两个区域都是 n 型区，少数载流子是空穴，电流由注入空穴的扩散引起。

在准中性发射区，空穴分布满足稳态连续方程

$$\frac{\mathrm{d}^2p_{\mathrm{E}}(x)}{\mathrm{d}x^2}-\frac{p_{\mathrm{E}}(x)-p_{\mathrm{E0}}}{L_{\mathrm{pE}}^2}=0 \tag{3.21}$$

在边界 $x=-x_{\mathrm{E}}$ 和 $x=-x_{\mathrm{E}}-W_{\mathrm{E}}$（$W_{\mathrm{E}}$ 为准中性发射区宽度）的空穴浓度为

$$p_{\mathrm{E}}(-x_{\mathrm{E}})=p_{\mathrm{E0}}\exp(qV_{\mathrm{BE}}/k_{\mathrm{B}}T) \tag{3.22a}$$

和

$$p_{\mathrm{E}}(-x_{\mathrm{E}}-W_{\mathrm{E}})=p_{\mathrm{E0}} \tag{3.22b}$$

L_{pE}表示发射区中空穴的扩散长度。在这里，增加了一个脚标 E 来标记发射区的空穴参数（对集电区将增加脚标 C）。因为发射区和集电区有相同的掺杂类型，所以这样标记是必要的。而对晶体管的三个区域（E，B，C），掺杂浓度则分别以 N_{E}，N_{B}，N_{C} 表示。

用类似对理想 pn 结或基区采用的方法，很容易得到微分方程（3.21）满足边界条件式（3.22）的解。当发射区宽度 W_{E} 远大于空穴扩散长度 L_{pE}时，有

$$p_{\mathrm{E}}(x)=p_{\mathrm{E0}}+p_{\mathrm{E0}}[\exp(qV_{\mathrm{BE}}/k_{\mathrm{B}}T)-1]\exp[(x+x_{\mathrm{E}})/L_{\mathrm{PE}}],x\leqslant-x_{\mathrm{E}} \tag{3.23}$$

注入发射区的空穴电流为

$$I_{\mathrm{Ep}}=-qA\frac{D_{\mathrm{pE}}}{L_{\mathrm{pE}}}p_{\mathrm{E0}}[\exp(qV_{\mathrm{BE}}/k_{\mathrm{B}}T)-1] \tag{3.24}$$

与公式（2.58）及（2.60）对比后发现，上述关于发射区的解和理想 pn 结 p 型一侧（负 x 侧）的解形式上相同，但是少数载流子类型不同，其他符号也有差异。如果熟悉理想 pn 结求解过程，完全可以预计到这一结果。公式（3.24）出现负号，是因为正的电流方向与所选坐标方向相反。对于窄发射区，即如果 $W_{\mathrm{E}}\ll L_{\mathrm{pE}}$，式（3.24）仍旧成立，只是 L_{pE}应当由 W_{E} 代替。

类似地，除了少数载流子类型和其他符号上的差别，集电区空穴分布和电流的解与理想 pn 结 n 型一侧（正 x 侧）的解一样。当集电区宽度 W_{C} 远大于空穴扩散长度 L_{pC}时，空穴浓度分布为

$$p_{\mathrm{C}}(x)=p_{\mathrm{C0}}+p_{\mathrm{C0}}[\exp(qV_{\mathrm{BC}}/k_{\mathrm{B}}T)-1]\exp[-(x-x_{\mathrm{C}})/L_{\mathrm{pC}}],x\geqslant x_{\mathrm{C}} \tag{3.25}$$

注入集电区的空穴电流为

$$I_{\mathrm{Cp}}=qA\frac{D_{\mathrm{pC}}}{L_{\mathrm{pC}}}p_{\mathrm{C0}}[\exp(qV_{\mathrm{BC}}/k_{\mathrm{B}}T)-1] \tag{3.26}$$

电流 I_{Cp}的方向与所选坐标方向相同。

由于忽略结耗尽区的复合或产生，总的发射极电流 I_{E} 和集电极电流 I_{C} 为它们各自的

电子电流和空穴电流之和：

$$\begin{aligned} I_E &= I_{En} + I_{Ep} \\ &= -qA\left\{\left(\frac{D_n n_{p0}}{L_n}\frac{\cosh(W/L_n)}{\sinh(W/L_n)} + \frac{D_{pE} p_{E0}}{L_{pE}}\right)[\exp(qV_{BE}/k_BT) - 1] \right.\\ &\quad \left. - \frac{D_n n_{p0}}{L_n \sinh(W/L_n)}[\exp(qV_{BC}/k_BT) - 1]\right\} \end{aligned} \tag{3.27}$$

$$\begin{aligned} I_C &= I_{Cn} + I_{Cp} \\ &= -qA\left\{\frac{D_n n_{p0}}{L_n \sinh(W/L_n)}[\exp(qV_{BE}/k_BT) - 1] \right.\\ &\quad \left. - \left(\frac{D_n n_{p0}}{L_n}\frac{\cosh(W/L_n)}{\sinh(W/L_n)} + \frac{D_{pC} p_{C0}}{L_{pC}}\right)[\exp(qV_{BC}/k_BT) - 1]\right\} \end{aligned} \tag{3.28}$$

基极电流 I_B 的表达式可以通过 $I_B = I_E - I_C$ 得到。

需要强调的是，电流表达式(3.27)和(3.28)是适合于所有基区宽度的通用解，考虑到一般晶体管都是基区宽度 W 远小于少数载流子(我们讨论的情况下为电子)的扩散长度(L_n)，即 $W/L_n \ll 1$，我们在下面对它们进行简化。注意到这时有 $\sinh(W/L_n) \approx W/L_n$，$\cosh(W/L_n) \approx 1$ $\left(\text{或近似等于 } 1 + \frac{1}{2}\left(\frac{W}{L_n}\right)^2\right)$，并利用 $n_{p0} = n_i^2/N_B$、$p_{E0} = n_i^2/N_E$ 和 $p_{c0} = n_i^2/N_C$，可以得到

$$\begin{aligned} I_E \approx -qAn_i^2 &\left\{\left(\frac{D_n}{N_B W} + \frac{D_{pE}}{N_E L_{pE}}\right)[\exp(qV_{BE}/k_BT) - 1] \right.\\ &\left. - \frac{D_n}{N_B W}[\exp(qV_{BC}/k_BT) - 1]\right\} \end{aligned} \tag{3.29}$$

$$\begin{aligned} I_C \approx -qAn_i^2 &\left\{\frac{D_n}{N_B W}[\exp(qV_{BE}/k_BT) - 1] \right.\\ &\left. - \left(\frac{D_n}{N_B W} + \frac{D_{pC}}{N_C L_{pC}}\right)[\exp(qV_{BC}/k_BT) - 1]\right\} \end{aligned} \tag{3.30}$$

3.2.2　电流基本方程

一个双极型晶体管可以有四种工作状态，取决于基区-发射区结和基区-集电区结所加直流偏压的极性。除前面已提到的放大状态外，还有三种可能的工作状态：饱和、截止和反向工作。在饱和工作状态下，两个结都处于正向偏置，晶体管处于小偏置电压、大输出电流情况，基区电子(少子)分布的边界条件为 $n_p(0) = n_{p0}e^{qV_{BE}/k_BT}$ 和 $n_p(W) = n_{p0}e^{qV_{BC}/k_BT}$，其中 V_{BE} 和 V_{BC} 均大于零。在截止工作状态下，两个结都处于反向偏置，基区电子分布的边界条件变为 $n_p(0) = n_p(W) = 0$，晶体管处于大偏置电压、小输出电流情况。在反向工作状态下，基区-发射区结处于反向偏置，基区-集电区结处正向偏置，也就是说将器件反向使用，这时

的发射效率通常低于放大状态。如图 3.7 所示。

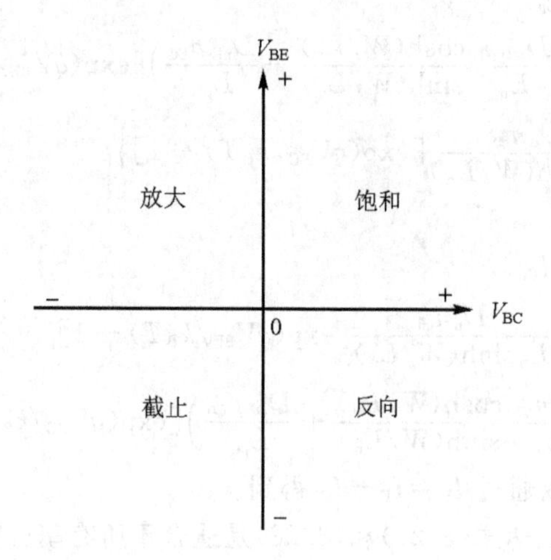

图 3.7 npn 晶体管的工作状态和结偏压极性的关系

式(3.29)和(3.30)是适合 npn 晶体管所有工作状态的电流基本方程，可以表述成下述更简明的形式(规定流入晶体管为电流方向)：

$$I_E = a_{11}[\exp(qV_{BE}/k_B T) - 1] + a_{12}[\exp(qV_{BC}/k_B T) - 1] \tag{3.31}$$

和

$$I_C = a_{21}[\exp(qV_{BE}/k_B T) - 1] + a_{22}[\exp(qV_{BC}/k_B T) - 1] \tag{3.32}$$

式中，

$$a_{11} = -qA\left(\frac{D_n}{N_B W} + \frac{D_{pE}}{N_E L_E}\right)n_i^2 \tag{3.33}$$

$$a_{12} \approx qA\,\frac{D_n}{N_B W}n_i^2 \tag{3.34}$$

$$a_{21} = a_{12} \tag{3.35}$$

$$a_{22} = -qA\left(\frac{D_n}{N_B W} + \frac{D_{pc}}{N_c L_{pc}}\right)n_i^2 \tag{3.36}$$

基极电流 I_B 相应的表达式可以通过 $I_E + I_B + I_C = 0$(即流入晶体管的总电流是零)的条件得到。

3.2.3 放大状态

npn 晶体管工作在放大状态的偏置条件是

$$V_{BE} > 0,\ V_{BC} < 0$$

下面把这一条件应用到前述有关的表达式中，写出晶体内的少子分布和电流，并讨论电流增益。

基区内的电子分布(设 $W/L_n \ll 1$)为

$$n_p(x) \approx n_{p0}\exp(qV_{BE}/k_BT)(1-x/W) = n_p(0)\left(1-\frac{x}{W}\right) \tag{3.37}$$

分布曲线近似为一直线,发射区和集电区内的空穴分布分别为

$$p_E(x) = p_{E0} + p_{E0}[\exp(qV_{BE}/k_BT)-1]\exp[(x+x_E)/L_{pE}],x \leqslant -x_E \tag{3.38}$$

和

$$p_C(x) \approx p_{C0} - p_{C0}\exp[-(x-x_C)/L_{pC}],x \geqslant x_C \tag{3.39}$$

图 3.8 表示工作在放大状态时 npn 晶体管内的少子分布,这里要着重讨论的是基区内的少子存储电荷 Q_B:

$$Q_B = -qA\int_0^W [n_p(x)-n_{p0}]\mathrm{d}x \approx \frac{-qAWn_p(0)}{2} \tag{3.40}$$

放大偏置导致电子在发射结注入,在集电结被收集。当 V_{BC} 为较大的负偏压而 V_{BE} 大于几个 k_BT/q 时,根据式(3.19),得到

$$I_{En} \approx -qAn_i^2\frac{D_n}{N_BW}\left[1+\frac{1}{2}\left(\frac{W}{L_n}\right)^2\right]\exp(qV_{BE}/k_BT) \tag{3.41}$$

写出上式时已用到 $n_{p0}=n_i^2/N_B$ 以及 $W/L_n \ll 1$ 的条件。同样,根据式(3.20),得到

$$I_{Cn} \approx -qAn_i^2\frac{D_n}{N_BW}\exp(qV_{BE}/k_BT) \tag{3.42}$$

注意到 $p_{E0}=n_i^2/N_E$ 以及 $\exp(qV_{BE}/k_BT) \gg 1$,则根据式(3.24)可得

$$I_{Ep} \approx -qAn_i^2\frac{D_{pE}}{N_EL_{pE}}\exp(qV_{BE}/k_BT) \tag{3.43}$$

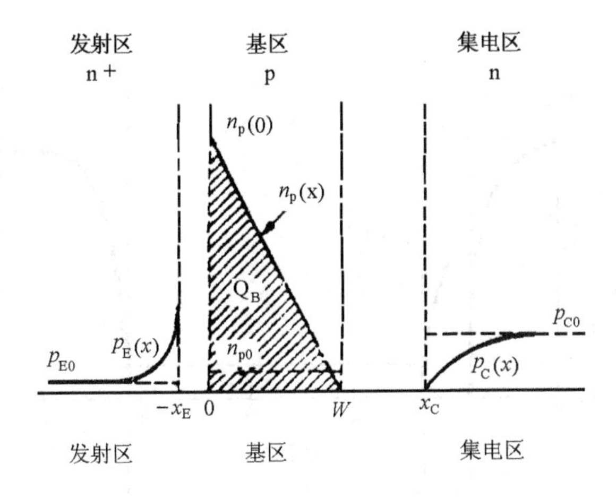

图 3.8　放大状态时 npn 晶体管内的少子分布

当发射结电压 V_{BE} 不是十分小时，其耗尽区内的复合电流 I_{ER} 可忽略，于是发射效率为

$$\gamma = \frac{I_{En}}{I_{En} + I_{Ep}} = \frac{1}{1 + \frac{D_{pE}}{D_n}\frac{W}{L_p E}\frac{N_B}{N_E}} \tag{3.44}$$

为了提高 γ，应尽可能降低掺杂比 N_B/N_E，主要是尽可能提高 N_E，这就是要采用重掺杂 n^+ 发射区的理由，但 N_E 也不能太大，否则会引起半导体禁带宽度变窄和俄歇复合显著，二者都使注入发射区的空穴电流增加，γ 反而下降。同时，根据其他方面的考虑，N_B 也不能太小。所以用减小 N_B/N_E 的方法来提高 γ 是十分有限的。要进一步提高 γ，必须采用新型的发射结结构，其中最重要的是本章最后两节介绍的异质结双极晶体管和多晶硅发射极晶体管。

基区传输因子为

$$\alpha_T = \frac{I_{Cn}}{I_{En}} \approx \frac{1}{1 + \frac{1}{2}\left(\frac{W}{L_n}\right)^2} \approx 1 - \frac{W^2}{2L_n^2} \tag{3.45}$$

3.2.4　非理想现象分析

前面关于理想晶体管的分析能近似描述实际器件的电流-电压特性，但也有一定偏差，下面讨论引起偏差的主要因素或物理效应。

1. 缓变基区

理想晶体管假定发射区、基区和集电区的杂质分布都是均匀的。然而在实际制造晶体管时，通常采用所谓外延平面工艺，用热扩散或离子注入的方法向外延衬底掺杂，基区的杂质分布并不均匀，而是存在很大的浓度梯度。如图 3.9 所示。基区内杂质的浓度梯度使空

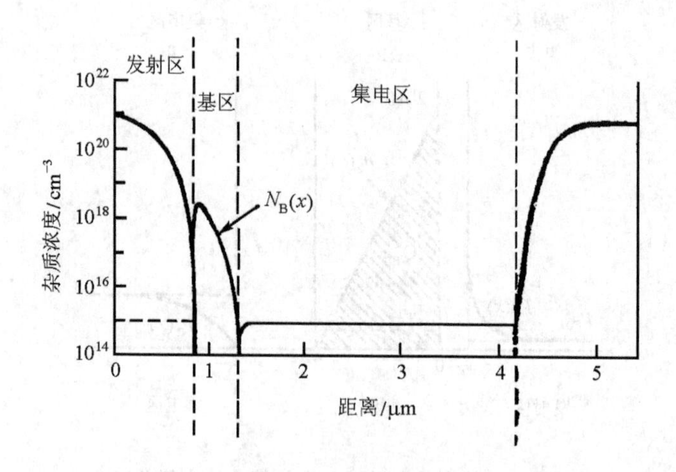

图 3.9　扩散型双极晶体管的杂质分布

穴向集电区扩散;而在热平衡条件下,中性基区将有一个内建电场来抵消扩散电流,也就是说电场把空穴推向发射区,使之不产生净电流。但是这一内建电场将增强电子的运动。在放大的偏置条件下,所注入的电子不仅有扩散运动,还有由基区内建电场所引起的漂移运动。内建电场的主要作用是缩短注入电子渡越基区所需要的时间,从而改善晶体管的高频特性;另一与此有关的作用是改善基区的传输因子,因为减小渡越基区所需的时间就可能减少电子在基区的复合。

以 $\mathscr{E}$ 表示基区内建电场的强度,$\mathscr{E}$ 可以通过基区内空穴(多数载流子)电流为零的条件

$$qp_{\mathrm{p}}\mu_{\mathrm{p}}\mathscr{E} - qD_{\mathrm{p}}\frac{\mathrm{d}p_{\mathrm{p}}}{\mathrm{d}x} = 0$$

得到,于是有

$$\mathscr{E} = \frac{k_{\mathrm{B}}T}{q}\frac{1}{p_{\mathrm{p}}(x)} \cdot \frac{\mathrm{d}p_{\mathrm{p}}(x)}{\mathrm{d}x} \tag{3.46}$$

将式(3.46)代入基区内电子电流的表示式

$$qn_{\mathrm{p}}(x)\mu_{\mathrm{n}}\mathscr{E} + qD_{\mathrm{n}}\frac{\mathrm{d}n_{\mathrm{p}}(x)}{\mathrm{d}x} = J_{\mathrm{n}}$$

并利用爱因斯坦关系 $\mu_{\mathrm{n}} = (q/k_{\mathrm{B}}T)D_{\mathrm{n}}$,得出

$$\frac{\mathrm{d}n_{\mathrm{p}}(x)}{\mathrm{d}x} + \frac{n_{\mathrm{p}}(x)}{p_{\mathrm{p}}(x)}\frac{\mathrm{d}p_{\mathrm{p}}(x)}{\mathrm{d}x} = \frac{I_{\mathrm{n}}}{qAD_{\mathrm{n}}} \tag{3.47}$$

A 为基区的横截面积。如果忽略基区复合(即 I_{n} 与 x 无关并等于 I_{En}),并设 D_{n} 为常数,以及在放大状态下 $n_{\mathrm{p}}(W) = 0$,可得

$$n_{\mathrm{p}}(x) = \frac{I_{\mathrm{En}}}{qAD_{\mathrm{n}}p_{\mathrm{p}}(x)}\int_{W}^{x} p_{\mathrm{p}}(x)\mathrm{d}x \tag{3.48}$$

和

$$I_{\mathrm{En}} = -\frac{qAD_{\mathrm{n}}n_{\mathrm{i}}^{2}\,\mathrm{e}^{qV_{\mathrm{BE}}/k_{\mathrm{B}}T}}{\int_{0}^{W} p_{\mathrm{p}}(x)\mathrm{d}x} \tag{3.49}$$

以 $p_{\mathrm{p}}(x) \approx N_{\mathrm{B}}(x)$ 代入上面二式就得到小注入条件下基区电子分布 $n_{\mathrm{p}}(x)$ 和基区电子电流 I_{En} 的表示式。

若以 Q_{GB} 表示单位面积中性基区的杂质总量(Q_{G} 称为 Gummel 数),即

$$Q_{\mathrm{GB}} = \int_{0}^{W} N_{\mathrm{B}}(x)\mathrm{d}x \tag{3.50}$$

则对于均匀掺杂(N_{B} 与 x 无关)的基区显然有 $Q_{\mathrm{GB}} = WN_{\mathrm{B}}$。不难看出,只要在前面有关的公式中以 Q_{GB} 代替 WN_{B},就可以从均匀基区过渡到缓变基区的情形。

2. 基区扩展电阻和发射极电流集边效应

图 3.10 是一个分立的 npn 晶体管的截面图,基极电流 I_{B} 从两个接触处流向发射区中央,在发射区的正下方与结面平行,与之相应的电阻称为基区扩展电阻,常以 $r_{\mathrm{bb'}}$ 表示,其上

的横向电压为

$$V_{bb'} = r_{bb'} I_B \tag{3.51}$$

$V_{bb'}$ 将明显改变作用在发射结势垒上的电压，使注入电流密度从边缘至中央指数下降。在 $V_{bb'}$ 远大于 $k_B T/q$ 的情况下，发射极电流集中在发射结边缘附近，这种现象称为电流集边效应。

可以估算电流集边的有效宽度 S_{eff}，标准是其上的横向电压等于 $k_B T/q$，这时发射极电流密度已下降为边缘处的 1/e，对图 3.10 所示的结构，有

$$S_{eff} \approx \frac{4k_B T \mu_p N_B W l_E \beta_0}{I_C} \tag{3.52}$$

l_E 是发射极条的长度。上式虽然是粗略估算的结果，但从它可以看出，大电流时容易发生集边效应；同时，为了减弱集边效应，基区的掺杂浓度不能太低。

由于集边效应，发射极电流基本上同发射区的周长成正比，而不是同它的面积本身成正比，所以，降低发射极电流集边效应最有效的方法是采用周长/面积比很高的梳状结构。

3. 基区宽度调制

反偏 pn 结的耗尽区宽度明显依赖于电压。当双极型晶体管工作在放大状态时，改变基极-集电极偏压将引起集电结耗尽区宽度变化，因此也引起中性基区宽度 W 的变化，这种现象称为基区宽度调制，也称 Early 效应。

基区宽度调制影响器件特性的表现之一是集电极电流 I_C 随偏压 V_{BC} 变化，我们就由此出发来讨论这种效应。利用式(3.49)，集电极电流可表示为

$$I_C \approx I_{En} = -\frac{qAD_n n_i^2 e^{qV_{BE}/k_B T}}{\int_0^W p_p(x)\mathrm{d}x} \tag{3.53}$$

注意到 W 是 V_{BC} 的函数，于是得到

$$\frac{\partial I_C}{\partial V_{BC}} = -I_C p_p(W)\left[\frac{1}{\int_0^W p_p(x)\mathrm{d}x}\cdot\frac{\partial W}{\partial V_{BC}}\right] = -I_C/V_A \tag{3.54}$$

V_A 称为 Early 电压，定义为

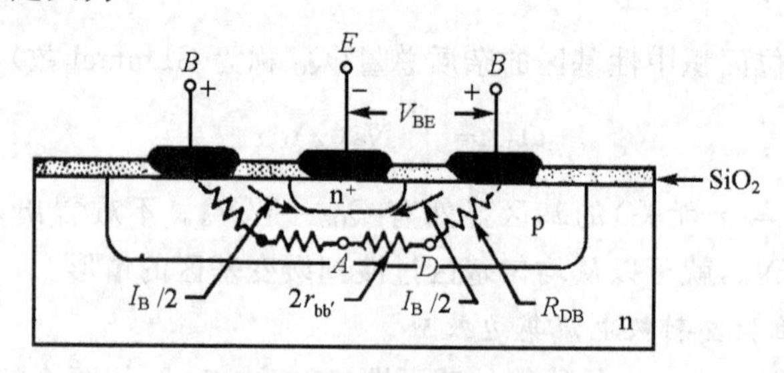

图 3.10 npn 晶体管的基极电阻

$$V_A \equiv \frac{\int_0^W p_p(x)\,dx}{p_p(W)\,\dfrac{\partial W}{\partial V_{BC}}} \tag{3.55}$$

基区掺杂浓度越低，$\partial W/\partial V_{BC}$越大，$V_A$ 越小，Early 效应越显著。

实际上，V_A 与 V_{BC}近似无关，因此 V_A 常用 $V_{BC}=0$ 时的值来近似。根据这一条件以及式(3.54)，可以通过在 $V_{BC}=0$ 附近画出 I_C-V_{CE}曲线（共发射极输出特性曲线）的切线来确定 V_A，如图 3.11 所示。

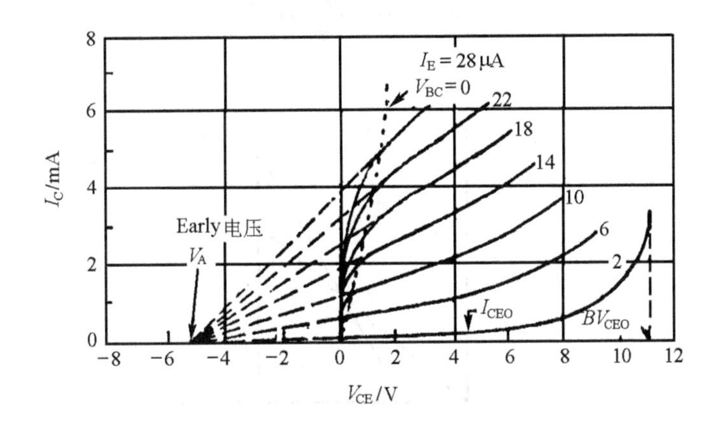

图 3.11　由共发射极输出特性曲线确定 V_A

以 Q_B' 表示基区中的多子电荷总量，则

$$Q_B' = qA\int_0^W p_p(x)\,dx \tag{3.56}$$

$$\frac{dQ_B'}{dV_{BC}} = qAp_p(W)\,\frac{dW}{dV_{BC}} = C_{jC} \tag{3.57}$$

C_{jC}是集电结的小信号电容，将以上二式同式(3.55)比较，V_A 又可表示成

$$V_A = Q_B'/C_{jC} \tag{3.58}$$

大体说来，当 V_{BC}使基区宽度从 W_0 减小到 W_1 时，集电极电流 I_C 将按 W_0/W_1 的比例增大；同时，基区存储电荷量将减少，从而改变了晶体管的基极电流，电流增益 β_0 将随 W^{-2} 变化。

4. 基区展宽效应

迄今一直假定，在放大状态下，$x=W$ 处的电子（少子）浓度为零，实际上只要有电子通过集电结，电子浓度至少等于 J_C/qv_s，J_C 是集电极电流密度，v_s 是电子饱和漂移速度。这时电子浓度在中性基区内被空穴中和，但在耗尽区内将改变正、负电荷层的浓度，负电荷层的浓度增加，正电荷层的浓度减小。若维持偏压 V_{BC}不变，则负电荷层必然变窄，正电荷层变宽，即中性基区倾向于加宽，整个耗尽区向 n^+ 衬底移动。在电子浓度 J_C/qv_s 超过集电区杂质浓度 N_C 的情形下，负电荷层将在集电区内形成，其电荷浓度为 $q(J_C/qv_s-N_C)$，而正电荷层在 n^+ 衬底内形成，也就是说中性基区宽度超过扩散时形成的原始基区宽度 W_B。这种现象称为基区展宽效应，或 Kirk 效应。

图 3.12 表示基区展宽时集电区的电场分布，这时最大场强从通常的基区-集电区界面 $(x=0)$ 移位到了集电区-衬底界面 $(x=W_C)$。J_{C0} 表示基区展宽的临界电流密度，与之相应，泊松方程为

$$\frac{d\mathscr{E}}{dx}=-\frac{q(J_{C0}/qv_s-N_C)}{\varepsilon_s} \tag{3.59}$$

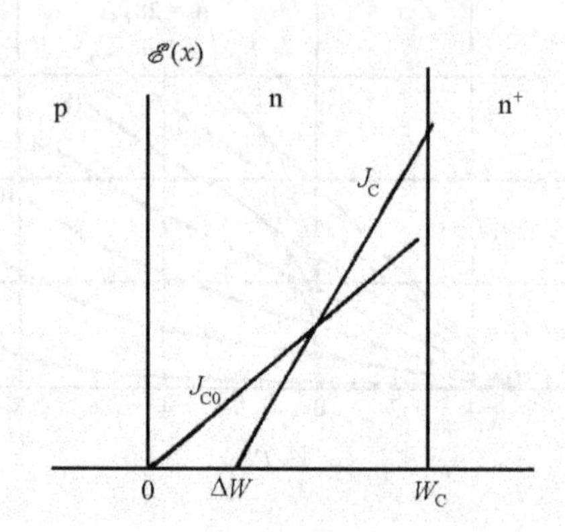

图 3.12 基区展宽时集电区内的电场分布

用单边突变近似并忽略内建电压，则有

$$J_{C0}=qv_s\left[\frac{2\varepsilon_s\mid V_{BC}\mid}{qW_C^2}-N_C\right] \tag{3.60}$$

$J_C>J_{C0}$ 时，基区向衬底方向扩展 ΔW，为

$$\Delta W=W_C\left[1-\left(\frac{J_{C0}-qN_Cv_s}{J_C-qN_Cv_s}\right)^{\frac{1}{2}}\right] \tag{3.61}$$

基区展宽是集电极电流密度很大时出现的一种效应，集电区掺杂浓度较低时尤其容易发生。这种效应增加了基区的存储电荷，使电流增益 β_0 下降，并有损器件的频率响应。

5. 饱和电流和击穿电压

饱和电流 I_{CB0} 和 I_{CEO} 分别表示发射极开路（即 $I_E=0$）和基极开路（即 $I_B=0$）时的集电极电流，I_{CBO} 比 I_{CEO} 小得多，也比通常反向偏置 pn 结（相当于 $V_{BE}=0$ 的情形）的饱和电流要小。这可以解释如下：集电极电流基本上由 $x=W$ 处的电子（少数载流子）的浓度梯度 dn_p/dx 决定，$I_E=0$ 时，$x=0$ 处的电子浓度梯度等于零，使 $x=W$ 处 dn_p/dx 很小，如图3.13所示；而 $I_B=0$ 时，在 V_{CE} 一定的条件下，发射结受到轻微的正向偏置，从而使 $x=W$ 处 dn_p/dx 较大（见图3.13）。

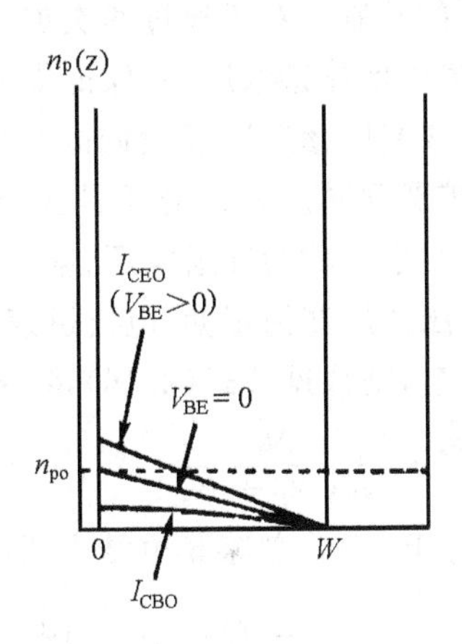

图 3.13　I_{CBO}和 I_{CEO}对应的基区电子(少子)分布

击穿电压　放大状态下,当 V_{CB}(共基极接法中的集电极-基极偏压)或 V_{CE}(共发射极接法中的集电极-发射极偏压)超过称之为击穿电压的临界值时,晶体管的集电极电流 I_C 急剧增加,这种现象称为雪崩击穿,其原因是集电结耗尽区内的电场太强而产生大量的电子和空穴(雪崩倍增)。

对于共基极接法,当集电结反向偏压增大到所谓击穿电压时,集电极电流迅速增大,其原因通常是雪崩击穿。以 BV_{CBO}表示发射极开路时的击穿电压,则该电压类似于 2.6 节讨论过的击穿电压,对于集电区掺杂远低于基区的情形有

$$BV_{CBO} \approx \frac{\varepsilon_s \mathscr{E}_c^2}{2qN_C} \tag{3.62}$$

$\mathscr{E}_c$ 是临界击穿电场,N_C 是集电区掺杂浓度。

对于共发射极接法,基区开路($I_B=0$)时,$I_E=I_C=I$,I_{CBO}和 $\alpha_0 I_E$ 流过集电结时都增大 M 倍,即

$$M(I_{CBO}+\alpha_0 I) = I \tag{3.63}$$

或

$$I = \frac{MI_{CBO}}{1-\alpha_0 M} \tag{3.64}$$

M 是集电结的倍增因子,可用经验公式表示为

$$M = \frac{1}{1-(V/BV_{CBO})^n} \tag{3.65}$$

硅的 n 在 2 至 6 之间。应用击穿条件 $\alpha_0 M=1$ 和式(3.65),得到共发射击穿电压为

$$BV_{CEO} = BV_{CBO}(1-\alpha_0)^{1/n} \tag{3.66}$$

BV_{CEO}远低于 BV_{CBO},是因为在共发射极的情形下发射结有注入作用。

击穿电压是对器件使用电压的限制。对于通过两次扩散(或离子注入)制作的双极晶体管,要提高击穿电压就必须降低集电区掺杂浓度,并保证集电区有足够的厚度。

基区穿通 在基区宽度很小或基区掺杂浓度很低的情形下,有可能在集电结发生雪崩击穿之前,集电结的耗尽区已经扩展到同发射结的耗尽区会合,即中性基区宽度 W 下降到零,这就是基区穿通,相应的集电结电压称为穿通电压,常以 V_{PT} 表示。一旦基区穿通,发射区和基区结的势垒将受集电极电压作用变为正偏,电流迅速增大。

设基区和集电压都是均匀掺杂,则根据公式(2.16),集电结耗尽区在基区内所占宽度为

$$d=\left[\frac{2\varepsilon_s}{q}\cdot\frac{N_C}{N_B(N_B+N_C)}(V_{CB}+V_{bi})\right]^{1/2} \tag{3.67}$$

$d=W_B$ 时基区穿通,相应的 V_{CB} 等于 V_{pT}。忽略集电结内建电压 V_{bi},有

$$V_{pT}\approx\frac{q}{2\varepsilon_s}\frac{N_B}{N_C}(N_B+N_C)W_B^2 \tag{3.68}$$

$$\approx\frac{q}{2\varepsilon_s}\frac{N_B^2}{N_C}W_B^2,N_C\ll N_B \tag{3.69}$$

由式(3.69)可见,对于一定的冶金基区宽度 W_B,只有基区掺杂浓度 N_B 较大时才能防止基区穿通,使器件的电压只受集电结耗尽区的雪崩倍增作用限制。

6. 高、低发射结偏压效应

发射结偏压 V_{BE} 十分小时,其耗尽区的复合电流 I_{ER} 在基极电流中占主导地位,它随 $\exp(qV_{BE}/mk_BT)$ 变化($m\approx2$);而集电极电流主要来自注入基区的电子电流,大致随 $\exp(qV_{BE}/k_BT)$ 变化。因此 β_0 大致随 $\exp\left[\left(1-\frac{1}{m}\right)qV_{BE}/k_BT\right]$ 变化。这种效应称为 Sah 效应。当 V_{BE} 增大到发生大注入现象时,相当于增加了基区的掺杂浓度(基区电导调制效应),使发射效率 γ 降低,所以 β_0 下降,这种效应称为 Webster 效应。

如果将 $\beta_0=I_{Cn}/(I_{EP}+I_{ER}+I_{BR})$ 改写如下:

$$\beta_0^{-1}=\frac{I_{EP}+I_{ER}+I_{BR}}{I_{Cn}}\approx\frac{I_{EP}}{I_{En}}+\frac{I_{ER}}{I_{En}}+\frac{I_{BR}}{I_{En}} \tag{3.70}$$

则在对它进行逐项分析以后将得到

$$\beta_0^{-1}=\alpha_1 I_C^{\left(\frac{1}{m}-1\right)}+\alpha_2+\alpha_3 I_C \tag{3.71}$$

式中 α_1,α_2 和 α_3 与 I_C 无关,只决定于器件的工艺参数,在小电流下,$\beta_0\propto I_C^{(1-1/m)}$,随 I_C 的增大而上升;在中等电流下,β_0 与 I_C 无关;在大电流下,$\beta_0\propto1/I_C$,随 I_C 的增大而下降。图3.14(a)画出了 β_0 随 I_C 变化的典型曲线,图3.14(b)则画出了集电极电流 I_C、基极电流 I_B 和发射结偏压 V_{BE} 的关系。图中电流用对数坐标,所以同一 V_{BE} 下 I_C 和 I_B 差别实际上说明 β_0 的大小,而差别大小随 V_{BE} 的变化反映了 β_0 随 V_{BE} 的变化。

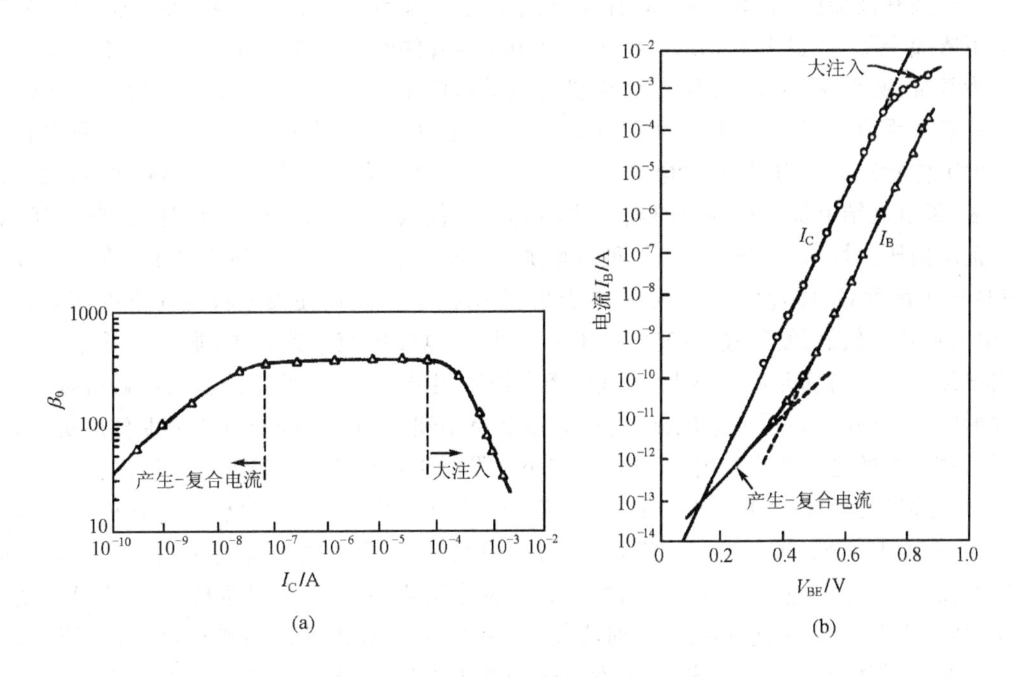

图 3.14　(a) 晶体管共发射极电流增益 β_0 与集电极电流 I_C 的关系；
(b) 集电极电流 I_C、基极电流 I_B 与发射结电压 V_{BE} 的关系

3.2.5　输出特性

图 3.15 画出了 npn 晶体管的一组共基极接法和共发射极接法的典型的输出特性曲线。

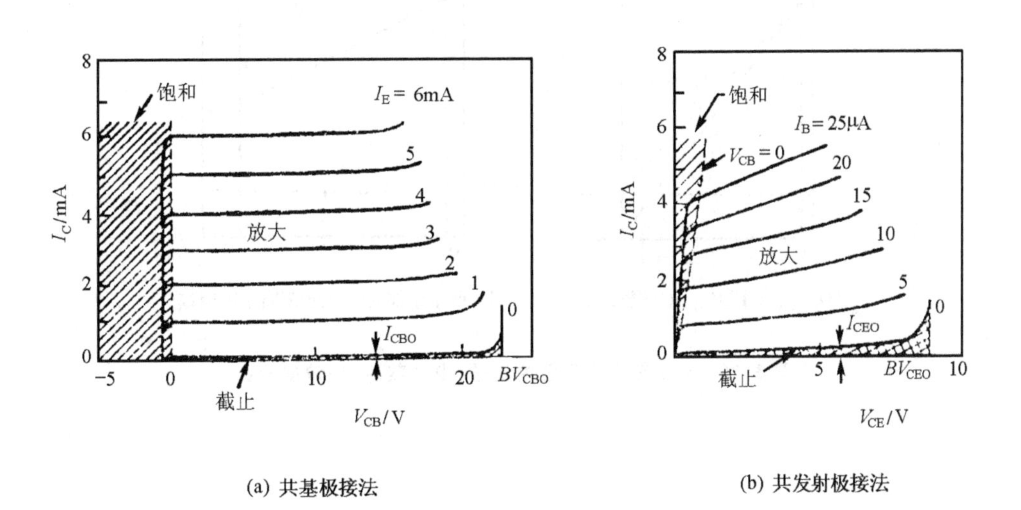

图 3.15　npn 晶体管的输出特性

对于共基极接法，由图 3.15(a)看到，集电极电流基本上等于发射极电流(即 $\alpha_0 \approx 1$)，实际上不依赖于 V_{CB}。这和式(3.10)给出的理想晶体管的性能非常一致。集电极电流实际上保持为常量，甚至在 V_{CB} 降到零时，集电极仍然抽取电子。图 3.16(a)所示的电子分布表明了这一点。因为从 $V_{CB}>0$ 变到 $V_{CB}=0$ 时 $x=W$ 处的电子浓度只有微小的变化，所以在整个放大工作状态范围内，集电极电流基本保持不变。为了使集电极电流减小到零，我们必须在基区-集电区结上加一小的正向偏压(即 $V_{CB}<0$)使其处于饱和状态，如图 3.16(b)所示。这个正向偏压(对硅，$V_{CB} \approx -1V$)将足以增加 $x=W$ 处的电子浓度，使之等于发射区在 $x=0$ 处的电子浓度，这样，使 $x=W$ 处的电子浓度梯度减小，从而使集电极电流下降到零。当 V_{CB} 增大到某一数值(发射极开路时为 BV_{CB0})时，集电极电流迅速增加，通常这是集电结的雪崩击穿所致。当基区宽度很小，或基区掺杂浓度很低，击穿也可能是基区穿通所致。I_{CB0} 是发射极开路($I_E=0$)时的集电极电流，如以前所论述的，$x=0$ 处的电子浓度梯度是零，降低了 $x=W$ 处的电子浓度梯度，所以 I_{CB0} 应小于发射结短路($V_{BE}=0$)时的电流。

对于共发射极接法，I_B 一定(即 V_{BE} 一定)时，随 V_{CE} 增大(即 V_{CB} 增大，亦即中性基区宽度 W 减小)，由于 Early 效应，β_0(随 W^{-2} 变化)增大，所以集电极电流随 V_{CE} 的增加而增加，曲线明显倾斜。由 $V_{CE}=V_{CB}+V_{BE}$ 可知，V_{CE} 在两个结之间分压，为了维持 I_B 一定，V_{BE} 实际保持恒定，所以当 V_{CE} 减小到某一值时将使 $V_{CB}=0$，晶体管进入饱和状态，I_C 开始下降，在 $V_{CE}=0$ 时下降到零。如前所述，由于发射结的注入作用，击穿电压 BV_{CEO} 比 BV_{CBO} 低得多，饱和电流 I_{CEO} 比 I_{CBO} 大得多。

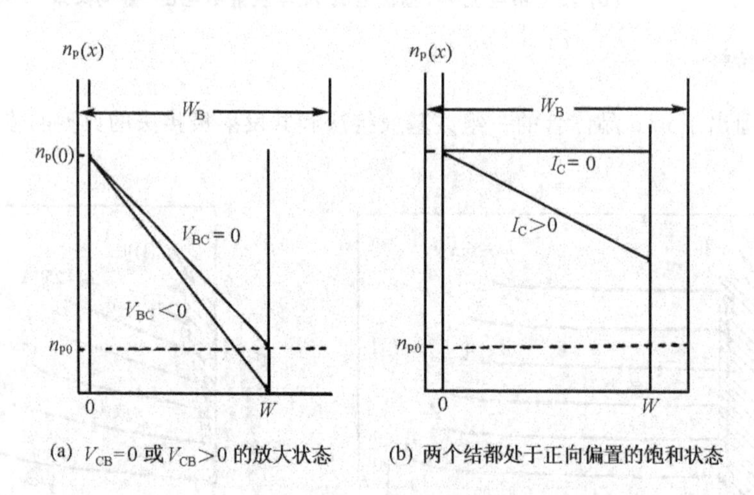

图 3.16 npn 晶体管基区内电子(少数载流子)浓度分布

3.3 双极型晶体管模型

提出过多种模型来概括双极型晶体管的电学特性，其中得到广泛使用的是 Ebers-Moll (E -M)模型和 Gummel-Poon(G -P)模型。E -M模型使器件的电学特性和器件的工艺参数相联系，而 G -P模型则建立在器件电学特性和基区多子电荷相联系的基础之上。

3.3.1 E-M 模型

这一模型包括两个二极管和两个电流源。对于一个 npn 晶体管，基区-发射区结和基区-集电区结用具有共同 p 区的两个背靠背的二极管描述，二极管电流分别为

$$I_F = I_{F0}[\exp(qV_{BE}/k_BT) - 1] \tag{3.72}$$

$$I_R = I_{R0}[\exp(qV_{BC}/k_BT) - 1] \tag{3.73}$$

I_{F0}和 I_{R0}是通常二极管的饱和电流。电流源则代表一个结的注入而通过另一个结的电流，分别以 $\alpha_F I_F$ 和 $\alpha_R I_R$ 表示，前者与基区-集电区结二极管并联，后者与基区-发射区结二极管并联，α_F 和 α_R 分别称为正向和反向共基极电流增益。于是，一个理想的 npn 晶体管可用图 3.17所示的等效电路表示。

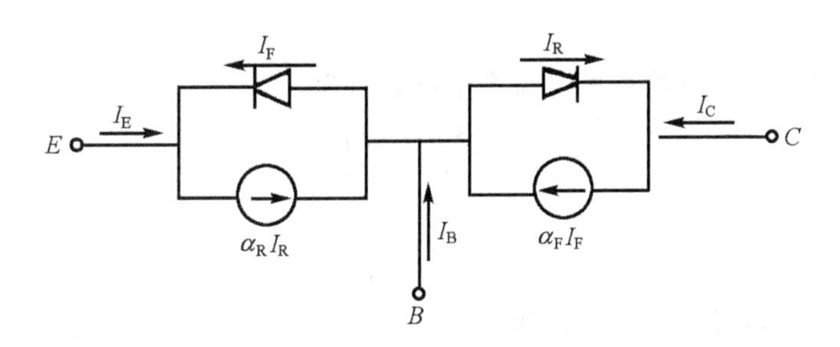

图 3.17 npn 晶体管基本 E-M 模型的等效电路

由图 3.17，端电流可表示为

$$I_E = -I_F + \alpha_R I_R \tag{3.74}$$

$$I_C = \alpha_F I_F - I_R \tag{3.75}$$

$$I_B = (1 - \alpha_F)I_F + (1 - \alpha_R)I_R \tag{3.76}$$

将式(3.72)—(3.75)联立，可得出基本的 E -M模型方程：

$$I_E = -I_{F0}[\exp(qV_{BE}/k_BT) - 1] + \alpha_R I_{R0}[\exp(qV_{BC}/k_BT) - 1] \tag{3.77}$$

$$I_C = \alpha_F I_{F0}[\exp(qV_{BE}/k_BT) - 1] - I_{R0}[\exp(qV_{BC}/k_BT) - 1] \tag{3.78}$$

利用以上二式，不难证明下述关系：

$$I_{F0} = \frac{I_{EB0}}{1 - \alpha_F\alpha_R}, \quad I_{R0} = \frac{I_{CB0}}{1 - \alpha_F\alpha_R} \tag{3.79}$$

式中，I_{EB0}和I_{CB0}分别为集电极开路($I_C=0$)时的发射极饱和电流和发射极开路($I_E=0$)时的集电极饱和电流。

将式(3.77)，(3.78)分别和式(3.31)，(3.32)比较，有

$$\begin{aligned} I_{F0} &= -a_{11} \\ \alpha_R I_{R0} &= a_{12} \\ \alpha_F I_{F0} &= a_{21} \\ I_{R0} &= -a_{22} \end{aligned} \tag{3.80}$$

式(3.80)使基本的E-M模型的参数I_{F0}，I_{R0}，α_F和α_R通过a_{11}，a_{12}，a_{21}和a_{22}同器件的工艺参数相联系。由于二端口网络器件的互易性质，有$a_{12}=a_{21}$，即$\alpha_R I_{R0}=\alpha_F I_{F0}$，四个模型参数中只有三个是独立的。

以上讨论的是基本的E-M模型，它只是一种非线性直流模型，为了和后来改进的各种模型相区别，通常将它记为EM_1模型。在EM_1的基础上计及非线性电荷存储效应和欧姆电阻，就构成第二级复杂程度的EM_2模型。第三级复杂程度的EM_3模型则还包括各种二级效应，如基区宽度调制，基区展宽效应以及器件参数随温度的变化等。EM_3模型和下面将要讨论的G-P模型是等价的。

3.3.2 G-P模型

模型的数学表示 半导体中的电流密度可表示为

$$J_n = \mu_n n \frac{dE_{Fn}}{dx} \tag{3.81}$$

$$J_p = \mu_p p \frac{dE_{Fp}}{dx} \tag{3.82}$$

E_{Fn}，E_{Fp}分别为电子、空穴的准费米能级。对于npn晶体管，由于基区中不存在明显的空穴电流，可假定$dE_{Fp}/dx=0$。由此可以得到

$$J_n \approx \mu_n n \frac{d}{dx}(E_{Fn}-E_{Fp}) \tag{3.83}$$

应用关系式$np=n_i^2\exp[(E_{Fn}-E_{Fp})/k_BT]$及$D_n=\frac{k_BT}{q}\mu_n$，上式可改写为

$$J_n = qD_n \frac{1}{p}\frac{d}{dx}(np) \tag{3.84}$$

为了下面的讨论方便，现在转用x_E和x_C来表示基区边界的位置。在忽略基区复合和假定D_n为常量(否则以$\overline{D}_n$代替)的条件下，将上式从x_E至x_C积分，可得

$$J_n = \frac{-qD_n n_i^2[\exp(qV_{BE}/k_BT)-\exp(qV_{BC}/k_BT)]}{\int_{x_E}^{x_C} p(x)dx} \tag{3.85}$$

我们采用从发射极向集电极的传输电流I_{CC}，将上式改写为

$$I_{CC}=\frac{A^2q^2D_nn_i^2}{qA\int_{x_E}^{x_C}p(x)\mathrm{d}x}\{[\exp(qV_{BE}/k_BT)-1]-[\exp(qV_{BC}/k_BT)-1]\}$$
$$=\frac{I_SQ_{B0}}{Q_B}[\exp(qV_{BE}/k_BT)-1]-[\exp(qV_{BC}/k_BT)-1]$$
$$=I_{CE}-I_{EC} \tag{3.86}$$

式中 I_{CE} 称为正向传输电流，I_{EC} 称为反向传输电流，$I_S=A^2q^2D_nn_i^2/Q_{B0}$ 为晶体管的饱和电流，Q_B 和 Q_{B0} 的定义见下面式(3.87)和(1)。

基区多子电荷　G-P模型的主要特点是把双极型晶体管的电学性质和基区多子电荷的积分形式联系在一起，所以问题转化为基区的电荷模型，表示成

$$Q_B=qA\int_{x_E}^{x_C}p(x)\mathrm{d}x \tag{3.87}$$

它由 5 个分量组成：

$$Q_B=Q_{B0}+Q_{jE}+Q_{jC}+Q_{dE}+Q_{dC} \tag{3.88}$$

(1) $Q_{B0}=qA\int_{x_{E0}}^{x_{C0}}N_B(x)\mathrm{d}x$

Q_{B0} 代表热平衡($V_{BE}=V_{BC}=0$)时基区的多子电荷总量。有外加电压时，基区边界将发生移动，造成基区内的电荷存储，这些附加电荷从物理上可区分为其后所述的 4 个分量。

(2) $Q_{jE}=-qA\int_{x_{E0}}^{x_E}N_B(x)\mathrm{d}x$

Q_{jE} 代表发射结正偏时其耗尽区宽度变化而使基区多子电荷增加的数量，故它又可通过发射结电容 C_{jE} 表示为

$$Q_{jE}=\int_0^{V_{BE}}C_{jE}\mathrm{d}V_{BE} \tag{3.89}$$

引入

$$\overline{C}_{jE}=\frac{1}{V_{BE}}\int_0^{V_{BE}}C_{jE}\mathrm{d}V_{BE} \tag{3.90}$$

则

$$Q_{jE}=\overline{C}_{jE}V_{BE}=\frac{Q_{B0}V_{BE}}{V_A'} \tag{3.91}$$

$$V_A'=\frac{Q_{B0}}{\frac{1}{V_{BE}}\int_0^{V_{BE}}C_{jE}\mathrm{d}V_{BE}}=\frac{Q_{B0}}{\overline{C}_{jE}} \tag{3.92}$$

V_A' 称为逆向 Early 电压。习惯上把集电结电压引起的基区宽度变化称为 Early 效应。

(3) $Q_{jC}=-qA\int_{x_C}^{x_{C0}}N_B(x)\mathrm{d}x$

Q_{jC} 代表集电结正偏时其耗尽区宽度变化而使基区多子电荷增加的数量。它又可通过集电结容 C_{jC} 表示成

$$Q_{jC}=\int_0^{x_{BC}}C_{jC}\mathrm{d}V_{BC} \tag{3.93}$$

或

$$Q_{jC}=\frac{Q_{B0}V_{BC}}{V_A} \tag{3.94}$$

V_A 称为 Early 电压

$$V_A=\frac{Q_{B0}}{\frac{1}{V_{BC}}\int_0^{V_{BC}}C_{jC}\mathrm{d}V_{BC}}=\frac{Q_{B0}}{\overline{C}_{jC}} \tag{3.95}$$

(4) $Q_{dE}+Q_{dC}=qA\int_{x_E}^{x_C}(p-N_B)\mathrm{d}x$

代表基区中存储电荷的数量。由于电子和空穴成对存储，Q_{dE}和 Q_{dC}为注入存储使基区多子电荷增加的数量。其中，Q_{dE}代表发射结正偏、集电结零偏时基区中多子电荷的增加量：

$$Q_{dE}=qA\int_{x_E}^{x_{C0}}(p-N_B)\mathrm{d}x \tag{3.96}$$

可以把这部分电荷同正向传输电流 I_{CE}联系起来：

$$Q_{dE}=B\tau_B I_{CE} \tag{3.97}$$

τ_B 为基区渡越时间；B 为基区展宽系数，小注入时 $B=1$，大注入时 $B>1$，Q_{dC}代表集电结正偏，反射结零偏时基区中多子电荷的增加量，它同反向传输电流 I_{EC}的关系为

$$Q_{dC}=\tau_{BR}I_{EC} \tag{3.98}$$

τ_{BR}称为反向基区渡越时间。

在 Q_B 的五个量中，Q_{B0}，Q_{jE}，Q_{jC}3 个分量是和基区杂质分布有关的多子电荷量，Q_{dE}，Q_{dC}两个分量是由于注入存储在基区中的多子电荷量。小注入时，注入的电荷和掺杂相比是可以忽略的，所以前 3 个分量是 Q_B 的主要分量，只有大注入时后 2 个分量才变得显著。

总结上述分析，Q_B 可以表示成

$$\begin{aligned}Q_B&=Q_{B0}+Q_{jE}+Q_{jC}+B\tau_B I_{CE}+\tau_{BR}I_{EC}\\&=Q_{B0}+Q_{jE}+Q_{jC}+\frac{Q_{B0}I_S}{Q_B}\{B\tau_B[\exp(qV_{BE}/k_BT)-1]+\tau_{BR}[\exp(qV_{BC}/k_BT)-1]\}\end{aligned}$$

令

$$Q_{B0}+Q_{jE}+Q_{jC}=Q_1$$

$$Q_{B0}I_S\{B\tau_B[\exp(qV_{BE}/k_BT)-1]+\tau_{BR}[\exp(qV_{BC}/k_BT)-1]\}=Q_2$$

则有

$$Q_B=Q_1+Q_2/Q_B \tag{3.99}$$

解之得

$$Q_B=\frac{Q_1}{2}+\sqrt{\frac{Q_1^2}{4}+Q_2} \tag{3.100}$$

作为例子，应用式(3.100)来分析双极型晶体管的放大状态。很容易得到，小注入时有

$$Q_B\approx Q_1$$

$$I_C \approx I_{CE} = \frac{Q_{B0} I_S}{Q_1}[\exp(qV_{BE}/k_B T) - 1]$$

大注入时，有

$$Q_B \approx \sqrt{Q_2} \approx \sqrt{Q_{B0} I_S B\tau_B} \exp(qV_{BE}/2k_B T)$$

$$I_C \approx \sqrt{\frac{Q_{B0} I_S}{B\tau_B}} \exp(qV_{BE}/2k_B T)$$

等效电路和端电流　计入欧姆电阻 r_E，r_B 和 r_C，以及产生-复合电流 I_{ER} 和 I_{CR} 后，npn晶体管的等效电路如图 3.18 所示。

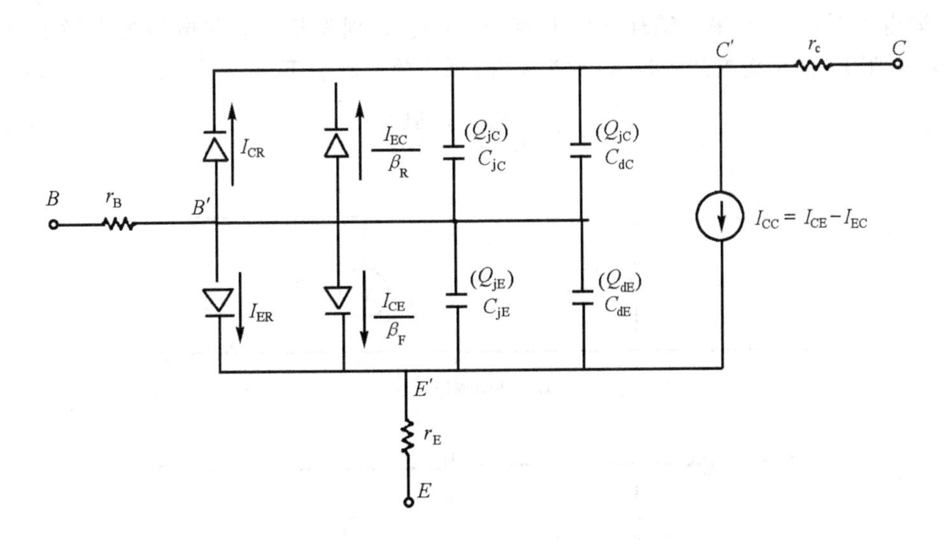

图 3.18　npn 晶体管 G-P模型的电路图

图中 I_{ER} 和 I_{CR} 可分别表示为

$$I_{ER} = I_1[\exp(qV_{B'E'}/m_E k_B T) - 1] \tag{3.101}$$

$$I_{CR} = I_2[\exp(qV_{B'C'}/m_C k_B T) - 1] \tag{3.102}$$

I_1，I_2，m_E 和 m_C 是通过实验来确定的参量，不受外加电压直接控制。于是，基极电流为

$$I_B = \frac{dQ_B}{dt} + \frac{I_{CE}}{\beta_F} + \frac{I_{EC}}{\beta_R} + I_{ER} + I_{CR} \tag{3.103}$$

式中，$\frac{dQ_B}{dt}$ 是提供基区多子增量的电流，包括对结电容 C_{jE}，C_{jC} 和扩散电容 C_{dE}，C_{dC} 的充电；集电极电流为

$$I_C = I_{CC} - I_{CR} - \frac{I_{EC}}{\beta_R} - C_{jC}\frac{dV_{B'C'}}{dt} - \tau_{BR}\frac{dI_{EC}}{dt} \tag{3.104}$$

发射极电流为

$$I_E = -I_{CC} - I_{ER} - \frac{I_{CE}}{\beta_F} - C_{jE}\frac{dV_{B'E'}}{dt} - B\tau_B\frac{dI_{CE}}{dt} \tag{3.105}$$

3.4 双极型晶体管的频率特性

3.4.1 小信号交流等效电路

在小信号(信号电压小于 $k_B T/q$)条件下,可以用线性等效电路来表示晶体管,图 3.19 表示共发射极接法的小信号等效电路。图中,$C_E = C_{jE} + C_{dE}$是发射结电容,包括耗尽层电容 C_{jE}和扩散电容 C_{dE};C_{jC}是集电结耗尽层电容;r_B 和 r_C 分别为基极和集电极的串联电阻(发射极串联电阻 r_E 很小而被忽略);g_m 称为跨导,利用放大状态下 $I_C \approx -\alpha_F I_{F0} e^{qV_{BE}/k_B T}$,可得

$$g_m \equiv \frac{\partial I_C}{\partial V_{BE}} = \frac{qI_C}{k_B T} \tag{3.106}$$

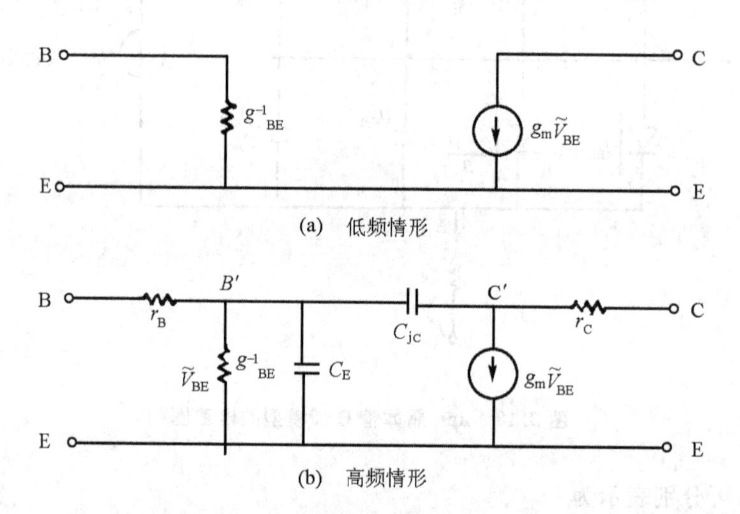

图 3.19 双极型晶体管小信号等效电路

g_{BE} 称为输入电导,定义为

$$g_{BE} \equiv \frac{\partial I_B}{\partial V_{BE}} = \frac{\partial(I_C/\beta_0)}{\partial V_{BE}} = g_m/\beta_0 \tag{3.107}$$

显然,如果把上面二式中的电流和电压的增量看做交流量,则由它们就得到低频情形下的等效电路。

3.4.2 电流增益随频率的变化

1. β 随工作频率的变化

β 表示共发射极交流短路电流增益。在输出端(C-E 端)交流短路时,由图 3.19(b),输

入电流 $\tilde{i}_B$ 可表示成

$$\tilde{i}_B = g_{B'E}\tilde{V}_{B'E} + j\omega C_E \tilde{V}_{B'E} + j\omega C_{jC}(\tilde{V}_{B'E} - \tilde{V}_{C'E}) \tag{3.108}$$

同理，在 C' 点的电流之和为

$$g_m \tilde{V}_{B'E} + j\omega C_{jC}(\tilde{V}_{C'E} - \tilde{V}_{B'E}) + \frac{\tilde{V}_{C'E}}{r_C} = 0 \tag{3.109}$$

由以上二式消去 $\tilde{V}_{C'E}$，可得

$$\tilde{i}_B = g_{B'E}\tilde{V}_{B'E} + j\omega\left[C_E + C_{jC}\left(\frac{1+g_m r_C}{1+j\omega r_C C_{jC}}\right)\right]$$

通常 $\omega r_C C_{jC}$ 远小于 1，因此可以忽略 $(j\omega r_C C_{jC})$ 这一项，式(3.110)简化为

$$\tilde{i}_B = g_{B'E}\tilde{V}_{B'E} + j\omega[C_E + (1+g_m r_C)C_{jC}]\tilde{V}_{B'E} \tag{3.111}$$

应用公式(3.111)，可以将图 3.19(b) 改画为图 3.20。在图 3.20 中，C_μ 称为米勒电容，表示为

$$C_\mu = (1+g_m r_C)C_{jC} \tag{3.112}$$

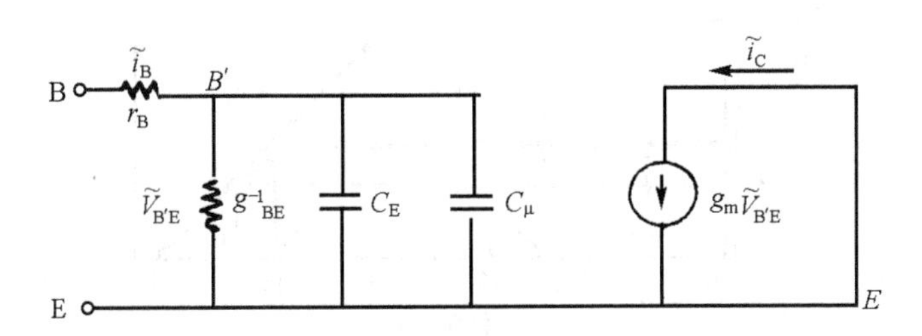

图 3.20　输出端交流短路时双极型晶体管的高频小信号电路

由图 3.20 可得

$$\beta \equiv \frac{\tilde{i}_C}{\tilde{i}_B} = \frac{g_m}{g_{B'E} + j\omega(C_E + C_\mu)} = \frac{\beta_0}{1 + j\omega/\omega_\beta} \tag{3.113}$$

其中

$$\omega_\beta = \frac{g_{B'E}}{C_E + C_\mu} \tag{3.114}$$

式(3.113)表示了 β 随频率的变化，通常写成

$$\beta = \frac{\beta_0}{1 + jf/f_\beta} \tag{3.115}$$

$$|\beta| = \beta_0/\sqrt{1+(f/f_\beta)^2} \tag{3.116}$$

2. α 随工作频率的变化

α 表示共基极交流短路电流增益，即输出端交流短路时交流电流 $\tilde{i}_C$ 与 $\tilde{i}_E$ 之比。在交流

情形下，仍有

$$\beta=\frac{\alpha}{1-\alpha} \tag{3.117}$$

由式(3.117)及(3.115)可得

$$\alpha=\frac{\alpha_0}{1+\mathrm{j}f/f_\alpha} \tag{3.118}$$

$$f_\alpha=(\beta_0+1)f_\beta \tag{3.119}$$

电流增益随工作频率的变化关系表示在图 3.21 中。电流增益的数值常用分贝(dB)表示，分贝的数值是把 α 或 β 的数值取以 10 为底的对数再乘以 20，即 $20\lg|\alpha|$，$20\lg|\beta|$。

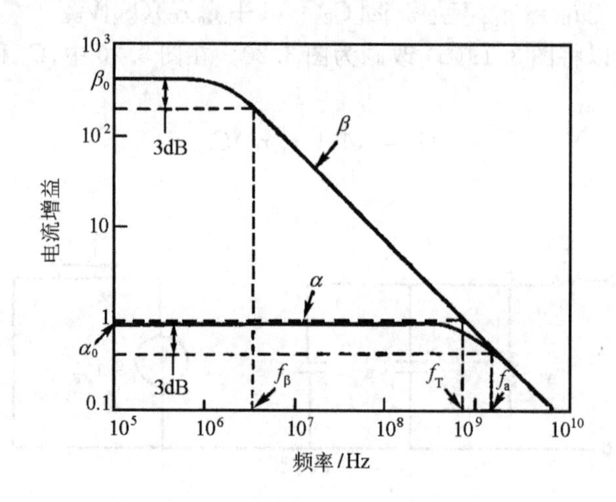

图 3.21　电流增益和工作频率的关系

3.4.3　频率参数

图 3.21 引入了 3 个频率参数，它们表征双极型晶体管的电流放大能力。f_α 称为共基极截止频率，定义为 $|\alpha|$ 下降到 $\alpha_0/\sqrt{2}$（下降 3dB）时的频率，f_β 称为共发射极截止频率，定义为 $|\beta|$ 下降到 $\beta_0/\sqrt{2}$ 时的频率，f_T 称为特征频率，定义为 $|\beta|$ 等于 1 时的频率。

由(3.114)式，得

$$f_\beta=\frac{1}{2\pi}\omega_\beta=\frac{1}{2\pi}\frac{g_{B'E}}{C_E+C_\mu} \tag{3.120}$$

将上式右方各量的表达式代入，即得

$$f_\beta=\frac{1}{2\pi}\cdot\frac{1}{\tau_F+\dfrac{k_BT}{qI_C}(C_{jE}+C_{jC})+\gamma_C C_{jC}} \tag{3.121}$$

其中 τ_F 称为正向渡越时间，略大于基区渡越时间 τ_B，可理解为移走器件内（主要是基区和发射区)存储电荷所需时间。

在式(3.116)中令$|\beta|=1$和$f=f_T$,得到

$$
\begin{aligned}
f_T &\approx \beta_0 f_\beta \\
&= \frac{1}{2\pi}\left[\tau_F + \frac{k_B T}{qI_C}(C_{jE}+C_{jC}) + \gamma_C C_{jC}\right]^{-1}
\end{aligned}
\tag{3.122}
$$

此外,从式(3.115)不难看出,$f \gg f_\beta$时有$|\beta| f=\beta_0 f_\beta=f_T$,即频率和增益的乘积等于一个常数,这个常数就是器件的特征频率f_T。为此,f_T又称增益-带宽乘积,并说明可以在比f_T低得多的频率下测量β来得到f_T。

在式(3.122)中加入电子渡越集电结耗尽区的渡越时间$\tau_d=x_{dC}/v_s$(x_{dC}表示集电结耗尽区宽度,v_s是电子的饱和漂移速度),则f_T可重新表示为

$$
f_T = (2\pi\tau_{EC})^{-1} \tag{3.123}
$$

τ_{EC}是电子从发射极到集电极的有效渡越时间,可表示为

$$
\tau_{EC} = \tau_E + \tau_B + \tau_D + \tau_C \tag{3.124}
$$

其中$\tau_E=(k_B T/qI_C)C_{jE}$是发射结充电时间,$\tau_B \approx \tau_F$是电子渡越基区的时间,$\tau_D$是电子漂移渡越集电结耗尽区的时间,$\tau_C=(k_B T/qI_C+\gamma_C)C_{jC}$是集电结充电时间。要提高双极晶体管的最高工作频率,就要降低这些时间常数,主要是减小结电容和基区厚度。在早期的双极晶体管中,基区渡越时间τ_B是决定特征频率的主要参数。由于半导体微细加工技术的发展,现代双极晶体管的基区厚度可以做到很小,τ_B的作用显著减弱,所以必须考虑结电容(特别是C_{jC})的影响。如前所述,双极晶体管的基极电流横向流动,所以当器件的横向尺寸缩小时,基区电阻r_B因为电流流经的路程缩短而减小,结电容(C_{jE}和C_{jC})因为结面积变小也将减小。如果晶体管的纵向尺寸和横向尺寸都按同一比例因子α缩小,则r_B不变,而结电容将减小到原来的$1/\alpha$倍。集电结的面积通常比发射结的面积大得多,所以减小集电结面积是十分重要的,目前先进的双极晶体管(例如多晶硅发射极晶体管)技术常用深槽隔离方法来限制集电结面积。

共基极截止频率f_α可以通过式(3.119)由f_β给出。另一个频率参数也经常使用,这就是最高振荡频率f_M,它被定义为双极晶体管的功率增益等于1时的频率,可表示为

$$
f_M = \sqrt{\frac{f_T}{8\pi(r_B+\pi f_T L)C_{jC}}} \approx f_T(8\pi r_B f_T C_{jC})^{-1/2} \tag{3.125}
$$

式中L为发射极引线电感,r_B为基极电阻。f_M是双极晶体管放大能力的极限频率。

3.4.4　基区渡越时间

少数载流子渡越中性基区时间τ_B的延迟作用对于双极晶体管频率响应能力是一个重要限制,特别是基区宽度比较大时,τ_B实际上决定着晶体管的特征频率。τ_B可表示为

$$
\tau_B = \int_0^W \frac{dx}{v(x)} \tag{3.126}
$$

$v(x)$是基区内少数载流子的有效速度,它与电流的关系为

$$I_{\rm n} = qn_{\rm p}(x)v(x)A \tag{3.127}$$

故有

$$\tau_{\rm B} = \int_0^W \frac{qAn_{\rm p}(x)}{I_{\rm n}(x)}{\rm d}x \tag{3.128}$$

A是晶体管横截面,$n_{\rm p}(x)$是基区内电子(少子)在位置x上的浓度。忽略基区复合,则$I_{\rm n}=I_{\rm En}\approx I_{\rm C}$,与$x$无关,这时有

$$\tau_{\rm B} = \frac{qA\int_0^W n_{\rm p}(x){\rm d}x}{I_{\rm C}} \approx \frac{Q_{\rm B}}{I_{\rm C}} \tag{3.129}$$

$Q_{\rm B}\approx qA\int_0^W n_{\rm p}(x){\rm d}x$是基区内存储电荷总量。上式说明$\tau_{\rm B}$可理解为以电流$I_{\rm C}$移走基区存储电荷所需要的时间。

对于均匀基区和小注入情形,由表示$Q_{\rm B}$的式(3.40)和表示$I_{\rm C}$的式(3.42),有

$$\tau_{\rm B} = \frac{W^2}{2D_{\rm n}} \tag{3.130}$$

$D_{\rm n}$为电子的扩散系数。由于大多数半导体中电子的扩散系数比空穴的大,高频晶体管大都采用npn结构。为了改进频率响应,必须缩短$\tau_{\rm B}$,所以高频晶体管的基区宽度必须很小。在现代先进的半导体工艺水平下,基区宽度能够严格控制,降低结电容、引线电感和基极电阻在设计高频晶体管中将是十分重要的。

对于不限于均匀掺杂和小注入的一般情形,可用下式

$$I_{\rm C} \approx I_{\rm En} = \frac{qAD_{\rm n}n_{\rm i}^2{\rm e}^{qV_{\rm BE}/k_{\rm B}T}}{\int_0^W p_{\rm p}(x){\rm d}x} \tag{3.131}$$

有

$$\tau_{\rm B} = \frac{\int_0^W p_{\rm p}(x){\rm d}x\int_0^W n_{\rm p}(x){\rm d}x}{D_{\rm n}n_{\rm i}^2{\rm e}^{qV_{\rm BE}/k_{\rm B}T}} \tag{3.132}$$

或者,将表示$n_{\rm p}(x)$的公式(3.48)代入式(3.128),有

$$\tau_{\rm B} = \frac{1}{D_{\rm n}}\int_0^W \frac{1}{p_{\rm p}(x)}\left[\int_x^W p_{\rm p}(x'){\rm d}x'\right]{\rm d}x \tag{3.133}$$

引入$y=x/W$,则式(3.133)变为

$$\tau_{\rm B} = \frac{W^2}{D_{\rm n}}\int_0^1 \frac{1}{p_{\rm p}(y)}\left[\int_y^1 p_{\rm p}(x'){\rm d}x'\right]{\rm d}y = \frac{W^2}{\nu D_{\rm n}} \tag{3.134}$$

其中ν是上式中复式积分的倒数,即

$$\nu = \left\{\int_0^1 \frac{{\rm d}y}{p_{\rm p}(y)}\left[\int_y^1 p_{\rm p}(x'){\rm d}x'\right]\right\}^{-1} \tag{3.135}$$

对于扩散形成的非均匀基区，$\nu>2$，基区内建电场的作用是使 τ_B 缩短。

3.4.5 功率-频率限制

双极晶体管的最大输出功率 P_m 受雪崩击穿电压 V_m（或临界电场 $\mathscr{E}_c$）和饱和漂移速度 v_s 的限制。双极晶体管的最大允许电压为

$$V_m = \mathscr{E}_c L_{EC} \tag{3.136}$$

L_{EC}是发射极和集电极之间的距离。假设载流子以饱和漂移速度运动，则它从发射极到集电极的渡越时间为 $\tau_{EC}=L_{EC}/v_s$，故晶体管的最高截止频率为

$$f_T = \frac{1}{2\pi\tau_{EC}} = \frac{v_s}{2\pi L_{EC}} \tag{3.137}$$

所以有

$$V_m f_T = \frac{\mathscr{E}_c v_s}{2\pi} \tag{3.138}$$

流过双极晶体管的最大允许电流可表示为

$$I_m = \frac{V_m}{\chi_C} \tag{3.139}$$

其中 χ_C 为电抗，可表示为

$$\chi_C = \frac{1}{\omega_T C_{jC}} = \frac{1}{2\pi f_T C_{jC}} \tag{3.140}$$

于是，

$$P_m = V_m^2/\chi_C \tag{3.141}$$

最终可得功率-频率极限满足下式

$$(P_m \chi_C)^{1/2} f_T = \frac{\mathscr{E}_c v_s}{2\pi} \tag{3.142}$$

对于硅，$\mathscr{E}_c \approx 3\times10^5\,\mathrm{V/cm}$，$v_s \approx 6\times10^6\,\mathrm{cm/s}$。上式说明，对于一定的器件阻抗，器件的功率输出能力随截止频率升高而下降。

3.5　双极型晶体管的开关特性

3.5.1 晶体管的开关作用

对于数字应用，双极型晶体管设计成一个开关。在这些应用中，用一个小的基极电流去改变集电极电流，使得在很短的时间内从高电压、低电流的关断状态，变化到低电压、大电流的导通状态；或者相反。基本开关电路如图 3.22(a)所示，其中发射结电压 V_{BE}突然从负值变化到正值。晶体管的输出电流如图 3.22(b)所示。因为发射结和集电结都处于反向偏置，开始时集电极电流很小。该电流将沿负载线通过放大区，最后达到大电流水平，这时两

个结都变成正向偏置。这样，在关断状态（相应于截止状态）下，晶体管发射极端和集电极端之间实际上是开路的；而在导通状态（相应于饱和状态）下，晶体管发射极和集电极之间基本上相当于短路。因此，以这种方式工作的晶体管几乎与一个理想开关没有差别。

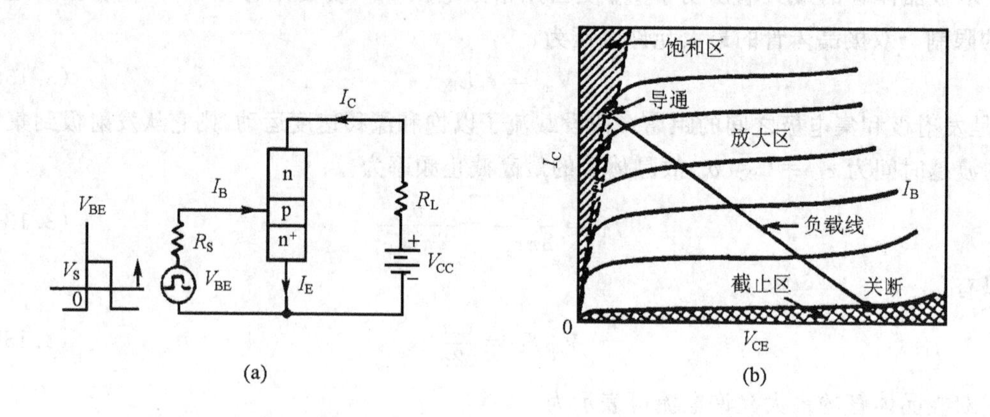

图 3.22 (a) 基本开关电路；(b) 晶体管的开关作用

3.5.2 关断和导通阻抗

我们用 E-M模型来讨论双极型晶体管的开关阻抗。为了方便，将式(3.77)和(3.78)重写如下：

$$I_E = -I_{F0}[\exp(qV_{BE}/k_BT)-1]+\alpha_R I_{R0}[\exp(qV_{BC}/k_BT)-1] \quad (3.143a)$$

$$I_C = \alpha_F I_{F0}[\exp(qV_{BE}/k_BT)-1]-I_{R0}[\exp(qV_{BC}/k_BT)-1] \quad (3.143b)$$

关断阻抗 在截止状态，集电极电流为

$$I_C \approx -\alpha_F I_{F0} + I_{R0} \quad (3.144)$$

利用式(3.79)，得出

$$I_C = \frac{I_{CBO}-\alpha_F I_{EBO}}{1-\alpha_F\alpha_R} \quad (3.145)$$

所以，关断阻抗近似为

$$R_{off} = \frac{V_{CE}}{I_C} \approx \frac{V_{CE}(1-\alpha_F\alpha_R)}{I_{CB0}-\alpha_F I_{EB0}} \quad (3.146)$$

导通阻抗 在饱和状态下，由于发射结和集电结都是正偏，降落在晶体管上的电压 V_{CE} 很小，集电极电流 I_C 基本上由外电路决定而近似常量(V_{CC}/R_L)，所以用它作为独立变量是方便的。这时，从式(3.143)可得

$$V_{BE} = \frac{k_BT}{q}\ln\left[\frac{I_B+(1-\alpha_R)I_C}{I_{EB0}}\right] \quad (3.147a)$$

$$V_{BC} = \frac{k_B T}{q} \ln\left[\frac{\alpha_F I_B - (1-\alpha_F) I_C}{I_{CB0}}\right] \tag{3.147b}$$

写出上面二式时用到了 $I_E + I_B + I_C = 0$ 的条件。由式(3.147)可得到导通阻抗为

$$\begin{aligned} R_{on} &= \frac{V_{CE,饱和}}{I_C} = \frac{V_{BE} - V_{BC}}{I_C} \\ &= \frac{k_B T}{q I_C} \ln\left\{\frac{1 + (1-\alpha_R)\dfrac{I_C}{I_B}}{\alpha_R\left[1 - \left(\dfrac{1-\alpha_F}{\alpha_F}\right)\dfrac{I_C}{I_B}\right]}\right\} \end{aligned} \tag{3.148}$$

从式(3.146)可知，结的反向饱和电流 I_{CB0} 和 I_{EB0} 小时，关断阻抗就高。导通阻抗[式(3.148)]近似地反比于集电极电流 I_C，当 I_C 很大时，导通阻抗很小。实际上基区和集电区的欧姆电阻应包含在总阻抗内，特别对于导通阻抗更是这样。

3.5.3　导通时间和存储延迟时间

双极晶体管的开关时间是器件从关断状态到导通状态或从导通状态到关断状态所需的时间。当一个电流脉冲在时间 $t=0$ 时加到基极-发射极端(见图 3.23(a))，晶体管被“接

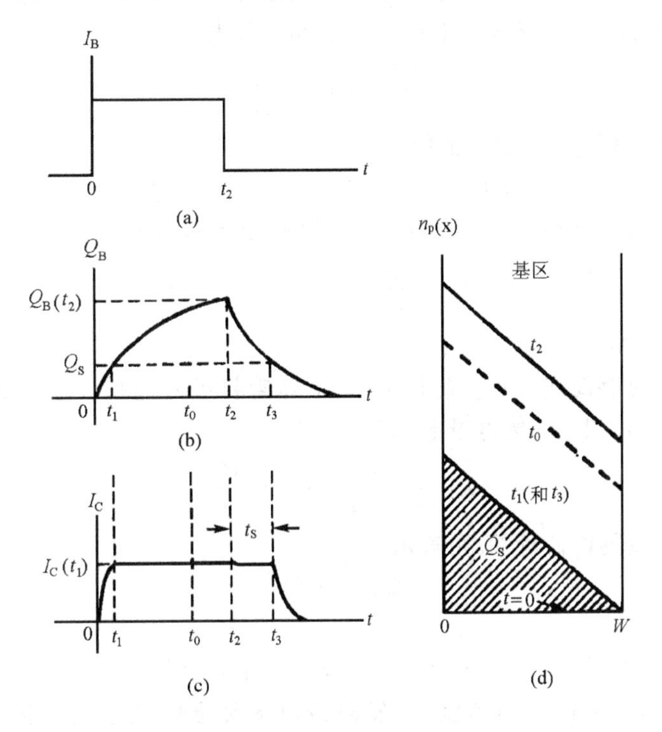

图 3.23　(a) 基极输入电流脉冲；(b) 基区存储电荷随时间的变化；(c) 集电极电流随时间的变化；(d) 基区内少数载流子在不同时间的分布

通”。从图 3.23 看到，晶体管作为开关应用时，输入信号 I_B 和输出信号 I_C 变化的幅度都很大，并且在截止和饱和之间近似于突变。对于这种大信号瞬变问题的分析通常采用电荷控制理论。在电荷控制理论中，受控制的不是电流或电压，而是利用各个区的受控电荷来建立方程，这些受控电荷包括发射区、基区和集电区内的存储电荷，以及发射结和集电结的耗尽区电荷。下面的讨论只考虑基区和集电区内的存储电荷。发射区内的存储电荷量很小，是可以忽略的。所以在我们的做法中，主要的问题是没有考虑结的充放电作用，或者说在开关时间中没有考虑导通过程中的延迟时间和关断过程中的下降时间。实际上，从基极输入脉冲到发射结接近导通(I_C 开始从零上升)需要一段时间，在此期间内必须对结充电，使发射结正偏；而从导通状态向关断状态转换中，除了移走存储电荷需要所谓的存储延迟时间外，I_C 还必须经过一段时间才能下降到接近于零，在此期间内通过结电容放电，集电结从零偏变到反偏，这段时间称为下降时间。

1. 导通时间

在导通期间，基极电流是常数[图 3.23(a)]，其大小为

$$I_B = \frac{V_s - V_{BE}}{R_s} \approx \frac{V_s}{R_s} \tag{3.149}$$

V_s 为输入脉冲幅度，R_s 是输入端的偏置电阻。基区存储电荷 Q_B 的变化由 I_B 和基区复合电流 Q_B/τ_n(τ_n 是基区电子的寿命)引起，电荷控制方程为

$$\frac{dQ_B}{dt} = I_B - \frac{Q_B}{\tau_n} \tag{3.150}$$

若在导通前 $Q_B=0$，则方程(3.150)的解为

$$Q_B(t) = I_B\tau_n[1-\exp(-t/\tau_n)] \tag{3.151}$$

$Q_B(t)$曲线表示在图3.23(b)中。集电极电流可以从 $Q_B=\tau_B I_C$ 得到：

$$I_C(t) = \frac{I_B\tau_n}{\tau_B}[1-\exp(-t/\tau_n)] \tag{3.152}$$

$I_C(t)$曲线画在图 3.23(c)中。

在输入脉冲有足够高度和宽度的情形下，晶体管将进入饱和状态。设在 $t=t_1$ 时刻达到临界饱和($V_{BC}=0$)，相应的集电极电流为

$$I_{CS} = \frac{V_{CC} - V_{CE}}{R_L} \approx \frac{V_{CC}}{R_L} \tag{3.153}$$

临界饱和时基区存储的电荷量 Q_S 可表示为

$$Q_S = \tau_B I_{CS} \tag{3.154}$$

或

$$Q_S = I_B\tau_n[1-\exp(-t_1/\tau_n)] \tag{3.155}$$

当 $Q_B>Q_S$ 时，晶体管工作在饱和状态，发射极电流和集电极电流都基本保持常数。图 3.23(d)表明，$t>t_1$ 的任一时刻(比如说 $t=t_a$)，电子 $n_p(x)$的分布将平行于 $t=t_1$ 时的分布，因此 $x=0$ 和 $x=W$ 处的浓度梯度不变，从而电流不变。由式(3.155)可以解出 t_1：

$$t_1 = \tau_n \ln\left[\frac{1}{1 - Q_S / I_B \tau_n}\right] \tag{3.156}$$

因此，为了减小导通时间 t_1，需缩短少数载流子（电子）寿命 τ_n，减小 Q_S 及增大 I_B。

达到临界饱和所需的基极电流为

$$I_{BS} = \frac{I_{CS}}{\beta_0} \tag{3.157}$$

I_B 通常超过 I_{BS}，过量基极电流为

$$I_{BX} = I_B - I_{BS} \tag{3.158}$$

I_{BX}驱使晶体管进入深饱和状态，即发射结和集电结都正偏的状态。由于 $V_{BC}>0$，集电结也发生注入现象，使基区内有过量存储电荷 Q'_B，集电区内有过量存储电荷 Q'_C。稳定时，过量基极电流将完全补偿这些过量存储电荷的复合损失，故有

$$I_{BX} = \frac{Q'_B}{\tau_n} + \frac{Q'_C}{\tau_{pc}} \tag{3.159}$$

τ_{pc}为集电区少数载流子（空穴）寿命。

2. 存储延迟时间

在 t_2 时刻，基极电流突然下降到零，Q'_B 和 Q'_C 开始减少，设在 t_3 时刻它们下降到零。从 t_2 至 t_3 这段时间称为存储延迟时间，我们以 t_s 表示，在此期间有

$$-\frac{d}{dt}(Q'_B + Q'_C) = \frac{Q_S + Q'_B}{\tau_n} + \frac{Q'_C}{\tau_{pc}} \tag{3.160}$$

若双极晶体管经过两次扩散杂质形成且集电区的掺杂浓度远低于基区（故 $Q'_C \gg Q'_B$），则上述方程简化为

$$-\frac{d}{dt}Q'_C = \frac{I_{CS}}{\beta_0} + \frac{Q'_C}{\tau_{pc}} \tag{3.161}$$

Q'_C 应满足下述边界条件：$t=t_2$ 时，$I_B - \dfrac{I_{CS}}{\beta_0} = \dfrac{Q'_C}{\tau_{pc}}$；$t=t_s$ 时，$Q'_C=0$。从 t_2 到 t_3 积分方程(3.161)以后得到

$$t_s = \tau_{pc} \ln\left[\frac{I_B}{I_{CS}/\beta_0}\right] \tag{3.162}$$

所以小的 τ_{pc}或 I_B 将使 t_s 下降。另外，器件进入饱和区的深度越小，存储时间也将缩短。从 t_3 开始，晶体管脱离饱和状态，I_C 随时间迅速下降到零，所以 t_s 实际上就是晶体管的关断时间。

综上所述，我们用电荷控制方程讨论了开关的瞬态过程。导通时间取决于如何迅速把电子（npn 晶体管基区的少数载流子）注入到基区，关断时间取决于如何通过复合使少数载流子（对于 npn 晶体管并且集电区低掺杂的情形主要是集电区的空穴）迅速消失。开关晶体管最重要的参数之一是少数载流子的寿命。对于高速开关管，降低少数载流子寿命的一个有效方法是在基区和集电区引进复合中心（深能级杂质）。

3.6 异质结双极晶体管(HBT)

异质结是两种不同的半导体之间形成的结,例如在p型GaAs上形成n型$Al_xGa_{1-x}As$。$Al_xGa_{1-x}As$是AlAs和GaAs这两种Ⅲ-Ⅴ族化合物半导体固溶形成的合金,x是AlAs在合金中的摩尔分数。室温(300K)时,AlAs的禁带宽度是2.15eV,GaAs的禁带宽度则为1.42eV,它们固溶形成的二元合金$Al_xGa_{1-x}As$的禁带宽度比GaAs的大。异质结具有许多独有的性质,这些特性是前面讨论的常规半导体pn结(同质结)所不具备的。异质结已经得到了许多重要应用,特别是在光电器件和量子效应器件方面。我们将在以后的有关章节中讨论这些器件。本节讨论异质结双极晶体管的基本工作原理。

3.6.1 异质结的能带图

图3.24(a)表示形成异质结之前分离的两块半导体(n型$Al_xGa_{1-x}As$和p型GaAs)的能带图。这两块半导体有不同的禁带宽度E_g,不同的介电常数ε_s,不同的功函数$q\phi_s$及不同的亲和能$q\chi$。功函数定义为将一个电子从费米能级E_F拿到材料外面(真空能级)所需要的能量,电子亲和能是把一个电子从导带底E_c移到真空能级所需的能量。我们对上述各量加下标以示区别,下标"1"代表窄禁带半导体,下标"2"代表宽禁带半导体。两种半导体导带边缘的能量差用ΔE_c表示;价带边缘的能量差用ΔE_v表示。如图3.24(a)所示,$\Delta E_c = q(\chi_1 - \chi_2)$。

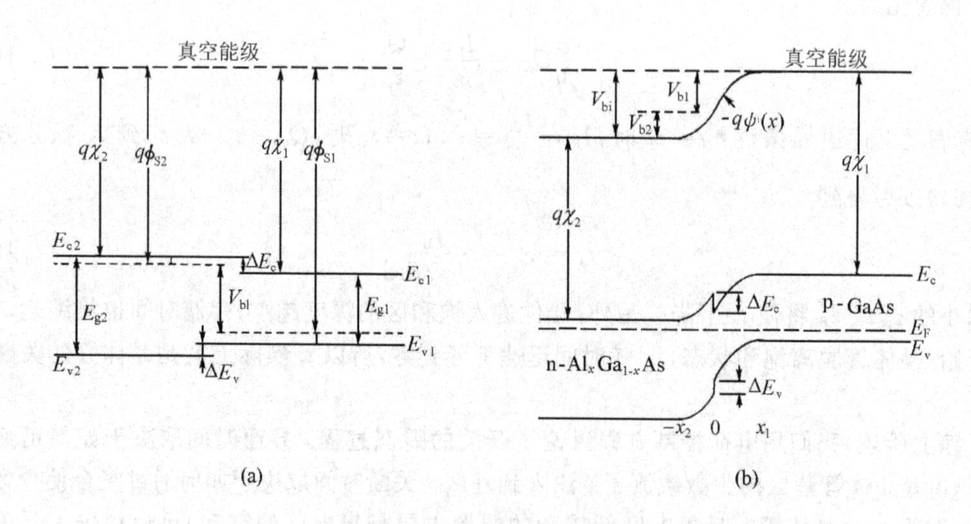

图3.24 (a) 两块孤立半导体(n-$Al_xGa_{1-x}As$和p-GaAs)的能带;(b) 热平衡下理想np异质结的能带图

图 3.24(b)表示由这两种半导体形成理想突变异质结在热平衡状态下的能带图。图中我们假定两种异质半导体界面上的陷阱和产生-复合中心可以忽略。这个假设只有当两个半导体的晶体常数严格匹配或形成所谓应变层结构时才是正确的。最重要的异质结材料是Ⅲ-Ⅴ族化合物半导体，如 GaAs 及其三元化合物 $Al_xGa_{1-x}As$ 之类的固溶体，其中 x 可以从 0 变化到 1。当 $x=0$ 时为 GaAs，在 300K 下禁带宽度为 1.42eV，晶格常数为 5.6533；当 $x=1$ 时为 AlAs，它的禁带宽度为 2.15eV，晶格常数为 5.6605。三元化合物 $Al_xGa_{1-x}As$ 的禁带宽度随 x 的增加而增加，而晶格常数基本上保持不变，甚至在 $x=0$ 和 $x=1$ 的极端情况下，晶格常数的失配也仅有 0.1%。能带图的构成要满足下面两个基本要求：(1) 热平衡下界面两边的费米能级必须相同；(2) 真空能级必须是连续的，且平行于能带边缘。因此，只要禁带宽度 E_g 和亲和能 $q\chi$ 不是掺杂浓度的函数(即半导体是非简并的)，导带边缘的不连续性 ΔE_c 和价带边缘的不连续性 ΔE_v 也就不受掺杂的影响了。总的内建电势 V_{bi} 等于两部分内建电势之和($V_{b1}+V_{b2}$)，V_{b1} 和 V_{b2} 分别是半导体 1 和 2 在热平衡时的静电势。

任意偏置下耗尽层宽度和电容均可解突变结界面每一边的泊松方程得到。一个边界条件是电位移的连续性，即 $\varepsilon_1\mathscr{E}_1=\varepsilon_2\mathscr{E}_2$，$\mathscr{E}_1$ 和 $\mathscr{E}_2$ 分别是半导体 1 和 2 在界面处($x=0$)的电场强度。我们得到

$$x_1=\left[\frac{2N_D\varepsilon_1\varepsilon_2(V_{bi}-V)}{qN_A(\varepsilon_1N_A+\varepsilon_2N_D)}\right]^{1/2} \tag{3.163}$$

$$x_2=\left[\frac{2N_A\varepsilon_1\varepsilon_2(V_{bi}-V)}{qN_D(\varepsilon_1N_A+\varepsilon_2N_D)}\right]^{1/2} \tag{3.164}$$

和

$$C=\left[\frac{qN_AN_D\varepsilon_1\varepsilon_2}{2(\varepsilon_1N_A+\varepsilon_2N_D)(V_{bi}-V)}\right]^{1/2} \tag{3.165}$$

式中 V 为加在结上的总电压，分配在两种半导体上的电压有下面的关系：

$$\frac{V_{b1}-V_1}{V_{b2}-V_2}=\frac{N_D\varepsilon_2}{N_A\varepsilon_1} \tag{3.166}$$

其中 $V=V_1+V_2$。

下面着重讨论图 3.24(b)所示能带结构的基本特点。对于理想突变异质结，界面两侧的电势分布 $\psi(x)$ 满足下述泊松方程：

$$\frac{d^2\psi}{dx^2}=\begin{cases}-\dfrac{qN_D}{\varepsilon_2} & (-x_2\leqslant x\leqslant 0)\\[2ex] \dfrac{qN_A}{\varepsilon_1} & (0\leqslant x\leqslant x_1)\end{cases} \tag{3.167}$$

选择 $x=x_1$ 为电势零点，即 $\psi(x_1)=0$，且 $\psi(-x_2)=V_{bi}$。对方程(3.167)积分二次，并注意在耗尽区边界 $x=-x_2$ 和 $x=x_1$ 处电场是零(即 $d\psi/dx=0$)以及在界面 $x=0$ 处 $\psi(x)$ 连续，可得

$$\psi(x)=\begin{cases}V_{\mathrm{bi}}-\dfrac{qN_{\mathrm{D}}(x+x_2)^2}{2\varepsilon_2} & (-x_2\leqslant x\leqslant 0)\\ \dfrac{qN_{\mathrm{A}}(x-x_1)^2}{2\varepsilon_1} & (0\leqslant x\leqslant x_1)\end{cases}\tag{3.168}$$

静电势能$[-q\psi(x)]$为抛物线，在图 3.24(b)中由真空能级随位置 x 的变化表示。不难看出，导带边 $E_{\mathrm{c}}(x)$可以通过真空能级(即静电势)和亲和能 $q\chi(x)$表示如下：

$$E_{\mathrm{c}}(x)=-q\psi(x)-q\chi(x)\tag{3.169}$$

对于我们考虑的突变异质结，因为 $\chi(x)$在界面($x=0$)处突变，该处形成一个势垒尖峰，它将阻碍电子通过界面。

上面的讨论可以推广到缓变异质结。从能带的角度，缓变指禁带宽度 E_{g} 和电子亲和能 $q\chi$ 是位置 x 的函数，也就是 ΔE_{c} 和 ΔE_{v} 都是 x 的函数。在几十纳米的距离上改变合金材料的组分比例将得到一个缓变异质结。例如 $\mathrm{Al}_x\mathrm{Ga}_{1-x}\mathrm{As}$，如果组分比例 x 从某一数值逐渐下降到零，则禁带将从较大的宽度缓变到 GaAs 的禁带宽度，电子亲和能则具有相反的变化趋势。对于 npn 晶体管，我们特别关心电子的流动，也就是特别关心导带边 $E_{\mathrm{c}}(x)$随距离 x 的变化。根据方程(3.169)，这不难从静电势能$[-q\psi(x)]$和电子亲和能 $q\chi$ 得到，如图3.25所示。在图中，$q\chi$ 是 $\mathrm{Al}_x\mathrm{Ga}_{1-x}\mathrm{As}$ 的亲和能。从该图看出，界面处的势垒尖峰基本消失。

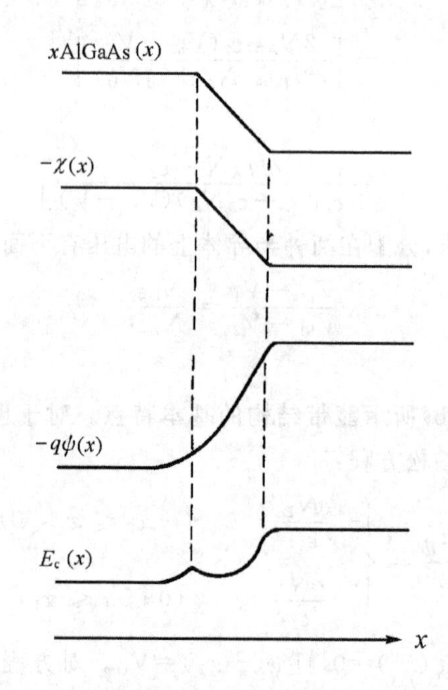

图 3.25 缓变异质结中导带边 $E_{\mathrm{c}}(x)$随位置 x 的变化与组分、电子亲和势和静电势的关系

3.6.2 HBT 电流放大的基本理论

图 3.26(a) 是具有宽禁带发射区的 HBT 的热平衡能带图。这种器件用 n 型 $Al_xGa_{1-x}As$ 作发射区，p 型 GaAs 作基区及 n 型 GaAs 作集电区。为了下面的讨论方便，假定发射结是缓变异质结。图 3.26(b) 是该晶体管工作在放大状态下的能带图。从该图可以看出，与电子从发射区向基区注入相比，空穴由基区向发射区注入时要克服一个附加的台阶 ΔE_v，这就使发射结的注入比 I_{En}/I_{Ep} 很高，即发射效率很高。显然，对于 npn 晶体管，只有价带边能量差 ΔE_v 很大的异质结才有很高的注入比。

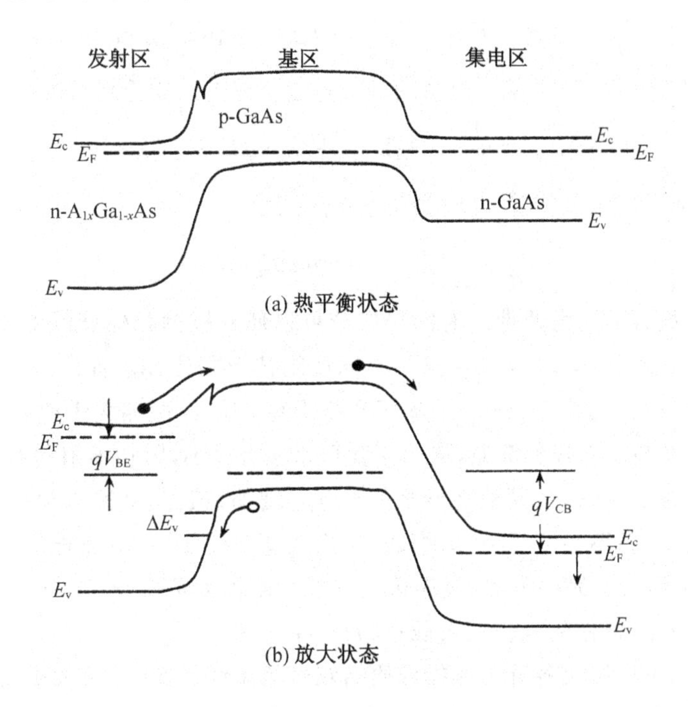

图 3.26　npn 异质结双极型晶体管的能带图

在放大状态下，晶体管的基极电流主要来自以下几个方面：发射结耗尽层内的复合电流 I_{ER}，基区内复合而必须补偿空穴损失的电流 I_{BR}，基区向发射区注入的空穴电流 I_{EP}；集电极电流主要来自发射结注入并穿过基区的电流 I_{Cn}。于是共发射极电流增益可表示为

$$\beta_0 = \frac{I_{Cn}}{I_{Ep} + I_{BR} + I_{ER}} < \beta_{max} = \frac{I_{En}}{I_{Ep}} \tag{3.170}$$

这里 β_{max} 表示注入比，也是晶体管受注入比限制时的最大电流增益。

根据晶体管理论，有

$$I_{En} = qA\frac{D_n n_{p0}}{W}[\exp(qV_{BE}/k_B T) - 1] \tag{3.171}$$

$$I_{Ep} = qA\frac{D_{pE}p_{e0}}{L_{pE}}[\exp(qV_{BE}/k_BT) - 1] \tag{3.172}$$

利用 $n_{p0} = n_{iB}^2/N_B$ 和 $p_{e0} = n_{iE}^2/N_E$，我们得到

$$\beta_{max} = \frac{D_n}{D_{pE}} \cdot \frac{L_{pE}}{W} \cdot \frac{N_E}{N_B} \cdot \frac{n_{iB}^2}{n_{iE}^2} \tag{3.173}$$

其中，D_n 为电子在基区的扩散系数，D_{pE} 和 L_{pE} 分别为空穴在发射区的扩散系数和扩散长度，W 是基区宽度，N_E 和 N_B 分别为发射区和基区的掺杂浓度，n_{iE} 和 n_{iB} 分别为发射区和基区的本征载流子浓度。如果忽略不同半导体材料之间的有效态密度 N_c，N_v 的差别，有

$$\frac{n_{iB}^2}{n_{iE}^2} = \exp[(E_{gE} - E_{gB})/k_BT] = \exp(\Delta E_g/k_BT) \tag{3.174}$$

E_{gE} 和 E_{gB} 分别为发射区材料和基区材料的禁带宽度。将上述比值代入式(3.173)，有

$$\beta_{max} = \frac{D_n}{D_{pE}} \cdot \frac{L_{pE}}{W} \cdot \frac{N_E}{N_B}\exp(\Delta E_g/k_BT) \tag{3.175}$$

与掺杂分布的同质结晶体管(BJT)相比，β_{max}之比为

$$\frac{\beta_{max}(HBT)}{\beta_{max}(BJT)} = \exp(\Delta E_g/k_BT) \tag{3.176}$$

其中 $\Delta E_g = E_{gE} - E_{gB}$，可见宽禁带发射区异质结可以使双极型晶体管的电流增益大幅度提高。通常选取 ΔE_g 大于 250meV($10k_BT$)，与同质结情形相比，β_{max} 提高 10^4 倍。这样，基区可以高掺杂，其浓度可高达 $10^{20}\,cm^{-3}$。基区高掺杂将使器件性能大大改善，主要表现在下述几个方面：第一，基区不容易穿通，从而厚度可以做得很小，即它不限制器件尺寸缩小；第二，基区电阻可以显著降低，从而最高振荡频率 f_{max} 增加；第三，基区电导调制不明显，从而大电流密度时电流增益不会明显下降；第四，基区电荷对输出电压(集电结电压)不敏感，从而 Early 电压显著增大。另一方面，发射区的掺杂浓度可以很低($\sim 10^{17}\,cm^{-3}$)，从而发射结耗尽层电容大大减小，器件的电流放大截止频率 f_T 提高。

利用外延技术可以制成各种各样的异质结双极晶体管。其中包括采用组分缓变材料作基区的器件(例如用 $Al_xGa_{1-x}As$ 作基区，x 值从发射结到集电结递减)，以提供一个内建电场，减小基区渡越时间；也有采用双异质结构(宽禁带发射区和宽禁带集电区)的器件，以使发射结和集电结对称，改善放大状态和反转状态下的电流增益。

3.6.3 几类常见的 HBT

有多种材料体系可以制作异质结器件，下面介绍几类常见的异质结双极晶体管。

AlGaAs/GaAs HBT 这类 HBT 的发射区采用 $Al_xGa_{1-x}As$ 材料，Al(或 AlAs)的摩尔分数 x 选择在 0.25 左右，高于此值时 n 型 AlGaAs 中开始出现深施主，使发射结电容增加。x=0.25时，发射区的禁带宽度比基区的大 0.30eV，注入效率可以显著提高。基区采用 p^+-GaAs 材料，典型厚度为 0.05～0.1μm，典型掺杂浓度 N_A 为 $5\times10^{18}\sim1\times10^{20}\,cm^{-3}$。集电

区通常也采用 GaAs 材料(n^- 型)。集电区往下依次为 n^+-GaAs 埋层和半绝缘 GaAs(SI GaAs)衬底。SI GaAs 的获得是通过向 GaAs 引入深能级杂质(因而费米能级被钉扎在禁带中央)。这类 HBT 的一个重要优点是 $Al_xGa_{1-x}As$/GaAs 材料体系可以有良好的晶格匹配。由于 AlAs 和 GaAs 的晶格常数十分接近,而且它们热膨胀系数之间的差别也很小,无论怎样选择 Al 的摩尔分数 x 之值都能实现晶格匹配。其次,由于采用半绝缘衬底,器件之间容易隔离和互连,器件或互连线同衬底之间的电容可以忽略。特别在微波电路中,为了限制微波信号的衰减和降低电阻,互连线宽度较大,从而衬底的影响十分重要。单片微波集成电路用 GaAs 材料容易实现,而用 Si 材料则很难。此外,AlGaAs/GaAs 已被用来制作激光器、发光二极管、光探测器等光电子器件,这些器件同以 AlGaAs/GaAs HBT 为基础的电路可以单片集成。

InGaAs HBT　同 InP 晶格匹配的Ⅲ-Ⅴ族化合物半导体中包括 $In_{0.53}Ga_{0.47}As$(以下简写为 InGaAs)和 $In_{0.52}Al_{0.48}As$(简写为 InAlAs),InGaAs 的禁带宽度是 0.75eV,InAlAs 的禁带宽度是 1.5eV,而 InP 的禁带宽度是 1.35eV。用 InGaAs 作为基区而 InP 或 InAlAs 作为发射区构成 HBT,其主要优点是 InGaAs 中的电子迁移率很高,对于本征材料(无杂质散射),其电子迁移率是 GaAs 的 1.6 倍,Si 的 9 倍。这类器件的半绝缘衬底采用掺 Fe 的 InP。

$Si/Si_{1-x}Ge_x$ HBT　加入 Ge 会降低 Si 的禁带宽度,形成可以用于 HBT 基区的合金。由于 Ge 和 Si 的晶格常数(分别为 5.6575 和 5.4310)相差超过 4%,SiGe 合金的晶格常数将和 Si 的相差甚大,不可能实现晶格匹配。但是,如果合金层的厚度低于临界值,SiGe 合金和 Si 之间可以弹性调节,而不出现晶格失配,这就是所谓的应变层结构。实验表明,SiGe 合金层的厚度(基区宽度)超过 0.2μm 时,基极电流增加,这是失配位错所致。SiGe 合金和 Si 之间的禁带宽度差基本上是产生价带台阶 ΔE_v,这种情形对制作 npn HBT 是十分有利的。SiGe 合金中 Ge 的摩尔分数已达到 20%,相应的禁带宽度差约为 200meV($8k_BT$),由前面的讨论可知,这类 HBT 可以有很高的注入效率。近年来,随着分子束外延(MBE)和金属有机物化学气相淀积(MOCVD)技术的发展,能够制作高质量应变层结构的 SiGe/Si 异质结,包括 HBT 在内的 SiGe/Si 异质结构器件受到广泛重视。与化合物异质结器件相比,这类器件由于采用成熟的硅工艺,工艺简单、可靠,价格便宜,机械和导热性能良好,并且可以在同一衬底上集成电子器件和光电子器件。

3.7　多晶硅发射极晶体管(PET)

尽管双极型晶体管具有截止频率高和跨导大等优越的电学特性,但长期以来双极芯片却存在功耗-延时乘积大和集成度低的缺点。近十多年来,由于采用了多晶硅发射极接触、自对准基极接触和深槽隔离等关键技术，高速和高密度的双极电路得到了迅速发展。图3.27表示一种先进的双极晶体管结构，自对准基极接触（这里采用 p^+-多晶硅）和深槽隔离大大减小了器件面积和寄生电容，从而显著地减小了双极电路的功耗-延时乘积和提高了集成度；多晶硅发射极接触通过多晶硅/单晶硅界面或多晶硅层对少数载流子（在npn晶体管的发射区中为空穴）的阻碍作用，使注入发射区的电流（基极电流）下降，电流增益大幅度提高，而电流增益的提高使得双极晶体管在不降低基区穿通电压和不损失电流增益的情况下可以通过提高基区掺杂浓度来减小基区宽度，实现器件的纵向按比例缩小。此外，如果晶体管的发射区是多晶硅中的掺杂原子通过高温扩散向基区推进得到，则它同时实现了发射极自对准接触。自对准基极接触技术、深槽隔离技术以及多晶硅发射极接触的物理与工艺是近年来双极领域中最广泛的研究课题，本节只讨论与多晶硅发射极接触有关的物理问题和多晶硅发射极晶体管的电流放大原理。

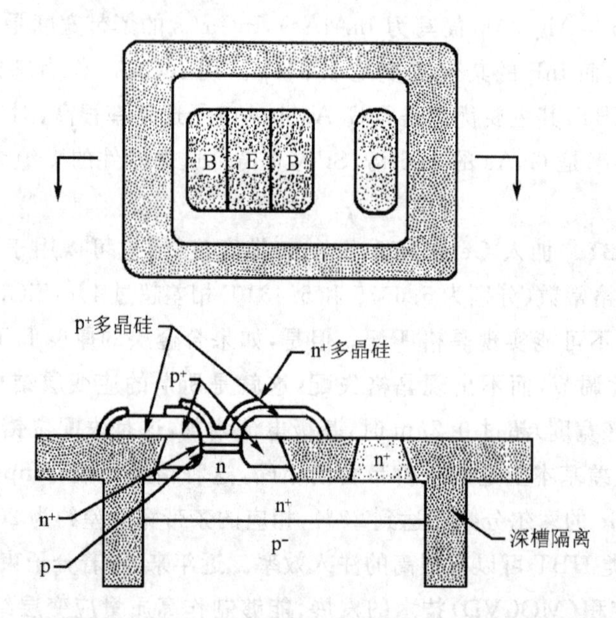

图 3.27 用双层多晶硅自对准和深槽隔离技术制作的硅双极晶体管的剖面图

3.7.1 能带图和物理参数

图 3.28 是多晶硅发射极晶体管的能带示意图。不同于常规的双极型晶体管，其发射区包括晶态硅（c-Si）和多晶硅（poly-Si）两个区域，二者之间通常有一个厚度 δ 十分小的界面氧化层。

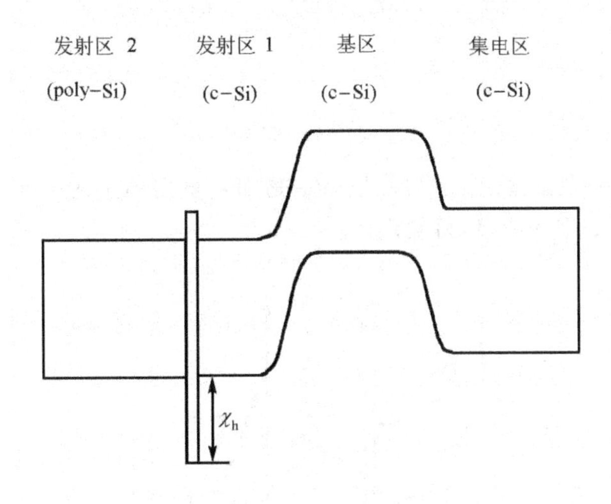

图 3.28　多晶硅发射极晶体管的能带图

晶态硅　目前高速双极型晶体管的发射区结深度已小于 0.1μm，而即使在掺杂浓度高至 10^{20}cm^{-3}时空穴的扩散长度仍可达 0.17μm。发射区和基区典型的掺杂浓度分别为 10^{20} cm^{-3}和 10^{18}cm^{-3}。

多晶硅　典型厚度约 0.3μm，典型掺杂浓度为 $1-2\times10^{20}$cm^{-3}。表征多晶硅性质的参数包括晶粒大小、晶粒间界厚度、间界中的缺陷密度和杂质在间界处的分凝度等，目前尚缺少具体的实验数据，一般用载流子在其中的迁移率和扩散长度来表征它的性质。空穴在多晶硅中的扩散长度约为 0.1μm，迁移率约为单晶硅中的 0.3 倍。多晶硅中高的掺杂浓度不仅减少器件的串联电阻，更重要的是杂质在晶粒间界处分凝使空穴迁移率降低，有利于减小基极电流和提高电流增益。

界面氧化层　界面氧化层是自然形成的，它的厚度依赖于淀积多晶硅前的清洗工艺。淀积前，硅片没有经过 HF 浸泡的(RCA 处理)，界面氧化层厚度约为 15Å；经过 HF 浸泡的(HF 处理)，界面氧化层往往残破不全，厚度约为 5Å。界面氧化层并不是理想的 SiO_2，而是 SiO_x(x 约为 1.7)。对于完整的界面氧化层薄膜，载流子以隧道效应方式通过，但薄层对空穴构成的有效势垒高度比对电子构成的大得多，图 3.28 说明了这一点。界面氧化薄层势垒的高度与厚度有关，对于空穴的势垒，氧化层厚度 25Å 时势垒高度约为 1eV，厚度 15Å 约为 0.5eV，它们远小于热生长氧化层形成的势垒高度(约 3eV)。

3.7.2　少子分布和电流密度

多晶硅发射极晶体管各个区域中非平衡少子分布及电流密度示于图 3.29 中。

c-Si 发射区　忽略复合，则电流密度 J_{p1} 为常数，由下式表示：

$$J_{p1} = - qD_{p1} \frac{p_1(W_1) - p_1(0)}{W_1} \tag{3.177}$$

其中，

$$p_1(0) = \frac{n_i^2}{N_D} \exp(qV_{BE}/k_B T) \tag{3.178}$$

N_D 是 c-Si 发射区的掺杂浓度，假定为常量；V_{BE}是加在发射结上的电压；$p_1(W_1)$是界面层$(x=W_1)$处 c-Si 一侧的空穴浓度，待确定。

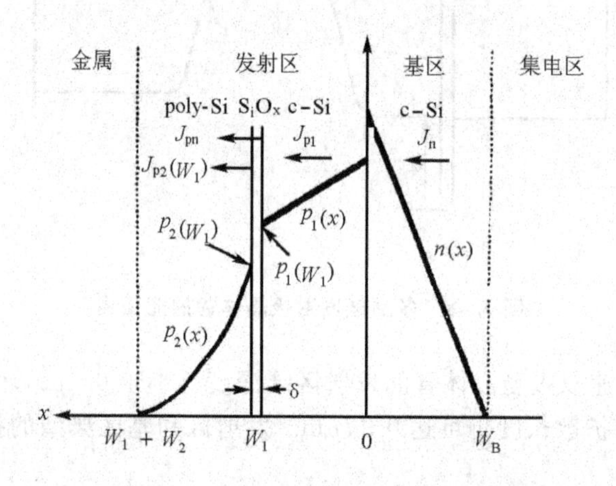

图 3.29 PET 中非平衡少子分布和电流

poly-Si 发射区 这一区域的厚度 W_2 约等于 0.3μm，空穴在其中的扩散长度 L_{p2} 近似等于 0.1μm，所以必须考虑载流子的复合。假定杂质分布均匀，则空穴连续方程为

$$\frac{d^2 p_2(x)}{dx^2} - \frac{p_2(x)}{L_{p2}^2} = 0 \tag{3.179}$$

金属接触处 $p_2(W_1+W_2)=0$，所以上述方程的解为

$$p_2(x) = \frac{p_2(W_1)}{\sinh(W_2/L_{p2})} \sinh\left(\frac{W_1+W_2-x}{L_{p2}}\right) \tag{3.180}$$

界面处的空穴电流密度为

$$J_{p2}(W_1) = \frac{qD_{p2}\, p_2(W_1)}{L_{p2}} \coth\left(\frac{W_2}{L_{p2}}\right) \tag{3.181}$$

$p_2(W_1)$是界面$(x=W_1)$处 poly-Si 一侧的空穴浓度，待确定。

界面区 为简化分析，忽略界面层内的复合和界面层上的电压，于是空穴只以隧穿方式通过界面，隧穿几率可表示为

$$T_p(E_x) = \exp(-\beta\delta\sqrt{\chi_h - E_x}) \tag{3.182}$$

其中 $\beta = 4\pi\sqrt{2m_p}/h$，$\delta$ 是界面层厚度，χ_h 是界面对于空穴的势垒高度，E_x 是空穴垂直于界面

运动的能量，χ_h 和 E_x 都以价带顶作为零点。只是 E_x 接近价带顶的空穴对电流有显著贡献，故可以把 $T_p(E_x)$ 的指数项在 $E_x=0$ 附近作级数展开，并只保留常数项和线性项，于是有

$$T_p(E_x) = \exp(-b_h + C_h E_x) \tag{3.183}$$

其中

$$b_h = \frac{4\pi\delta}{h}\sqrt{2m_p\chi_h}, \quad C_h = \frac{2\pi\delta}{h}\sqrt{\frac{2m_p}{\chi_h}} \tag{3.184}$$

定义隧穿界面的粒子数与到达界面的粒子数之比为平均隧穿几率，并以 α 表示，则在粒子按能量为玻尔兹曼分布（玻尔兹曼因子 $\exp(-E_x/k_BT)$）的条件下，可求得

$$\alpha = \frac{\exp(-b_h)}{1 - C_h k_B T} \tag{3.185}$$

基区 实验表明，薄界面层对电子构成的势垒较低以致隧穿几率很大，加之发射区重掺杂使电子浓度很大，故电子电流基本上不受界面层的影响。注入基区的电子电流与常规情形一样，其密度可由下式表示：

$$J_n = \frac{qD_n n_i^2 e^{qV_{BE}/k_BT}}{W_B N_A} \tag{3.186}$$

N_A 为基区掺杂浓度。

3.7.3 注入发射区的空穴电流密度 J_{p1}

J_{p1} 由(3.177)式表示，为了确定界面处的空穴浓度 $p_1(W_1)$，应对有、无多晶硅层二种情形分别考虑，前者对应 $W_2 \neq 0$，W_2 是多晶硅层厚度。

(1) $W_2 \neq 0$

这时，空穴隧穿界面层受到在多晶硅层中扩散过程限制，$x=W_1$ 处的边界条件可表示为

$$p_2(W_1) = \alpha p_1(W_1), \quad J_{p2}(W_1) = J_{p1}(W_1) \tag{3.187}$$

空穴电流在界面处连续是因为忽略了界面层内复合的结果。把上述边界条件用于 $J_{p2}(W_1)$ 的表示式(3.181)，解出 $p_1(W_1)$ 后代入 J_{p1} 的表示式(3.177)，即得

$$J_{p1} = \frac{qD_{p1} n_i^2 e^{qV_{BE}/k_BT}}{W_1 N_D}\left[1 + \frac{1}{\alpha}\cdot\frac{D_{p1}L_{p2}}{D_{p2}W_1}\tanh\left(\frac{W_2}{L_{p2}}\right)\right]^{-1} \tag{3.188}$$

(2) $W_2 = 0$

这种情况就是普通的双极晶体管，注入发射区的空穴电流密度为

$$J_{p1} = \frac{qD_{p1} n_i^2 e^{qV_{BE}/k_BT}}{W_1 N_D} \tag{3.189}$$

3.7.4 电流增益

在现代先进的工艺水平下，集电极电流基本上等于注入基区的电流，基极电流基本上等于注入发射区的电流。对于 npn 晶体管，电流增益可以表示成

$$\beta = J_n / J_p \tag{3.190}$$

对于多晶硅发射极晶体管,我们引入归一化的电流增益 γ 来表示电流增益依赖于发射区结构的趋势。γ 定义为

$$\gamma \equiv \beta / \beta(W_2 = 0) \tag{3.191}$$

$\beta(W_2=0)$是假设晶体管没有多晶硅发射区时的电流增益,显然 γ 又可表示成

$$\gamma = J_{p1}(W_2 = 0) / J_{p1} \tag{3.192}$$

将式(3.188)代入上式,有

$$\gamma = 1 + \frac{1}{\alpha} \cdot \frac{D_{p1}}{D_{p2}} \frac{L_{p2}}{W_1} \tanh\left(\frac{W_2}{L_{p2}}\right) \tag{3.193}$$

这一结果说明,由于薄界面氧化层($\alpha<1$)和多晶硅层($D_{p2}<D_{p1}$)的存在,多晶硅发射极晶体管的电流增益比常规晶体管得到改进,RCA 器件应当属于这种情形。

在没有界面氧化层($\alpha=1$)的情形下,当 $W_2>L_{p2}$[$\tanh(W_2/L_{p2})\approx 1$]时,式(3.194)简化为

$$\gamma \approx 1 + \frac{D_{p1}}{D_{p2}} \cdot \frac{L_{p2}}{W_1} \tag{3.194}$$

电流增益改进是由于空穴在多晶硅中的迁移率低($D_{p2}<D_{p1}$),根据前述,γ 的典型数值近似为 4。HF 器件大致属于这种情形。

3.8 pnpn 结构

这种结构可用作二端、三端或四端器件。作为二端器件,它具有开关性质,如果在内部 p 区加第三个电极,就构成三端器件,开关过程由通过第三个电极的电流控制。三端的 pnpn 器件称为半导体可控整流器,或可控硅,因为它实际上只用硅材料制作。具有 pnpn 结构的器件统称晶闸管(thysistor)。依赖于器件结构,晶闸管的开态电流可高达几百至几千安培,关态电压可达几千甚至上万伏。就像集成电路是微电子技术的基础一样,晶闸管是电力电子技术的重要基础。本节只讨论 pnpn 二极管的基本特性。

pnpn 二极管基本的电流-电压特性如图 3.30 所示,它有 5 个不同的区域:

(0)—(1) 正向高阻区;

(1)—(2) 负阻区;

(2)—(3) 正向低阻区;

(0)—(4) 反向关断区;

(4)—(5) 反向击穿区。

这样,在正向区工作的 pnpn 二极管是一个双稳态器件,它能在高阻的关断态和低阻的导通态之间互相转换。

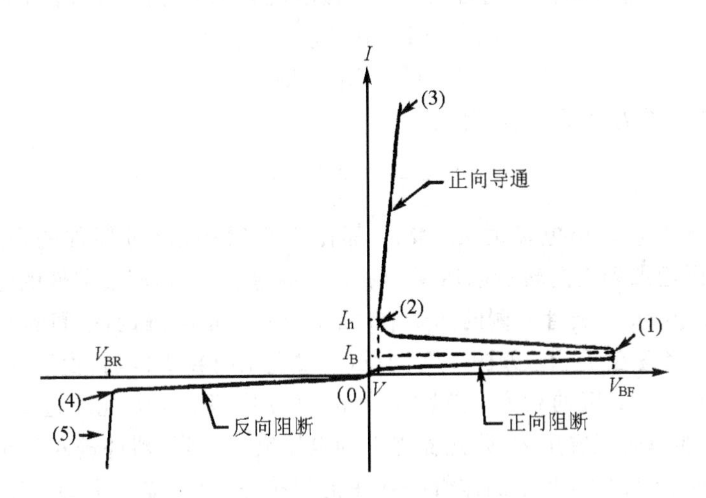

图 3.30 pnpn 二极管的电流-电压特性

为了便于理解 pnpn 二极管的正向特性，可以把它看成是两个背对背连接的晶体管，一个是 pnp 管(BJT_1)，另一个是 npn 管(BJT_2)，中间的 p 区和 n 区为两个晶体管共有，如图 3.31所示。这样，BJT_1 的基区和 BJT_2 的集电区相连，即 $I_{B1}=I_{C2}$；而 BJT_1 的集电区和 BJT_2 的基区相连，即 $I_{C1}=I_{B2}$。

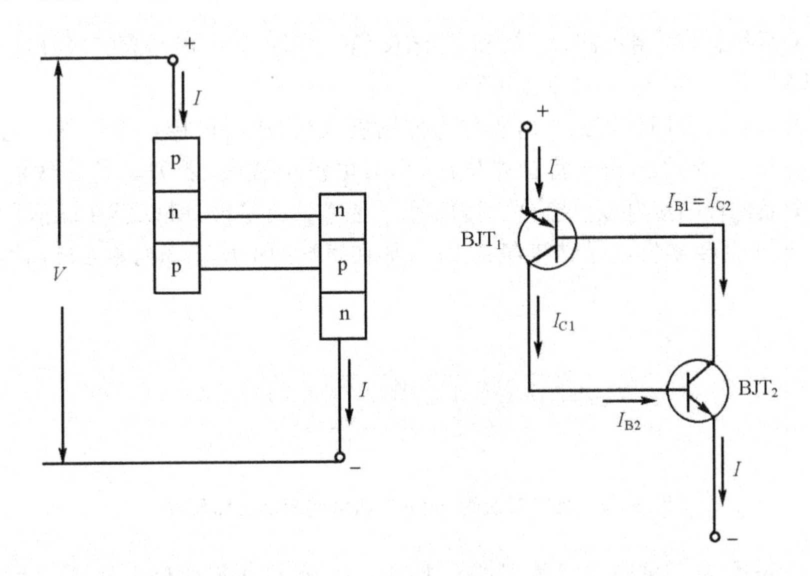

图 3.31 pnpn 二极管的等效电路

令两个晶体管的电流增益分别为 α_1 和 α_2，漏电流分别为 I_{CBO1} 和 I_{CBO2}，则有

$$I_{B1} = (1-\alpha_1)I_{E1} - I_{CBO1}$$

$$I_{C2} = \alpha_2 I_{E2} + I_{CBO2}$$

利用 $I_{B1}=I_{C2}$，并注意 $I_{E1}=I_{E2}=I$，得到

$$I = \frac{I_{CBO}}{1-(\alpha_1+\alpha_2)}$$

其中 $I_{CBO}=I_{CBO1}+I_{CBO2}$。小电流时 α_1 和 α_2 都比 1 小得多，流过器件的电流就是漏电流 I_{CBO}。当外加电压增加到正向转折电压 V_{BF} 时，$\alpha_1+\alpha_2$ 接近于 1，流过器件的电流迅速增大。

正向关断时，pnpn 二极管外侧的两个 pn 结 J_1 和 J_3 正向偏置，中间的 pn 结 J_2 反向偏置，外加电压主要降落在 J_2 上，如图 3.32 所示。发生正向转折以后，由于 $\alpha_1+\alpha_2>1$，从 J_1 和 J_3 注入内部 p 区和 n 区的载流子总数 $(\alpha_1+\alpha_2)I/q$ 中只有 I/q 能通过 J_2 结，结果 J_2 结因为两侧载流子堆积而变成正偏，因此器件上的电压突然下降，器件进入正向导通状态。这时，三个结都处在正向偏置，两个晶体管都处在饱和状态，整个器件上的电压很低，等于 $(V_1-|V_2|+V_3)$，它近似等于一个 pn 结的导通电压。

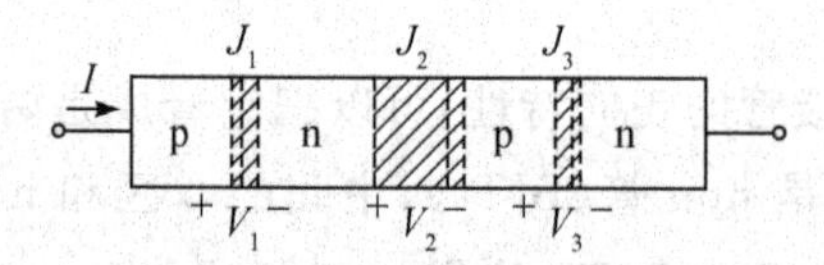

图 3.32 正向关断时 pnpn 二极管的电压降和耗尽区

在反向关断状态，J_2 结正偏，J_1 结和 J_3 结反偏，内部 n 区一般是高阻区，所以反偏时外加偏压主要降落在 J_1 结上，如图 3.33 所示。

如果在内部 p 区上制作第三个电极作为控制极，就构成了可控整流器件。通过控制极加一个触发信号时，等效的 npn 管首先导通，信号电流被放大，随即驱动等效的 pnp 管导通。由于两个晶体管的集电极电流分别流向另一晶体管的基极，所以器件被信号触发以后就维持导通，而不需要触发信号继续存在，只有加在两端的电压下降到零或反向时器件才关断。

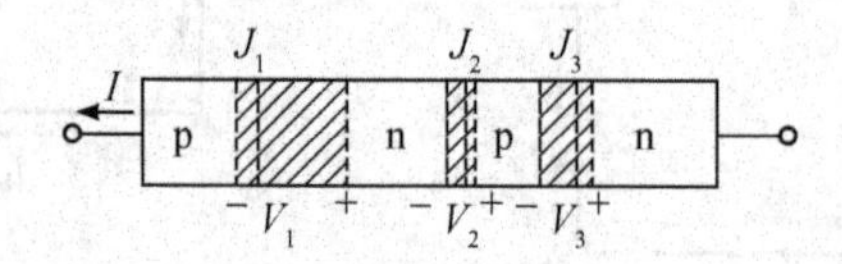

图 3.33 反向关断时 pnpn 二极管的耗尽区和压降

寄生的 pnpn 结构可能给半导体器件带来很大麻烦，最典型的例子是 CMOS 反相器中出现的闩锁(latch-up)效应。所谓闩锁效应，是寄生于 CMOS 器件中的 pnpn 结构在某些不

稳定因素的触发下正向导通，有很大的电流通过，引起器件失效。

习　题

3.1　考虑一个 npn 晶体管，在下列情形下计算发射极电流 I_E：(1) $I_B=6.0\mu A$，$I_{Cn}=600\mu A$；(2) $I_B=0$，I_{cp}（即 I_{CB0}）$=10$ nA。

3.2　一个 npn 晶体管，发射区、基区、集电区的掺杂浓度分别是 $2\times10^{18}cm^{-3}$、$5\times10^{16}cm^{-3}$ 和 $5\times10^{15}cm^{-3}$，原始基区宽度为 $1.0\mu m$，发射结上的正向偏压为 0.6V，集电结上的反向偏压为 5V，在 300K 时计算：(1) 中性基区宽度；(2) 发射结边界处的少数载流子浓度；(3) 基区内少数载流子（电子）的电荷量（设器件的横截面积为 $10^{-4}cm^2$）。

3.3　对于题 3.2 中的晶体管，假设发射区、基区和集电区内少数载流子的扩散系数分别为 $3cm^2/s$、$25cm^2/s$ 和 $12cm^2/s$，寿命分别为 $10^{-8}s$、$2\times10^{-7}s$ 和 $5\times10^{-7}s$。中性发射区宽度 $W_E=0.5\mu m$。计算：(1) 少数载流子扩散长度 L_{pE}、L_n 和 L_{pc}；(2) 发射效率 γ 和基区传输系数 α_T；(3) 电流增益 α_0 和 β_0。

3.4　利用题 3.2 和题 3.3 的数据计算结果，求晶体管的端电流 I_E、I_C 和 I_B 之值。

3.5　一个用离子注入的硅 npn 晶体管，已知中性发射区内杂质浓度为 $N_E(x)=N_E(0)\times e^{-x/\lambda}$，其中 $N_E(0)=5\times10^{20}cm^{-3}$，在发射结耗尽区边界 $x=0.6\mu m$ 处降至 $1\times10^{17}cm^{-3}$，重掺杂效应（禁带变窄和俄歇复合）使发射区有效 Gummel 数 Q_{GE} 降至实际总掺杂浓度的 2%；中性基区宽度为 $0.8\mu m$，掺杂浓度为 $N_B=5\times10^{16}cm^{-3}$。(1) 求这个晶体管的发射效率 γ；(2) 假设基区内电子的寿命为 $2\times10^{-7}s$，求晶体管的共发射极电流增益 β_0。

3.6　考虑图 3.34 所示几何尺寸的 npn 晶体管，参数如下：

$$N_B=10^{16}cm^{-3},\quad W=0.60\mu m$$

$$\mu_p=400cm^2/V\cdot S,\quad l_E=100\mu m$$

估算当 $I_B/2=10\mu A$ 时电流集边的发射极有效宽度 S_{eff}。

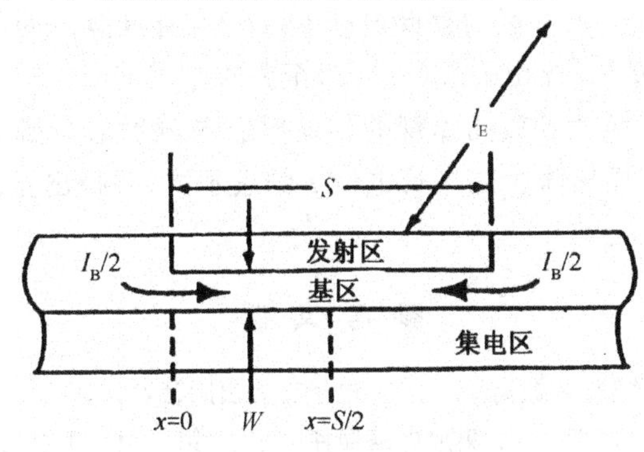

图 3.34　习题 3.6 的附图

3.7 一个硅 npn 晶体管有下述参数：$N_B=5\times10^{16}\text{cm}^{-3}$，$N_C=3\times10^{15}\text{cm}^{-3}$，原始基区宽度 $W_B=0.70\mu\text{m}$。设 $D_n=25\text{cm}^2/\text{s}$，$\tau_n=2\times10^{-7}\text{s}$，$V_{BE}=0.6\text{V}$。当 $T=300\text{K}$ 时，在 V_{CB} 分别为 2V 和 10V 的条件下，计算：(1) 中性基区宽度 W（假设发射结的影响可忽略）；(2) 集电极电流密度 $|J_C|$；(3) Early 电压 V_A。

3.8 设一个均匀掺杂的硅 npn 晶体管，原始基区宽度 $W_B=0.5\mu\text{m}$，基区和集电区掺杂浓度分别为 $3\times10^{16}\text{cm}^{-3}$ 和 $3\times10^{15}\text{cm}^{-3}$。计算：(1) 穿通电压 V_{pT}；(2) 满足 V_{pT} 要求的集电区宽度 W_C。

3.9 设计一个硅 npn 晶体管，其基区掺杂浓度 $N_B=10^{16}\text{cm}^{-3}$，共发射极电流增益 $\beta_0=50$，BV_{CE0} 至少为 60V。试确定满足此击穿电压要求的最大集电区掺杂浓度 N_C 和最小集电区长度 W_C（假定经验参数 $n=3$）。

3.10 考虑 E-M模型，对于基极开路（$I_B=0$）、集电极-发射极加偏压 V_{CE} 的情形，导出集电极电流 I_C（恒等于 I_{CE0}）的表示式。

3.11 $T=300\text{K}$ 下的一个硅 npn 晶体管有下述参数：

$$I_C=1\text{ mA},\quad D_n=25\text{cm}^2/\text{s}$$
$$W=0.5\mu\text{m},\quad x_{dC}=2.0\mu\text{m}$$
$$C_{jE}=0.8\text{pF},\quad C_{jC}=0.5\text{pF}$$
$$r_C=30\Omega$$

计算：(1) 渡越时间 τ_{EC}；(2) 特征频率 f_T。

3.12 对于放大偏置下的均匀基区晶体管，证明基区渡越时间可表示为

$$\tau_B=\frac{W^2}{4D_n}\left[1+\frac{N_B}{n_p(0)+N_B}\right]$$

并说明小注入或中等注入时 $\tau_B\approx W^2/2D_n$，大注入时 $\tau_B\approx W^2/4D_n$。

3.13 一个 npn 晶体管，基区宽度为 $0.5\mu\text{m}$，基区内少数载流子扩散系数为 $10\text{cm}^2/\text{s}$，寿命为 10^{-7}s。晶体管偏压 $V_{CC}=5\text{V}$，负载电阻 $R_L=10\text{k}\Omega$。若在基极上加 $2\mu\text{A}$ 的脉冲电流，持续时间为 $1\mu\text{s}$，求基区的存储电荷 $Q_B(t_2)$ 和存储延迟时间 t_s。

3.14 对于理想突变异质结，导出公式(3.158)至公式(3.160)。

3.15 设 pnpn 二极管中两个等效晶体管的共发射极电流增益分别为 β_1 和 β_2，漏电流分别为 I_{CB01} 和 I_{CB02}，试导出流过二极管电流 I 的表示式，并指出正向关断到导通的转折条件。

参考文献

[1] Sze S M. 半导体器件物理. 黄振岗译. 北京：电子工业出版社，1989.

[2] Muller R S, Kamins T I, Chan M. 集成电路器件电子学(第三版). 王燕，张莉，译. 北京：电子工业出版社，2004.

[3] Yang E S. 半导体器件基础. 卢纪，译. 北京：人民教育出版社，1981.

[4] Neamen D A. 半导体器件导论(An Introduction to Semiconductor Devices),影印版. 北京：清华大学出版社,2006.

[5] Sze S M. High-Speed Semiconductor Devices. New York：Wiley，1990.

[6] 王阳元,张利春,赵宝瑛编译. 多晶硅发射极晶体管和集成电路. 北京：科学出版社,1993.

[7] Dimitrijev S. Understanding Semiconductor Devices. Oxford University Press，2000.

[8] Suzuki K. IEEE Trans. Electron Devices，ED-38(1991)，1868.

第四章　化合物半导体场效应晶体管

继 1947 年发明双极型晶体管之后，1952 年开始研究用横向电场控制半导体层电导的新型器件，即场效应晶体管(FET)。FET 是由加在栅极(G)上的电压来控制由源极(S;供应载流子)流向漏极(D;吸收载流子)的荷电粒子(电子或空穴)流进行工作的器件。依赖于栅极结构;FET 有不同的类型。以 pn 结(通常加反向偏压)作为栅极时，称为结型 FET (JFET);用金属-半导体整流接触(肖特基势垒)取代 pn 结时，形成金属-半导体 FET (MESFET);而作为当前微电子学关键器件的金属-氧化物-半导体 FET(MOSFET)，其栅极为金属-氧化物-半导体的多层结构。栅极下面的半导体区域称为沟道，沟道两端的欧姆接触起源极和漏极的作用。当栅极控制的是电子流时称为 n 沟道，控制的是空穴流时称为 p 沟道。栅极电压为零时，源极和漏极之间有电流流动时称为常通型(耗尽型);没有电流流动时称为常断型(增强型)。

与双极晶体管不同，FET 是单极型器件，工作过程中只涉及一种载流子(多数载流子)，没有少数载流子存储，一般可以制成高速器件。本章首先讨论金属-半导体接触和肖特基势垒二极管，然后考虑化合物半导体场效应晶体管。化合物场效应晶体管的有源沟道为Ⅲ-Ⅴ族化合物半导体(例如 GaAs)，涉及的器件包括 GaAs MESFET 和高电子迁移率晶体管(HEMT)。金属-半导体接触在电学性能上类似单边突变结，相关的器件(肖特基势垒二极管)是靠多数载流子工作的单极型器件;作为 FET 的栅极时，所加电压调制耗尽层宽度，即调制导电沟道的横截面，从而调制源、漏欧姆接触电极之间的电导。MESFET 的材料可以是 Si 或 GaAs，导电沟道可以是 n 型或 p 型，一般采用 n-GaAs 来制造 MESFET，是因为 GaAs 中电子的迁移率和饱和漂移速度比 Si 中电子的大，在高频和高速应用领域占有优势;另方面，用 GaAs 材料难以得到像 Si 材料那样良好的 MOS 结构。HEMT 在肖特基势垒栅极以及源极、漏极欧姆接触的形成等方面和 MESFET 相同，不同之处在于沟道的结构，其沟道由 n-AlGaAs/GaAs 异质结构成，高掺杂($\sim 1\times 10^{18}\,cm^{-3}$)的 n-AlGaAs 薄层($\sim$500Å)相当于 MOSFET 中的“栅氧化层”。MOSFET 及其相关器件将在下一章讨论。此外，JFET 和 MESFET 只是栅极的接触势垒不同，伏-安特性、阈值电压等均可将 MESFET 相应式中肖特基势垒的接触电势差($V_{bi}=\phi_m-\phi_s$)用 pn 结的接触电势差 V_{bi} 替代得到，我们不另作讨论。

4.1　肖特基势垒和欧姆接触

4.1.1　肖特基势垒

金属和半导体接触时，由于金属的功函数一般和半导体的功函数不同而存在接触电势差，结果在接触界面附近形成势垒，通常称为肖特基势垒。下面以金属和 n 型半导体接触为例，来讨论肖特基势垒。

1. 理想情形

图 4.1 是理想的金属-半导体接触的能带图。所谓理想情形，指接触处的半导体表面不

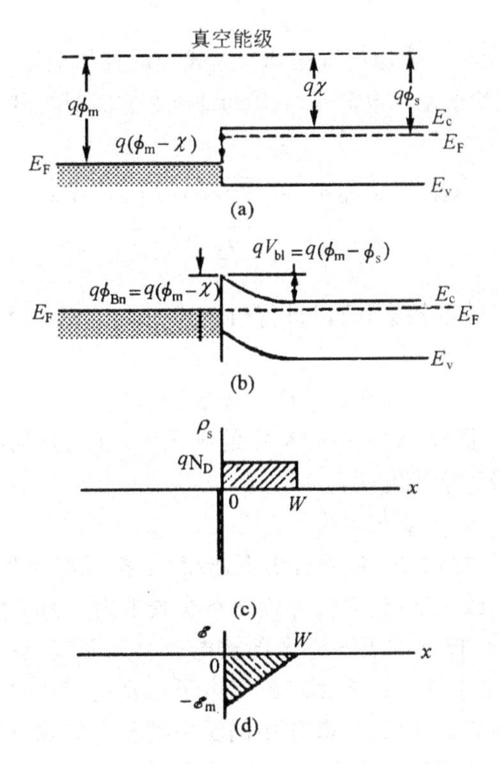

图 4.1　(a) 邻近的孤立金属和孤立 n 型半导体在非平衡条件下的能带图；(b) 金属-半导体接触在热平衡下的能带图；(c) 电荷分布；(d) 电场分布

存在表面态。图中 $q\phi_m$ 和 $q\phi_s$ 分别为金属和半导体的功函数，$q\chi$ 为半导体的电子亲和能。功函数是把一个电子从费米能级移到材料外面(真空能级)所需要的能量，电子亲和能是把一个电子从导带底移到真空能级所需要的能量。金属和半导体接触的势垒高度指电子从金属进入半导体必须克服的势垒的高度。对于金属和 n 型半导体的理想接触，势垒高度为

$$q\phi_{Bn}=q\phi_m-q\chi \tag{4.1}$$

$q\phi_{Bn}$(单位是 eV)或 ϕ_{Bn}(单位是 V)都表示势垒高度。n 型半导体的自建电压为

$$V_{bi}=\phi_m-\phi_s \tag{4.2}$$

ϕ_{Bn}和 V_{bi}之间的关系为

$$\phi_{Bn}=V_{bi}+V_n \tag{4.3}$$

qV_n 是半导体的导带底和费米能级之差。

对于金属和 n 型半导体的接触，金属一侧有负的表面电荷，半导体一侧存在等量的正空间电荷，这种电荷分布和具有同样电场分布的单边突变 p^+n 结完全相同。于是我们得到半导体表面耗尽层的宽度为

$$W=\sqrt{\frac{2\varepsilon_s}{qN_D}(V_{bi}-V)} \tag{4.4}$$

正向偏置(即金属相对 n 型半导体加正电压)时，上式中的外加电压 V 取正值；反向偏置时，V 取负值。半导体内单位面积的空间电荷 Q_{sc}(C/cm²)和单位面积耗尽层电容(F/cm²)由下式给出：

$$Q_{sc}=qN_DW=\sqrt{2q\varepsilon_sN_D(V_{bi}-V)} \tag{4.5}$$

$$C=\left|\frac{\partial Q_{sc}}{\partial V}\right|=\sqrt{\frac{q\varepsilon_sN_D}{2(V_{bi}-V)}}=\frac{\varepsilon_s}{W} \tag{4.6}$$

对于金属和 p 型半导体的接触，可以进行与上述完全类似的讨论。金属和 p 型半导体理想接触的势垒高度为

$$q\phi_{Bp}=E_g-q(\phi_m-\chi) \tag{4.7}$$

E_g 是半导体的禁带宽度。因此，对于一种给定的半导体，任何金属在 n 型衬底和在 p 型衬底上的势垒高度之和总等于禁带宽度。

2. *界面态和势垒高度的一般表示式*

在实际的金属-半导体接触中，由于晶格不连续，在接触界面处产生大量的能量状态。这些能量状态叫做界面态或表面态，它们连续分布在禁带内。为了描述半导体的表面状态，引进中性能级 $q\phi_0$：当 $q\phi_0$ 以下的表面态全部被电子填充而以上的全部空出时，半导体表面是中性的。也就是说，低于 $q\phi_0$ 的界面态没有电子占据时带正电，其作用同施主类似；高于 $q\phi_0$ 的界面态被电子占据时带负电，其作用同受主类似。如果 $q\phi_0$ 和半导体的费米能级 E_F 重合，则界面态和半导体内部没有电子交换，界面的净电荷为零；如果 $q\phi_0>E_F$，则电子从表面向体内转移，界面的净电荷是正的；如果 $q\phi_0<E_F$，则电子从体内向表面转移，界面的净电荷是负的。根据以上分析，并考虑到在接触界面处几乎总有一层极薄的界面层 δ，可以得到如图 4.2 所示的实际金属-半导体接触的能带图。

设界面态的密度为 D_S(个/cm²·eV)且与能量无关，则对于有受主型表面态($q\phi_0<E_F$)的半导体，界面态电荷面密度(C/cm²)为

$$Q_{ss}=-qD_s(E_g-q\phi_{Bn}-q\phi_0) \tag{4.8}$$

括号内的量为表面处的费米能级与 $q\phi_0$ 之差。

金属-半导体接触和单边突变 pn 结的情形类似，半导体表面耗尽层电荷面密度为

$$Q_{sc}=\sqrt{2q\varepsilon_sN_DV_{bi}}=\sqrt{2q\varepsilon_sN_D(\phi_{Bn}-V_n)} \tag{4.9}$$

当界面层内不存在任何空间电荷效应(对于薄的界面层，这些效应可以忽略)时，根据电荷平衡条件，金属表面的电荷密度为

$$Q_M=-(Q_{ss}+Q_{sc}) \tag{4.10}$$

根据高斯定理，界面层内的电场强度为 Q_M/ε_i，ε_i 是界面层的介电常数。所以，界面层上的电势降落是

$$\Delta = -\delta \frac{Q_M}{\varepsilon_i} \tag{4.11}$$

δ 是界面层厚度。

同时，从图 4.2 可得

$$\Delta = \phi_m - (\phi_{Bn} + \chi) \tag{4.12}$$

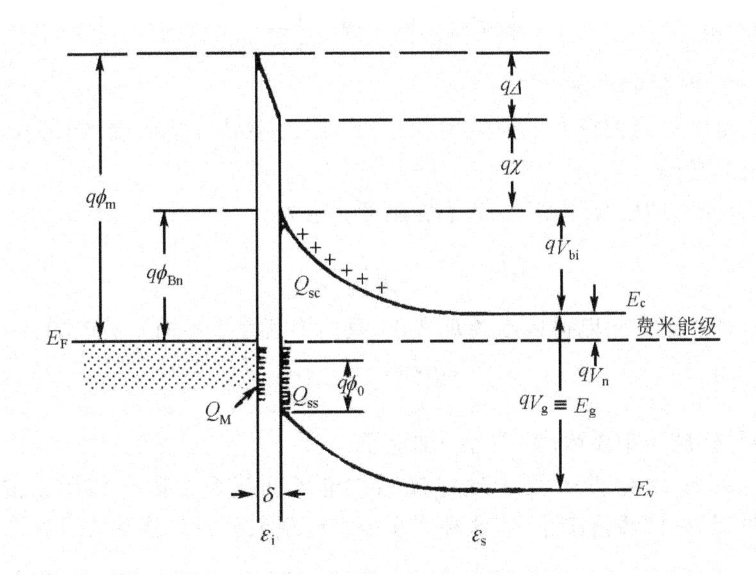

图 4.2　实际的金属-半导体接触

从方程(4.11)和(4.12)消去 Δ，并以方程(4.10)代替 Q_M，得到势垒高度的一般表示式为

$$\phi_{Bn} = c_1(\phi_m - \chi) + (1 - c_1)(E_g/q - \phi_0) - c_1 c_2 (\varepsilon_s/\varepsilon_i)\delta \tag{4.13}$$

$$c_1 = \frac{\varepsilon_i}{\varepsilon_i + q^2 D_s \delta}, \quad c_2 = \sqrt{\frac{2qN_D V_{bi}}{\varepsilon_s}} \tag{4.14}$$

当 $D_s \to 0$ 时，$c_1 \to 1$，而且因为 δ 上的电压降落通常可以忽略，有

$$q\phi_{Bn} \approx q(\phi_m - \chi) \tag{4.15}$$

与理想情形一致。$D_s \to \infty$时，$c_1 \to 0$，有

$$q\phi_{Bn} \approx E_g - q\phi_0 \tag{4.16}$$

势垒高度与金属的功函数无关。大部分重要半导体的肖特基势垒比较接近这种情形。实验得到的硅、锗、砷化镓和磷化铟的 $q\phi_0$ 大约为 $E_g/3$，$q\phi_{Bn} \approx 2E_g/3$，即半导体表面的费米能级钉扎在 $E_c - 2E_g/3$ 处。

3. 镜像力与肖特基势垒降低

半导体中一个电子与金属相距 x 时，在金属表面将感应正电荷。电子和所感生的正电荷之间的吸引力等效于该电子和位于 $-x$ 处的一个等量正电荷之间的库仑力，这个正电荷称为镜像电荷；吸引力称为镜像力，表示为

$$F=\frac{-q^2}{4\pi\varepsilon_s(2x)^2}$$

式中，ε_s 为半导体的介电常数。与上式相应的电势能为

$$\int_x^{\infty}F(x)\mathrm{dx}=-\frac{q^2}{16\pi\varepsilon_s x}$$

上式已假定 $x=\infty$ 时势能为零。

另一方面，电子还受到空间电荷区电场（$-\mathscr{E}$，即由半导体指向金属）的作用，趋向于使电子进入半导体内部。

在电场和镜像力的联合作用下，电子势能可表示为

$$E(x)=-\frac{q^2}{16\pi\varepsilon_s x}-q\mathscr{E}x \tag{4.17}$$

作为近似，上式已假定空间电荷区电场是常数，我们令其等于界面处的电场，即

$$\mathscr{E}=\left[\frac{2qN_D}{\varepsilon_s}(V_{bi}-V)\right]^{1/2} \tag{4.18}$$

其中，N_D 为半导体施主杂质浓度，V 为外加电压。

图 4.3 中实线表示金属-n 型半导体接触在电场和镜像力联合作用下的电子势能 $E(x)$。由图可见，势垒的峰值减小了，这种势垒减小的现象称为肖特基效应。

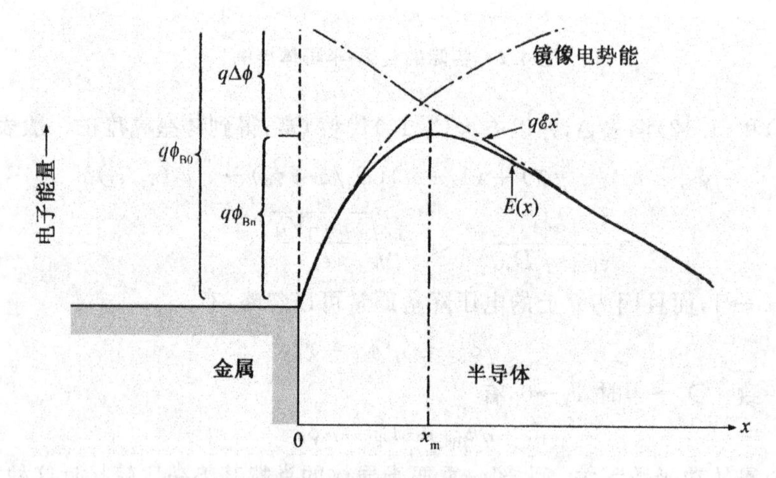

图 4.3 金属-n 型半导体接触的肖特基效应

通过方程(4.17)，由 $\frac{\mathrm{d}}{\mathrm{d}x}E(x)=0$ 的条件，可求得势垒极大值的位置，为

$$x_m = \left[\frac{q}{16\pi \varepsilon_s \mathscr{E}}\right]^{1/2} \tag{4.19}$$

势垒高度降低量为

$$q\Delta\phi = \frac{q^2}{16\pi \varepsilon_s x_m} + q\mathscr{E}x_m = \left[\frac{q^3 \mathscr{E}}{4\pi \varepsilon_s}\right]^{1/2} \tag{4.20}$$

电子从金属向半导体运动所要越过的势垒高度 $q\phi_{Bn}$ 随 $q\Delta\phi$ 的增加而降低。电流将与这一势垒呈指数关系，因此反偏下从金属流出的电流（参见公式(4.29)）为

$$J_s = J_0 \exp[q\Delta\phi/k_B T] = J_0 \exp[\sqrt{q^3 \mathscr{E}/4\pi \varepsilon_s}/k_B T]$$

式中，J_0 为不考虑势垒降低效应时肖特基势垒二极管的反向饱和电流。由上式可见，因为肖特基势垒的降低，高反向偏压下电流与电压的 4 次方根呈指数关系。但是，空间电荷区的反向产生电流有可能大于这个电流，所以不一定总能观测到这种指数依赖关系。

4.1.2　肖特基势垒二极管

在金属-半导体接触中，电流输运主要由多数载流子承担。这与 pn 结相反，pn 结中的电流输运主要由少数载流子承担。多数载流子通过势垒的方式包括扩散、热离子发射和隧道穿通，有赖于势垒区的有效宽度 d_T 和载流子的平均自由程 λ 之比。λ 可表示为电子热运动速度 $v_{th}=\sqrt{3k_B T/m_n}$ 和平均自由时间 $\tau=\frac{m_n\mu_n}{q}$ 的乘积，即

$$\lambda = \mu_n \sqrt{3k_B T m_n}/q \tag{4.21}$$

d_T 可考虑为从界面（势垒顶）算起势垒高度下降 $k_B T$（电子浓度增至 e 倍）的距离，设其上的电场强度近似等于界面处的场强 $\mathscr{E}_m=\sqrt{2qN_D V_{bi}/\varepsilon_s}$，则由 $q\mathscr{E}_m d_T=k_B T$，可得到

$$d_T \approx \frac{1}{q}\sqrt{\frac{\varepsilon_s (k_B T)^2}{2qN_D V_{bi}}} \tag{4.22}$$

对于 $\lambda > d_T$，有

$$N_D > \varepsilon_s k_B T/6\mu_n^2 q m_n V_{bi} \tag{4.23}$$

式中，m_n 为半导体中电子有效质量，μ_n 是电子迁移率。对于 μ_n 大的半导体，例如 Si 和 GaAs，室温下掺杂浓度 $N_D > 10^{12}\,\text{cm}^{-3}$ 时，上述不等式就能成立；但对迁移率小的半导体，例如非晶硅（$\mu_n < 10\text{cm}^2/\text{V}\cdot\text{s}$），则必须有较高的掺杂浓度。

$\lambda > d_T$ 时，电子主要以热离子发射的方式通过势垒。所以在通常的金属-半导体接触中，多数载流子以热离子发射方式输运。

热离子发射电流密度可表示为

$$J = qn_s v_c \tag{4.24}$$

$v_c=\sqrt{k_B T/2\pi m_n}$（等于 $\bar{v}/4$，$\bar{v}=\sqrt{8k_B T/\pi m_n}$ 是热运动平均速率）为热发射速度，n_s 是界面处的电子浓度。n_s 与中性区（势垒底部）电子浓度 n_0 的关系为

$$n_s = n_0 \exp[-q(V_{bi}-V)/k_B T]$$

$$= N_c \exp[-q(\phi_{Bn} - V)/k_B T] \tag{4.25}$$

V 是外加电压。上式的最后一步利用了 $n_0 = N_c \times \exp(-qV_n/k_B T)$ 和 $V_{bi} = \phi_{Bn} - V_n$。

这样，在外加电压 V 的作用下，电子从半导体流向金属的电流密度为

$$J_{S\to M} = qv_c N_c \exp[-q(\phi_{Bn} - V)/k_B T] \tag{4.26}$$

而电子从金属向半导体运动的势垒高度总是 ϕ_{Bn}，与 V 无关，故有

$$J_{M\to S} = qv_c N_c \exp(-q\phi_{Bn}/k_B T) \tag{4.27}$$

所以，在 V 作用下电子从半导体流向金属的净电流为

$$\begin{aligned} J &= J_{S\to M} - J_{M\to S} \\ &= J_S[\exp(qV/k_B T) - 1] \end{aligned} \tag{4.28}$$

其中

$$\begin{aligned} J_S &= qv_c N_c \exp(-q\,\phi_{Bn}/k_B T) \\ &= q\left(\frac{k_B T}{2\pi m_n}\right)^{1/2} \cdot 2\left(\frac{2\pi m_n k_B T}{h^2}\right)^{3/2} \exp(-q\,\phi_{Bn}/k_B T) \\ &= A^* T^2 \exp(-q\,\phi_{Bn}/k_B T) \end{aligned} \tag{4.29}$$

A^* 称为里查孙常数，

$$A^* = \frac{4\pi q m_n k_B^2}{h^3} \tag{4.30}$$

h 是普朗克常数。对于自由电子，里查孙常数 A_0^* 为 $120\text{A}/(\text{cm}^2 \cdot \text{K}^2)$。所以，对于导带能谷球对称(电子有效质量各向同性)的半导体，例如 GaAs，$A^*/A_0^* = m_n/m_0$，即

$$A^* = 120(m_n/m_0) \qquad [\text{A/cm}^2 \cdot \text{K}^2] \tag{4.31}$$

m_n 和 m_0 分别为导带能谷电子有效质量和自由电子质量。对 Si 和 GaAs 中的空穴，在 $\boldsymbol{k}=0$ 处的两个能量极大值引起大致各向同性的轻、重空穴流动，将这些载流子的电流加起来，得到

$$\left(\frac{A^*}{A_0^*}\right)_{\text{p型}} = (m_{pl} + m_{ph})/m_0$$

表 4.1 收集了几种 (A^*/A_0^*) 值。

表 4.1 Si 和 GaAs 的 A^*/A_0^* 值

半导体	p 型	n 型
Si	0.27	0.92
GaAs	0.62	0.067

方程(4.28)表明，金属-半导体接触和 pn 结有完全类似的电流电压关系，但金属-半导体接触中电子热发射代替了 pn 结中非平衡少数载流子的扩散，即 v_c 代替了 D/L(D 和 L 分别为载流子的扩散系数和扩散长度)，前者比后者要大几个数量级。即对同样的 V_{bi}，金属-半导体接触中的电流比 pn 结大几个数量级；或者说，对同样的使用电流，金属-半导体接

触有较低的导通电压。

除了多数载流子(电子)电流以外,在金属和n型半导体的接触中,由于金属向半导体注入空穴(实际上是半导体价带顶附近的电子流向金属中费米能级以下的空状态而在半导体中留下空穴),电流中也有少数载流子(空穴)电流,密度为

$$J_{\mathrm{p}}=\frac{qD_{\mathrm{p}}p_{\mathrm{n0}}}{L_{\mathrm{p}}}[\exp(qV/k_{\mathrm{B}}T)-1] \tag{4.32}$$

这个电流一般比电子(多子)电流小好几个数量级,故相应的器件(肖特基势垒二极管)常称为多数载流子器件。

在金属-半导体中存储效应可以忽略,原因是电流取决于多数载流子。以金属和n型半导体接触来说,正向电流主要是n型半导体中的电子热发射进入金属,它们进入金属以后成为漂移电流而流走,不存在电荷存储。存储电荷的积累或消失需要一个弛豫过程,将严重限制器件的速度和频率响应。换句话说,由于肖特基势垒二极管中没有电荷存储,它被广泛用于高速、高频电路。

在小信号应用中,未封装的肖特基势垒二极管可以用图4.4所示的等效电路表示。图中,C_{j} 为二极管的结电容,r_{d} 为二极管的结电阻,r_{s} 为串联电阻。

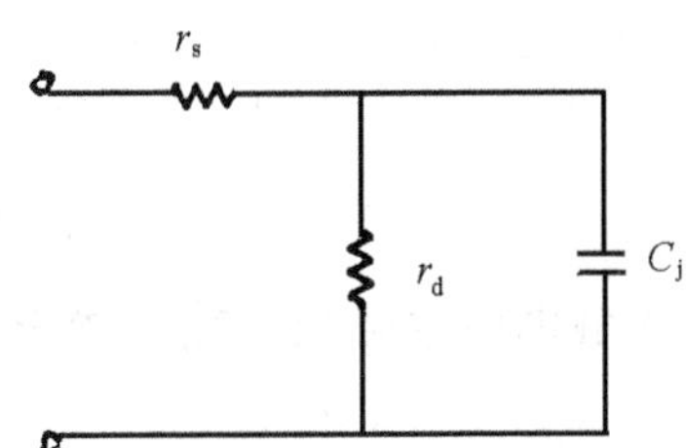

图4.4　肖特基二极管的等效电路

$$C_{\mathrm{j}}=A\sqrt{\frac{q\,\varepsilon_{\mathrm{s}}N_{\mathrm{D}}}{2(V_{\mathrm{bi}}-V)}}$$

A 表示结的面积。

$$r_{\mathrm{d}}=\frac{\mathrm{d}V}{\mathrm{d}I}=\frac{k_{\mathrm{B}}T}{qI}$$

当二极管作为检波器或整流器使用时,要求交流功率主要被结电阻吸收,而在串联电阻上耗散很少。通常 $r_{\mathrm{s}}\ll r_{\mathrm{d}}$,所以低频时 r_{s} 的作用可以忽略。但是,随着使用频率 ω 的上升,结阻抗 $Z_{\mathrm{d}}=(1/r_{\mathrm{d}}+\mathrm{j}\omega C_{\mathrm{j}})^{-1}$ 相对 r_{s} 降低,吸收的功率相对 r_{s} 上耗散的功率减少。定义截止频率为吸收功率和耗散功率相等时的工作频率,则应有

$$r_{\mathrm{s}}=\frac{r_{\mathrm{d}}}{1+(\omega_{\mathrm{T}}C_{\mathrm{j}}r_{\mathrm{d}})^2} \tag{4.33}$$

ω_{T} 为截止圆频率。对于 $r_{\mathrm{d}}\gg r_{\mathrm{s}}$,有

$$\omega_{\mathrm{T}}^2\approx\frac{1}{C_{\mathrm{j}}^2r_{\mathrm{d}}r_{\mathrm{s}}} \tag{4.34}$$

由此可得截止频率 f_{T},有

$$\frac{1}{2\pi C_{\mathrm{j}}r_{\mathrm{d}}}<f_{\mathrm{T}}<\frac{1}{2\pi C_{\mathrm{j}}r_{\mathrm{s}}} \tag{4.35}$$

对于高频应用,要求 C_{j}、r_{d} 和 r_{s} 都很小。如果半导体掺杂浓度较高和载流子迁移率很大,则 r_{s} 可以做到很小。

4.1.3 欧姆接触

金属-半导体接触的另一个重要应用是作为器件引线的电极接触,这种接触不应当影响器件的电学特性,称为欧姆接触。所以,作为欧姆接触,金属和半导体接触的电阻应小到与半导体的体电阻相比可以忽略。表示欧姆接触性质的基本参数是接触电阻率(又称比接触电阻),我们以 ρ_c 表之,其定义为

$$\rho_c \equiv \left(\frac{\partial J}{\partial V}\right)^{-1}\bigg|_{V\to 0} \quad [\Omega \cdot \mathrm{cm}^2] \tag{4.36}$$

对于低掺杂半导体,应用(4.28)式,可得

$$\rho_c = \frac{k_B}{qA^* T}\exp(q\phi_{Bn}/k_B T) \tag{4.37}$$

对于高掺杂半导体的接触,势垒宽度 W 很小,当 $W=\sqrt{2\varepsilon_s V_{bi}/qN_D}$ 接近几个纳米时,电流输运主要是隧道穿透,电流与穿透几率成正比,

$$J \sim \exp\left[-\frac{2}{\hbar}W\sqrt{2m_n(\phi_{Bn}-V)}\right] \tag{4.38}$$

用 $W\approx\sqrt{\frac{2\varepsilon_s}{qN_D}(\phi_{Bn}-V)}$ 代入上式,并根据 ρ_c 的定义,可得

$$\rho_c \sim \exp\left(C_1\phi_{Bn}/\sqrt{N_D}\right) \tag{4.39}$$

式中 $C_1=4\sqrt{m_n\varepsilon_s}/\hbar$。式(4.39)说明,在隧道效应范围内,接触电阻率强烈依赖于掺杂浓度,且随因子 $\phi_{Bn}/\sqrt{N_D}$ 指数下降。

综上所述,为了获得低的 ρ_c,必须采用高掺杂浓度或低势垒高度,或二者都用。

应当指出,理论上并非所有金属-半导体接触都呈现整流特性。例如,在金属和 n 型半导体接触时,如果 $\phi_m<\phi_s$,则接触处半导体表面能带向下弯曲,形成电子积累。这时,若加上偏压,电压不仅加在接触区上,而且加在整个半导体上,所以电子很容易通过接触面,即呈现欧姆接触特性。但是,这种理想的金属-半导体接触很难实现;恰恰相反,往往因为大量界面态的存在,半导体表面费米能级被钉扎,而总是形成整流接触。所以,现在通常是对接触区正下方的半导体表面浓掺杂来形成欧姆接触。

4.2 GaAs MESFET

这类器件的工作原理和结型场效应晶体管(JFET)相同。不过,它用肖特基势垒代替了pn结,通过其耗尽层厚度改变来调制电流通道(导电沟道)的横截面。与 JFET 相比,MESFET 在工艺制作和特性方面有某些优点。例如,金属-半导体接触势垒在低温下形成(而 pn 结却要在高温下采用扩散或生长工艺制造),因而可以采用像 GaAs 这样电子迁移率高和饱和速度大的化合物半导体材料,而得到开关速度快和使用频率高的器件。

4.2.1　基本结构

n 沟 GaAs MESFET 是目前常见的器件，在微波和高速数字电路方面有许多重要应用。实际的 GaAs MESFET 是在半绝缘 GaAs 衬底上由离子注入或薄膜生长形成的 n 型 GaAs 薄层上制作的。采用半绝缘衬底是为了减小寄生电容（沟道-衬底电容）和便于器件之间的隔离。此外，栅极金属一般用难熔金属（例如 TiW 合金）同时充当形成源、漏接触区的掩膜，使源、漏接触尽可能靠近栅极，以减小沟道两端的串联电阻。

图 4.5 表示这类 MESFET 的基本结构。使用时，源极一般接地，栅电压和漏电压都是相对源量度的。在正常工作条件下，漏极正向偏置，即 $V_{DS}>0$，因而肖特基结的耗尽区向漏端偏移；栅压 V_{GS} 应小于肖特基结的正向导通电压以避免明显的栅极泄漏电流，对 n-GaAs MESFET，V_{GS} 的最高极限约为 $+0.7V$。n-GaAs 层的掺杂浓度 N_D 约为 $10^{17}\,cm^{-3}$。器件的基本结构尺寸是沟道长度 L、沟道宽度 Z 和沟道深度 a。

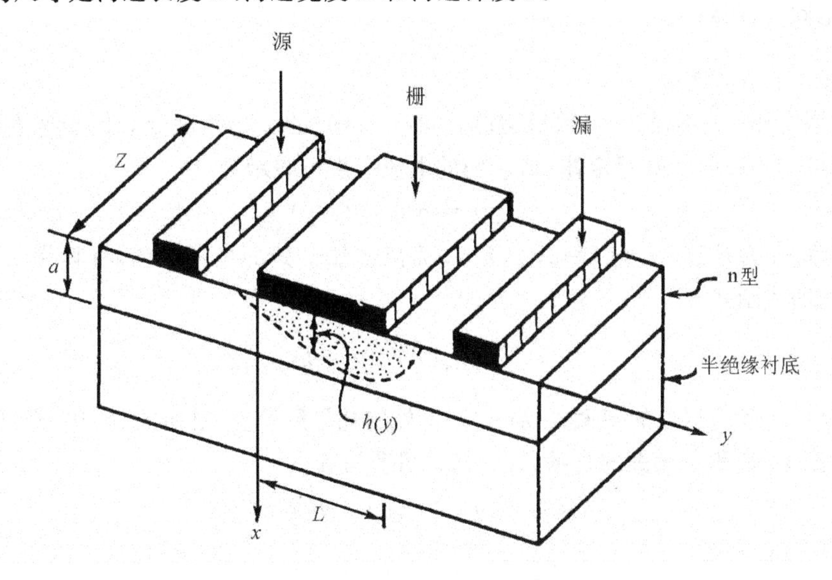

图 4.5　n-GaAs MESFET 的基本结构

4.2.2　夹断电压和阈值电压

设 n-GaAs 层均匀掺杂，则根据单边突变 p^+n 结的理论，肖特基结的耗尽层厚度为

$$h(y)=\sqrt{\frac{2\varepsilon_s}{qN_D}[V_{bi}-V_{GS}+V(y)]} \tag{4.40}$$

式中，$V(y)$ 是沟道内 y 处相对源端的电势，在漏端，$V(y=L)=V_{DS}$；V_{bi} 是肖特基势垒的自建电压；V_{GS} 是栅压。y 处肖特基势垒上的总电势为 $V_{bi}-V_{GS}+V(y)$。当 $h=a$ 时，势垒耗尽层边界和衬底接触，相应的总电势称为夹断电压，以 V_p 表示，显然有

$$V_{\mathrm{p}} = \frac{qN_{\mathrm{D}}}{2\varepsilon_{\mathrm{s}}}a^2 \tag{4.41}$$

忽略串联电阻的作用，则在沟道源端($y=0$)有$V(y=0)=0$，使耗尽层边界和衬底接触的临界栅压(器件临界截止)显然为

$$V_{\mathrm{T}} = V_{\mathrm{bi}} - V_{\mathrm{p}} \tag{4.42}$$

V_{T}称为阈值电压。只有V_{GS}超过V_{T}，器件才会有导电沟道，而进入导通状态。如果半导体层(n-GaAs层)的厚度a很小或者掺杂浓度N_D比较低，则$V_{\mathrm{GS}}=0$时器件因自建电压V_{bi}的作用在源端夹断，而不存在导电沟道，只有在超过V_{T}的正栅压下才能导通。这类器件称为增强型(常断型)。相反，如果a较厚或者N_{D}较高，$V_{\mathrm{GS}}=0$时已经有导电沟道，则这类器件称为耗尽型(常通型)；耗尽型器件只有在比V_{T}更负的栅压下才会截止。耗尽型器件具有驱动电流大。工作速度高的优点，同时具有消耗功率大的缺点。

4.2.3 电流-电压特性

1. 恒定迁移率模型

假定漏电压V_{DS}不很高，以致沿沟道方向(y方向)的电场强度处处低于速度饱和电场，电流和电压的关系服从欧姆定律，则y处的电流密度可表示为

$$J(y) = qN_{\mathrm{D}}\mu_{\mathrm{n}}\mathscr{E}_y(y) \tag{4.43}$$

电子迁移率μ_{n}为常数。$\mathscr{E}_y(y)=\mathrm{d}V(y)/\mathrm{d}y$为离源端$y$处的场强数值，将其代入上式，可得漏电流$I_{\mathrm{DS}}$的表示式：

$$I_{\mathrm{DS}} = qN_{\mathrm{D}}\mu_{\mathrm{n}}\left(\frac{\mathrm{d}V}{\mathrm{d}y}\right)[a-h(y)]Z \tag{4.44}$$

其中$[a-h(y)]Z$为沟道的横截面，$h(y)$为y处的耗尽层厚度，已由式(4.40)给出。

漏电流I_{DS}是和y无关的常数，式(4.44)可改写为

$$I_{\mathrm{DS}}\mathrm{d}y = q\mu_{\mathrm{n}}N_{\mathrm{D}}Z[a-h(y)]\mathrm{d}V \tag{4.45}$$

利用方程(4.40)可得

$$\mathrm{d}V = \frac{qN_{\mathrm{D}}}{\varepsilon_{\mathrm{s}}}h(y)\mathrm{d}h \tag{4.46}$$

将$\mathrm{d}V$代入式(4.45)，并从$y=0$到$y=L$进行积分，得到

$$\begin{aligned} I_{\mathrm{DS}} &= \frac{1}{L}\int_{h_1}^{h_2} q\mu_{\mathrm{n}}N_{\mathrm{D}}Z(a-h)\,\frac{qN_{\mathrm{D}}}{\varepsilon_{\mathrm{s}}}h\mathrm{d}h \\ &= \frac{Z\mu_{\mathrm{n}}q^2N_{\mathrm{D}}^2}{2\varepsilon_{\mathrm{s}}L}\left[a(h_2^2-h_1^2)-\frac{2}{3}(h_2^3-h_1^3)\right] \end{aligned} \tag{4.47}$$

h_1和h_2分别为沟道源端和漏端的耗尽层厚度，由式(4.40)可得

$$h_1 = \sqrt{\frac{2\varepsilon_{\mathrm{s}}}{qN_{\mathrm{D}}}(V_{\mathrm{bi}}-V_{\mathrm{GS}})} \tag{4.48}$$

$$h_2 = \sqrt{\frac{2\varepsilon_s}{qN_D}(V_{bi} - V_{GS} + V_{DS})} \tag{4.49}$$

将式(4.48),(4.49)代入式(4.47),并加整理后得

$$I_{DS} = I_p\left[\frac{V_{DS}}{V_p} - \frac{2}{3}\left(\frac{V_{DS} - V_{GS} + V_{bi}}{V_p}\right)^{3/2} + \frac{2}{3}\left(\frac{V_{bi} - V_{GS}}{V_p}\right)^{3/2}\right] \tag{4.50}$$

$$I_p = \frac{Z\mu_n q^2 N_D^2 a^3}{2\varepsilon_s L} \tag{4.51}$$

$$V_p = \frac{qN_D a^2}{2\varepsilon_s} \tag{4.52}$$

耗尽型 n-MESFET 的基本 I-V 特性如图 4.6 所示。对于不比 V_T 更负的栅源电压 V_{GS},将有漏极电流 I_{DS}流动。增强型 n-MESFET 的 I-V特性在形状上完全类似,但阈值电压 V_T 比 0V 稍高。

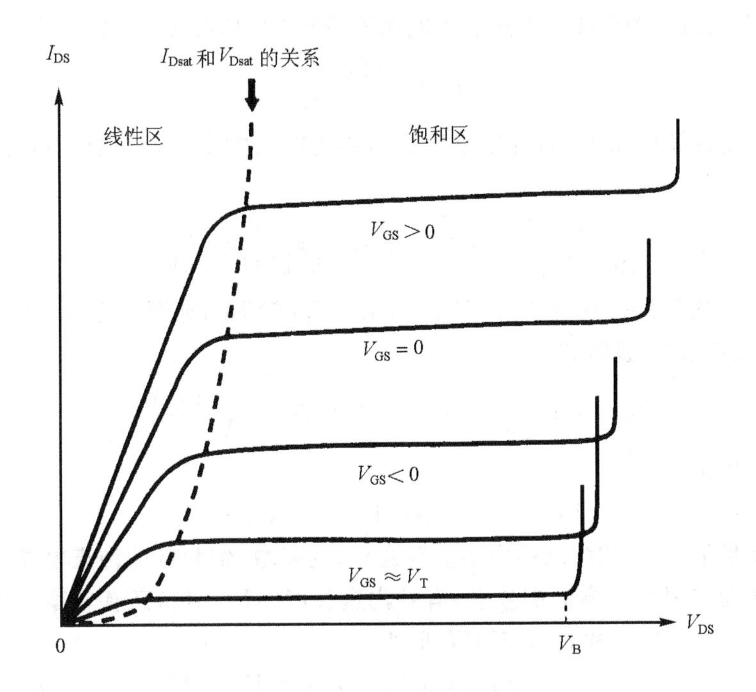

图 4.6　耗尽型 n-MESFET 的基本 I-V特性

从图 4.6 可以看到,I-V特性有两个不同的区域。当 V_{DS}很小时,沟道截面积(或者说沟道厚度 $a-h$)基本上与 V_{DS}无关,I-V特性是欧姆性的或线性的,因而这个工作区通常称为线性区。当 $V_{DS}\geqslant V_{Dsat}$时,电流达到饱和值 I_{Dsat},这一工作区称为饱和区。随着 V_{DS}进一步增加,最终导致栅-沟道二极管发生雪崩击穿,这时 I_{DS}突然增加。

线性区　在这一工作区,$V_{DS}\ll V_{bi}-V_{GS}$,将式(4.50)展开,可得

$$I_{DS} \approx \frac{I_p}{V_p}\left[1-\left(\frac{V_{bi}-V_{GS}}{V_p}\right)^{1/2}\right]V_{DS}$$

$$= \frac{q\mu_n N_D Za}{L}\left[1-\left(\frac{V_{bi}-V_{GS}}{V_p}\right)^{1/2}\right]V_{DS} \tag{4.53}$$

沟道电导(也叫漏电导)g_D 可表示为

$$g_D = \left.\frac{\partial I_{DS}}{\partial V_{DS}}\right|_{V_{GS}} = \frac{q\mu_n N_D Za}{L}\left[1-\left(\frac{V_{bi}-V_{GS}}{V_p}\right)^{1/2}\right] \tag{4.54}$$

我们注意到,方括号内的因子实际上表示沟道厚度 $a-h$,即

$$a-h = a\left[1-\left(\frac{V_{bi}-V_{GS}}{V_p}\right)^{1/2}\right] \tag{4.55}$$

它和漏电压 V_{DS}无关。这时从源到漏形成近似均匀的导电沟道,其厚度随栅压 V_{GS}的增加而增加。

MESFET 的另一个重要参数是表示电流驱动能力的跨导 g_m,其定义为

$$g_m \equiv \left.\frac{\partial I_{DS}}{\partial V_{GS}}\right|_{V_{DS}} \tag{4.56}$$

跨导表示在给定的漏电压下,栅电压改变引起的漏电流的变化。在线性区,g_m 可由式(4.53)得到:

$$g_m = \frac{I_p}{\partial V_p^2}\left(\frac{V_p}{V_{bi}-V_{GS}}\right)^{1/2} V_{DS} = \frac{Z\mu_n}{L}\left[\frac{qN_D\varepsilon_s}{2(V_{bi}-V_{GS})}\right]^{1/2} V_{DS} \tag{4.57}$$

饱和区 在式(4.50)中令 $V_{bi}-V_{GS}+V_{DS}=V_p$,就得到夹断点电流,亦即饱和区漏电流,我们以 I_{Dsat}表示之,显然有

$$I_{Dsat} = I_p\left[\frac{1}{3}-\frac{V_{bi}-V_{GS}}{V_p}+\frac{2}{3}\left(\frac{V_{bi}-V_{GS}}{V_p}\right)^{3/2}\right] \tag{4.58}$$

相应的饱和电压是

$$V_{Dsat} = V_p - V_{bi} + V_{GS} = V_{GS} - V_T \tag{4.59}$$

在理想情形下,由于式(4.59)中 I_{Dsat}不是 V_{DS}的函数,饱和区的沟道电导是零;实际上,随 V_{DS}增加,夹断点从漏端向源端移动,有效沟道长度缩短,饱和区有非零的沟道电导。饱和区的跨导可根据其定义和式(4.58)得到,为

$$g_m = \frac{Z\mu_n qN_D a}{L}\left[1-\left(\frac{V_{bi}-V_{GS}}{V_p}\right)^{1/2}\right] \tag{4.60}$$

由等式(4.57)和(4.60)可知,迁移率越大,沟道长度越短,g_m 越大。

雪崩击穿 发生在沟道漏端,这里栅-沟道结的反向电压最高。这时漏电压 V_{DS}和反向击穿电压 V_B 之间有如下关系:

$$V_B = V_{DS} - V_{GS} \tag{4.61}$$

2. 饱和速度模型

目前,场效应晶体管(FET)的沟道长度已经减小到 $1\mu m$ 以下,沿沟道的电场通常很强,

以致漏极电流饱和并非由于沟道夹断，而是因为电子漂移速度达到饱和。实验表明，对于栅长在 0.5～2μm 的短沟道 GaAs MESFET，速度饱和模型能够精确地描述饱和区的电流特性。图4.7可以用来说明和推导这一模型，该图表示工作在电流饱和区的 GaAs MESFET 沟道截面，最窄的沟道缝隙出现于沟道区的漏端。在饱和区，栅耗尽层下的沟道电场显著高于电子谷间转移的临界电场(对 GaAs 约等于 3.5kV/cm)，从源向漏行进的电子将从高迁移率的低能谷(Γ 能谷)散射到低迁移率的高能谷(L 能谷)，平均速度在接近漏端的区域下降并且有效饱和。为了维持电流的连续性，在该区发生了电子的强积累，这是由于随离开源的距离增加沟道缝隙逐渐变窄且电子漂移速度逐渐下降的缘故。离开漏端的情况恰恰相反，由于沟道展宽并且电子运动加快，产生了一个因为电子部分耗尽所致的强耗尽层。积累层和耗尽层的电荷接近相等，大部分漏电压降落在这一静止不动的偶极层上。在其他像 GaAs 一样具有低场高迁移率的材料(例如 InGaAS)制作的 FET 中，漏极电流饱和的机制相同。Si、SiC 和金刚石等材料制作的 FET 也有类似的漏极电流饱和现象，但主要来自沟道的贡献。

根据上面的分析，可以假定沟道电子以恒定的有效饱和速度 v_s 运动(v_s 的典型值约为 1.2×10^7 cm/s)，从而饱和电流直接受耗尽层厚度 h 和沟道深度 a 之差调制。这就是速度饱和模型。对于均匀掺杂材料，由这一模型得到

$$I_{DS} = qv_s ZN_D(a-h) \tag{4.62}$$

用公式(4.55)替换 $a-h$，上式变为

$$I_{DS} = qv_s ZN_D a\left[1-\left(\frac{V_{bi}-V_{GS}}{V_p}\right)^{1/2}\right] \tag{4.63}$$

上式对 V_{GS} 微商，并利用 $V_p=qN_D a^2/2\varepsilon_s$，即得器件本征跨导的表示式

$$g_m = v_s Z\left[\frac{qN_D\varepsilon_s}{2(V_{bi}-V_{GS})}\right]^{1/2} \tag{4.64}$$

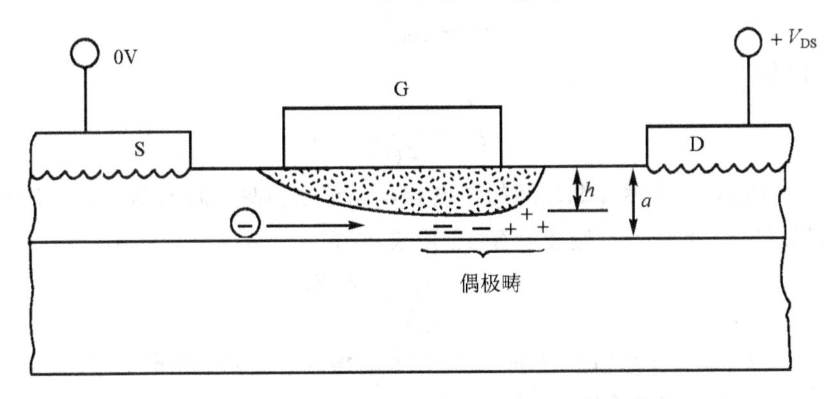

图 4.7　工作在电流饱和区的 GaAs MESFET 的沟道截面；在电子速度饱和的沟道段，栅耗尽层厚度 h 是常数

对于栅长明显小于 0.5μm 的 GaAs FET,电子通过栅下高场区的时间很短,以致来不及发生谷间转移,只受到轻微的声子散射、杂质或其他电子的散射,它们近似弹道运动。也就是说,电子在渡越沟道期间得到的平均动能几乎等于它所经历的电势降落,平均速度可以达到稳态饱和速度的若干倍。这就是所谓的速度过冲。在其他Ⅲ-V 族的短沟道 FET 中,速度过冲也是普遍现象。但在短沟道 Si 器件中电子速度增加很少,原因是 Si 的能量弛豫时间总体上比 GaAs 的约小一个数量级,对于电子能够漂移一段宏观的距离来说还是太短,所以没有明显的电子速度过冲效应。

4.2.4 截止频率

当栅压变化时,一部分沟道电流要对栅电容充电。截止频率 f_T 定义为该频率下器件不再放大输入信号,这时输入栅电容的电流将等于漏端输出电流;即 f_T 是 MESFET 的短路电流增益下降为 1 时的频率。我们可以通过如图 4.8 所示的简化等效电路来得到 f_T 的表达式。

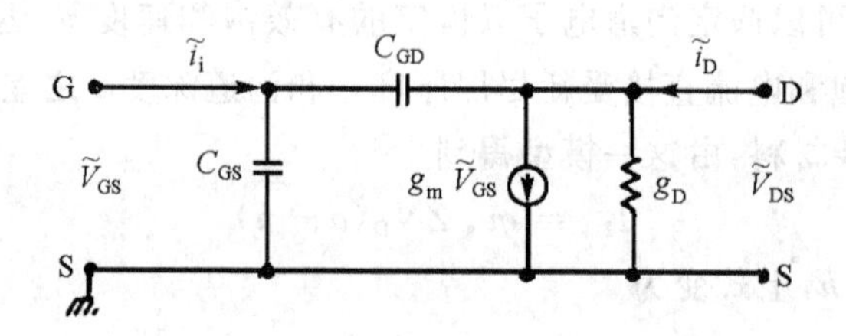

图 4.8 MESFET 的简单等效电路

根据图 4.8,输入电流 $\tilde{i}_i$ 和输出电流 $\tilde{i}_D$ 分别为

$$\tilde{i}_i = 2\pi f(C_{GS}+C_{GD})\tilde{V}_{GS} = 2\pi f C_G \tilde{V}_{GS} \tag{4.65}$$

$$\tilde{i}_D = g_m \tilde{V}_{GS} \tag{4.66}$$

令 $\tilde{i}_D/\tilde{i}_i=1$,得到

$$f_T = \frac{g_m}{2\pi C_G} \tag{4.67}$$

其中 $C_G=C_{GS}+C_{GD}$,C_{GS}是栅和源之间的结电容,C_{GD}是栅和漏之间的结电容。设栅-沟道二极管的平均耗尽层厚度为 $a/2$,则栅电容 C_G 可表示为

$$C_G = LZ\frac{\varepsilon_s}{a/2} = \frac{2LZ\varepsilon_s}{a} \tag{4.68}$$

由式(4.67)可知,要提高截止频率,应该有大的跨导 g_m 和小的栅电容 C_G,也就是应采用高载流子迁移率和短沟道长度的 MESFET。

截止频率 f_T 同栅极下面电子的渡越时间 τ 有直接的关系。我们从器件的跨导 g_m 和栅电容 C_G 出发来讨论这种关系,因为 f_T 由 g_m 和 C_G 决定。根据定义,有

$$g_m = \frac{\Delta I_{DS}}{\Delta V_G} \tag{4.69}$$

$$C_G = \frac{\Delta Q_G}{\Delta V_G} \tag{4.70}$$

假定栅压有一小的增量 ΔV_G，则它将引起下述变化：

(1) 栅极作为栅-沟道电容器的一个“极板”，其上的栅电荷增加 $\Delta Q_G = C_G \times \Delta V_G$；

(2) 沟道作为电容器的另一个“极板”，沟道电荷将有一个负的增量 $-\Delta Q_G$（即电子浓度有一正的增量），从而导致通过沟道的电流增加 ΔI_{DS}；而 ΔI_{DS} 等于电荷增量除以它通过距离 L_g（栅长）的渡越时间 τ，即

$$\Delta I_{DS} = \frac{\Delta Q_G}{\tau} \tag{4.71}$$

利用式(4.70)表示 ΔQ_G，有

$$\Delta I_{DS} = V_G \times \frac{\Delta V_G}{\tau} \tag{4.72}$$

进一步，从式(4.69)得到

$$\frac{g_m}{C_G} = \frac{1}{\tau} \tag{4.73}$$

将式(4.73)代入式(4.67)，我们得到截止频率 f_T 和渡越时间 τ（或 L_g/v_s，设载流子以饱和速度 v_s 运动）之间关系的表达式：

$$f_T = \frac{1}{2\pi\tau} \approx \frac{v_s}{2\pi L_g} \tag{4.74}$$

公式(4.74)表明，简单地通过计算电子在栅极下面的渡越时间，就可以判断不同场效应晶体管的高频性能。它也表明，重要的是实际栅区的长度，而不是从源至漏的整个距离。

4.3　高电子迁移率晶体管(HEMT)

4.3.1　器件结构及特点

这是一种异质结 MESFET。图 4.9 表示 n 沟道 AlGaAs/GaAs HEMT 的基本结构和能带。对于这类器件，通过对栅极施加正向偏压，可以将电子引入异质结界面处的 GaAs 中。GaAs 不掺杂。AlGaAs 层通常称为控制层，它和金属栅极形成肖特基势垒结，和 GaAs 层形成异质结。AlGaAs 层的厚度和掺杂浓度（典型值分别为数百 Å 和 $10^{17} \sim 10^{18} cm^{-3}$）决定器件的阈值电压，正常情形下应使之完全耗尽。如果 AlGaAs 层较厚或者掺杂浓度较高，则栅压 $V_G = 0$ 时，异质结界面处 GaAs 表面的电子势阱内已经有电子存在，HEMT 是耗尽型的；相反，AlGaAs 层较薄或者掺杂浓度较低，$V_G = 0$ 时耗尽层伸展到 GaAs 层内部，势阱内没有电子，器件是增强型的。AlGaAs 的禁带宽度比 GaAs 的大，它们形成异质结时，导带边不连续，AlGaAs 的导带边比 GaAs 的要高 ΔE_c，实际上就是前者的电子亲和能比后者

的小，结果电子从 AlGaAs 向 GaAs 中转移，引起界面处能带弯曲，在 GaAs 表面形成近似三角形的电子势阱。当势阱较深时，电子基本上被限制在势阱宽度所决定的薄层（～100）内，称之为二维电子气（2DEG）。2DEG 是指电子（或空穴）在平行于界面的平面内自由运动，而在垂直于界面的方向受到限制。势阱深度受到加在栅极上的电压控制，故 2DEG 的浓度（面密度）将受 V_G 控制，从而器件的电流受 V_G 控制。

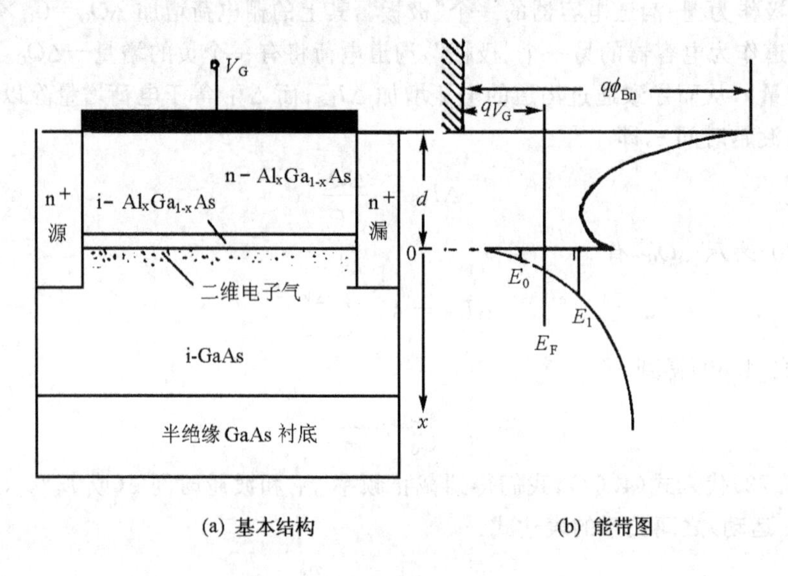

(a) 基本结构　　　　(b) 能带图

图 4.9　AlGaAs/GaAs HEMT

2DEG 和提供自由电子的 n^+-AlGaAs 层是空间分离的，中间还隔着一个不掺杂的 i-AlGaAs 薄层（20－70）Å，从而基本上不受电离杂质散射，迁移率显著增加，比体材料的电子迁移率高得多（为了避免势阱内散射，GaAs 层也是不掺杂的）。HEMT 依靠迁移率很高的 2DEG 导电，因此比起 GaAs MESFET 来有更大的工作速度和更高的截止频率。

HEMT 又称 2DEG 场效应晶体管（TEGFET），或调制掺杂场效应晶体管（MODFET），选择掺杂异质结晶体管（SDHT）等。前者说明这类器件高速高频的原因是电子迁移率高，后者强调得到高电子迁移率的方法是调制掺杂或者说选择掺杂。

4.3.2　2DEG 浓度（面密度）

选取如图 4.9 所示的坐标，则 2DEG 的电子在 x 方向的运动受到限制。对于无限深三角形势阱近似，能量本征值为

$$E_i = \left(\frac{\hbar^2}{2m_x}\right)^{1/3}\left[\frac{3}{2}\pi q\mathscr{E}\right]^{2/3}\left(i+\frac{3}{4}\right)^{2/3} \tag{4.75}$$

$$i = 0,1,2,\cdots$$

$\hbar = h/2\pi$ 是约化普朗克常数，$\mathscr{E}$ 是势阱中的平均电场。在与 x 方向垂直的 y-z 平面内电子自

由运动，能量连续变化，可表示为

$$E_{\parallel} = \frac{\hbar^2}{2}\left(\frac{k_y^2}{m_y} + \frac{k_z^2}{m_z}\right) \tag{4.76}$$

m_x, m_y, m_z 分别是电子沿 x, y, z 方向的有效质量；k_y 和 k_z 分别是 y 方向和 z 方向的波矢。电子在势阱中运动的总能量为

$$E = E_i + E_{\parallel} \tag{4.77}$$

从式(4.77)可以看出，2DEG 的能级形成许多个子能带，每个子能带具有最小能量 E_i。

对于单纯的二维运动，k 空间的电子等能面退化为一个椭圆，仿照 1.1 节关于态密度的讨论，可以证明相应的能态密度为

$$D(E) = \frac{\sqrt{m_y m_z}}{\pi\hbar^2} \tag{4.78}$$

这是与能量无关的常数。若有效质量各向同性（球形等能面情形），$m_x = m_y = m_z = m$，则有

$$D(E) = \frac{m}{\pi\hbar^2} \tag{4.79}$$

对于准二维运动，能量低于 E_i 的状态不存在，能量高于 E_i 是二维运动。这样，温度为 T 时，第 i 个子能带中的电子数（面密度）为

$$\begin{aligned} N_i &= \int_{E_i}^{\infty} D(E) f(E) \mathrm{d}E = \frac{m}{\pi\hbar^2}\int_{E_i}^{\infty} \{1 + \exp[(E - E_{\mathrm{F}})/k_{\mathrm{B}}T]\}^{-1} \mathrm{d}E \\ &= \frac{mk_{\mathrm{B}}T}{\pi\hbar^2} \ln\{1 + \exp[(E_{\mathrm{F}} - E_i)/k_{\mathrm{B}}T]\} \end{aligned} \tag{4.80}$$

对于 E_i 有 l 个允许值的 2DEG 系统，总的电子数（面密度）为

$$N_{\mathrm{s}} = \sum_{i=0}^{l} N_i \tag{4.81}$$

势阱中的电场强度 $\mathscr{E}$ 可以用势阱两个边界处场强的平均值来表示，即

$$\mathscr{E} = \frac{1}{2}[q(N_{\mathrm{s}} + N_{\mathrm{B}})/\varepsilon_1 + qN_{\mathrm{B}}/\varepsilon_1] \tag{4.82}$$

为具体起见，考虑 AlGaAs/GaAs 结构。这时，势阱在 GaAs 内，$q(N_{\mathrm{s}} + N_{\mathrm{B}})/\varepsilon_1$ 是异质结边界处的电场强度，$qN_{\mathrm{B}}/\varepsilon_1$ 是势阱与 GaAs 衬底交界面处的电场强度，ε_1 和 N_{B} 分别为 GaAs 的介电常数和掺杂浓度。由于 GaAs 不掺杂，$N_{\mathrm{B}} \approx 0$，所以势阱内的平均电场为

$$\mathscr{E} \approx qN_{\mathrm{s}}/2\varepsilon_1 \tag{4.83}$$

利用式(4.83)可将表示 E_i 的公式(4.75)改写为

$$\begin{aligned} E_i &= \left(\frac{9h^2q^4}{128m\varepsilon_1^2}\right)^{1/3}\left[i + \frac{3}{4}\right]^{2/3} N_{\mathrm{s}}^{2/3} \\ &= \gamma_i N_{\mathrm{s}}^{2/3} \end{aligned} \tag{4.84}$$

式中，

$$\gamma_i = \left(\frac{9h^2q^4}{128m\varepsilon_1^2}\right)^{1/3}\left[i + \frac{3}{4}\right]^{2/3} \tag{4.85}$$

h是普朗克常数,q是电子电荷。对于GaAs中的电子,$m=0.067m_0$(m_0是自由电子质量),$\varepsilon_1\approx1.15\times10^{-14}$F/cm,故有

$$\gamma_i \approx 2.1\times10^{-12}\left(i+\frac{3}{4}\right)^{2/3}[\mathrm{eV}\cdot\mathrm{m}^{4/3}] \tag{4.86}$$

在实际器件中,通常只需要考虑二个最低的子能带,即$i=0,1$的情形,这时2DEG的浓度为

$$N_s=\frac{mk_BT}{\pi\hbar^2}\ln\{(1+\exp[(E_F-E_0)/k_BT])(1+\exp[(E_F-E_1)/k_BT])\} \tag{4.87}$$

其中,

$$E_0=\gamma_0N_s^{2/3},\ E_1=\gamma_1N_s^{2/3} \tag{4.88}$$

对于GaAs,根据实测结果,$\gamma_0\approx2.5\times10^{-12}\mathrm{eV}\cdot\mathrm{m}^{4/3}$,$\gamma_1\approx3.2\times10^{-12}\mathrm{eV}\cdot\mathrm{m}^{4/3}$(理论计算分别为$1.7\times10^{-12}$和$3.0\times10^{-12}$)。

把式(4.88)代入式(4.87)中,就得到2DEG的费米势E_F/q和它的浓度N_s之间的函数关系。计算结果表明,N_s之值在$5\times10^{11}\mathrm{cm}^{-2}$和$1.5\times10^{12}\mathrm{cm}^{-2}$之间时,$E_F/q$和$N_s$有线性关系(参见图4.10):

$$\frac{E_F}{q}=\frac{E_{F0}}{q}+aN_s \tag{4.89}$$

$T=300$K时,$E_{F0}\approx0$,$a\approx0.125\times10^{-16}\mathrm{V}\cdot\mathrm{m}^2$。

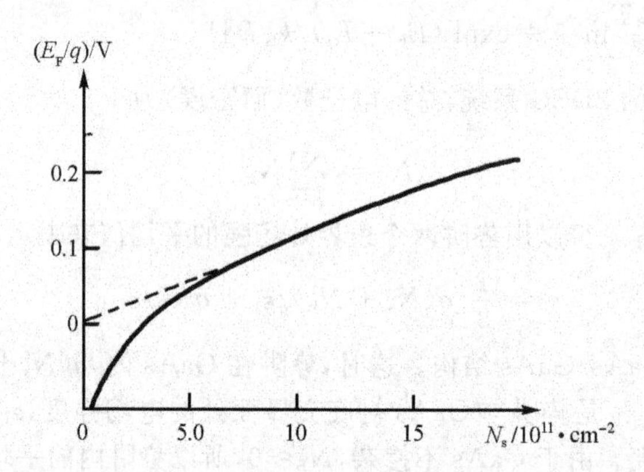

图4.10 300K时2DEG的费米势E_F/q及其浓度N_s之间的关系

4.3.3 量子霍尔效应

由前面所述,电子在y-z平面内的自由运动形成一系列均匀分布的准连续能级。下面将要说明,加垂直磁场(沿x方向)后,电子的二维运动进一步量子化,这种准连续能谱将重组,形成朗道能级;电子恰好填满若干朗道能级时,霍尔电阻取确定的量子化值。

1. 朗道能级

在垂直磁场 B 作用下，y-z 平面内的电子将受到洛伦兹力 $F=qv\times B$ 提供的向心力，作圆周运动，即

$$qvB=\frac{mv^2}{r} \tag{4.90}$$

其中 r 为圆轨道半径，$v=rw_c$ 为线速度，w_c 为角速度，由上式可得

$$w_c=\frac{qB}{m}$$

m 为电子的有效质量。w_c 也称回旋共振频率，即在垂直磁场 B 作用下，y-z 平面内的电子将以角频率 w_c 作回旋运动，对应的能量 $E_\parallel$ 将不再是准连续的，而产生分裂的朗道能级，为

$$E=\left(i+\frac{1}{2}\right)\hbar\omega_c,\quad i=0,1,2,3,\cdots \tag{4.91}$$

与表示简谐振子量子化能级的公式相同。

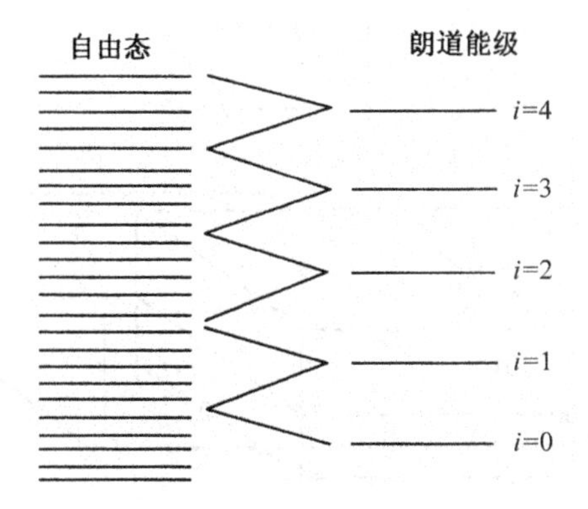

图 4.11　在垂直磁场下，二维自由电子的准连续能谱聚结成一系列分立能级

磁场并不改变量子态的总数，它只是将自由二维电子气原来均匀分布的能谱改组，形成一系列等距的能级，能级的间距是 $\hbar\omega_c$，形象地可表示成如图 4.11。因此，每个朗道能级包含量子态的数目等于原来准连续谱中能量 $\hbar\omega_c$ 内的能态数，即朗道能级的简并度（对单位面积而言）为

$$g=(\hbar\omega_c)\frac{m}{2\pi\hbar^2}=qB/h \tag{4.92}$$

$h=2\pi\hbar$ 为普朗克常数。这里，二维电子气的态密度与式(4.79)相比相差一个因子 2，原因是强磁场下自旋简并解除。

2. 霍尔效应

电荷为 q 的粒子以速度 v 在磁感应强度 $\boldsymbol{B}$ 的磁场中运动时，受到的作用力为

$$F=qv\times\boldsymbol{B} \tag{4.93}$$

式中，速度和磁场叉乘，因此力矢量与速度和磁场都垂直。这个力使半导体中的载流子(电子或空穴)横向偏转，重新分布后感生横向电场，即所谓霍尔电场$\mathscr{E}_H$，这种效应称为霍尔效应。

图 4.12 给出了霍尔效应的示意图。霍尔效应通常用于非本征半导体，所以只有一种载流子起主要作用，另一种载流子的浓度可忽略。为了便于讨论，电子和空穴在图 4.12 中都表示出来了。图中，磁场沿 x 方向；电流沿正 y 方向，由相同方向流动的空穴和沿相反方向流动的电子组成。空穴和电子受到的磁场力均为负 z 方向，从而都沿负 z 方向偏转。这样，空穴感生的电场(霍尔电场)$\mathscr{E}_H$沿正 z 方向，电子感生的霍尔电场沿负 z 方向。稳定时，横向(z 方向)不可能有净的载流子电流，所以磁场力和感生电场力必须抵消，即

$$q\mathscr{E}_H = qvB \tag{4.94}$$

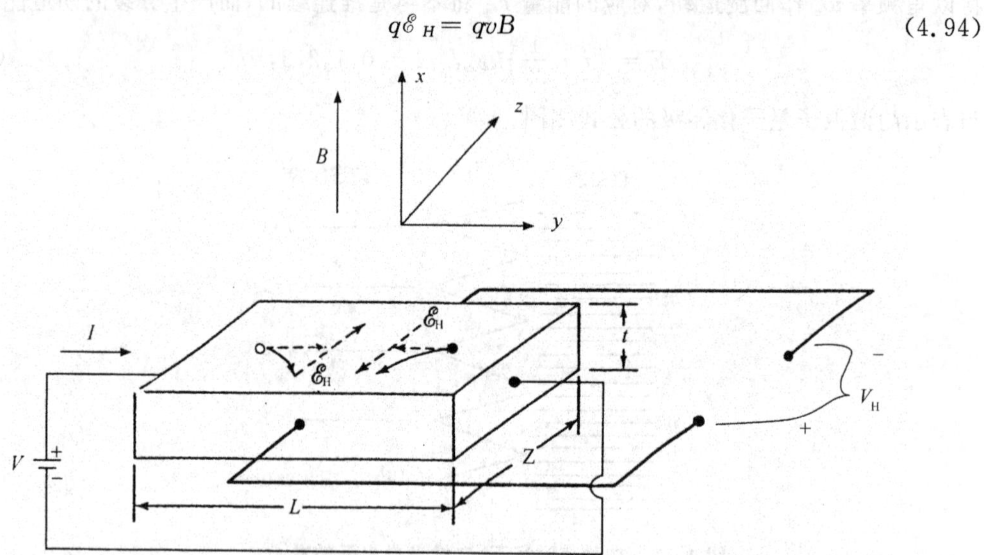

图 4.12　霍尔效应示意图

空穴的速度v与电流密度J的关系为$v=J/qp$，电子为$v=-J/qn$。所以，对空穴有

$$\mathscr{E}_H = \frac{JB}{qp} \tag{4.95}$$

对电子有

$$\mathscr{E}_H = -\frac{JB}{qn} \tag{4.96}$$

n 和 p 分别为电子和空穴浓度。等式(4.95)和等式(4.96)可统一表示为

$$\mathscr{E}_H = R_H JB \tag{4.97}$$

式中，R_H 称为霍尔系数，在这一简单的推导中，空穴的霍尔系数等于 $1/qp$，电子的霍尔系数等于$-1/qn$。

霍尔电场$\mathscr{E}_H$乘以半导体宽度 Z 即得霍尔电压 V_H。这个量也可从半导体两侧的电极测

量得到。对于已知的磁场和电流，测量霍尔电压可确定霍尔系数，进一步确定半导体类型，计算多数载流子的浓度和迁移率。因此，霍尔效应是研究半导体常用的实验技术。同时，利用这一效应的霍尔器件也广泛应用于工程技术领域，例如磁性探针及其他电路应用。

3. 量子霍尔效应

二维电子气的霍尔效应表现出明显的量子化性质，即霍尔电阻（或霍尔电导）取量子化值。这种现象首先在 Si 的 MOS 反型层中发现，后来在 AlGaAs-GaAs 等异质结的界面处也观察到，量子霍尔效应的根本原因在于二维电子气在垂直磁场下轨道量子化，具有完全分裂的朗道能谱。

在垂直磁场（x 方向）下，线性范围内电流密度和电场之间的关系可一般表示为

$$\begin{cases}\mathscr{E}_y=\rho_{yy}J_y+\rho_{yz}J_z\\ \mathscr{E}_z=\rho_{zy}J_y+\rho_{zz}J_z\end{cases}\quad 或 \quad \begin{cases}J_y=\sigma_{yy}\mathscr{E}_y+\sigma_{yz}\mathscr{E}_z\\ J_z=\sigma_{zy}\mathscr{E}_y+\sigma_{zz}\mathscr{E}_z\end{cases} \tag{4.98}$$

电阻各向同性，即具有旋转对称性，因此方程(4.98)对绕 B 转动任意角度 θ 的变换保持不变，当旋转 90°时，可得

$$\rho_{yy}=\rho_{zz} \text{ 和 } \rho_{yz}=-\rho_{zy}, \qquad \sigma_{yy}=\sigma_{zz} \text{ 和 } \sigma_{yz}=-\sigma_{zy} \tag{4.99}$$

同时容易证明

$$\rho_{yy}=\frac{\sigma_{yy}}{\sigma_{yy}^2+\sigma_{yz}^2}, \qquad \rho_{yz}=-\frac{\sigma_{yz}}{\sigma_{yy}^2+\sigma_{yz}^2} \tag{4.100}$$

对电流 I 沿 y 方向的霍尔效应实验，有 $J_z=0$，

$$\mathscr{E}_z=\rho_{zy}J_y=-\rho_{yz}J_y \tag{4.101}$$

乘以样品宽度 Z，得霍尔电压 V_H 与电流 I 的关系：

$$V_H=-\rho_{yz}I \tag{4.102}$$

V_H 和 I 之比称为霍尔电阻

$$\rho_{yz}=-\frac{V}{I} \tag{4.103}$$

与霍尔系数 $R_H=V_H/R_HB$ 的关系是

$$\rho_{yz}=-R_HB \tag{4.104}$$

将电子霍尔系数的基本公式 $R_H=-1/qN_s$ 代入，即得

$$\rho_{yz}=\frac{B}{qN_s} \tag{4.105}$$

N_s 为二维电子气的面密度。如果 N_s 正好填满 i 个朗道能级，即 $N_s=iqB/h$，则霍尔电阻为

$$\rho_{yz}=h/iq^2 \tag{4.106}$$

上式表明，霍尔电阻将出现量子化“平台”，这和量子霍尔效应实验观察到的结果完全吻合。如图 4.13 所示，量子霍尔效应有下述两种形式：(a) ρ_{yz}-V_G 实验。这种形式的量子霍尔效应是在 MOS 反型层上观察的。在这类实验中，磁场保持恒定，通过栅压 V_G 的变化改变反型层载流子的数目，测霍尔电阻，结果在某些 V_G 值出现“平台”，平台值是量子化的，准确地等

于 h/q^2×整数。(b) ρ_{yz}-B 实验。这类实验是在调制掺杂异质结上进行的，一般认为是代表固定 N_s、改变 B 的实验。实验观测到的典型现象是类似的：在某些 B 值出现平台，平台值是量子化的，准确为 h/q^2×整数。

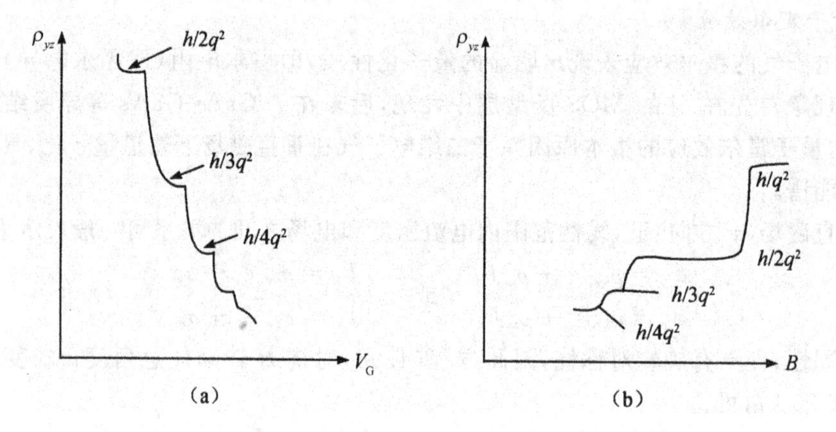

图 4.13 量子霍尔效应的典型现象

应当着重指出，上述只是对平台值本身做了理论上的解释，为什么出现平台则是一个很费解的问题。严格的量子霍尔效应理论相当复杂，有兴趣的读者可以查阅有关专著或专门论述，例如文献[10]。在这里，只是通过假定存在一定的无序(例如杂质和缺陷)，对量子霍尔效应平台的形成作点说明(参见图 4.14)。

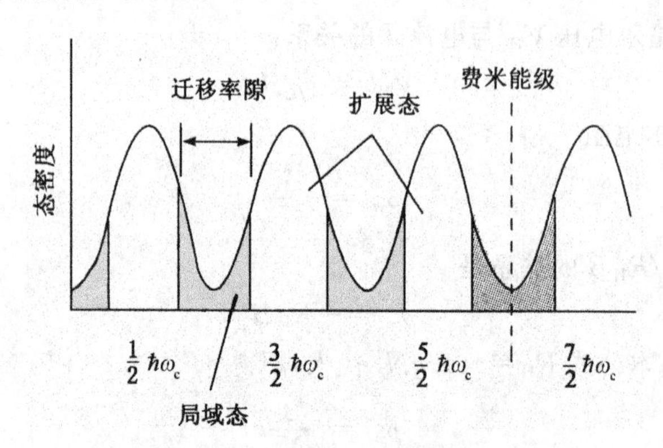

图 4.14 界面无序使朗道能级展宽成能带

目前一般认为，界面的无序势使每个朗道能级展宽成一个窄带(子带)，这些子带交叠甚少，处于子带中心区域的电子态是扩展态，而在两边带尾处是局域态；局域态不参加导电。现在，设想在某一栅压 V_G 下，费米能级 E_F 位于第 i 和第 $i+1$ 两个朗道子带之间。由于在极低温度(量子霍尔效应实验是在低温和强磁场下进行的)下，可以认为 E_F 以下的能级全满、以上的全空，所以 E_F 以下的 i 个子带全部填满，有

$$N_s = iqB/h \tag{4.107}$$

此时费米能附近的电子几乎都处在局域态，$\sigma_{yy}=0$，霍尔电阻为

$$\rho_{yz} = -\frac{1}{\sigma_{yz}} \tag{4.108}$$

在前面关于霍尔效应的讨论中，我们从式(4.95)和式(4.96)注意到，$1/B$ 具有迁移率的量纲。所以，对于 i 个朗道子带全部填满电子的情况，霍尔电导为

$$\sigma_{yz} = -qN_s/B = -iq^2/h, \quad i=1,2,\cdots \tag{4.109}$$

相应的霍尔电阻为

$$\rho_{yz} = h/iq^2 \tag{4.110}$$

随着栅压 V_G 的增大，电子浓度增加，E_F 将向下一个朗道子带过渡，首先填充的是带尾的局域态，仍有 $\sigma_{yy}=0$，$\rho_{yy}=0$，σ_{yz} 不变，一直到完全越过下一子带时，σ_{yz} 增加 q^2/h。

可见，σ_{yz} 是量子化的，等于 q^2/h 的整数倍，称为整数量子霍尔效应。

量子霍尔电阻 $h/q^2=25812.807\Omega$ 已经正式被定为电阻的计量单位。同时，表征电量为 q 的基本粒子和电磁场（光子）相互作用强度的精细结构常数

$$\alpha = \frac{q^2/h}{2\varepsilon_0 c}$$

在量子电动力学中是一个重要常数，量子霍尔效应为它提供了一个新的测量方法，在检验量子电动力学的正确性方面有重要意义。

4.3.4 HEMT 的基本性质

1. 电荷和电压的关系

由图 4.9(b)给出的能量关系不难得到下述关于电压的方程：

$$\phi_{Bn} - V_G = -\left(\frac{qN_s}{\mathscr{E}_2}d - \frac{q}{\mathscr{E}_2}\int_0^{-d} N_D(x)x\,dx\right) + \frac{\Delta E_c}{q} - \frac{E_F}{q} \tag{4.111}$$

ϕ_{Bn} 是金属接触的势垒高度，V_G 是栅压，ΔE_c 是异质结材料（这里为 AlGaAs 和 GaAs）导带边的能量差，E_F/q 是 2DEG 的费米势，ε_2 是控制层材料（AlGaAs）的介电常数。上式右边括号内表示的项是控制层上的电压降，其中 $(qN_s/\varepsilon_2)d$ 由 2DEG 引起，余者则由电离杂质产生。当控制层均匀掺杂时，$N_D(x)=$ 常数，电离杂质产生的电压降为 $(qN_D/2\varepsilon_2)d^2$。将 $E_F/q=E_{F0}/q+aN_s$ 代入上式，并进行整理，可得

$$qN_s = \frac{\varepsilon_2}{d+\Delta d}(V_G - V_T) \tag{4.112}$$

其中 $d=d_1+d_0$ 是掺杂 (d_1) 和不掺杂 (d_0) AlGaAs 层的厚度。

$$V_T = \phi_{Bn} - \frac{qN_D}{2\varepsilon_2}d_1^2 - \frac{\Delta E_c}{q} + \frac{\Delta E_{F0}}{q} \tag{4.113}$$

$$\Delta d = \frac{\varepsilon_2 a}{q} \approx 80\text{Å} \tag{4.114}$$

V_T 是 HEMT 的阈值电压，Δd 是 2DEG 的有效厚度。

当漏、源间加电压 V_{DS} 时，2DEG 薄层构成导电沟道。选择沿沟道（从源至漏）的方向为 y 方向，源端为 $y=0$。以 $V(y)$ 表示沟道内 y 处的电位，则控制电荷薄层的有效栅压为 $V_{GS}-V(y)$，表示电荷与电压关系的方程(4.112)这时应变成

$$qN_s(y)=\frac{\varepsilon_2}{d+\Delta d}[V_{GS}-V_T-V(y)] \tag{4.115}$$

或

$$qN_s(y)=qN_{s0}-\frac{\varepsilon_2}{d+\Delta d}V(y) \tag{4.116}$$

N_{s0} 是源端的电荷浓度。

2. 电流和电压的关系

对于长沟道器件，沿沟道方向的电场处低于速度饱和电场，沟道电流可表示为

$$\begin{aligned}I_{DS}&=ZqN_s(y)\mu\mathscr{E}(y)\\&=\mu Z\frac{\varepsilon_2}{d+\Delta d}[V_{GS}-V_T-V(y)]\frac{dV(y)}{dy}\end{aligned} \tag{4.117}$$

Z 为沟道宽度，μ 为低场电子迁移率，$\mathscr{E}(y)=\dfrac{dV(y)}{dy}$ 是 y 处沟道电场强度。将上式从沟道的源端($y=0$)至漏端($y=L$，L 是沟道长度)积分，得到

$$I_{DS}=\mu\left(\frac{Z}{L}\right)\frac{\varepsilon_2}{d+\Delta d}[(V_{GS}-V_T)V_{DS}-V_{DS}^2/2] \tag{4.118}$$

当 V_{DS} 增加到 $V_{Dsat}=V_{GS}-V_T$，由式(4.115)可知，$qN_s(L)=0$，即沟道在漏端夹断，电流达到饱和。在饱和区，漏极电流为

$$I_{Dsat}=\frac{\mu\varepsilon_2 Z}{2(d+\Delta d)L}(V_{GS}-V_T)^2 \tag{4.119}$$

对于短沟道器件($L\sim 1\mu m$)，强电场下电子将以饱和速度 v_s 运动，漏极电流可表示为

$$\begin{aligned}I_{Dsat}&=qN_{s0}v_sZ\\&=\frac{Z\varepsilon_2 v_s}{(d+\Delta d)}(V_{GS}-V_T)\end{aligned} \tag{4.120}$$

如前节所述，GaAS 中电子的稳态饱和速度 $v_s\gtrsim 1\times10^7\,cm/s$。对沟道十分短的器件，输运往往是“非稳态过程”，电子速度可以是稳态饱和速度的若干倍。

根据定义，通过 I_{DS} 对 V_{GS} 的微商(V_{DS} 维持不变)，可以求得器件的跨导 g_m。对于 I_{DS} 非饱和的情形，由方程(4.118)可得

$$g_m=\mu\left(\frac{Z}{L}\right)\frac{\varepsilon_2}{d+\Delta d}V_{DS} \tag{4.121}$$

而在电流饱和区，由方程(4.119)和(4.120)，有

$$g_m = \begin{cases} \dfrac{Z\varepsilon_2\mu}{(d+\Delta d)L}(V_{GS}-V_T) & \text{（长沟道器件）} \\ \dfrac{Z\varepsilon_2 v_s}{(d+\Delta d)} & \text{（短沟道器件）} \end{cases} \tag{4.122}$$

3. 小信号栅电容

为了确定器件的小信号栅电容，必须首先计算栅极下面总的电荷量 Q_n，这可由下式得出

$$Q_n = Z\int_0^L(-qN_s)\mathrm{d}y = Z\int_0^{V_{DS}}(-qN_s)\frac{\mathrm{d}y}{\mathrm{d}V}\mathrm{d}V \tag{4.123}$$

$\dfrac{\mathrm{d}y}{\mathrm{d}V}$从式(4.117)得到为

$$\frac{\mathrm{d}y}{\mathrm{d}V} = \frac{ZqN_s\mu}{I_{DS}} \tag{4.124}$$

所以，

$$Q_n = -\frac{\mu Z^2}{I_{DS}}\int_0^{V_{DS}}(qN_s)^2\mathrm{d}V \tag{4.125}$$

将式(4.115)和(4.118)代入上式，可得

$$Q_n = \frac{2}{3}C_G\frac{V_{GD}'^3 - V_{GS}'^3}{V_{GS}'^2 - V_{GD}'^2} \tag{4.126}$$

式中

$$V'_{GS} = V_{GS} - V_T,\ V'_{GD} = V'_{GS} - V_{DS},\ C_G = \frac{\varepsilon_2 ZL}{d+\Delta d} \tag{4.127}$$

栅-源电容为

$$C_{GS} = -\frac{\partial Q_n}{\partial V'_{GS}} = \frac{2}{3}C_G\left[1 - \frac{(V'_{GS} - V_{DS})^2}{(2V'_{GS} - V_{DS})^2}\right] \tag{4.128}$$

栅-漏电容为

$$C_{GD} = -\frac{\partial Q_n}{\partial V'_{GD}} = \frac{2}{3}C_G\left[1 - \frac{V_{GS}'^2}{(2V'_{GS} - V_{DS})^2}\right] \tag{4.129}$$

这些电容都是在电流低于饱和值时得到的。当 $V_{DS}\to 0$ 时，有

$$C_{GS} = C_{GD} = C_G/2 \tag{4.130}$$

当 $V_{DS} = V'_{GS} = V_{GS} - V_T$ 时，器件的电流特性开始饱和，这时有

$$C_{GS} = \frac{2}{3}C_G,\quad C_{GD} = 0 \tag{4.131}$$

4. 截止频率 f_T

与 MESFET 及其他 FET 一样，HEMT 的截止频率可以表示为

$$f_T = \frac{g_m}{2\pi C_G} \tag{4.132}$$

C_G 是器件本征部分的栅电容。如果把有效负载电容(边缘效应等引起的寄生电容也可以算在其内)C_L 也包括进来,则截止频率应表示成

$$f_T = \frac{g_m}{2\pi(C_G + C_L)} \tag{4.133}$$

或利用比值 g_m/C_G 和栅下电子渡越时间 τ 的关系(见式 4.69),则这一表示实际器件截止频率的公式又可表为

$$f_T = \frac{1}{2\pi\tau} \cdot \frac{1}{1 + C_L/C_G} \tag{4.134}$$

对于 HEMT,本征栅电容为

$$C_G = \frac{\varepsilon_2 ZL}{d + \Delta d} \tag{4.135}$$

由于迁移率高和平均速度较高(τ 较小),器件有较高的截止频率和较快的工作速度。另外,为了改善 f_T,需要减小栅极长度 L 和寄生电容 C_L。

习　题

4.1 在 n 型硅上形成的理想肖特基势垒二极管有下述参数:$q\phi_m = 4.65\text{eV}$,$q\chi = 4.03\text{eV}$,$N_D = 10^{16}\text{cm}^{-3}$。在 $T = 300\text{K}$ 时确定:(1) 势垒高度 $q\phi_{Bn}$;(2) 硅表面自建电压 V_{bi};(3) 硅表面耗尽层宽度 W 及最大电场强度 $\mathscr{E}_m$。

4.2 一个金属-nGaAs 肖特基二极管存在表面态和界面层,参数如下:$\phi_m = 4.55\text{V}$,$\chi = 4.07\text{V}$,$\phi_0 = 0.50\text{V}$,$E_g = 1.42\text{eV}$,$\delta = 25\text{Å}$,$\varepsilon_i = \varepsilon_0$,$N_D = 10^{16}\text{cm}^{-3}$,$D_s = 10^{13}$ 个/eV·cm^2。在 $T = 300\text{K}$ 时,计算:(1) 势垒高度 ϕ_{Bn};(2) 电子电流和空穴电流的比值 J_n/J_p(设 GaAs 中 $D_p = 8\text{cm}^2/\text{s}$,$\tau_p = 10^{-7}\text{s}$)。忽略势垒降低效应。

4.3 考虑肖特基势垒降低效应,$T = 300\text{K}$。对题 4.1 中的肖特基势垒二极管,(1) 用求得的$\mathscr{E}_m$值计算势垒高度降低量 $\Delta\phi$;(2) 求 $\Delta\phi$ 为 ϕ_{Bn}的 5% 时的反偏电压值 V_R。

4.4 集成电路中的肖特基势垒二极管和欧姆接触都是在硅上淀积金属获得的。已知金属的功函数是 4.5eV,对于理想的金属-半导体接触,讨论每一种接触允许的硅掺杂范围。考虑 n 型和 p 型硅,$T = 300\text{K}$。

4.5 一个 n 沟道 GaAs MESFET 的势垒高度 $\phi_{Bn} = 0.85\text{V}$,掺杂浓度 $N_D = 5 \times 10^{16}\text{cm}^{-3}$,尺寸为 $a = 0.2\mu\text{m}$,$L = 1.5\mu\text{m}$,$Z = 10\mu\text{m}$。在 $T = 300\text{K}$ 下,计算夹断电压 V_p 和阈值电压 V_T,判断器件是增强型还是耗尽型。

4.6 对于题 4.5 的器件,设 $\mu n = 5000\text{cm}^2/\text{V}\cdot\text{s}$,在 $V_{DS} = 1\text{V}$ 和 $V_{GS} = 0$ 时,计算:(1) 漏极电流;(2) 跨导 g_m;(3) 截止频率 f_T。

4.7 一个突变的 AlGaAs/GaAs HEMT,n-AlGaAs 层的掺杂浓度 $N_D = 2 \times 10^{18}\text{cm}^{-3}$,厚度 $d_1 = 35\text{nm}$,不掺杂 AlGaAs 层的厚度 $d_0 = 3\text{nm}$。设 $\phi_{Bn} = 0.85\text{V}$,$\Delta E_c = 0.23\text{eV}$,AlGaAs 的介电常数 $\varepsilon_2 = 12.3\varepsilon_0$。计算:(1) 阈值电压 V_T;(2) $V_{GS} = 0$ 时的二维电子气

浓度 N_s。

4.8　对于题 4.7 的异质结，假定栅长 $L=0.5\mu m$，栅宽 $Z=0.1\mu m$，电子的饱和速度 $v_s=2\times10^7 cm/s$。计算饱和区跨导 g_m 和最高截止频率 f_T。

4.9　在整数量子霍尔效应中，为了看到电子填充一个朗道能级，朗道能级的简并度 qB/h 必须达到 N_s。实验上 B 是有限的，所以 N_s 有一个限制。假定能达到的最大 B 是 10 特斯拉（T 或 Wb/m^2），N_s 的值应低于多少？对于题 4.7 的 AlGaAs/GaAs 异质结，如果其他条件不变，只是改变掺杂层的厚度 d_1，则 d_1 将增加还是减小？

参考文献

[1]　Sze S M. 半导体器件：物理和工艺. 王阳元，嵇光大，卢文豪，译. 北京：科学出版社，1992.

[2]　Sze S M. 半导体器件物理. 黄振岗，译. 北京：电子工业出版社，1989.

[3]　Muller R S, Kamins T I, Chan M. 集成电路器件电子学（第三版）. 王燕，张莉，译. 北京：电子工业出版社，2004.

[4]　黄昆，韩汝琦. 半导体物理基础. 北京：科学出版社，1979.

[5]　叶良修. 半导体物理学. 北京：高等教育出版社，1983.

[6]　Liao S Y. Microwave Devices and Circuits, 3rd ed. NJ: Prentice-Hall, 1990.

[7]　Sze S M Ed. High-Speed Semiconductor Devices. New York: Wiley, 1990.

[8]　Shur M. Physics of Semiconductor Devices. NJ: Prentice-Hall, 1990.

[9]　虞丽生. 半导体异质结物理. 北京：科学出版社，1990.

[10]　黄昆. 黄昆文集. 北京：北京大学出版社，2004.

[11]　Lee K, Shur M, Drummond T. J. and Morkoc H. IEEE Trans. Electron Devices, ED-30(1983), 207.

第五章　MOS 器件

与 JFET 或 MESFET 不同，栅压控制 MOS 器件导电沟道的载流子浓度。本章首先讨论 MOS 结构（MOS 二极管）的半导体表面状态，然后在此基础上讨论 MOS 场效应晶体管（MOSFET）。以这种器件为核心的 MOS 集成电路是当前超大规模集成电路（VLSI）的主流。电荷耦合器件（CCD）的基本结构是一种密排的 MOS 二极管阵列，被用于摄像、信息处理和数字存储等方面，在本章的最后介绍。

5.1　MOS 结构的基本性质

5.1.1　基本结构和能带图

MOS 结构指金属-氧化物-半导体结构。半导体作为衬底，我们主要考虑 p 型，并且假定掺杂均匀；氧化物常用 SiO_2，在 Si 上生长 SiO_2 的工艺简单可靠，SiO_2/Si 的界面态密度已能做到低于 $10^{10}\,cm^{-2}$；金属泛指栅极材料，不只限于金属，目前主要采用多晶硅或难熔金属硅化物。

图 5.1(a) 是互相绝缘的金属、半导体及夹在中间的氧化层所组成系统的能带图；

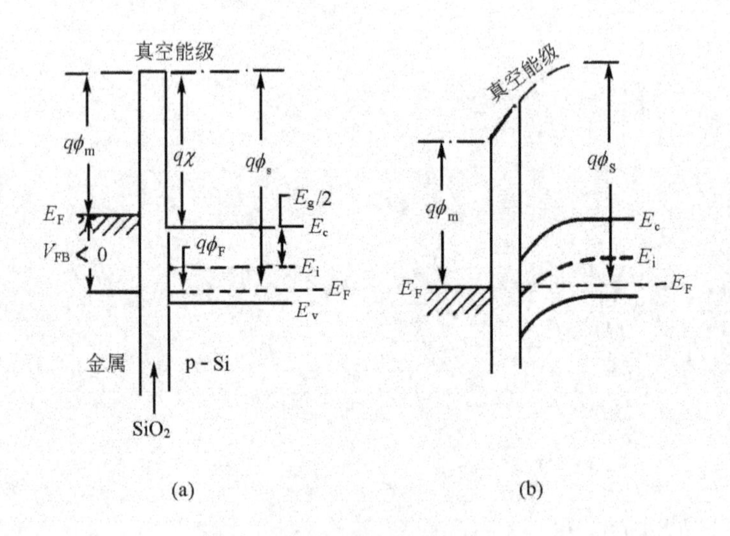

图 5.1　(a) 由互相绝缘的金属、半导体及夹在中间的氧化层所组成系统的能带图；(b) 热平衡时 MOS 二极管的能带图

图 5.1(b) 是热平衡时 MOS 二极管的能带图，它是对于金属和半导体之间有功函数差但 SiO_2 中不存在电荷的情形画的。对于图 5.1 所示的情形，金属的功函数 $q\phi_m$ 比半导体的功函数 $q\phi_s$ 小，故有电子离开金属，通过外电路或比 SiO_2 要好的通道向半导体转移。这样，栅极带正电，并排斥半导体表面的空穴使之形成由电离受主组成的空间电荷区。因为半导体表面处的空穴比远离表面的体内少，在表面处半导体的能带向下弯曲。由金属带正电、半导体表面带负电而产生的电位差分开降落在 SiO_2 层上和半导体表面空间电荷区上，这一电位差就是金属和半导体接触的电势差，它与金属和半导体之间的等效功函数(功函数除以基本电荷量 q)差数值相等但符号相反。对于我们现在讨论的情形，这一电势差大于零。

5.1.2 氧化层及界面陷阱电荷

MOS 系统中，在 SiO_2 层内部以及 SiO_2-Si 界面存在电荷，如图 5.2 所示。

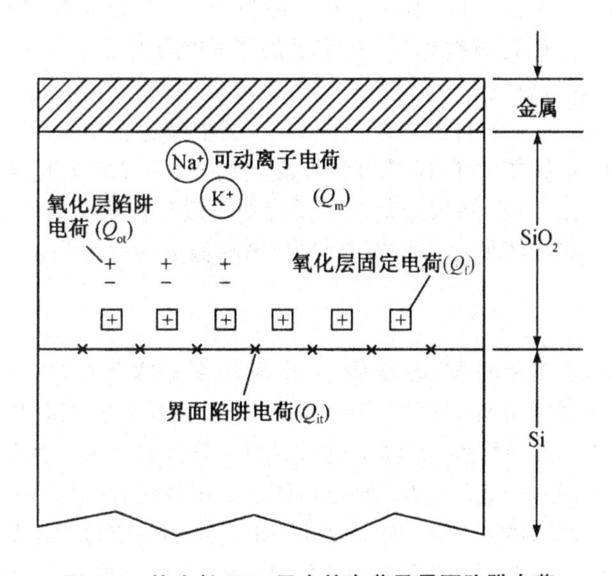

图 5.2 热生长 SiO_2 层中的电荷及界面陷阱电荷

(1) 界面陷阱电荷 Q_{it} 由 SiO_2-Si 界面特性造成。在界面处，Si 晶格的周期性突然中止，产生悬挂键，使禁带中存在允许的电子能级(界面态)。显然，界面陷阱密度(单位面积的界面态数)与硅晶体的方向有关。在第四章讨论肖特基势垒时，我们描述了界面态和半导体交换电子的情形，说明界面态中的净电荷是带隙中费米能级位置的函数。也就是说，随着栅压改变造成表面处能带弯曲状态(表面势)的改变，界面态会充放电，影响硅表面从耗尽状态向反型状态的过渡，导致阈值电压改变。带电的界面陷阱还会减小反型层载流子的迁移率，进而减小 MOS 晶体管的漏极电流。幸运的是，目前采用的在 Si 上热生长 SiO_2 的 MOS 结构，其大部分界面陷阱都用低温(450℃)氢退火方法中和掉了。对于硅{100}面，Q_{it}/q 可以低至 $10^{10}\,cm^{-2}$，即大约每 10^5 个表面原子才有一个界面陷阱电荷。

(2) 氧化层固定电荷 Q_f 位于 SiO_2-Si 界面层约 3nm 的范围内，这些电荷是固定不动的，而且基本上不随外加电压改变。Q_f 通常为正值，并与氧化、退火的条件及 Si 的界面取向有关，被认为是氧化过程终止时一些离子化的硅留在邻近硅表面的 SiO_2 薄层内。经过仔细处理的 SiO_2-Si 系统，<100>晶向表面具有最低的 Q_f，Q_f/q 的典型值为 $10^{10}cm^{-2}$。

(3) 氧化层陷阱电荷 Q_{ot} 常伴随 SiO_2 中的缺陷产生，电离辐射和热电子效应都会产生这类电荷(另外也会产生附加的界面态，此处只讨论氧化层电荷)。与电离辐射直接相关的主要是氧化层中电子-空穴对的产生。SiO_2 的禁带宽度大约是 9eV，当遇到 γ 射线或 X 射线照射时，价带电子能够获得足够能量跃迁到导带，同时在价带中产生一个空穴。产生的电子和空穴可以在氧化层电场的作用下沿相反方向移动。业已发现，电子在 SiO_2 中有很大的迁移率，其值大约在 $20cm^2/V\cdot s$ 的数量级，强电场时速度也会在 $10^7cm/s$ 饱和，在典型的 SiO_2 层厚度下，迁移时间为 ps 量级。所以，这些电子对 MOS 器件的辐射响应通常不起主要作用。另一方面，空穴在 SiO_2 中的运动是随机跳跃，有效迁移率在 $10^{-4}\sim10^{-11}cm^2/V\cdot s$之间，往往在产生处附近就被陷住，从而增加了氧化层中的正电荷。空穴陷阱与 SiO_2 中存在氧空位之类的结构缺陷有关，这些缺陷大都可以在惰性气体中退火消除。

(4) 可动离子电荷 Q_m 来自工艺过程中 SiO_2 层中碱金属离子(主要是 Na^+ 和 K^+)的玷污。碱金属离子在高温(如大于 100℃)和外加电场下，可以在氧化层内移动，影响 MOS 器件的稳定度。因此，在 MOS 结构的制备中要特别注意防止可动离子玷污，并采用特殊工艺步骤(目前广泛采用的是磷稳定化和氯中性化)来降低玷污的影响。

5.1.3 平带电压

前面的叙述说明，在实际的 MOS 结构中，金属和半导体之间存在功函数差，因而产生一定的固有电压，并造成半导体表面能带弯曲；SiO_2-Si 系统存在氧化层电荷及界面陷阱电荷，会在金属和半导体内感应极性相反的电荷，成为半导体能带弯曲的另一个原因。可以想象，如果金属相对半导体加一定的电压(栅压)，使之平衡其固有电压和消除氧化层及界面电荷的影响，则半导体表面和体内一样，能带处处平坦。外加的能拉平半导体能带的电压就叫做平带电压，以 V_{FB} 表示。对实际的 MOS 结构，平带电压可分成二部分电压相加，即 $V_{FB}=V_{FB1}+V_{FB2}$，V_{FB1} 用来抵消功函数差的影响，V_{FB2} 用来消除氧化层及界面电荷的影响。

(1) V_{FB1} 根据前面的讨论，这一电压等于金属和半导体的等效功函数差，

$$V_{FB1}=\frac{q\phi_m-q\phi_s}{q}=\phi_{ms} \tag{5.1}$$

从图 5.1 得出 $q\phi_s$，代入上式即有

$$V_{FB1}=\phi_G-\phi_F \tag{5.2}$$

其中

$$\phi_G=\frac{(q\chi+E_g/2)-q\phi_m}{(-q)} \tag{5.3}$$

$$\phi_F=\frac{E_F-E_i}{(-q)} \tag{5.4}$$

ϕ_F 是相对于本征费米能级 E_i 定义的半导体材料的费米势(ϕ_G 也有类似的意义),对于非简并的 p 型半导体有

$$\phi_F = \frac{k_B T}{q} \ln\left(\frac{N_A}{n_i}\right) \tag{5.5}$$

N_A 是受主掺杂浓度,n_i 是本征载流子浓度。对于给定的 MOS 结构,可由式(5.3)和(5.5)求出 V_{FB1}(即 ϕ_{ms}),ϕ_{ms}决定于 MOS 结构所用的栅材料和半导体的掺杂浓度。

多晶硅是一种十分重要的栅材料。与金属栅相比,它的主要优点是能够承受器件制造中的高温过程。因此,多晶硅栅又可充当形成源、漏区的掩膜,得到没有栅源交叠或栅漏交叠的自对准栅。对于多晶硅栅(简称硅栅),式(5.2)中的 ϕ_G 应以多晶硅的费米势表示。由于作为栅材料,多晶硅通常是高掺杂的,费米能级靠近价带顶或导带底,即$(E_F - E_i) \approx \mp 0.56\text{eV}$,故有

$$\phi_G \approx \pm 0.56V \tag{5.6}$$

"+"号用于 p 型栅,"-"号用于 n 型栅。

图 5.3 所示的是对于各种类型的栅极功函数差和衬底掺杂浓度的函数关系。我们可以看出,对于多晶硅栅,ϕ_{ms} 比通过公式(5.6)计算得到的要稍微大些。这个误差是因为,对于多晶硅栅,费米能级不与导带底或价带顶完全重合。

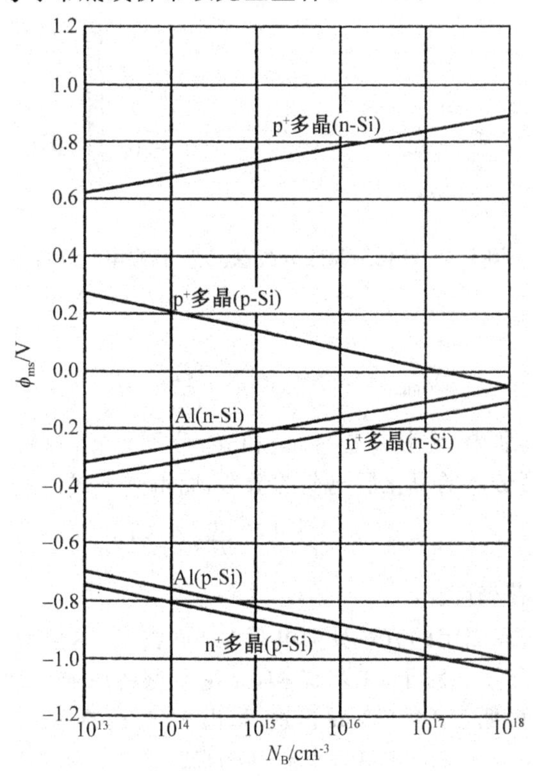

图 5.3 铝、n^+ 及 p^+ 多晶硅栅的功函数差 ϕ_{ms}和衬底掺杂浓度的关系

(2) V_{FB2}　下面先分析氧化层电荷对 MOS 系统的影响。考虑密度为 Q_{ox} 的电荷位于 SiO_2 层中 $x=x_1$ 平面处，如图 5.4(a)所示。Q_{ox} 在硅和金属栅上感应极性相反的电荷，感应电荷总量为 $(-Q_{ox})$。x_1 越接近 SiO_2-Si 界面，在硅中感应电荷所占的比重就越大；这一部分感应电荷会改变表面处硅的能带状态，成为表面能带不平的一个原因。但是，如果全部所需的 $(-Q_{ox})$ 由金属栅极提供，则硅中没有感应电荷，其表面处能带不受 Q_{ox} 的影响。由图 5.4(b)和高斯定理可以看出，这时金属 $(x=0)$ 和 Q_{ox} $(x=x_1)$ 之间的电场保持常数，而 x_1 和硅表面 $(x=d_{ox})$ 之间的电场为零。栅和 x_1 之间的电场 $\mathscr{E}_{ox}$ 为

$$\mathscr{E}_{ox}=-\frac{Q_{ox}}{\varepsilon_{ox}},\quad 0<x<x_1 \tag{5.7}$$

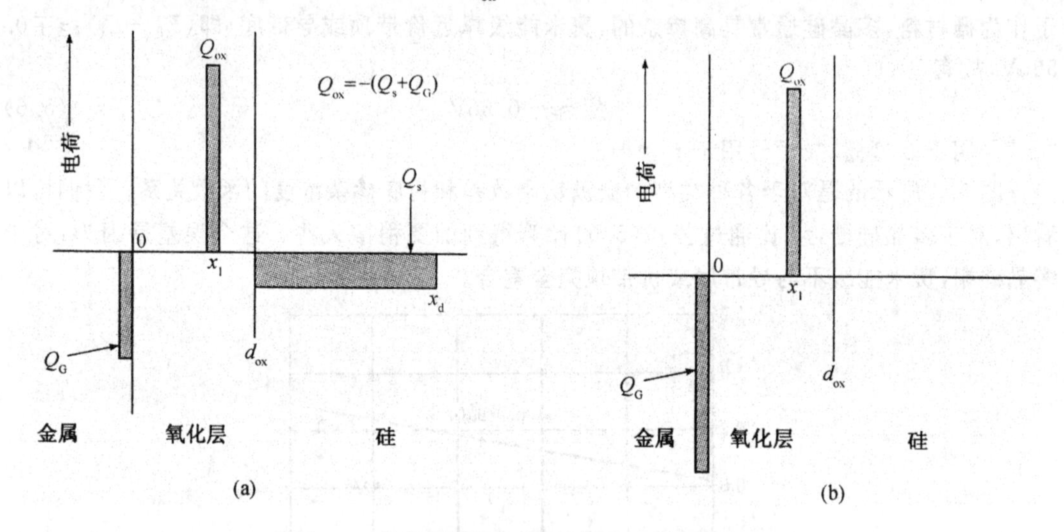

图 5.4　氧化层薄层电荷 Q_{ox} 及其感应电荷分布

相应的栅压(即 V_{FB2})为

$$V_{FB2}=-\frac{Q_{ox}}{\varepsilon_{ox}}x_1=-\frac{Q_{ox}}{C_{ox}}\cdot\frac{x_1}{d_{ox}} \tag{5.8}$$

其中，$C_{ox}=\varepsilon_{ox}/d_{ox}$ 为单位面积氧化层电容，ε_{ox} 和 d_{ox} 分别为栅 SiO_2 层的介电常数和厚度。式(5.8)可以推广到任意分布的氧化层电荷的情形，而得到下式：

$$V_{FB2}=-\frac{1}{C_{ox}}\int_0^{d_{ox}}\frac{x}{d_{ox}}\rho(x)\,dx \tag{5.9}$$

$\rho(x)$ 为氧化层中的体电荷密度。

为了简化分析，常常以固定的有效界面电荷 Q_0（面密度，单位为 C/cm^2）来等效 SiO_2-Si 系统中所有各类电荷的作用。对于 MOS 结构，无论 p 型衬底或 n 型衬底，Q_0 总是正的，其数值在现代工艺水平下可低至 $10^{10}\,C/cm^2$。这时，由式(5.8)有

$$V_{FB2}=-Q_0/C_{ox} \tag{5.10}$$

总起来，MOS 结构的平带电压可表示为

$$V_{FB} = \phi_{ms} - Q_0/C_{ox} \tag{5.11}$$

5.1.4　表面势

氧化层下的半导体表面通常简称表面。MOS 器件中所谓的半导体表面指的就是这部分表面。当栅对衬底的外加电压 V_{GB} 不等于平带电压 V_{FB} 时，半导体将出现表面电荷层，在它之外的半导体内部实际上是电中性的。表面层上的电势降落称为表面势，我们以 ψ_s 表示，并规定电势降落的方向由表面指向体内。因此，若表面电势高于体内，则 ψ_s 为正，反之为负。

利用表面势概念，平衡时表面处的电子浓度和空穴浓度可分别表示为

$$n_s = n_0 \exp(\beta\psi_s)$$

$$p_s = p_0 \exp(-\beta\psi_s)$$

n_0 和 p_0 分别是体内中性区的电子和空穴的平衡浓度，$\beta = q/k_B T$。

5.1.5　电势平衡和电荷平衡

对于一般的外加栅压 V_{GB}，半导体表面层将出现电荷并有电势降落，图 5.5 表示外加栅压 V_{GB} 时的 p 型衬底 MOS 结构及其电势分布。

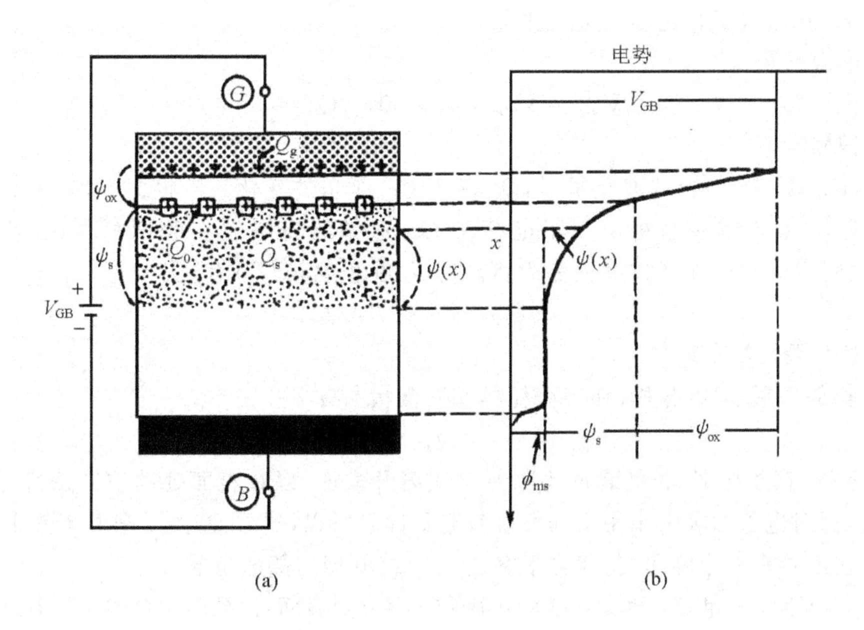

图 5.5　(a) 外加偏压 V_{GB} 下的 p 衬底 MOS 结构；(b) 及其电势分布

沿图 5.5(a) 所示的电路绕行一周，即得 MOS 结构的电势平衡方程：

$$V_{GB} = \psi_{ox} + \psi_s + \phi_{ms} \tag{5.12}$$

其中，V_{GB}是栅对衬底的偏压；ψ_{ox}是栅氧化层上的电压；ψ_s 是表面势；ϕ_{ms}是衬底对栅的接触电势差，即栅对衬底的等效功函数（费米势）之差。由于 ϕ_{ms}与外加电压无关，所以 V_{GB}改变ΔV_{GB}时有

$$\Delta V_{GB} = \Delta\psi_{ox} + \Delta\psi_s \tag{5.13}$$

由整体电中性条件，即得 MOS 结构的电荷平衡方程：

$$Q_g + Q_s + Q_0 = 0 \tag{5.14}$$

其中，Q_g 是栅电荷，Q_s 是半导体表面层电荷，Q_0 是有效界面电荷。这里，我们规定上述电荷量都表示电荷面密度（C/cm^2），即单位表面面积的电荷量。假定 Q_0 不变，则栅电荷 Q_g 改变 ΔQ_g 时有

$$\Delta Q_g + \Delta Q_s = 0 \tag{5.15}$$

另一方面，栅极是 MOS 结构电容器的一个极板（另一个极板是半导体表面层），其上的电荷量 Q_g 可以通过栅氧化层上的电压降 ψ_{ox}和氧化层电容 C_{ox}表示：

$$Q_g = C_{ox}\psi_{ox} \tag{5.16}$$

5.1.6 半导体表面状态

对于 p 型衬底的 MOS 结构，对应 V_{GB}等于、小于和大于 V_{FB}三种情形，半导体表面将出现平带状态、积累状态和耗尽及反型状态。

(1) 平带状态

$$V_{GB} = V_{FB}, \quad \psi_s = 0, \quad Q_s = 0$$

(2) 积累状态

相对 V_{FB}，V_{GB}有一负的变化量时，Q_g 将产生一个负的变化量。根据方程(5.15)，有 $Q_s = -\Delta Q_g > 0$，半导体表面将出现正电荷量 Q_s，这意味着空穴在表面积累；而根据方程(5.13)，此时有 $\psi_s<0$，半导体表面势为负。所以，在积累状态下有

$$V_{GB} < V_{FB}, \quad \psi_s < 0,\ Q_s > 0$$

(3) 耗尽及反型状态

根据类似情形(2)的分析，在表面耗尽或反型状态有

$$V_{GB} > V_{FB}, \quad \psi_s > 0,\ Q_s < 0$$

V_{GB}比 V_{FB}高不多时，正的表面势驱使空穴离开表面，以致表面处的空穴浓度显著低于掺杂浓度；而对电子的吸引作用小到可以忽略不计。所以，这时 Q_s 主要来源于受主离子，可以设想在表面存在一个耗尽层，相当于突变 n^+p 结 p 型一侧的情形。

V_{GB}增加到使 ψ_s 足够正时，将有大量电子被吸引到表面，以致表面处的电子浓度可能超过空穴浓度。这种状态称为表面反型状态。由于氧化层阻挡了电荷流动，半导体中仍维持平衡状态，即仍有统一的费米能级(E_{FP})，表面处的电子浓度为

$$n_s = n_0 \exp(\beta\psi_s) \tag{5.17}$$

利用 $\phi_F = (1/\beta)\ln(N_A/n_i)$和 $n_0 = n_i^2/N_A$，上式可改写为

$$n_s = n_i \exp[\beta(\psi_s - \phi_F)] \tag{5.18}$$

或

$$n_s = p_0 \exp[\beta(\psi_s - 2\phi_F)] \tag{5.19}$$

p_0 是体内中性区的空穴浓度，这里已假定杂质全部电离，即 $p_0 = N_A$。当 $\psi_s > \phi_F$ 时，表面处的电子浓度超过空穴浓度，表面为反型状态；$\psi_s > 2\phi_F$ 时，表面处的电子浓度超过体内的空穴浓度，通常称为强反型状态。

5.1.7 表面层电荷和表面势的关系

取坐标轴 x，原点选在 SiO_2-Si 界面，方向由界面指向半导体内部，如图 5.2 所示。在 x 处的电子浓度为

$$n(x) = n_0 \exp[\beta\psi(x)] \tag{5.20}$$

空穴浓度为

$$p(x) = p_0 \exp[-\beta\psi(x)] \tag{5.21}$$

$\psi(x)$是 x 处相对半导体内中性区的电势，即规定中性区内电势为零。表面空间电荷层内的电荷浓度分布为

$$\begin{aligned} \rho(x) &= q[p - n - N_A] \\ &\approx qN_A\{\exp(-\beta\psi(x)) - 1 - \exp(-2\beta\phi_F)[\exp(\beta\psi(x)) - 1]\} \end{aligned} \tag{5.22}$$

上式第二步用了中性区内 $p_0 - n_0 - N_A = 0$ 以及 $p_0 \approx N_A$ 的条件。泊松方程为

$$\frac{\mathrm{d}\mathscr{E}(x)}{\mathrm{d}x} = \frac{\rho(x)}{\varepsilon_s} \tag{5.23}$$

其中电场强度 $\mathscr{E}(x) = -\mathrm{d}\psi(x)/\mathrm{d}x$。将方程(5.23)的两边同乘以 $2\mathscr{E}\mathrm{d}x$，有

$$\mathrm{d}(\mathscr{E}^2) = -\frac{2\rho(x)}{\varepsilon_s}\mathrm{d}\psi \tag{5.24}$$

从中性区内任一点($\mathscr{E}=0, \psi=0$)至 x 积分，有

$$\mathscr{E}^2 = -\frac{2}{\varepsilon_s}\int_0^{\psi(x)} \rho(x)\mathrm{d}\psi \tag{5.25}$$

将式(5.22)表示的 $\rho(x)$代入，完成积分，可得

$$\mathscr{E}(x) = \pm\frac{qN_A\sqrt{2}L_D}{\varepsilon_s}[\exp(-\beta\psi) + \beta\psi - 1 + \exp(-2\beta\phi_F)(\exp(\beta\psi) - \beta\psi - 1)]^{1/2} \tag{5.26}$$

其中

$$L_D \equiv \sqrt{\frac{\varepsilon_s}{\beta q N_A}} \tag{5.27}$$

L_D 称为 p 型半导体的德拜长度。

在方程(5.26)中，令 $\psi(x) = \psi_s$，就得到表面电场强度 $\mathscr{E}_s$。另一方面，根据高斯定理，半导体表面层电荷密度 Q_s 与表面电场 $\mathscr{E}_s$ 的关系为

$$\mathscr{E}_s = -Q_s/\varepsilon_s \tag{5.28}$$

所以，表面层电荷 Q_s 和表面势 ψ_s 的关系为

$$Q_s = \mp qN_A\sqrt{2}L_D[\exp(-\beta\psi_s)+\beta\psi_s-1+\exp(-2\beta\phi_F)(\exp(\beta\psi_s)-\beta\psi_s-1)]^{1/2} \tag{5.29}$$

方程(5.29)适用于半导体表面的各种状态。“＋”号对应 $\psi_s<0$，表示积累；“－”号对应 $\psi_s>0$，表示耗尽或反型。对于每一种实际的表面状态，方程中只有一、二项是主要的，可以大大简化。

5.1.8 表面势和栅压的关系

由前面的讨论可知，对于栅压 V_{GB}，超过平带电压 V_{FB} 的有效电压($V_{GB}-V_{FB}$)将使半导体表面出现空间电荷层，相应地产生表面势 ψ_s 和表面层电荷 Q_s(栅电荷增加 $-Q_s$)，后者在栅氧化层上引起附加电压 $-Q_s/C_{ox}$。换言之，$V_{GB}-V_{FB}$ 应等于半导体表面势和栅氧化层上附加电压之和，即 $V_{GB}-V_{FB}=\psi_s-Q_s(\psi_s)/C_{ox}$，或者写成下述形式：

$$V_{GB} = V_{FB}+\psi_s-Q_s(\psi_s)/C_{ox} \tag{5.30}$$

其中平带电压 $V_{FB}=\phi_{ms}-Q_0/C_{ox}$。

5.1.9 表面反型状态

在通常的 MOS 器件中，反型层构成导电沟道，是器件导通的原因。所以，表面反型状态对 MOS 器件至关重要。

(1) 反型层电荷

反型时，$\psi_s>\phi_F$，表示表面层电荷 Q_s 的方程(5.29)可简化为

$$Q_s = -qN_A\sqrt{2}L_D[\exp(\beta(\psi_s-2\phi_F))+\beta\psi_s-1]^{1/2} \tag{5.31}$$

在通常的掺杂浓度(例如 $N_A=10^{15}\,\text{cm}^{-3}$)下，$\beta\phi_F=\ln(N_A/n_i)\gg 1$，所以 $\beta\psi_s\gg 1$，上式可进一步简化为

$$Q_s = -qN_A\sqrt{2}L_D[\exp(\beta(\psi_s-2\phi_F))+\beta\psi_s]^{1/2} \tag{5.32}$$

Q_s 包括耗尽层电荷 Q_b 和反型层电荷 Q_i，即

$$Q_s = Q_b+Q_i \tag{5.33}$$

通常，反型载流子(电子)主要分布在紧靠表面的薄层内(其浓度随离开表面的距离指数下降)，其厚度约 100Å，比它下面的耗尽层薄得多。所以，一般假定反型层是一个厚度可以忽略的薄层，这一假设称为电荷薄层近似。由于忽略了厚度，反型层上的电势降落也被忽略，即表面势 ψ_s 全部降落在其下的耗尽层上。这样，根据单边突变 pn 结的理论，耗尽层电荷(C/cm^2)为

$$Q_b = -qN_AW = -\sqrt{2q\varepsilon_sN_A\psi_s} \tag{5.34}$$

式中 $W=\sqrt{2\varepsilon_s\psi_s/qN_A}$ 是表面层(耗尽层)厚度。

式(5.32)和式(5.34)相减,就得到反型层电荷(C/cm^2)为

$$Q_i = -\sqrt{2q\varepsilon_s N_A}\left[\sqrt{\beta^{-1}\exp(\beta(\psi_s - 2\phi_F)) + \psi_s} - \sqrt{\psi_s}\right] \tag{5.35}$$

(2) 强反型($\psi_s \geqslant 2\phi_F$)

半导体表面的少数载流子(电子)浓度等于体内的多数载流子(空穴)浓度时,半导体表面开始强反型,这时有

$$\psi_s = 2\phi_F \tag{5.36}$$

$$Q_b = -\sqrt{2q\varepsilon_s N_A(2\phi_F)} \tag{5.37}$$

将式(5.32)和(5.36)代入表示 ψ_s 与 V_{GB}之间关系的方程(5.30),并令 $V_{GB}=V_{T0}$,可得

$$V_{T0} = V_{FB} + 2\phi_F + \gamma\sqrt{2\phi_F} \tag{5.38}$$

V_{T0}是半导体表面强反型所需要的最低栅压,称为阈值电压;式中 γ 称为衬偏系数,定义为

$$\gamma \equiv \sqrt{2q\varepsilon_s N_A}/C_{ox} \tag{5.39}$$

V_{GB}超过 V_{T0} 进一步增加时,反型载流子(电子)电荷迅速增加,具有很高的数值,从而对栅压有很强的屏蔽作用。这时,增加 V_{GB}基本上只是增加 ψ_{ox},而 ψ_s 变化很小。也就是说,强反型时可认为 ψ_s 具有某一不变的数值($>2\phi_F$),为简单起见,通常设其为 $2\phi_F$,即强反型状态下有

$$\psi_s = 2\phi_F \tag{5.40}$$

相应地,强反型时耗尽层厚度及耗尽层电荷有极大值,分别为

$$x_{dm} = \sqrt{\frac{2\varepsilon_s}{qN_A}(2\phi_F)} \tag{5.41}$$

$$Q_b = -\sqrt{2q\varepsilon_s N_A(2\phi_F)} \tag{5.42}$$

在 ψ_s 固定不变(从而 Q_b 也固定不变)的条件下,过剩栅压($V_{GB}-V_{T0}$)只是形成反型层电荷,即

$$Q_i = -C_{ox}(V_{GB} - V_{T0}) \tag{5.43}$$

5.1.10 电容和电压的关系(C-V 特性)

当 V_{GB}有一微小增量 ΔV_{GB}时,将有增量电荷 ΔQ_g 流入栅极,同时有等量电荷流出衬底,以维持电荷守恒。这样电荷与电压的变化关系可用一个微分(小信号)电容来表示:

$$C \equiv dQ_g/dV_{GB} \tag{5.44}$$

根据电势平衡方程,有

$$\Delta V_{GB} = \Delta\psi_{ox} + \Delta\psi_s \tag{5.45}$$

即栅压增量的一部分降落在栅氧化层上,使栅氧化层上的电压改变 $\Delta\psi_{ox}$;另一部分降落在半导体表面空间电荷层上,使表面势改变 $\Delta\psi_s$。用微分增量代替微小增量,就有

$$C = \frac{dQ_g}{d\psi_{ox} + d\psi_s} \tag{5.46}$$

或

$$\frac{1}{C}=\frac{\mathrm{d}\psi_{\mathrm{ox}}}{\mathrm{d}Q_{\mathrm{g}}}+\frac{\mathrm{d}\psi_{\mathrm{s}}}{\mathrm{d}Q_{\mathrm{g}}} \tag{5.47}$$

如前所述，在有效界面陷阱电荷 Q_0 不随栅压改变的条件下，由电荷平衡方程有 $\Delta Q_s=-\Delta Q_g$，于是式(5.47)可改写成

$$\frac{1}{C}=\frac{1}{\mathrm{d}Q_{\mathrm{g}}/\mathrm{d}\psi_{\mathrm{ox}}}+\frac{1}{-\mathrm{d}Q_{\mathrm{s}}/\mathrm{d}\psi_{\mathrm{s}}} \tag{5.48}$$

显然，上式右方第一项中的 $\mathrm{d}Q_g/\mathrm{d}\psi_{ox}$ 为栅氧化层电容 C_{ox}；第二项中的 $-\mathrm{d}Q_s/\mathrm{d}\psi_s$ 表示半导体表面层电荷 Q_s 随表面势 ψ_s 而变的变化关系，即半导体表面层的电容性质，所以引入半导体表面层电容

$$C_{\mathrm{s}}\equiv-\mathrm{d}Q_{\mathrm{s}}/\mathrm{d}\psi_{\mathrm{s}} \tag{5.49}$$

因为 Q_s 和 ψ_s 二者的变化方向相反，ψ_s 朝正的方向改变时 Q_s 朝负的方向改变，所以 C_s 之值为正。

由上所述，MOS 二极管的小信号电容等效于氧化层电容 C_{ox} 和半导体表面层电容 C_s 串联，即

$$\frac{1}{C}=\frac{1}{C_{\mathrm{ox}}}+\frac{1}{C_{\mathrm{s}}} \tag{5.50}$$

或

$$C=\frac{C_{\mathrm{ox}}}{1+C_{\mathrm{ox}}/C_{\mathrm{s}}} \tag{5.51}$$

$C_{ox}=\varepsilon_{ox}/d_{ox}$ 与栅压无关。所以 MOS 二极管的 C-V 特性决定于半导体表面层电容 C_s 随栅压的变化。根据 C_s 的定义和表示 Q_s 的方程(5.29)，可得

$$C_{\mathrm{s}}=\frac{\varepsilon_{\mathrm{s}}}{\sqrt{2}L_{\mathrm{D}}}\frac{|1-\exp(-\beta\psi_{\mathrm{s}})+\exp(-2\beta\phi_{\mathrm{F}})[\exp(\beta\psi_{\mathrm{s}})-1]|}{F(\beta\psi_{\mathrm{s}})} \tag{5.52}$$

其中

$$F(\beta\psi_{\mathrm{s}})=[\exp(-\beta\psi_{\mathrm{s}})+\beta\psi_{\mathrm{s}}-1+\exp(-2\beta\phi_{\mathrm{F}})[\exp(\beta\psi_{\mathrm{s}})-\beta\psi_{\mathrm{s}}-1]]^{1/2} \tag{5.53}$$

图 5.3(a)是 p 型衬底 MOS 二极管 C-V 特性的一条计算曲线。表面积累时，C_s 为

$$C_{\mathrm{s}}\approx\frac{\varepsilon_{\mathrm{s}}}{\sqrt{2}L_{\mathrm{D}}}\exp(-\beta\psi_{\mathrm{s}}/2) \tag{5.54}$$

强积累(ψ_s 很负)状态下 C_s 的数值很大，由式(5.51)可知，$C\approx C_{ox}$。从物理上讲，是因为这时有大量空穴紧靠氧化层下面，它们构成了栅氧化层电容的一个“极板”(另一个极板是栅极)，结果从 MOS 二极管来看总的电容基本上就是 C_{ox}。当 V_{GB} 增加到使 $\psi_s>0$ 时，半导体表面进入耗尽和反型状态，$C_s=C_i+C_D$，其中 $C_i=-\mathrm{d}Q_i/\mathrm{d}\psi_s$ 为反型层电容，$C_D=-\mathrm{d}Q_b/\mathrm{d}\psi_s$ 为耗尽层电容。在耗尽或反型电荷密度小到可以忽略的弱反型情形下，有

$$C_{\mathrm{s}}\approx C_{\mathrm{D}}=\sqrt{\frac{\varepsilon_{\mathrm{s}}qN_{\mathrm{A}}}{2\psi_{\mathrm{s}}}} \tag{5.55}$$

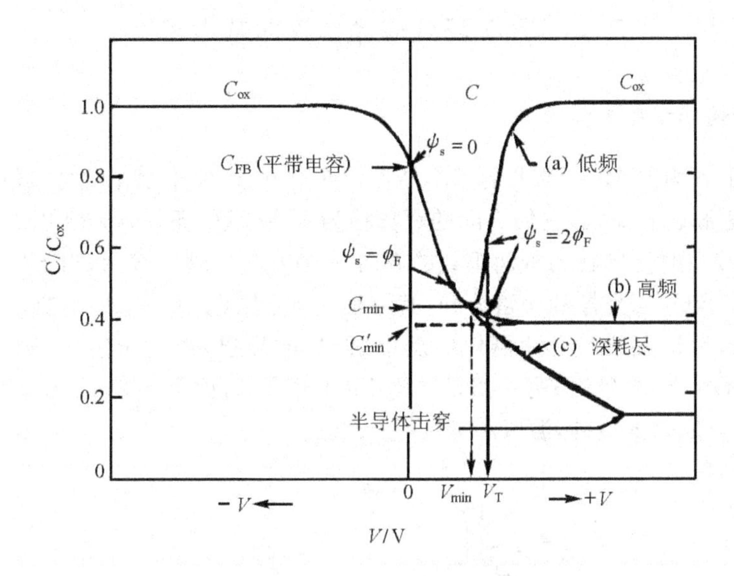

图 5.6　p 衬底 MOS 二极管的 *C-V* 特性

这时，随 V_{GB}(亦即 ψ_s)增加，C_s 下降，故 MOS 二极管电容 C 下降，一直到 ψ_s 接近 $2\phi_F$ 为止。当 V_{GB}增加到使 $\psi_s>2\phi_F$ 时，半导体表面处于强反型状态，

$$C_s \approx \frac{\varepsilon_s}{\sqrt{2}L_D}\exp[\beta(\psi_s-2\phi_F)/2] \tag{5.56}$$

C_s 将很快达到很高的数值，又出现 $C\approx C_{ox}$的情况，这时大量反型载流子(电子)紧靠氧化层下面构成一个"极板"，所以 MOS 二极管的电容基本上就是 C_{ox}。

*C-V*特性是 MOS 二极管的基本特性。通过对 MOS 二极管 *C-V*特性的测量和分析，可以了解半导体表面状态，了解 SiO_2 层和 SiO_2/Si 界面各种电荷的性质，测定 Si 的许多重要参数(例如掺杂浓度和少数载流子寿命)。实际的 *C-V*测量中，ΔV_{GB}是一个正弦变化的小信号电压，叠加在变化十分缓慢的栅偏压上。当小信号电压的频率十分低($\sim 10^0$ Hz)时，测量的结果和理论计算一致；当小信号电压的频率十分高($\sim 10^3$ Hz 或更高)时，反型电荷跟不上 ΔV_{GB}的变化，测量结果如图 5.6(b)所示。反型层电荷的变化之所以不能足够快地跟上 V_{GB}(ΔV_{GB})的变化，原因是它上面的氧化层和下面的耗尽层使它与外界隔绝了，从而反型层中的电子浓度只能靠热产生-复合过程改变(假定无外部辐照)，而这种过程是十分缓慢的。反之，如果反型层的电荷可以从外部提供或经外部移走(在 MOS 晶体管中，源区和漏区可以提供这种与外界的联系)，则图 5.6(a)所表示的强反型区的 *C-V*特性可以保持到很高的频率。如果栅偏压和小信号电压 ΔV_{GB}都快速变化，则反型层不能形成，耗尽层厚度将超过强反型时的最大值 X_{dm}，这种状态称为深耗尽状态，其 *C-V*特性如图 5.6(c)所示。

5.2 MOS 场效应晶体管的基本理论

5.2.1 基本结构和工作原理

图 5.7 表示 n 沟道 MOSFET 的基本结构。两个 n^+ 区便于制作欧姆接触，按使用电位的高低分别称为源区和漏区，它们之间的距离称为沟道长度（栅长），通常以 L 表示，图中沿 y 方向；沟道宽度（栅宽）则在与纸面垂直的方向（z 轴方向），以 Z 表示；与 SiO_2/Si 界面垂直的方向为 x 轴。SiO_2 层把栅和沟道分开，其厚度用 d_{ox} 表示。L, Z, d_{ox} 是决定 MOSFET 性能的三个重要的设计参数。上述器件的反型层（导电沟道）由电子组成，称为 n 沟 MOSFET，简称 NMOS 或 nMOST；另一类是 p 沟 MOSFET，简称 PMOS 或 pMOST，其导电沟道由空穴组成，衬底是 n 型硅，源区和漏区用 p^+ 区。

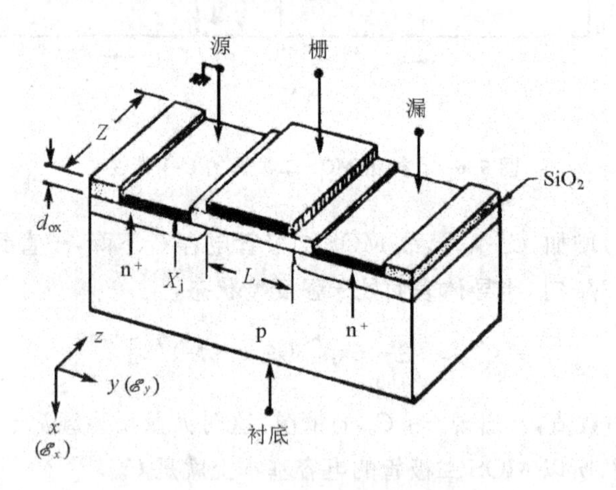

图 5.7 NMOS 的基本结构

MOSFET 除了上述的有 n 沟和 p 沟之分外，还根据栅偏压为零时器件是否导通分为耗尽型（或“常态导通型”）和增强型（或“常态关断型”）。零偏压时关断的称为增强型，这时 NMOS 需要一个正栅压来“增强”沟道，器件才能导通；PMOS 则需要一个负栅压。零偏压时导通的称为耗尽型，这时 NMOS 要求一个负栅压来“耗尽”沟道，器件才能关断；PMOS 则需求一个正栅压。

总起来，MOSFET 有四种类型：n 沟增强型、n 沟耗尽型、p 沟增强型和 p 沟耗尽型。这四类器件的电学符号、输出特性（I_D-V_D 关系）、输入特性（I_D-V_G 关系）表示在图 5.8 中。

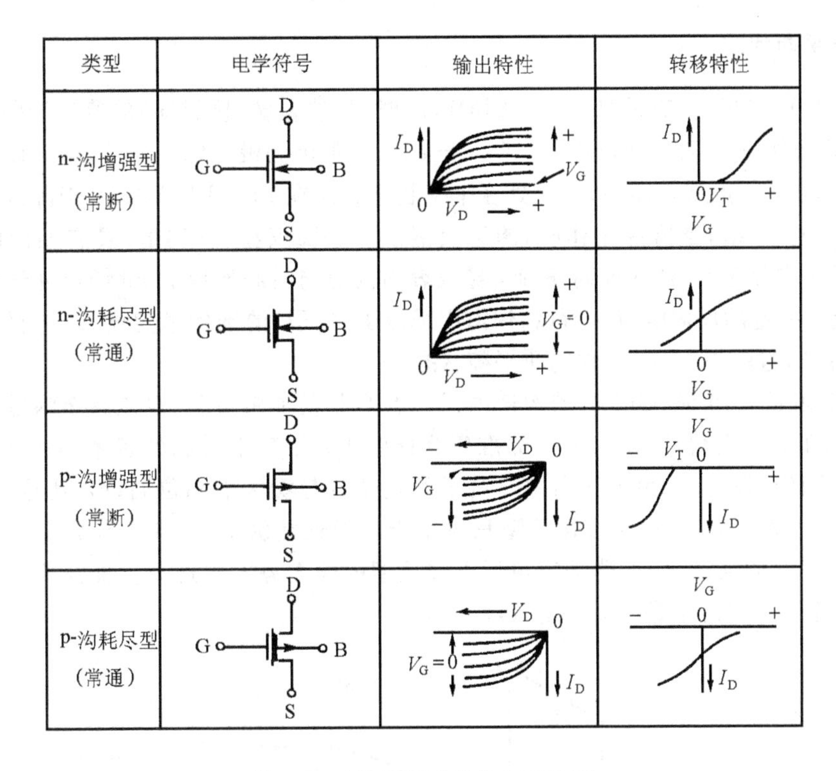

图 5.8 4 种不同类型的 MOSFET

使用 MOSFET 时,外加偏压常以源端为参考点,即源端接地。器件正常工作要求源-衬底和漏-衬底这两个 pn 结反偏,以保证电流沿沟道流动,只有微小的 pn 结反向漏电流通过衬底。这样,对 NMOS 要求 $V_{BS}\leqslant 0$ 和 $V_{BD}\leqslant 0$。V_{BS}和 V_{BD}分别为衬底相对源和漏的外加电压,由于正常工作时漏对源的偏压 $V_{DS}>0$,所以在 $V_{BS}\leqslant 0$ 的条件下自然满足 $V_{BD}<0$。栅偏压 V_{GS}超过使衬底表面强反型的阈值电压 V_T 时,沟道区表面反型层形成导电沟道,将源和漏沟通,栅压大小控制反型载流子(电子)的数量,从而控制源-漏电流(即漏极电流)I_D,I_D-V_{GS}曲线称为 MOSFET 的输入特性或转移特性。一旦导电沟道形成,加漏偏压 V_{DS},电子就将通过沟道从源流到漏(相当于电流从漏流到源),形成漏极电流 I_D。V_{DS}决定沿沟道方向的电场强度,从而决定电子的运动速度,所以 V_{DS}对 I_D 也有控制作用,I_D-V_{DS}曲线表示 MOSFET 的输出特性,在不同栅压下将得到不同的输出特性曲线。

综合上述,对 n 沟 MOSFET,$V_{GS}-V_T<0$ 时截止,$V_{GS}-V_T>0$ 时处于导通状态,加漏端电压 V_{DS}就会有漏极电流。对 p 沟 MOSFET,工作原理相同,只不过输运电流的反型载流子是空穴,栅压 V_{GS}越负,导电沟道中的空穴浓度越大,所以 $V_{GS}-V_T<0$ 时导通,$V_{GS}-V_T>0$ 时处于截止状态。另外,正常工作时,p 沟 MOSFET 的漏端应当加负电压,即 $V_{DS}<0$;漏极电流 I_D 的方向与规定的参考方向(从漏到源)相反,即 I_D 为负值。

5.2.2 非平衡状态

对于 MOS 二极管，有外加电压(栅压 V_{GB})时，虽然金属(栅材料)的费米能级 E_{FM} 和半导体的费米能级 E_{FP} 不再一致($E_{FM}-E_{FP}=-qV_{GB}$)，但因为没有电流流动，半导体从表面到体内仍然具有统一的费米能级，即仍处在平衡状态。而在 MOSFET 中，由于源区和漏区分别与衬底形成 pn 结，当器件工作时，源区及漏区和表面反型层(沟道)具有相同的导电极性，因此漏区或源区 pn 结的反向偏置将导致表面沟道与衬底形成的 pn 结也处于反向偏置状态，并流过一定的反向电流。所以，沟道中载流子(电子)的准费米能级 E_{Fn} 与衬底的费米能级 E_{FP} 分开，这就是 MOS 器件的非平衡状态。

图 5.9 表示 n 沟 MOSFET 的沟道内任一点 C 处的能带变化，设该点至沟道源端的距离为 y。对于非平衡情形，C 点电子的准费米能级 E_{Fn} 相对于衬底的费米能级 E_{FP} 下降了 qV_C。为了明确，假定 $V_{DS}=0$，这时整个沟道等电位且与源区电相位同，V_C 就是加在源-衬底结上的反向偏压 V_{BS}。由于表面反型只决定于表面处能级 E_i 和少数载流子(电子)准费米能级 E_{Fn} 相交的情形，所以非平衡情形下强反型的表面势不再是 $2\phi_F$，而需要一个更大的表面势，这个表面势应该是 $2\phi_F+V_C(y)$。

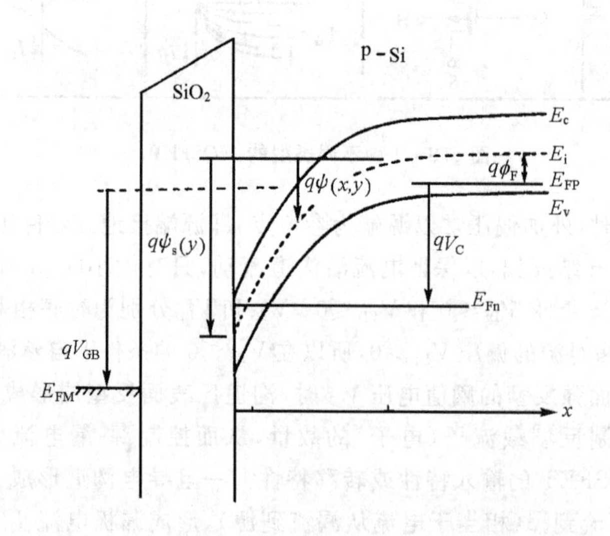

图 5.9 反型时 n 沟 MOSFET 表面附近的能带变化

当 $V_{DS}\neq 0$ 时，设 C 处相对源的电位为 $V(y)$，则有 $V_C(y)=V(y)-V_{BS}$。需要注意，这时电场沿沟道方向(y 方向)有分量，即电场不再像 MOS 二极管中的情形那样与表面垂直；只有假定这一分量比垂直分量小得多，前节中就垂直方向(x 方向)所做的一维分析的结果才可以推广用于 MOSFET。这一假设称为缓变沟道近似(简写为 GCA)。GCA 在沟道长度 L 远大于栅氧化层厚度 d_{ox} 时成立，所以对长沟道器件基本适用，对短沟道器件必须慎重。

在 GCA 下，强反型时有

$$\psi_s(y) = 2\phi_F + V(y) - V_{BS} \tag{5.57}$$

$$Q_b(y) = -\gamma C_{ox}\sqrt{2\phi_F - V_{BS} + V(y)} \tag{5.58}$$

$$Q_i(y) = -C_{ox}\left[V_{GS} - V_{FB} - 2\phi_F - V(y) + \frac{Q_b(y)}{C_{ox}}\right] \tag{5.59}$$

其中 $V_{GS}=V_{GB}+V_{BS}$是相对于源的栅压，$V(y)$是漏偏压引起的沟道电位分布。

5.2.3 阈值电压

定义为沟道源端的半导体表面开始强反型所需要的栅压。根据定义，它应当由以下三部分组成：(1) 抵消功函数差和有效界面电荷的影响所需栅压，即平带电压 V_{FB}；(2) 产生强反型所需表面势，即 $2\phi_F$；(3) 强反型时栅下表面层电荷 Q_s 在氧化层上产生的附加电压，通常近似为$-Q_b(2\phi_F)/C_{ox}$。这样，对于 MOSFET，阈值电压的表示式为

$$V_T = V_{FB} + 2\phi_F - Q_b(2\phi_F)/C_{ox} \tag{5.60}$$

需要注意，对 NMOS，$\phi_F=(k_BT/q)\ln(N_A/n_i)$，相应地 $Q_b=-\gamma C_{ox}\sqrt{2\phi_F}$，$\gamma=\sqrt{2\varepsilon_s qN_A}/C_{ox}$；对 PMOS，$\phi_F=-\dfrac{k_BT}{q}\ln(N_D/n_i)$，相应地 $Q_b=\gamma_p C_{ox}\sqrt{(-2\phi_F)}$，$\gamma_p=\sqrt{2\varepsilon_s qN_D}/C_{ox}$。$N_A$，$N_D$ 是半导体衬底的掺杂浓度。

在 MOS 集成电路的设计和生产中，阈值电压的控制十分重要，首先必须能够按照电路要求可靠地生产出增强型或耗尽型器件。大多数应用中需要的是增强型器件，这时对 NMOS 要求 $V_T>0$，对 PMOS 要求 $V_T<0$。上述要求对 PMOS 容易达到，对 NMOS 却很困难，原因是 $V_{FB}=\phi_{ms}-Q_0/C_{ox}$中的 Q_0 总是正的，即$-Q_0/C_{ox}$总是负的，结果使 p 沟器件和 n 沟器件的 V_{FB}一般都是负的。对 PMOS，V_T 表示式中的另外两项也是负的，因此生产增强型没有困难；对 NMOS，另外两项之和必须大于 V_{FB}，从而要求衬底掺杂浓度较高，这会导致大的衬底电容和低的击穿电压，是十分不理想的。

为了有效地调整阈值电压，常常使用离子浅注入的方法，即通过栅氧化层把杂质注入到沟道表面的薄层内，其作用相当于有效界面电荷，所以阈值电压的改变可以从下面的公式估算：

$$\Delta V_T \approx \pm qN_I/C_{ox} \tag{5.61}$$

N_I 是注入剂量(离子个数/cm^2)。注入杂质为 p 型时，上式取正号；n 型时取负号。

施加反向衬底偏压也能调整阈值电压。对于 n 沟器件，这时沟道源端在强反型时的耗尽层电荷为

$$Q_b = -\gamma C_{ox}\sqrt{2\phi_F - V_{BS}} \tag{5.62}$$

V_{BS}表示衬底相对于源的外加电压，n 沟器件的衬底是 p 型，$V_{BS}<0$ 时为反向衬底偏压(p 沟器件的反向衬底偏压 $V_{BS}>0$)。相应的阈值电压为

$$V'_T = V_{FB} + 2\phi_F + \gamma\sqrt{2\phi_F - V_{BS}} \tag{5.63}$$

所以衬底偏压引起的阈值电压增量为

$$\Delta V_T = \gamma\left[\sqrt{2\phi_F - V_{BS}} - \sqrt{2\phi_F}\right] \tag{5.64}$$

$\gamma=\sqrt{2\varepsilon_s q N_A}/C_{ox}$反映衬底偏压对阈值电压影响的强弱程度,故称作衬偏系数。对于 p 沟器件,衬底偏压引起的阈值电压改变为

$$\Delta V_T = -\gamma_p\left[\sqrt{|2\phi_F| + V_{BS}} - \sqrt{|2\phi_F|}\right] \tag{5.65}$$

$\gamma_p=\sqrt{2\varepsilon_s q N_D}/C_{ox}$是 p 沟器件(n 型衬底)的衬偏系数。

氧化层厚度对阈值电压也有影响。氧化层厚度增加时,栅压对半导体表面的控制作用减弱,为了使表面形成导电沟道,需要更大的栅压,即阈值电压增加。这一点对 MOS 器件以外区域的半导体表面十分重要,这些区域称为场区。图 5.10 表示一个未经金属化的 n 沟 MOSFET 的透视图,其顶层是掺磷二氧化硅(磷硅玻璃),用作多晶硅栅与金属引线之间的绝缘层。由该图可见,场区氧化层比栅氧化层厚得多,为 1μm 左右;场区的阈值电压可高达十几伏,比栅压大一个数量级。因此,若将 5V 电压同时加到栅氧化层上和场氧化层上,栅下形成了导电沟道,而场氧化层下的半导体表面仍保持耗尽状态。这样,场氧化层适用于 MOS 器件之间的隔离。在集成电路中,由于内部引线要在氧化层上面走过,这些引线有可能承受很高的电压,使场区的半导体表面仍有可能反型,产生寄生沟道,导致电路不能正常工作。为了防止寄生沟道,场区还必须进行高浓度掺杂(掺与衬底同类型的杂质),使表面不容易反型,从而将沟道隔断。

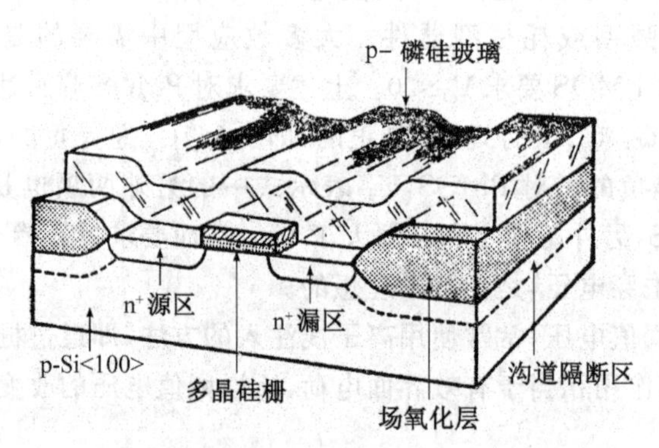

图 5.10 n 沟 MOSFET 三维示意图

5.2.4 电流基本特性

MOSFET 是一种电压控制器件,漏极电流 I_D 受栅压 V_{GS}和漏压 V_{DS}控制。对器件导通状态的分析一般采用强反型近似,这时 I_D 主要来自反型载流子的漂移作用。对接近截止的状态,反型载流子很少,采用弱反型近似,并认为 I_D 主要来自反型载流子的扩散作用,相应的电流特性称为亚阈区特性。作为对电流特性的基本分析,我们采用缓变沟道近似。此外,

仍以 n 沟 MOSFET 为例。

1. 电流方程

MOSFET 的电流方程表示漏极电流同栅压及漏压的关系。这里讨论器件的导通状态。设漏压 V_{DS} 很小，沟道内的电场强度远低于速度饱和电场，于是漏极电流可表示为

$$I_D = \mu_n Z(-Q_i)\frac{dV}{dy} \tag{5.66}$$

其中，Z 为沟道宽度，$Z(-Q_i)$ 是单位沟道长度内的电荷数，即反型电荷沿沟道方向（y 方向）的分布；μ_n 在这里表示反型载流子（电子）的表面迁移率，比体内的电子迁移率小得多，原因来自栅压产生的垂直电场把电子拉向表面以及表面的附加散射，下面的讨论中假设 μ_n 为常数，其大小近似为体内迁移率的 1/2；$\mathscr{E}(y) = -dV(y)/dy$ 是沿沟道方向的电场。规定 I_D 的参考方向是从漏通过沟道到源，这一方向与我们选择的 y 方向相反。

由于电流连续，I_D 与位置 y 无关。将方程（5.66）从 $y=0$ 至 $y=L$ 积分，有

$$I_D = \frac{Z}{L}\mu_n \int_0^{V_{DS}} (-Q_i)dV \tag{5.67}$$

$Q_i(y)$ 已由方程（5.59）给出，将它代入上式并完成积分后，就可以得到漏极电流 I_D 的一般方程。可以预期这一方程是比较复杂的，原因是 $Q_i(y)$ 的表示式中包含 $Q_b(y)/C_{ox}$ 而出现平方根项 $\gamma\sqrt{2\phi_F - V_{BS} + V(y)}$。所以，如果对 Q_b/C_{ox} 作适当近似，将会得到比较简单的电流方程。通常的做法是将 $Q_b/C_{ox} = -\gamma\sqrt{2\phi_F - V_{BS} + V(y)}$ 在 $V=0$ 附近展开成级数并只取前二项，即

$$-\frac{Q_b(y)}{C_{ox}} = \gamma\sqrt{2\phi_F - V_{BS}} + \alpha V(y) \tag{5.68}$$

其中

$$\alpha = C_D/C_{ox}, \quad C_D = \frac{1}{2}\sqrt{\frac{2\varepsilon_s q N_A}{2\phi_F - V_{BS}}} \tag{5.69}$$

C_D 是表面势 $\psi_s = 2\phi_F - V_{BS}$ 时的沟道耗尽层电容。于是，将式（5.68）代入方程（5.59），我们将得到

$$Q_i(y) = -C_{ox}[(V_{GS} - V_T) - (1+\alpha)V(y)] \tag{5.70}$$

$V(y)$ 是 $V_{DS} \neq 0$ 时沟道内 y 处相对源端的电位，V_T 是器件的阈值电压，即

$$V_T = V_{FB} + 2\phi_F + \gamma\sqrt{2\phi_F - V_{BS}} \tag{5.71}$$

在方程（5.70）中令 $\alpha=0$，就得到使用最广泛的电压控制模型：

$$Q_i(y) = -C_{ox}[V_{GS} - V_T - V(y)] \tag{5.72}$$

在以后的讨论中，我们将采用这一模型。

2. 线性区与饱和区

将式（5.72）代入方程（5.67），可以得到非饱和区的电流方程（Sah 方程）

$$I_D = \frac{Z}{2L}\mu_n C_{ox}[2(V_{GS} - V_T)V_{DS} - V_{DS}^2] \tag{5.73}$$

方程中方括号前的因子常称作导电因子，以β表示，即$\beta=\frac{Z}{2L}\mu_n C_{ox}$。

线性区　V_{DS}很小时，方程(5.73)简化为

$$I_D=\frac{Z}{L}\mu_n C_{ox}(V_{GS}-V_T)V_{DS} \tag{5.74}$$

这时，从源到漏形成比较均匀的导电沟道，整个沟道相当于一个阻值正比于$(V_{GS}-V_T)^{-1}$的电阻，栅压V_{GS}越大，阻值越小。通过沟道的电流随V_{DS}线性增加，故这一工作区称为线性区。

在线性区，器件的跨导为

$$g_m\equiv\left.\frac{\partial I_D}{\partial V_{GS}}\right|_{V_{DS}}=\frac{Z}{L}\mu_n C_{ox}V_{DS} \tag{5.75}$$

沟道电导为

$$g_D\equiv\left.\frac{\partial I_D}{\partial V_{DS}}\right|_{V_{GS}}=\frac{Z}{L}\mu_n C_{ox}(V_{GS}-V_T) \tag{5.76}$$

饱和区　当V_{DS}增加到$V_{Dsat}=V_{GS}-V_T$时，沟道漏端的反型电荷$Q_i=0$，即漏端已经不能形成反型层，沟道在漏端夹断。随着V_{DS}继续不断增加，夹断点从漏端逐渐移向源端，所增加的电压$(V_{DS}-V_{Dsat})$降落在夹断点和漏端之间的耗尽区(夹断区)上，在这里形成强电场区。沟道夹断以后，源端和夹断点之间仍存在导电沟道，载流子漂移到夹断点就被这里的强电场拉到漏极，这十分类似双极晶体管中载流子通过反偏的集电结耗尽区的情况。由于夹

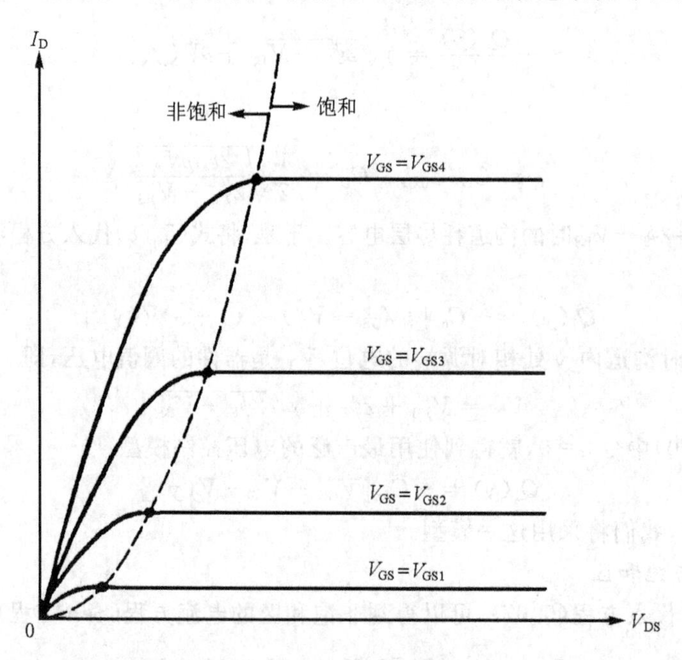

图 5.11　n沟 MOSFET 的 I_D-V_{DS} 特性

断以后导电沟道上的电压基本上维持在 V_{Dsat} 不变,漏极电流基本不变而达到饱和值 I_{Dsat}:

$$I_{Dsat}=\frac{Z}{2L}\mu_n C_{ox}(V_{GS}-V_T)^2 \quad (5.77)$$

$V_{DS}\geqslant V_{Dsat}$ 的区域称为饱和区。在饱和区有

$$g_m=\frac{Z}{L}\mu_n C_{ox}(V_{GS}-V_T) \quad (5.78)$$

在理想情形下,由于 I_D 在这时不再是 V_{DS} 的函数,所以饱和区的沟道电导 $g_D=0$;实际上,由于有效沟道长度缩短,饱和区有非零的沟道电导。

图 5.11 中的 I_D-V_{DS} 曲线是根据方程(5.73)和(5.77)画出的。对给定的 V_{GS},V_{DS} 很小时 $I_D\propto V_{DS}$(线性区);随 V_{DS} 增加,I_D-V_{DS} 曲线逐渐平坦而趋于饱和值。图中虚线表示 I_D 达到最大值 I_{Dsat} 时 V_{Dsat} 的轨迹。在饱和区,$I_D\propto(V_{DS}-V_T)^2$,对不同的栅压 V_{GS},I_D-V_{GS} 曲线的间距随 $(V_{GS}-V_T)^2$ 变化。

3. 亚阈值区

栅偏压低于阈值以致沟道区表面是弱反型时,MOSFET 仍有很小的漏极电流,这就是亚阈值电流,器件的工作状态也被说成是在亚阈值区。亚阈值区描述 MOSFET 是如何导通和截止的,所以在器件的开关或数字电路应用中亚阈值区特性是十分重要的。

在亚阈值区,对漏极电流起决定作用的是扩散而不是漂移。事实上,MOSFET 在弱反型时和双极晶体管有十分相似之处,其中沟道区起基区作用,n^+ 源区和 n^+ 漏区分别起发射区和集电区的作用,外加"集电极-发射极"电压(漏电压 V_{DS})主要降落在反偏结(即漏-衬底结)上。所以,亚阈值电流可以像在均匀基区的双极晶体管中求注入基区的少数载流子(电子)电流那样得到,

$$J_n=-qD_n\frac{n(y_S)-n(y_D)}{L-y_S-y_D} \quad (5.79)$$

其中 y_S 和 y_D 分别为源结和漏结的水平耗尽区宽度(参阅图 5.23);$L-y_S-y_D$ 为有效沟道长度;$n(y_S)$ 和 $n(y_D)$ 分别为有效沟道源端和漏端的电子浓度,

$$n(y_S)=N_D\exp(\beta V_S^0) \quad (5.80)$$

$$n(y_D)=N_D\exp[\beta(V_S^0-V_{DS})] \quad (5.81)$$

$\beta=q/k_BT$,N_D 是 n^+ 区的掺杂浓度。V_S^0 是沟道源端相对源接触($y=0$)的表面势,亦即源结(n^+p 结)水平耗尽区上的电压为 $-V_S^0$。V_S^0 和常规意义下(相对衬底内部而言)的表面势 ψ_s 之间的关系显然为 $\psi_s=V_S^0+V_{bi}$,其中 V_{bi} 是 n^+p 结的内建电压。

附录 一个关于 MOSFET 的模型

上面提到,工作在亚阈值区的 MOSFET 很像一个双极晶体管。作为进一步比较,图 1 以 npn 晶体管和 n-MOSFET 为例,示意画出了这两类器件的基础结构和导带底能量随位置的变化。其中,双极晶体管的能量变化可参考图 3.3(b),MOSFET 的可参考图 5.23。

图 1 清楚表明,在双极晶体管中,外加正向电压 V_{BE} 使发射区-基区结的势垒高度降低为 $q(V_{bi}-V_{BE})$,

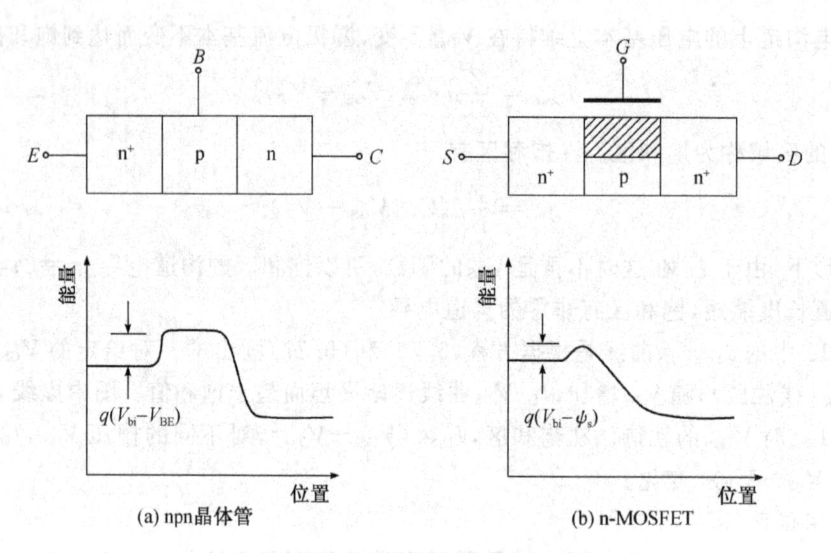

(a) npn晶体管 (b) n-MOSFET

图 1 理想器件结构和能带的示意图

所以有电荷注入基区，势垒顶处（即基区的发射结边界）的可动电荷密度为

$$Q_n(0) = qn(0) = q(n_i^2/N_A)\exp(qV_{BE}/k_B T) \tag{1}$$

在长沟道 MOSFET 中，栅压 V_{GS}通过表面势 ψ_s 控制源-沟道结的势垒高度（见图 2），使其降低为$-qV_s^0=q(V_{bi}-\psi_s)$，所以有电荷注入沟道，当栅压V_{GS}大于阈值电压V_T时，势垒顶处（即沟道源端）的可动电荷密度为

$$Q_i(0) \approx C_{ox}(V_{GS}-V_T) \tag{2}$$

电流等于电荷和速度的乘积，我们在前面有关章节详细叙述了这些器件的电流特性，这里不再讨论。

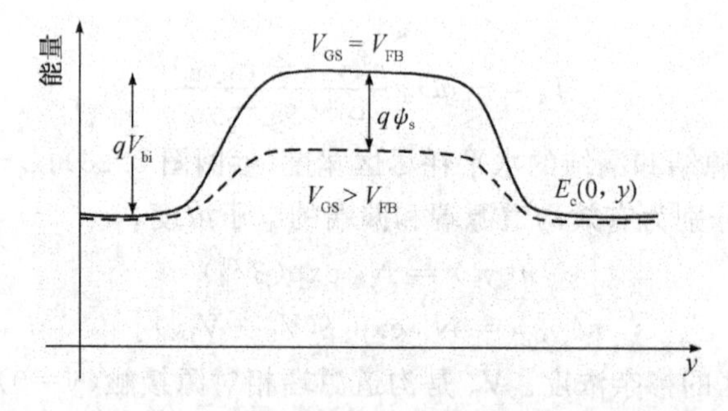

图 2 说明 V_{GS}增大ψ_s引致源和沟道之间势垒降低的草图（假定 $V_{DS}=0$）

随着 MOSFET 的沟道长度缩短到纳米尺度范围，电子弹道式运动是一种重要的输运方式。在弹道输运的半经典理论中，这时势垒顶处的电荷密度决定于两个费米能级的位置和通过状态密度函数 $D(E-U_{scf})$决定于势垒顶能量 U_{scf}，如图 3(a)所示；U_{scf}可以根据图 3(b)所示的二维电路模型得到，可以分两步计算 U_{scf}。其一，假定可动电荷为零，计算端电压 V_G，V_D 和 V_S 引起的电势，相应的势能可表示为

$$U_L = -q\left(\frac{C_G}{C}V_G + \frac{C_D}{C}V_D + \frac{C_S}{C}V_S\right) \tag{3}$$

其中 $C=C_G+C_D+C_S$ 是三个电容器并联的电容。如果只受栅压控制,则 $U_L=-q(C_G/C)V_G$。其二,将三个端电极接地,计算可动电荷($-qN$)引起的电势,相应的势能为

$$U_P=\frac{q^2}{C}N \tag{4}$$

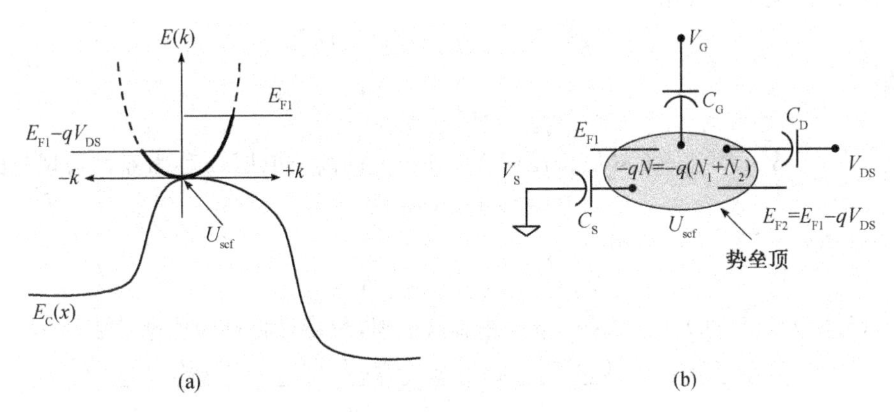

图 3 (a) 电子填充势垒顶处 k 空间状态的示意图;(b) 弹道输运晶体管的二维电路模型

将这两部分的贡献相加,我们得到

$$U_{scf}=-q\left(\frac{C_G}{C}V_G+\frac{C_D}{C}V_D+\frac{C_S}{C}V_S\right)+\frac{q^2}{C}N \tag{5}$$

我们在分析纳米尺度晶体管的特性时将用到方程(5).

将式(5.80)和(5.81)代入式(5.79),有

$$J_n=-\frac{qD_nN_D\exp(\beta V_S^0)[1-\exp(-\beta V_{DS})]}{L-y_S-y_D} \tag{5.82}$$

从漏端进入的方向为漏极电流方向,故亚阈值电流可表示为

$$I_D=\frac{Z\delta qD_nN_D\exp(\beta V_S^0)[1-\exp(-\beta V_{DS})]}{L-y_S-y_D} \tag{5.83}$$

在上式中,δ 是有效沟道厚度,定义为表面垂直方向(x 方向)上电势减小 k_BT/q 的距离。设 δ 上的电场强度是常数且等于表面电场 $\mathscr{E}_s$,则有

$$\delta\cdot\mathscr{E}_s=k_BT/q=1/\beta \tag{5.84}$$

而

$$\mathscr{E}_s=-\mathrm{d}\psi_s/\mathrm{d}x=-\frac{\mathrm{d}\psi_s}{\mathrm{d}Q_s}\cdot\frac{\mathrm{d}Q_s}{\mathrm{d}x}\approx-\frac{1}{\mathrm{d}Q_b/\mathrm{d}\psi_s}\cdot\frac{\mathrm{d}Q_b}{\mathrm{d}x}=\frac{qN_A}{C_D} \tag{5.85}$$

$C_D\equiv-\mathrm{d}Q_b/\mathrm{d}\psi_s$ 是表面耗尽层电容,利用 $Q_b=-\sqrt{2\varepsilon_sqN_A\psi_s}$,得到

$$C_D=\sqrt{\frac{\varepsilon_sqN_A}{2\psi_s}} \tag{5.86}$$

联合式(5.84)和(5.85),我们得到

$$\delta = \frac{C_D(\psi_s)}{\beta q N_A} \tag{5.87}$$

栅压低于阈值时，反型电荷很少，$Q_s \approx Q_b$。将 $Q_b(\psi_s)$ 在 $\psi_s = 2\phi_F$ 附近展开，代入下述栅压和表面势之间关系的表示式

$$V_{GS} \approx V_{FB} + \psi_s - Q_b(\psi_s)/C_{ox}$$

可以得到

$$\psi_s - 2\phi_F = V_{GT}/\eta \tag{5.88}$$

其中 $V_{GT} = V_{GS} - V_{T0}$，V_{T0} 是无衬底偏压时 MOSFET 的阈值电压；η 称为亚阈值理想因子，

$$\eta = 1 + C_D/C_{ox} \tag{5.89}$$

由式(5.88)和 $\psi_s = V_S^0 + V_{bi}$，得到

$$V_S^0 = -V_{bi} + 2\phi_F + V_{GT}/\eta \tag{5.90}$$

将式(5.87)和(5.90)代入式(5.83)，并加以整理，最终可将亚阈值电流表示为

$$I_D = \frac{Z\mu_n(k_BT/q)^2 C_D(\psi_s)\exp(qV_{GT}/\eta k_BT)[1 - \exp(qV_{DS}/k_BT)]}{L - y_S - y_D} \tag{5.91}$$

其中

$$y_S = \sqrt{\frac{2\varepsilon_s}{qN_A}(-V_S^0)} \tag{5.92}$$

$$y_D = \sqrt{\frac{2\varepsilon_s}{qN_A}(-V_S^0 + V_{DS})} \tag{5.93}$$

由于栅压引起的横向电场 $\mathscr{E}_t$ 强烈影响表面势分布，y_S 和 y_D 分别小于源结和漏结的垂直耗尽区宽度 W_S 和 W_D。对于长沟道器件，$L \gg y_S + y_D$，可以把方程(5.91)的分母中的 y_S 和 y_D 略去。这时由该式可以看到，$V_{DS} > 3k_BT/q$ 时亚阈值电流与 V_{DS} 无关。

为了表征亚阈值电流随栅压的变化，引进下面的参数：

$$S \equiv \frac{dV_{GS}}{d(\lg I_D)} = \frac{dV_{GS}}{d(\ln I_D)}\ln 10 \tag{5.94}$$

S 称为亚阈值斜率，它表示 I_D 改变一个数量级所需要的栅压摆幅。S 越小，器件导通和截止之间的转换就越容易，说明亚阈值区特性越好。对于长沟道 MOSFET，在表示亚阈值电流的公式(5.91)中忽略 y_S 和 y_D 的作用，由式(5.94)可得

$$S = \frac{k_BT}{q}(\ln 10)\left[1 + \frac{C_D}{C_{ox}}\right] \tag{5.95}$$

下面我们证明关于长沟道 MOSFET 亚阈值斜率的一个有用的表示式：

$$S = \frac{k_BT}{q}(\ln 10)\frac{dV_G}{d\psi_s} \tag{5.96}$$

为此，利用 $V_S^0 = \psi_s - V_{bi}$，把表示 I_D 的方程（略去分母中的 y_S 和 y_D）改写为 ψ_s 的函数，如下式：

$$I_D = \mu_n\left(\frac{Z}{L}\right)\left(\frac{n_i}{N_A}\right)^2 \frac{C_D(\psi_s)}{\beta^2}\exp(-\beta\psi_s)[1 - \exp(-\beta V_{DS})] \tag{5.97}$$

由方程(5.97)可推出

$$\frac{d(\ln I_D)}{dV_G} = \left(\beta - \frac{1}{2\psi_s}\right)\frac{d\psi_s}{dV_G} \approx \beta\frac{d\psi_s}{dV_G} \tag{5.98}$$

进一步,根据 S 的定义式(5.94),就可证明公式(5.96)。

我们可以利用沟道区的电容分压电路来得到 $dV_G/d\psi_s$。图 5.12 是忽略界面陷阱作用时的电容分压模型。由图不难看出,有

$$C_{ox}\,d(V_G - \psi_s) = C_D\,d\psi_s$$

即

$$\frac{dV_G}{d\psi_s} = 1 + \frac{C_D}{C_{ox}}$$

所以有

$$S = \frac{k_B T}{q}(\ln 10)\left[1 + \frac{C_D}{C_{ox}}\right]$$

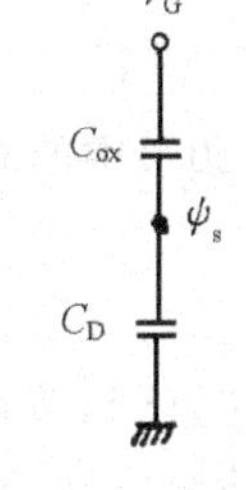

图 5.12 沟道区的电容分压模型

与前面计算得到结果(5.95)式一致。由 $C_D = \left(\frac{\varepsilon_s q N_A}{2\psi_s}\right)^{1/2}$ 可知,衬底掺杂浓度 N_A 越低,C_D/C_{ox}越小,S 也就越小,器件导通和截止之间越容易转换。

界面陷阱浓度很高时,还必须考虑界面陷阱电容 C_{it}的作用,这是因为界面陷阱能级随表面势变化相对半导体的费米能级移动,因此在表面附近同半导体交换电荷,具有电容的作用。C_{it}和 C_D 并联,在亚阈区斜率的表达式(5.95)中以(C_D+C_{it})替代 C_D,得到

$$S(\text{有界面陷阱}) = S(\text{无界面陷阱}) \times \frac{1 + (C_D + C_{it})/C_{ox}}{1 + C_D/C_{ox}} \tag{5.99}$$

4. 表面迁移率的修正

前面已经指出,反型层中载流子的迁移率降低到仅为其体内迁移率的一半左右。迁移率降低的原因是载流子在沟道中运动时会受到栅压 V_{GS}引起的横向电场 $\mathscr{E}_x$ 和漏压 V_{DS}引起的纵向电场 $\mathscr{E}_y$ 的影响。$\mathscr{E}_x$ 把载流子吸引到表面,从而加剧了表面散射而引起迁移率降低;$\mathscr{E}_y$ 则使载流子的迁移率和纵向电场有关,甚至会达到速度饱和。这里,我们只考虑栅压电场 $\mathscr{E}_x$ 的影响,漏压电场 $\mathscr{E}_y$ 的作用则在讨论速度饱和效应时考虑。

一般说来,$\mathscr{E}_x$ 沿沟道变化,所以表面迁移率也是变化的,这里忽略这种变化(缓变沟道近似),并引入沟道上横向场强的平均值:

$$\overline{\mathscr{E}_x} = \frac{\mathscr{E}_s + \mathscr{E}_b}{2} \tag{5.100}$$

$\mathscr{E}_s$ 是表面处的场强。利用高斯定理,可以把它同表面下单位面积的总电荷量(反型层电荷 Q_i 和耗尽层电荷 Q_b 之和)相联系:

$$\mathscr{E}_s = -\frac{Q_i + Q_b}{\varepsilon_s} \tag{5.101}$$

$\mathscr{E}_b$ 是反型层下面的场强。在电荷薄层近似下,反型层(沟道)下面的电荷实际上就是整个耗

尽层电荷，从而有

$$\mathscr{E}_b = -\frac{Q_b}{\varepsilon_s} \tag{5.102}$$

把式(5.101)和式(5.102)代入式(5.100)，有

$$\overline{\mathscr{E}_x} = -\frac{1}{\varepsilon_s}\left(\frac{Q_i}{2} + Q_b\right) \tag{5.103}$$

式(5.103)中的 Q_i 和 Q_b 可以通过阈值电压 V_T 表示如下：

$$Q_i = -C_{ox}(V_G - V_T) \tag{5.104}$$

$$Q_b = -C_{ox}(V_T - V_{FB} - 2\mid\phi_F\mid) \tag{5.105}$$

我们注意到，随着 MOSFET 尺寸的不断缩小，$(V_{FB}+2|\phi_F|)$基本上保持为一个常数，这里用经验参数 V_z，表示，其值约为 0.5V。利用 V_z 的定义以及 Q_i 和 Q_b 的表示式，并考虑到 $\varepsilon_s/\varepsilon_{ox}=3$，由式(5.103)得到

$$\overline{\mathscr{E}_x} = \frac{V_G - V_T}{6d_{ox}} + \frac{V_T + V_z}{3d_{ox}} \tag{5.106}$$

这是一个比较有用的表述式。当器件按比例缩小时，栅氧层厚度 d_{ox} 按比例缩小，而电源电压并没有同比例缩小，所以，与长沟道器件相比，短沟道器件中$\overline{\mathscr{E}_x}$更高，表面迁移率下降将更加显著。

我们对表面迁移率的修正，是用有效迁移率 μ_{eff} 代替常数表面迁移率 μ_n。μ_{eff} 比较常用的经验公式之一有

$$\mu_{eff} = \frac{\mu_0}{1 + (\mathscr{E}_x/\mathscr{E}_0)^{\nu}} \tag{5.107}$$

其中 μ_0、$\mathscr{E}_0$ 和 ν 都是拟合参数。通过对大量 MOSFET 进行拟合，得出的这些参数值见表 5.1。式(5.110)适用于声子散射占支配地位的情形，在较大的范围内部成立；在低温(77K)下显然不成立，因为这时主要是库仑散射。此外，这里的 μ_{eff} 只适用于载流子漂移速度(或 $\mathscr{E}_y$)较小的情形。

表 5.1 有效迁移率参数

	μ_0 (cm²/V·s)	$\mathscr{E}_0$ (MV/cm)	ν
电子(表面)	670	0.67	1.6
空穴(表面)	160	0.7	1.0
空穴(衬底)	290	0.35	1.0

5. 温度效应

温度影响器件的参数和性能，特别是影响迁移率、阈值电压和亚阈值区特性。沟道载流子的迁移率随温度增加而下降，常用的近似公式为

$$\mu(T) = \mu(T_0)(T/T_0)^{-m} \tag{5.108}$$

T 为绝对温度，T_0=300K，m 的数值在 1.5～2.0。

阈值电压用下式表示

$$V_T = V_{FB} + 2\phi_F - Q_b(2\phi_F)/C_{ox} \tag{5.109}$$

V_{FB}基本上与温度无关。上式对温度的微商为

$$\frac{dV_T}{dT} \approx \left[2 - \frac{Q_b}{2C_{ox}\phi_F}\right]\frac{d\phi_F}{dT} \tag{5.110}$$

对 p 型衬底的器件,$\phi_F = (k_B T/q)\ln(N_A/n_i)$,其中本征载流子浓度 n_i 的温度关系为

$$n_i \sim T^{3/2}\ e^{-E_g/2k_B T}$$

故可得到

$$\frac{d\phi_F}{dT} \approx \frac{1}{T}[\phi_F - E_g/2q] \tag{5.111}$$

写出上式时用到了一般温度下 $E_g/2k_B T \gg 3/2$ 的条件。

对于 n 型衬底的器件,$\phi_F = -(k_B T/q)\ln(N_D/n_i)$,通过类似于 p 型衬底情形下的推导过程,可得

$$\frac{d\phi_F}{dT} \approx \frac{1}{T}[-|\phi_F| + E_g/2q] \tag{5.112}$$

综合上述,MOSFET 的阈值电压随温度的变化可统一表示为

$$\frac{dV_T}{dT} \approx \pm \frac{1}{T}\left[2 - \frac{Q_b}{2C_{ox}\phi_F}\right]\left[\frac{E_g(T=0)}{2q} - |\phi_F|\right] \tag{5.113}$$

“—”号用于 n 沟器件,“+”号用于 p 沟器件。

通过迁移率和阈值电压的温度关系,可以分析 MOSFET 的性能同温度的关系。随着温度下降,器件特性将明显改善,最重要的改善是亚阈值斜率 S 减小,这主要来自其表示式中的因子 $k_B T/q$。

5.2.5 瞬态特性

前面讨论的电流基本特性为 MOSFET 的稳态或直流特性,下面将讨论 MOSFET 的瞬态特性。

当信号电压加到直流偏压上时,或者说各个端电压发生变化时,MOSFET 的栅电荷和耗尽层电荷将发生变化,漏极电流也将发生变化。前者是电容效应,后者是电流效应。MOSFET 的瞬态特性由器件的电容效应引起。当外加电压变化的幅度很小时,分析瞬态特性的模型为小信号模型;当电压变化的幅度较大时,相应的模型为大信号模型。我们的讨论限于小信号情形,而且只考虑器件的“本征”部分。

MOSFET 的本征部分指源区和漏区之间的部分,包括栅极、栅氧化层及其下面的耗尽层,如图5.13中的虚线框所示。虚线框以外的部分为非本征部分,引起寄生效应,例如由于栅和两个 n^+ 区之间的重叠是不可避免的,这就产生寄生的覆盖电容。注意到栅和 n^+ 区都是高浓度掺杂,覆盖电容可用电介质为栅氧化层的平板电容器 C_{GSO} 和 C_{GDO} 来模拟,下标“O”代表非本征的。如果重叠长度是 l_{ov},栅宽是 Z,则忽略边缘效应(即由于电场线不是垂直于

表面，而是沿着重叠区之外的边缘而产生的效应）以后，我们有

$$C_{GSO} = C_{GDO} = C_{ox} Z l_{ov}$$

如果 l_{ov}不很小，则由于边缘电场而引起的电容可以使总电容值增加一个不小的百分数。这就牵涉到边缘电容的计算问题，并常常用经验公式估算。又如，由于源结和漏结都是 pn 结，这就存在 pn 结电容 C_{BSO}和 C_{BDO}；而对 CMOS（互补晶体管）的阱内器件，还必须考虑第三个 pn 结电容，即阱和公共衬底之间的 pn 结而形成的电容 $C_{B'B}$（B 对应晶体管本体，B′对应公用衬底）。器件的功能与本征部分有关，非本征部分引起寄生效应，应尽可能降低。

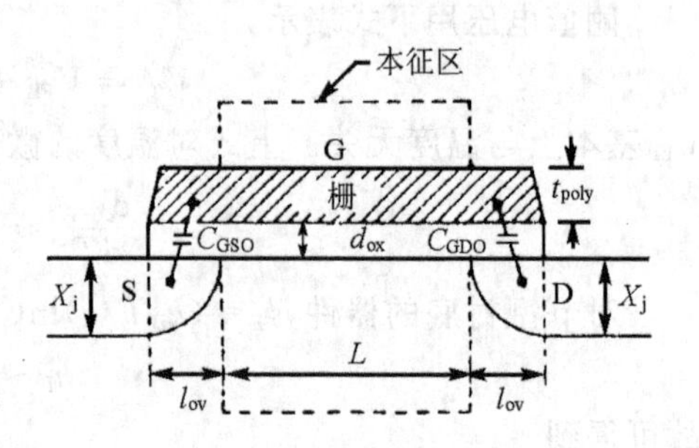

图 5.13 MOSFET 的本征区

1. 本征电容

栅-源电容 C_{GS} 定义为

$$C_{GS} \equiv -\left.\frac{\partial Q_G}{\partial V_S}\right|_{V_G,V_D,V_B} \tag{5.114}$$

可理解为，源电压增加 ΔV_S 时，栅氧化层上的电压减小 ΔV_S，从而栅上的总电荷量减少 ΔQ_G。

源-衬底电容 C_{BS} 定义为

$$C_{BS} \equiv -\left.\frac{\partial Q_B}{\partial V_S}\right|_{V_G,V_D,V_B} \tag{5.115}$$

可理解为，源电压增加 ΔV_S 时，耗尽层厚度增加，其总电荷量 Q_B 更负，或者说减少 ΔQ_B。

栅-漏电容 C_{GD} 定义为

$$C_{GD} \equiv -\left.\frac{\partial Q_G}{\partial V_D}\right|_{V_G,V_S,V_B} \tag{5.116}$$

漏-衬底电容 C_{BD} 定义为

$$C_{BD} \equiv -\left.\frac{\partial Q_B}{\partial V_D}\right|_{V_G,V_S,V_B} \tag{5.117}$$

增加 V_D 和增加 V_S 的效应相同，因此 C_{GD}和 C_{GS}、C_{BD}和 C_{BS}有类似的物理意义。

栅-衬电容 C_{GB} 定义为

$$C_{GB} \equiv -\left.\frac{\partial Q_G}{\partial V_B}\right|_{V_G,V_D,V_S} \tag{5.118}$$

可理解为，衬底偏压增加 ΔV_B 时，引起附加的正电荷流入栅下耗尽层，这些电荷部分地由栅电荷量 Q_G 的减少来平衡。

上面定义的 5 个电容依赖于各个端电压的数值，求出总电荷量 Q_G 和 Q_B 同它们的关系就可以计算这些电容。

栅下耗尽层电荷总量 Q_B 可表示为

$$Q_B = \int_0^L Q_b(Z\mathrm{d}y) = Z\int_0^L Q_b \mathrm{d}y \tag{5.119}$$

Q_b 是单位面积沟道区耗尽层的电荷量。利用 $I_D=\mu_n Z(-Q_i)(\mathrm{d}V/\mathrm{d}y)$，可将上式改写成

$$Q_B = -\frac{\mu_n Z^2}{I_D}\int_0^{V_{DS}} Q_b Q_i \mathrm{d}V \tag{5.120}$$

同理，反型层电荷总量 Q_I 可表示成

$$Q_I = -\frac{\mu_n Z^2}{I_D}\int_0^{V_{DS}} Q_i^2 \mathrm{d}V \tag{5.121}$$

栅电荷总量 Q_G 通过下述关系得到

$$Q_G + Q_I + Q_B + Q_O = 0 \tag{5.122}$$

其中有效界面电荷总量 $Q_O=ZLQ_0$，Q_0 是单位面积有效界面电荷，ZL 是沟道区面积。

2. 跨导和沟道电导

(1) 跨导 g_m　定义为

$$g_m \equiv \left.\frac{\partial I_D}{\partial V_{GS}}\right|_{V_{DS},V_{BS}} \tag{5.123}$$

用电压控制模型，有

$$g_m = \begin{cases} \dfrac{Z}{L}\mu_n C_{ox} V_{DS} & \text{(非饱和区)} \\ \dfrac{Z}{L}\mu_n C_{ox}(V_{GS}-V_T) & \text{(饱和区)} \end{cases} \tag{5.124}$$

(2) 衬底跨导 g_{mB}　定义为

$$g_{mB} \equiv \left.\frac{\partial I_D}{\partial V_{BS}}\right|_{V_{GS},V_{DS}} \tag{5.125}$$

用电压控制模型，容易证明

$$g_{mB} = g_m \cdot \gamma/\sqrt{2\phi_F - V_{BS}} \tag{5.126}$$

γ 是衬偏系数。

(3) 沟道电导 g_D　定义为

$$g_D \equiv \left.\frac{\partial I_D}{\partial V_{DS}}\right|_{V_{GS},V_{BS}} \tag{5.127}$$

g_D 是 V_{GS} 和 V_{BS} 一定时 I_D-V_{DS} 曲线的斜率，用电压控制模型有

$$g_D = \begin{cases} \dfrac{Z}{L}\mu_n C_{ox}(V_{GS}-V_T-V_{DS}) & \text{(非饱和区)} \\ 0 & \text{(饱和区)} \end{cases} \tag{5.128}$$

实际上，由于有效沟道长度随 V_{DS} 改变(类似于双极晶体管中的 Early 效应)等原因，在饱和区 $g_D\neq 0$。

(4) 对 g_m 和 g_D 的修正　实际器件中，由于源区和漏区的体电阻以及欧姆接触电阻等原因，在沟道的源端和漏端存在电阻(这里分别以 R_S 和 R_D 表示)，这些电阻使加在器件上

的实际栅压V'_{GS}和实际漏压V'_{DS}减小，归根结底是器件的跨导和沟道电导受到影响。

我们可以通过图 5.14 所示的等效电路考虑 R_S 和 R_D 的影响，这里隐含着 R_S 和 R_D 与栅压无关的假定。如果施加在器件电极上的漏压和栅压分别为V_{DS}和V_{GS}，并用V'_{DS}和V'_{GS}表示有效或本征漏压和栅压，则有

$$V'_{GS} = V_{GS} - I_D R_S \tag{5.129}$$

$$V'_{DS} = V_{DS} - I_D(R_S + R_D) \tag{5.130}$$

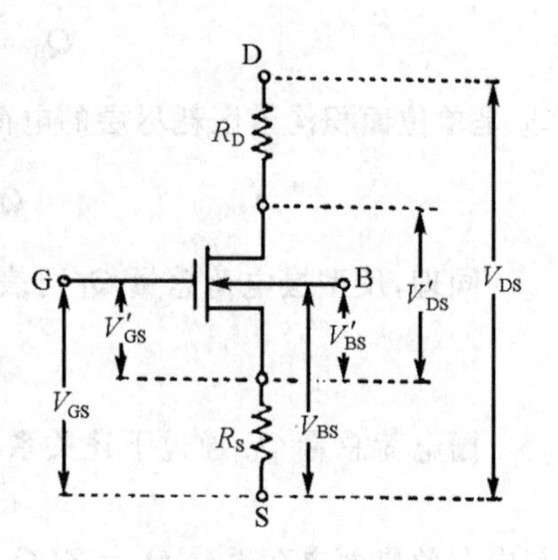

图 5.14 具有源电阻和漏电阻的 MOSFET

假定V_{BS}不变，则漏极电流的微分方程为

$$\begin{aligned} \mathrm{d}I_D &= \left.\frac{\partial I_D}{\partial V'_{GS}}\right|_{V'_{DS}} \mathrm{d}V'_{GS} + \left.\frac{\partial I_D}{\partial V'_{DS}}\right|_{V'_{GS}} \mathrm{d}V'_{DS} \\ &= g'_m \, \mathrm{d}V'_{GS} + g'_D \, \mathrm{d}V'_{DS} \end{aligned} \tag{5.131}$$

将分别由(5.129)和(5.130)得到的 $\mathrm{d}V'_{GS} = \mathrm{d}V_{GS} - R_S \mathrm{d}I_D$ 和 $\mathrm{d}V'_{DS} = \mathrm{d}V_{DS} - (R_S + R_D)\mathrm{d}I_D$ 代入上式，可以得到具有串联电阻的 MOSFET 的实际跨导和沟道电导分别为

$$g_m = \frac{g'_m}{1 + R_S g'_m + (R_S + R_D) g'_D} \tag{5.132}$$

$$g_D = \frac{g'_D}{1 + R_S g'_m + (R_S + R_D) g'_D} \tag{5.133}$$

这说明，由于串联电阻的存在，器件实际的 g_m 和 g_D 减小了。特别是在短沟道器件中，为了减小沟道电场以减小热载流子效应，通常采用轻掺杂漏(LDD)结构，在漏端引入高阻区，所以串联电阻的影响尤其突出。

3. 本征 MOSFET 的小信号等效电路

MOSFET 各端电压的微小变化引起漏极电流的变化可表示为

$$\begin{aligned} \mathrm{d}I_D &= \frac{\partial I_D}{\partial V_{GS}} \mathrm{d}V_{GS} + \frac{\partial I_D}{\partial V_{DS}} \mathrm{d}V_{DS} + \frac{\partial I_D}{\partial V_{BS}} \mathrm{d}V_{BS} \\ &= g_m \mathrm{d}V_{GS} + g_D \mathrm{d}V_{DS} + g_{mB} \mathrm{d}V_{BS} \end{aligned} \tag{5.134}$$

在交流小信号的情形下，如果器件能跟上交流电压的变化，则式(5.134)中的微分量可用相应的交流量代替，所以漏极电流的交流分量为

$$\tilde{i}_D = g_m \widetilde{V}_{GS} + g_D \widetilde{V}_{DS} + g_{mB} \widetilde{V}_{BS} \tag{5.135}$$

上式表示在小信号情形下，交流漏极电流是电流源 $g_m \widetilde{V}_{GS}$，$g_{mB} \widetilde{V}_{BS}$和 $g_D \widetilde{V}_{DS}$共同作用的结果。

根据上述，本征 MOSFET 的交流小信号等效电路包括 5 个电容和 3 个电流源，如图 5.15 所示。

实际使用时，MOSFET 通常采用共源连接，以 G 和 S 作输入端，D 和 S 作输出端，并且 B 和 S 短路。这时，交流小信号等效电路如图 5.16 所示。

4. 截止频率 f_T

定义 f_T 为输出端交流短路情形下 MOSFET 的输出电流 $\tilde{i}_D$ 和输入电流 $\tilde{i}_i$ 相等时的频

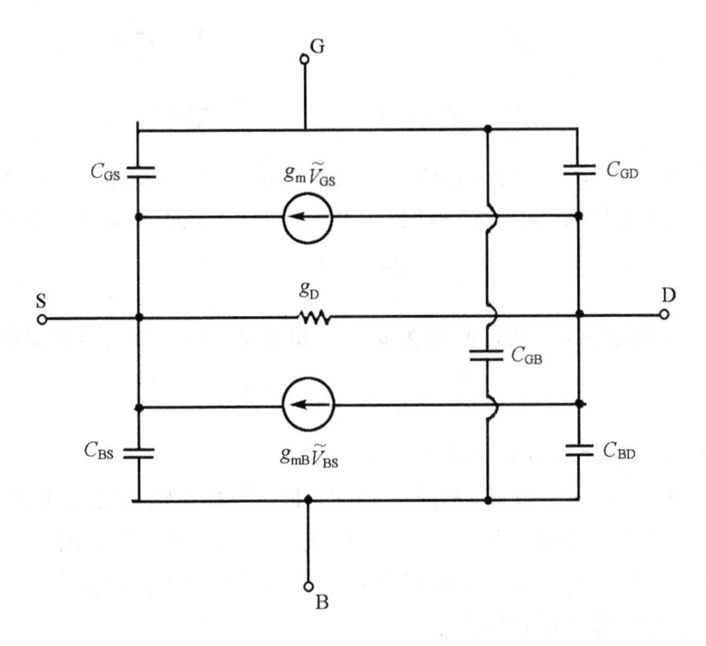

图 5.15　本征 MOSFET 的小信号等效电路

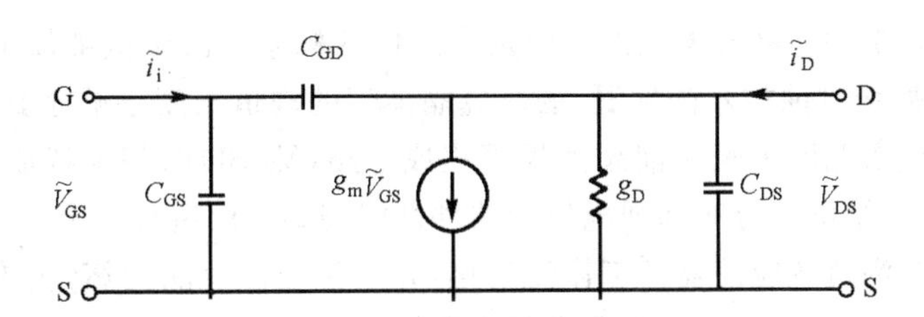

图 5.16　MOSFET 共源连接的小信号等效电路

率。根据图 5.16，输出短路时有

$$\tilde{i}_i = 2\pi f(C_{GS} + C_{GD})\widetilde{V}_{GS} \approx 2\pi f(ZLC_{ox})\widetilde{V}_{GS} \tag{5.136}$$

$$\tilde{i}_D = g_m\widetilde{V}_{GS} \tag{5.137}$$

令 $|\tilde{i}_D/\tilde{i}_i| = 1$，得到

$$f_T = \frac{g_m}{2\pi ZLC_{ox}} \tag{5.138}$$

用电压控制模型有

$$f_{\mathrm{T}}=\begin{cases}\dfrac{\mu_{\mathrm{n}}}{2\pi L^2}V_{\mathrm{DS}} & \text{(非饱和区)}\\[2ex] \dfrac{\mu_{\mathrm{n}}}{2\pi L^2}(V_{\mathrm{GS}}-V_{\mathrm{T}}) & \text{(饱和区)}\end{cases}\tag{5.139}$$

另一方面，载流子通过沟道的渡越时间 τ 是描述器件开关速度的一种量度。τ 越小，器件的开关速度或响应速度(响应带宽)越大。τ 和 g_{m} 及 C_{G} 之间有如下关系(见(4.73)式)：

$$\frac{g_{\mathrm{m}}}{C_{\mathrm{G}}}=\frac{1}{\tau}$$

作为一级近似，本征栅电容 C_{G} 就是间隔为 d_{ox}、面积为 ZL 的平行板电容，因此

$$\frac{g_{\mathrm{m}}}{C_{\mathrm{G}}}=\frac{\mu_{\mathrm{n}}}{L^2}(V_{\mathrm{GS}}-V_{\mathrm{T}})\tag{5.140}$$

其中利用了式(5.124)来计算饱和区的跨导 g_{m}。

由式(5.139)和式(5.140)可知，要提高 MOSFET 的截止频率或工作速度，必须缩短沟道长度 L 和提高沟道载流子的迁移率 μ_{n}。显然，与 p 沟 MOSFET 相比，n 沟器件有较高的截止频率和较快的工作速度。由于存在寄生效应(例如源/漏区的覆盖电容)，实际器件的工作速度比从上述公式预期的要低得多。

5.2.6 短沟道效应

小型化一直是半导体器件发展的方向及先进性的标志。由于微细加工技术，特别是高分辨率电子和 X 射线刻蚀技术的发展，场效应晶体管的沟道长度已减小到 0.5μm 以下，这种亚微米尺寸的线条宽度正是目前超大规模集成电路(VLSI)的基本特征。随着沟道长度的减小，沟道区的二维电势分布和强电场使器件性能偏离长沟道特性十分明显，这种偏离就是短沟道效应。短沟道效应使器件工作复杂化，并且使器件性能变坏，应该消除这些效应，或使之减至最小，从而使几何上的短沟道器件保持长沟道特性。

1. 沟道长度调制效应

如以前所述，当 $V_{\mathrm{DS}}>V_{\mathrm{Dsat}}$ 时，沟道在漏端附近"夹断"，漏极电流处于饱和状态。夹断点或速度饱和点(图 5.17 中的 P 点)仍然有饱和电压 V_{Dsat}，超过 V_{Dsat} 部分的漏电压施加在

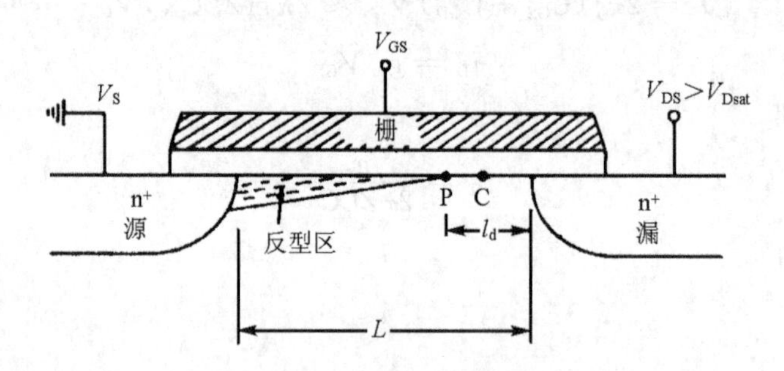

图 5.17 工作在饱和区的 MOSFET 示意图(其中 P 是夹断点)

从 P 点到 n^+ 漏区的夹断区上，夹断区长度为 l_d。V_{DS}增加时，l_d 必须增加以承受更高的过剩电压($V_{DS}-V_{Dsat}$)，这样，有效沟道长度必须减小。称这种效应为沟道长度调制。由于有效沟道长度随 V_{DS}增加而减小，饱和区漏极电流 I_D 将随 V_{DS}增加而并不“饱和”；而且，沟道越短，I_D 随 V_{DS}增加的速率越大。这一现象是场效应晶体管研究中最早认识到的短沟道效应。

在耗尽近似中，对 n 沟 MOSFET，l_d 区域内的电荷由体电荷密度为 qN_A 的电离受主组成。取坐标 y'沿沟道方向，原点为 P 点。在 P 点($y'=0$)，沿 y'方向的电场强度记作 $\mathscr{E}_P$，并假定 l_d 区域内紧靠表面处的电力线是水平的，则可以应用一维泊松方程

$$\begin{cases} \dfrac{d^2V}{dy'^2} = \dfrac{qN_A}{\varepsilon_s} \\ \left.\dfrac{dV}{dy'}\right|_{y'=0} = \mathscr{E}_P \end{cases} \tag{5.141}$$

解之可得

$$V_{DS} - V_{Dsat} = \frac{qN_A}{2\varepsilon_s} l_d^2 + \mathscr{E}_P l_d \tag{5.142}$$

所以

$$l_d = \sqrt{\frac{V_{DS} - V_{Dsat}}{\alpha} + \left(\frac{\mathscr{E}_P}{2\alpha}\right)^2} - \frac{\mathscr{E}_P}{2\alpha} \tag{5.143}$$

$$\alpha = \frac{qN_A}{2\varepsilon_s}$$

$\mathscr{E}_p$ 最终按经验确定，以得到同实验结果的最佳吻合。

$V_{DS}=V_{Dsat}$时；漏极电流的表示式在前面已经给出，为

$$I_{Dsat} = \frac{Z}{2L}\mu_n C_{ox}(V_{GS} - V_T)^2 \tag{5.144}$$

$V_{DS}>V_{Dsat}$时，有效沟道长度 $L-l_d$ 上的情形和 $V_{DS}=V_{Dsat}$时相同，只是应当用 $L-l_d$ 代替式(5.144)中的 L，故有

$$I_D = \frac{I_{Dsat}}{1 - l_d/L} \tag{5.145}$$

上式表明，随着 l_d(或 V_{DS})增加，漏极电流也增加。亦即在考虑沟道长度调制效应的情形下，饱和区漏极电流并不饱和。一般，当 l_d 远小于 L 时，作为一级近似，方程(5.145)为

$$I_D = I_{Dsat}\left(1 + \frac{l_d}{L}\right) \tag{5.146}$$

实际分析中，往往采用更简单的模型(参见图 5.18)，这就是假设 I_D 与 $V_{DS}-V_{Dsat}$的关系是线性的，即

$$I_D = I_{Dsat}\left[1 + \frac{V_{DS} - V_{Dsat}}{V_A}\right] \tag{5.147}$$

V_A 与双极型晶体管中的 Early 电压相当，由 MOSFET 的输出特性确定。V_A 越小，沟道长度调制越显著，漏端附近容易出现复杂的电场分布。为了减小这种效应，沟道区掺杂浓度

N_A 不能太低。

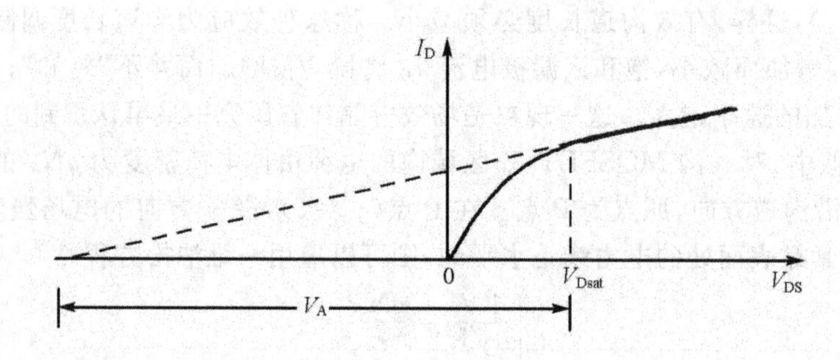

图 5.18 饱和区电流的线性模型

2. 阈值电压的短沟效应和窄沟效应

在电压控制模型中，曾简单假定栅电场引起的耗尽区为矩形，耗尽层电荷为 $|Q_b|=qN_Ax_d$。该假定忽略了源衬、漏衬 pn 结耗尽区的影响。实际上，三者的耗尽区是重叠在一起的，因此有效栅控电荷 Q'_b 将小于 Q_b。当沟长缩小时，栅控电荷减少了 $Q_L=Q_b-Q'_b$，从而导致阈值电压降低。为了简化，人们常用"电荷分享"模型来得到有效阈值电压 V'_T 的解析（或半经验的）结果。电荷分享模型把沟道耗尽区分为两部分，一部分由栅压引起，另一部分由源衬、漏衬 pn 结引起。这样便可以得到 Q'_b，只要用 Q'_b 代替阈值电压表示式中的 Q_b，即得到有效阈值电压 V'_T。在栅下耗尽区均匀的假定下，有

$$V'_T=V_{FB}+2\phi_F-\frac{Q'_b}{C_{ox}}=V_{FB}+2\phi_F+\frac{Q'_b}{Q_b}\gamma\sqrt{2\phi_F-V_{BS}} \tag{5.148}$$

其中 γ 是衬偏系数。

图 5.19 表示一个极其简单的电荷分享模型。首先它假定源漏之间的偏压为零，即 $V_{DS}=0$；其次假定源衬、漏衬 pn 结的自建电压 V_{bi} 等于 $2\phi_F$，故三个耗尽区的宽度相等，皆为

$$x_d=\sqrt{\frac{2\varepsilon_s}{qN_A}(2\phi_F-V_{BS})} \tag{5.149}$$

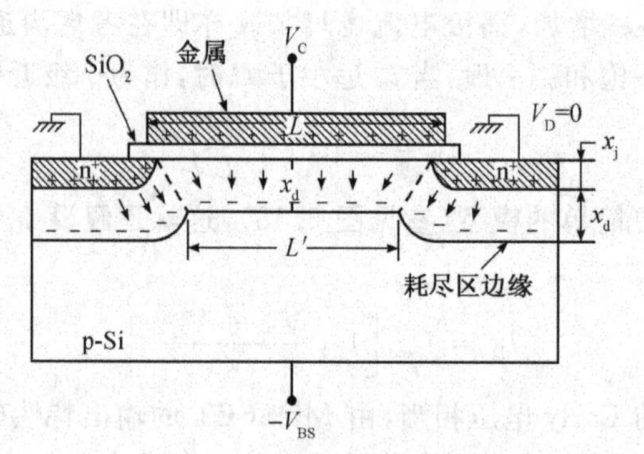

图 5.19 推导栅控电荷 Q'_b 的梯形近似

Q'_b由图中的梯形面积决定。假定 n^+ 区的边界为圆柱形，其半径等于结深 x_j，则经过简单的几何分析，就可以得到

$$\frac{Q'_b}{Q_b}=1-\frac{x_j}{L}\left(\sqrt{1+\frac{2x_d}{x_j}}-1\right) \tag{5.150}$$

比值 Q'_b/Q_b（称为电荷分享因子）描述了沟道区中栅控耗尽电荷在总耗层电荷中所占的比例，它总小于 1。显然，长沟器件的电荷分享因子接近 1，即 Q'_b与 Q_b 接近。

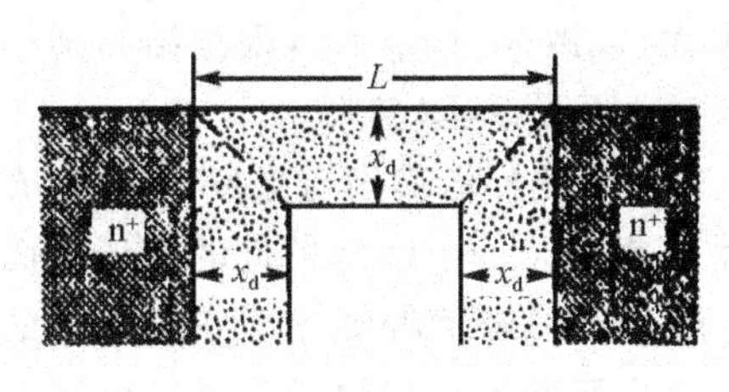

图 5.20 结深 x_j 很大时栅控电荷的梯形近似

若 x_d/x_j 较小，则可以把式(5.150)括号中的量展开成级数，并略去高次项，结果为

$$\frac{Q'_b}{Q_b}\approx 1-\frac{x_d}{L} \tag{5.151}$$

图 5.20 表示这种极限情形。x_d/x_j 较大时，近似式(5.151)有相当大的误差，因此引入一个经验参数 α_1，把它的适用范围扩大($\alpha_1>1$)：

$$\frac{Q'_b}{Q_b}=1-\alpha_1\frac{x_d}{L} \tag{5.152}$$

将式(5.152)代入式(5.148)，有

$$V'_T=V_{FB}+2\phi_F+\left(1-\alpha_1\frac{x_d}{L}\right)\gamma\sqrt{2\phi_F-V_{BS}} \tag{5.153}$$

短沟道效应引起阈值电压的改变量为

$$\Delta V_T=V_T-V'_T=\alpha_1\frac{x_d}{L}\gamma\sqrt{2\phi_F-V_{BS}}=2\alpha_1\frac{\varepsilon_s}{\varepsilon_{ox}}\frac{d_{ox}}{L}(2\phi_F-V_{BS}) \tag{5.154}$$

为了降低阈值电压的短沟道效应，栅氧化层厚度 d_{ox}应尽可能小，以加强栅压对沟道区耗尽电荷的控制。

当 $V_{DS}\neq 0$ 时，我们采用如图 5.21 所示的模型来近似分析，有

$$\frac{Q'_b}{Q_b}\approx 1-\alpha_1\frac{1}{L}\frac{y_S+y_D}{2} \tag{5.155}$$

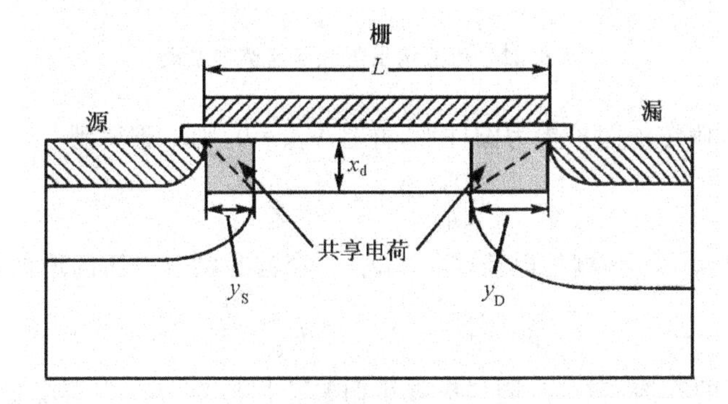

图 5.21 $V_{DS}\neq 0$ 时，栅下耗尽区电荷与源、漏及栅的关系

式中，$\alpha_1 \geqslant 1$ 是经验参数；y_S 和 y_D 分别为源衬、漏衬 pn 结的水平耗尽区宽度，它们分别由公式(5.92)和(5.93)表示。受 V_{DS}影响，阈值电压的减小量为

$$\Delta V_T = \frac{\alpha_1(y_S + y_D)\sqrt{\varepsilon_s q N_A \phi_F}}{LC_{ox}} \tag{5.156}$$

为简单起见，写出上式时假定了源和衬底短路(即 $V_{BS}=0$)。当 V_{DS}不很大时，ΔV_T 随 V_{DS}增加，即有效阈值电压 V'_T随 V_{DS}的增加而减小。若 V_{DS}很大，以致 $y_S + y_D = L$，则源结和漏结的耗尽区连通，器件处于穿通状态，有很大的漏极电流，并且不受栅压控制。

窄沟效应 沟道很窄时，也会影响器件的阈值电压。一个器件沿其沟道宽度方向(Z 方向)的截面示于图 5.22(a)。为简单起见，此图画得非常理想化。一个实际器件的沟道截面因某些制造工艺看上去可能如图 5.22(b)，在厚场氧化层(场氧)与薄栅氧化层(有源区)的过渡区形成了类似鸟嘴的结构。从两幅图中都可看出，耗尽区并不正好限于薄栅氧化层下面的区域内。这是因为从栅电荷出发的电力线有一些终止在沟道两侧的电离受主上。这些电力线构成了所谓边缘场。如果 Z 较大，则耗尽区的两侧部分占总耗尽区体积的百分数较小，因而可以忽略；然而，当 Z 只有几个微米时，两侧部分占总体积的百分数就变大了。与短沟道情况相反，现在栅要负责耗尽一个大于长沟理论所预计的矩形区域。于是，为了在反型层形成之前，耗尽那样体积的区域，V_{GS}必须更大，即器件应该有较大的有效阈值电压 V'_T。

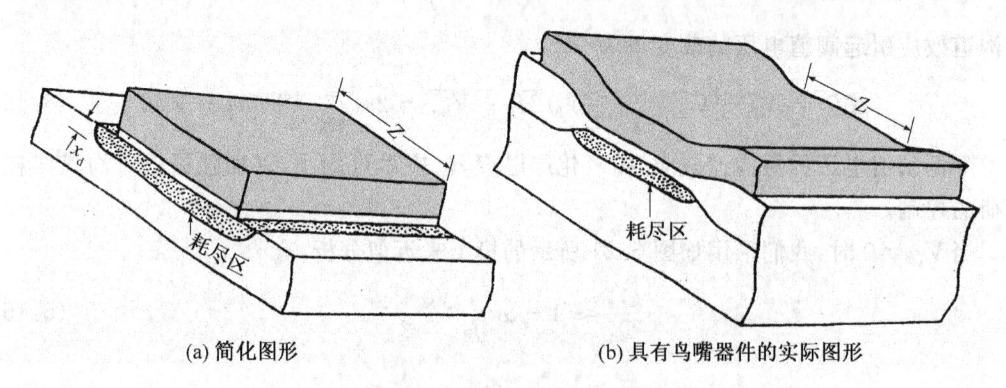

(a) 简化图形　　(b) 具有鸟嘴器件的实际图形

图 5.22 边缘场引起耗尽区侧向扩展

如图 5.22(a)，假定侧向扩展为圆柱形，并且 $V_{DS}=0$，则不难得到

$$\frac{Q'_b}{Q_b} = 1 + \frac{\pi}{2}\frac{x_d}{Z} \tag{5.157}$$

x_d 为栅下耗尽层厚度，Q'_b为栅控电荷($Q'_b > Q_b$)。窄沟时阈值电压的增加量为

$$\Delta V_T = \frac{\pi}{2}\frac{x_d}{Z}\gamma\sqrt{2\phi_F - V_{BS}} = \pi\frac{\varepsilon_s}{\varepsilon_{ox}}\frac{d_{ox}}{Z}(2\phi_F - V_{BS}) \tag{5.158}$$

为了减小阈值电压的窄沟道效应，同样应减小栅氧化层厚度 d_{ox}，以避免栅电荷的电力线超出栅极边缘侧向扩展。

3. 漏感应势垒降低(DIBL)效应

当L减小、V_{DS}增加时，漏源耗尽区越来越靠近，引起电力线从漏到源的穿越，使源端势垒降低，从源区注入沟道的电子增加，导致漏源电流增加。通常称该过程为漏感应势垒降低，简写为 DIBL。图 5.23 是$V_{DS}=0$和$V_{DS}>0$时 n 沟 MOSFET 沟道表面的能带和电势分布的示意图。图中，$V_S(0,y)$是相对n^+源区($y=0$)的表面势，y_S和y_D分别为源结和漏结的水平耗尽区宽度。$V_{DS}=0$时，在$y=y_S$至$y=L-y_S-y_D$的区域(实际的沟道区)内，$V_S=V_S^0$(常数)，y_S处的势垒高度为$-qV_S^0$。$V_{DS}>0$时，沟道表面势增加$V(y)$，结果电势最小处y_{min}(y_S附近)的电势为$V_S(y_{min})=V_S^0+V(y_{min})$，增加$V(y_{min})$，源和沟道之间的势垒则相应降低了$qV(y_{min})$，这就是漏感应势垒降低。显然，对一定的$V_{DS}$，器件的$L$越小，DIBL 越显著，漏极电流的增加越显著，以致器件不能关断。所以，DIBL 效应是对 MOS 器件尺寸缩小的一个基本限制。

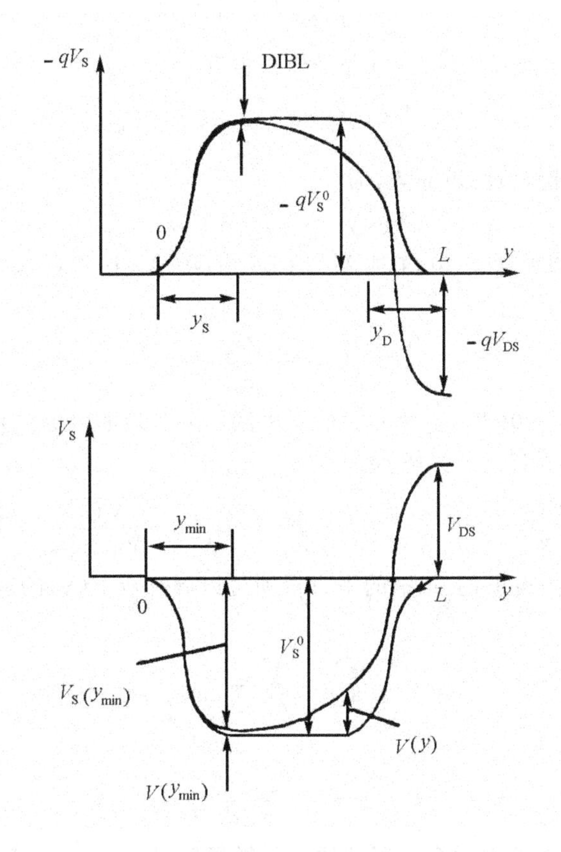

图 5.23　n 沟 MOSFET 沟道表面的能带图和电势分布

(对称分布对应 $V_{DS}=0$，非对称分布对应 $V_{DS}>0$)

如上所述，DIBL 是漏电压 V_{DS}引起的沿沟道方向的电势分布使源和沟道间的势垒降低 $qV(y_{min})\approx qV(y_S)$。所以，为了分析 DIBL，必须既考虑受栅偏压和衬底偏压控制的垂直电场 $\mathscr{E}_x$，也考虑受漏偏压控制的沿沟道方向的电场 $\mathscr{E}_y$，即必须求解二维泊松方程。为了简化分析，我们假定器件的工作状态是在亚阈值区。

首先，对于亚阈值区，沟道区表面电子浓度很低，可以采用耗尽近似，二维泊松方程为

$$\frac{\partial \mathscr{E}_x}{\partial x}+\frac{\partial \mathscr{E}_y}{\partial y}=-\frac{qN_A}{\varepsilon_s} \tag{5.159}$$

固定 y，将方程(5.159)在耗尽区上对 x 积分，得到

$$-\mathscr{E}_s+\frac{\partial \mathscr{E}_y}{\partial y}x_d=-\frac{qN_A}{\varepsilon_s}x_d \tag{5.160}$$

x_d 是耗尽区厚度，$\partial\mathscr{E}_y/\partial y$ 应理解为对 x_d 的平均值。x_d 可表示为

$$x_d=\sqrt{\frac{2\varepsilon_s}{qN_A}(V_S+V_{bi})} \tag{5.161}$$

$\mathscr{E}_s$ 是沟道区表面电场的垂直分量，由电势平衡方程有

$$\mathscr{E}_s=\frac{C_{ox}}{\varepsilon_s}(V_{GS}-V_{FB}-V_S-V_{bi}) \tag{5.162}$$

V_S 是相对 n^+ 源区(源接触)的表面势，为

$$V_S(y)=V_S^0+V(y) \tag{5.163}$$

除源、漏端附近外，可假设 $V_{DS}=0$ 时沟道区内 $\partial\mathscr{E}_y/\partial y=0$。这样，$V_{DS}=0$ 时方程(5.160)应为

$$-\mathscr{E}_s^0=-\frac{qN_A}{\varepsilon_s}x_d^0 \tag{5.164}$$

其中 x_d^0 和 $\mathscr{E}_s^0$分别为 $V=0$(即 $V_{DS}=0$)时的耗尽区厚度和表面电场的垂直分量。

从式(5.160)减去式(5.164)，得到

$$\frac{\partial^2 V(y)}{\partial y^2}x_d-\frac{C_{ox}}{\varepsilon_s}V(y)=\frac{qN_A}{\varepsilon_s}x_d^0\left[\sqrt{1+\frac{V(y)}{V_S^0+V_{bi}}}-1\right] \tag{5.165}$$

除源、漏端附近外，$V(y)$很小，上式中的平方根项可以展开成 $V(y)$的幂级数，并保留至线性项，得到

$$\frac{\partial^2 V}{\partial y^2}-\frac{V}{\lambda^2}=0 \tag{5.166}$$

其中，

$$\lambda=x_d^0\left(1+\frac{\varepsilon_{ox}}{\varepsilon_s}\frac{x_d^0}{d_{ox}}\right)^{-1/2} \tag{5.167}$$

假定方程(5.166)的解也适合于源结的水平耗尽区，即 $y<y_S$ 的区域，这并不会带来多大误差。这样，就有边界条件 $V(y=0)=0$；与之相应，方程(5.166)的解为

$$V(y)=V_0\sinh\left(\frac{y}{\lambda}\right) \tag{5.168}$$

在式(5.168)中,V_0 是待定常数,可以由附加表面势引起耗尽区电荷增量 $\Delta Q'_B$(栅电荷相应增加 $-\Delta Q'_B$)确定:

$$\Delta Q'_B = -\int_{y_S}^{L-y_D} C_D V(y)\mathrm{d}y \approx \int_{y_S}^{L-y_D} \frac{\varepsilon_s}{x_d^0} V_0 \sinh\left(\frac{y}{\lambda}\right)\mathrm{d}y \tag{5.169}$$

C_D 是沟道耗尽层电容。上式用到了缓变沟道近似。另一方面,根据电荷共享原理,$\Delta Q'_B$ 只是 V_{DS} 在栅下引起电荷总量 ΔQ 的一部分,即 $k\Delta Q$,比例系数 k 为 0.5 左右。ΔQ 可以通过图5.24粗略估计为(图中栅下衬底内阴影区面积):

$$\Delta Q \approx qN_A Z(y_D^2 - y_D^{0\ 2}) \tag{5.170}$$

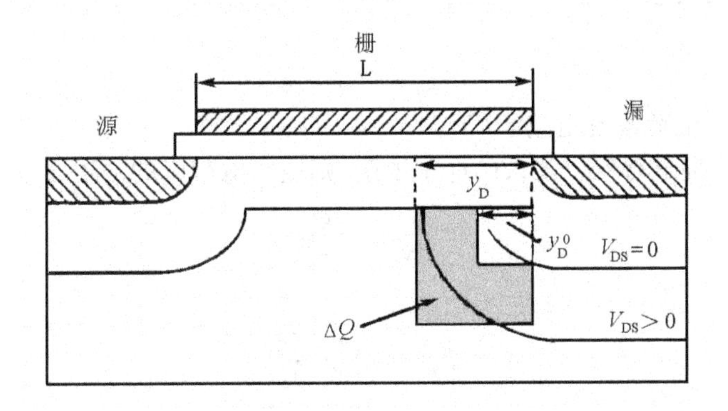

图 5.24　漏偏压 V_{DS} 在栅下衬底内感生电荷总量 ΔQ 的简化模型

$y_D^0 = y_S$ 是 $V_{DS}=0$ 时漏结的水平耗尽区宽度。利用表示 y_S 和 y_D 的公式(5.92)和(5.93),可得

$$\Delta Q'_B = k\Delta Q = 2kZ\varepsilon_s V_{DS} \tag{5.171}$$

完成式(5.169)的积分,并与式(5.171)比较,即得

$$V_0 = 2kV_{DS}\frac{x_d^0}{\lambda}\left[\cosh\left(\frac{L-y_D}{\lambda}\right) - \cosh\left(\frac{y_S}{\lambda}\right)\right]^{-1} \tag{5.172}$$

将式(5.172)代入式(5.168),并令 $y=y_{min}=y_S$,就得到漏感应势垒降低(DIBL)为

$$qV(y_S) = 2kq\frac{x_d^0}{\lambda}\frac{\sinh(y_S/\lambda)}{\cosh\left(\frac{L-y_D}{\lambda}\right) - \cosh\left(\frac{y_S}{\lambda}\right)}V_{DS} \tag{5.173}$$

上式表明,栅长 L 一定时,DIBL 随漏压 V_{DS} 增加。当 L 很小或 V_{DS} 很大以致 $y_S + y_D = L$ 时,上式不再成立,这对应器件的穿通状态。

假定理想因子 η 不随偏压而改变,则由方程(5.90)可以得到表面势的变化为

$$\Delta V_S = -\frac{\Delta V_T}{\eta} \tag{5.174}$$

作为势垒降低的结果,漏偏压 V_{DS} 将使阈值电压下降。由式(5.174)及(5.173),有

$$\Delta V_T = -\eta\Delta V_S(y_S) = -\eta V(y_S) = -\sigma V_{DS} \tag{5.175}$$

其中

$$\sigma = \frac{2k\eta x_d^0}{\lambda} \frac{\sinh(y_S/\lambda)}{\cosh\left(\dfrac{L-y_D}{\lambda}\right)-\cosh\left(\dfrac{y_S}{\lambda}\right)} \tag{5.176}$$

σ 称为 DIBL 因子。当短沟器件工作在阈值电压附近时，DIBL 效应非常严重。

4. 穿通效应

当漏结的耗尽区和源结的耗尽区连通（即 $y_S + y_D = L$）时，源和沟道间的势垒显著降低，注入沟道的电子浓度 n 很大，它们将以漂移方式通过源和漏之间的空间电荷区，电流密度可表示为

$$J_{sp} = -qn\mu_n\mathscr{E} \tag{5.177}$$

J_{sp} 习惯上称为空间电荷限制电流。

设衬底掺杂浓度显著低于注入的电子浓度，则空间电荷区的泊松方程为

$$\frac{d\mathscr{E}}{dy} = -\frac{qn}{\varepsilon_s} \tag{5.178}$$

所以

$$J_{sp} = \varepsilon_s\mu_n\mathscr{E}\frac{d\mathscr{E}}{dy} \tag{5.179}$$

将上式积分得到

$$\mathscr{E} = -\left[\frac{2J_{sp}}{\varepsilon_s\mu_n}y + \mathscr{E}_0^2\right]^{1/2} \tag{5.180}$$

负号表示电场的方向由漏指向源；$\mathscr{E}_0$ 是沟道源端的电场强度，一般可以略去。

根据 $\mathscr{E} = -dV/dy$，对方程(5.180)积分，得到

$$J_{sp} = \frac{q\varepsilon_s\mu_n V_{DS}^2}{8L^3} \tag{5.181}$$

J_{sp} 并联于受栅压控制的沟道电流。所以，在穿通情形下，即使栅压低于阈值，源漏之间也会有电流流过。

5. 速度饱和与两区模型

至今为止，一直假定沟道电子的迁移率与沿沟道方向的电场 $\mathscr{E}_y$ 无关，即假定沟道内 $\mathscr{E}_y$ 总是比速度饱和的临界场强 $\mathscr{E}_c$ 低得多。实际上，对于一定的漏偏压 V_{DS}（例如 5V 工作电压标准），随着器件沟道长度 L 的减小，沿沟道的场强 $\mathscr{E}_y(y)$ 增强，电子迁移率将和 $\mathscr{E}_y$ 有关，其漂移速度甚至饱和。在这种情形下，基于恒定迁移率的电流理论必须修正。

(1) 速度饱和效应

对于电子漂移速度和电场的关系，我们采用下述经验公式：

$$v = \begin{cases} \dfrac{\mu_n\mathscr{E}_y}{1+\mathscr{E}_y/\mathscr{E}_c}, & \mathscr{E}_y < \mathscr{E}_c \\ V_S, & \mathscr{E}_y > \mathscr{E}_c \end{cases} \tag{5.182}$$

其中，μ_n 是沟道电子的低场迁移率；$\mathscr{E}_c$ 是速度饱和临界场强，在 Si 中约为 5×10^4 V/cm；V_S 为电子的饱和漂移速度，为理论饱和速度的一半($V_S=\mu_n\mathscr{E}_c/2$)。将 $\mathscr{E}_y=\mathrm{d}V/\mathrm{d}y$ 代入上式，得

$$v=\mu_n\frac{\mathrm{d}V/\mathrm{d}y}{1+\frac{1}{\mathscr{E}_c}\frac{\mathrm{d}V}{\mathrm{d}y}} \tag{5.183}$$

由于迁移率不再与电场无关，即 v 不再与 $\mathscr{E}_y$ 成正比，漏极电流应表示成

$$I_D=Z(-Q_i)v \tag{5.184}$$

将 v 的表示式(5.183)代入，得

$$I_D\left[1+\frac{1}{\mathscr{E}_c}\frac{\mathrm{d}V}{\mathrm{d}y}\right]=Z\mu_n(-Q_i)\frac{\mathrm{d}V}{\mathrm{d}y} \tag{5.185}$$

从 $y=0$ 至 $y=L$ 积分上式，并假定 μ_n 是常数，可得

$$I_D=\frac{Z}{L}\mu_n\int_0^{V_{DS}}(-Q_i)\mathrm{d}V\Big/\left(1+\frac{V_{DS}}{L\mathscr{E}_c}\right) \tag{5.186}$$

这一方程说明，与不考虑速度饱和效应相比，漏极电流应乘以因子$(1+V_{DS}/L\mathscr{E}_c)^{-1}$。这样，对电压控制模型就有

$$I_D=\frac{Z}{2L}\mu_nC_{ox}(2V'_{GS}-V_{DS})\frac{V_{DS}}{1+\frac{V_{DS}}{L\mathscr{E}_c}} \tag{5.187}$$

其中 $V'_{GB}=V_{GS}-V_T$ 是夹断饱和电压。

当漏端($y=L$)的场强 $\mathscr{E}_y(L)=\mathscr{E}_c$ 时，电流开始饱和，其值为

$$I'_{Dsat}=\frac{Z}{2L}\mu_nC_{ox}(2V'_{GS}-V'_{Dsat})\frac{V'_{Dsat}}{1+V'_{Dsat}/L\mathscr{E}_c} \tag{5.188}$$

V'_{Dsat}表示速度饱和电压，右上角加撇以示同夹断饱和相区别。另一方面，I'_{Dsat}也可以通过饱和漂移速度 V_S 表示成

$$I'_{Dsat}=ZV_SC_{ox}(V'_{GS}-V'_{Dsat}) \tag{5.189}$$

由式(5.188)和(5.189)，并注意到 $V_S=\mu_n\mathscr{E}_c/2$，有

$$V'_{Dsat}=\frac{V'_{GS}L\mathscr{E}_c}{L\mathscr{E}_c+V'_{GS}} \tag{5.190}$$

结合(5.189)，(5.190)二式，有

$$I'_{Dsat}=Zv_sC_{ox}\frac{V'^2_{GS}}{L\mathscr{E}_c+V'_{GS}} \tag{5.191}$$

下面简短讨论速度饱和效应对器件 I_D-V_{DS}特性的影响。

① 若 L 很大以致 $L\mathscr{E}_c\gg V'_{GS}$(长沟道器件)，则有

$$V'_{Dsat}=V'_{GS}，\ I'_{Dsat}=(Z/2L)\mu_nC_{ox}V'^2_{GS}$$

这正是夹断饱和的情形。一般，$V'_{Dsat}<V_{Dsat}$，$I'_{Dsat}<I_{Dsat}$，也就是说，由于存在速度饱和效应，V_{DS}之值尚未达到夹断饱和电压 V'_{GS}时，器件的漏极电流已经饱和，其值比夹断饱和电流值

要小，并且同栅压 V'_{GS} 不再有平方律关系。

② 若 L 很小以致 $L\mathscr{E}_c \ll V'_{GS}$（短沟道器件），则有

$$V'_{Dsat} = L\mathscr{E}_c ,\ I'_{Dsat} = Zv_s C_{ox} V'_{GS}$$

其中 $C_{ox}V'_{GS}$ 是沟道源端的电荷浓度。所以，对于 L 很小以致速度严重饱和的器件，饱和电流等于沟道电荷同饱和漂移速度相乘的乘积，而电荷数沿沟道的变化可以忽略。

(2) 两区模型（准二维分析）

随着 $\mathscr{E}_y(y)$ 增加，速度饱和临界电场 $\mathscr{E}_c$ 将在沟道内某一位置（图 5.25 中的 P 点）$y=L-l_d$ 达到。这样，器件的沟道区可分为两个区域，源端附近的 I 区内 $\mathscr{E}_y(y)<\mathscr{E}_c$，为非饱和区；漏端附近的 II 区内 $\mathscr{E}_y(y)>\mathscr{E}_c$，为速度饱和区。如图 5.25 所示。

速度非饱和区（$0<y<L-l_d$）

根据短沟道 MOSFET 的二维模拟结果，源端附近 $\mathscr{E}_y(y)$ 随位置 y 近似线性变化且比较缓慢，故在这一区域内可假设

$$\mathscr{E}_y(y) = \frac{\mathscr{E}_c}{L-l_d} y \tag{5.192}$$

对电流特性的分析，一般仍可采用缓变沟道近似，就像上面讨论速度饱和效应时所做的那样。也就是说，器件的漏极电流仍可表示成方程(5.188)或(5.191)的形式，只是式中的 L 用 $L-l_d$ 代替，而 l_d 则在对速度饱和区的分析以后确定。由于速度饱和点（P 点）可以随 V_{DS} 的变化从漏端移入沟道内，其位置（即 l_d 的长度）取决于 $\mathscr{E}_y$ 等于临界值 $\mathscr{E}_c$ 的位置，因此上述两区模型适用于电流特性从线性区到饱和区的所有工作状态。同时，由于对速度饱和区将采用二维近似分析，这一模型也是基本适合于包括短沟道情形在内的关于 MOSFET 电流特性的近似模型。

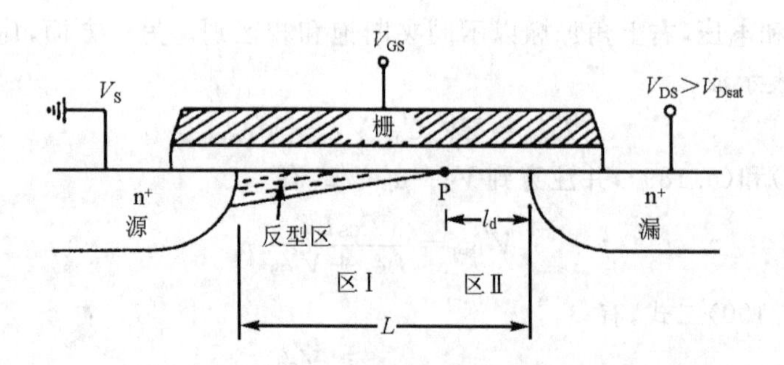

图 5.25 在饱和区计算短沟道器件电流的分区模型

速度饱和区（$L-l_d<y<L$，或 $0<y'<l_d$）

这一区域内 $\mathscr{E}_y(y)$ 很强，不能使用缓变沟道近似。准二维分析模型在这一区域主要体现在一定近似条件下对图 5.26 所示的 ABCD 区域应用高斯定理（高斯面的外法线方向与坐标方向相同时取“+”号，相反时取“－”号）：

$$-\mathscr{E}_c x_j+\mathscr{E}_y(y')x_j-\int_0^{y'}\frac{\varepsilon_{ox}}{\varepsilon_s}\mathscr{E}_{ox}(y')\mathrm{d}y'=-\frac{q(N_A+N_I)}{\varepsilon_s}x_j\,y' \tag{5.193}$$

其中 $y'=y-(L-l_d)$；N_I 是饱和点处的反型载流子浓度；N_A 是沟道内电离受主浓度；$\mathscr{E}_y(y')$是沿沟道方向的场强，假定它与深度(结深)x_j 无关；$\mathscr{E}_{ox}(y')$是垂直于 Si/SiO_2 界面的电场，表示式为

$$\mathscr{E}_{ox}(y')=\frac{V_{GS}-V_{FB}-2\phi_F-V(y')}{d_{ox}} \tag{5.194}$$

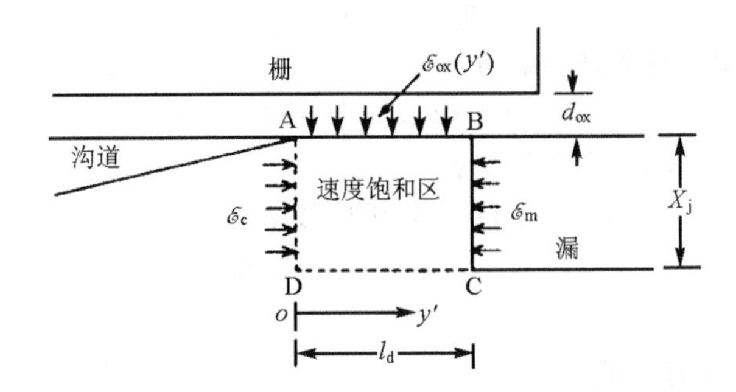

图 5.26 分析速度饱和区特性的示意图

其中 $2\phi_F$ 是强反型时的表面势，即半导体表面层上的电压；$V_{GS}-V_{FB}-V(y')$是 y'处超过平带电压的有效栅压，它等于表面势和表面层电荷在栅氧化层上产生的电压之和；d_{ox}是栅氧化层厚度。需要注意，准二维分析模型是为了得到描述十分复杂的二维现象的简单的半经验公式而提出的，不可能推导过程中的每一步都是严格的。实际上，在写出方程(5.193)时假定了通过 DC 线的电场可以忽略，还假定了有效界面电荷 Q_0 等于 0。

方程(5.193)对 y'微商，得到

$$\frac{\mathrm{d}\mathscr{E}(y')}{\mathrm{d}y'}x_j-\frac{\varepsilon_{ox}}{\varepsilon_s}\mathscr{E}_{ox}(y')=-\frac{q(N_A+N_I)}{\varepsilon_s}x_j \tag{5.195}$$

在 $y'=0$ 处，$\mathrm{d}\mathscr{E}(y')/\mathrm{d}y'$之值可以根据电场梯度连续的条件从式(5.192)得到，但为了简化结果，这里假定它为 0。于是对于 $y'=0$，可根据方程(5.195)写出

$$-\frac{\varepsilon_{ox}}{\varepsilon_s}\mathscr{E}_{ox}(0)=-\frac{q(N_A+N_I)}{\varepsilon_s}x_j \tag{5.196}$$

其中

$$\mathscr{E}_{ox}(0)=\frac{V_{GS}-V_{FB}-2\phi_F-V'_{Dsat}}{d_{ox}} \tag{5.197}$$

方程(5.195)和(5.196)相减，得到

$$\frac{\mathrm{d}\mathscr{E}_y(y')}{\mathrm{d}y'}+\frac{V(y')-V'_{Dsat}}{l^2}=0$$

或

$$\frac{d^2V(y')}{dy'^2}-\frac{V(y')-V'_{Dsat}}{l^2}=0 \tag{5.198}$$

$$l=\sqrt{\frac{\varepsilon_s}{\varepsilon_{ox}}d_{ox}x_j} \tag{5.199}$$

边界条件为

$$V(y'=0)=V'_{Dsat}$$
$$\left.\frac{dV(y')}{dy'}\right|_{y'=0}=\mathscr{E}_c \tag{5.200}$$

方程(5.198)满足边界条件的解为

$$V(y')=V'_{Dsat}+l\mathscr{E}_c\sinh(y'/l) \tag{5.201}$$

电场强度 $\mathscr{E}_y(y')$和位置 y'的关系为

$$\mathscr{E}_y(y')=dV(y')/dy' = \mathscr{E}_c\cosh(y'/l) \tag{5.202}$$

漏端($y'=l_d$)的场强最大。

利用双曲函数的下述性质：

$$\sinh x=\frac{\exp(x)-\exp(-x)}{2},\quad \cosh x=\frac{\exp(x)+\exp(-x)}{2}$$
$$\cosh^2 x-\sinh^2 x=1$$

在方程(5.201)和(5.202)中，令 $y'=l_d$ 和 $V(l_d)=V_{DS}$，可以得到漏端的场强 $\mathscr{E}_m$ 和速度饱和区长度 l_d，分别为

$$\mathscr{E}_m=\left[\left(\frac{V_{DS}-V'_{Dsat}}{l}\right)^2+\mathscr{E}_c^2\right]^{1/2} \tag{5.203}$$

$$l_d=l\ln\left[\frac{V_{DS}-V'_{Dsat}}{l\mathscr{E}_c}+\frac{\mathscr{E}_m}{\mathscr{E}_c}\right] \tag{5.204}$$

与夹断饱和类似，$V_{DS}>V'_{Dsat}$时区域 $L-l_d$ 上的情形和 $V_{DS}=V'_{Dsat}$时区域 L 上的情形相同，故在速度饱和临界电流 I'_{Dsat}的表示式中将 L 用 $L-l_d$ 替换，就可以得到漏极电流 I_D 的表示式，显然它是 l_d 的函数。用 I'_{Dsat}表示，则有

$$I_D(l_d)=I'_{Dsat}\frac{L\mathscr{E}_c+V'_{Dsat}}{(L-l_d)\mathscr{E}_c+V'_{Dsat}} \tag{5.205}$$

器件的输出电阻($R_o=dV_{DS}/dI_D$)为

$$R_o=\frac{1}{I_D}\mathscr{E}_m\frac{(L-l_d)\mathscr{E}_c+V'_{Dsat}}{\mathscr{E}_c}\approx\frac{1}{I_D}\frac{V_{DS}-V'_{Dsat}}{l}\left(L+\frac{V'_{Dsat}}{\mathscr{E}_c}\right) \tag{5.206}$$

根据上式，短沟道 MOSFET 饱和区的输出电阻随 V_{DS}的增加而增加。但在实际器件中，特别是在 n MOST 中，当 V_{DS}达到一定值时，R_o 不再增加，此后进一步增加 V_{DS}，R_o 将降低。R_o 降低是由于热电子效应和 DIBL 效应，它们使漏极电流 I_D 增大。

我们特别感兴趣的是 $\mathscr{E}_m\gg\mathscr{E}_c$ 的情形。对于一定的工作电压标准，V_{DS}一定，因此栅长 L

越小时沿沟道方向的电场越强，越是容易发生这种情形。这时，由于漏端附近电场很强，沟道载流子将获得十分大的动能，成为热电子。热电子可以引起碰撞电离，导致很大的衬底电流；还可以越过 Si/SiO_2 的界面，损伤栅氧化层，从而导致器件性能变坏。当 $\mathscr{E}_m \gg \mathscr{E}_c$ 时，式(5.203)简化为

$$\mathscr{E}_m \approx \frac{V_{DS} - V'_{Dsat}}{l} \tag{5.207}$$

上式表明，如果假定速度饱和区的电场强度是常数且等于 $\mathscr{E}_m$，则 l 就是饱和区的长度。所以，l 是反映速度饱和区长度的特征量，它和栅氧化层厚度 d_{ox}、源区及漏区的扩散结深 x_j 有关，这已由公式(5.199)给出。但通常采用下述从实验得出的经验公式：

$$l \approx 0.22 d_{ox}^{1/3} x_j^{1/2} \tag{5.208}$$

理论结果和实验结果存在明显差别，主要是由于理论分析采用的模型过于简单。另外，经验公式因研究者而异，依赖于实验条件和工作经验。

6. 热电子效应

对于沟道长度很短的器件，一定的漏源电压 V_{DS} 可以使漏端附近形成相当高的电场。随着载流子(对 n 沟 MOSFET 为电子)从源向漏移动，它们在漏端高电场区将得到十分大的动能，并且具有显著高于晶体中电子正常热能的能量，成为热电子。热电子可以通过碰撞电离产生次级电子-空穴对，其中电子(包括原始和次级电子)流入漏极，形成漏极电流 I_D；碰撞产生的次级空穴将流入衬底，形成衬底电流 I_b(见图 5.27)。通过测量 I_b 可以很好地监控沟道热电子和漏区电场的情况。当较大的衬底电流通过衬底时，会在衬底上产生电压

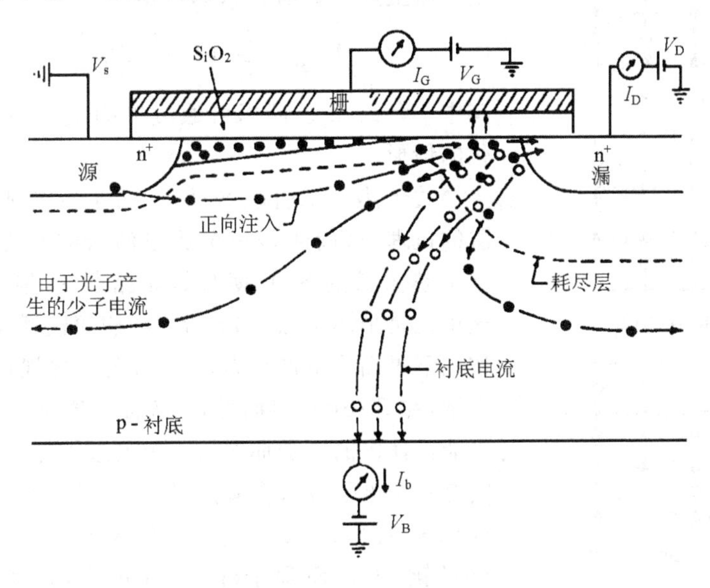

图 5.27　描述 nMOST 热电子效应的示意图

降；由于 MOSFET 的源通常接地，该电压降将使源-衬结正偏，从而形成一个源-衬底-漏(npn)结构的寄生双极晶体管，与 MOSFET 并联。这种复合结构(MOSFET 和寄生双极晶体管)是大多数短沟 MOSFET 导致漏源击穿的原因，并且还会引起 I-V 曲线的回滞现象；在 CMOS 电路中，则会导致闩锁效应。有一些具有足够高能量的热电子还可以越过 Si/SiO_2 界面势垒(对于电子约为 3.2eV，对于空穴约为4.9eV)，注入到栅氧化层中，它们中的大多数将被栅极收集，形成栅电流 I_G。热电子注入到栅氧化层中会引起界面陷阱，经过一段时间的积累，器件性能将会退化，主要表现在阈值电压漂移、跨导降低和亚阈值斜率增加。这些退化将严重影响超大规模 MOS 集成电路的可靠性。所以，热电子使器件性能退化主要和栅电流 I_G 有关，而不是与衬底电流 I_b 有关，尽管 I_G 比 I_b 要小几个数量级。

I_G 及 I_b 同 I_D 的关系可表示如下：

$$I_b = C_1 I_D \exp(-E_i/q\mathscr{E}\lambda) \tag{5.209}$$

$$I_G = C_2 I_D \exp(-E_b/q\mathscr{E}\lambda) \tag{5.210}$$

C_1，C_2 是比例系数；$\mathscr{E}$ 是漏端附近的电场强度；E_i 是热电子通过碰撞电离产生电子-空穴对所必须具有的最小能量；λ 可理解为热电子得到能量 $k_B T_e$(T_e 是热电子温度)所走过的平均路程。所以，$\exp(-E_i/q\mathscr{E}\lambda)$(等于 $\exp(-E_i/k_B T_e)$)表示 I_D 中具有足够能量引起碰撞电离的电子所占的比例，亦即 $I_b \propto I_D \exp(-E_i/q\mathscr{E}\lambda)$。同理，$\exp(-E_b/q\mathscr{E}\lambda)$是 I_D 中具有足够能量越过 Si/SiO_2 界面注入栅氧化层中的电子所占比例，亦即 $I_G \propto I_D \exp(-E_b/q\mathscr{E}\lambda)$，$E_b$ 是 Si/SiO_2 界面的势垒高度。由上述二式消去 $q\mathscr{E}\lambda$，可得

$$\frac{I_G}{I_D} = C_2\left[\frac{I_b}{C_1 I_D}\right]^p \tag{5.211}$$

其中 $p=E_b/E_i$。所以可通过检测 I_b 来了解器件性能退化的情形。

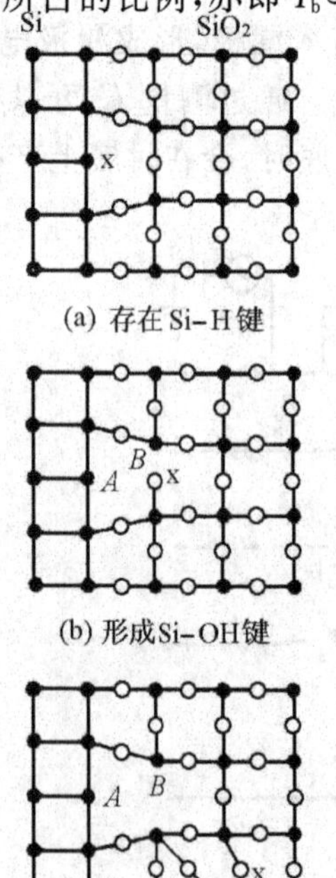

(a) 存在Si-H键

(b) 形成Si-OH键

(c) OH基向SiO_2薄膜内部扩散

图 5.28 SiO_2 界面的二维假想模型

●: Si ○: O x: H

关于热电子引起 Si/SiO_2 界面损伤或产生氧化物陷阱的机理，目前还是一个比较活跃的研究领域。已知在 Si 上热生长的 SiO_2 薄膜是非晶态的，但为了简单明确，这里还是采用了图 5.28 所示的假想模型来说明在热电子作用下界面陷阱产生及随时间变化的规律。图 5.28(a)表示，在 Si/SiO_2 界面处，硅表面的原子只有 3 个最近邻，不能像体内的原子那样有 4 个最近邻可以形成共价键，即它有一个电子没有自旋配对，存在悬挂键。若材料中存在 H 原子(图中以“x”标记)，这些悬挂键容易同 H 原子组成 Si-H 键，这时 Si 原子得到一个电子，成为带负电的离子。图 5.28(b) 表示，在 A 处的 Si-H 键受到破坏，H 原子同 SiO_2 薄膜表面处的 O 原子结合，并破坏一个 Si-O 键，形

成 Si-OH 键。这样，在 A 处留下一个电子陷阱，在 B 处则留下一个空穴陷阱。B 处的 Si 原子因缺少一个 O 近邻而有一个电子没有转移出去，所以是空穴陷阱。H 原子向 SiO_2 薄膜内部扩散，界面态浓度 N_{it} 随时间增加。

如果 Si-H 键遭到破坏的原因是热电子，即如果界面陷阱由热电子引起，则其密度 N_{it} 和 I_D 的关系可表示为

$$\frac{dN_{it}}{dt} = R\frac{I_D}{Z}\exp(-E_t/q\mathscr{E}\lambda) - BN_{it}n_{it}(0) \tag{5.212}$$

Z 是沟道宽度，热电子数正比于 I_D/Z，而使 Si-H 键离解的热电子数正比于 $(I_D/Z)e^{-E_t/q\mathscr{E}\lambda}$，其中 $E_t \approx (3.2+0.3)$ eV，包括3.2eV的界面势垒激活能和 0.3eV 的 Si-H 键离解能；R 正比于 Si-H 键密度，后者高达 10^{20}cm^{-3}，故 R 可视为常数。$BN_{it}n_{it}(0)$ 表示界面的 Si 离子和 H 原子重新结合的速率，其中 $n_{it}(0)$ 是界面处的 H 原子浓度。另外，界面陷阱产生的速率也等于 H 原子离开界面的速率，即

$$\frac{dN_{it}}{dt} = D_H\, n_{it}(0)/L_H \tag{5.213}$$

D_H 和 L_H 分别表示 H 原子的扩散系数和扩散长度，故 D_H/L_H 为 H 原子的有效扩散速度。

由方程(5.213)求出 $n_{it}(0)$ 后代入方程(5.212)，有

$$\frac{BL_H}{2D_H}N_{it}^2 + N_{it} = Rt\frac{I_D}{Z}\exp(-E_t/q\mathscr{E}\lambda) \tag{5.214}$$

这一方程表示，N_{it} 增长的动力学过程十分类似热氧化过程，N_{it} 很小时增长速率受反应过程限制，$N_{it} \propto t$；N_{it} 很大时增长速率受扩散过程限制，$N_{it} \propto t^{1/2}$；t 是时间。在一般情形下，像热氧化情形一样，为

$$N_{it} = C_3\left[t\frac{I_D}{Z}\exp(-E_t/q\mathscr{E}\lambda)\right]^n \tag{5.215}$$

C_3 近似为常数，n 的数值在 0.5 和 0.75 之间(理论上在 0.5 和 1 之间)。

MOSFET 的寿命 τ 定义为 N_{it} 达到某一标准值或阈值电压的变化量 ΔV_T ($\Delta V_T \propto N_{it}$) 达到某一失效标准时的时间。选取 $n=2/3$，$E_t/E_i=2.9$(其中 $E_t=3.7$eV 和 $E_i=1.3$eV 都来自实验数据)，并利用 $I_b=C_1 I_D\exp(-E_i/q\mathscr{E}\lambda)$ 消去 $q\mathscr{E}\lambda$，不难从式(5.215)得到

$$\tau = F\frac{Z}{I_D}\left(\frac{I_b}{I_D}\right)^{-2.9}(\Delta V_T)^{1.5} \tag{5.216}$$

F 依赖于栅绝缘层(氧化硅或氮化硅)的质量，如果不采用高质量的绝缘栅材料，热电子退化将限制器件向亚微米尺寸缩小。

另外，根据 I_b 和 I_D 之间的关系($I_b=(M-1)I_D$)，不难从方程(5.216)得到

$$\tau \propto \frac{Z}{I_D}(M-1)^{-m} \tag{5.217}$$

式中 M 是碰撞电离倍增因子，$m=2.9$。

对于 $L>0.5\mu$m 的 pMOST，器件性能退化并不是一个很严重的问题，这主要是由于

Si/SiO$_2$界面处的空穴势垒要比电子势垒高得多，以及空穴电离率较小从而它引起的电子-空穴对产生率较低。但当器件进入深亚微米领域($L<0.5\mu m$)以后，必须考虑 pMOST 的热电子退化效应。

在热电子退化特性的测量中，衬底电流 I_b 通常作为一个被监测的量。下面，我们考虑 nMOST。假设所有空穴都流向衬底，则由漏极电流 I_D 碰撞电离产生的衬底电流可表示为

$$I_b = \int_0^L \alpha_n I_D dy = I_D \int_0^L A_n \exp(-B_n/\mathscr{E}(y)) dy \tag{5.218}$$

式中，A_n 和 B_n 是电子碰撞电离率的参数，表 1.3 对一些重要的半导体材料给出了有关的实验数据。产生的空穴能够很快转移到低场区，所以这里忽略它们的碰撞电离作用。同时，考虑到碰撞电离发生在漏端附近，我们在速度饱和区计算 I_b。在该区，电场

$$\mathscr{E}(y) = \mathscr{E}_c \cosh(y/l) \approx \frac{1}{2}\mathscr{E}_c \exp(y/l) \tag{5.219}$$

$\mathscr{E}_c$ 为速度饱和临界场强，l 为饱和区的特征长度。由上式可得

$$\frac{dy}{d\mathscr{E}} = \frac{l}{\mathscr{E}(y)} \tag{5.220}$$

于是，当积分式(5.218)中的 dy 用$(dy/d\mathscr{E})d\mathscr{E}$ 替换时(积分区间也改为速度饱和区)，有

$$\begin{aligned} I_b &= I_D \int_{\mathscr{E}_c}^{\mathscr{E}_m} A_n \exp(-B_n/\mathscr{E}(y)) \frac{l}{\mathscr{E}(y)} d\mathscr{E} \\ &= I_D \int_{\mathscr{E}_c}^{\mathscr{E}_m} A_n \exp(-B_n/\mathscr{E}(y)) \frac{l}{\mathscr{E}(y)} [-\mathscr{E}^2(y)] d(1/\mathscr{E}(y)) \\ &= -I_D \int_{\mathscr{E}_c}^{\mathscr{E}_m} A_n l \mathscr{E}(y) \exp(-B_n/\mathscr{E}(y)) d(1/\mathscr{E}(y)) \end{aligned} \tag{5.221}$$

式中，$\mathscr{E}_m$ 是漏端电场，即最大场强，有下述近似关系[见式(5.207)]：

$$\mathscr{E}_m \approx \frac{V_{DS} - V'_{Dsat}}{l}, \quad l = 0.22 x_j^{1/2} d_{ox}^{1/3} \tag{5.222}$$

V'_{Dsat}是速度饱和电压，由式(5.192)给出。为了使积分有解析表达式，我们在被积函数中以 $\mathscr{E}_m$ 代替指数项前面的电场 $\mathscr{E}(y)$，移出积分号外，从而得到

$$\begin{aligned} I_b &= A_n l \mathscr{E}_m I_D \int_{\mathscr{E}_c}^{\mathscr{E}_m} \exp(-B_n/\mathscr{E}(y)) d(1/\mathscr{E}(y)) \\ &\approx \frac{A_n}{B_n} l \mathscr{E}_m I_D \exp(-B_n/\mathscr{E}_m) \\ &= \gamma I_D \left(\frac{\mathscr{E}_m}{\mathscr{E}_i}\right) \exp(-\mathscr{E}_i/\mathscr{E}_m) \end{aligned} \tag{5.223}$$

式中，$\mathscr{E}_i = B_n \approx 1.7\times10^6 V/cm$，$A_n/B_n \approx 1.2V^{-1}$，$\gamma$ 是与电场无关的常数。式(5.223)也可写成

$$I_b \approx \frac{A_n}{B_n}(V_{DS} - V'_{Dsat}) I_D \exp[-B_n/(V_{DS} - V_{Dsat})] \tag{5.224}$$

应力测量是研究器件热电子退化特性的一种重要方法。在测量中，衬底电流 I_b 可以作

为被监测的量，其数值以及监测时间代表 MOST 中应力积累的程度；而像阈值电压的改变量 ΔV_T（例如 10mV）这样的量则可以用于判断器件是否失效。为了在合理的时间内测出失效时间 τ，需要在高于正常偏置的条件下进行应力测量，这通常是增大漏极电压 V_D；而栅极电压 V_G 则被调整到使衬底电流 I_b 最大。然后，器件将在这种偏置条件下持续工作一段时间，同时监测器件的 I_b。测量会被定期中断，以测量那些被选择用来指示器件失效的参数（例如 ΔV_T）。应力测量将一直延续至达到失效标准，相应的测量时间 τ 就是失效时间，或者说器件寿命。根据前面所述，不难得到失效时间 τ 和衬底电流 I_b 之间的关系，例如：

$$\tau = B_1(I_b)^{-m} \tag{5.225}$$

和

$$\tau = B_2\left(\frac{I_b}{I_D}\right)^{-m} \tag{5.226}$$

B_1（或 B_2）和 m 是经验参数。首先在几个不同的高偏压下测出器件失效时间，然后利用上面这样的等式，外推得到正常工作条件下的 τ 值。

热电子退化对 MOSFET 的可靠性构成威胁，必须尽可能避免，因此漏区结构的设计受到了很大的关注。所有结构中的基本原则是一样的，就是让漏区承受一部分电压。一种典型结构是所谓轻掺杂漏（LDD）结构，即在有效沟道和重掺杂的漏接触之间增加一个高阻区。

5.2.7　CMOS（互补型 MOSFET）结构

CMOS 技术一直是硅微电子技术的主流。为此，下面简述 CMOS 器件结构的基本特点。以CMOS为基本单元的 CMOS 集成电路具有功耗低、抗干扰能力强和速度快的优点，在一般逻辑电路、大规模存储器以及微处理器等领域都得到了广泛的应用。

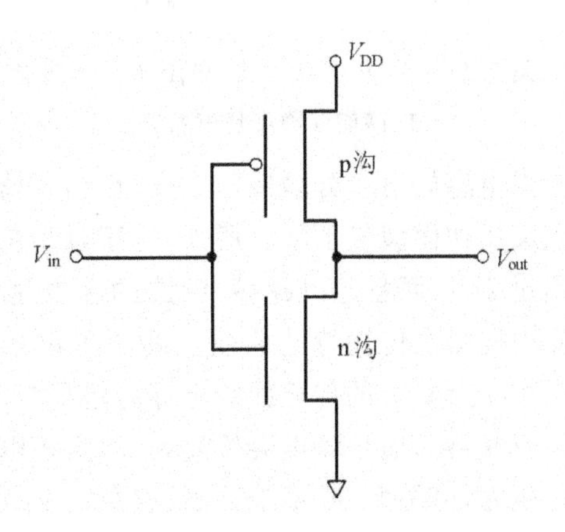

图 5.29　CMOS 反相器

图 5.29 表示一个 CMOS 反相器。上部的 pMOST 的栅极与下部的 nMOST 的栅极相连，两个晶体管都是增强型，pMOST 的阈值电压 $V_{Tp}<0$，nMOST 的阈值电压 $V_{Tn}>0$。当输入电压 V_{in} 为 0 或一个小的正值（$<V_{Tn}$）时，pMOST 导通（pMOST 的栅压 $V_{GSp}=V_{in}-V_{DD}$，此时比 V_{Tp} 更负），而 nMOST 截止，因此输出电压 V_{out}（等于 V_{DSn}）为高电平而十分接近电源电压 V_{DD}（逻辑 1）。当输入电压为 V_{DD} 时，pMOST 因其栅压 $V_{GSp}=0$ 而截止，而 nMOST（栅压 $V_{GSn}=V_{in}>V_{Tn}$）导通，此时输出电压 V_{out} 为低电平而接近零（逻辑 0）。不论哪种逻辑状态，串联在 V_{DD} 和地之间的这两个晶体管中，总有一个处于非导通状态，所以稳态电流只是很小的泄漏电流，只

是在开关过程中两个管子都处在导通状态时才有显著的电流流过 CMOS 反相器，故平均功耗很小，在纳瓦数量级。当芯片的元件数增加时，功耗成为主要的限制因素，CMOS 电路的低功耗是十分引人注目的特点。

图 5.30 表示 nMOST 和 pMOST 完全对称的 CMOS 反相器的准静态传输特性（V_{in} 缓慢变化时 V_{out} 同 V_{in} 的关系）。所谓完全对称，指两个管子的阈值电压相等和导电因子$\left(定义为\dfrac{Z}{2L}\mu C_{ox}\right)$相同，即 $V_{Tn}=|V_{Tp}|=V_T$ 和 $\beta_n=\beta_p=\beta$。对于这种反相器，两种逻辑状态之间的转换电压 V_{in}^*（这时两个管子都处在饱和区，由电流连续条件有 $\beta_p(V_{in}^*-V_{DD}-V_{Tp})^2=\beta_n(V_{in}^*-V_{Tn})^2$）为

$$V_{in}^* = V_{DD}/2 \tag{5.227}$$

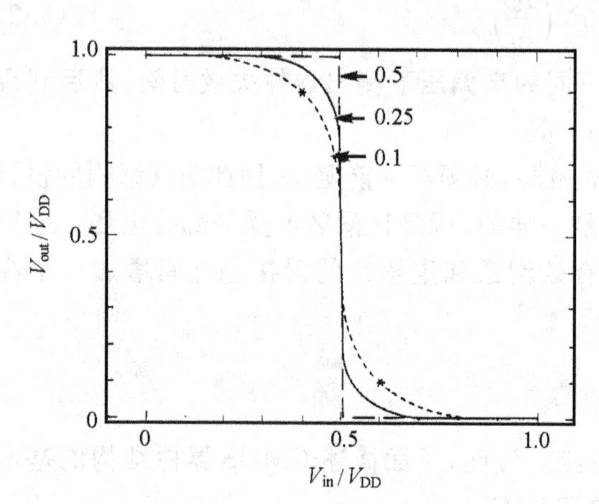

图 5.30　$V_T/V_{DD}=0.5,0.25,0.1$ 三种情形下 CMOS 反相器的准静态传输特性（＊号表示单位增益点）

V_{in}^* 也称反相器的阈值电压。对应 V_{in}^*，输出电压以 $V_{in}^*-V_{Tp}$ 突变到 $V_{in}^*-V_{Tn}$，传输特性成为一段竖直线，其高度为 $|V_{Tp}|+V_{Tn}\leqslant V_{DD}$，对于完全对称的情形，显然有

$$V_T \leqslant V_{DD}/2 \tag{5.228}$$

图 5.30 中画出了 $V_T/V_{DD}=0.5,0.25,0.1$ 三种情形下的静态传输特性。$V_T/V_{DD}=0.5$ 的特性曲线最陡峭，随输入电压从低电平向高电平增加，$V_{in}=V_{DD}/2$ 时发生开关过程，pMOST 立即关断，nMOST则勉强导通，结果因为导通电流很小（导通电阻 R 很大），输出结点电容放电十分缓慢。这样，在动态情形下，即使输出结点的电容很小，V_{out} 也是随 V_{in} 的继续增加而缓慢下降。所以，对于合理的电路速度，V_T/V_{DD} 应显著小于 0.5，即 V_{DD} 应显著超过 $2V_T$，而且超过越多，电路的速度越快。另一方面是考虑噪声容限。CMOS 反相器的噪声容限由传输特性曲线上两个单位增益（$|dV_{out}/dV_{in}|=1$）点的位置确定，如图 5.30 中 $V_T/V_{DD}=0.1$ 的传输曲线上标有星号“＊”的点所示。当输入电压在单位增益点之间时，通过反相器的信号噪声会被放大，即输入电压落入这一区间时会引起输出误差。这一区间越窄越好，由图 5.30 不难看出，这要求 V_{DD} 尽量接近 $2V_T$。所以，在电路速度和噪声容限之间折衷考虑，一个较好的选择是

$$V_{DD} = 4V_T \tag{5.229}$$

顺便指出，对于 CMOS 电路的另一个重要的基本单元，CMOS 传输门，为了减小 RC 时间延迟，V_{DD} 应选择比 V_T 高很多。分析表明，一个合适的结果也是 $V_{DD}\approx 4V_T$。

CMOS 工艺要求在同一衬底上制造出 n 沟和 p 沟晶体管，因此必须在原始衬底上形成

一个掺杂类型相反的区域,该区域被称之为"阱"。例如,在 n 阱 CMOS 工艺中,利用 p 型衬底制作 nMOST,n 阱制作 pMOST。除 n 阱工艺外,还有 p 阱工艺和双阱工艺。但最常用的是 n 阱工艺,这主要是因为 n 沟 MOSFET 的设计技术比较成熟,容易将该技术移植到 CMOS 电路的设计中。此外,对于短沟道的 nMOST,热电子效应非常严重,而与制作在 p 阱中的 nMOST 相比,制作在 p 型衬底上的 nMOST 更容易实现与衬底的低阻连接。

图 5.31 给出 n 阱 CMOS 器件结构的截面图。从中可以发现,CMOS 结构在水平和垂直方向上形成了两个寄生的双极晶体管,即 p^+ 源、n 阱和 p 型衬底在垂直方向上形成的 pnp 晶体管,n 阱、p 型衬底和 n^+ 源在水平方向上形成的横向 npn 晶体管,每个晶体管的基极都由另一个晶体管的集电极驱动,因此形成了一个反馈回路,该 pnpn 反馈回路实际上是一个可控硅整流器(SCR),它的增益等于 npn 和 pnp 晶体管的共发射极增益 β_{npn} 和 β_{pnp} 的乘积。当回路增益大于 1 时,SCR 变成低阻态,有很大的电流通过,这种现象称为闩锁效应。闩锁效应极易破坏芯片,使电路失效。在某些不稳定因素的触发下,例如瞬时电流或电离辐射等在阱和衬底中引起横向电流,双极晶体管的发射极-基极结正偏,激活寄生的可控硅开关形成闩锁。要防止闩锁效应,寄生晶体管的电流增益 β_{npn} 和 β_{pnp} 一定要小,阱和衬底的电阻 R_{well} 和 R_{sub} 一定要小。这些要求可以通过采用适当的结构和工艺方案来实现,比一般 CMOS 工艺更重要的是所谓"在绝缘膜上生长硅"的 SOI CMOS 工艺。这些工艺不属于本书的范围,我们不讨论。

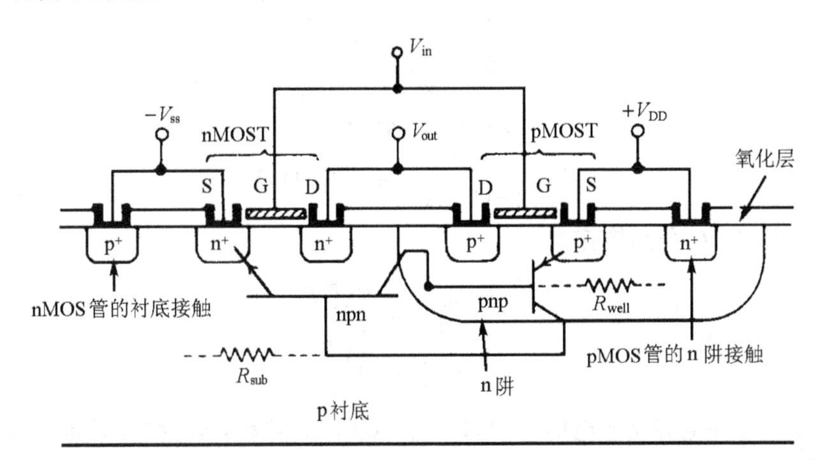

图 5.31 在 n 阱 CMOS 工艺中,n 沟和 p 沟 MOSFET 的截面图

5.3 短沟道 MOSFET

为了提高工作速度和单位芯片面积的集成度,都需要把 MOSFET 做得尽可能小。目前,MOSFET 的沟道长度已进入 0.1～0.5μm 范围,芯片上集成的器件数在 10^8～10^9 数量级。然而沟道长度(栅长)很小时,如果不在器件结构上认真考虑,就会出现我们在5.2.6小节中所讨论的各种短沟道效应,器件不能正常工作。为此,本节专门就MOSFET小型化的理论与实践问题进行一定的讨论。

5.3.1 器件小型化的规则

减小沟道长度而又能保持原来长沟道特性的一个简单方法,是将器件的所有尺寸和电压都按同一比例因子$\frac{1}{\alpha}$($\alpha>1$)缩小,使器件内电场的分布和强度与长沟道MOSFET的情形相同。具体来说,L,Z,d_{ox},x_j,V_{GS},V_{DS}和V_{BS}都缩小$\frac{1}{\alpha}$。为了使耗尽区厚度也按$\frac{1}{\alpha}$缩小,衬底掺杂浓度应增加到α倍。器件的阈值电压因为ϕ_{ms}和ϕ_F不按$\frac{1}{\alpha}$缩小,则必须用离子注入沟道区表面进行调节,使之也按$\frac{1}{\alpha}$缩小。这种按比例缩小的方法通常称为恒定电场规则(CE规则)。按照CE规则,一些物理量的换算关系如下:

$$C'_{ox}=\frac{\varepsilon_{ox}}{d'_{ox}}=\alpha C_{ox}[\mathrm{F/cm^2}]$$

$$(C_{ox}A)'=C'_{ox}L'Z'=\frac{C_{ox}A}{\alpha}[\mathrm{F}]$$

$$I'_D=\frac{1}{\alpha}I_D[\mathrm{A}]$$

$$J'_D=\alpha J_D[\mathrm{A/cm^2}]$$

$$f'_T=\frac{g'_m}{2\pi(C_{ox}A)'}=\alpha f_T[\mathrm{Hz}]$$

功耗P_{dc}和延迟时间t_{pd}分别换算为

$$P'_{dc}=I'_DV'_{DS}=\frac{1}{\alpha^2}P_{dc}[\mathrm{W}]$$

$$t'_{pd}=\frac{1}{\alpha}t_{pd}[\mathrm{s}]$$

t_{pd}主要决定于对器件电容充放电的时间,即$t_{pd}\propto CV/I$。功率-延时乘积是数字电路的一个质量指数,将有

$$P'_{dc}t'_{pd}=\frac{1}{\alpha^3}p_{dc}t_{pd}$$

亚阈值摆幅S正比于$(1+C_D/C_{ox})$,而C_D和C_{ox}按同一比例$\frac{1}{\alpha}$变化,所以有

$$S'\approx S$$

即亚阈值斜率不能按比例缩小。所以,按CE规则缩小的器件中,亚阈值电流将增大,而栅压大于阈值时的电流将减小,从而使器件的开关特性变差。对于数字化电路而言,这是人们

所不希望的。此外，由于实际应用和标准化等原因，电源电压也不能按 CE 规则变化。

目前特受关注的缩小 MOS 器件尺寸的方法，是在努力减小尺寸的同时保持长沟道器件的亚阈值区特性，这种特性是不出现短沟道效应的重要标志。根据广泛的实验研究和二维数值模拟，发现小型化中保持长沟道器件特性的最小沟道长度满足下述经验关系：

$$L_{\min} \approx 0.4\left[x_j d_{ox}(W_S + W_D)^2\right]^{1/3} = 0.4\gamma^{1/3} \tag{5.230}$$

图 5.32 表示 $L_{\min}$ 和 $\gamma = x_j d_{ox}(W_S + W_D)^2$ 的关系。其中，x_j 是重掺杂源（漏）区的结深；d_{ox} 是栅氧化层厚度；W_S 和 W_D 分别是源结和漏结的耗尽层宽度，对于均匀掺杂的突变结，它们的表示式为

$$W_S = \sqrt{\frac{2\varepsilon_s}{qN_A}(V_{bi} + V_{SB})} \tag{5.231}$$

$$W_D = \sqrt{\frac{2\varepsilon_s}{qN_A}(V_{bi} + V_{SB} + V_{DS})} \tag{5.232}$$

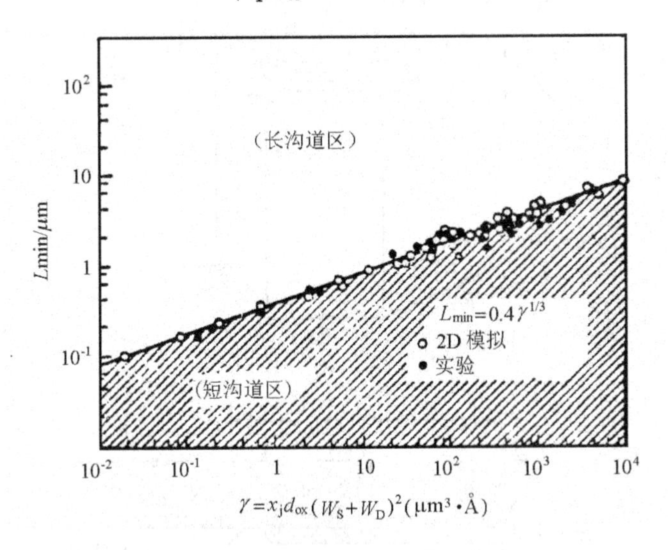

图 5.32　最小沟道长度 $L_{\min}$ 和 γ 的关系

V_{bi} 是内建电压，V_{SB} 是源-衬偏压，N_A 是衬底掺杂浓度。x_j，W_S，W_D 的单位用微米，d_{ox} 用 Å，$L_{\min}$ 的单位是微米。

方程(5.230)表示 MOSFET 的沟道长度不能小于 $L_{\min}$。按照这一方程，小型化要求浅结(x_j)、薄栅氧化层(d_{ox})、低电压或高掺杂使($W_S + W_D$)减小。我们将围绕这些变量组织下面的讨论，分析如何设定它们的最低极限。

5.3.2　结深 x_j

首先，结深减小会使结的横截面积（等于结深和沟道宽度的乘积）减小，寄生的串联电阻 R_S 和 R_D 增加，结果如 5.2.5 小节所分析指出的，器件的跨导和电导下降，驱动电流减小。

下面进一步分析影响 R_S 和 R_D 的因素。

图 5.33(a)给出了源区电流分布的示意图，可以看出，寄生串联电阻 R_S 可以分成四部分：接触电阻 R_{CO}，重掺杂源扩散区的薄层电阻 R_{SH}，源区沟道一侧的端点处由于电流集中而产生的扩展电阻 R_{SP}，扩展电阻区和实际的沟道端点之间的积累层电阻 R_{AC}。薄层电阻可简单地由式(5.233)得到。

$$R_{SH}=\frac{\rho S}{x_j Z} \tag{5.233}$$

ρ 是扩散区的平均电阻率，Z 是沟道宽度，S 是电流分层流动区域的长度，x_j 是扩散区的厚度

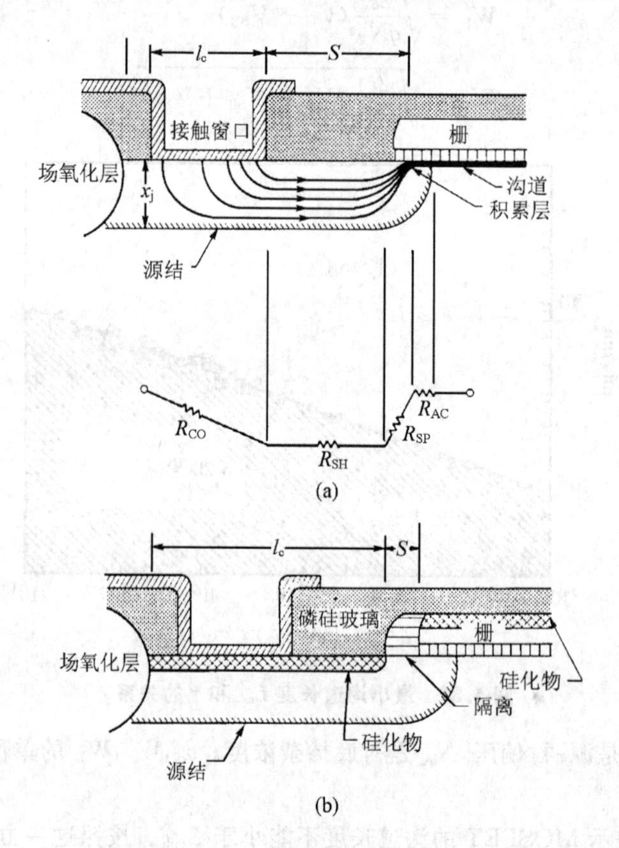

图 5.33 (a) MOSFET 源(漏)区串联电阻的各个分量；(b) 硅化物接触

(即结深)。扩展电阻 R_{SP}是由于 MOSFET 的沟道电流向外呈放射状地扩展产生的，开始时电流被限制在栅-源交叠区的表面积累层内，所以通常把 R_{SP}和积累层电阻 R_{AC}一起考虑。假定源区掺杂均匀，在一级近似条件下有

$$R_{SP}+R_{AC}=\left(\frac{2\rho}{\pi Z}\right)\cdot\ln\left(H\,\frac{x_j}{t_{AC}}\right) \tag{5.234}$$

其中 t_{AC}是表面积累层的厚度，H 是一个大小在 0.37～0.9 之间的因子。由于 H 是方程中的对数项，而且比例项 x_j/t_{AC}的数值很大，因此 H 起的作用较小。在接触区内，扩散区的电压降使电流在接触窗口的前端附近集中，形成接触电阻 R_{CO}。采用金属和扩散区之间界面的传输线模型，对于接触边长度为 l_c 的矩形，其接触电阻 R_{CO}可表示为

$$R_{CO} = \frac{1}{Z}\sqrt{\frac{\rho\rho_c}{x_j}}\coth\left(l_c\sqrt{\frac{\rho}{\rho_c x_j}}\right) \tag{5.235}$$

ρ_c 是金属和源区之间的接触电阻率。如果 l_c 满足下述不等式：

$$l_c \gtrsim 1.5\sqrt{\frac{\rho_c x_j}{\rho}} \tag{5.236}$$

则式(5.235)中的双曲余切函数不会超出其渐近值 1 的 10%。这样，对于较大的 l_c，接触电阻将有极小值：

$$R_{CO} \approx \frac{1}{Z}\sqrt{\frac{\rho\rho_c}{x_j}} \tag{5.237}$$

为了降低源(漏)区串联电阻，降低接触电阻率 ρ_c 至关重要。为此，应努力提高欧姆接触技术。

现在经常采用在露出的硅表面上形成自对准硅化物(Self-aligned silicide，简写为 Salicide)技术，使串联电阻大大降低，如图 5.33(b)所示。硅化物的电阻率相当低(例如 $TiSi_2$ 和 $TaSi_2$ 等硅化物的电阻率低至 $50\mu\Omega\cdot cm$ 以下)，工艺上也和集成电路兼容，随着器件尺寸的缩小，它们是越来越重要的金属化材料。由该图可以看出，接触窗口的金属层通过硅化物延伸，直至由侧墙氧化物(厚度 S)同硅化物栅隔离。由于 S 很小，没有薄层电阻区(即 $R_{SH}=0$)，串联电阻 $R_S(R_D)$变为 $R_{CO}+R_{SP}+R_{AC}$。

结深减小还容易使表面损伤落入结的耗尽层内，或使硅化物/硅界面靠近耗尽层，引起器件严重漏电。前者是因为耗尽层内复合中心增加；后者是因为形成硅化物时要消耗一定重掺杂的硅，从而耗尽层的厚度增加。这两点是形成浅结的主要障碍。通过改进工艺，降低表面损伤，结深可以做到比较小。在目前的工艺水平下，$x_j\approx 500\text{Å}$ 已经能够实现，将来还有希望做得更小一些。

5.3.3　栅氧化层厚度 d_{ox}

沟道载流子(对 nMOST 为电子)注入栅氧化层，可以通过前面叙述过的热电子效应，即高能电子越过 Si/SiO_2 界面势垒；也可以通过隧穿效应，包括直接隧穿和电场辅助隧穿(或称 Fowler-Nordheim 隧穿，F-N 隧穿)。图 5.34 示出了上述三种过程。隧穿过程和薄栅氧化层直接关联，或者和与之相联系的十分高的栅氧化层纵向电场 $\mathscr{E}_{ox}$有关，所以通过对它的讨论可以给出减小栅氧化层厚度的限制条件。

对于一定栅压，随着栅氧化层厚度 d_{ox}的减小，栅氧化层电场 $\mathscr{E}_{ox}$增大。在 $\mathscr{E}_{ox}$足够高(>6MV/cm)时，沟道电子的运动方向受到强烈影响，一些电子(所谓“幸运”电子)通过隧道

效应进入栅氧化层，引起栅极电流，即 Fowler-Nordheim 电流。这种高场栅极电流在氧化层及其界面产生陷阱或电荷，并因电荷积累作用引起栅氧化层击穿，栅和衬底永久短路。

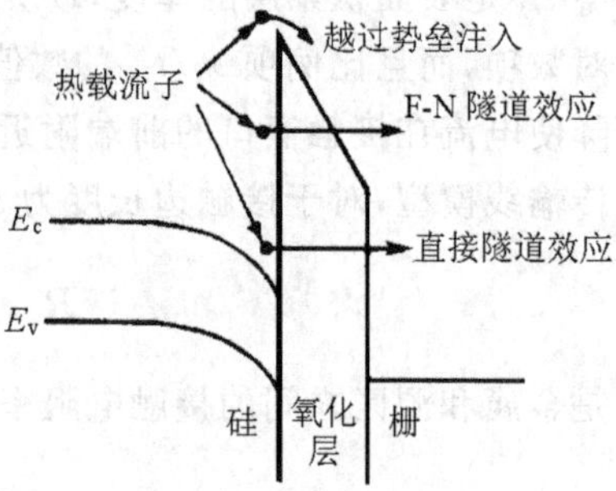

如果栅氧化层电场均匀(实际上由于氧化层内存在电荷，很难说电场是均匀的)，则F-N 电流密度可表示为

$$J = A\mathscr{E}_{ox}^2 \exp(-B/\mathscr{E}_{ox}) \tag{5.238}$$

其中 $A=1.25\times10^{-6}\mathrm{A/V^2}$，$B=233.5\mathrm{MV/cm}$。

图 5.34 沟道载流子注入栅氧化层的三种过程

通常由氧化层漏电流应小于源(漏)结漏电流的条件来估计可以容许的最大栅氧化层电场 $\mathscr{E}_{max}$。例如，如果规定一个约等于 $10^{-10}\mathrm{A/cm^2}$ 的电流值，则由式(5.238)有

$$\mathscr{E}_{max} \approx 5.8\mathrm{MV/cm} \tag{5.239}$$

为了 MOSFET 正常工作，栅氧化层电场 $\mathscr{E}_{ox}$应低于这一数值。

$\mathscr{E}_{max}$给出了栅氧化层的最小允许厚度 d_{min}，为

$$d_{min} = \frac{V_{GS} - V_{FB} - \psi_s}{\mathscr{E}_{max}} \tag{5.240}$$

ψ_s 为半导体的表面势，即半导体表面层上的电压降。上式已假定了有效界面电荷 $Q_0=0$。V_{GS}可能因 MOSFET 的应用而异，但电路中通常使用统一的工作电压，所以在这里代之以电源电压 V_{DD}，而将上式改写成

$$d_{min} = \frac{V_{DD} - V_{FB} - \psi_s}{\mathscr{E}_{max}} \tag{5.241}$$

另外，当氧化层十分薄($d_{ox}\lesssim30\text{Å}$)时，载流子有显著的几率隧穿氧化层，在栅和衬底之间直接流动。对于这种直接隧道效应，由于与氧化层质量和界面形态密切相关，很难从计算隧穿电流来得到受其限制的最小栅氧化层厚度，而只能根据实验结果把它设定为

$$d_{min} = 30\text{Å} \tag{5.242}$$

总结上述，等效栅氧化层太薄会造成栅极电流过大，使器件性能退化。当器件沟道长度缩小至 0.1 微米数量级时，为了维持器件性能，必须用较低栅电流且较厚的高介电常数的材料取代二氧化硅，作为绝缘栅材料。当前考虑的材料有氮化硅(Si_3N_4，$\varepsilon_r=7$)、五氧化二钽(Ta_2O_5，$\varepsilon_r\sim25$)和二氧化钛(T_iO_2，$\varepsilon_r\sim80$)；也可考虑使用更复杂的合金材料，如 ε_r 高达几百的钡和钛酸锶的合金($Ba_{1-x}Sr_xTiO_3$)。例如，对于厚度为 3nm 的等效氧化层，如选用 Ta_2O_5，实际厚度为 3(25/3.9)=19.2nm。

5.3.4 耗尽层宽度 $W_{S,D}$

为了减小耗尽层宽度 W_S 和 W_D，必须提高沟道区掺杂浓度或降低偏压。

1. 沟道掺杂浓度和阈值电压

作为粗略近似，考虑长沟道和均匀掺杂，这时阈值电压可表示为

$$V_T = V_{FB} + 2\phi_F - Q_s / C_{ox} \tag{5.243}$$

它包含平带电压 V_{FB}、强反型时的半导体表面电压（表面势）和相应的表面层电荷 Q_s 在栅氧化层上产生的电压，其中，

$$\phi_F = \frac{1}{\beta} \ln \frac{N_A}{n_i} \tag{5.244}$$

$$Q_s = - qN_A \sqrt{2} L_D (2\beta \phi_F - 1)^{1/2} \tag{5.245}$$

式(5.245)由式(5.31)令 $\psi_s = 2\phi_F$ 得到，括号中的因子 1 通常可以忽略。由于栅氧化层厚度 d_{ox}（即 C_{ox}）已由栅氧化层最大允许电场 $\mathscr{E}_{max}$ 或最小允许厚度 d_{min} 限定，V_T 实际上只决定于沟道区掺杂浓度 N_A。换句话说，N_A 应由 V_T 确定；而 V_T 应当和电源电压 V_{DD} 协调，使器件表现出最佳性能。V_T 和 V_{DD} 的关系可能因 MOSFET 的应用而异，考虑到它主要用于 CMOS 集成电路，故选择（参见 5.2.7 小节）

$$V_{DD} = 4V_T \tag{5.246}$$

2. 沿沟道方向（横向）电场和耗尽层宽度

根据两区模型，漏端高场区（速度饱和区或夹断区）内的横向电场可表示为

$$\mathscr{E}_m = \frac{V_{DD} - V'_{Dsat}}{l} \tag{5.247}$$

l 是速度饱和区的特征长度，可近似看作耗尽层宽度，并且用经验公式(5.208)来确定。V'_{Dsat} 是饱和电压，表示为[参见(5.190)式]

$$V'_{Dsat} = \frac{(V_{GS} - V_T) L\mathscr{E}_c}{(V_{GS} - V_T) + L\mathscr{E}_c} \tag{5.248}$$

通常，比起漏击穿来，热电子退化是对最大横向电场的更严厉的限制（发生漏击穿的电场估计约 0.6MV/cm，而热电子退化时约 0.2MV/cm），限制条件可设定为

$$\mathscr{E}_m < 0.2\text{MV/cm} \tag{5.249}$$

由式(5.247)可知，设定 $\mathscr{E}_m$ 也就规定了 V_{DD} 的上限；而后者又是随沟道长度（栅长）L 而变的，从式(5.248)可以看出这一点。

$\mathscr{E}_m$ 受热电子退化限制，器件寿命 τ 描述了热电子退化条件，从式(5.217)可得

$$\tau = BZ \frac{(I_b / I_D)^{-m}}{I_D} \tag{5.250}$$

I_b 是衬底电流，这里用半经验公式（可参阅式(5.223)）：

$$I_b = \gamma I_D \left(\frac{\mathscr{E}_m}{\mathscr{E}_i} \right) e^{-\mathscr{E}_i / \mathscr{E}_m} \tag{5.251}$$

其中 $\mathscr{E}_i \approx 2 \times 10^6$ V/cm；m 与氧化层电场有关，对于 nMOST，在前面的讨论中得到 $m \approx 3$；B 依赖于热电子注入、栅氧化层质量和对寿命的选择标准（通常选择栅压和漏压一定时漏极电流 I_D 因热电子损伤改变 10%）。式(5.251)说明 I_b / I_D 主要是横向电场 $\mathscr{E}_m$ 的函数。

热电子只是当 $\mathscr{E}_m$ 高到足以引起速度饱和时才是值得注意的。饱和时漏极电流为

$$I_D = ZC_{ox}v_s \frac{(V_{GS}-V_T)^2}{(V_{GS}-V_T)+L\mathscr{E}_c} \tag{5.252}$$

v_s 是载流子的饱和速度,对 Si 中的电子有 $v_s \sim 10^7$cm/s。将上式代入式(5.250)可得

$$\frac{v_s\tau}{B} = \left(\frac{I_D}{I_b}\right)^m \frac{1}{C_{ox}(V_{GS}-V_T)}\left(1+\frac{L\mathscr{E}_c}{V_{GS}-V_T}\right) \tag{5.253}$$

方程(5.253)表示,MOSFET 的寿命 τ 可以看作是栅氧化层纵向电场 $\mathscr{E}_{ox}$(通过 m 及 $C_{ox}\times(V_{GS}-V_T)$)和漏端横向电场 $\mathscr{E}_m$(通过 I_b/I_D)的函数。器件的寿命标准决定了可允许的最大 $\mathscr{E}_m$($\mathscr{E}_{ox}$的最大允许值已在 5.3.3 小节讨论),作为大致估计,设其为 0.2MV/cm。

5.3.5 最短沟道长度 L_{min}

利用方程(5.230)来确定 MOSFET 最短沟道长度的一条途径,是从用 $\mathscr{E}_{ox}$的约束条件确定沟道掺杂浓度 $N(N_A)$出发。当栅氧化层电场为 $\mathscr{E}_{max}$时,半导体的表面势 ψ_s 在一维近似下由高斯定理给出(参见方程(5.31)):

$$\varepsilon_{ox}\mathscr{E}_{max} = qN\sqrt{2}L_D\left[e^{\beta(\psi_s-2\phi_F)}+\beta\psi_s-1\right]^{1/2} \tag{5.254}$$

其中

$$L_D = \sqrt{\frac{\varepsilon_s}{\beta qN}},\ \beta = \frac{q}{k_B T}$$

上述方程的右方为半导体表面层电荷(面密度)Q_s 之值,显然在写出这一方程时忽略了有效界面电荷 Q_0。这一方程可以改写为

$$\beta\psi_s = 2\beta\phi_F + \ln\left[\frac{1}{2}\left(\frac{\varepsilon_{ox}}{\varepsilon_s}\right)^2(\beta\mathscr{E}_{max}L_D)^2+1-\beta\psi_s\right] \tag{5.255}$$

方程(5.255)可以用 $\psi_s = 2\phi_F$ 作为初值用迭代法求解。

阈值电压可近似为(参见式(5.243))

$$V_T = V_{FB} + 2\phi_F + \sqrt{2}\left(\frac{\varepsilon_s}{\varepsilon_{ox}}\right)\left(\frac{d_{ox}}{L_D}\right)\frac{k_B T}{q}(2\beta\phi_F)^{1/2} \tag{5.256}$$

设 n^+ 硅栅,忽略有效界面电荷 Q_0 时,平带电压 V_{FB}为

$$V_{FB} = -\phi_G - \phi_F \tag{5.257}$$

ϕ_G 为半值禁带电压,300K 时有 $\phi_G = 0.56$V。

取栅偏压为 $V_{DD} = 4V_T$,则可以通过下式求栅氧化层厚度 d_{ox}:

$$\mathscr{E}_{max} = \frac{4V_T - V_{FB} - \psi_s}{d_{ox}} \tag{5.258}$$

将式(5.255),(5.256)和(5.257)代入上式并加整理,得

$$\frac{d_{ox}}{L_D} = \beta\frac{-3\phi_G + 5\phi_F - \psi_s}{\beta\mathscr{E}_{max}L_D - 4\sqrt{2}(\varepsilon_s/\varepsilon_{ox})(2\beta\phi_F)^{1/2}} \tag{5.259}$$

这样,对于设定的 $\mathscr{E}_{max}$,栅氧化层厚度 d_{ox}将是沟道区掺杂浓度 N 的函数;即由选定 N,可得

到 d_{ox}。

耗尽区宽度(W_S+W_D)可以由速度饱和区的特征长度 l 近似，且用经验公式：

$$l \approx \begin{cases} 0.22 d_{ox}^{1/3} x_j^{1/2} & (d_{ox} > 150\text{Å}) \\ 0.017 d_{ox}^{1/8} x_j^{1/3} L^{1/5} & (d_{ox} < 150\text{Å}\ L < 0.5\mu\text{m}) \end{cases} \tag{5.260}$$

d_{ox}，x_j 和 L 的单位都用厘米(cm)。

现在，可以在给定结深 x_j 和掺杂浓度 N 的条件下，通过方程(5.230)来计算 L。例如，对 $x_j=500\text{Å}$ 和 $N=1.23\times10^{18}\text{cm}^{-3}$ ($d_{ox}=35\text{Å}$)，有 $L\approx0.1\mu\text{m}$。另一方面，根据方程(5.256)，相应地得到 $V_T\approx0.53\text{V}$ ($V_{DD}\approx2.1\text{V}$)；用 V_{DD} 的数据，根据方程(5.247)和(5.248)可计算 $\mathscr{E}_m$，结果是0.38MV/cm，它不满足 $\mathscr{E}_m<0.2\text{MV/cm}$ 的条件。所以，从防止热电子退化的角度，必须改善氧化层抗热电子损伤的能力，或者采用像轻掺杂漏(LDD)之类的特殊结构。LDD适用于大尺寸的器件，对小尺寸器件来说在工艺上难以控制。

降低使用电压是防止热电子损伤的有效途径。为此，可以选定 x_j 和 d_{ox}，根据方程(5.230)来计算 L；并在 $\mathscr{E}_m=0.2\text{MV/cm}$ 的极限条件下求出 V_T(或 V_{DD})，确定沟道区所需的掺杂浓度 N。例如，$x_j=500\text{Å}$ 和 $d_{ox}=40\text{Å}$ 时，得到 $L\approx0.13\mu\text{m}$ 和 $N\approx5.5\times10^{17}\text{cm}^{-3}$。由于使用了较低的电压，栅氧化层电场 $\mathscr{E}_{ox}$ 也会有所降低。对于上述例子，$V_{DD}=1.4\text{V}$ ($V_T=0.35\text{V}$)，将有 $\mathscr{E}_{ox}\approx3.8\text{MV/cm}$ 而低于极限值 $\mathscr{E}_{max}=5.8\text{MV/cm}$。应当指出，结深 x_j 并不是决定沟道长度 L 的关键参数。例如，上述 $L=0.13\mu\text{m}$ 的器件在 $x_j=800\text{Å}$ 和 $V_T=0.36\text{V}$ 时也可以得到，但是必须采用 $d_{ox}=30\text{Å}$ 的栅氧化层。换句话说，根据最小沟道长度的经验公式缩小器件尺寸的方法具有较大的灵活性，它允许在保持 $\gamma=[x_j d_{ox}(W_S+W_D)^2]$ 一定的条件下独立调整器件的参数，这样使器件容易制造，或者使器件的某些性能得到优化。

5.4　SOI MOSFET

这是用SOI(Silicon on Insulator)技术制造的器件，其中生长在绝缘体上的半导体薄膜构成器件的有源部分。薄膜SOI MOSFET能有效地抑制小尺寸效应，在VLSI中具有明显的优势；同时SOI层能够堆砌，具有形成三维集成电路的潜力。近年来，SOI技术发展很快，并日趋成熟，这些技术包括在硅中形成多孔硅(FIPOS技术)和利用离子束合成在硅中形成绝缘层(SIMOX，SIMNI和SIMON)等，其中用得较为普遍的是SIMOX(Separation by IMplanted Oxygen，注氧隔离技术)。本节讨论SOI MOSFET的基本特性。

5.4.1　概述

图5.35示意画出了SOI MOSFET的结构，t_{oxf}是正面栅氧化层厚度，t_{oxb}是背面栅氧化层厚度，t_s 是硅膜厚度。V_{Gf}，V_{Gb}分别为正、背栅偏压。

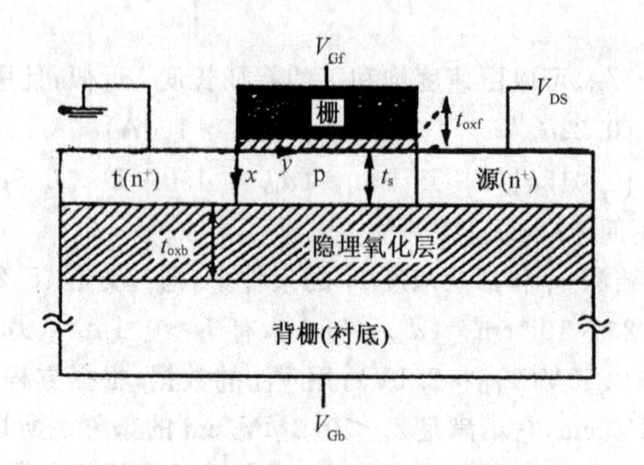

图 5.35　SOI n 沟 MOSFET 的剖面图

根据 Si 膜厚度 t_s 和表面耗尽层最大厚度 x_d 的比较，SOI MOSFET 分为三种不同的类型：厚膜器件、薄膜器件和中等膜厚器件。x_d 一般表示为$\sqrt{\dfrac{2\varepsilon_s}{qN_A}(2\phi_F)}$，$\phi_F$ 是 Si 材料的费米势，表示为$\dfrac{k_BT}{q}\ln(N_A/n_i)$，$N_A$ 为 Si 材料的掺杂浓度。

对于厚膜器件，$t_s>2x_d$，正、背面的表面耗尽层之间不相互影响，在它们之间存在一层中性区，如果将这一中性区接地，则厚膜器件和通常的 MOSFET(体硅器件)特性上几乎完全相同；如果中性区不接地而处于浮空状态，则漏源之间形成一个 npn 寄生晶体管，影响器件特性。

对于薄膜器件，$t_s<x_d$，如果背栅加相当大的负偏压或正偏压，则器件的背面积累或反型，Si 膜并不耗尽。在各类 SOI 器件中，背面处于耗尽状态的薄膜器件最富有吸引力，这类器件具有优异的短沟道特性和近似理想的亚阈斜率等优点，在 VLSI 中具有明显的优势。

“中等膜厚”的器件的 Si 膜厚度满足 $x_d<t_s<2x_d$，这类器件在不同的背栅压 V_{Gb} 下，或者呈现薄膜器件特性，或者呈现厚膜器件特性。

下面讨论 n 沟 SOI 薄膜场效应晶体管的特性。

5.4.2　阈值电压

硅膜中电势作为深度 x 的函数 $\psi(x)$ 在耗尽近似下满足下述泊松方程：

$$\frac{d^2\psi(x)}{dx^2}=\frac{qN_A}{\varepsilon_s} \tag{5.261}$$

把方程积分二次以后得到

$$\psi(x)=\frac{qN_A}{2\varepsilon_s}x^2+\left(\frac{\psi_{sb}-\psi_{sf}}{t_s}-\frac{qN_At_s}{2\varepsilon_s}\right)x+\psi_{sf} \tag{5.262}$$

ψ_{sf}，ψ_{sb} 分别表示正、背表面处的电势。

硅膜中的电场分布通过 $\mathscr{E}(x)=-d\psi(x)/dx$ 由下式给出：

$$\mathscr{E}(x) = -\frac{qN_A}{\varepsilon_s}x + \frac{\psi_{sf} - \psi_{sb}}{t_s} + \frac{qN_A t_s}{2\varepsilon_s} \tag{5.263}$$

在上式中分别令 $x=0$ 和 $x=t_s$，即得正、背界面处的半导体表面电场，分别为

$$\mathscr{E}_{sf} = \frac{\psi_{sf} - \psi_{sb}}{t_s} + \frac{qN_A t_s}{2\varepsilon_s} \tag{5.264}$$

$$\mathscr{E}_{sb} = -\frac{qN_A}{\varepsilon_s}t_s + \mathscr{E}_{sf} \tag{5.265}$$

根据电荷平衡原理，可以得到正栅氧化层上的电压：

$$\psi_{oxf} = \frac{\varepsilon_s \mathscr{E}_{sf} - Q_{0f} - Q_{if}}{C_{oxf}} \tag{5.266}$$

Q_{0f}是正界面有效电荷密度，Q_{if}是正面沟道电荷面密度（$Q_{if}<0$），C_{oxf}是正栅氧化层单位面积电容。同理，背栅氧化层上的电压为

$$\psi_{oxb} = \frac{-\varepsilon_s \mathscr{E}_{sb} - Q_{0b} - Q_{sb}}{C_{oxb}} \tag{5.267}$$

Q_{0b}是背界面有效电荷密度，Q_{sb}是背面处于反型（$Q_{sb}<0$ 或积累 $Q_{sb}>0$）状态时的背沟道电荷密度，C_{oxb}是背面栅氧化层单位面积电容。

正、背栅压可分别表示为

$$V_{Gf} = \psi_{sf} + \psi_{oxf} + \phi_{msf} \tag{5.268}$$

$$V_{Gb} = \psi_{sb} + \psi_{oxb} + \phi_{msb} \tag{5.269}$$

ϕ_{msf}，ϕ_{msb}分别为正、背栅功函数差。

由式(5.264)，(5.266)和(5.268)得到

$$V_{Gf} = V_{FBf} + (1 + C_s/C_{oxf})\psi_{sf} - \frac{C_s}{C_{oxf}}\psi_{sb} - \frac{\frac{1}{2}Q_b + Q_{if}}{C_{oxf}} \tag{5.270}$$

其中，$C_s=\varepsilon_s/t_s$ 是硅膜电容，$Q_b=-qN_A t_s$ 是硅膜耗尽电荷，$V_{FBf}=\phi_{msf}-Q_{0f}/C_{oxf}$是正栅平带电压。

由式(5.265)，(5.267)和(5.269)，背栅压可表示为

$$V_{Gb} = V_{FBb} - (C_s/C_{oxb})\psi_{sf} + (1 + C_s/C_{oxb})\psi_{sb} - \frac{\frac{1}{2}Q_b + Q_{sb}}{C_{oxb}} \tag{5.271}$$

$V_{FBb}=\phi_{msb}-Q_{0b}/C_{oxb}$是背栅平带电压。

式(5.270)和(5.271)是反映薄膜 SOI MOSFET 中正、背栅之间电荷耦合作用的基本公式，联立二式可得到器件阈值电压与背栅偏压及器件参数之间关系的函数形式。

背面有积累、耗尽和反型三种状态，在反型状态时，即使 V_{Gf}低于阈值电压，器件仍然是导通的，实际电路中是不会采用这种方式的。下面讨论背面积累或耗尽时的情形。

背面积累状态 $\psi_{sb}\approx 0$。在式(5.270)中令 $\psi_{sf}=2\phi_F$ 和 $Q_{if}=0$，可将阈值电压表示为

$$V_{T,ba} = V_{FBf} + (1 + C_s/C_{oxf})2\phi_F - Q_b/2C_{oxf} \tag{5.272}$$

相应地，背面达到积累状态时的栅压为

$$V_{Gb,a}=V_{FBb}-\frac{C_s}{C_{oxb}}\psi_{sf}-(Q_b/2+Q_{sb})/C_{oxb} \tag{5.273}$$

背面耗尽状态 $Q_{sb}=0$，在式(5.270)中合 $\psi_{sf}=2\phi_F$ 和 $Q_{if}=0$，并利用关系式

$$\psi_{sb}=\frac{1}{1+C_s/C_{oxb}}(V_{Gb}-V_{Gb,a})$$

即得正面阈值电压：

$$V_{T,bd}=V_{T,ba}-\frac{C_sC_{oxb}}{C_{oxf}(C_s+C_{oxb})}(V_{Gb}-V_{Gb,a}) \tag{5.274}$$

式中，$V_{T,ba}$ 由式(5.272)给出。不难看出，对于背面积累($\psi_{sb}=0$)或反型($\psi_{sb}=2\phi_F$)的情形，$V_{T,bd}$ 都与背栅偏压 V_{Gb} 无关。对于背面耗尽情形，可以从下述角度考虑。我们注意到，阈值电压和背栅偏压的关系可表示为

$$\frac{dV_{T,bd}}{dV_{Gb}}=-\frac{C_sC_{oxb}}{C_{oxf}(C_s+C_{oxb})}=\gamma$$

在绝大多数情形下，$C_{oxb}\ll C_s$，上式可作近似处理，即 $\gamma=-t_{oxf}/t_{oxb}$。所以，随着隐埋氧化层厚度 t_{oxb} 的增加，正面阈值电压对背栅偏压的依赖程度减弱；当 t_{oxb} 非常厚时($C_{oxb}=0$)，实际上不受影响，且和体硅器件类似，十分好地近似有

$$V_{T,bd}=V_{FBf}+2\phi_F-Q_b/C_{oxf},\quad Q_b=-qN_At_s$$

此外应当指出，上述各关系式仅适用于反型层厚度或积累层厚度远小于硅膜厚度 t_s 的情形。在超薄膜 SOI 器件中，并不满足这一条件。作为一种近似处理，可用有效硅膜厚度(等于有效耗尽层厚度)来代替前面各关系式中的 t_s；有效硅膜厚度采用将 t_s 减去反型层或积累层厚度得到。超薄膜器体的精确分析是比较复杂的(牵涉到量子力学处理)，我们在此不讨论。

5.4.3 电流特性

假定硅膜的沟道区域均匀掺杂，采用缓变沟道近似，并忽略扩散电流分量。沿沟道方向流经 y 处的电流可表示为

$$I_D=-Z\mu_nQ_{if}(y)\mathrm{d}\psi_{sf}(y)/\mathrm{d}y \tag{5.275}$$

Z 是沟道宽度，μ_n 是沟道电子迁移率。从源($y=0$)至漏($y=L$)积分上式，有

$$I_D=\frac{Z}{L}\mu_n\int_{2\phi_F}^{2\phi_F+V_{DS}}Q_{if}(y)\mathrm{d}\psi_{sf}(y) \tag{5.276}$$

由式(5.270)和(5.271)求出 $Q_{if}(y)$ 作为 $\psi_{sf}(y)$ 和 $\psi_{sb}(y)$ 或 ψ_{sf} 和 $Q_{sb}(y)$ 的函数，代入上式并完成积分就可以算出漏极电流 I_D。

依赖于 V_{Gb}，背面从源到漏会出现下述可能状态：全部耗尽，全部积累，部分积累部分耗尽，全部反型，部分反型部分耗尽，这里只讨论前二种背面状态下器件的电流特性。

背面全耗尽 $Q_{sb}=0$，可以证明

$$I_{D,bd}=\frac{Z}{L}\mu_n C_{oxf}\left[(V_{Gf}-V_{T,bd})V_{DS}-(1+\alpha_{bd})\frac{V_{DS}^2}{2}\right] \tag{5.277}$$

式中，

$$\alpha_{bd}=\frac{1}{C_{oxf}}\cdot\frac{C_s C_{oxb}}{C_s+C_{oxb}} \tag{5.278}$$

$C_s C_{oxb}/(C_s+C_{oxb})$是硅膜电容和背栅氧化层电容的串联值，$\alpha_{bd}$即为这个电容与正面栅氧化层电容之比。

对公式(5.277)取极值条件 $dI_D/dV_{DS}=0$，得到饱和漏极电流

$$I_{Dsat,bd}=\frac{Z\mu_n C_{oxf}}{2(1+\alpha_{bd})L}(V_{Gf}-V_{T,bd})^2 \tag{5.279}$$

相应的漏极饱和电压为

$$V_{Dsat,bd}=\frac{1}{1+\alpha_{bd}}(V_{Gf}-V_{T,bd}) \tag{5.280}$$

背面全积累

$$I_{D,ba}=\frac{Z}{L}\mu_n C_{oxf}\left[(V_{Gf}-V_{T,ba})V_{DS}-(1+\alpha_{ba})\frac{V_{DS}^2}{2}\right] \tag{5.281}$$

式中，

$$\alpha_{ba}=C_s/C_{oxf} \tag{5.282}$$

对公式(5.281)应用极值条件 $dI_D/dV_{DS}=0$，可得下述漏极电压时 I_D 开始饱和：

$$V_{Dsat,ba}=\frac{1}{1+\alpha_{ba}}(V_{Gf}-V_{T,ba}) \tag{5.283}$$

相应的饱和漏极电流为

$$I_{Dsat,ba}=\frac{Z\mu_n C_{oxf}}{2L(1+\alpha_{ba})}(V_{Gf}-V_{T,ba})^2 \tag{5.284}$$

可以看出，体硅(或厚膜)器件、背面全耗尽器件和背面全积累器件的饱和漏极电流可用统一的公式表示如下：

$$I_{Dsat}=\frac{Z\mu_n C_{oxf}}{2L(1+\alpha)}(V_{Gf}-V_T)^2 \tag{5.285}$$

对体硅(或厚膜)器件，$\alpha_{si}=C_D/C_{oxf}$，$C_D=\varepsilon_s/x_d$，x_d 是硅膜表面耗尽层最大厚度；对背面全耗尽薄膜器件，$\alpha_{bd}=\frac{C_s C_{oxb}}{C_{oxf}(C_s+C_{oxb})}$，$C_s=\varepsilon_s/t_s$，$t_s$ 是硅薄膜厚度，$t_s<x_d$；对背面全积累薄膜器件，$\alpha_{ba}=C_s/C_{oxf}$。显然，对上述三类器件，在栅氧化层厚度和硅膜掺杂浓度相同的情形下有

$$\alpha_{bd}<\alpha_{si}<\alpha_{ba} \tag{5.286}$$

就漏极饱和电流来说，从式(5.285)可知，在阈值电压和外加栅压相同的情形下，以背面全耗尽器件最大，体硅或厚膜器件次之，背面全积累薄膜器件最小。这样，背面全耗尽薄膜 SOI MOSFET 具有较大的电流驱动能力，相应的电路具有较好的速度特性。

5.4.4 亚阈值斜率(摆幅)

根据定义 $S=dV_G/d(\lg I_D)$及亚阈值电流 I_D 和栅压 V_G 的关系,对长沟道 MOSFET(体硅器件),公式(5.96)表明,亚阈值斜率可统一表示为

$$S = (\ln 10)\phi_t dV_G/d\psi_s \tag{5.287}$$

式中 $\phi_t = k_B T/q$。对于 SOI MOSFET,可以设想有类似的 I_D 和 V_G 的关系,即这类器件的亚阈值斜率可以通过式(5.287)求得。

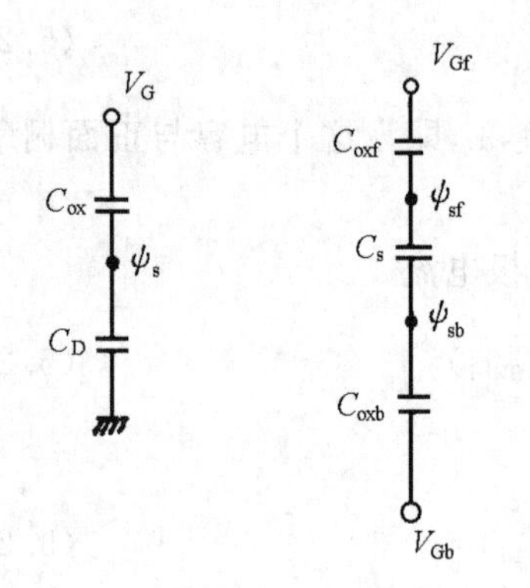

(a) 体硅或厚膜器件 (b) 背面全耗尽SOI薄膜器件

图 5.36 MOSFET 的电容分压电路

图 5.36 表示 MOS 器件的电容等效电路,由图 5.36(a),不难看出对体硅(或厚膜)器件有

$$C_{ox} d(V_G - \psi_s) = C_D\, d\psi_s \tag{5.288}$$

或

$$dV_G/d\psi_s = 1 + C_D/C_{ox} \tag{5.289}$$

将式(5.289)代入式(5.287),即得

$$S = \phi_t(\ln 10)(1 + C_D/C_{ox}) \tag{5.290}$$

这一结果与式(5.95)一致。

对于背面全耗尽的 SOI 薄膜器件,由图 5.36(b)可以得到

$$\frac{dV_{Gf}}{d\psi_{sf}} = \frac{1}{C_{oxf}} \frac{C_s C_{oxb}}{C_s + C_{obx}} + 1 \tag{5.291}$$

上式也可以通过正、背栅电荷耦合的基本公式(5.270)和(5.271)求出 V_{Gf} 和 ψ_{sf} 的函数关系以后得到。一般 $C_{oxb} \ll C_s$ 和 $C_{oxb} \ll C_{oxf}$,所以 $dV_{Gf}/d\psi_{sf} \approx 1$,这时由式(5.287)有

$$S \approx \phi_t \ln 10 \tag{5.292}$$

将式(5.292)同式(5.290)比较可以看出,背面全耗尽薄膜 SOI 器件的亚阈值斜率(摆幅)比体硅或厚膜 SOI 器件要小。一般,如果忽略界面陷阱的影响,亚阈值斜率可统一表示为

$$S = \psi_t(\ln 10)(1 + \alpha) \tag{5.293}$$

式中 α 的含义与前面所作的说明相同,并且服从下述关系

$$\alpha_{\text{背面全耗尽SOI器件}} < \alpha_{\text{体硅器件}} < \alpha_{\text{背面全积累SOI器件}}$$

因为背面全耗尽 SOI 薄膜 MOSFET 的亚阈值斜率(摆幅)最小,所以在用于实际电路时可以采用比较低的阈值电压而不会增加 $V_G=0$ 时的漏电流,这样可以得到较好的速度特性。

5.4.5 短沟道效应

SOI MOSFET 存在 n^+pn^+ 结构,如果源、漏间距足够小,则寄生双极晶体管可以将基极电流(即漏端附近高场区碰撞电离所产生的空穴电流 I_h)放大,结果引起附加的电子电流

I_{bi}（即漏极电流增量），如图 5.37 所示，其中 $I_h=(M-1)I_{ch}$，I_{ch}为进入高场区的电子电流，M 是电离倍增因子，$I_{bi}=\beta I_h=\beta(M-1)I_{ch}$。$\beta$ 是双极晶体管的电流增益。漏电流增加在器件中产生正反馈效应，如果高场区电场足够高，使乘积 $\beta(M-1)>1$，从而正反馈回路被触发，则器件无法关断。这一现象称为单晶体管的闩锁效应。

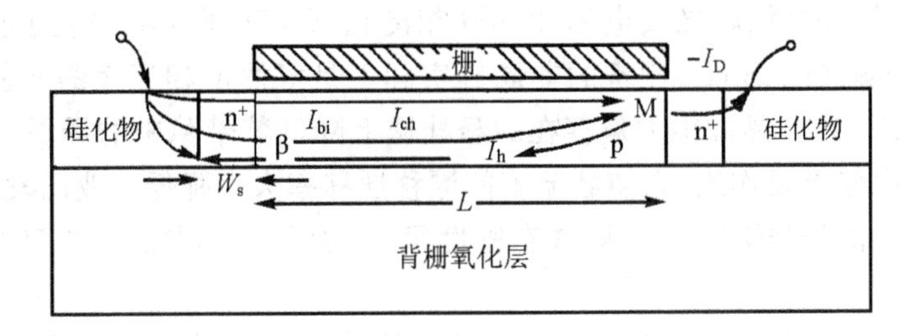

图 5.37　SOI 器件的寄生双极晶体管效应

SOI MOSFET 的击穿电压受基区浮空的寄生双极管支配，击穿条件为

$$\alpha_{npn}M=1 \tag{5.294}$$

式中 α_{npn}为共基极电流增益，且

$$\alpha_{npn}\approx 1-W_B^2/2L_n^2 \tag{5.295}$$

W_B 是基区宽度，可近似认为等于有效沟道长度 L，L_n 为电子扩散长度，倍增因子 M 可表示为

$$M=[1-(BV_{CEO}/V_{Dsub})^n]^{-1} \tag{5.296}$$

BV_{CEO}是基区开路的共发射极击穿电压，V_{Dsub}是漏-衬底结的击穿电压，n 一般在 2～6 之间。从式(5.294)至(5.296)可得到 SOI MOSFET 的击穿电压为

$$V_B=BV_{CEO}\approx\frac{V_{Dsub}}{(2)^{1/n}}\left(\frac{L}{L_n}\right)^{2/n} \tag{5.297}$$

上式表明，当 $L_n>L$ 时，即器件的沟道很短或 SOI 材料中电子寿命很长时，器件的击穿电压将降低。热电子的另一种效应是注入到栅氧化层中，使 SiO_2 界面受到破坏，器件的寿命 τ 可由下式表示：

$$\tau\propto\frac{Z}{I_D}(M-1)^{-m} \tag{5.298}$$

式中 $m\approx3$[可参见式(5.217)]，碰撞电离倍增因子 M 可通过在漏端附近对电离率的积分得到，有

$$M-1=\frac{A_1}{B_1}[V_{DS}-V_{Dsat}]\exp\left(-\frac{B_1L_c}{V_{DS}-V_{Dsat}}\right) \tag{5.299}$$

L_c 是特征长度，$L_c=t_s\left[\frac{\beta C_s}{2C_{oxf}(1+\alpha)}\right]$，背面全积累时 $\beta=1$，背面全耗尽时 $\beta=1+\frac{C_s}{C_s+C_{oxf}}$。$A_1$ 和 B_1 是电子的碰撞电离率常数，可分别假设等于 $2.2\times10^6\,cm^{-1}$和 $1.60\times10^6\,V/cm$。显然，可以预期全耗尽 SOI MOSFET 的热电子退化要弱一些。

5.5 非晶硅薄膜晶体管(a-Si∶H TFT)

同单晶硅一样,非晶硅也是半导体材料。非晶硅可以在较低温度下用气相淀积的方法制备,包括真空蒸发、溅射、辉光放电和化学气相淀积(CVD)等,结果得到非晶硅薄膜。其中,用辉光放电分解硅烷(SiH_4)制备的非晶硅实际上是氢浓度相当大的非晶硅-氢合金(a-Si∶H),氢原子束缚在非晶硅中大量存在的悬挂键上降低禁带隙中的局域态。局域态在非晶硅的输运性质中起重要作用,它使载流子的漂移迁移率大大降低。业已发现,在性能优良的a-Si∶H中,主要由悬挂键引起的局域态密度很低,通常在 $10^{16}\ cm^{-3}/eV$ 以下,其氢含量约为10%。

非晶硅的主要优点是可以淀积在各种大面积的衬底上,生产成本低廉。相反,单晶硅片的价格比较昂贵,大小尺寸十分有限。非晶硅在不少重要应用方面可以取代单晶硅,甚至能开辟新的技术领域,例如作为感光材料用于光电子印刷(静电复印和激光打印)技术。和单晶硅-绝缘体结构的情形类似,非晶硅-绝缘体界面附近的费米能级相对导带边的位置可以在垂直电场作用下发生变化。这种效应也被用来制造非晶硅薄膜晶体管,它将成为一项用于大面积廉价集成电路的重要技术,这些电路目前被用来驱动大面积液晶显示。本节首先扼要介绍非晶硅中的电子态,然后简短叙述非晶硅薄膜晶体管导电性质的数学分析模型。在第七章还将讨论非晶硅薄膜太阳能电池。

5.5.1 非晶硅中的电子态

分散的原子凝聚成为固体时有二种基本形态:晶体和非晶体。非晶体又称无定形体,也可分为金属、半导体、绝缘体三类。X射线、电子和中子等衍射实验证明,非晶体中每个原子周围的最近邻原子数和同质晶体一样,仍是确定的,且这些最近邻原子的空间排列仍大体保留晶体中的特征。例如,在晶态硅(c-Si)和非晶态硅(a-Si)中,每个硅原子都以4个硅原子作为最近邻,形成共价结合,并且具有或大致具有正四面体结构。通常把这种近程范围内原子空间排列的规律性称为短程有序。短程有序决定了固体能带的基本特征,即能带之间的平均间距,能量状态的大致分布等。但另一方面,非晶体和相应的同质晶体在结构上又有重大差别。晶体中原子的排列具有周期性,即长程有序,电子波函数延伸在整个晶体中,而且电子在晶体各个原胞中出现的几率相同,这就是电子的共有化运动。非晶体中原子的排列不具有周期性,

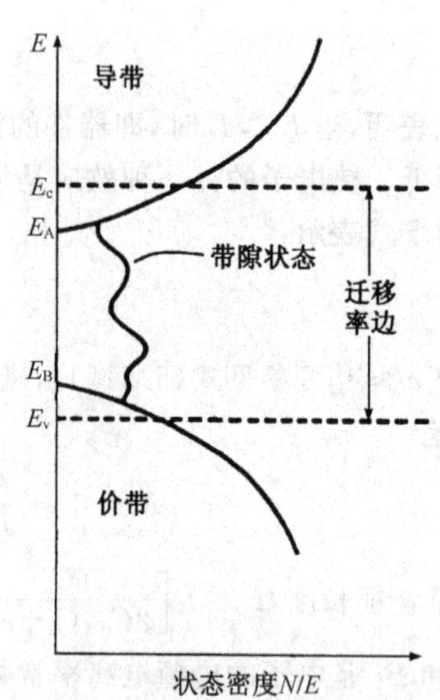

图5.38 理想非晶态半导体的能带模型

即长程无序,例如非晶硅中四面体结构的键长和键角都发生了一些畸变。与之相应,非晶体中的原子势场不再是周期性的,而有附加的无规则变化,电子处在相对深度超过一定程度的势阱内时,如果没有热激发等方式提供足够能量,则只能局限在势阱附近的小范围内运动,即处于所谓的带尾局域态,因为这种局域态的能量总是在导带底 E_A 和价带顶 E_B 附近。所以,非晶体中电子的运动状态可分为二类:一类和晶体中的情形相似,电子可以在整个材料中作共有化运动,称为扩展态;另一类是电子只能局限在材料中各点附近的一个小范围内运动,称为局域态。图 5.38 表示非晶态半导体的能带结构模型,图中 E_c 和 E_v 分别为导带和价带中扩展态与带尾态的分界,称为迁移率边,它们之间的能量间距称为迁移率隙或迁移率禁带,下面所说禁带隙将指这一能量间距,对于非晶硅,它约等于 1.7eV。加入特殊杂质可以改变迁移率隙的宽度,例如对非晶硅,加碳可以增加隙宽,加锗可以减小隙宽。

实际的非晶体中还存在另一类局域态,称为缺陷局域态。以 a-Si 为例,理想的 a-Si 无序网格是假定其中每个硅原子都与周围四个最近邻硅原子成键,只是键长和键角较之晶态硅有不同程度的畸变。但实际的 a-Si 格子,由于制备过程中产生应变等原因,内部总是存在缺陷,最通常的一种缺陷是一个硅原子周围只有三个最近邻,从而它的四个外层电子中有一个不能成键,成为悬挂键。悬挂键在带隙中产生缺陷态有两种情况,或是释放掉电子成为带正电的电离施主,或是再接受一个电子成为带负电的电离受主。如果同一原子轨道上"自旋向上"和"自旋向下"的两个电子间的相互作用能(相关能)主要是库仑能,则作为受主接受电子时需要有附加能量。因此,可以在带隙中引入上下两个能级来描述悬挂键的受主作用和施主作用,上能级是受主型的,相应的缺陷态是类受主态;下能级是施主型的,相应的缺陷态是类施主态。由于各个悬挂键周围环境的差异以及缺陷态间的相互作用,可以设想缺陷态在带隙中连续分布,费米能级将被钉扎在带隙中的某处,对未掺杂的均匀的 a-Si 材料,费米能级在禁带中部并偏向 E_c,掺杂剂(n 型为磷,p 型为硼)可以使费米能级移动,故可制作非晶态 pn 结。

5.5.2　a-Si:H TFT 导电性质的简单分析

图 5.39(a)表示 a-Si:H TFT 的一种基本结构,实际应用中,大多数器件都以玻璃或石英玻璃作为衬底,以 SiO_2 作为绝缘层,由于 a-Si:H 吸收可见光的能力很强(吸收系数比晶态硅高一个数量级),对器件的沟道区有一定的避光措施,以避免光电导的影响。

a-Si:H TFT 无论结构上或工作特性上都和晶态硅制造的增强型 MOSFET 相似,取决于栅压的极性,a-Si:H TFT 既可作为 n 沟器件,也可作为 p 沟器件,实际应用中往往采用 n 沟模式,这是因为 a-Si:H 中电子迁移率要比空穴迁移率高。但是,结构畸度和大量缺陷的存在,即使对于电子,扩展态迁移率也仅能达到 $10cm^2/V\cdot s$。另一方面,a-Si:H TFT 的特性和晶体 MOSFET 有重大差别,原因在于 a-Si:H 材料的禁带中存在连续分布的局域态,只有当栅压感应的载流子填满 a-Si:H/绝缘体界面附近所有的局域态而使费米能级接近和超过 E_c(或 E_v)时,a-Si:H TFT 才有和晶体 MOSFET 相同的工作方式。

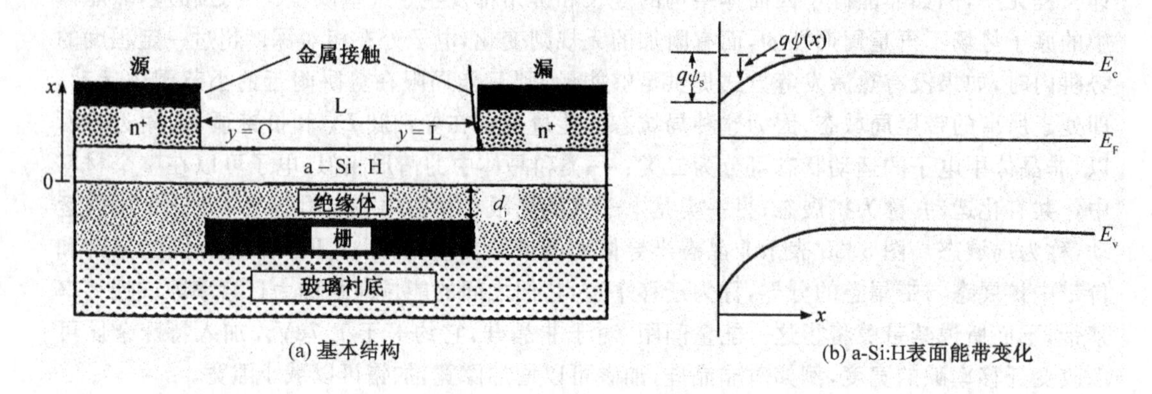

图 5.39 a-Si∶H TFT 示意图

类似晶态 MOSFET，我们可以把 a-Si∶H TFT 的漏极电流表示为

$$I_D = \mu_c Z(-Q_c)\frac{dV}{dy} \tag{5.300}$$

式中，Z 为沟道宽度，$Q_c = Q_c(y)$ 为扩展态电荷的面密度，μ_c 为扩展态迁移率。但是，Q_c 不等于栅压感应的表面层电荷密度 Q_s；Q_s 包括处于局域态的电荷密度和处于扩展态的电荷密度。因此，为了表示漏极电流同栅压和漏压的关系，我们引入有效迁移率(场感应迁移率) μ_d，而有下述电流方程：

$$I_D = \mu_d Z(-Q_s)\frac{dV}{dy} \tag{5.301}$$

μ_d 为 Q_s 或栅压的函数，即 $\mu_d = \mu_d(Q_s)$。根据薄层电荷近似，$Q_s(y)$ 和沟道电压的关系为

$$Q_s(y) = Q_{so} - C_i V(y) \tag{5.302}$$

$C_i = \varepsilon_i / d_i$ 为单位面积绝缘层电容，ε_i 和 d_i 分别为绝缘层的介电常数和厚度；$Q_{so} = Q_s(0)$ 为源端感应电荷密度。

将方程(5.301)在整个沟道(长度为 L)上积分，有

$$I_D = \frac{Z}{L}\int_0^{V_{DS}} \mu_d(Q_s)(-Q_s)dV \tag{5.303}$$

V_{DS}为漏源电压。I_D 的正方向是从漏到源，与我们选择的 y 方向相反。

在 a-Si∶H TFT 中，有效迁移率 μ_d 比扩展态迁移率 μ_c 小得多，并且依赖于栅感应电荷 Q_s；在缓变沟道近似下，这种依赖关系可以在 $V_{DS}=0$ 的条件下求解沟道垂直方向(x 方向)的泊松方程得到。

图 5.39(b)为加正栅压时非晶硅表面能带变化的示意图，其中，$\psi_s(>0)$为表面势，$\psi(x)$为距离表面(即绝缘层-非晶硅界面)x 处的电势。$V_{DS}=0$ 时，一维泊松方程为

$$\frac{d\mathscr{E}}{dx} = \frac{\rho(x)}{\varepsilon_s} \tag{5.304}$$

$\mathscr{E}(x)$为 x 处的电场强度，利用 $\mathscr{E}(x)=-\mathrm{d}\psi(x)/\mathrm{d}x$，可得

$$\mathscr{E}^2(x)=-(2/\varepsilon_s)\int_0^{\psi(x)}\rho(x)\mathrm{d}x \tag{5.305}$$

表面层单位面积电荷（面密度）为

$$Q_{so}=-\varepsilon_s\mathscr{E}_s=-\left[(2\varepsilon_s)\int_0^{\psi_s}|\rho(x)|\mathrm{d}\psi\right]^{1/2} \tag{5.306}$$

$\rho(x)$为非晶硅表面空间电荷区内的电荷密度分布，可表示为

$$\rho(x)=-q\int_0^{\infty}g(E)[f(E-q\psi(x))-f(E)]\mathrm{d}E \tag{5.307}$$

$f(E)$为费米分布函数，$g(E)$为能态密度，$\rho(x)$为扩展态、缺陷态和带尾态电荷密度之和。扩展态电荷分布为

$$\rho_c(x)=-qn_c=-qN_cF_{1/2}(\eta_c) \tag{5.308}$$

$N_c(\sim10^{19}\,\mathrm{cm}^{-3})$为非晶硅导带有效态密度，$F_{1/2}(\eta_c)$为 1/2 阶费米积分，参量 η_c 为

$$\eta_c=\frac{E_F-E_c(x)}{k_BT}=\frac{E_F-[E_c(\text{体内})-q\psi(x)]}{k_BT}$$

缺陷态和带尾态的电荷分布分别为

$$\rho_d(x)=-q\int_0^{\infty}g_d(E)[f(E-q\psi(x))-f(E)]\mathrm{d}E \tag{5.309}$$

和

$$\rho_t(x)=-q\int_0^{\infty}g_t(E)[f(E-q\psi(x))-f(E)]\mathrm{d}E \tag{5.310}$$

$g_d(E)$和 $g_t(E)$分别为缺陷态和带尾态的能态密度。

另外，在忽略表面势的条件下，表面层感应电荷 Q_{so}和栅压 V_G 的关系为

$$V_G-V_{FB}\approx Q_{so}/C_i \tag{5.311}$$

V_{FB}是平带电压。

以上，类似晶态 MOSFET，我们大体上描述了分析 a-Si∶H TFT 导电特性的方法。确实，无论从结构上还是从工作特性上，a-Si∶H TFT 都和晶态硅增强型绝缘栅表面效应晶体管相似。但是，我们也看到，由于能隙中局域态的分布函数 $g_d(E)$和 $g_t(E)$比较复杂，给计算带来很大困难。有的作者[17]对 $g_d(E)$和 $g_t(E)$用指数分布近似，计算了电荷密度 $Q_c(V_G)$和$Q_{so}(V_G)$，从而得到 $\mu_d(V_G)=(Q_c/Q_{so})\mu_c$，进一步通过方程(5.303)计算电流-电压特性；有的作者[18]假定带尾态和扩展态电子为玻尔兹曼分布，而缺陷态密度为常数（与能量无关），得到了 n 沟 a-Si∶H TFT 特性的解析表达式。通过拟合，这些理论都能很好吻合实验结果。图5.40为 a-Si∶H TFT 典型的输出特性曲线。

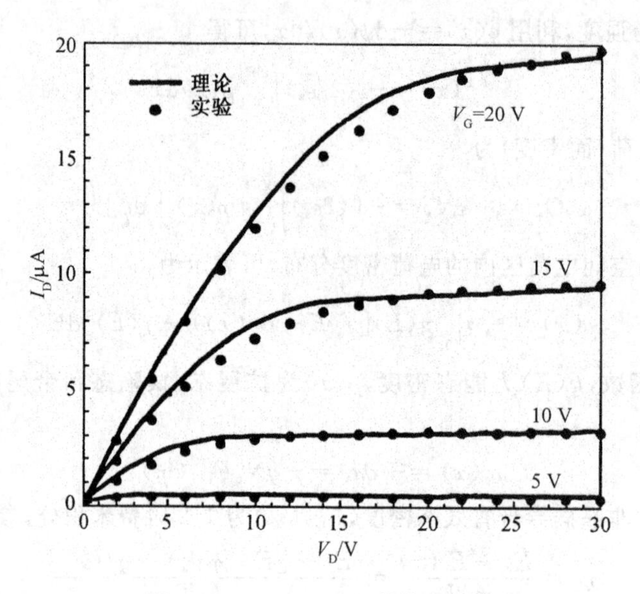

图 5.40 a-Si∶H TFT 的输出特性

多晶硅薄膜晶体管用多晶硅作为沟道层，比起 a-Si∶H TFT 来，其优点是载流子迁移率较高和电流驱动能力较大。激光照射后的非晶硅在冷却后转换成具有大晶粒尺寸的多晶硅，用这种方法得到多晶硅薄膜，载流子迁移率接近于晶态 MOSFET 情形。

5.6 电荷耦合器件(CCD)

CCD 的基本结构是一种密排的 MOS 二极管阵列。工作时，信息量用电荷(简称电荷包)代表，而不是常规器件惯用的电流量或电压量。MOS 二极管将被偏置到深耗尽状态，以实现信息电荷的储存。如果脉冲是按一定相位次序加到 MOS 二极管阵列上的时钟脉冲，信息电荷将沿衬底表面转移。CCD 被用于摄像、信息处理和数字存储，用于摄像系统的 CCD 采用光注入，其余二者采用电注入。CCD 分为表面沟道 CCD(SCCD)和埋沟 CCD(BCCD)，在 SCDD 中，电荷在半导体表面存储和转移，在 BCCD 中，半导体表面掺有和衬底相反类型的杂质，因此电荷存储和转移发生在紧靠表面的半导体内部。这里以 SCCD 为例，讨论 CCD 的基本原理。

5.6.1 表面深耗尽状态和电荷存储

深耗尽指加在二极管上的电压(栅压)V_G 超过发生强反型的阈值 V_T 时并没有反型层形成的半导体表面状态。以下考虑 p 型硅衬底上的 MOS 二极管。由于反型层(电子层)夹在其上的栅氧化层和其下的耗尽层之间，电子只能来自耗尽层内的热产生过程，所以，当 $V_G > V_T$ 时，必须经历一个时间为 τ_T 的弛豫过程才能在表面形成反型层，而在小于 τ_T 的时间范围内，半导体表面仍处在耗尽状态，即深耗尽状态。深耗尽是一种非平衡状态，可以通过耗尽层内热产生的最大速率 G_{max} 来估计 τ_T。以 x_d 和 x_{dm} 分别表示耗尽时和达到强反型(热平衡状态)时的耗尽层厚度，则有

$$G_{max}\tau_T x_d = N_A(x_d - X_{dm}) \approx N_A x_d \tag{5.312}$$

所以，

$$\tau_T \approx \frac{N_A}{G_{max}} = \frac{2\tau_0 N_A}{n_i} \tag{5.313}$$

N_A 是衬底的掺杂浓度，τ_0 是电子的有效寿命。如果 τ_0 是微秒的数量级，τ_T 就将是秒的量级。τ_T 越大，表示半导体表面状态由深耗尽到强反型所需要的时间越长。对 CCD，需要半导体表面处在深耗尽状态，所以 τ_T 越大越好。

图 5.41 表示 p 型衬底 MOS 二极管在半导体表面深耗尽时的能带图；也表示了半导体表面电势极小值所形成的电子(少子)势阱深度。其中，图 5.41(a)对应信息电荷 $Q_{sig}=0$ 的情形，这时势阱是空着的，图 5.41(b)对应势阱中存储了信息电荷($Q_{sig}\neq 0$)的情形，这时表面势减少，势阱深度变化。显然，存储的最大信息电荷所引起势阱深度变化不得超过原来的势阱深度 $q\psi_{s0}$，否则会溢出势阱，造成信息失真。在图中，V_G 是相对衬底的栅压，ψ_s 是表面势，即势阱深度。

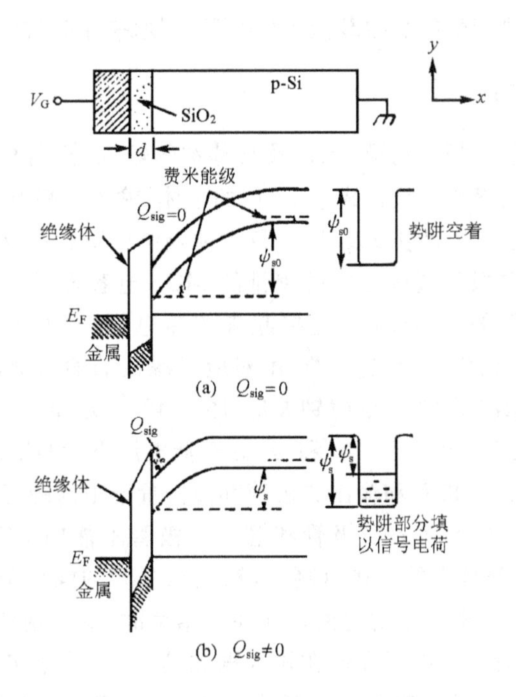

图 5.41 表面沟道 MOS 二极管深耗尽时的能带图及势阱深度

为了得到势阱深度和栅压及信息电荷量之间的关系，将公式(5.30)重写如下：

$$V_G = V_{FB} + \psi_s - Q_s/C_{ox}$$

其中 $Q_s = Q_B + Q_{sig}$，Q_{sig}是信息电荷，Q_B 是耗尽层电荷，它们都相对单位面积半导体表面而言。Q_B 可表示为

$$Q_B = -qN_A x_d = -(2q\varepsilon_s N_A \psi_s)^{\frac{1}{2}} \tag{5.314}$$

以 ψ_{s0} 表示 $Q_{sig}=0$ 时的表面势，则根据式(5.313)和(5.314)，有

$$\psi_{s0} = V_G - V_{FB} - B[\sqrt{1+2(V_G - V_{FB})/B} - 1] \tag{5.315}$$

$$B = q\varepsilon_s N_A / C_{ox}^2 \tag{5.316}$$

式(5.315)是设计 CCD 的一个重要公式。

以 ψ_s 表示势阱信息电荷 Q_{sig} 部分填充时的表面势，则在式(5.315)中以 $V = V_G - V_{FB} - |Q_{sig}|/C_{ox}$ 代替 $V_G - V_{FB}$，即得

$$\psi_s = V - B[\sqrt{1+2V/B} - 1] \tag{5.317}$$

V 中的信息电荷 Q_{sig} 加了绝对值符号是因为 Q_{sig} 代表电子电荷，它本身之值为负，由式(5.317)可知当势阱中存储信息电荷时，表面势减小，即势阱深度减小。

CCD 可以容纳的最大信息电荷 Q_{sig} 为

$$Q_{sig} \approx C_{ox}(V_G - V_T) \tag{5.317}$$

而 Q_{sig} 的最小值取决于热产生的少数载流子(噪声)，即取决于时钟频率。

5.6.2 基本的 CCD 结构

图 5.42(a)表示出了三相 n 沟道 CCD 及其基本的输入、输出结构。接到 Φ_1，Φ_2 和 Φ_3 时钟线的 6 个 MOS 二极管或电极构成了 CCD 的主体；输入二极管、输入栅、输出二极管和输出栅是向 CCD 主体注入电荷包以及从 CCD 主体检测电荷包的元件。等效地讲，CCD 的主体是在 MOSFET 的源极和漏极之间的密排的 MOS 电容阵列。在一般的大规模集成电路中，是通过布线将多数的 MOSFET 连接起来传递电信号的；而 CCD 的特点是使各个 MOS 电容的栅极电压三相化，不经过布线，由对应于源极的输入部向对应于漏极的输出部输送电荷。图5.42(b)示出了 CCD 的时钟波形，图 5.42(c)示出了相应的势阱和电荷分布。在 t_1 时刻，时钟线 Φ_1 处于高电压下，Φ_2 和 Φ_3 处于低电压下，因此 Φ_1 下的势阱比 Φ_2 和 Φ_3 的势阱要深。但此时输入二极管和输出二极管都被偏置于很高的正电压下以防止输入栅和输出栅下面的表面反型，并且输入二极管和输出二极管不能向 CCD 主阵列提供电子，即 CCD 阵列下面的势阱全部是空的。在时刻 t_2，输入二极管的电压降低，使得电子能经过输入栅注入(流)到第一个 Φ_1 电极下的势阱。在注入结束时，输入栅和 Φ_1 电极下的表面势将与输入二极管电势相同，此时，电子存储在输入栅和第一个 Φ_1 电极下。在 $t=t_3$，输入二极管的电压返回到高值，输入栅下的电子和第一个 Φ_1 电极下的过剩电子将经过输入二极管的引线流出器件，建立起在第一个 Φ_1 电极下轮廓分明的电荷包。在 $t=t_4$，加在 Φ_1 上的电压处于低值，而 Φ_2 上则加上了高电压，由于 Φ_2 下的势阱较深，存储在 Φ_1 下的电子向 Φ_2 电

极下转移，由于载流子输运一段电极宽度的距离要有有限的时间，故加在 Φ_1 上的电压逐渐下降。在 $t=t_5$，电荷转移过程完成，原先的电荷包现在存储在第一个 Φ_2 电极下。重复此过程，在 $t=t_6$，注入的电荷包存储在第二个 Φ_3 电极下。在 $t=t_7$，Φ_3 电极的电压返回到低值，将电子推向输出二极管，从而在输出端得到正比于电荷包大小的输出信号。

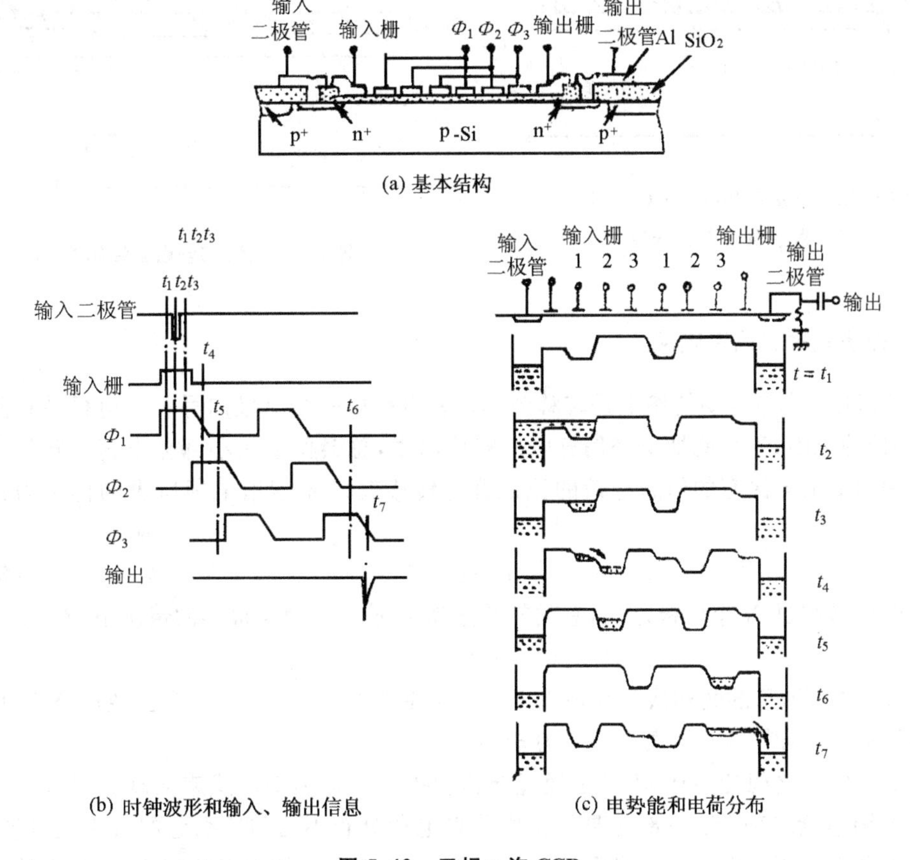

图 5.42 三相 n 沟 CCD

对于信息处理器件和存储器件，电荷包是用上述方法将适当的电压加到 CCD 输入端的 pn 结而引入的。对于摄像系统应用，电荷包可以是输入二极管作为光探测器在入射光作用下产生的，也可以是入射光图像直接照射半导体衬底产生电子-空穴对而其中的少子（电子）被电极吸引而聚集于势阱中形成的。但是，后者因为光要穿过金属电极，所以入射光的损耗大，这是一个很大的缺点。因此，现在的光探测部分都采用光电二极管作为像素单位，使入射光图像成像在由许多微小光电二极管排列的平面阵列上。

电极结构对转移效率有一定影响。如果邻近电极之间存在势垒，即使时钟频率很低，信息电荷也不能完全转移出去。因此，必须从器件电极结构的设计考虑，尽量减小甚至消除极间势垒。现在一般采用交叠栅结构,使极间的距离很小。图 5.43 和 5.44 表示常用的两种交叠栅结构。

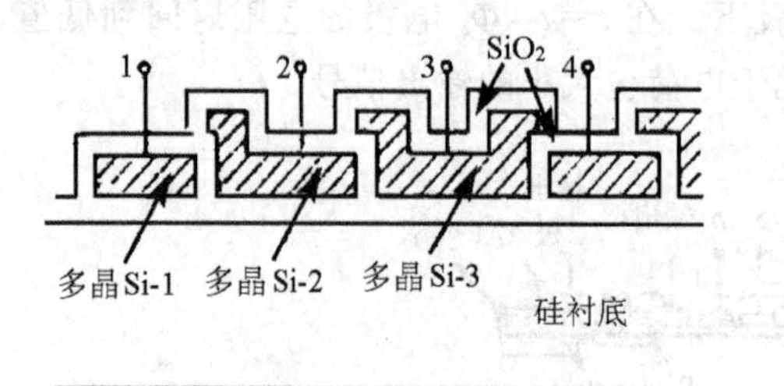

图 5.43 三重多晶硅栅 CCD,图中数字表示多晶硅淀积层次

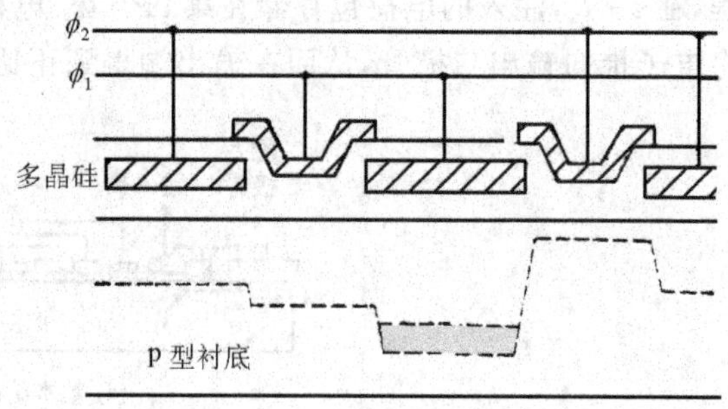

图 5.44 多晶硅-铝栅结构 CCD

5.6.3 转移效率和频率响应

对 CCD,一个最重要的参数是转移效率。在电荷由一个电极向另一个电极转移的过程中,由于种种原因,不可能把全部信息电荷转移出去,总会留下一小部分电荷。转移到下一个势阱中的电荷与原有的信息电荷的比值称为转移效率 η,残留电荷所占的比率为失真率 ε,显然

$$\eta+\varepsilon=1 \tag{5.318}$$

当信息电荷转移过 N 个电极之后,总的转移效率为 η^N。对于 ε 很小的情况下,有

$$\eta^N=(1-\varepsilon)^N\approx\exp(-\varepsilon N) \tag{5.319}$$

对于实际的 CCD,总的转移次数往往大于 1000(即 $N>1000$)。为了保证经过 N 次转移以后总的转移效率 $\eta^N>90\%$,失真率应为 $\varepsilon<10^{-4}$。

电荷在电极之间的转移,不外是通过漂移和扩散二种运动形式来实现。引起电子漂移运动的电场包括二部分:一部分是势阱中信息电荷分布不均匀所引起的自感应电场,一部分是邻近栅极电压所引起的边缘电场。如前所述,信息电荷使表面势减小,信息电荷在势阱中分布的梯度将引起表面势有一个相反的分布梯度,即自感应电场与势阱中电子浓度变化的方向相反,它把电子推向下一个电极。仔细分析表明,在信息电荷转移的开始阶段,自感应电场所引起的漂移运动起主要作用。随着电荷的转移,电荷数量不断减小。自感应电场的作用也越来越小,尽管绝大部分信息电荷的转移靠自感应电场的作用,但它并不决定最终电荷转移的弛豫时间,决定弛豫时间的是剩余少量电荷的扩散运动和边缘电场所引起的漂移运动。热扩散运动所决定的弛豫时间为

$$\tau=\frac{4L^2}{\pi^2 D_n}\approx\frac{L^2}{2.5D_n} \tag{5.320}$$

式中 L 为电极长度,D_n 为电子的扩散系数。也就是说,如果只考虑扩散运动,原来储存在

势阱中的电荷随时间指数衰减：

$$\frac{Q(t)}{Q_0} = e^{-t/\tau} \tag{5.321}$$

$Q(t)$是 t 时刻残留在势阱中的电荷。如果需求失真率 $\varepsilon < 10^{-4} \approx e^{-10}$，则要求时钟变化周期 T 满足

$$e^{-t/\tau} \leqslant e^{-10} \tag{5.322}$$

所以

$$T \geqslant 10\tau \tag{5.323}$$

举一个例子，若 $L=10\mu m$，$D_n=100cm^2/s$，则 $\tau=4\times10^{-7}s$，故三相时钟脉冲的最高频率是 $f=2.5MHz$。也就是说，选择的时钟频率不能高于 2.5MHz。当然，时钟频率也不是越低越好。因为 CCD 是利用半导体表面深耗尽的器件，如果时钟频率太低，热产生电荷以及从耗尽层边缘扩散过来的电荷等会使失真率增大。

边缘电场可以加速电荷的转移，这是因为邻近电极的栅压对信息电荷具有吸引作用。所谓边缘场，是因为栅极电荷发出的电力线并不都局限于栅极的面积范围内，而是有一部分超出栅极的边缘。显然，氧化层越厚和半导体表面耗尽层越厚（衬底掺杂浓度越低）时，超出电极边缘的扩展越显著，边缘场作用越大。当然，增加栅压，减小电极间距和电极长度都可能增大边缘场的作用。对于典型情况，衬底掺杂浓度为 $10^{15}/cm^3$，栅氧化层厚度为 1000Å，栅压为 10V，由于边缘场加速电荷转移的作用，失真率下降，时钟频率可以提高到 10MHz。

此外，实际器件总存在着 Si/SiO_2 界面陷阱，它们可能俘获电荷，在信息电荷的转移过程中，这些被俘获的电荷中，有些可能被及时释放出来，跟上信息电荷的转移；有些则落在后面，造成信息电荷的损失。克服界面陷阱影响的方式是采用“胖零”工作模式，就是不管有无信息电荷，都让半导体表面储存一定的本底电荷，使界面陷阱基本被填满。

习　　题

5.1　考虑一个 p 硅衬底的 MOS 结构，$N_A=5\times10^{15}cm^{-3}$，$d_{ox}=30nm$，$(Q_0/q)=5\times10^{10}cm^{-2}$。当栅材料为(1) 铝($\phi_m=4.10V$)，(2) n^+多晶硅，(3) p^+多晶硅时，计算平带电压 V_{FB}和阈值电压 V_T($T=300K$)。

5.2　在 $N_A=10^{16}cm^{-3}$的 p-Si 衬底上制成一个铝栅($\phi_m=4.10V$)MOS 二极管，栅 SiO_2 层厚度 $d_{ox}=50nm$，假定 SiO_2 中不存在电荷。试求：(1) 表面势 ψ_s；(2) 表面耗尽层厚度 x_d 和表面电场强度 $\mathscr{E}_s$。

5.3　一个 p-Si 衬底的 MOS 结构，掺杂浓度为 $N_A=10^{16}cm^{-3}$，栅 SiO_2 层厚度 $d_{ox}=50nm$。在 $T=300K$ 时计算：(1) 氧化层电容 C_{ox}；(2) 平带电容 C_{FB}；(3) 最小电容 C'_{min}。

5.4　一个 n^+多晶硅栅 p-Si 衬底 MOS 结构，衬底掺杂浓度 $N_A=5\times10^{16}cm^{-3}$，设有效界面电荷密度 $Q_0/q=10^{11}cm^{-2}$。试确定 $T=300K$ 下使阈值电压 $V_T=1.0V$ 时 SiO_2 层的厚度 d_{ox}。

5.5 计算衬底分别是p型硅和n型硅的MOS结构的阈值电压V_{Tn}和V_{Tp}。已知n^+多晶硅栅,栅氧层厚度$d_{ox}=30nm$,有效界面电荷$Q_0/q=5\times10^{10}cm^{-2}$,衬底杂质浓度分别为$N_A=1.5\times10^{16}cm^{-3}$和$N_D=5\times10^{15}cm^{-3}$。

5.6 在$N_A=5\times10^{16}cm^{-3}$的硅衬底($\phi_F=0.40V$)上制成一个$n^+$硅栅MOSFET,其$L=2\mu m$,$Z=20\mu m$,$d_{ox}=25nm$。设有效界面电荷$Q_0/q=5\times10^{10}cm^{-2}$。(1) 计算阈值电压$V_T$;(2) 将漏和栅连在一起,源和衬底接地,且电源电压为2.0V,计算直流漏极电流I_D和跨导g_m。设低栅压电场表面迁移率为$600cm^2/V\cdot s$。

5.7 已知n沟MOSFET,p型衬底的掺杂浓度为$N_A=7\times10^{16}cm^{-3}$,栅氧层厚度$d_{ox}=15nm$,氧化层电荷可忽略,$n^+$多晶硅栅。(1) 计算亚阈值斜率$S$;(2) 阈值$V_T$时漏极电流为$0.3\mu A$,$V_G=0$时的亚阈值漏极电流是多少?(3) 若通过施加反向衬底偏压来降低漏极电流,计算漏极电流降低一个数量级时所需的衬-源反向电压V_{SB}。

5.8 利用(5.124)式和(5.72)式,证明饱和区栅-源、栅-漏小信号电容为

$$C_{GS}=\frac{2}{3}ZLC_{ox},\quad C_{GD}=0$$

5.9 根据小信号模型,证明饱和MOSFET的截止频率f_T可表示为

$$f_T=\begin{cases}\dfrac{3\mu_n(V_{GS}-V_T)}{4\pi L^2} & \text{(长沟器件)}\\[2ex] \dfrac{3\upsilon_s}{4\pi L} & \text{(短沟器件)}\end{cases}$$

式中L为沟道长度,μ_n为载流子表面迁移率,υ_s为载流子饱和速度。

5.10 证明等式(5.150),并求出阈值电压的偏移量ΔV_T。

5.11 一个n沟MOSFET,源-漏掺杂浓度为$N_D=10^{19}cm^{-3}$,沟道区掺杂浓度$N_A=10^{16}cm^{-3}$,设沟道长度为$L=1\mu m$,栅氧层厚度$d_{ox}=15nm$,$V_{T0}=0.3V$,$V_{GS}=0$,源和衬底接地,计算穿通电压。提示:本题要求源结和漏结的水平耗尽区宽度分别用式(5.92)和式(5.93)计算。

5.12 一个栅氧层厚度$d_{ox}=10nm$的n沟道MOSFET,其阈值电压$V_T=0.70V$,如果器件的$L=0.2\mu m$,$Z=20\mu m$,请在$V_{GS}=3.0V$和$V_{DS}=1.5V$时,计算速度饱和电压V'_{Dsat}和漏极电流I_D(计算时考虑表面迁移率修正和速度饱和效应)。如果器件的$L=2\mu m$,$Z=20\mu m$,V'_{Dsat}和I_D各是多少?

5.13 已知n沟道MOSFET,$L=1.0\mu m$,$d_{ox}=15nm$,$V_T=0.7V$。请在$V_{GS}=3V$和$V_{DS}=2V$时,计算源端和漏端的沟道载流子速度:(1) 用长沟理论,取$\mu_n=670cm^2/V\cdot s$;(2) 用短沟模型(计入表面迁移率修正和速度饱和效应),取$v_s=8\times10^6cm/s$。

5.14 已知n沟道MOSFET,$L=0.5\mu m$,$x_j=0.2\mu m$,$d_{ox}=10nm$,$V_T=0.7V$,以及$V_{GS}=6V$和$V_{DS}=5V$。(1) 计算最大电场$\mathscr{E}_m$;(2) 用式(5.223)计算I_b/I_D;(3) 用$I_b/I_D=C_1\exp(-E_i/q\mathscr{E}_m\lambda)$计算$I_b/I_D$,取$\lambda=90Å$,$C_1=2$,$E_i=1.5E_g=1.68eV$;(4) 用$I_G/I_D$

$=C_2\exp(-E_b/q\mathscr{E}_m\lambda)$计算 I_G/I_D，取 $C_2=2\times10^{-3}$，$E_b=3.2\text{eV}$。

5.15　已知 n 沟道 MOSFET，$L=1\mu\text{m}$，$x_j=0.3\mu\text{m}$，$d_ox=20\ \text{nm}$，$V_T=0.7\text{V}$。为了避免器件退化，要求 $\mathscr{E}_m<2\times10^5\text{V/cm}$。

(1) 计算 I_b/I_D。

(2) 假设 $V_{GS}=3\text{V}$，并且这时产生最大衬底电流，计算最大电源电压 $V_{DS(max)}$。

(3) 假设击穿时的 $\mathscr{E}_m=4\times10^5\text{V/cm}$，计算 $V_{GS}=3\text{V}$ 时的击穿电压 V_{DS}。

5.16　一个短沟道 MOSFET，$d_{ox}=10\text{nm}$，热电子注入引起显著的栅极电流。假设栅氧化层电场 $\mathscr{E}_{ox}=10\text{MV}$，并假设比例为 10^{-6} 的注入电子在氧化层内平均距离界面 $0.1d_{ox}$ 处被俘获，从而引起阈值电压漂移。求：(1) 栅极电流密度 J_G；(2) 使阈值电压改变 100mV 所需要的时间 t。

5.17　设对某短沟道 MOSFET 寿命测试的结果如下：

	$I_b/\mu\text{A}$	τ/分钟
测试 1	6.10	550
测试 2	13.6	50

在 $V_D=5\text{V}$ 时测得 $I_b=0.248\mu\text{A}$，试估算在此工作条件下器件的寿命 τ。

5.18　已知一个 n 阱 CMOS 反相器，衬底掺杂浓度 $N_A=10^{15}\text{cm}^{-3}$，n 阱掺杂浓度 $N_D=5\times10^{16}\text{cm}^{-3}$，栅氧层厚度 $d_{ox}=20\text{nm}$，忽略氧化层电荷。p 沟和 n 沟器件都用 n^+ 硅栅，并采用离子注入方法调整阈值电压，使 $V_{Tn}=|V_{Tp}|$。计算：

(1) 没有离子注入($N_I=0$)时的 V_{Tn} 和 V_{Tp}；

(2) 使 $V_{Tn}=|V_{Tp}|$ 时的离子注入剂量 N_I。

5.19　一个 n^+ 硅栅全耗尽 SOI MOSFET，硅膜杂质浓度 $N_A=5\times10^{17}\text{cm}^{-3}$，栅氧层厚度 $t_{oxf}=5\text{nm}$，氧化层电荷可忽略。(1) 计算硅膜最大允许厚度 t_s；(2) 若 $t_s=30\text{nm}$，计算阈值电压 $V_{T,bd}$。

5.20　一个三相 n 沟表面 CCD，其衬底掺杂浓度 $N_A=10^{15}\text{cm}^{-3}$，栅氧层厚度 $d_{ox}=100\text{nm}$，势阱为 $5\mu\text{m}\times5\mu\text{m}$ 的正方形。

(1) 设电子的有效寿命 $\tau_0=10^{-6}\text{s}$，计算热驰豫时间 τ_T。

(2) 设 $V_T=0$，计算 $V_G=10\text{V}$ 时单阱内的最大储存电荷是 Q_{sig}。

(3) 设每比特(信息电荷脉冲)的耗散功率 $P=6.5\mu\text{W}$，计算应当选择的时钟频率 f。

5.21　a-Si∶H TFT 的最高工作频率 f_T 由下述近似式决定：

$$f_T=\frac{\mu_d V_G}{2\pi L^2}$$

设器件的沟道长设 $L=4\mu\text{m}$，有效迁移率 $\mu_d=0.4\text{cm}^2/\text{V}\cdot\text{s}$，计算栅压 $V_G=15\text{V}$ 时的 f_T。

参 考 文 献

[1] Sze S M. 半导体器件：物理和工艺. 王阳元，嵇光大，卢文豪，译. 北京：科学出版社，1992.

[2] Muller R S, Kamins T I, Chan M. 集成电路器件电子学(第三版). 王燕，张莉，译. 北京：电子工业出版社，2004.

[3] Tsividis Y D. MOS晶体管的工作原理及建模. 叶金官等，译. 西安：西安交通大学出版社，1989.

[4] Arora N. 用于VLSI模拟的小尺寸MOS器件模型：理论与实践. 张兴，李映雪等，译. 北京：科学出版社，1949.

[5] Yang E S. 半导体器件基础. 卢纪，译. 北京：人民教育出版社，1981.

[6] Colinge J P. SOI技术. 武国英等，译. 北京：科学出版社，1993.

[7] 黄昆，韩汝琦. 半导体物理基础. 北京：科学出版社，1979.

[8] 王阳元. 王阳元文集. 北京：北京大学出版社，1998.

[9] Lundstrom M S, Guo J. Nanoscale Transistor: Device Physics, Modeling and Simulation. New York: Springer, 2006.

[10] Rahman A, Guo J, Datta S, and M Lundstrom, IEEE Trans Electron. Dev., 50(2003), 1853.

[11] Wang S. Fundamentals of Semiconductor Theory and Devices Physics. NJ: Prentice-Hall, 1989.

[12] Shur M. Physics of Semiconductor Devices. NJ: Prentice-Hall, 1990.

[13] Sze S M Ed. High-Speed Semiconductor Devices. New York: Wiley, 1990.

[14] Dimitrijev S. Understanding Semiconductor Devices. Oxford Univer-sity Press, 2000.

[15] Ejeldly A and Shur M. IEEE Trans, Electron Devices. ED-40(1993), 137.

[16] Hu C, Tam S C, Hsu F C, Ko P K, Chan T Y and Terrill K W, IEEE Trans. Electron Devices. ED-32, 375(1985).

[17] Shur M, Hack M and Shaw J G, J. Appl. Phys. 66(1989), 3371.

[18] 韩汝琦，刘兵，关旭东. 固态电子学研究与进展. 10(1990), 47.

第六章　微波二极管，量子效应器件

微波频率覆盖范围从 1GHz(10^9 Hz)至 1000GHz，相应的波长为 30～0.03μm，其中 30 至 300GHz 频段，因其波长为 10～1mm，故称毫米波段；更高的频率称为亚毫米波段。前面讨论的许多半导体器件，例如双极型晶体管、MESFET、HEMT 和 MOSFET 等，都可以产生微波信号或把微波信号放大，即都可以成为固态微波源，但必须缩小器件尺寸并将寄生电容和电阻减到最小程度，以获得微波性能。采用二端有源微波器件则具有结构简单的优点，IMPATT 二极管、转移电子器件和隧道二极管的技术比较成熟，已经成为许多微波电路的功率源器件，本章讨论这些器件的工作原理。

近 20 多年来，在低维半导体材料和器件方面做了很多研究和努力，所谓低维半导体材料，是在一个或二三个方向的尺寸与电子的德布罗意波长接近甚至更小，以致电子在运动时受到限制，产生各种量子学效应(例如量子隧穿效应)，相应的器件分别为量子阱(二维)、量子线(一维)和量子点(零维)器件。与体材料(三维)器件相比，低维器件具有许多独特的优异功能。对于其中的典型器件，本章将比较详细讨论共振隧穿二极管(RTD)，并简单介绍一维 MOSFET 和单电子晶体管。

6.1　IMPATT 二极管

IMPATT(impact ionization avalanche transit time)的含义是碰撞电离雪崩渡越时间。IMPATT 二极管是一种渡越时间二极管，由注入区和漂移区组成，载流子在注入区(雪崩区)内通过强电场下的碰撞电离产生，然后注入漂移区。这样，由两种延迟使电流落后于电压并引起负阻，一种是雪崩电流建立时间所产生的“雪崩延迟”，另一种是载流子通过漂移区所产生的“渡越时间延迟”。如果漂移区由两段组成，在其中一段的速度明显比在另一段要小，则由于低速区的渡越时间延迟，可以期望有较高的转换效率；相应的器件称为 DOVATT(双速雪崩渡越时间)二极管。

顺便指出，由于载流子产生和注入的机制不同，还有几类渡越时间二极管。其中，载流子越过势垒(正偏的 pn 结或肖特基势垒，或异质结)以热离子发射方式注入漂移区的，称为 BARITT(势垒注入渡越时间)二极管；载流子隧穿单势垒(反偏的简并 pn 结或薄异质结)或共振隧穿双势垒注入漂移区的，称为 TUNNETT(隧穿渡越时间)或 QWITT(量子阱注入渡越时间)二极管；强电场下载流子通过碰撞电离和隧穿效应的共同作用而注入漂移区的，称为 MITATT(混合隧道-雪崩渡越时间)二极管。IMPATT 二极管是最重要的微波有源器件之一,可以在毫米波时产生最大连续功率,被广泛用于 30 至 300GHz 这一频段。其他渡越时间器件,由于具有不同特性,例如噪声低(BARITT 二极管)、效率高(DOVATT 和 QWITT 二极管)或工作频率高(MITATT 和 TUNNETT 二极管),可以弥补 IMPATT 二极管的不足。

本节通过一种特殊掺杂分布的器件(里德二极管)来分析"雪崩延迟效应"和"渡越时间延迟效应",然后进一步说明 IMPATT 二极管的基本性质。

6.1.1 里德二极管

里德(Read)在 1958 年提出了一种 IMPATT 二极管,在一端有一雪崩区用以产生载流子,在另一端有较高的电阻率(低掺杂浓度)提供渡越空间(漂移区),这就是 p^+nin^+ 或 n^+pip^+ 结构。图 6.1 表示 p^+nin^+ 结构的电场分布和击穿条件下电离率的空间变化。

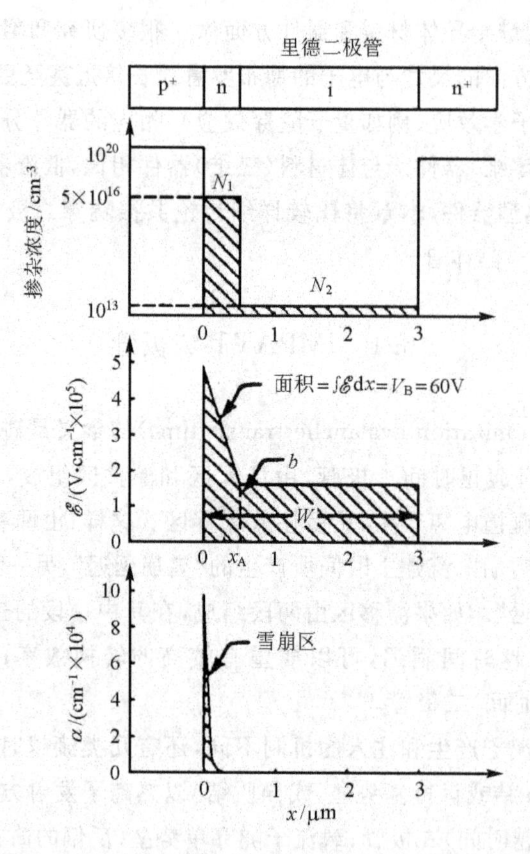

图 6.1 里德型 IMPATT 二极管的掺杂分布、电场分布和电离率的空间变化

在第二章中曾讨论过，雪崩击穿条件为

$$\int_0^W \alpha \mathrm{d}x = 1 \tag{6.1}$$

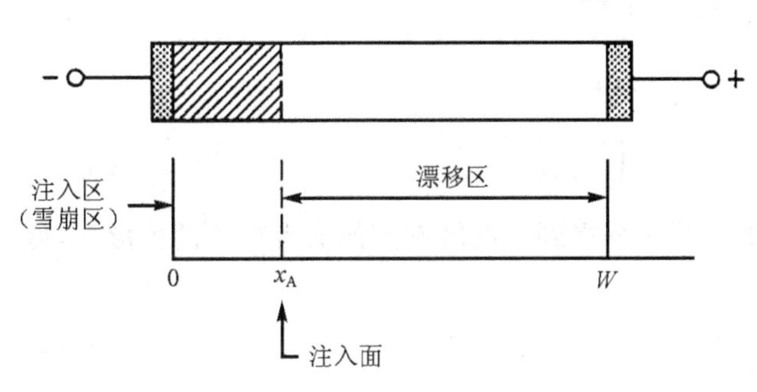

图 6.2　理想 IMPATT 二极管的剖面图

W 为耗尽区总宽度。从以前的讨论可知，电离率 α 与电场 $\mathscr{E}$ 有强烈的依赖关系，因而它只是在靠近最大电场的 0 和 x_A 之间的窄区域内才明显不为零，称这一区域为雪崩区，其宽度 x_A 比整个耗尽区的宽度 W 小得多。剩余的耗尽区域 $W-x_A$ 为漂移区。这种理想情形如图6.2所示。

图 6.2 中 $x=x_A$ 为注入面，表示载流子在狭窄的雪崩区（注入区）内产生并在 $x=x_A$ 处注入邻近的漂移区。

6.1.2　雪崩延迟和渡越时间效应（小信号分析）

根据上述讨论，可以把理想 IMPATT 二极管（里德二极管）分成三个区域：(1) 雪崩区，该区很薄，从而空间电荷和渡越时间效应都可以忽略；(2) 漂移区，该区不产生载流子，从雪崩区进入的载流子全部以饱和速度运动；(3) 无源区，该区加进了不希望有的寄生电阻。

雪崩区　为简化分析，假定电子和空穴的电离率相等（$\alpha_n=\alpha_p=\alpha$），并均以相同的饱和速度运动（$v_n=v_p=v_s$）。这样，根据第一章的讨论，碰撞电离引起的电子-空穴对产生率为 $\alpha(n+p)v_s$，它比热产生率大得多，从而后者可以忽略。于是，有连续方程：

$$\frac{\partial n}{\partial t} = \frac{1}{q}\frac{\partial J_n}{\partial x} + \alpha(n+p)v_s \tag{6.2}$$

$$\frac{\partial p}{\partial t} = -\frac{1}{q}\frac{\partial J_p}{\partial x} + \alpha(n+p)v_s \tag{6.3}$$

将以上二式相加，得到传导电流 J_c 随时间变化的方程：

$$\frac{1}{v_s}\frac{\partial J_c}{\partial t} = \frac{\partial}{\partial x}(J_n - J_p) + 2\alpha J_c \tag{6.4}$$

$$J_c = J_n + J_p = q(n+p)v_s \tag{6.5}$$

将方程(6.4)从 $x=0$ 积分到 $x=x_A$，得到

$$\tau_A \frac{\mathrm{d}J_c}{\mathrm{d}t} = (J_n - J_p)_0^{x_A} + 2J_c\int_0^{x_A}\alpha \mathrm{d}x \tag{6.6}$$

其中 $\tau_A=x_A/v_s$。我们注意到，直流传导电流密度（参见第二章）为

$$J_{c0} = J_s\left(1-\int_0^{x_A}\alpha \mathrm{d}x\right)^{-1} \tag{6.7}$$

J_s 为反向饱和电流密度。为了使方程(6.6)在 $dJ_c/dt=0$ 的情形下简化为式(6.7),必须有

$$(J_n - J_p)_0^{x_A} = 2(J_s - J_c) \tag{6.8}$$

换句话说,方程(6.6)应具有下述形式(忽略 J_s 项):

$$\frac{dJ_c}{dt} = \frac{2J_c}{\tau_A}(\bar{\alpha}x_A - 1) \tag{6.9}$$

$$\bar{\alpha}x_A - 1 = \int_0^{x_A} \alpha dx \tag{6.10}$$

$\bar{\alpha}$ 是 α 的空间平均,通过在整个雪崩区上计算积分得到。在既有直流又有交流的情形下,可假定

$$\bar{\alpha} = \bar{\alpha}_0 + \frac{d\bar{\alpha}}{d\mathscr{E}}\Delta\mathscr{E} = \bar{\alpha}_0 + \bar{\alpha}'\mathscr{E}_1^A \tag{6.11}$$

$\mathscr{E}_1^A$ 是雪崩区电场的交流分量。以脚标“0”和“1”分别代表直流分量和交流分量,则由方程(6.9)可得

$$J_{c1} = \frac{2J_{c0}\bar{\alpha}'x_A}{j\omega\tau_A}\mathscr{E}_1^A \tag{6.12}$$

得到上式时利用了 $J_{c1}(\bar{\alpha}_0 x_A - 1)$ 可以忽略的条件,这是因为在雪崩条件下 $\bar{\alpha}_0 x_A$ 接近于1。

在交流情形下,总电流中还应包括位移电流。流过雪崩区的位移电流为

$$J_d = j\omega\varepsilon_s\mathscr{E}_1^A \tag{6.13}$$

ε_s 为半导体的介电常数。将式(6.12)和(6.13)相加,得到总的交流密度为

$$J_1 = J_{c1} + J_d = \left[\frac{2J_{c0}\bar{\alpha}'x_A}{j\omega\tau_A} + j\omega\varepsilon_s\right]\mathscr{E}_1^A \tag{6.14}$$

流过IMPATT二极管的交流电流为 J_1A(A 是二极管的横截面积),而雪崩区上的交流电压为 $\mathscr{E}_1^A x_A$。由式(6.14)不难看出,交流传导电流比 $\mathscr{E}_1^A$(交流电压)落后 $\pi/2$,如同在电感器内一样;位移电流则超前 $\pi/2$,如同在电容器内一样。所以雪崩区的作用可以用一个并联的 LC 回路等效,其中

$$L_A = \frac{\tau_A}{2J_{c0}\bar{\alpha}'A}, \quad C_A = \frac{\varepsilon_s A}{x_A} \tag{6.15}$$

等效电路的共振频率 ω_r 可表示为

$$\omega_r^2 = \frac{2J_{c0}\bar{\alpha}'v_s}{\varepsilon_s} \tag{6.16}$$

ω_r 称为雪崩谐振频率。利用 ω_r 可以将 J_1 表示成

$$J_1 = \left[1 - \frac{\omega_r^2}{\omega^2}\right]j\omega\varepsilon_s\mathscr{E}_1^A \tag{6.17}$$

不难看出雪崩区的阻抗为

$$Z_A = \frac{1}{j\omega C_A}\left(1 - \frac{\omega_r^2}{\omega^2}\right)^{-1} \tag{6.18}$$

交流传导电流 J_{c1} 在总的交流电流 J_1 中所占比例为

$$\gamma = \frac{J_{c1}}{J} = \frac{1}{1-(\omega/\omega_r)^2} \tag{6.19}$$

漂移区 如果把雪崩区和漂移区的交界面(注入面)取作 $x=0$，则离开雪崩区的电流要经过 $t'=x/v_s$ 才能到达漂移区中的 x 处，所以 t 时刻 x 处的交流传导电流 $J_{c1}(x)$ 就是 $t-t'$ 时刻 $x=0$ 处的传导电流，故有

$$J_{c1}(x) = \gamma J_1 \exp(-j\omega x/v_s) \tag{6.20}$$

漂移区中的位移电流也是位置 x 的函数，可表示为

$$\begin{aligned} J_d(x) &= J_1 - J_{c1}(x) = J_1[1-\gamma\exp(-j\omega x/v_s)] \\ &= j\omega\varepsilon_s \mathscr{E}_1^D(x) \end{aligned} \tag{6.21}$$

$\mathscr{E}_1^D(x)$是漂移区中的交流电场，由上式得到为

$$\mathscr{E}_1^D(x) = \frac{J_1}{j\omega\varepsilon_s}[1-\gamma\exp(-j\omega x/v_s)] \tag{6.22}$$

将式(6.22)从 $x=0$ 积分到 $x=W-x_A$，就得到漂移区上的交流电压：

$$\begin{aligned} V_1^D &= \frac{(W-x_A)}{j\omega\varepsilon_s}J_1\left[1-\gamma\frac{1-\exp(j\theta)}{j\theta}\right] \\ &= \frac{(W-x_A)}{j\omega\varepsilon_s}J_1\left[1-\frac{\gamma\sin\theta}{\theta}-\frac{\gamma(1-\cos\theta)}{j\theta}\right] \end{aligned} \tag{6.23}$$

其中 θ 为漂移区的渡越角：

$$\theta = \omega(W-x_A)/v_s \tag{6.24}$$

漂移区的阻抗为

$$\begin{aligned} Z_D &= \frac{V_1^D}{J_1 A} = \frac{W-x_A}{j\omega\varepsilon_s A}\left[1-\frac{\gamma\sin\theta}{\theta}-\frac{\gamma(1-\cos\theta)}{j\theta}\right] \\ &= R_D + j\chi_D \end{aligned} \tag{6.25}$$

等效电阻为

$$R_D = \frac{(W-x_A)}{\omega\varepsilon_s A}\cdot\frac{\gamma(1-\cos\theta)}{\theta} = \left[\frac{1}{1-\omega^2/\omega_r^2}\right]\left[\frac{1-\cos\theta}{\omega C_D\theta}\right] \tag{6.26}$$

其中 $C_D=\varepsilon_s A/(W-x_A)$为漂移区的电容。$\omega>\omega_r$ 时，R_D 出现负值，$\theta=\omega(W-x_A)/v_s=\omega\tau_D$ 较大(即渡越时间 τ_D 足够长)时这一负值才显著不为零。对于 Si，对应 $\mathscr{E}=3.8\times10^5$ V/cm，$\bar{\alpha}'\approx0.25$/V 和 $v_s\approx8\times10^6$ cm/s；若 $J_{c0}=1\ 300$ A/cm^2，则 $\omega_r=0.7\times10^{11}$ rad/s，属于微波波段。

图 6.3 是根据上述小信号分析得到的 IMPATT 二极管等效电路，器件的总阻抗包括雪崩区和漂移区的阻抗以及无源区的寄生电阻 R_s。雪崩区的阻抗是电抗性的，所以器件的总电阻为

$$\begin{aligned} R &= R_D + R_s \\ &= \left[\frac{1}{1-\omega^2/\omega_r^2}\right]\left[\frac{1-\cos\theta}{\omega C_D\theta}\right] + R_s \end{aligned} \tag{6.27}$$

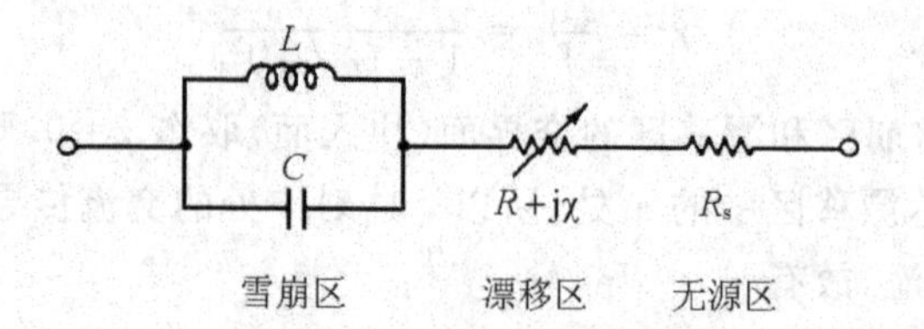

图 6.3 IMPATT 二极管的小信号等效电路

6.1.3 功率和效率(大信号分析)

如前所述,对于 p^+nin^+ 结构的 IMPATT 二极管,在产生电子-空穴对的 p^+n 结处(图 6.4(a))有一高场雪崩区,而近似本征半导体的轻掺杂区(i 区)是电场恒定的漂移区。雪崩区所产生的空穴迅速进入 p^+ 区,所产生的电子则注入漂移区。在漂移区,电子作功,产生外功率。当电场围绕平均值随时间周期性变化时(图 6.4(c)),每个载流子的碰撞电离率几乎瞬时地跟随电场变化;然而,由于载流子的产生还依赖于已经存在的载流子数,载流子浓度不能同步跟随电场变化。电场通过峰值以后,由于载流子的产生率仍然高于平均值,故载流子浓度持续增加。当电场从峰值减小到平均值时,载流子浓度近似达到最大值。因此,即使电离率与交流电场同相,注入载流子浓度的交流变化仍滞后于交流电压约 $\pi/2$(即所谓"雪崩延迟")。这就是图 6.4(d)中的"注入电流"的情形。交流电场(或电压)的峰值出现于 $\pi/2$ 处,而注入载流子浓度("注入电流")的峰值却出现于 π 处(即 $\phi=\pi$)。注入载流子(电子)一进入漂移区就会在外电路中感生电流,直到它们全部通过漂移区为止,这种情形相当于正电荷从 p^+ 端源源不断地流入 n^+ 端,当电子全部到达 n^+ 端时,正电荷也全部到达,正负电荷在这里中和。所以,对于注入电子以恒定速度(饱和漂移速度 v_s)渡越漂移区的情形,感生的外电流近似等于注入电荷脉冲Q除以渡越时间 τ_D,即

$$I_{ind} \approx Q/\tau_D \tag{6.28}$$

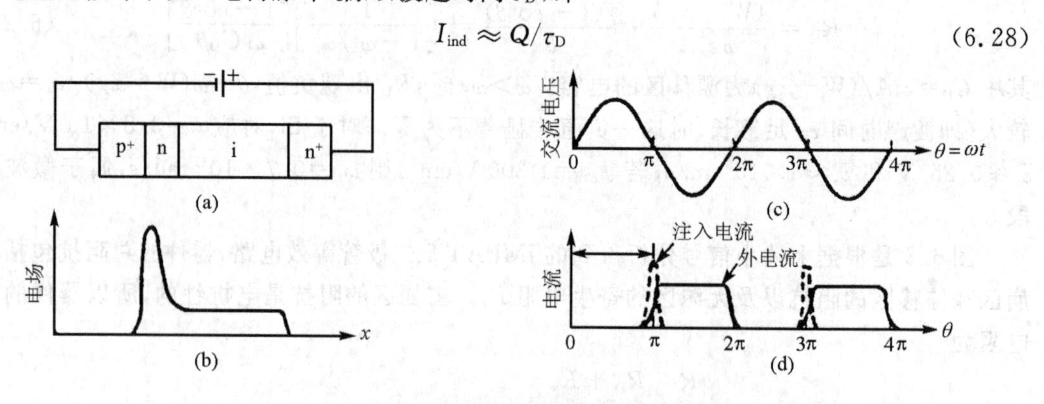

图 6.4 (a) p^+nin^+ 结构;(b) 雪崩击穿时的电场;
(c) 交流电压;(d) 注入电流和外电流

感生的外电流也表示在图 6.4(d)中。对交流电压和外电流进行比较后可以清楚地看出，IMPATT 二极管表现出负阻。

在理想情形下，各类渡越时间二极管总是穿通，其漂移区中的电场总是高到载流子足以保持饱和速度 v_s。这一共同特点使我们可以用一个统一的大信号分析模型来描述它们的功率特性。图 6.5 表示渡越时间二极管理想的电压和电流波形，其中 δ 是注入电流脉冲的宽度，ϕ 是注入相位延迟而位于脉宽中央。注入相位 ϕ 取决于渡越时间二极管注入机制的性质，例如，对 IMPATT 二极管，$\phi=\pi$；对 BARITT 二极管，$\phi=\pi/2$。

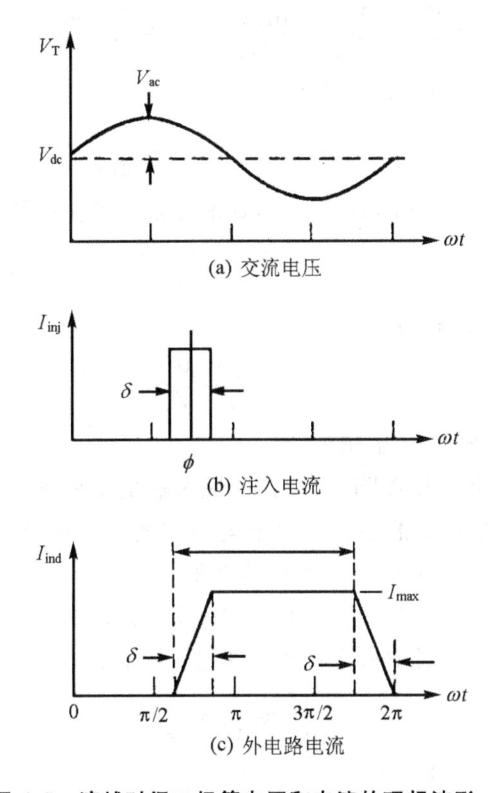

图 6.5　渡越时间二极管电压和电流的理想波形

二极管上的电压由下式给出：

$$V = V_{dc} + V_{ac}\sin\omega t \tag{6.29}$$

其中 V_{dc}，V_{ac}和 ω 分别代表直流电压、交流电压振幅和工作频率。直流电流为

$$I_{dc} = \frac{1}{2\pi}\int_0^{2\pi} I_{ind}\,d(\omega t) \tag{6.30}$$

I_{ind}是感生外电流，从图 6.5(c)不难看出其最大值为

$$I_{max} = \frac{2\pi}{\theta} I_{dc} \tag{6.31}$$

直流输入功率为

$$P_{dc} = V_{dc} I_{dc} \tag{6.32}$$

交流输出功率为

$$P_{ac} = \frac{1}{2\pi}\int_0^{2\pi} I_{ind}(\omega t) V_{ac} \sin\omega t \, d(\omega t) \tag{6.33}$$

直流转换为交流的效率 η 可以从方程(6.32)和(6.33)得到。利用图 6.5(c)，写出 I_{ind} 作为 ωt 的函数的表达式，并完成方程(6.33)的积分，不难证明，

$$\eta = \frac{P_{ac}}{P_{dc}} = \frac{V_{ac}}{V_{dc}} \cdot \frac{\sin(\delta/2)}{\delta/2} \cdot \frac{\cos\phi - \cos(\phi+\theta)}{\theta} \tag{6.34}$$

对于 IMPATT 二极管，$\phi=\pi$，方程(6.34)简化为

$$\eta = \frac{V_{ac}}{V_{dc}} \cdot \frac{\cos\theta - 1}{\theta} \cdot \frac{\sin(\delta/2)}{\delta/2} \tag{6.35}$$

为了提高 η，应当减小注入脉宽 δ，若 θ 一定，其最佳效率可在尖脉冲(即 $\delta\approx 0$)条件下获得，

$$\eta = \frac{V_{ac}}{V_{dc}} \frac{\cos\theta - 1}{\theta} \tag{6.36}$$

当 $\theta=0.74\pi$ 时得到最大效率，为

$$\eta = \frac{2.27}{\pi} \frac{V_{ac}}{V_{dc}} \tag{6.37}$$

若 $V_{ac}/V_{dc}=0.5$，则最大效率约为 36%。

输出功率限制　单个 IMPATT 二极管的最大输出功率 P_m 受雪崩击穿电压 V_m(或临界电场 $\mathscr{E}_c$)和饱和漂移速度 v_s 的限制。对于均匀雪崩，$V_m=\mathscr{E}_c W$(W 为耗尽区宽度)，通过二极管的最大电流则为 $I_m=qnv_sA$(A 为横截面积)，因此有

$$P_m = V_m I_m = (\mathscr{E}_c W)(qnv_s A) \tag{6.38}$$

能参与导电的载流子数 n 通过泊松方程受空间电荷限制：

$$\frac{d\mathscr{E}}{dx} \approx \frac{\mathscr{E}_c}{W} = \frac{qn}{\varepsilon_s} \tag{6.39}$$

将式(6.39)代入(6.38)，可得

$$P_m = \varepsilon_s \mathscr{E}_c^2 v_s A \tag{6.40}$$

利用二极管电容 $C=\varepsilon_s A/W$ 及其特征频率 $f=v_s/2W$(由漂移角 $\omega\tau_D=\pi$ 得到)，上式又可表成

$$P_m = \frac{\mathscr{E}_c^2 v_s^2}{4\pi f^2 \chi_c} \tag{6.41}$$

其中 $\chi_c=2\pi fc$ 为器件的电抗。若使 χ_c 限制在某一最小值，则式(6.83)表示 IMPATT 二极管能够给出的最大功率随 $1/f^2$ 下降。在高频下，这个电子学限制是主要的。

IMPATT 二极管的输出功率还受到散热过程的限制。在稳定情形下，二极管能够耗散的功率 P 等于能传输到散热器的功率，即

$$P = \Delta T / R_T \tag{6.42}$$

ΔT 为 pn 结与散热器之间的温度差,R_T 为总热阻。假定 R_T 主要来自半导体,则 $R_T \approx W/2A\sigma_s$,σ_s(单位: W/cm・K)为半导体的热导率。如果二极管的电抗 $\chi_c = 2\pi fc$ 保持恒定,则有

$$Pf \sim \frac{\sigma_s \Delta T}{\varepsilon_s} = \text{常数} \tag{6.43}$$

因此,在低频下,连续工作的输出功率随 $1/f$ 下降。

6.2 转移电子器件

转移电子器件(TED)利用强电场下电子在半导体导带的两个不等价能谷之间转移而出现负微分迁移率进行工作。在许多半导体中都观察到这种电子转移效应,其中 n 型 GaAs 和 n 型 InP 得到了最广泛的研究和应用,TED 几乎都用它们制作。不像前述的几类微波有源二极管利用结的界面性质,TED 利用了一些特殊半导体的体材料性质,所以有时也称为体效应器件。TED 和 IMPATT 二极管是两种最重要的微波器件,特别是在毫米波应用方面,与 IMPATT 二极管相比,TED 的输出功率和转换效率要低一些,但具有噪声小、工作电压低和电路设计比较容易等优点。

6.2.1 电子转移和负微分迁移率

所谓电子转移,指导带电子从迁移率高的能谷向迁移率低但能量位置较高的能谷转移。具有这种电子转移性质的半导体通常称为两能谷半导体。例如 GaAs 和 InP,它们的导带底在 Γ 点($k=0$),而沿〈111〉轴接近 L 点还有能量稍高但有效质量大得多(即电子迁移率小得多)的 8 个等价能谷。对于这两种半导体,L 点和 Γ 点之间的能量差大约分别为 0.31eV 和0.69eV;在强电场下获得足够高的能量时,电子可以由 Γ 能谷(主能谷)向 L 能谷(次能谷)转移,产生电子转移效应。

在图 6.6 所示的简化能带结构中,电子起初处在主能谷内;在外加电场 $\mathscr{E}$ 下,它们将获

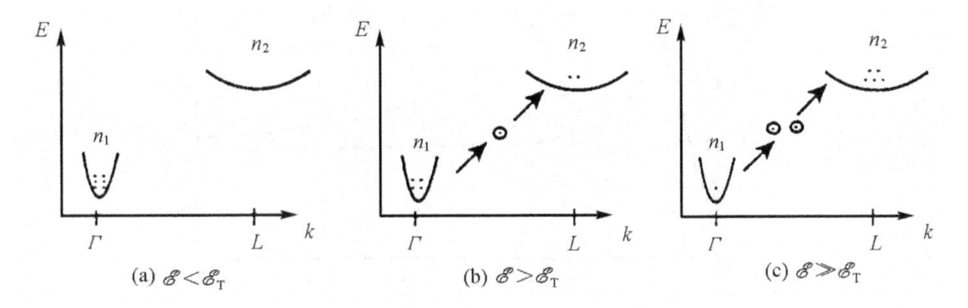

图 6.6 说明电子转移的两能谷直接半导体的简化能带图

得能量。若 $\mathscr{E}<\mathscr{E}_T$($\mathscr{E}_T$ 称为阈值电场),大多数电子仍然留在主能谷内。当 $\mathscr{E}>\mathscr{E}_T$ 时,电子从

电场获得足够能量，许多电子被散射（“转移”）进入次能谷；次能谷较大的有效质量使得迁移率较小，从而电子的平均漂移速度 v 减小。如图 6.7 所示。能量很高（即电场很强，$\mathscr{E} \gg \mathscr{E}_T$）时，几乎全部电子都转移到次能谷内，平均漂移速度在经过极小值以后重新随电场增加。$\mathscr{E} > \mathscr{E}_T$ 时平均漂移速度下降产生一个负微分迁移率的区域。次能谷的电子在外电场 $\mathscr{E}$ 下降到低于 $\mathscr{E}_T$ 时，将会因能量减小经过散射返回主能谷。

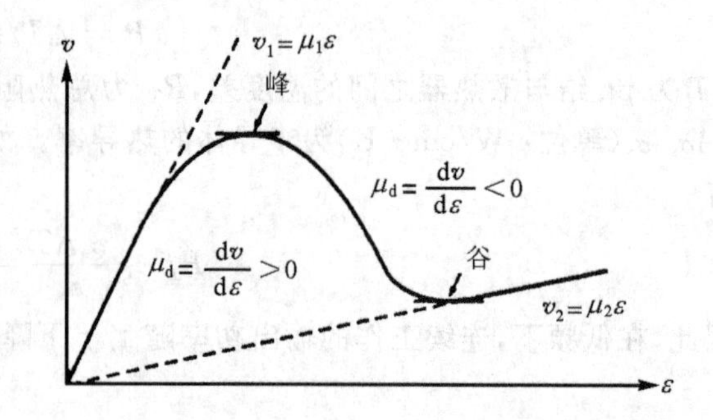

图 6.7　图 6.14 的两能谷半导体的速度-电场分布

概括地讲，能产生负微分迁移率（负微分电阻）的半导体必须至少有两个不等价的导带能谷，并且必须满足下述基本条件：(1) 晶格温度足够低，或热能 k_BT 小于两个能谷之间的能量差 ΔE，使得热平衡（无偏置电场）时，电子基本上都处在低能谷（主能谷）内；(2) 在低能谷内，电子的有效质量小，迁移率高和态密度低；而在高能谷（次能谷）内，电子的有效质量大、迁移率低和态密度高；(3) ΔE 小于半导体的禁带宽度 E_g，使得电子在转移到高能谷之前不致发生雪崩击穿。

在满足这些要求的半导体中，n 型 GaAs 和 n 型 InP 的研究和应用最为广泛。图 6.8 表

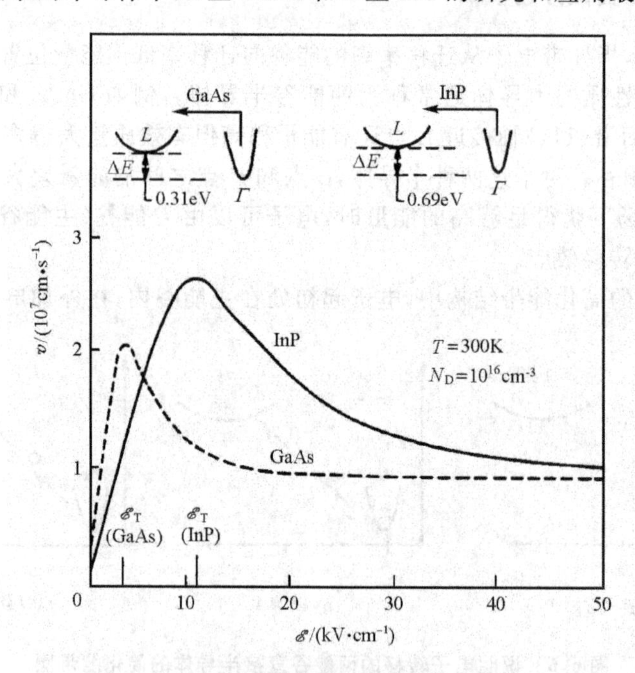

图 6.8　GaAs 和 InP 的速度-电场特性，插图表示电子转移的两能谷模型

示了室温下这两种半导体实测的电子速度-电场特性。GaAs 的阈值电场为 3.2kV/cm，InP 的为 10.5kV/cm。对 GaAs，峰值速度 v_p 为 2.2×10^7 cm/s，Inp 的为 2.5×10^7 cm/s。GaAs 的最大负微分迁移率（即 $dv/d\mathscr{E}$）约为 $-2\ 400\text{cm}^2/\text{V}\cdot\text{s}$，Inp 则约为 $-2\ 000\text{cm}^2/\text{V}\cdot\text{s}$。

出现负微分电阻（NDR）的半导体本质上是不稳定的，因为在半导体内任一点的载流子浓度的随机涨落均会产生瞬时空间电荷，这瞬时空间电荷将随时间指数增长。设电子浓度偏离均匀的平衡浓度 n_0（半导体均匀掺杂 N_D）有一小的局部涨落，则产生的局部空间电荷密度为 $q(n-n_0)$，一维连续方程和泊松方程分别为

$$\frac{\partial(n-n_0)}{\partial t}+\frac{1}{q}\frac{\partial J}{\partial x}=0 \tag{6.44}$$

和

$$\frac{\partial\mathscr{E}}{\partial x}=\frac{q(n-n_0)}{\varepsilon_s} \tag{6.45}$$

写出以上二式时，已假定电子有正电荷，以避免多余的负号。此外，为了避免数学上的烦琐而突出空间电荷密度随时间的变化规律，简单假定电流密度为 $J(x)=\sigma\mathscr{E}(x)$（$\sigma$ 为电导率），将其对 x 微商并代入泊松方程，则由方程(6.44)可得

$$\frac{\partial(n-n_0)}{\partial t}+\frac{\sigma}{\varepsilon_s}(n-n_0)=0 \tag{6.46}$$

方程(6.46)的解为

$$n-n_0=(n-n_0)_{t=0}\exp(-t/\tau_R) \tag{6.47}$$

式中，τ_R 为介质弛豫时间，用下式表示

$$\tau_R\equiv\frac{\varepsilon_s}{\sigma}\approx\frac{\varepsilon_s}{qn_0\overline{\mu}} \tag{6.48}$$

$\overline{\mu}=dv/d\mathscr{E}$ 为微分迁移率（或平均迁移率）。如果 $\overline{\mu}$ 是正的，τ_R 代表空间电荷恢复到电中性的时间常数。但如果半导体表现出负微分迁移率，则任何不平衡电荷都会按时间常数 τ_R 指数增长。

6.2.2　偶极畴和基本工作原理

转移电子器件需要高纯度的均匀材料，并使它的深能级杂质和缺陷减少到最低限度。现在的转移电子器件几乎都用各种外延技术在 n^+ 衬底上生长 n 型外延层，并用 n^+ 欧姆接触作为阴极。对于这样的欧姆接触，靠近阴极总有一个低场区，且沿器件的长度方向电场是不均匀的，结果在阴极处形成空间电荷区。

我们已经说明，具有负微分迁移率的器件，初始空间电荷将随时间指数增长（式(6.47)），其时间常数为

$$\tau_R=\frac{\varepsilon_s}{qn_0|\mu_-|} \tag{6.49}$$

式中 μ_- 是负微分迁移率。如果式(6.47)在整个空间电荷层渡越时间内始终是正确的，则最大增长因子将是 $\exp(L/(v|\tau_R|))$，其中 L 是器件长度，v 是空间电荷层平均漂移速度。要

使空间电荷大量增长，增长因子必须明显大于 1，这就要使 $L/v|\tau_R|>1$，或

$$n_0 L > \frac{\varepsilon_s v}{q|\mu_-|} \tag{6.50}$$

对于 n 型的 GaAs 和 InP，上式右方约为 10^{12}cm^{-2}。乘积 n_0L 小于 10^{12}cm^{-2} 的转移电子器件呈现稳定的电场分布。所以载流子浓度和器件长度的乘积 $n_0L=10^{12}\text{cm}^{-2}$ 是区分转移电子器件各种工作状态的一个重要界限。

空间电荷不稳定性的最简单形式是存在一个积累层。当加一恒定电压时，轻掺杂或短样品($n_0L<10^{12}\text{cm}^{-2}$)呈现稳定的电场分布。但在 $n_0L>10^{12}\text{cm}^{-2}$ 时，器件中将会形成一个移动的偶极层(也叫畴)，其中积累层和耗尽层束缚在一起。图 6.9 表示均匀条件下这种偶极畴的电子浓度和电场分布。电子在低场区(电场 $\mathscr{E}_1$ 一定)以恒定速度 v_T 运动，在区域"a"受到较强的电场加速，直至在区域"b"转移到高能谷使速度减慢而陷入这一积累区内。在区域"c"，电子因能量减小返回低能谷，它们的平均速度比在区域"b"高，从而区域"c"耗尽电子。偶极畴在阴极形成并通过有源区生长和传播，畴的电压增加，畴外电压则在偏置电压一定时下降，即畴外的电场 $\mathscr{E}_1$ 下降，这将阻止有源区内形成新畴，也限制现行畴的增长(这时几乎没有电子陷入积累层或逃离耗尽层)。偶极畴到达阳极时消失，外电路中的电流增加。电流和电压之间的相位差引起动态负阻，在适当的电路中将会产生微波功率。

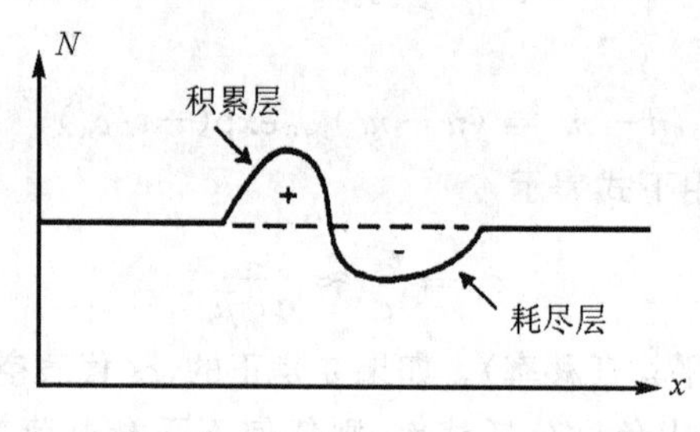

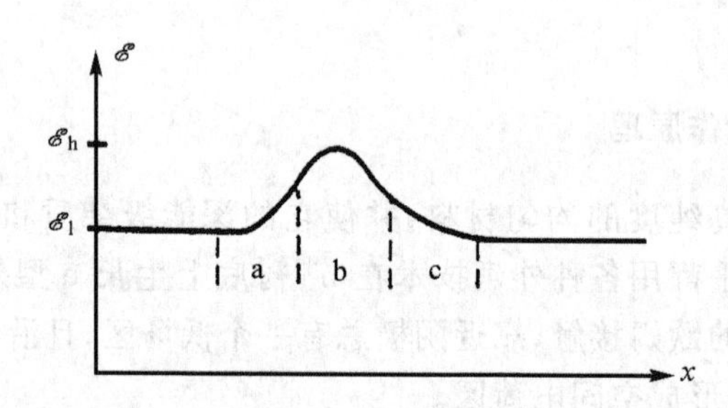

图 6.9 偶极畴的电子浓度和电场分布

我们在前面所作的介质弛豫时间分析只能用来估计初始阶段空间电荷随时间的变化，对于最终将达到稳定状态的偶极畴，这种分析方法是不精确的。下面我们将比较详细地叙述偶极畴的理论。首先，按照前面的约定，将泊松方程表示为

$$\frac{\partial \mathscr{E}}{\partial x}=\frac{q(n-n_0)}{\varepsilon_s} \tag{6.51}$$

其次，对偶极层采用一个简化模型：在积累区 $n\to\infty$，在耗尽区 $n\to 0$，即偶极畴为三角形，畴外电场为 $\mathscr{E}_1$，畴内最大电场为 $\mathscr{E}_h$。在 GaAs 和 InP TED 中，实验得到的只是三角形畴。采用这一简化模型以后，总电流中不出现扩散项，其密度为

$$J=qnv(\mathscr{E})+\varepsilon_s\frac{\partial \mathscr{E}}{\partial t} \tag{6.52}$$

在畴外，$n=n_0$，$\mathscr{E}=\mathscr{E}_1$，故有

$$J=qn_0v(\mathscr{E}_1)+\varepsilon_s\frac{\partial \mathscr{E}_1}{\partial t} \tag{6.53}$$

在畴内，利用方程(6.51)可得

$$n=n_0+\frac{\varepsilon_s}{q}\frac{\partial \mathscr{E}}{\partial x} \tag{6.54}$$

将其代入方程(6.52)，有

$$J=qn_0v(\mathscr{E})+\varepsilon_s v(\mathscr{E})\frac{\partial \mathscr{E}}{\partial x}+\varepsilon_s\frac{\partial \mathscr{E}}{\partial t} \tag{6.55}$$

由于 J 与 x 无关，我们可以从方程(6.53)和(6.55)得到

$$\frac{\partial}{\partial t}(\mathscr{E}-\mathscr{E}_1)=\frac{qn_0}{\varepsilon_s}[v(\mathscr{E}_1)-v(\mathscr{E})]-v(\mathscr{E})\frac{\partial \mathscr{E}}{\partial x} \tag{6.56}$$

将方程(6.56)在偶极畴上积分，并注意畴外两侧的电场和速度均与 x 无关，从而方程右方第二项对积分结果没有贡献。所以有

$$\frac{\mathrm{d}}{\mathrm{d}t}\int_{x_1}^{x_2}(\mathscr{E}-\mathscr{E}_1)\mathrm{d}x=\frac{qn_0}{\varepsilon_s}\int_{x_1}^{x_2}[v(\mathscr{E}_1)-v(\mathscr{E})]\mathrm{d}x \tag{6.57}$$

x_1 和 x_2 表示偶极畴的范围。

以 V_{ex} 表示畴外电场为 $\mathscr{E}_1$ 时偶极畴所含的过剩电压，则

$$V_{ex}=\int_{x_1}^{x_2}(\mathscr{E}-\mathscr{E}_1)\mathrm{d}x \tag{6.58}$$

显然，方程(6.57)左边表示过剩电压随时间的变化率，即偶极畴的生长速率。对于我们采用的三角形畴模型，V_{ex} 基本上来自耗尽层($n=0$)的贡献，因此方程(6.57)右边的积分变量 x 可以通过下式变换为 $\mathscr{E}$：

$$\frac{\partial \mathscr{E}}{\partial x}=-\frac{qn_0}{\varepsilon_s} \tag{6.59}$$

于是，最终可以把方程(6.57)改写为

$$\frac{\mathrm{d}V_{ex}}{\mathrm{d}t}=\int_{\mathscr{E}_1}^{\mathscr{E}_m}[v(\mathscr{E})-v(\mathscr{E}_1)]\mathrm{d}\mathscr{E} \tag{6.60}$$

方程(6.60)表明，可以用速度-电场(v-$\mathscr{E}$)特性曲线来预测偶极畴的生长速率。当畴内最大电场 $\mathscr{E}_m$ 达到峰值 $\mathscr{E}_h$ 时，偶极畴达到稳定，这时有

$$\int_{\mathscr{E}_1}^{\mathscr{E}_h}[v(\mathscr{E})-v(\mathscr{E}_1)]\mathrm{d}\mathscr{E}=0 \tag{6.61}$$

如图 6.10 所示。由该图可见，只有两个阴影区的面积相等时，方程(6.61)才能得到满足，通常称此为“等面积法则”。采用这一法则以后，若畴外电场 $\mathscr{E}_1$ 已知，则可确定畴的峰值电场 $\mathscr{E}_h$。

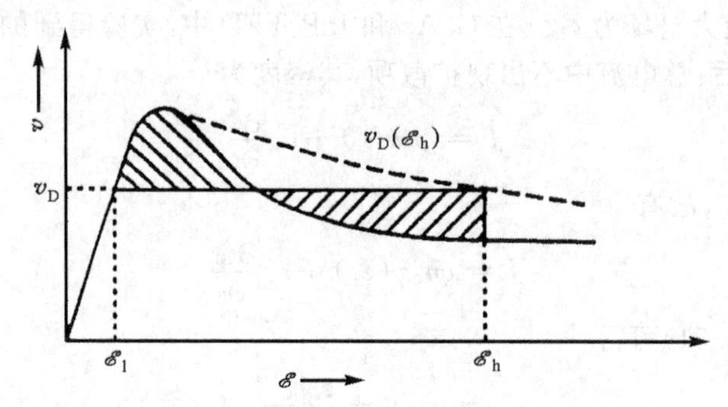

图 6.10 转移电子器件的等面积法则

稳定时，偶极畴的过剩电压为

$$V_{ex} = \frac{\varepsilon_s}{2qN_D}(\mathscr{E}_h - \mathscr{E}_1)^2 \tag{6.62}$$

其中 N_D 是器件有源区的施主掺杂浓度，$\mathscr{E}_h$ 和 $\mathscr{E}_1$ 的关系由等面积法则给出，所以当给定半导体的掺杂浓度 N_D 时，可以得到 V_{ex} 和 $\mathscr{E}_1$ 的关系，如图 6.11 中的实线所示，图中不同实线对应不同的掺杂浓度。另一方面，过剩畴电压还必须同时满足下式：

$$V_{ex} = V - L\mathscr{E}_1 \tag{6.63}$$

其中 L 为器件长度，V 为外加偏压。所以选定 L 和 V 时，可以得到图 6.11 中的虚线(器件

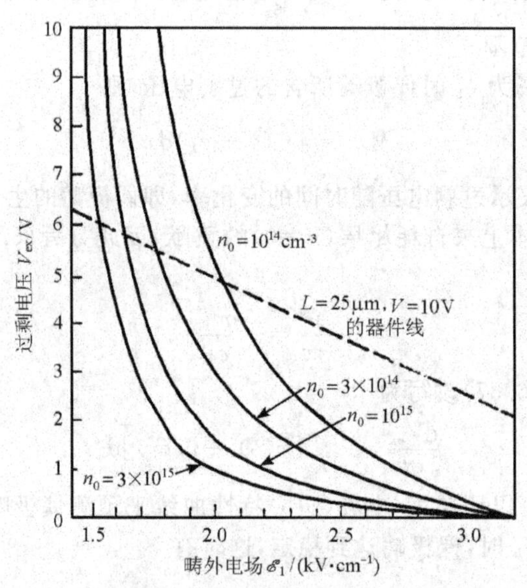

图 6.11 各种掺杂浓度下过剩畴电压和畴外电场的关系

线），该器件线对应 25μm 的样品长度和 10V 的外加偏压。虚线和实线的交点决定长度为 L，掺杂浓度为 N_D 的器件当外加偏压为 V 时的畴外电场 $\mathscr{E}_1$，这也就决定了畴运动的速度 v_D（等于 $v(\mathscr{E}_1)$）。

在稳态畴穿越器件的过程中，器件电流由畴外的电场 $\mathscr{E}_1$（即 $v(\mathscr{E}_1)$ 或 v_D）决定：

$$J = qn_0 v_D \tag{6.64}$$

当偶极畴到达阳极时消失，外电路中的电流增加，器件内的电场重新调整，并产生新的畴核。于是，电流振荡的频率依赖于畴速 v_D，可近似表示为

$$f = v_D/L \tag{6.65}$$

L 在微米范围，f 的典型值在 GHz 范围。

6.2.3　器件工作状态

取决于器件本身的性质和外电路情况，TED 有不同的工作模式，其中有三种是最重要的：积累层模式、偶极畴渡越时间模式和猝灭畴模式。

积累层模式　具有亚临界 n_0L 乘积（即 $n_0L<10^{12}\text{cm}^{-2}$）的 TED 中，空间电荷没有足够的时间生长或者生长速度太慢。这样的 TED 接到谐振电路上时，如果电压高于阈值（$V>V_T=\mathscr{E}_TL$），将以积累层模式振荡。图 6.12(a)表示射频电压的峰值附近电场与距离的关系，以及电压和电流的波形。这些波形与理想波形偏离很远，直流到交流的转换效率对 GaAs 约为 5%，对 InP 约为 7.5%。

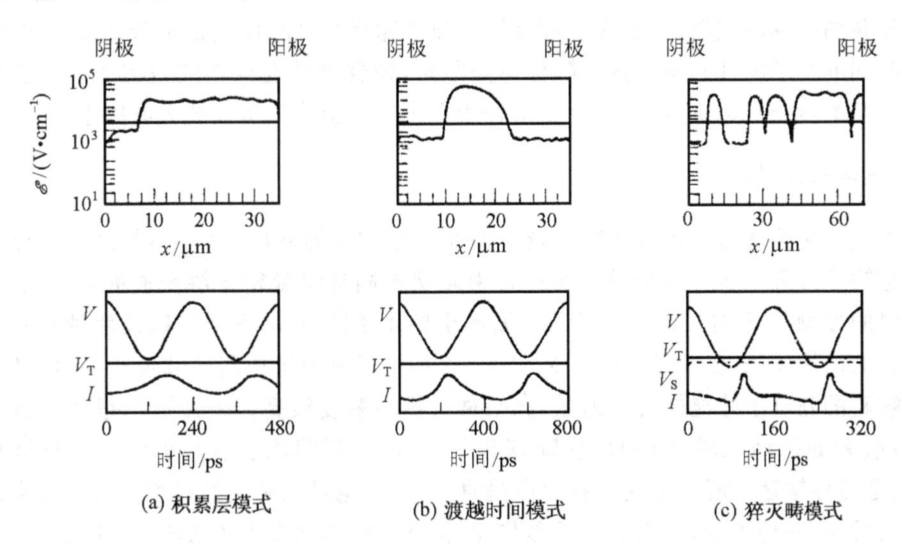

(a) 积累层模式　(b) 渡越时间模式　(c) 猝灭畴模式

图 6.12　TED 各种工作模式的电场分布、电流和电压波形

偶极畴渡越时间模式　当 $n_0L>10^{12}\text{cm}^{-2}$ 时，半导体中的空间电荷起伏有足够的时间和空间增长，形成向阳极传播的偶极层（畴）。偶极畴通常在阴极接触附近形成，因为那里掺

杂起伏和电场扰动最大。成熟的偶极畴周期形成并在阳极消失，引起早期实验上观察到的耿(Gunn)振荡，转移电子器件也曾被称为耿效应器件，为人们所熟知。我们在前面已经详细讨论了这种模式。图 6.12(b)对于 n_0L 乘积为 $2.1\times10^{12}\,\text{cm}^{-2}$ 的器件表示了峰值电压时的电场分布，以及电压和电流的波形。如前所述，通过器件的渡越时间是 L/v_D，相应的振荡频率是 v_D/L。这种模式的最高转换效率对 GaAs 约为 10%，对 InP 约为 15%。

猝灭畴模式　在渡越时间模式中，器件上的电压主要降落在偶极畴上。当偏压降低时，畴的宽度也下降，甚至收缩为零，这发生于维持电压 V_s。这样，当加在器件上的偏压降到 V_s 以下时，偶极畴猝灭；当偏压摆动回到高于阈值时，新的畴成核，过程重复。所以，如果偶极畴到达阳极之前猝灭，则谐振电路中 TED 的工作频率就可以高于渡越时间频率。图 6.12(c)对于一个以猝灭畴模式工作的器件表示了多畴形成以及电压和电流的波形(形成多个偶极畴是因为一个畴没有足够时间调节并吸收其他畴的电压)；该器件的 n_0L 乘积是 $4.2\times10^{12}\,\text{cm}^{-2}$，振荡频率大约是渡越时间频率的四倍。猝灭畴模式的效率对 GaAs 可达 13%，对 InP 可达 20%。

6.3　隧道二极管

隧道二极管是最早出现的半导体量子器件，1958 年由江崎(Esaki)发明。这是一种利用量子隧道穿透现象的器件，电流来自多数载流子的运动。不过，载流子通过势垒的隧穿时间不受经典的渡越时间概念(势垒宽度除以载流子速度)支配，而受量子跃迁速率支配，反比于单位时间的量子跃迁几率。这一隧穿时间很短，使器件能在毫米波段工作。隧道二极管制造工艺简单，噪声低，电流峰谷比大，适合用在小功率微波振荡或放大电路中。

6.3.1　隧道输运过程

作为理解包括隧道二极管在内的隧道器件工作原理的基础，这一小节讨论半导体器件中的隧道输运过程。实际的半导体器件是由多层不同材料紧密接触而成的，包括：不同半导体材料的接触(S-S 结，例如 pn 结)，金属和半导体的接触(M-S 结)，以及两种材料之间夹有绝缘层的结构(SIS 结、MIS 结、MIM 结)。这些结形成的势垒阻碍载流子通过，通常只有能量足够高的载流子才能越过。但是，如果材料掺杂浓度很高或外加电场很强以致势垒宽度很小，或者如果绝缘层(I 层)厚度降到几十埃以下，则载流子有显著的几率直接穿过势垒，这就是隧穿输运过程。隧穿过程可以是直接过程，也可以是间接过程。直接隧穿过程中电子的动量 $\hbar k$ 保持不变，即没有声子参与；间接隧穿则必须有声子参与，才能满足动量守恒和能量守恒条件。一般说来，间接隧穿的几率比直接隧穿的几率要低得多。我们的讨论限于直接隧穿过程。

1. 隧穿电流密度

设电子贯穿势垒的方向为 x 方向，则从势垒一侧入射到势垒的电流密度为

$$J=\frac{2}{(2\pi)^3}\int(-q)v_x f_1(E(\boldsymbol{k}))\mathrm{d}\boldsymbol{k} \tag{6.66}$$

式中 $\mathrm{d}\boldsymbol{k}=\mathrm{d}k_x\mathrm{d}k_y\mathrm{d}k_z$ 为 $\boldsymbol{k}$ 空间的体积元，$f_1(E(\boldsymbol{k}))$ 为入射一侧电子的费米分布函数，v_x 为电子在 x 方向的运动速度，q 为电子的电荷量，因子 $(2\pi)^3$ 和 2 分别表示对于单位实际空间体积 $(V=1)$ 每一个允许状态（量子态）在 $\boldsymbol{k}$ 空间所占体积和电子有两种自旋状态。

我们采用球形等能面近似。这样，晶体中的电子与自由电子不同之处只是应当用有效质量 m。根据德布罗意关系，电子动量为

$$\boldsymbol{p}=\hbar\boldsymbol{k} \tag{6.67}$$

$\hbar=h/2\pi$，h 是普朗克常数。电子的能量 $E(\boldsymbol{k})$ 和速度 $\boldsymbol{v}(\boldsymbol{k})$ 分别为

$$E(\boldsymbol{k})=\frac{\hbar^2k^2}{2m} \tag{6.68}$$

$$v(\boldsymbol{k})=\frac{\hbar\boldsymbol{k}}{m} \tag{6.69}$$

利用以上 3 式，可以将式(6.66)改写为

$$J=-\frac{4\pi q m}{h^3}\int f_1(E(\boldsymbol{k}))\mathrm{d}E_x\mathrm{d}E_\perp \tag{6.70}$$

$E_\perp$ 是与垂直于隧穿方向的动量（横向动量）相关的能量，电子在垂直于隧穿方向的平面内运动不受约束；E_x 是与隧穿方向的动量相关的能量。E_x 和 $E_\perp$ 分别为

$$E_x=\frac{\hbar^2k_x^2}{2m}\quad,\ E_\perp=\frac{\hbar^2(k_y^2+k_z^2)}{2m} \tag{6.71}$$

$$E=E_x+E_\perp \tag{6.72}$$

入射电子中只有少数能够通过势垒。以 T_t 表示势垒另一侧的状态全空时的隧穿系数，则该侧的状态被部分占据时的隧穿系数为 $T_t[1-f_2(E(\boldsymbol{k}))]$，$f_2(E(\boldsymbol{k}))$ 是势垒另一侧的费米分布函数。这样，电子从势垒一侧到另一侧的隧穿电流密度为

$$J_{1\to2}=-\frac{4\pi qm}{h^3}\int f_1(E)T_t[1-f_2(E)]\mathrm{d}E_x\mathrm{d}E_\perp \tag{6.73}$$

同样，如果假定隧穿系数 T_t 在相反的两个方向上相同，则相反方向的隧穿电流为

$$J_{2\to1}=-\frac{4\pi qm}{h^3}\int f_2(E)T_t[1-f_1(E)]\mathrm{d}E_x\mathrm{d}E_\perp \tag{6.74}$$

当势垒加偏压时，由隧穿过程引起的电流密度为

$$\begin{aligned}J_t&=J_{1\to2}-J_{2\to1}\\&=\frac{4\pi qm}{h^3}\int T_t[f_2(E)-f_1(E)]\mathrm{d}E_x\mathrm{d}E_\perp\end{aligned} \tag{6.75}$$

$f_1(E)$，$f_2(E)$ 是势垒两侧的费米分布函数。此外，由式(6.72)可知，E，E_x 和 $E_\perp$ 三者可任选二个作为独立变量，但要注意相应的积分范围。

2. 隧穿系数

根据量子力学中的准经典近似（W. K. B 方法），隧穿系数（或隧穿几率）可表示为

$$T_t = \exp\left(-2\int_{-x_1}^{x_2} |k|\,\mathrm{d}x\right) \tag{6.76}$$

$$|k| = \sqrt{\frac{2m}{\hbar^2}[U(x)-E]} = \sqrt{\frac{2m}{\hbar^2}[E_b(x)]} \tag{6.77}$$

$|k|$是势垒中载流子波矢的绝对值，其中$U(x)$为势能，E为载流子进入势垒的能量，在经典转折点$-x_1$和x_2处$U\approx E$，$E_b(x)$称为有效势垒。

在半导体器件中，隧穿电子所遇到的势垒有三种基本模型：矩形势垒、三角形势垒和抛物形势垒。矩形势垒的有效高度是常数，情形比较简单，不在此讨论。下面以pn结中的隧穿过程为例，分析三角形势垒和抛物形势垒的隧穿几率。图6.13表示pn结的直接隧穿现象及有效势垒模型。

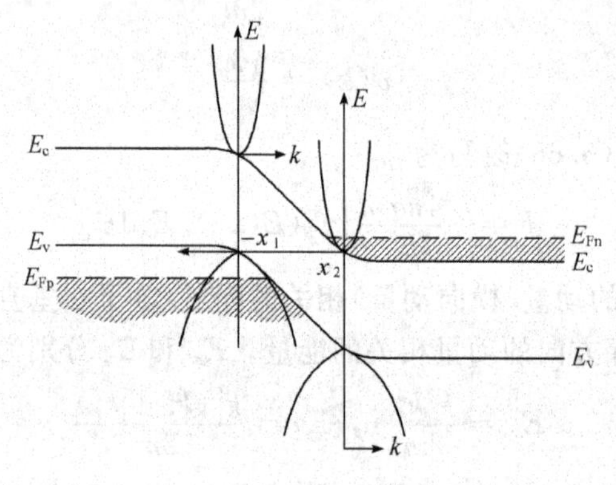

(a) 直接隧穿现象

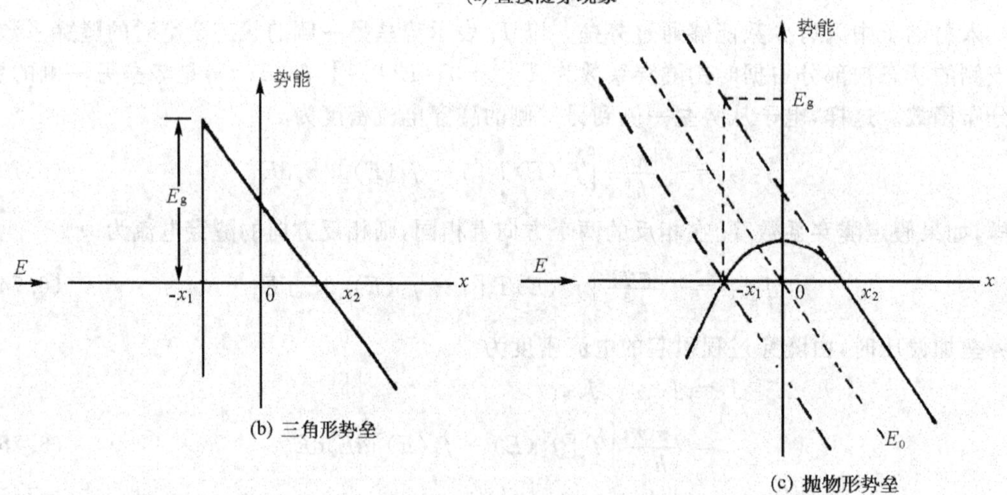

(b) 三角形势垒

(c) 抛物形势垒

图6.13 pn结中的隧穿现象和有效势垒模型

对三角形势垒，有效势垒为

$$E_b(x) = \frac{E_g}{2} - q\mathscr{E}x \tag{6.78}$$

式中，E_g 为半导体的禁带宽度，$\mathscr{E}$ 为电场，在 $x=x_2$ 处，

$$\frac{E_g}{2} - q\mathscr{E}x = 0$$

以及在 $x=-x_1$ 处，

$$\frac{E_g}{2} - q\mathscr{E}x = E_g$$

所以由式(6.76)可得

$$T_t = \exp\left(-\frac{4\sqrt{2}}{3}\frac{m^{1/2}{E_g}^{3/2}}{q\hbar\mathscr{E}}\right) \tag{6.79}$$

对于抛物形势垒，在经典转折点($-x_1$ 和 x_2)处势垒连续，不像三角形势垒那样在 $-x_1$ 处发生跳变。这种势垒模型的有效势垒为

$$E_b(x) = \frac{(E_g/2)^2 - (q\mathscr{E}x)^2}{E_g} \tag{6.80}$$

由$(E_g/2)^2-(q\mathscr{E}x)^2=0$，得到经典转折点的位置为

$$-x_1, x_2 = \mp\frac{E_g}{2q\mathscr{E}}$$

所以由式(6.76)，得到隧穿几率为

$$T_t = \exp\left(-\frac{\pi}{2\sqrt{2}}\frac{m^{1/2}{E_g}^{3/2}}{q\hbar\mathscr{E}}\right) \tag{6.81}$$

除数值常数外，上式和表示三角形势垒隧穿几率的公式(6.79)实际上相同。

因为在隧穿过程中总动量必须守恒，所以在三维情形下，虽然隧穿仍沿 x 方向，但必须考虑横向动量的影响。以抛物形势垒为例，这时有

$$\frac{\hbar^2k_x^2}{2m} + E_\perp = -E_b(x) = -\frac{(E_g/2)^2 - (q\mathscr{E}x)^2}{E_g} \tag{6.82}$$

由上式得

$$|k_x| = \sqrt{\frac{2m}{\hbar^2}\frac{(E_g/2)^2 + E_\perp E_g - (q\mathscr{E}x)^2}{E_g}} \tag{6.83}$$

由于隧穿沿 x 方向，隧穿几率应表示为

$$T_t = \exp\left(-2\int_{-x'_1}^{x'_2}|k_x|\,\mathrm{d}x\right) \tag{6.84}$$

$-x'_1$和 x'_2由方程$(E_g/2)^2+E_\perp E_g-(q\mathscr{E}x)^2=0$ 决定，为

$$-x'_1, x'_2 = \mp\frac{1}{2q\mathscr{E}}\sqrt{E_g^2 + 4E_\perp E_g} \tag{6.85}$$

将式(6.83)和(6.85)代入式(6.84)，完成积分，得

$$T_t = \exp\left(-\frac{\pi}{2\sqrt{2}}\frac{m^{1/2}E_g{}^{3/2}}{q\hbar\mathscr{E}}\right)\exp[-\pi(2mE_g)^{1/2}E_\perp/q\hbar\mathscr{E}]$$
$$= \exp(-E_g/4\overline{E})\exp(-E_\perp/\overline{E}) \tag{6.86}$$

式中,第一个指数对应横向动量为零的隧穿几率;第二个指数表征横向动量的影响,它使隧穿几率减小。$\overline{E}$ 为

$$\overline{E} = \frac{q\hbar\mathscr{E}}{\pi(2mE_g)^{1/2}} \tag{6.87}$$

若 $\overline{E}$ 很小,只有横向动量小的电子能够隧穿。从上述结果可见,要得到大的隧穿几率,有效质量 m 和禁带隙 E_g 应很小,电场 $\mathscr{E}$ 应很大。

3. 反向隧穿电流与隧道击穿

在反偏情形下,p 区的能带相对 n 区升高,价带电子可穿过禁带,到达 n 区的导带内,相应有电流流过 pn 结。图 6.14 表示这种反向隧道过程。

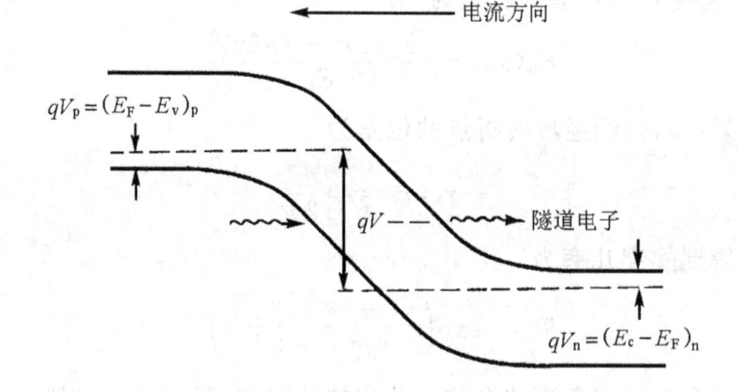

图 6.14 反向偏置 pn 结的能带图

根据图 6.14 中费米能级相对能带边的位置,可以认为 p 区价带全满和 n 区导带全空,即 $f_1(E)=f_v(E)=1$ 和 $f_2(E)=f_c(E)=0$,于是计算隧穿电流的公式(6.75)简化为

$$J_t = \frac{4\pi qm}{h^3}\iint T_t\,dE_x dE_\perp \tag{6.88}$$

如果采用抛物形势垒近似并考虑横向动量影响,则隧穿几率 T_t 由公式(6.86)给出;电子在垂直于隧穿方向的平面内运动不受约束,所以 $E_\perp$ 的取值范围是$(0,\infty)$,在将式(6.86)代入式(6.88)并完成对 $E_\perp$ 的积分以后得到

$$J_t = \frac{4\pi qm}{h^3}\overline{E}e^{-E_g/4\overline{E}}\int dE_x \tag{6.89}$$

E_x 的取值范围由能量守恒条件决定。由图 6.14 不难看出,只有能量介于 p 区价带顶 E_{vp} 和 n 区导带底 E_{cn}之间的电子能够参与隧穿过程,即 E_x 的取值范围是 E_{cn}至 E_{vp},这一范围的大小为 $qV-qV_p-qV_n$,V 是外加反向电压,qV_p 和 qV_n 分别为 p 区和 n 区内费米能级和能带边之间的能量差$(qV_p=E_{Fp}-E_{vp},qV_n=E_{cn}-E_{Fn})$。对简并 pn 结,费米能级 E_{Fp} 和 E_{Fn} 进入

各自的能带并接近能带边,故 qV_p,qV_n 与 V 相比很小而可以略去,这时 E_x 的取值范围近似为 qV。这样,我们最终得到通过 pn 结的反向隧穿电流密度近似为

$$J_t = \frac{4\pi qm}{h^3}(qV)\overline{E}\,\mathrm{e}^{-E_g/4\overline{E}} \tag{6.90}$$

在公式(6.90)中,J_t 和电场强度 $\mathscr{E}$ 的关系反映在参量 $\overline{E}$ 中[见式(6.87)]。为了明确,可以将其改写为

$$J_t = \frac{\pi q^2 m}{h^3}VE_g\,\frac{\mathscr{E}}{\mathscr{E}_0}\exp(-\mathscr{E}_0/\mathscr{E}) \tag{6.91}$$

$$\mathscr{E}_0 = \frac{\pi(2m)^{1/2}E_g^{3/2}}{4q\hbar} \tag{6.92}$$

显然,对一定的半导体材料 $\mathscr{E}_0$ 为常数。例如对 GaAs,$E_g=1.42\mathrm{eV}$ 和 $m=0.068m_0$(m_0 是自由电子质量),$\mathscr{E}_0\approx1.7\times10^7\mathrm{V/cm}$。

由(6.91)可知,pn 结的反向隧穿电流强烈依赖于电场强度 $\mathscr{E}$,随 $\mathscr{E}$ 增大而指数增加。当反向偏压 V(或电场 $\mathscr{E}$)增大到一定程度,隧道电流将大大超过热扩散引起的反向饱和电流,这就是所谓隧道击穿。对于高掺杂的 pn 结,由于电子沿隧穿方向运动的能量 E_x 可以在较大范围内取值,容易发生隧道击穿。此外,在得到式(6.91)的过程中,假定了电场强度 $\mathscr{E}$(通过 $\overline{E}$)为常数,实际计算时可以取平均值 $\frac{1}{2}\mathscr{E}_m$ 来代替 $\mathscr{E}$;$\mathscr{E}_m$ 是 pn 结内的最大电场强度,对突变 pn 结有

$$\mathscr{E}_m = \sqrt{\frac{2qN}{\varepsilon_s}(V+V_{bi})} \tag{6.93}$$

其中 $N^{-1}=N_A^{-1}+N_D^{-1}$,N_A 和 N_D 分别为 p 区和 n 区的掺杂浓度。

6.3.2　隧道二极管

隧道二极管由 p 区和 n 区都是高掺杂(掺杂浓度 $10^{19}\mathrm{cm}^{-3}$ 左右)的简并 pn 结组成,图 6.3是它在热平衡时的能带图。简并量 qV_p 和 qV_n 的典型值为几个 k_BT,耗尽层势垒的宽度为 100Å 左右。加上电压以后,电子有一定的隧穿几率穿过禁带,从导带到价带,或从价带到导带。

1. 电流-电压特性

图 6.15 表示隧道二极管典型的静态电流-电压特性,我们可用该图中的插图对它解释如下。当施加正向电压时,存在一个能态"交叠区",它在 n 型一侧为填满电子的能态,与 p 一侧的可用空态相对应,因而电子可以从 n 型一侧隧穿到 p 一侧。交叠区的能量范围起初随外加电压 V 增加,在 $V=V_p$ 时达到最大;$V>V_n$ 时开始缩小;直至 $V=V_p+V_n$ 时下降到零,这时 n 型一侧的导带底正对着 p 型一侧的价带顶,没有可用的空态与填满的能态相对,而不再流过隧道电流。因此可以预期,随着正向电压 V 的增加,隧道电流从零增加到峰值 I_p,然后在 $V=V_p+V_n$ 时减少到零;V_p 和 V_n 分别为 p 区和 n 区的简并量。电压更高时,将

流过正常的由少数载流子注入引起的热扩散电流，它随 V 指数增加。在实际的隧道二极管中，由于耗尽层内存在杂质或缺陷引起的深能级，电子可以经由这些能态跃迁到价带，这种"间接"隧穿过程导致称之为"过剩电流"的附加电流，因此正向电流的极小值（谷值）并不为零。隧道二极管电流-电压特性的一个重要特点是从峰值电流 I_p 降到谷值电流 I_V 的阶段形成了负阻区，故这种器件可用作电子线路中的放大器或振荡器，其效率和比值 I_p/I_V 有关。

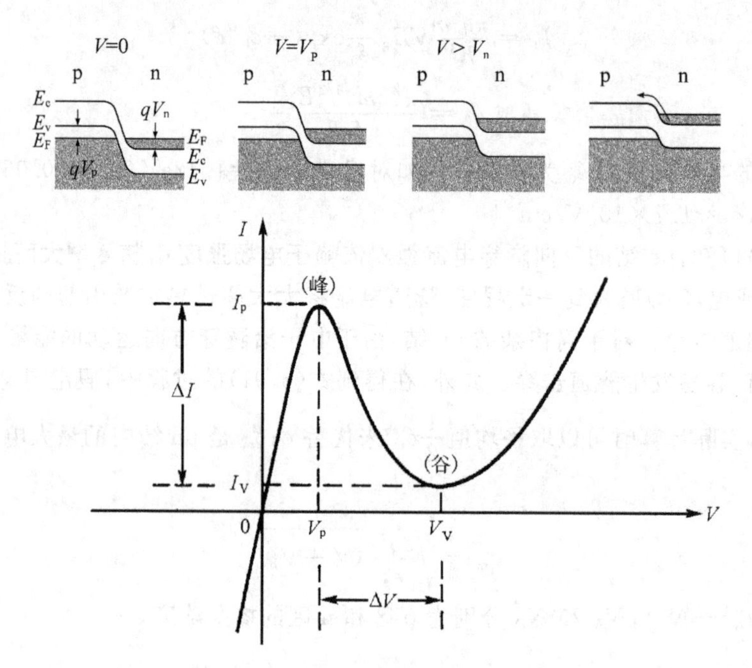

图 6.15 隧道二极管典型的静态电流-电压特性，插图为器件在不同偏压时的能带图

简并半导体类似金属，在绝对零度近似下，费米能级以下的状态全被电子占据，费米分布函数 $f(E)=1$；费米能级以上的状态全空，$f(E)=0$。这样，参考第一章中的公式(1.27)和(1.36)，我们不难得到

$$qV_n = \frac{h^2}{2m_n}\left(\frac{3n}{8\pi}\right)^{2/3} \tag{6.94}$$

$$qV_p = \frac{h^2}{2m_p}\left(\frac{3p}{8\pi}\right)^{2/3} \tag{6.95}$$

m_n 和 m_p 分别为电子和空穴的有效质量。以 GaAs 为例，$m_n=0.068m_0$（m_0 为自由电子质量），$m_p=0.48m_0$。设 n 区的电子浓度 $n=10^{19}\text{cm}^{-3}$，p 区的空穴浓度 $p=5\times10^{19}\text{cm}^{-3}$，则有 $qV_n\approx0.24\text{eV}$，$qV_p\approx0.1\text{eV}$。对于这样的 pn 结，只是 $V<0.34\text{V}$ 时才有显著的隧道电流，相应的负阻 $R\approx-3V_p/I_p$。

同反向隧穿电流密度的表示式(6.25)类似，可以将正向隧穿电流密度表示为

$$J_t = \frac{4\pi q m}{h^3}(D)\exp(-E_g/4\overline{E}) \tag{6.96}$$

其中 D 是单位为$(eV)^2$ 的量，除了一个常数因子外，它表示参加隧穿过程的有效状态数目。和上面的分析对应，随外加电压 V 增加，D 增加，在 $V=V_p$ 时达到最大值$(qV_p)\overline{E}$；一直到 qV_n 时开始下降，在 $qV=qV_p+qV_n$ 时下降到零。如图 6.16 所示。

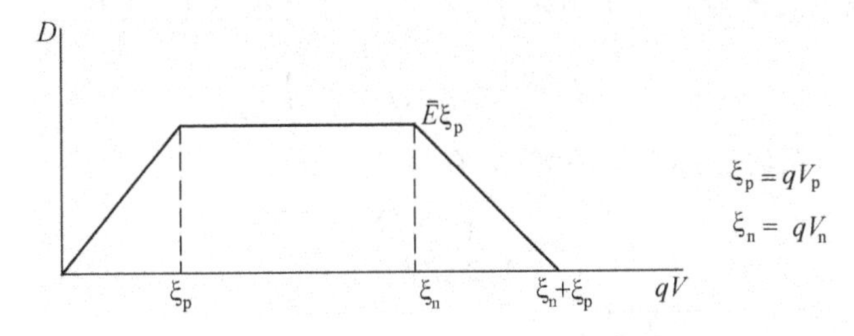

图 6.16 方程(6.96)中的参量 D 随外加电压 V 的变化

通过由公式(6.22)表示的参量 $\overline{E}$，可以将 J_t 表示成电场强度 $\mathscr{E}$ 的函数，由式(6.87)和(6.92)有

$$\overline{E} = \frac{E_g\mathscr{E}}{4\mathscr{E}_0} \tag{6.97}$$

对于峰值电流密度 J_p，$D=(qV_p)\overline{E}$，将其代入式(6.96)并利用式(6.97)得到

$$J_p = \frac{\pi q m}{h_3}(qV_p)E_g\frac{\mathscr{E}}{\mathscr{E}_0}\exp(-\mathscr{E}_0/\mathscr{E}) \tag{6.98}$$

对于 GaAs，$E_g=1.42\text{eV}$，$m=0.067m_0$，$\mathscr{E}_0\approx1.7\times10^7\text{V/cm}$，式(6.98)可化简为

$$J_p = 3.84\times10^{12}V_p\frac{\mathscr{E}}{\mathscr{E}_0}\exp(-\mathscr{E}_0/\mathscr{E}) \tag{6.99}$$

单位为 A/m^2。

2. 微波性能

图 6.17 表示隧道二极管偏置在负阻区的小信号等效电路，它由四个元件组成：串联电感 L_s、串联电阻 R_s、二极管电容 C 和二极管负阻 $-R$。C 通常在谷值电压下测量。

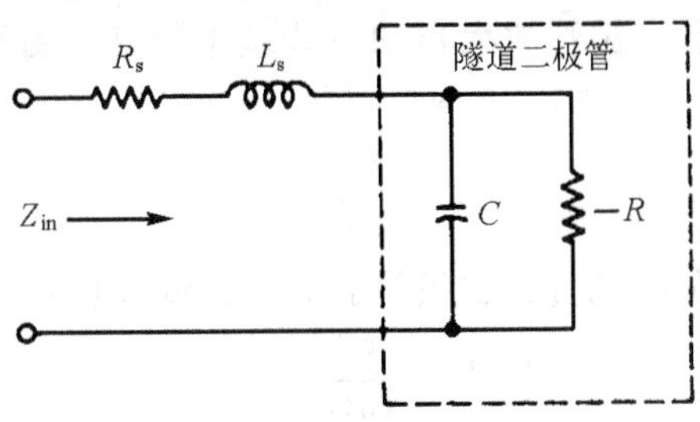

图 6.17 隧道二极管等效电路

等效电路的输入阻抗为

$$Z_{in} = R_s + j\omega L_s + \frac{-R \cdot 1/j\omega C}{-R + 1/j\omega C} \tag{6.100}$$

即

$$Z_{in} = \left[R_s - \frac{R}{1+(\omega CR)^2}\right] + j\left[\omega L_s - \frac{\omega CR^2}{1+(\omega CR)^2}\right] \tag{6.101}$$

对于二极管不出现负阻的最高截止频率 f_c，Z_{in}的实部必须是零，故有

$$f_c = \frac{1}{2\pi RC}\sqrt{\frac{R}{R_s} - 1} \tag{6.102}$$

对于自共振频率 f_r，Z_{in}的虚部必须是零，故有

$$f_r = \frac{1}{2\pi RC}\sqrt{\frac{R^2 C}{L_s} - 1} \tag{6.103}$$

若 $f_r < f_c$，则二极管将在 f_r 下振荡。

峰值电流与谷值电流之比 I_p/I_V 决定最大输出功率和直流转换为交流的效率。为了推导最大输出功率，我们简单假定在负阻区($V_p \leqslant V \leqslant V_V$)电流随电压增加而线性下降；因而对于正弦电压波，最大输出功率为

$$P_{max} = \frac{1}{2\pi}\left(\frac{\Delta I}{2}\right)\left(\frac{\Delta V}{2}\right)\int_0^{2\pi} \sin^2\theta d\theta = \frac{1}{8}(\Delta I \Delta V) \tag{6.104}$$

ΔI 和 ΔV 是负阻区电流和电压的变化范围，$\Delta I = I_p - I_V$，$\Delta V = V_V - V_p$。最大转换效率为

$$\eta = \frac{P_{max}}{P_{dc}} = \frac{\frac{1}{8}(\Delta I \Delta V)}{(I_p - \Delta I/2)(V_p + \Delta V/2)} = \frac{1}{2}\frac{\left(\frac{I_p}{I_V} - 1\right)\left(\frac{V_V}{V_p} - 1\right)}{\left(\frac{I_p}{I_V} + 1\right)\left(\frac{V_V}{V_p} + 1\right)} \tag{6.105}$$

P_{dc}为器件提供的直流功率。由上式可以看出，为了提高最大输出功率和转换效率，必须提高峰谷电流比 I_p/I_V。峰谷比的典型值对 Si 为 4∶1，Ge 为 10∶1，GaAs 为 12∶1。一般说来，对一定的半导体，提高 n 区和 p 区的掺杂浓度可以提高峰谷比；但高的掺杂浓度会导致相当大的结电容，限制截止频率 f_c。归根结底，峰谷比取决于峰值电流和谷值电流，前者随载流子有效质量和禁带隙的减小而增加，后者随带隙内能级浓度的减少而下降。

图 6.18 表示隧道二极管并联或串联负载 R_L 组成放大器时的等效电路，利用该图，我们用下述简单模型讨论负阻二极管放大器的一些基本特性。由图 6.18(a)可见，在负载电阻 R_L 上的输出功率为

$$\frac{V^2}{R_L}$$

此功率的一部分来自增益为 G 的隧道二极管放大器的输入功率，即

$$\frac{V^2}{GR_L}$$

另一部分由负阻 R 产生，可表示为

$$\frac{V^2}{R}$$

所以,

$$\frac{V^2}{GR_L}+\frac{V^2}{R}=\frac{V^2}{R_L} \tag{6.106}$$

由上式可见,隧道二极管放大器的功率增益为

$$G=\frac{R}{R-R_L} \tag{6.107}$$

当负载电阻接近二极管的负阻时,增益 G 趋于无限大,系统开始振荡。对于串联负载的情形(见图 6.18(b)),用类似方法很容易得到功率增益

$$G=\frac{R_L}{R_L-R}=\frac{1}{1-R/R_L} \tag{6.108}$$

当 $R_L<R$ 时,器件稳定在负阻区,而不会有低阻的导通状态和高阻的关断状态之间进行转换的开关动作。

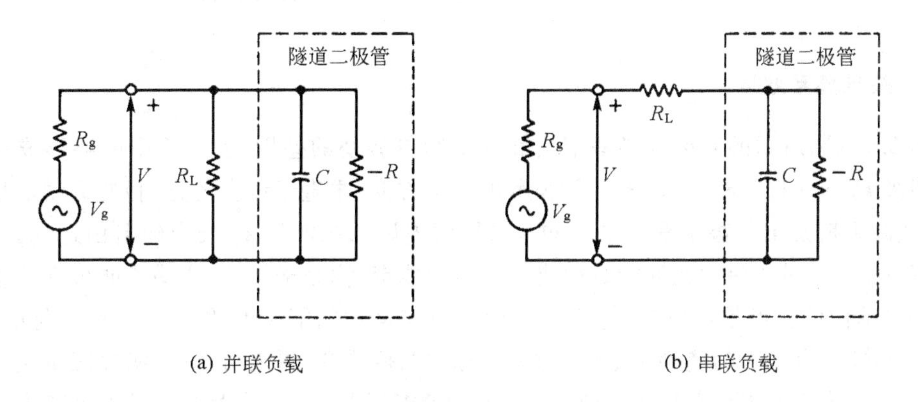

图 6.18　隧道二极管放大器等效电路

6.4　共振隧穿二极管(RTD)

将一个双异质结构成的量子阱(双势垒结构)置于两个掺杂的欧姆接触层中间就构成了共振隧穿二极管(RTD)。RTD 是许多量子器件的基础。图 6.19(a)示意画出了 RTD 的一种典型结构。其中,二层厚约 15Å 的 AlAs 材料(禁带隙 2.16eV)夹着一层厚约 50Å 的 GaAs 材料(禁带隙 1.42eV)形成对称的双势垒结构,如图 6.19(b)所示。分别作为势垒层和势阱层的 AlAs 材料和 GaAs 材料一般是不掺杂的。双势垒两侧厚度较大的 n 型 GaAs 层作为欧姆接触和双势垒之间的低阻通道,通常有较高的掺杂浓度。由于具有量子阱结构,比起通常的隧道二极管来,RTD 不仅隧穿几率大能够提供较大的输出功率,而且结电容小

具有很高的截止频率，所以近年来受到很大重视。

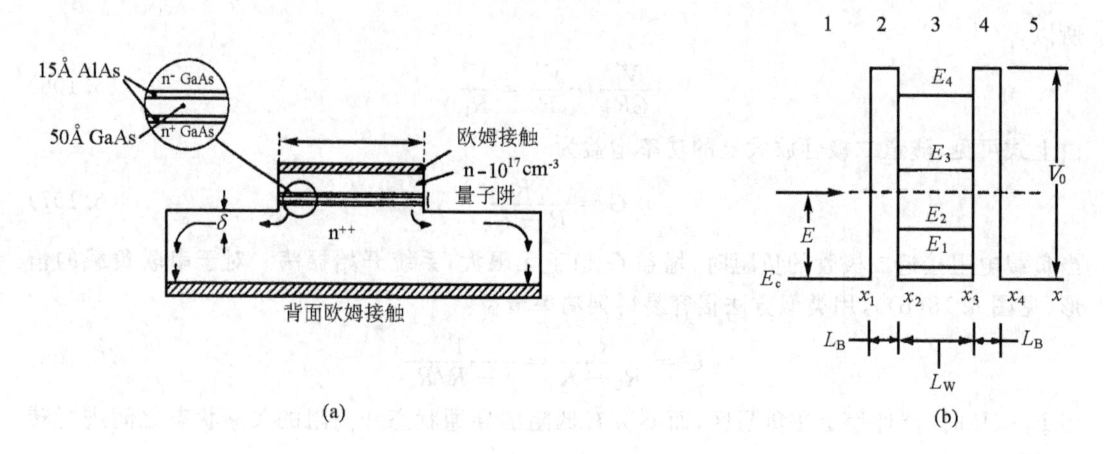

图 6.19 (a) RTD 的典型结构；(b) 一维双势垒结构

6.4.1 共振隧穿效应

图 6.19(b)所示的对称双势垒结构和一个简单势垒的差别，是在其中能够形成一些量子化能级 $E_n(n=1,2,3,\cdots)$。图上只表示出沿 x 方向(垂直于势垒的方向)的运动取量子化的值，实际上应加上与势垒平面平行的 y-z平面内以二维波矢 $\boldsymbol{k}_\perp$ 表征的自由运动。这样，对于每一个 E_n，量子阱的允许能级构成一个连续能带，称为子能带(这些子能带部分重叠)。这种势垒结构的特点是，向它入射的电子沿 x 方向运动的能量 E 和阱中的量子化能级(例如 E_1)一致时，有很大的隧穿系数(透射率)，称为共振隧穿(更确切地说，实际三维空间的入射电子还必须和阱中的横向动量 $\hbar\boldsymbol{k}_\perp$ 相同的子带能级共振)。尽管电子对单个势垒的透射率也许不到 1%，但对于这种对称双势垒，其透射率可达 100%；另一方面，当能量稍有偏离时，透射率迅速下降。

1. 透射系数

电子通过这样一个一维的对称双势垒结构，透射系数可表示为(见附录 D)

$$T=\left[1+\frac{4R_{\mathrm{B}}}{T_{\mathrm{B}}^{2}}\sin^{2}(kL_{\mathrm{W}}-\theta)\right]^{-1} \tag{6.109}$$

式中，T_{B} 和 R_{B} 分别为单势垒的透射系数和反射系数，并有(见附录 C)

$$T_{\mathrm{B}}=\left[1+\frac{V_0^2\sinh^2(\beta L_{\mathrm{B}})}{4E(V_0-E)}\right]^{-1} \tag{6.110}$$

其中

$$\beta=\frac{\sqrt{2m(V_0-E)}}{\hbar} \tag{6.111}$$

当 $\beta L_B \gg 1$ 时，式(6.110)近似为

$$T_B \approx \frac{16E(V_0 - E)}{V_0^2}\exp(-2\beta L_B) \tag{6.112}$$

例如，势垒高度 $V_0 = 300\text{meV}$，宽度 $L_B = 4\text{nm}$，电子有效质量 $m = 0.07m_0$，入射电子能量 $E = 50\text{meV}$，则电子通过单势垒的几率只有 9.8×10^{-3}。根据半经典图像，这样的电子要通过双势垒结构，其透射系数为 T_B^2，约为 10^{-4}，但由式(6.109)可以看出，当 $kL_W - \theta = n\pi$ 时(共振隧穿)，这种半经典图像并不正确，透射系数在共振时接近 1。

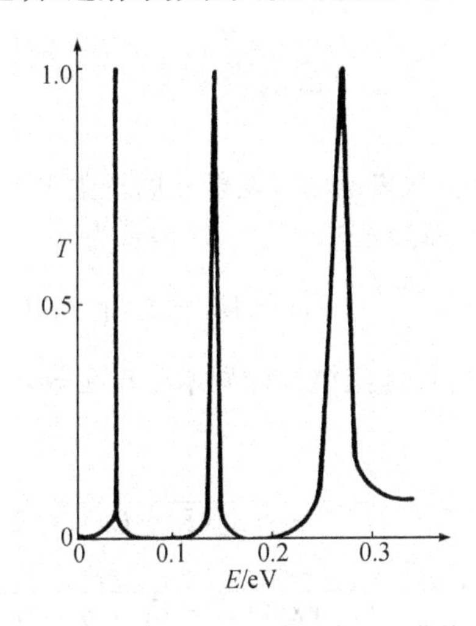

图 6.20　对称双势垒结构的 T-E 曲线

图 6.20 是阱宽 10nm、势垒宽 4nm 的对称双势垒透射系数 T 与入射电子能量 E 的关系(m 和 V_0 与前面计算单势垒 T_B 时相同)。由图可见，透射系数随入射能量 E 的变化非常剧烈。当 E 与阱中某个量子化能级(E_0)对齐时，T 接近 1；偏离很小时，T 接近于零(故 R_B 可视为 1)。

基于透射系数 T 的上述特点，可以认为，在共振能量 E_0 附近，式(6.119)中 T_B 和 R_B 不变，剧变部分为 $\sin^2(kL_W - \theta)$，将其在 E_0 附近作泰勒展开，有

$$T(E) = \left[1 + \frac{(E - E_0)^2}{\Delta E^2}\right]^{-1} \tag{6.113}$$

式中，

$$\Delta E = \frac{1}{2}T_B(E_0)\left[\frac{\partial(kL_W - \theta)}{\partial E}\right]^{-1}_{E=E_r} = \frac{1}{2}T_B(E_0)\hbar v_r\left[L_W + \frac{2}{\beta}\right]^{-1} \tag{6.114}$$

$$v_r = (2E_r/m)^{1/2} \tag{6.115}$$

v_r 是阱中电子速度。需要指出，E_0 是阱中任一量子化能级相对发射极导带底的能量，E_r 是相对阱底的相应的能量，二者在有偏压时不相等。

式(6.113)所表示的透射系数呈洛伦兹分布[①]，峰值在 E_0 处，$2\Delta E$ 为半值峰高的全宽度，它与量子阱中准束缚态的寿命 τ 有如下关系：

$$\tau=\frac{\hbar}{2\Delta E}=\frac{t_W}{T_B} \tag{6.116}$$

式中 $t_W=(L_W+2/\beta)/v_r$ 是载流子在阱内经历一个单程所需的时间。因此，对于单个势垒(发射极势垒或集电极势垒)，阱中载流子试图穿过的频率为 $1/2t_W$，乘以透射系数 T_B，即得阱中载流子穿出单个势垒的几率为

$$\frac{v_r T_B}{2(L_W+2/\beta)} \tag{6.117}$$

2. 隧穿电流

用传递矩阵方法容易证明，从集电极至发射极的透射系数等于从发射极至集电极的透射系数。于是，根据式(6.75)，隧穿电流密度 J 可表示为

$$J=-\frac{4\pi qm}{h^3}\int T[f_1(E)-f_2(E)]\mathrm{d}E_x\mathrm{d}E_\perp \tag{6.118}$$

其中 $f_1(E)$、$f_2(E)$ 分别为发射极和集电极的费米分布函数，如果取发射极导带底为能量零点，则有

$$f_1(E)=\frac{1}{1+\exp[(E-E_F)/k_B T]}$$

$$f_2(E)=\frac{1}{1+\exp[(E-E_F+qV)/k_B T]}$$

其中，E_F 是发射极费米能级，$E_{F2}=E_F-qV$ 是集电极费米能级(可参考图 6.21)，V 是外加偏压，假定电子沿 x 方向运动与在 y-z 平面内的运动互相独立，且发射极与阱中电子有效质量 m 相同，则透射系数只依赖于 E_x，而与 $E_\perp$ 无关；此外，作为积分变量，可以选用(E_x,E)代替$(E_x,E_\perp)$。对总能量 E 来说，相应于一定的 E_x(隧穿方向的电子能量)，其变化范围为

---

① 对于非对称双势垒结构，应用传递矩阵方法同样可得到透射系数的近似表达式；接近共振时，透射系数仍可近似为洛伦兹分布函数，由下式给出：

$$T(E)=\frac{T_0}{1+\left(\frac{E-E_0}{\Delta E}\right)^2}$$

式中，

$$T_0=\frac{4T_E T_C}{(T_E+T_C)^2}$$

$$\Delta E=\frac{\hbar v_r(T_E+T_C)}{4(L_W+2/\beta)}=\frac{E_r(T_E+T_C)}{2\pi}$$

T_E、T_C 分别为发射极势垒和集电极势垒的透射系数，阱中载流子寿命 τ 为

$$\tau=\frac{2t_W}{T_E+T_C}=\frac{\hbar}{2E_r(T_E+T_C)}$$

(E_x,∞)，所以，选用积分变量(E_x,E)以后，式(6.118)可写作

$$J=\frac{4\pi qm}{h^3}\int T(E_x)\mathrm{d}E_x\int_{E_x}^{\infty}[f_1(E)-f_2(E)]\mathrm{d}E \tag{6.119}$$

将 $f_1(E)$和 $f_2(E)$代入上式，完成对变量 E 的积分以后，可得

$$J=\frac{4\pi qmk_{\mathrm{B}}T}{h_3}\int\mathrm{d}E_xT(E_x)\ln\left\{\frac{1+\exp[(E_{\mathrm{F}}-E_x)/k_{\mathrm{B}}T]}{1+\exp[(E_{\mathrm{F}}-E_x-qV)/k_{\mathrm{B}}T]}\right\} \tag{6.120}$$

在温度 $T\to0$ 时，上式可以进一步简化，当 $qV>E_{\mathrm{F}}$，其括号{　}中分母的指数项可以略去，分子中的 1 也可以略去，于是有

$$J=\frac{4\pi qm}{h^3}\int_0^{E_{\mathrm{F}}}\mathrm{d}E_xT(E_x)(E_{\mathrm{F}}-E_x) \tag{6.121}$$

当 $qV<E_{\mathrm{F}}$ 时，进行类似的简化处理后，可得

$$J=\frac{4\pi qm}{h^3}\left[qV\int_0^{E_{\mathrm{F}}-qV}\mathrm{d}E_xT(E_x)+\int_{E_{\mathrm{F}}-qV}^{E_{\mathrm{F}}}\mathrm{d}E_xT(E_x)(E_{\mathrm{F}}-E_x)\right] \tag{6.122}$$

下面，我们利用式(6.121)来估算隧穿电流密度。为此，我们用公式(6.113)表示透射系数，并运用

$$\lim_{\Delta E\to0}\left[1+\left(\frac{E_x-E_0}{\Delta E}\right)^2\right]^{-1}=\pi\Delta E\delta(E_x-E_0) \tag{6.123}$$

这样，由式(6.121)可以得到

$$\begin{aligned}J&=\frac{4\pi^2qm}{h^3}\Delta E[E_{\mathrm{F}}-E_0(V)]\\&=\frac{qmv_{\mathrm{r}}T_{\mathrm{B}}(E_0)}{4\pi\hbar^2(L_{\mathrm{W}}+2/\beta)}[E_{\mathrm{F}}-E_0(V)]\end{aligned} \tag{6.124}$$

或者写成

$$J=\frac{qmT_{\mathrm{B}}(E_0)}{2\pi^2\hbar^3}E_{\mathrm{r}}[E_{\mathrm{F}}-E_0(V)] \tag{6.125}$$

写出上式时用到 $v_{\mathrm{r}}/(L_{\mathrm{W}}+2/\beta)=2E_{\mathrm{r}}/\pi\hbar$，这种关系可以由共振隧穿条件得到。

注意 E_0 是阱中量子化能级相对发射极导带底的能量，随着外加偏压 V 增加，发射极势能曲线抬高，当导带底和共振能级齐平(即 $E_0=0$)时，隧穿电流达到峰值 J_{p}(参阅图 6.21)，故有

$$J_{\mathrm{p}}=\frac{qmT_{\mathrm{B}}}{2\pi^2\hbar^3}E_{\mathrm{r}}\cdot E_{\mathrm{F}} \tag{6.126}$$

对于非共振隧穿电流，透射系数近似为

$$T=\frac{1}{4}T_{\mathrm{B}}^2\csc^2(kL_{\mathrm{W}}-\theta) \tag{6.127}$$

将它代入(6.121)式，并假定$\frac{1}{4}\csc^2(kL_{\mathrm{W}}-\theta)$的平均值为 1/2，则可得到隧穿电流宽度为

$$J_{\mathrm{V}}=\frac{qmT_{\mathrm{B}}^2}{8\pi^2\hbar^3}E_{\mathrm{F}}^2 \tag{6.128}$$

共振与非共振的隧穿电流之比为

$$\frac{J_{\mathrm{p}}}{J_{\mathrm{V}}}=\frac{4E_{\mathrm{r}}}{E_{\mathrm{F}}T_{\mathrm{B}}} \tag{6.129}$$

所以，在理想情形下，低温时的电流峰谷比将在 10^3 以上，当然，J_{V} 并不等同于谷值电流，实际的谷电流主要来自非弹性散射的贡献和势垒材料高能谷电子的贡献。

6.4.2 电流-电压特性

对 RTD 外加电压 V，且极性为左负右正，则可得到如图 6.21 所示的电流-电压特性；该

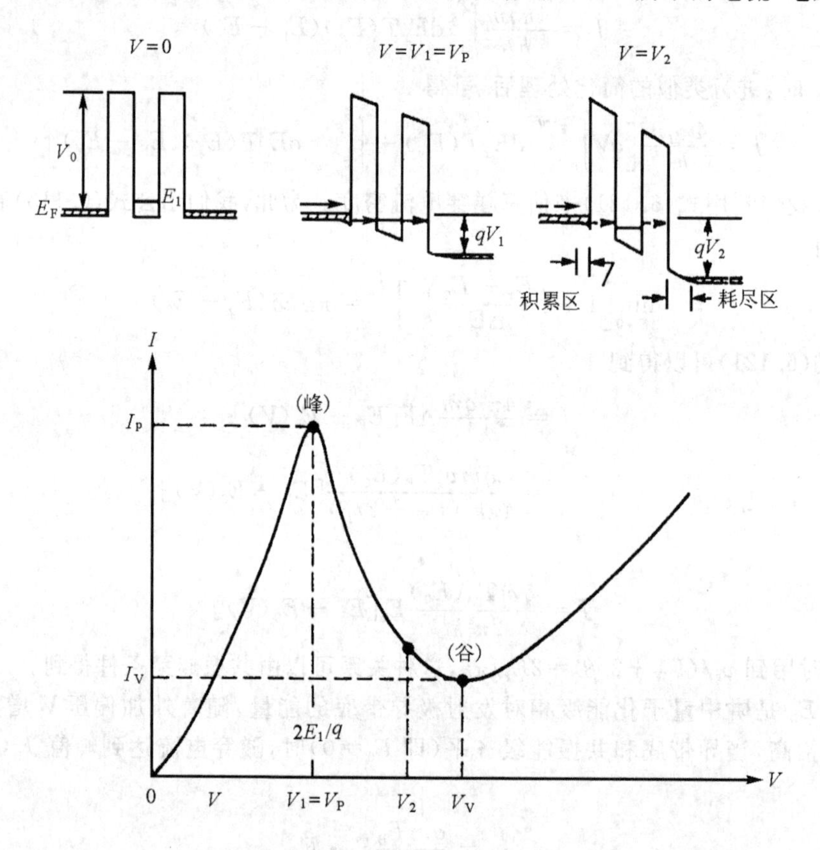

图 6.21 RTD 的电流-电压特性及其在不同直流电压时的能带图

图还画出了 RTD 在不同 V 值时的能带。图 6.21 中热平衡（$V=0$）时的能带图不同于图 6.19(b)之处是只考虑了一个最低能级 E_1。随外加电压增加，在阴极一侧（发射区）的势垒附近形成积累层，而在阳极一侧（收集区）的势垒附近形成耗尽层。当 V 较小时，只有不多的一点电子可以隧穿通过双势垒，流过器件的电流很小。一旦电压 V 使发射区的 E_{F} 提高到与 E_1 齐平时，共振发生，费米能级附近能态上的电子可以隧穿左边的势垒进入量子阱，

然后隧穿右边的势垒进入收集区导带中没有被占据的状态。随电压进一步增加，有更多的电子参与共振隧穿，电流迅速上升，直至左侧的导带底 E_c 与 E_1 齐平，电流达到峰值 I_p，相应的峰值电压 V_p 满足

$$V_p > \frac{2E_1}{q} + \Delta V_{da} \tag{6.130}$$

ΔV_{da} 为积累层和耗尽层上的电压降。当 V 增加至 V_2 时，E_c 上升而超过 E_1，全部电子脱离共振，电流变得很小。V_v 时的谷值电流 I_v 主要来自过剩电流 I_x，包括经由势垒材料高能谷的隧穿过程以及声子或杂质协助(非弹性散射)的隧穿过程，都将导致过剩电流。对于更高的电压($V>V_v$)，电子经由量子阱较高分立能级的注入或越过势垒的热离子注入而引起热离子电流 I_{th}，这十分类似通常隧道二极管中的热扩散电流。

由于共振隧穿(RT)效应，RTD 和 pn 结隧道二极管相比，可以有高得多的峰值电流 I_p 和电流峰谷比 I_p/I_v。但是，要获得高的峰谷比和峰值电流，RTD 需要具备几个方面的条件。首先，势阱和两个势垒的总宽度，即 L_W+2L_B，应小于电子的平均自由程 λ(等于电子的热运动速度$\sqrt{3k_BT/m}$和动量弛豫时间 $m\mu_n/q$ 的乘积，即 $\mu_n\sqrt{3mk_BT}/q$，其中 μ_n 为电子迁移率)；其次，热离子发射电流应比隧道电流小得多。前者要求采用不掺杂的势阱和势垒材料，并改进异质结界面质量以减小杂质和缺陷的散射；后者除了要求势垒高度 V_0(由两种薄层材料的带隙差 ΔE_c 决定)较小和势垒宽度 L_B 较小外，最好在低温下使用以减小热离子发射和降低晶格散射。此外，应采用电子有效质量小的材料，使高掺杂发射区的简并量大，以提高峰值电流。

6.2.3　微波性能

RT 是一种特别快速的量子力学过程，实验和理论模拟都表明响应时间为 ps 数量级，所以相应的时间延迟通常是可以忽略的。在此条件下，RTD 和 pn 结隧道二极管有相同的小信号等效电路，如图 6.17 所示。但是 RTD 的截止频率 f_r 要高，这是因为：对于 pn 结隧道二极管，两侧的掺杂浓度十分高($\gtrsim 10^{19}\,cm^{-3}$)，所以结电容相当大；而对于 RTD，电容主要来自耗尽区(参见图 6.21)，那里的掺杂浓度可以做到较小($\approx 10^{17}\,cm^{-3}$)，从而耗尽层电容较小。

此外，如果忽略 RT 延迟时间和耗尽层渡越时间，则 RTD 的输出功率和转换效率的表达式和 pn 结隧道二极管的相同，可分别由式(6.35)和式(6.36)表示，在此不另作讨论。

6.5　一维 MOSFET

6.5.1　沟道的量子效应

至此，我们一直把 MOSFET 的沟道做了经典处理，即假定电子的状态密度仍然可以由

公式(1.22)给出,为

$$g_c(E)=\frac{1}{2\pi^2}\left(\frac{2m_{dn}}{\hbar^2}\right)^{3/2}(E-E_c)^{1/2}$$

这是一个连续函数,电子在能带中可以有任何能量。但是,在 MOSFET 的沟道中,载流子实际上被限制在 SiO_2/Si 界面处一个很窄的势阱内,在垂直于表面方向的运动受到限制,能量是量子化的;而在平行于表面的平面内可以自由运动。因此,与每一个量子化能级相对应,形成一个个子能带,就像 HEMT 中的二维电子气那样,如 4.3 节所述,对于无限深三角形势阱近似,量子化能级的位置(相对于势阱底)为

$$E_i=\left(\frac{\hbar^2}{2m}\right)^{1/3}\left[\frac{3}{2}\pi q\mathscr{E}\right]^{2/3}\left(i+\frac{3}{4}\right)^{2/3}, i=0,1,2,\cdots \tag{6.131}$$

或者写成

$$E_i=15.6\left(\frac{\mathscr{E}}{10^5\,\text{V/cm}}\right)^{2/3}\left(\frac{m_0}{m}\right)^{1/3}B_i \tag{6.132}$$

式中,m_0 是自由电子质量;m 是沟道载流子的有效质量,例如对于(100)晶面,沟道电子有效质量为 $m=m_t=0.19m_0$;B_i 为

$$B_i=\left[\frac{3\pi}{2}\left(i+\frac{3}{4}\right)\right]^{2/3} \tag{6.133}$$

B_i 的前 3 个值为 $B_0=2.338$,$B_1=4.087$,$B_2=5.520$,若 $\mathscr{E}=3\times10^4\,\text{V/cm}$,对沟道电子很容易由式(6.132)估计出 E_0、E_1 和 E_2 之值分别为 28.4meV、49.7meV 和 67.1meV,E_0 和 E_1 之间的间距约为 21meV,E_2 和 E_1 之间的间距约为 17meV,这些间距均小于室温($T=$ 300K)时的热能(26meV),再加上散射引起的电子能级展宽,子带之间的间距在这时并不重要。这也是在讨论常规 MOS 器件时我们没有考虑沟道量子效应的原因。但是,当 MOSFET 缩小到量子尺度以致薄栅氧化层(典型厚度 2~3nm)使 $\mathscr{E}$ 很大($>10^5\,\text{V/cm}$)时,或是低温下子带之间的间隔远大于热能时,对沟道载流子像对 HEMT 中的二维电子那样,按二维能态密度分布进行统计分析,将是十分重要的。

总起来说,我们已经讨论过的场效应晶体管,包括 HEMT 和 MOSFET,都是二维电子器件。可以想像,如果用物理方法或静电学方法,把这些器件的沟道(或硅膜)再加以一个维度的限制,限制的尺寸和电子的费米波长(能量等于费米能量 E_F 时的德布罗意波长)相当,则电子只有一条微细的一维通道(量子线或纳米线)可以自由运动,这时单个的二维子带进一步分裂成一系列的一维子带。这类器件称为一维场效应晶体管(1D FET),近年来,制备纳米电子材料与器件的技术发展迅速,读者可查阅这方面的文献。下面,首先叙述一维电子理论,然后简单讨论一维 MOSFET 的电流特性。

6.5.2 一维电子理论

1. 能态密度

考虑长方形线的半导体材料,设它在 y 和 z 方向是纳米尺度,电子(或空穴)在这两个方

向上的运动受到限制，而在 x 方向上的运动是自由的，能量可连续变化。在这种情形下，电子的能量 E 和状态波函数 $\psi(x,y,z)$ 可以写为

$$E = E_{i,j} + \hbar^2 k^2/2m;\ \psi(x,y,z) = \psi_{i,j}(y,k)\exp(\mathrm{i}kx) \tag{6.134}$$

式中，m 是电子的有效质量，i 和 j 是标识 y-z 平面内本征态的量子数，k 是沿 x 方向的波矢。

对于带底是 $E_{i,j}$ 的一维(1D)子带，单位能量和单位长度的态密度为

$$D_{i,j}(E) = \frac{\mathrm{d}N_{i,j}}{\mathrm{d}k}\frac{\mathrm{d}k}{\mathrm{d}E} = (2)\ (2)\ \frac{1}{2\pi}\left[\frac{m}{2\hbar^2(E-E_{i,j})}\right]^{1/2} \tag{6.135}$$

上式最终表示式中的第一个“2”来自于自旋简并，第二个“2”来自 k 的正、负两个值。或者，利用速度关系式 $v(k)=(1/\hbar)(\mathrm{d}E/\mathrm{d}k)$，上式也可以写成

$$D_{i,j}(E) = \begin{cases} \dfrac{4}{hv_{i,j}}, & E > E_{i,j} \\ 0, & E < E_{i,j} \end{cases} \tag{6.136}$$

$v_{i,j}(E)$ 是电子在 (i,j) 子带且动能为 $(E-E_{i,j})$ 时的速度。电子态的总密度是所有子带态密度之和：

$$D(E) = \sum_{i,j} D_{i,j}(E) \tag{6.137}$$

对于能量低的几个子带(这时可以只用一个标识量子数，例如 $n=1,2,3,\cdots$)，图 6.22 画出了一维电子气的色散关系(即 $E(k)$ 关系)和能态密度分布，图中每一条曲线代表一个横向子带，称之为一个容许通道。

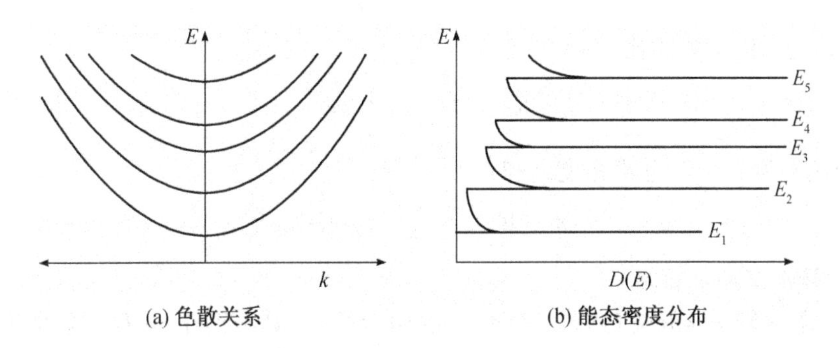

(a) 色散关系　　(b) 能态密度分布

图 6.22　一维电子气的能带模型

2. 载流子密度

对于 (i,j) 的一维子带，电子密度(单位长度的电子数)为

$$\begin{aligned} n_{i,j}(E_\mathrm{F}) &= \int_{E_{i,j}}^{\infty} D_{i,j}(E) f(E,E_\mathrm{F})\,\mathrm{d}E \\ &= \frac{\sqrt{2m}}{\pi\hbar}\int_{E_{i,j}}^{\infty}\frac{(E-E_{i,j})^{-1/2}\,\mathrm{d}E}{1+\exp[(E-E_\mathrm{F})/k_\mathrm{B}T]} = N_{1\mathrm{D}}F_{-1/2}(\eta_\mathrm{F}) \end{aligned} \tag{6.138}$$

其中，

$$N_{1D}=\frac{\sqrt{2mk_BT/\pi}}{\hbar} \tag{6.139}$$

为1D导带有效态密度，$F_{-1/2}(\eta_F)$为$-1/2$阶费米-狄拉克积分：

$$F_{-1/2}(\eta_F)=\frac{1}{\sqrt{\pi}}\int_0^{\infty}\frac{\xi^{-1/2}\mathrm{d}\xi}{1+\exp[\xi-\eta_F]}$$

$$\eta_F=\frac{E_F-E_{i,j}}{k_BT}$$

对于简并或非简并统计，公式(6.138)都将得到简化，非简并时简化为

$$\eta_{i,j}(E_F)=N_{1D}\exp[(E_F-E_{i,j})/k_BT] \tag{6.140}$$

大体上讲，简并情形是载流子密度超过能带的有效态密度；在$T=0$K时完全简并：低于费米能级E_F的每个状态都被占据，高于E_F的所有状态都是空的，即

$$f(E,E_F)=\begin{cases}1, & E\leqslant E_F\\ 0, & E>E_F\end{cases} \tag{6.141}$$

这时，公式(6.138)简化为

$$n_{i,j}(E_F)=\frac{2\sqrt{2m}}{\pi\hbar}(E_F-E_{i,j})^{1/2} \tag{6.142}$$

或者写成

$$n_{i,j}(k_F)=\frac{2k_F}{\pi} \tag{6.143}$$

k_F称为费米波长，由下式给出：

$$E_F-E_{i,j}=\frac{\hbar^2k_F^2}{2m} \tag{6.144}$$

总的电子密度是所有子带电子密度之和：

$$n_{1D}(E_F)=\sum_{i,j}n_{i,j}(E_F) \tag{6.145}$$

3. 一维情况下的电输运

首先，考虑一条完全导通(透射率$T=1$)的纳米线，将其与两个电压不同的理想载流子库相连(载流子可以是电子或空穴，以下考虑电子)。对于理想电子库，其内部电子处于热平衡状态，按费米统计分布；电子库能不断地向器件(这里为纳米线)提供电子，这些电子的能量及相位与电子库吸收的电子无关。

对于严格的一维通道，仅有一个子带被占据，现在计算从源向漏行进(我们称其为右向态)的电子所引起的电流。这一电流来自沿x方向(即k_x方向)运动的电子，可表示为

$$I_1=-q\int_0^{\infty}v_xf(E-E_F)\frac{2\mathrm{d}k_x}{2\pi} \tag{6.146}$$

其中，$f(E-E_F)$为源区电子库的费米分布函数，$v_x=\hbar k_x/m$为x方向的运动速度，m是电子

的有效质量,$(2/2\pi)\mathrm{d}k_x$ 为波矢 k_x 至 $k_x+\mathrm{d}k_x$ 范围内的电子态数目,利用 $E(k)$关系

$$E=E_1+\frac{\hbar^2k_x^2}{2m}$$

我们将式(6.146)改写成

$$I_1=-\frac{q}{\pi\hbar}\int_{E_1}^{\infty}f(E-E_F)\mathrm{d}E=-\frac{2q}{h}\int_{E_1}^{\infty}\frac{\mathrm{d}E}{1+\exp[(E-E_F)/k_BT]} \tag{6.147}$$

其中 E_1 为子带底的能量.利用费米-狄拉克积分公式(见第一章附注①),上式可以写成

$$I_1=-\frac{2qk_BT}{h}F_0(\eta_F) \tag{6.148}$$

F_0 为零阶(j=0)费米-狄拉克积分,其中 $\eta_F=(E_F-E_1)/k_BT$.

附带指出,从电流等于入射电荷乘以其平均速度的观点,我们有

$$I_1=-qn_1\overline{v}_1 \tag{6.149}$$

n_1 和$\overline{v}_1$ 分别为右行态电子的密度和它们的平均速度。其中,电子密度为

$$n_1=\frac{N_{1D}}{2}F_{-1/2}(\eta_F) \tag{6.150}$$

N_{1D}是一维导带有效态密度,取其一半是因为平衡时只有一半的 k 态电子具有正速度;平均速度为

$$\overline{v}_1=v_T\left[\frac{F_0(\eta_F)}{F_{-1/2}(\eta_F)}\right],v_T=\sqrt{\frac{2k_BT}{\pi m}}=2v_c \tag{6.151}$$

v_c 是热发射速度。

类似地,左向态电流为

$$I_2=-\frac{2qk_BT}{h}F_0(\eta_F-qV_D/k_BT) \tag{6.152}$$

漏极电流(向左的净电流)为

$$\begin{aligned}I_D&=I_2-I_1\\&=\frac{2qk_BT}{h}[F_0(\eta_F)-F_0(\eta_F-qV_D/k_BT)]\\&=\frac{2qk_BT}{h}\ln\left[\frac{1+\exp(\eta_F)}{1+\exp(\eta_F-qV_D/k_BT)}\right]\end{aligned} \tag{6.153}$$

上式最后一步用到,令 $x=\exp[-(\xi-\eta_F)]$,则有

$$F_0(\eta_F)=\int_0^{\infty}\frac{\mathrm{d}\xi}{1+\exp(\xi-\eta_F)}=\int\frac{\mathrm{d}x}{1+x}=\ln[1+\exp(\eta_F)]$$

下面讨论零温($T=0$K)情形。当 $T\to0$K 时,方程(6.153)中对数符号下分子和分母中的 1 皆可略去,从而得到

$$I_D=\frac{2q^2}{h}V_D \tag{6.154}$$

电导 I_D/V_D 为

$$G_Q = \frac{2q^2}{h} \tag{6.155}$$

G_Q 被称为电导量子；其倒数 $1/G_Q$ 被称为电阻量子 R_Q，它均等地降在通道两端的接触区上，每个接触的电阻为 $h/4q^2$，约 6.5kΩ。尽管这里的推导是在有效质量近似下进行的，但它对任何离散的一维能带都是成立的。

图 6.23 清晰地表明了电导量子化效应。这是在 AlGaAs/GaAs 异质结构上两个二维电子气(2DEG)区域之间形成的准一维短通道给出的结果。样品表面上金属栅加一定负电压时，它下面 2DEG 中的电子被耗尽，并产生一个窄通道，这个通道在 $V_G=-2.1$V 时电子已被全部耗尽。随着 V_G 升高，所有 1D 子带都被占据。每填充一个新的子带就会增加一个大小为 $2q^2/h$ 的电导。于是，电导呈现台阶式增加，台阶高度是 $2q^2/h$。

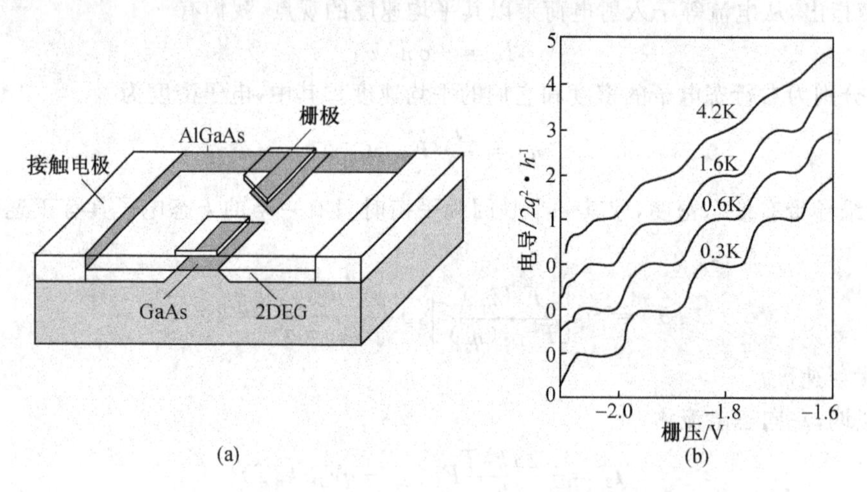

图 6.23　AlGaAs/GaAs 异质结结构中的短通道(a)给出的电导量子化现象(b)

在有限温度下，电导平台随温度升高而逐渐倾斜，最终消失，这是费米分布函数 $f(E)$在 E_F 处由于温度影响从 1 到 0 的过渡区展宽的结果。函数 df/dE 热展宽的宽度约为 $4k_BT$，因而当 $T \geqslant \Delta E/4k_B$ 时，电导平台消失，这里 ΔE 是在费米能级处子带的能量间隔，实验及数值计算表明 T 约为 4K。

如果通道不是完全导通的，即入射电子的透射率 $T<1$，则由式(6.154)给出的电流按比例减小，电导为

$$G = \frac{2q^2}{h}T \tag{6.156}$$

电阻为

$$R = \frac{h}{2q^2}\frac{1}{T} = \frac{h}{2q^2} + \frac{h}{2q^2}\frac{1-T}{T} \tag{6.157}$$

式中 $1-T$ 是反射率。在上式右方，第一项是量子化接触电阻，第二项是通道势垒引致的电

阻。扣除接触电阻后，可得到样品或器件本身的电导，

$$G = \frac{2q^2}{h}\frac{T}{1-T} \tag{6.158}$$

对于准一维多通道系统，由于电导是并联相加，所以要对每个通道的贡献求和。例如，对于 M 个平行的理想通道，总电导为

$$G = M\frac{2q^2}{h} \tag{6.159}$$

6.5.3 1D MOSFET 的电流-电压特性

现在转向 MOSFET，假设弹道输运并且只有一个子带被占据。这样，和方程(6.153)类似，漏极电流可表示为

$$\begin{aligned} I_D &= I_2 - I_1 \\ &= \frac{2qk_BT}{h}[F_0(\eta_F) - F_0(\eta_F - qV_D/k_BT)] \end{aligned} \tag{6.160}$$

在这里，

$$\eta_F = \frac{E_F - E_1(0)}{k_BT} \tag{6.161}$$

$E_1(0)$为势垒顶的静电能，与子带底能量 E_1 的关系由表面势定义得出为 $E_1(0)=E_1-q\psi_s(0)$，$\psi_s(0)$是沟道源端(即势垒顶处)的表面势。$E_1(0)$由第五章附录中的方程(5) 给出，为简单起见，忽略漏源电压 V_{DS}引起的二维静电学效应，从而有

$$E_1(0) = -qV_G + \frac{q^2n(0)}{C_{ox}} \tag{6.162}$$

其中 $n(0)$是势垒顶处的可动电子密度，根据前面的讨论有

$$n(0) = n_1(0) + n_2(0) = \frac{N_{1D}}{2}[F_{-1/2}(\eta_F) + F_{-1/2}(\eta_F - qV_D/k_BT)] \tag{6.163}$$

由等式(6.161)—(6.163)得到

$$\eta_F = \frac{(V_G - V_T)}{k_BT/q} - \frac{q^2N_{1D}}{2k_BTC_{ox}}[F_{-1/2}(\eta_F) + F_{-1/2}(\eta_F - qV_D/k_BT)] \tag{6.164}$$

其中 $V_T=-E_F/q$。C_{ox}是栅氧化层电容，为具体起见，考虑同轴栅这种最简单的纳米线器件结构，这时有

$$C_{ox} = \frac{2\pi\varepsilon_{ox}}{\ln\left(\dfrac{2t_{ox}+t_{si}}{t_{si}}\right)} \quad \text{F/cm} \tag{6.165}$$

t_{ox}为同轴栅氧化层厚度，t_{si}为硅纳米线的直径。

计算 I-V 特性的步骤如下。首先，假定源费米能级 E_F，也就是设定阈值电压；接着对给定的栅偏压和漏偏压从方程(6.164)解出 η_F。方程(6.164)是一个非线性方程，可以用迭代方法求解。最后由方程(6.160)得到 I_D，画出 I-V 特性曲线。下面，我们仅就电子简并统计

的情形，说明它的一些特点。详细讨论可参阅文献[10].

对于高度简并，$\eta_F \geqslant 1$，$F_0(\eta_F) \to \eta_F$，方程(6.160)简化为

$$I_D = \frac{2q^2}{h} V_D \tag{6.166}$$

上式说明，当栅压 V_G 大到使载流子简并而小到只有一个子带被占据时，I_D 随 V_D 线性变化；沟道的电导 $g_d = 2q^2/h$（量子电导），和栅压无关。与之不同，对于传统的 MOSFET，线性区电流为

$$I_D = (Z/L)\mu_{eff} C_{ox} (V_G - V_T) V_D = g_d V_D$$

其电导与$(V_G - V_T)$成正比。

当漏偏压 V_D 足够高以致 $\eta_F \ll qV_D/k_B T$ 时，$F_0(\eta_F - qV_D/k_B T) \to 0$，近似有

$$I_D = \frac{2qk_B T}{h} F_0(\eta_F) \tag{6.167}$$

在栅偏压很高或是温度很低的情形下，$F_0(\eta_F) \approx [E_F - E_1(0)]/k_B T$，于是得到漏极饱和电流（开态电流），

$$I_D(\text{on}) = \frac{2q^2}{h} \frac{E_F - E_1(0)}{q} \tag{6.168}$$

为了得到 $I_D(\text{on})$同栅压的关系，我们需要求解方程(6.162)，即需要计算 $n(0)$。当漏偏压很高时，势垒顶处负速度空间的电子数实际是零，因此在简并条件下有

$$n(0) = n_1(0) = \frac{k_F}{\pi} = \frac{\sqrt{2m[E_F - E_1(0)]}}{\pi\hbar} \tag{6.169}$$

将上式代入方程(6.162)，得到

$$E_1(0) = -qV_G + \frac{q^2}{C_{ox}} \frac{\sqrt{2m[E_F - E_1(0)]}}{\pi\hbar} \tag{6.170}$$

或者写成

$$\frac{E_F - E_1(0)}{q} = (V_G - V_T) - \frac{q^2}{C_{ox}} \frac{\sqrt{2m[E_F - E_1(0)]}}{\pi\hbar} \tag{6.171}$$

其中 $V_T \equiv -E_F/q$。

方程(6.171)是一个关于$\sqrt{E_F - E_1(0)}$的二次方程，如果引入“量子电容”C_Q，可以表述成一种更简单的形式。C_Q 和电荷层电容密切相关，可表示为

$$C_Q = -\frac{\partial(-qn)}{\partial\psi_s} = -q^2 \frac{\partial n(0)}{\partial E_1(0)} = \frac{q^2\sqrt{2m}}{\pi\hbar}[(E_F - E_1(0))]^{1/2} \tag{6.172}$$

利用上式，由方程(6.172)可以得到

$$\frac{E_F - E_1(0)}{q} = \frac{V_G - V_T}{1 + C_Q/C_{ox}} \tag{6.173}$$

将上式代入方程(6.168)中，最终得到开态电流为

$$I_{\mathrm{D}}(\mathrm{on}) = \frac{2q^2}{h}\frac{V_{\mathrm{G}} - V_{\mathrm{T}}}{1 + C_{\mathrm{Q}}/C_{\mathrm{ox}}} = \frac{2q^2}{h}\frac{C_{\mathrm{GS}}}{C_{\mathrm{Q}}}(V_{\mathrm{G}} - V_{\mathrm{T}}) \tag{6.174}$$

其中 $C_{\mathrm{GS}}=C_{\mathrm{ox}}C_{\mathrm{Q}}/(C_{\mathrm{ox}}+C_{\mathrm{Q}})$ 为栅源电容。由于 C_{Q} 和栅压有关，方程(6.174)并不像看上去那么简单。

利用 C_{Q} 的表示式(6.172)，可以把方程(6.174)写成

$$I_{\mathrm{D}}(\mathrm{on}) = C_{\mathrm{GS}}(V_{\mathrm{G}} - V_{\mathrm{T}})\,\overline{v}_1 \tag{6.175}$$

其中，

$$\overline{v}_1 = \sqrt{\frac{E_{\mathrm{F}} - E_1(0)}{2m}} \tag{6.176}$$

是简并电子气在 x 方向的平均速度。方程(6.175)是对于一个 MOSFET 所应当期待的结果。

当器件按比例减小 t_{ox} 而使 C_{ox} 增大时，量子电容 C_{Q} 变得越来越重要，我们现在来考察 $C_{\mathrm{ox}} \gg C_{\mathrm{Q}}$ 这种极端情况。这时，开态电流为

$$I_{\mathrm{D}}(\mathrm{on}) = \frac{2q^2}{h}(V_{\mathrm{G}} - V_{\mathrm{T}}) \tag{6.177}$$

器件跨导为

$$g_{\mathrm{m}} = \frac{2q^2}{h} = g_{\mathrm{d}} \tag{6.178}$$

在传统 MOSFET 中，跨导和沟道电导之间没有这种简单关系；但在弹道输运的纳米线晶体管中，$T\to 0\mathrm{K}$ 时二者都等于量子电导。

6.6　单电子晶体管

6.6.1　概述

如果纳米线像 RTD 中的量子阱那样在两端受到势垒限制，则这个电子系统在空间的三个方向上都被限制，它将具有分立的电荷态和电子态，就像原子或分子的情况那样。它们通常被称为人造原子或量子点。量子点通过隧道势垒和外面窄的电子通道或宽的电子库相连，如图 6.24 所示。

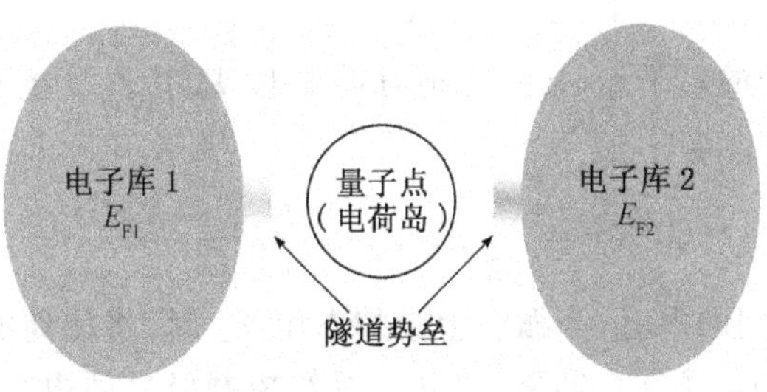

图 6.24　量子点和电子库弱耦合的示意图

量子点中电子能量形成分立能级的主要原因大体上可以分为两个,一个是电子的波动性,另一个是电子之间的排斥力。电子受势垒限制就像弦的两端被固定一样,只能像驻波那样容许离散型的振动,即容许的能量(频率)具有量子化的分立值,或者说具有分立的电子态。由于量子点的尺寸愈小,分立能级间的能量间隔就愈大,所以将这种效应称为量子尺度效应。虽然和材料有关,但在 10 nm 以下时,量子尺度效应变得很显著,即使在室温下也可以观察到这种效应。接下来,假定已经有电子封闭在量子点中,然后再追加电子,我们考虑电子之间的库仑排斥作用。由于受到已在量子点中电子的排斥,如果没有足够高的能量,下一个电子就不能进入。这样的有限的能量差形成一组分立的电荷态,每个相继的电荷态相当于将一个电子添加到量子点中。由于电子的库仑排斥作用是多电子时出现的,所以称为多电子效应。一般,量子尺度效应和多电子效应同时出现,根据构成量子点的材料体系和所关注的物理现象的不同,占支配地位的效应也不同。

发光器件是利用量子尺度效应的有代表性的器件。在发光器件中,有一个发光区(激活区),电子和空穴相碰后复合发光。当发光区大时,电子和空穴可以自由移动,很难碰到一起,从而发光效率很低。而在量子点中,电子和空穴占据同一空间,容易复合,发光效率也就很高,是低耗电的器件。顺便指出,在第七章讨论的量子阱激光器中,电子和空穴的运动只不过在一个方向上受到了限制,但比起普通的双异质结激光器来,发光效率显著提高,性能明显改善。不过,由于量子点中一次只有一对电子、空穴复合,所以需要制作许多量子点,并且所有量子点的大小必须相同,因为量子点的发光能量(频率或波长)依赖于点的大小。形成充分均匀的量子点是量子点激光器实用化的关键。

单电子晶体管是利用多电子效应的有代表性的量子器件,其基本构成和通常的场效应晶体管相同,源极和漏极之间以隧道势垒为媒介,存在量子点(习惯上称岛)。来源于电子之间库仑排斥的静电能使岛上电荷的改变十分困难,以致在施加足够高的电压以前根本没有电流流动,这种现象称为库仑阻塞(Coulomb blockade),利用库仑阻塞,有可能一个一个地控制电子,制作单电子器件,其中单电子晶体管是一种超低耗电的器件,通常的晶体管需要有 10 万个电子流动,而单电子晶体管只需一个电子就够了。下面首先讨论库仑阻塞效应,然后简述单电子晶体管的基本工作原理。

6.6.2 库仑阻塞

对于含有 N 个电子的量子点(岛),在绝对零度下,岛中 N 个电子的基态能量为单粒子能量 E_p 之和加上静电能,即

$$U(N)=\sum_{p=1}^{N}E_p+\frac{(-qN+C_GV_G)^2}{2C} \tag{6.179}$$

其中,C_G 是岛与栅极之间的电容,当栅极上施加电压 V_G 时,将使岛的静电势和电荷改变;C 为岛的总电容,是岛和两电子库(源,漏)之间以及和控制极之间电容的总和,即 $C=C_s+C_D+C_G$。定义电化学势 $\mu(N)$ 为将第 N 个电子加到岛上所需要的能量,即

$$\mu(N)=U(N)-U(N-1)=E_{\mathrm{N}}+\frac{(N-1/2)q^{2}}{C}-q\frac{C_{\mathrm{G}}}{C}V_{\mathrm{G}} \tag{6.180}$$

当电子数改变1时，电化学势之差为

$$\mu(N+1)-\mu(N)=E_{N+1}-E_{N}+\frac{q^{2}}{C} \tag{6.181}$$

它包括两部分：第一是单粒子能量之差，第二是静电势能 q^2/C。所以，当岛上添加一个电子时，需要有足够能量 ΔE（等于 $E_{N+1}-E_N$）填充下一个单粒子态，同时还需要有足够多的能量以克服充电能 q^2/C。大多数情形下，$\Delta E \ll q^2/C$；我们的讨论限于这种情形。

在温度 $T<(\Delta E+q^2/C)/k_{\mathrm{B}}\approx(q^2/C)/k_{\mathrm{B}}$ 时，充电能 q^2/C 主宰着通过沟道（岛）的电流。当源、漏的费米能级落入 N 和 $N+1$ 电荷态的电化学势之间（即电荷岛最高填充态和最低空态之间的能隙）时，通过岛的电子输运是禁止的，这就是所谓库仑阻塞。能隙宽度（q^2/C）依赖于岛中的电荷态，严格说来是变化的，我们将假定它是常量。对于平衡时费米能级在能隙中央（见图 6.25(b)）并且两个隧道结全同的情况，当漏偏压达到 $V_{\mathrm{t}}=(q^2/C)/q=q/C$ 时，

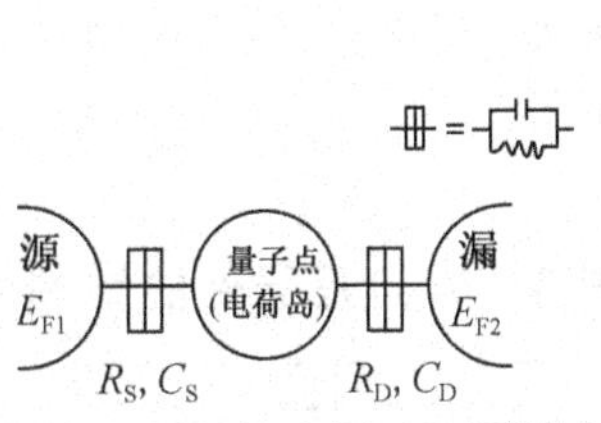

(a) 沟道(岛)与源、漏电子库之间以隧道方式接触

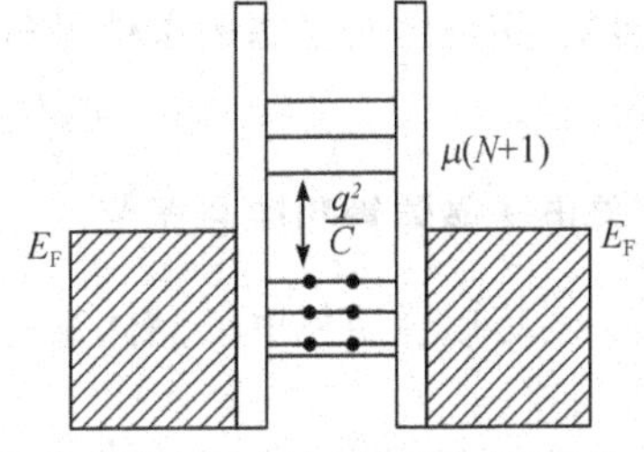

(b) 与单电子充电效应关联的平衡能带

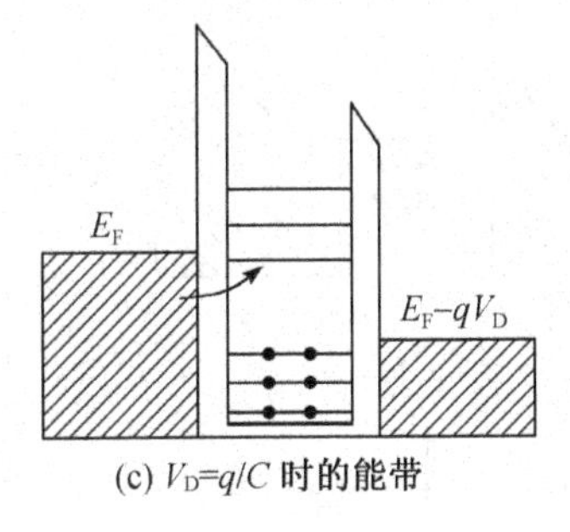

(c) $V_D=q/C$ 时的能带

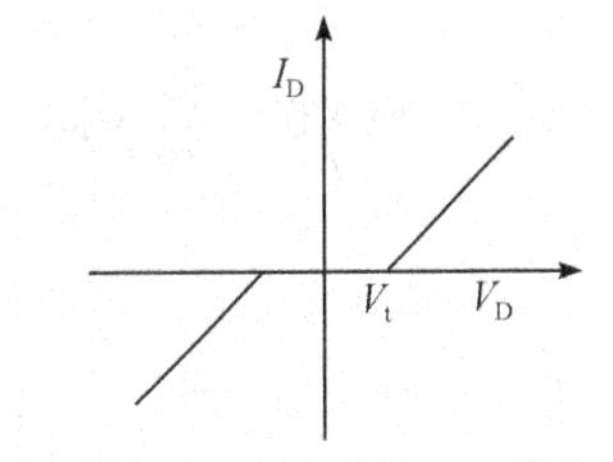

(d) I_D-V_D 特性（$|V_D|<V_t$ 时 $I_D=0$，库仑阻塞）

图 6.25　库仑阻塞效应示意图

漏区费米能级下移 q^2/C；由于外加电压同等地降落在两个隧道结上，岛内的电荷态能级下移 $q^2/2C$，源和漏的费米能级分别与最低的空态和最高的填充态齐平，如图 6.25(c)所示。只要 V_{D} 超过 V_{t}，就会产生电流，这称为单电荷隧穿(single charge tunneling)，如图6.25(d)所示，顺便指出，在两个电子库的电势差 $V_{\mathrm{D}}=V_{\mathrm{t}}$ 之间包含了一个电荷态，打开了一条电子通道；如果进一步增加 V_{D}，使其可以包含两个电荷态，这时又打开了第二条电子通道。因此在 I_{D}-V_{D} 特性曲线上，随着 V_{D} 的增加，I_{D} 将以台阶式增加，每一个台阶对应增加一个电子

输运，台阶之间的间隔 $\Delta V_D = q/C$，这称为库仑台阶。

为了实现库仑阻塞，应当满足如下条件：

(1) 充电能必须远远大于热能，$q^2/C \gg k_B T$，否则热涨落会破坏充电效应，这一条件要求降低温度 T 和减小电容 C。为了在室温下观测和利用库仑阻塞效应，要求 $C = 1\text{aF} = 10^{-18}$ F，这是一个很小的数值。由此，我们可以估算岛的尺寸。一般说来，量子点的电容不仅取决于它的尺寸以及局部静电环境，还和能级间距有关，有各种不同的计算模型。如果用公式 $C = 2\pi\varepsilon_0\varepsilon_r r$ 来估算岛（量子点）的半径 r，则容易得出是纳米(nm)的数量级。对于半径较大的岛，只有低温下才会有库仑阻塞效应。

(2) 充电能必须远大于隧穿过程中电子能量的涨落 δE。根据不确定原理，在时间 $\delta t = RC$（R 为隧穿电阻）内，能量涨落为

$$\delta E = h/\delta t = h/RC = (q^2/C)(h/q^2)/R \tag{6.182}$$

当 $R \sim h/q^2$ 时，电子能量的涨落将变得与充电能相比拟；如果低于这个值，则由不确定原理导致的量子涨落将掩盖库仑充电效应。

总起来，实现库仑阻塞的条件可写为

$$q^2/C \gg k_B T, \quad R \gg h/q^2 \tag{6.183}$$

6.6.3 单电子晶体管和库仑振荡

图 6.26 可以说明单电子晶体管的基本原理。图 6.26(a)是器件的结构简图，其中，沟

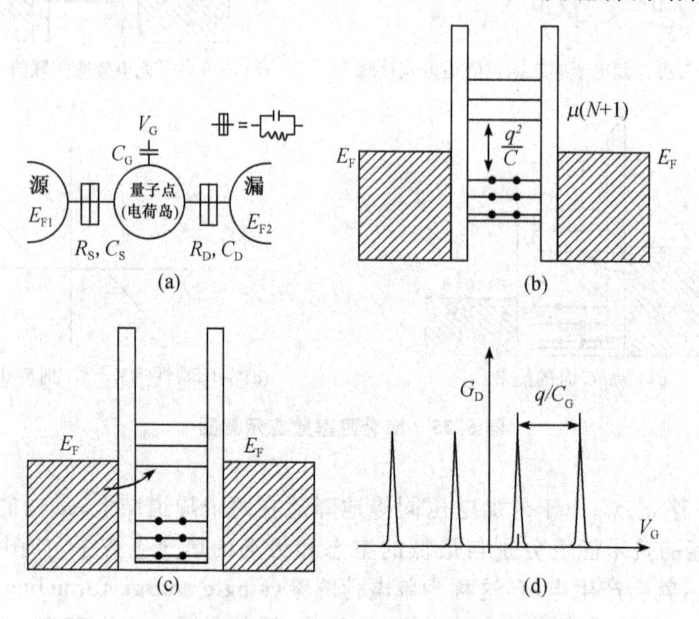

图 6.26 单电子晶体管原理图

(a) 结构简图；(b) 库仑阻塞；(c) 单电荷隧穿；(d) 库仑振荡

道(岛)与源、漏两个电子库之间以隧道方式接触,并与栅极通过电容耦合。图6.26(b)表示源和漏的费米能极落在电荷态的能隙内,这时不能把第$N+1$个电子添加入岛,电子输运被禁止,即库仑阻塞。由式(6.180)可见,如果增加栅压V_G,则$\mu(N)$就要减小,由图6.26(b)变为图6.26(c),电子可以从源区电子库进入岛中,然后出来到漏区电子库中,形成电流,也就是由库仑阻塞变成单电荷隧穿。再继续增加V_G,则又由图6.26(c)变为图6.26(b),只不过$\mu(N)$变为$\mu(N+1)$,$\mu(N+1)$变为$\mu(N+2)$,又回到库仑阻塞状态。如此反复,得到电导G_D随栅压V_G而振荡,称为库仑振荡(Coulomb oscillation),如图6.26(d)所示。振荡一个周期前后,要求$\mu(N,V_G)=\mu(N+1,V_G+\Delta V_G)$,由式(6.180)得到所需增加的栅压为

$$\Delta V_G = \frac{C}{C_G}\left(\frac{E_{N+1}-E_N}{q}\right)+\frac{q}{C_G} \tag{6.184}$$

对$E_{N+1}-E_N\ll q^2/C$的情形,有$\Delta V_G=q/C_G$。

库仑振荡是电荷量子化的一个重要结果。能够呈现库仑振荡的器件称为单电子晶体管(single electron transistor, 简称SET),因为当量子点的占据态变化一个电子时,它就会产生周期性的开关效应。SET可以用作单电子回旋器。当在两个势垒电极上加一个相位相差π的交变电压(频率为f)时,在电压变化的一个周期内,单个电子正好穿梭量子点一次。这时,穿过量子点的量子化电流为$I=qf$。这种器件作为计量学中的电流标准仪目前正在研究中。SET的一个最有希望也是最有前途的应用是用作超大容量的存储器。为了降低功耗,增大存储量,有效方法是减小每个存储单元(位)中的电荷量。显然,随着硅芯片技术的发展,每个位中储存信息需要的电荷量不断下降,但预计到2010年仍然需要成千上万的电子。SET储存信息只需一个电子,所以将是超大容量存储器的最好选择,可在室温下工作、容量高达256×10^{12}位的单电子存储器已被提出。

习 题

6.1 一个硅p^+nin^+ IMPATT二极管有3μm宽的n层和10μm宽的i层。设击穿电场为$\mathscr{E}_c=5\times10^5\,V/cm$,n区掺杂浓度为$N_D=10^{16}\,cm^{-3}$。计算:(1) i区的电场强度$\mathscr{E}_i$;(2) 击穿电压$V_B$;(3) 工作频率$f$。

6.2 试利用图6.4(c)和(d)估算IMPATT直流功率转换为交流功率的效率η。设交流电压振幅为$V_{ac}=V_B/2$,V_B是击穿电压。

6.3 一个InP耿二极管,长1μm,截面积$10^{-4}\,cm^2$。计算:(1) 样品的最小电子浓度n_0;(2) 当外加偏置是阈值电场的一半时,器件的功率损耗。

6.4 一个GaAs耿二极管,长$L=10\mu m$,截面积$10^{-4}\,cm^2$,掺杂浓度$N_D=10^{15}\,cm^{-3}$。当偏置在半值阈值电场以及交流短路时,计算:

(1) 工作频率f;(2) 峰值电流I_p和谷值电流I_V;(3) 峰值电场$\mathscr{E}_h$;(4) 三角形畴的过剩电压V_{ex}和所需外加电压V。

根据等面积法则计算$\mathscr{E}_h$时,可利用GaAs的速度-电场特性的下述经验公式:

$$\frac{v(\mathscr{E})}{v_p}=\frac{Ay}{\cosh y}+0.5\tanh y$$

式中，$A=0.856$，$y=4.40\times10^{-4}\mathscr{E}$，$v_p=2.1\times10^7\text{cm/s}$为峰值速度。

6.5 有一掺杂浓度$N_D=5\times10^{18}\text{cm}^{-3}$和$N_A=5\times10^{19}\text{cm}^{-3}$的GaAs隧道二极管，取$m_n=0.067m_0$和$m_p=0.48m_0$（$m_0$为自由电子质量）。计算：(1) 简并量$qV_n$和$qV_p$；(2) 外加正向电压$V=0.20\text{V}$时的耗尽层宽度(用突变结近似)。

6.6 对于题6.5中的隧道二极管，计算：(1) 耗尽层平均电场$\mathscr{E}$；(2) 峰值隧穿电流密度J_p。取$\mathscr{E}_0=1.7\times10^7\text{V/cm}$。

6.7 一个AlAs/GaAs/AlAs对称双势垒RTD，势垒(AlAs)宽$L_B=4\text{nm}$，阱(GaAs)宽$L_W=10\text{nm}$，势垒高$V_0=300\text{meV}$，阱中电子质量$m_n=0.067m_0$估算两个最低的共振能级。

6.8 对于题6.7RTD的基态能级，计算：(1) 单个势垒的透射系数$T_B(E_1)$；(2) 阱中电子的速度v_r；(3) 能级宽度$2\Delta E_1$及束缚态寿命τ；(4) 电子在阱内经历一个单程所需的时间t_w。

6.9 在题6.7的RTD中，设发射区掺杂浓度为10^{18}cm^{-3}，只考虑基态能级，试求理想情形共振与非共振隧穿电流之比。

6.10 设nMOST的沟道宽度为Z，在z方向只有一个子带(二维子带)，二维电子气密度为$n_s=10^{12}/\text{cm}^2$。试估算其最小接触电阻R_{min}。

6.11 对于AlGaAs/GaAs异质结构，设量子点(岛)的形状是半径$R=300\text{nm}$的圆盘，(1) 用静电容公式$C=8\varepsilon_0\varepsilon_r r$，估计静电能$q^2/C$；(2) 计算能级的平均间距$\Delta E$。

参考文献

[1] Wang S. Fundamentals of Semiconductor Theory and Davices Physics. NJ: Prentice-Hall 1989.

[2] Sze S M. High-Speed Semiconductor Devices. New York: Wiley, 1990.

[3] Liao S Y. Microwave Devices and Circuits, 3d ed. NJ: Prentice-Hall, 1990.

[4] Lee C A and Dalman G C. Microwave Devices, Circuits and Their Interactioan. New York: Wiley, 1994.

[5] Sze S M. 半导体器件物理. 黄振岗，译. 北京：电子工业出版社，1989.

[6] Sze S M. 现代半导体器件物理. 刘晓彦，贾霖，康晋锋，译. 北京：科学出版社，2001.

[7] 夏建白，朱邦芬. 半导体超晶格物理. 上海：上海科学技术出版社，1995.

[8] 阎守胜，甘子钊. 介观物理. 北京：北京大学出版社，1995.

[9] Kiteel C. 固体物理导论(第八版). 项金钟，吴兴惠，译. 北京：化学工业出版社，2005.

[10] Lundstrom M S, Guo J. Nanoscale Transistor: Device Physics, Modeling and Simulation. New York: Springer, 2006.

[11] Datta S. Quantum Transport: Atom to Transistor. New York: Cambridge University Press, 2005.

[12] Natori K, J. Appl. Phys., 76(1994), 4879.

[13] 夏建白. 物理，24(1995)，391.

[14] 李言荣，谢孟贤，恽正中，张万里. 纳米电子材料与器件. 北京：电子工业出版社，2005.

第七章　半导体光器件

前几章讨论了电子器件，本章将讨论利用光和电子相互作用机理制成的半导体光器件。其中，半导体激光器（或激光二极管，laser diode，LD）和发光二极管（light-emitting diode，LED）是电致发光的器件，可以将电能转换为光能。它们不仅体积小，而且能简单地用调制偏置电流的方法实现高频调制（因而能直接方便地载入高速率信息），是光纤通信最重要的光源。半导体激光器发出光线的线宽很窄，用于长距离通信；发光二极管的光谱线比较宽，限于几公里以内的短距离通信。光电二极管可以把光信号转换成电信号，是光纤通信等领域中广泛使用的光探测器件。太阳能电池是将光能转换成电能的典型器件，实际上也是一种光电二极管，只是工作时不加反向偏压（零偏压），依靠空间电荷区的自建电场把光生的电子和空穴分开，本章叙述这些器件的工作原理和特性。

7.1　半导体激光器

7.1.1　基本结构和工作原理

半导体激光器依赖于激活区（有源区）和粒子数反转分布这两个概念；同时还需要一个光学谐振腔。

1. 基本结构

图 7.1 表示一种有实用价值的最简单的半导体激光器，AlGaAs/GaAs 双异质结（DH）激光器。其中，图 7.1(a)表示基本结构，图 7.1(b)表示能带结构。图中，GaAs 层的厚度约 0.1μm，两侧被 AlGaAs 层夹着，形成两个不同材料的结（异质结）。AlGaAs 的禁带比 GaAs 的大，GaAs 层称为有源层，AlGaAs 层称为包覆层，两侧的包覆层分别掺杂形成 p 型和 n 型。这种 DH 结构，既限制了载流子，也限制了光子。由图 7.1(b)可见，由于禁带宽度的不同形成势垒，注入载流子以很高的浓度限制在有源区内，因此比较小的注入电流密度（～1kA/cm^2）就能得到光放大所必需的反转分布。而由图 7.1(c)可见，包覆区的折射率比有源区的小，在有源区和包覆区的界面上光波被全反射，所以光波被限制在有源区内（见图 7.1(d)），沿有源区层面的方向传播，产生非常有效的光放大。由于这两种限制作用，大大降低了激光器必需的工作电流。

激光器必须包含一个光学谐振腔，用以实现激光振荡所需的正反馈。对于半导体激光器，用得最广泛的是法布里-珀罗谐振腔（F-P 腔）。F-P 腔的主要特点是两端为彼此平行的抛光镜面（自然解理面），如图 7.1(a)所示。半导体晶体的折射率 n 通常为 3～3.6，在半导体晶体解理面和空气界面上的反射率$(\bar{n}-1)^2/(\bar{n}+1)^2$ 相应为 25%～31%，因此可以将半导体晶体的解理面直接作为反射镜来使用。

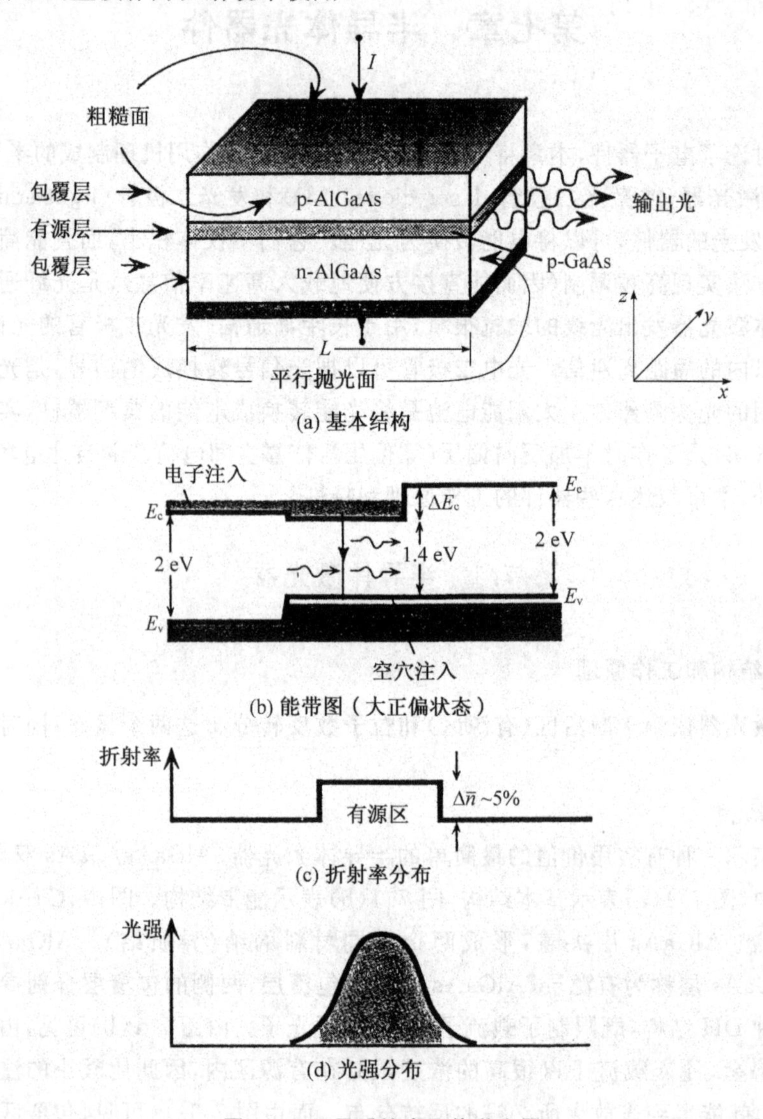

图 7.1　双异质结半导体激光器

光在谐振腔中来回反射，只有波长 $\lambda/\bar{n}$（有源区中的光波长）满足下述条件的模式才能存在：

$$L=\frac{m}{2}\left(\frac{\lambda}{\bar{n}}\right),\ m=1,2,3,\cdots \tag{7.1}$$

或

$$\lambda = \frac{2\bar{n}L}{m} \tag{7.2}$$

L 是谐振腔的长度,λ 是真空中的光波波长。波长满足式(7.2)的谐振模式称为谐振腔的纵模。对式(7.2)微分,可求得 F-P 腔纵模的间隔:

$$\Delta\lambda = \frac{\lambda^2}{2\bar{n}L\left(1 - \frac{\lambda}{\bar{n}}\frac{\mathrm{d}\bar{n}}{\mathrm{d}\lambda}\right)} \tag{7.3}$$

如果忽略分母中的色散项(即令 $\mathrm{d}\bar{n}/\mathrm{d}\lambda=0$),则有

$$\Delta\lambda = \lambda^2/2\bar{n}L \tag{7.4}$$

式(7.4)说明,腔长越短,纵模间距越大。一般半导体激光器的腔长只有数百微米,比气体激光器和其他固体激光器要短得多,所以它的纵模间隔要宽得多。但是式(7.2)所表示的只是谐振腔所允许存在的纵模,它是一个无穷的系列,究竟出现哪些纵模,还要看激光介质(有源区)的增益谱。只有那些增益达到阈值条件,而又被谐振腔允许的波长(或频率)才有激光振荡。由于半导体的增益谱较宽,谐振腔中常常有多个纵模起振。如果对激光器结构进行一些特殊的设计,可以只保留一个纵模,从而激光器发出较好的单色光,相干长度变得很大。F-P 腔的两个侧面是粗糙的,所以向两侧发出的光子不能反馈,谐振模式只有纵模。

通常引入光限制因子 Γ 来描述有源区的光限制性质,它定义为有源区内的光能与有源区及无源区(包覆区)内总光能的比值:

$$\Gamma = \frac{\int_{\text{有源区}} |\mathscr{E}(z)|^2 \mathrm{d}z}{\int |\mathscr{E}(z)|^2 \mathrm{d}z} \tag{7.5}$$

$\mathscr{E}(z)$ 代表光波的电场,在构成半导体激光器的 DH 结构(三层介质)波导谐振腔中,表示载流子注入效应的量,例如光学增益系数 G 和折射率变化 $\Delta\bar{n}$,在有源区内可以近似均匀分布,而在有源区外为 0,所以对这些量应当加权平均,即乘以限制因子 Γ,对多数半导体激光器,Γ 约为百分之几十的程度。

2. 光增益

当制作半导体激光器的 pn 结正偏时,电子和空穴注入其间的有源区。如果注入的载流子浓度满足反转条件:

$$f_{\mathrm{n}}(E_{\mathrm{n}}) + f_{\mathrm{p}}(E_{\mathrm{p}}) > 1 \tag{7.6}$$

有源区成为增益介质。参与光跃迁过程的导带能态 E_{n} 及价带能态 E_{p} 与光子能量 $\hbar\omega$ 的关系为

$$\begin{aligned} E_{\mathrm{n}} &= E_{\mathrm{c}} + \frac{m_{\mathrm{r}}}{m_{\mathrm{n}}}(\hbar\omega - E_{\mathrm{g}}) \\ E_{\mathrm{p}} &= E_{\mathrm{v}} - \frac{m_{\mathrm{r}}}{m_{\mathrm{p}}}(\hbar\omega - E_{\mathrm{g}}) \end{aligned} \tag{7.7}$$

m_n 和 m_p 分别为电子和空穴的有效质量，m_r 为它们的折合质量。

光波在增益介质中行进时，光强（等于光子流密度乘以光子能量 $\hbar\omega$）和距离 x 的一般关系为

$$I_{ph} = I_{ph}^0 \exp[G(\hbar\omega)x] \tag{7.8}$$

$G(\hbar\omega)$称为增益系数，根据第一章叙述的半导体光学性质，它可表示为

$$G(\hbar\omega) = \frac{\pi q^2 \hbar |p_{cv}|^2}{\bar{n} c m_0^2 \hbar\omega \varepsilon_0} g_{cv}(\hbar\omega)[f_n(E_n) + f_p(E_p) - 1] \tag{7.9}$$

或者，利用式(1.207)定义的自发寿命 τ_0 $\left(\tau_0^{-1} = \frac{\bar{n} q^2 \hbar\omega |p_{cv}|^2}{\pi m_0^2 \varepsilon_0 c^3 \hbar^2}\right)$，上式可改写为

$$G(\hbar\omega) = \frac{\hbar\lambda^2}{4\bar{n}^2 \tau_0} g_{cv}(\hbar\omega)[f_n(E_n) + f_p(E_p) - 1] \tag{7.10}$$

式中，$\lambda = 2\pi c/\omega$ 为真空中光波波长，$g_{cv}(\hbar\omega)$为联合态密度，

$$g_{cv}(\hbar\omega) = \frac{\sqrt{2} m_r^{3/2}}{\pi^2 \hbar^3} (\hbar\omega - E_g)^{1/2} \tag{7.11}$$

需要注意，对于半导体的情形，τ_0 应当用电子和空穴的辐射复合寿命 τ_r 取代。

增益系数 $G(\hbar\omega)$是注入载流子浓度 $n(=p)$的函数。要计算 $G(\hbar\omega)$，必须求出电子和空穴的准费米能级 E_{Fn} 和 E_{Fp}，以及它们占据能态的几率 $f_n(E_n)$和 $f_p(E_p)$。根据第 1.4 节，占据几率为

$$\begin{aligned} f_n(E_n) &= \{1 + \exp[(E_n - E_{Fn})/k_B T]\}^{-1} \\ f_p(E_p) &= \{1 + \exp[-(E_p - E_{Fp})/k_B T]\}^{-1} \end{aligned} \tag{7.12}$$

必须注意，激光器是在大注入（f_n 和 f_p 都较大）的条件下工作，占据几率不能由玻尔兹曼统计准确给出。对于给定的注入浓度 $n(=p)$，费米能级的位置可用 Joyce-Dixon 近似，由下式给出：

$$\begin{aligned} E_{Fn} &= E_c + k_B T\left[\ln \frac{n}{N_c} + \frac{1}{\sqrt{8}} \frac{n}{N_c}\right] \\ E_{Fp} &= E_v - k_B T\left[\ln \frac{p}{N_v} + \frac{1}{\sqrt{8}} \frac{p}{N_v}\right] \end{aligned} \tag{7.13}$$

N_c 和 N_v 分别为导带和价带的有效态密度，与温度 T 有关。

用上述有关的表达式，对于不同的注入载流子浓度 n，可以作为光子能量 $\hbar\omega$ 的函数来计算增益系数 $G(\hbar\omega)$。G-$\hbar\omega$曲线（增益谱）的一般形状如图 7.2 所示。由图可见，注入载流子浓度 $n < 1.5 \times 10^{18} \mathrm{cm}^{-3}$ 时，$G(\hbar\omega)$是负的，表明 f_n 和 f_p 太小，尚未实现粒子数反转分布；但当n 超过此值时，$G(\hbar\omega)$在一定频率范围内是正的，其峰值 G_{max} 随 n 增大并向短波方向移动。G_{max} 和 n 的关系可近似为

$$G_{max} \approx \sigma_G (n - n_T) \tag{7.14}$$

式中 n_T 称为透明载流子浓度，σ_G 称为微分增益系数。对GaAs激光器，300K 时有 $n_T \approx 1.55 \times 10^{18} \mathrm{cm}^{-3}$ 和 $\sigma_G \approx 1.5 \times 10^{-16} \mathrm{cm}^2$。当 $\hbar\omega \gg E_g$ 时，由于与跃迁过程有关能态的占据几率很

小，即使在十分高的注入载流子浓度下，$G(\hbar\omega)$也是负的。

微分增益系数 σ_G 随温度下降而增大，对 GaAs 激光器，300K 时为 $1.5\times10^{-16}\text{cm}^2$，而 77K 时为$5\times10^{-16}\text{cm}^2$；原因在于 f_n+f_p 随注入载流子浓度 n 变化的速率随温度下降而增大。σ_G 还和半导体激光器的结构有关，量子阱激光器的 σ_G 比普通激光器的约大一倍；原因在于，量子阱的能态密度和体材料相比少了一个维度的贡献，较低的能态密度使得 f_n+f_p 随注入载流子浓度 n 变化的速率增大。对于激光器性能的讨论将会看到，高 σ_G 的激光器具有响应速度快和线宽小的优点。

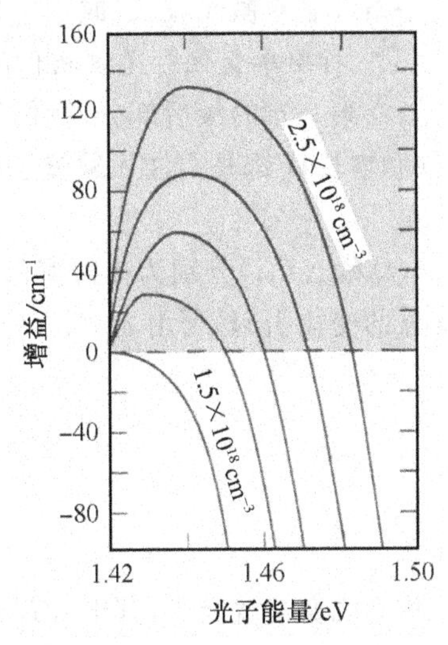

图 7.2　GaAs 激光器在不同注入载流子浓度下的增益系数

3. 光损耗和振荡条件

光在沿谐振腔的传播中，一方面谐振腔内的光增益作用使光强增加，另一方面谐振腔内的损耗和端面损耗使光强减弱。为了获得激光，谐振腔内产生的光增益必须克服来自上述两方面原因的光损耗。所以，增益存在一个阈值，在阈值以下激光器不能工作，我们以 G_{th}表示阈值增益系数。

令腔内损耗（载流子对光的吸收和缺陷对光的散射等）引起光强衰减系数为 α_i，则有效增益系数为

$$g=\Gamma G-\alpha_i \tag{7.15}$$

设谐振腔两个端面的光强反射率分别为 R_1 和 R_2，则光波在腔内往返一次（距离为 $2L$）以后，其振幅仍与原来振幅相同的条件为

$$R_1R_2\exp[(\Gamma G-\alpha_i)2L]=1 \tag{7.16}$$

由上式可知，为了产生稳定的激光振荡，阈值增益 G_{th}必须满足：

$$\Gamma G_{th}=\alpha_i+(1/2L)\ln(1/R_1R_2) \tag{7.17}$$

式(7.17)的物理意义是，增益必须克服谐振腔内部损耗和从两个端面发射出去造成的损耗才能产生激光。该式中$(1/2L)\ln(1/R_1R_2)$的项为端面损耗系数，我们用 α_m 表示。

又，设载流子注入引起的折射率变化可以忽略，则光波往返一次以后，成为原来相位的条件是

$$\exp(\mathrm{i}k_0\bar{n}2L)=1 \tag{7.18}$$

即

$$\frac{4\pi\bar{n}}{\lambda}L=2m\pi,\qquad m=1,2,3,\cdots \tag{7.19}$$

或

$$\lambda=\frac{2\bar{n}L}{m} \tag{7.20}$$

这一条件是对激光波长(或频率)的限制。

4. 折射率变化对光波相位的影响

在第一章的最后部分,我们简单分析了注入载流子效应。根据该处的讨论,折射率变化$\Delta\bar{n}$和增长G都是由注入载流子引起的量,不是相互独立的,因此,在这里我们引入参量α_c:

$$\alpha_c = \Delta\bar{n}/\Delta\bar{k} \tag{7.21}$$

$\Delta\bar{n}(t)$和$\Delta\bar{k}(t)$分别为折射率的实部和虚部相对稳态值的微小增量,它们由注入载流子浓度n的变化引起,利用$\Delta G(t)=-k_0\Delta\bar{k}(t)$和$k_0=2\pi/\lambda=\omega/c$,式(7.21)可写作

$$\alpha_c = -\left(\frac{2\omega}{c}\right)\left(\frac{\mathrm{d}\bar{n}/\mathrm{d}n}{\mathrm{d}G/\mathrm{d}n}\right) \tag{7.22}$$

或

$$\alpha_c = -\left(\frac{4\pi}{\lambda}\right)\left(\frac{\mathrm{d}\bar{n}/\mathrm{d}n}{\mathrm{d}G/\mathrm{d}n}\right) \tag{7.23}$$

α_c称为线宽增益因子,其中$\mathrm{d}G/\mathrm{d}n=\sigma_G$为微分增益系数。

当考虑折射率变化时,激光振荡的相位条件(7.18)式应修改为

$$\exp[\mathrm{i}(k_0\bar{n}+k_0\Gamma\Delta\bar{n})2L]=1 \tag{7.24}$$

或者写成

$$[\beta(\omega)+(\omega/c)\Gamma\Delta\bar{n}]2L=2m\pi \tag{7.25}$$

通常$\Delta\bar{n}$是变化的,所以由上式决定的ω也随时间变化。以ω_{th}和$\Delta\bar{n}_{th}$分别表示阈值时的激光振荡频率和折射率变化,则相对阈值的一个小的偏离,有

$$\omega(t)=\omega_{th}+\delta\omega(t),\quad \Delta\bar{n}(t)=\Delta\bar{n}_{th}+\delta\bar{n}(t) \tag{7.26}$$

将式(7.26)代入式(7.25),忽略二级小量,并注意$[\beta(\omega_{th})+(\omega_{th}/c)\Gamma\Delta\bar{n}_{th}]2L=2m\pi$,我们得到

$$\frac{\partial\beta}{\partial\omega}\delta\omega(t)+(\omega_{th}/c)\Gamma\delta\bar{n}(t)=0 \tag{7.27}$$

或

$$\delta\omega(t)=-(\omega_{th}/c)\Gamma v_g\delta\bar{n}(t) \tag{7.28}$$

其中,$v_g=\partial\omega/\partial\beta$为光波的群速度。频率的瞬时变化$\delta\omega(t)$等于光波相位$\phi$对时间的微分,即

$$\frac{\mathrm{d}\phi}{\mathrm{d}t}=\delta\omega(t) \tag{7.29}$$

由式(7.28),有

$$\frac{\mathrm{d}\phi}{\mathrm{d}t}=-(\omega_{th}/c)\Gamma v_g\delta\bar{n}(t) \tag{7.30}$$

折射率的变化$\delta\bar{n}(t)$可以通过式(7.22)表示的线宽增益因子α_c同增益系数G的变化$\delta G=G-G_{th}$联系起来($G_{th}=1/\Gamma v_G T_{ph}$是阈值增益系数),有

$$\delta\bar{n}(t)=-(c/2\omega_{th})\alpha_c\delta G$$

$$=-(c/2\omega_{th})\alpha_c(G-1/\Gamma v_G\tau_{ph}) \tag{7.31}$$

将式(7.31)代入方程(7.30)，得到

$$\frac{d\phi}{dt}=\frac{\alpha_c}{2}\left(\Gamma G v_g-\frac{1}{\tau_{ph}}\right) \tag{7.32}$$

其中 τ_{ph}是谐振腔内的光子寿命。上式为光波相位的速率方程式，是分析激光器特性的一个有效方程，例如在讨论激光线宽度时就会用到。

7.1.2　半导体激光器的工作特性

1. 阈值电流密度

设注入电流密度为 J，则电子(空穴)进入有源区的速率为

$$JA/q$$

注入的电子-空穴对的复合率为

$$nAd/\tau_r(J)$$

A 是谐振腔的面积，d 是有源区的厚度，$\tau_r(J)$是与电流密度有关的辐射复合寿命。在辐射复合效率为 1 的假设下，上述二者应当相等，从而得到

$$n=\frac{J\tau_r(J)}{qd} \tag{7.33}$$

阈值时，有

$$n_{th}=\frac{J_{th}\tau_r(J_{th})}{qd} \tag{7.34}$$

J_{th}表示阈值电流密度。正如在第一章讨论过剩载流子的辐射寿命时所指出的，τ_r 强烈依赖于载流子浓度(即注入电流密度)。随着注入电流密度超过 J_{th}，τ_r 之值变小。结果，虽然注入电流密度增加，有源区中的载流子浓度饱和且接近 n_{th}。方程(7.34)给出阈值电流密度 J_{th}和有源区厚度 d 之间的重要关系，为了得到低的阈值电流密度，有源区厚度应当减小。但从有源区内每秒产生的光子数(等于 $n_{th}Ad/\tau_r$)来看，为了得到大的激光输出，有源区厚度应当很大。阈值电流密度指器件产生激光输出的最小注入电流密度，与激光器材料、工艺、结构等因素有关，还随温度升高而增大。降低阈值电流密度一直是半导体激光器工艺改进的方向之一。

J_{th}和阈值增益 G_{th}相对应，估算 J_{th}时可以从下式出发：

$$G_{th}=\sigma_G(n_{th}-n_T) \tag{7.35}$$

并利用式(7.17)和(7.34)，将阈值电流密度表示(设光限制因子 $\Gamma=1$)为

$$J_{th}=q\left[n_T+\frac{\alpha_i-(1/L)\ln(R_1R_2)}{\sigma_G}\right]d/\tau_r \tag{7.36}$$

设 $\alpha_i=10\,\text{cm}^{-1}$，$L=500\,\mu\text{m}$，有源区材料为 GaAs($n_T\approx1.55\times10^{18}\text{cm}^{-3}$，$\sigma_G\approx1.5\times10^{-16}\text{cm}^2$，$\tau_r\approx5\,\text{ns}$)，并设 $R_1=R_2\approx0.3$ 则有

$$J_{th}/d\approx4\,830\,\text{A}/(\text{cm}^2\cdot\mu\text{m})$$

双异质结激光器的有源区厚度(1000～3000)比同质 pn 结激光器的小得多,J_{th}降低了一二个数量级,使半导体激光器在室温下连续工作成为可能。量子阱激光器的阈值电流密度更是低得多,这不仅由于它的有源区十分薄(～100Å),而且由于二维情形下的低能态密度使较少的注入载流子即可实现粒子数反转(即 n_T 较小)。

J_{th}和温度 T 的关系可表示为

$$J_{th}(T) = J_0 \exp(T/T_0) \tag{7.37}$$

T,T_0 都以绝对温度表示,T_0 称为激光器的特征温度,J_0 为 $T=T_0$ 时阈值电流密度的 1/e。T_0 表征半导体激光器的阈值电流对温度的敏感性,T_0 越大,器件的温度稳定性越好。InGaAsP半导体激光器的 T_0 典型值在 50～70K,而 GaAs 激光器的 T_0 超过 120K。因此,长波长器件的温度稳定性不如短波长器件。对于 1.55 μm 的 InGaAsP 半导体激光器,温度超过 100℃时一般不能再产生激光输出。

2. 输出功率和效率

图 7.3 表示半导体激光器输出功率 P_0 和注入电流强度 I 之间的典型关系。如前所述,只有注入电流 I 超过阈值(这里以 I_{th}表示),才会有激光输出。$I<I_{th}$时,注入载流子的数量较小,谐振腔内增益不足以克服损耗,结果器件是自发发射出光。令 β 表示不能从器件逸出的光子所占比例,则光子流输出为

$$I_{ph} = (1-\beta)R_{sp}Ad = (1-\beta)I/q \tag{7.38}$$

R_{sp}是自发发射速率。由于光子损耗项 β 的数值很高,光子输出 I_{ph}很小。同时,自发发射的光谱线很宽,相干性很差。

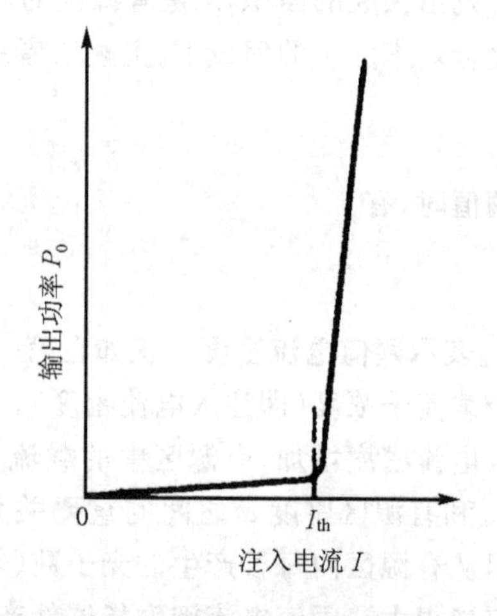

图 7.3 半导体激光器的输出功率 P_0 和注入电流 I 的关系

当 $I>I_{th}$时,开始激光发射。因为维持公式(7.17)的条件,增益 G 停留在阈值 G_{th},即使注入电流 I 增加也不变化。因为 G 是载流子浓度的函数,如果假设载流子能量分布保持在准热平衡状态,则载流子浓度不变化,与之相应,自发发射的复合数也不变化。因此,与超过阈值电流 $I-I_{th}$相应的那部分注入载流子以受激辐射而消耗掉。于是,在忽略非相干的自发辐射分量的条件下,可对受激辐射的光功率 P 写出下面的表达式:

$$P = \frac{(I-I_{th})\eta_i}{q}\hbar\omega \tag{7.39}$$

其中 η_i 称为内量子效率,是有源区注入的电子-空穴对发生辐射的几率,亦即有源区每秒产生的光子数与每秒注入的电子-空穴对数目之比。所以上式中的光功率 P 是以单位时间的光子数来表示的。

功率 P 的一部分耗散在激光器内部,其余部分通过两端的反射面透射出去。从阈值条

件的表达式(7.17)不难看出(设 $R_1=R_2=R$),这两部分功率分别正比于 α_i 和 $\frac{1}{L}\ln\frac{1}{R}$,故输出功率(即透射功率)为

$$P_0=\frac{(I-I_{th})\eta_i\hbar\omega}{q}\cdot\frac{\frac{1}{L}\ln\frac{1}{R}}{\alpha_i+\frac{1}{L}\ln\frac{1}{R}} \tag{7.40}$$

定义微分外量子效率 η_{ex} 为光子输出速率的增量与注入速率(每秒注入的电子-空穴对数)的增量之比,即

$$\eta_{ex}=\frac{d(P_0/\hbar\omega)}{d[(I-I_{th})/q]} \tag{7.41}$$

将式(7.40)代入上式,可得

$$\eta_{ex}^{-1}=\eta_i^{-1}\left[\frac{\alpha_i L}{\ln\frac{1}{R}}+1\right] \tag{7.42}$$

利用式(7.40)以及由实验测出的 η_{ex} 和 L 的关系可以确定内量子效率 η_i,GaAs 的 η_i 大约是 0.9～1.0。

若加到激光器的正向电压为 V,输入电功率就是 VI,则激光器将电功率转换成光输出功率 P_o 的效率为

$$\eta=\frac{P_o}{VI}=\eta_i\left(\frac{I-I_{th}}{q}\right)\left(\frac{\hbar\omega}{qV}\right)\frac{\ln\frac{1}{R_1}}{\left(\alpha_i+\ln\frac{1}{R}\right)} \tag{7.43}$$

理论上,$qV\approx\hbar\omega$ 。实际上,由于激光二极管串联电阻 R_s(包括材料的体电阻和电极接触的电阻),提供给每一个注入载流子的能量 qV 大于光子的能量 $\hbar\omega$,使转换效率 η 降低。一般,$qV\sim1.4\,E_g$,$\hbar\omega\approx E_g$,已经做到 300 K 时 $\eta\sim30\%$。

3. 调制特性

半导体激光器的光输出必须受到调制才能用于信息传输。最简单也是最重要的调制方法是由注入电流直接调制,这对于实现激光器和调制电路的单片集成十分重要。依赖于应用,可以把调制技术划分为下述三种方式。

(1) 大信号调制　在这种方式中,注入电流的变化范围从低于阈值到远高于阈值,从而实现激光器关断和开启之间的转换。这类调制可用于"光互连"或逻辑应用。以后将看到激光器对这种调制的响应很慢(～10 ns)。大信号调制由于响应慢和输出谱宽,不能用于光通信。

(2) 小信号调制　在这种方式中,激光器偏置电流远高于阈值,而调制电流的幅度很小。对于特殊设计的高速半导体激光器,小信号调制的带宽可以达到 50 GHz,但实际上调制频率通常小于 10 GHz,主要受限于电子线路而不是激光器芯片本身。

(3) 脉冲码调制　这种调制广泛用于现代光通信系统，对它的分析介乎大、小信号调制之间。在这种调制中，激光器偏置远高于阈值，再以较大的矩形脉冲调制，但注入电流始终高于阈值。用脉冲码调制方式，激光器可以达到 10 Gb/s 的速率。

大信号瞬态响应

激光器的大信号开关涉及二极管电流从低于阈值到高于阈值，图 7.4(a)给出了关于瞬态响应的一个计算结果。在电流脉冲之前，激光器有源区内的载流子浓度实际上是零。随着电流脉冲接通，载流子浓度增加，器件内的光增益开始增加，但在达到损耗值之前很少有光子逸出谐振腔。这样，必须经过延迟时间 t_d 才会有光子从器件出来。而一旦载流子浓度达到 n_{th}，受激发射开始；但在稳态之前，当载流子浓度值超过 n_{th} 时，光子输出将超过稳定值。高额的光子输出反过来降低载流子浓度，因为这时有较多的电子-空穴对复合。这样，载流子浓度和光子输出产生振荡(弛豫振荡)。

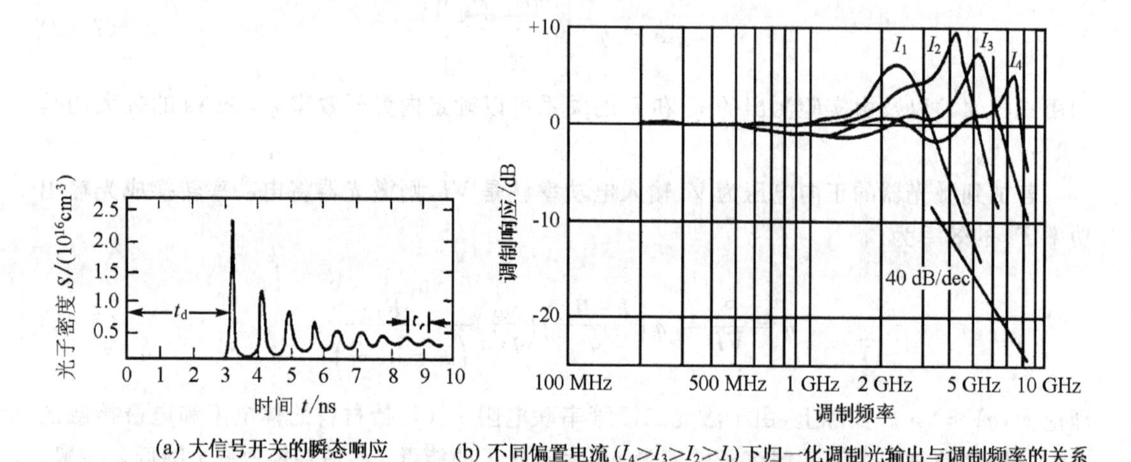

(a) 大信号开关的瞬态响应　(b) 不同偏置电流 ($I_4>I_3>I_2>I_1$) 下归一化调制光输出与调制频率的关系

图 7.4　半导体激光二极管的调制响应

我们通过载流子浓度 n 变化的速率方程来计算延迟时间 t_d，这一方程可写作

$$\frac{\mathrm{d}n}{\mathrm{d}t}=\frac{J}{qd}-\frac{n}{\tau}-R_{st} \tag{7.44}$$

$\tau=\tau_r\tau_{nr}/(\tau_r+\tau_{nr})$是电子-空穴对的复合时间，其中 τ_r 是辐射复合寿命，τ_{nr}是非辐射复合寿命。上式右方的第一项表示载流子流入有源区的速率，第二项表示由于自发发射载流子的损失速率，第三项表示由于受激发射的损失速率。如果电流密度从 0 到 J 变化的时间内 $n<n_{th}$，则谐振腔内没有光子存在，$R_{st}\sim 0$。从 $t=0$ 到 t 和 $n(0)$到 $n(t)$积分这一方程，得到

$$t=\tau\ln\left(\frac{J-qn(0)d/\tau}{J-qn(t)d/\tau}\right) \tag{7.45}$$

当 $n(t)=n_{th}$时，光子密度开始变化。这样，延迟时间(设 $n(0)=0$)为

$$t_d = \tau \ln\left(\frac{J}{J - qn_{th}d/\tau}\right) = \tau \ln\left(\frac{J}{J - J_{th}}\right) \tag{7.46}$$

如果非辐射过程可以忽略，则 $\tau=\tau_r$，这样在电流脉冲接通和光子从激光器出现之间有几个纳秒的延迟时间，这一时间以及光子开始出现以后产生的弛豫振荡对于激光器的许多应用是一个严重障碍。

小信号调制

在小信号调制中，激光器偏置通常远高于阈值，以得到最大有效带宽(以后将看到这一点)。在如此高的偏置下，激光器主模占优势。所以，在下面的讨论中，我们假定只存在单一的激光模式；同时假定载流子均匀注入，并忽略光子密度沿谐振方向的起伏。在这些条件下，有源区内光子密度 S 和注入电子(空穴)浓度 n 变化的速率方程为

$$\frac{dS}{dt} = \Gamma\sigma_G(n-n_T)v_g S - \frac{S}{\tau_{ph}} + \Gamma\frac{\beta n}{\tau_r} \tag{7.47}$$

$$\frac{dn}{dt} = \frac{I}{qV} - \Gamma\sigma_G(n-n_T)v_g S - \frac{n}{\tau_r} \tag{7.48}$$

在方程(7.47)中，右方第一项表示因为受激辐射光子密度 S 的增加率，其中 $Gv_g=\sigma_G(n-n_T)v_g$ 为单位时间的光增益系数，即光放大的速率，增益系数 G 和载流子浓度 n 的关系由式(7.14)给出为 $G\approx\sigma_G(n-n_T)$，$v_g=c/\bar{n}$ 为光在有源区中的速度，光限制因子表示谐振腔内所有光能中有源区内所占的比例；第二项表示因为损耗光子密度的减少率，其中 τ_{ph} 为谐振腔内的光子寿命，可表示为

$$\tau_{ph}^{-1} = (c/\bar{n})[\alpha_i + (1/L)\ln(1/R)] \tag{7.49}$$

α_i 为腔内损耗系数，$\alpha_m=(1/L)\ln(1/R)$ 为端面损耗系数，它们的单位是 cm^{-1}；第三项表示因为自发辐射光子密度的增加率，其中 τ_r 是自发辐射寿命，β 是自发辐射因子。β 表示自发辐射光子总数中进入单一激光模式的比率，由于自发辐射的能量范围是 $k_B T$ 的数量级，而激光线宽只是几个 μeV，β 的典型值为 10^{-5} 至 10^{-4}。综上所述，方程(7.47)的物理意义是，有源区光子密度增加的速率等于因受激辐射和自发辐射增加的速率减去因谐振腔损耗而减少的速率。方程(7.48)的物理意义类似。在方程(7.48)中，I 是注入电流强度，这里应理解为注入电流的辐射部分(一个重要的非辐射复合过程是俄歇过程，在俄歇复合中，电子-空穴对复合时把它们的能量交给第三个电子或空穴，结果没有光子发射，俄歇复合在窄禁带半导体激光器中特别重要，其重要性随温度增加)；q 是电子电荷；V 是有源区的体积。

为了避免数学上的繁琐而不影响对半导体激光器基本调制特性的讨论，下面的分析将忽略自发辐射对激光光子密度的影响(令 $\beta=0$)，于是，速率方程为

$$\frac{dS}{dt} = \Gamma A(n-n_T)S - \frac{S}{\tau_{ph}} \tag{7.50}$$

$$\frac{dn}{dt} = \frac{I}{qV} - \frac{n}{\tau_r} - \Gamma A(n-n_T)S \tag{7.51}$$

式中，$A=\sigma_G v_g$。

令式(7.50)和(7.51)的左边等于零，即得到速率方程的稳态解：

$$0 = \Gamma A(n_0 - n_T)S_0 - S_0/\tau_{ph} \tag{7.52}$$

$$0 = \frac{I}{qV} - \frac{n_0}{\tau_r} - \Gamma A(n_0 - n_T)S_0 \tag{7.53}$$

半导体激光器的调制响应一般只能对速率方程进行数值求解得到，但对交流小信号调制可以得到解析结果。交流小信号调制是信号调制电流正弦变化而激光器的偏置电流 I_0 超过阈值 I_{th}，并且调制电流的幅度 i_1 满足 $i_1 \ll I_0$，即注入电流为

$$I = I_0 + i_1 \exp(i\omega t) \tag{7.54}$$

在小信号调制下，载流子浓度 n 和光子密度 S 可表示为

$$n = n_0 + n_1 \exp(i\omega t), \quad S = S_0 + S_1 \exp(i\omega t) \tag{7.55}$$

其中 S_0 和 n_0 满足方程(7.52)和(7.53)。

将式(7.55)代入方程(7.50)和(7.51)，忽略二阶小量，并利用方程(7.52)和(7.53)，得到下面两个方程：

$$-i\omega n_1 = \frac{-i_1}{qV} + \left(\frac{1}{\tau_r} + AS_0\right)n_1 + \frac{S_1}{\Gamma\tau_{ph}} \tag{7.56}$$

$$i\omega S_1 = \Gamma AS_0 n_1 \tag{7.57}$$

我们主要感兴趣的是调制响应 $S_1(\omega)/i_1(\omega)$，从以上二式有

$$S_1 = \frac{(i_1/qV)\Gamma AS_0}{\omega_0^2 - \omega^2 + i\omega\gamma_d} \tag{7.58}$$

从上式可得到调制响应函数为

$$H(\omega) \equiv \frac{S_1(\omega)}{S_1(0)} = \frac{\omega_0^2}{\omega_0^2 - \omega^2 + i\omega\gamma_d} \tag{7.59}$$

其中

$$\omega_0 = \sqrt{\frac{AS_0}{\tau_{ph}}} \tag{7.60}$$

$$\gamma_d = \frac{1}{\tau_r} + AS_0 \tag{7.61}$$

$H(\omega)$在下述条件下出现峰值：

$$\omega = i\frac{\gamma_d}{2} \pm \sqrt{\omega_0^2 - \frac{\gamma_d^2}{4}} \tag{7.62}$$

方程(7.62)中的第一项为阻尼项，第二项是响应峰值所对应的频率，称为弛豫共振频率，以 ω_R 表示，为

$$\omega_R = \sqrt{\frac{AS_0}{\tau_{ph}} - \frac{1}{4}\left(\frac{1}{\tau_r} + AS_0\right)^2} \tag{7.63}$$

$\tau_r \sim 4\times10^{-9}$ s，同时可以证明：$\tau_{ph} \sim 10^{-12}$ s，$AS_0 \sim 10^{-9}$ s^{-1}，所以下式是一个很好的近似：

$$\omega_R = \sqrt{\frac{AS_0}{\tau_{ph}}} = \sqrt{\frac{\sigma_G}{\tau_{ph}}\left(\frac{I - I_{th}}{qV}\right)\eta_i} \tag{7.64}$$

上式的最后一步能够从有源区产生的光功率既可表示为 $S_0\hbar\omega v_g V$ 也可表示成 $[(I-I_{th})/q]\cdot\hbar\omega\eta_i$ 得到证明。

由方程(7.59)可以看出，$\omega<\omega_R$ 时 $H(\omega)\sim 1$，响应曲线基本上是平坦的；直到 $\omega=\omega_R$ 时出现峰值，其大小为 ω_R/γ_d；然后随调制频率 ω 增加而迅速下降。所以 ω_R 是半导体激光器的最高响应频率(响应带宽)。图 7.4(b)给出了激光器典型的调制响应曲线。

下面简短讨论影响半导体激光器频率响应的因素。

(1) 注入电流和阈值电流

从式(7.64)十分清楚，激光器的响应带宽 ω_R 随光子密度 S_0 增大；或者说，若激光器偏置在大注入电流 I 下，器件将工作得更好。由于相同注入电流下，低阈值激光器的光子密度大，低阈值电流激光器是很重要的。

但是，不能在十分大的电流下简单地驱动激光器。在大注入下，高温和高光子密度引起的效应(例如增益饱和效应)将使激光器性能退化。

(2) 光子寿命

响应带宽 ω_R 的表达式(7.64)表明，光子寿命 τ_{ph} 应尽可能短。光子寿命可以用较短的谐振腔来降低，但这会增加损耗，从而必须以较大的 n_{th} 来达到相同的增益。这样，对于一定的激光器，有一个最佳腔长，典型值约为 100 μm。

(3) 微分增益

微分增益 σ_G 在式(7.64)中的出现表明，响应带宽可以通过选择激光器的有源区(例如量子阱激光器)使之有高微分增益而得到改善。

(4) 俄歇效应

俄歇效应对激光器性能有两点重要影响。一方面，由于一部分电流不能用来产生光子，必须以大电流来驱动激光器来达到一定的 S_0 值；另一方面，由于载流子寿命 τ 减小，阻尼系数 γ_d 增加，器件响应受到损害。

频率啁啾(frequency chirp)

在光纤通信中，为了给激光器信息而进行电流调制，伴随注入载流子数的波动产生折射率变化，进而导致瞬时频率偏移(参见(7.32)式)：

$$\delta\omega(t)=\frac{\alpha_c}{2}\left[\Gamma G v_g-\frac{1}{\tau_{ph}}\right]$$

结果使调制信号(光信号)的频谱展宽，这就是频率啁啾。在调制信号很强的情形下，啁啾作用尤其严重。这样，在实用的单模光纤中，因为光纤的色散作用，长距离传送后的信号显著畸变，所以不能实现原来的传送带宽和传送距离。为了减小这一有害啁啾，必须使线宽增益因子 α_c 小。与双异质结(DH)结构相比，量子阱(QW)结构的微分增益大，因子 α_c 小。因此，QW 结构能够使频率啁啾小的半导体激光器得以实现。

4. 激光线宽

同其他光源一样，半导体激光器产生的单一模式的光并不是单一波长(或频率)的光，而是具有一定的波长范围，即具有一定的光谱线宽度。激光线宽越小，它的相干长度就越大，这对长距离的光通信系统和高分辨率的探测系统等都是十分重要的。所以激光线宽是表征激光器性能的重要参数之一。

激光线的宽度主要来自激光场的相位起伏，而这种起伏则来自自发发射所引起的激光场的相位和强度无规则变化。如图 7.5 所示。每一次自发发射引起的场强变化，平均来说等价于使光场增加一个光子。为了恢复稳态光强，激光器将经历一个弛豫过程(持续时间约为 1 ns)。

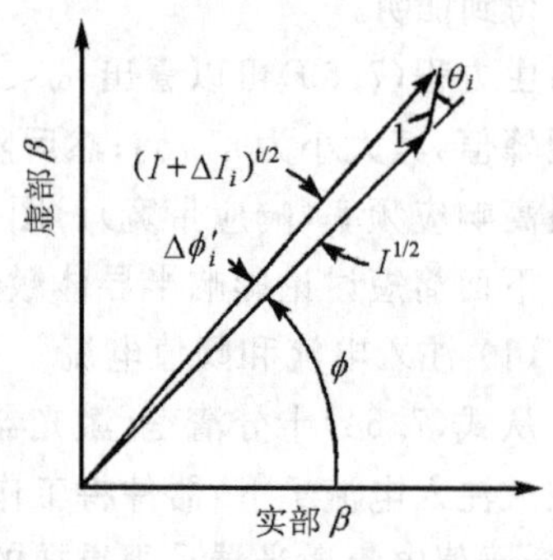

图 7.5 由第 i 个自发发射事件引起的光场相位 ϕ 和光场强度 I 的瞬时变化

在图 7.5 中，光场用复振幅 β 表示，谐振腔内平均光强 $I=\beta^*\beta$ 用平均光子数表示，$\phi(t)$ 则表示光场的相位。第 i 个自发发射事件使光场增加一个光子，故引起光场的改变为

$$\Delta\beta_i = \exp[\mathrm{i}(\phi+\theta_i)] \tag{7.65}$$

其中 $\Delta\beta_i$ 的大小等于 1，而具有无规则的相位 $(\phi+\theta_i)$，因为 θ_i 是无规则的。

单个自发发射使激光场相位起伏 $\Delta\phi_i$ 来自两个方面的贡献，它们分别用 $\Delta\phi_i'$ 和 $\Delta\phi_i''$ 表示。$\Delta\phi_i'$ 来自 $\Delta\beta_i$ 的异相分量，即与相位 ϕ 的变化方向一致的分量，这一分量(在 $I^{1/2}\gg 1$ 的情形下)为

$$\Delta\phi_i' = I^{-1/2}\sin\theta_i \tag{7.66}$$

$\Delta\phi_i''$ 来自沿强度变化方向的分量，是光强恢复到平衡值之前的波动而产生的。从图 7.5 看到，光场振幅从 $I^{1/2}$ 变到 $(I+\Delta I_i)^{1/2}$。应用余弦定理得到

$$\Delta I_i = 1 + 2I^{1/2}\cos\theta_i \tag{7.67}$$

为了把 $\Delta\phi_i''$ 和 ΔI_i 联系起来，我们利用 I 和 ϕ 变化的速率方程

$$\frac{\mathrm{d}I}{\mathrm{d}t} = \left(\Gamma G v_{\mathrm{g}} - \frac{1}{\tau_{\mathrm{ph}}}\right) I \tag{7.68}$$

$$\frac{\mathrm{d}\phi}{\mathrm{d}t} = \frac{\alpha_{\mathrm{c}}}{2}\left(\Gamma G v_{\mathrm{g}} - \frac{1}{\tau_{\mathrm{ph}}}\right) \tag{7.69}$$

其中 Gv_{g} 是受激发射的速率，$1/\tau_{\mathrm{ph}}$ 表示谐振腔内部和端面光子损耗的速率。式(7.68)是光强度变化的速率方程，在方程(7.50)中把光子密度 S 换成光强 $I(I=S\hbar\omega v_{\mathrm{g}})$ 和把 $A(n-n_{\mathrm{r}})$ 换成 Gv_{g} 即可以得到；式(7.69)是光波相位 ϕ 变化的速率方程，参见(7.32)式，将方程(7.68)和(7.69)联立，有

$$\frac{\mathrm{d}\phi}{\mathrm{d}t} = \frac{\alpha_{\mathrm{c}}}{2I}\frac{\mathrm{d}I}{\mathrm{d}t} \tag{7.70}$$

对方程(7.70)积分，并考虑到 $I(0)=I+\Delta I_i$ 和 $I(\infty)=I$，得到

$$\Delta\phi_i'' \approx -\left(\frac{\alpha_{\mathrm{c}}}{2I}\right)\Delta I_i = \left(-\frac{\alpha_{\mathrm{c}}}{2I}\right)[1+2I^{1/2}\cos\theta_i] \tag{7.71}$$

所以，单个自发辐射引起光场的相位变化为

$$\Delta\phi_i = \Delta\phi_i' + \Delta\phi_i'' = -\frac{\alpha_c}{2I} + I^{-1/2}[\sin\theta_i - \alpha_c\cos\theta_i] \tag{7.72}$$

上式中$\left(-\frac{\alpha_c}{2I}\right)$的项是一个小的常数项，我们将它忽略。对于 $N=R_{sp}(\omega)t$($R_{sp}(\omega)$是进入激光模式的自发辐射速率)个自发辐射，总的相位起伏为

$$\Delta\phi = \sum_i I^{-1/2}[\sin\theta_i - \alpha_c\cos\theta_i] \tag{7.73}$$

从上式可计算$(\Delta\phi)^2$之值。令交叉项趋于零(由于θ_i无规则，它在0到2π之间取值的几率相等)，得到

$$\langle(\Delta\phi)^2\rangle = \frac{Rt}{2I}(1+\alpha_c^2) \tag{7.74}$$

$\langle\ \rangle$表示对大量单个事件或时间的统计平均。

激光线强度频谱曲线的半峰值点之间的宽度被定义为激光线宽度。利用威纳-肯欣定理(这一定理的证明不属于本书范围，可参考文献[1]的10.2节)，激光频谱函数$S_{\mathscr{E}}(\omega)$可用自相关函数$C_{\mathscr{E}}(\tau)=\langle\mathscr{E}^*(t)\mathscr{E}(t+\tau)\rangle$表示如下：

$$S_{\mathscr{E}}(\omega) = \frac{1}{\pi}\int_{-\infty}^{\infty} C_{\mathscr{E}}(\tau)\exp(-\mathrm{i}\omega\tau)\mathrm{d}\tau \tag{7.75}$$

现在计算自相关函数$C_{\mathscr{E}}\langle t\rangle$，由图7.5，我们可以将光场表示为$\mathscr{E}(t)=\beta(t)\exp[\mathrm{i}\omega_0 t+\mathrm{i}\delta\phi(t)]$，所以

$$\begin{aligned} C_{\mathscr{E}}(t) &= \langle\mathscr{E}^*(0)\mathscr{E}(t)\rangle \\ &= \langle\beta^*(0)\exp[-\mathrm{i}\delta\phi(0)]\beta(t)\exp[\mathrm{i}\omega_0 t+\mathrm{i}\delta\phi(t)]\rangle \\ &\approx |\beta(0)|^2\langle\exp[\mathrm{i}\Delta\phi(t)]\rangle\exp(\mathrm{i}\omega_0 t) \end{aligned} \tag{7.76}$$

在上式中，考虑到激光噪声的主要来源是光场相位的涨落，而不是其振幅的涨落，因此可将$\beta^*(0)\beta(t)$看作常数，而近似等于$|\beta(0)|^2$；考虑到自发辐射是随机的，相位漂移$\Delta\phi(t)=\delta\phi(t)-\delta\phi(0)$的几率分布$f(\Delta\phi)$可假定为高斯型，即

$$f(\Delta\phi) = \frac{1}{\sqrt{2\pi\langle(\Delta\phi)^2\rangle}}\exp[-(\Delta\phi)^2/2\langle(\Delta\phi)^2\rangle] \tag{7.77}$$

用这一分布，得到

$$\begin{aligned} \langle\exp[\mathrm{i}\Delta\phi(t)]\rangle &= \int_{-\infty}^{\infty}\exp[\mathrm{i}\Delta\phi(t)]f(\Delta\phi)\mathrm{d}(\Delta\phi) \\ &= \exp(-\langle(\Delta\phi)^2\rangle/2) \\ &= \exp(-|t|/t_c) \end{aligned} \tag{7.78}$$

t_c为激光场恢复稳态光强的弛豫时间，对大多数半导体为纳秒(ns)数量级。在完成上面积分的过程中，可以利用欧拉公式$\exp[\mathrm{i}\Delta\phi(t)]=\cos(\Delta\phi)+\mathrm{i}\sin(\Delta\phi)$，从而积分为两个部分之和，其中含有$\sin(\Delta\phi)$的积分因被积函数为奇函数而等于0，剩下的含$\cos(\Delta\phi)$的积分可直接查积分表得出结果。由式(7.78)可以得到

$$\frac{1}{t_c}=\frac{\langle(\Delta\phi)^2\rangle}{2t} \tag{7.79}$$

将式(7.78)代入(7.76),并一起代入式(7.75),且完成积分(与计算$\langle\exp[i\Delta\phi(t)]\rangle$的过程相似),可以得到激光的频谱函数:

$$S_{\mathscr{E}}(\omega)=\frac{|\beta(0)|^2}{\pi}\int_{-\infty}^{\infty}\exp(-|t|/t_c)\cdot\exp[-i(\omega-\omega_0)t]$$

$$=\frac{2}{\pi}|\beta(0)|^2\frac{1/t_c}{(\omega-\omega_0)^2+(1/t_c)^2} \tag{7.80}$$

这是一个以激光频率 ω_0 为中心的洛伦兹型函数,显然与峰高半值对应的谱宽为

$$\Delta\omega=2(1/t_c) \tag{7.81}$$

或

$$\Delta\nu=1/\pi t_c \tag{7.82}$$

联合公式(7.74)、(7.79)和(7.82),得到激光线宽度

$$\Delta\nu=\frac{R}{4\pi I}(1+\alpha_c^2) \tag{7.83}$$

光强 I 可以用激光器的输出功率表示,对于两个端面输出功率相等的激光器,I 和一个端面输出功率 P_o 的关系为

$$I=\frac{2P_o}{h\nu v_g\alpha_m} \tag{7.84}$$

其中 $v_g=c/n_g$(n_g 称为群折射率)是光的群速度,α_m 是端面损耗系数。

进入激光模式的自发辐射速率 $R_{sp}(\omega)$和光增益速率的关系可表示为

$$R_{sp}(\omega)=n_{sp}Gv_g \tag{7.85}$$

n_{sp}称为自发辐射因子,可表示为

$$n_{sp}=\frac{f_nf_p}{f_n+f_p-1}=\{1-\exp\{[h\nu-(E_{Fn}-E_{Fp})/k_BT]\}^{-1} \tag{7.86}$$

对于半导体激光器,$n_{sp}\approx2$。

稳态时,有 $G=\alpha_i+\alpha_m$,所以最终得到

$$\Delta\nu=v_g^2\left(\frac{n_{sp}h\nu}{8\pi P_0}\right)\alpha_m(\alpha_m+\alpha_i)(1+\alpha_c^2) \tag{7.87}$$

要减小激光线的宽度,最主要的是降低线宽因子 α_c。由式(7.22)可知,应当选用选微分增益系数 σ_G 大的激光介质,例如选用量子阱激光器。线宽 $\Delta\nu$ 与输出功率 P_o 成反比变窄,目前大多数半导体激光器,额定输出时的 $\Delta\nu$ 为几十兆赫数量级。但是,如果内部损耗 α_i 小,谐振腔长度 L 大(α_m 小),实现亚兆赫线宽的量子阱激光器是可能的。

7.1.3 双异质结(DH)激光器

这是至今为止最有实用价值的半导体激光器,其中最为常见的是 AlGaAs/GaAs DH

激光器和 InP/InGaAsP DH 激光器。三元合金 AlGaAs 的禁带宽度比 GaAs 的大，被用做对注入 GaAs 有源区（激活区）中电子和空穴的限制层，激光波长和 GaAs 的禁带宽度相对应（$\lambda \approx 0.89\ \mu m$）；InGaAsP 是四元合金，其发射的激光波长覆盖光纤损耗最小的波长窗口（$1.3 \sim 1.6\ \mu m$）。本节简要介绍这两种激光器的基本知识。

1. 半导体材料

制作半导体激光器必须考虑的主要因素之一是选择能够发射所需波长的半导体材料。由于光子能量 $h\nu$ 近似等于半导体的禁带宽度 E_g，激光波长可以从 $E_g \approx hc/\lambda$ 得到，其中 h 是普朗克常数，c 是真空中的光速。如果 E_g 用 eV 表示，λ 用 μm 表示，则

$$\lambda = \frac{1.24}{E_g} \tag{7.88}$$

对于限制层，应选择禁带宽度约大 200 meV 的半导体材料。在 AlGaAs/GaAs DH 激光器中，与 GaAs 的禁带宽度对应的激光波长近似为 $0.89\ \mu m$。在 InP/InGaAsP DH 激光器中，$In_{1-x}Ga_xAs_yP_{1-y}$ 是四元合金，对于同 InP 晶格匹配（$y=2.2x$）的情形，其禁带宽度可表示为

$$E_g = 1.35 - 0.72y + 0.12y^2 [\text{eV}], \quad 0 \leqslant y \leqslant 1 \tag{7.89}$$

这一材料体系覆盖了从 $0.92\ \mu m$ 至 $1.65\ \mu m$ 的波长范围。光纤的最低损耗位于 $1.3 \sim 1.6\ \mu m$ 波长范围，所以 InP/InGaAsP DH 激光器在长距离光纤通信系统中是至关重要的。AlGaAs/GaAs DH 激光器常用于短距离（小于 2 公里）的光纤通信系统。

三元合金 AlGaAs 由 AlAs 和 GaAs 这两种Ⅲ-V 族化合物混合而成，实质上是 GaAs 中一部分 Ga 原子被 Al 原子取代。以 x 表示 Al 原子数与Ⅲ族（或 V 族）总原子数之比，则这种三元合金表示为 $Al_xGa_{1-x}As$；其禁带宽度和折射率与组分比例 x 有关。GaAs 作为有源区做得很薄，其厚度小于 $0.5\ \mu m$，通常是不掺杂的，以减少光子的损耗。$Al_xGa_{1-x}As$ 的禁带宽度（$0<x<0.45$）可表示为

$$E_g = 1.424 + 1.247x \quad [\text{eV}] \tag{7.90}$$

它比 GaAs 的大，所以载流子被异质结能带边的不连续（ΔE_c 或 ΔE_v）所形成的势垒限制在 GaAs（有源区）内，从而有很高的辐射复合效率。而在同质结激光器内，载流子能够离开产生辐射复合的有源区，因此发光效率不高。同时，GaAs 的折射率比 $Al_xGa_{1-x}As$ 的大，其差值可表示为

$$\bar{n}_{\text{GaAs}} - \bar{n}_{\text{Al}_x\text{Ga}_{1-x}\text{As}} \approx 0.62x \tag{7.91}$$

所以两个限制层（p-$Al_xGa_{1-x}As$ 和 n-$Al_xGa_{1-x}As$）和夹在它们中间的有源层（GaAs）将构成三层介质波导。由于有源层的折射率比限制层的大，当光线射向限制层的入射角大于临界角时将发生全反射，也就是说光线被导向平行于介质层界面的方向而大大地被约束在有源层内（光限制因子接近于 1）。而在同质结激光器内，有源层内外折射率之差 $\Delta\bar{n}$ 较小，光限制因子也就较小。

图 7.6 给出了几种二元、三元和四元半导体材料的禁带宽度和晶格常数，图中的小圆圈表示二元半导体，它们之间的连线对应它们构成的三元半导体材料，阴影部分则表示 Ga，

In,As,P 构成的四元半导体材料。为了制成晶格匹配的异质结,只能采用图中基本上在同一竖直线(虚线)上的半导体材料,它们具有几乎相同的晶格常数,但禁带宽度不同。图中 GaAs 和AlAs的连线基本上是竖直线,线上的材料 $Al_xGa_{1-x}As$ 对任何摩尔分数 x 都能同 GaAs 实现晶格匹配,而当 $x<0.45$ 时都是直接禁带半导体,可以构成 $Al_xGa_{1-x}As/GaAs$ 异质结。而对于$In_{1-x}Ga_xAs_yP_{1-y}$四元半导体,只有 y 和 x 的比值被限定为 $y/x=2.2$ 时,其晶格常数落在通过 InP 的竖直线上,从而能和 InP 构成晶格匹配的异质结。

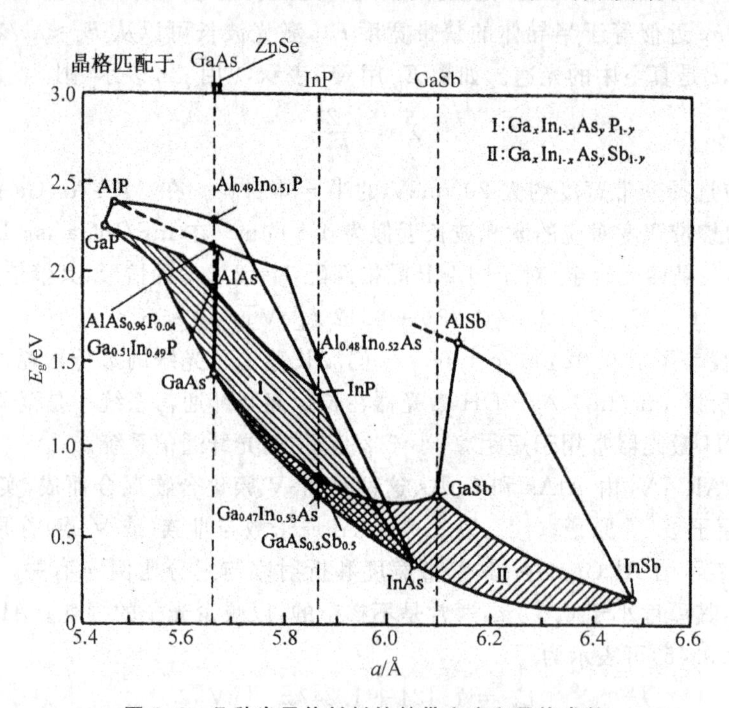

图 7.6 几种半导体材料的禁带宽度和晶格常数

如果异质结生长工艺不够合理,或者材料间的晶格匹配不很完善,则会在异质结界面处形成许多位错或其他缺陷,这些缺陷起着非辐射复合中心的作用,降低激光器的效率。在激光器的使用过程中,异质结界面处的缺陷和应力会使有源区内部增加一些不发光的暗区,使激光器的工作寿命缩短。所以,研究异质结生长工艺和晶格匹配,提高异质结界面的完整性,是研制长寿命激光器的关键。

2. 改进的器件结构

条形激光器

在前面叙述的 DH 激光器中,载流子和光子在垂直于结平面的方向(纵向)上受到限制(双异质结的性能),但在结平面内不受限制,整个结平面都能发射激光,这种激光器称为宽面激光器。为了降低工作电流和改善激光器输出特性,实际的半导体激光器通常做成条形结构,即在结平面(横向)上再对载流子和光子进行限制,这种激光器称为条形激光器。条形激光器的结构有两种基本类型，即增益导引和折射率导引，如图 7.7 所示。该图是半导体激光器在光输出方向的断面图(衬底采用 GaAs，InP 等材料，P，N 表示禁带宽度比有源层的要宽的 p，n 型材料)。

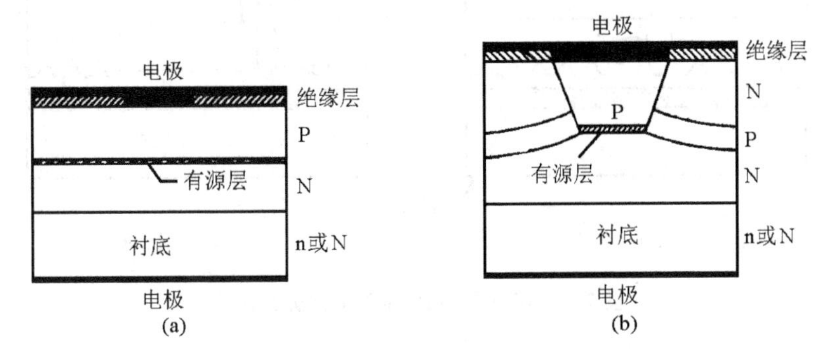

图 7.7 (a) 增益导引激光器；(b) 折射率导引激光器

增益导引半导体激光器通过在结平面方向(横向)上注入载流子浓度分布(增益分布)对光子进行限制。在图 7.7(a)所示的结构中，除接触区之外，全部用氧化层绝缘，因此注入电流和发光区域都被限制在金属接触下面的狭窄条形区域(条区宽度的典型值 5～10 μm)内，不像宽面 DH 激光器那样在有源区的整个端面都发光。

折射率导引半导体激光器通过在横向引入一个折射率差 Δn，形成与纵向的双异质结相类似的波导效应而实现对光子的限制。在图 7.7(b)所示的结构中，条形有源区(例如 p-GaAs 区)被折射率较低的宽禁带材料(AlGaAs)包围而形成波导，对光信号具有很强的限制作用。在大多数光纤通信系统中都采用这种折射率导引的掩埋异质结(BH)半导体激光器。

DFB 和 DBR 激光器

在前述的 F-P 谐振腔激光器中，两个端面是由解理或抛光制成的，以便获得产生激光所必需的光反馈。这种反馈也可以由激活区(光腔)内的布拉格光栅得到，相应的激光器称为分布反馈(DFB)激光器。如果布拉格光栅被做在激活区的两个端面之外，则构成分布布拉格反射(DBR)激光器。图 7.8 是 DFB 和 DBR 半导体激光器的示意图。人们用全息光刻或电子束光刻的技术，在激光器的有源层(或是相邻的波导层)中刻制一定周期、适宜深度的光栅，然后再继续外延生长第二种薄膜材料。由于两种材料的折射率不同，因而构成一系列周期性反射界面，组成了半导体介质光栅。无论是 DFB 或 DBR 激光器，激活区内电子和空穴复合产生的光子将受到每一条光栅的反射，从而形成光反馈。这十分类似晶体中布拉格衍射的情形。在晶体中，当光波以角度 θ 入射到一族晶面时，反射光发生相长干涉的条件(布拉格衍射条件)为

$$2d\sin\theta = k\lambda \qquad (k = 1,2,3,\cdots) \tag{7.92}$$

其中 d 为晶面间距，λ 为晶体中的光波波长。DFB 和 DBR 激光器的波纹光栅(布拉格光栅)

类似于晶体的晶面族，光波传播方向与光栅垂直，即 $\theta=\pi/2$，故相长干涉条件为

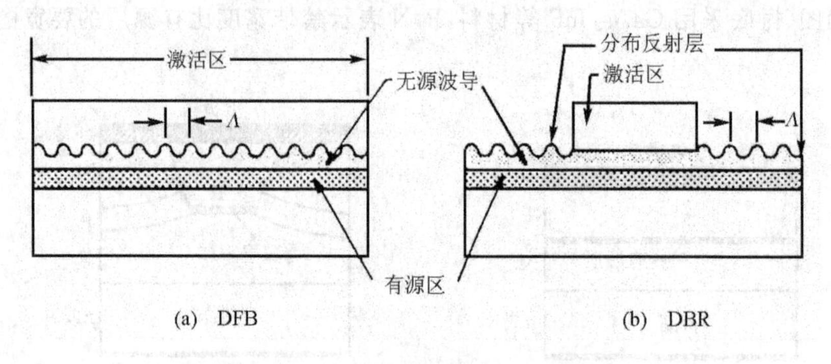

图 7.8 DFB 和 DBR 半导体激光器结构

$$\lambda_B=\frac{2\bar{n}\Lambda}{k}\qquad (k=1,2,3,\cdots) \tag{7.93}$$

Λ 为栅距；$\bar{n}$ 为介质的有效折射率；λ_B 为布拉格波长，上式中用了 $\lambda=\lambda_B/\bar{n}$ 的关系；k 表示布拉格衍射的级数，$k=1$（一级布拉格衍射）时，两个相向传播的行波之间耦合最强。但有时也用二级（$k=2$）光栅，因为波纹周期 Λ 较大，制作比较容易。

DFB 激光器的布拉格光栅做在整个有源区上面，光栅区折射率的周期性变化使两个相向传播的行波发生耦合，当其波长接近布拉格波长时耦合最强。对于理想的 DFB 激光器，纵向模式对称地分布在 λ_B 的两侧。由式(7.4)可知，基模波长 λ_0 与 λ_B 相差$\frac{1}{2}\left(\frac{\lambda_B^2}{2\bar{n}L}\right)$，相应的波长为

$$\lambda_0=\lambda_B\pm\frac{1}{2}\left(\frac{\lambda_B^2}{2\bar{n}L}\right) \tag{7.94}$$

依次类推，DFB 激光器允许发射的模式（波长）为

$$\lambda_m=\lambda_B\pm\frac{\lambda_B^2}{2\bar{n}L}\left(m+\frac{1}{2}\right),\quad m=0,1,2,\cdots \tag{7.95}$$

L 是布拉格光栅的有效长度。

事实上，无论是 DFB 或 DBR 激光器，布拉格光栅相当于一个满足式(7.93)的对波长有选择性的反射镜，对于最接近 λ_B 的纵模，光腔损耗最小，其他纵模的损耗急剧增加，从而达到单一波长（或频率）工作的目的。单模半导体激光器的谱线宽度小于 0.1nm，已经用在波长 1.55μm、速率超过 2.5Gb/s 的低损耗光纤通信系统中；普通 F-P 腔半导体激光器通常工作在多个纵模状态，输出光谱宽度为 2～4nm，用这种低损耗光纤（单模阶跃折射率光纤）传送光脉冲（信号）时，因为色散，信号会发生畸变。

尽管 DFB 和 DBR 半导体激光器的制作技术较为复杂，但已实现常规化。例如，对 $\lambda=$ 1.55μm的激光器，取 $k=1$（一级布拉格衍射）和 $\bar{n}=3.3$，由式(7.93)得到光栅间距 $\Lambda=$

0.235μm。对于这种亚微米周期的光栅，可以采用全息技术或电子束技术得到。器件产生激光振荡所必需的光反馈由布拉格光栅来实现，而这种光栅可以通过平面工艺得到，所以它在集成光学中特别有用。集成光学使用在固体衬底上由平面工艺制造的小型光波导元件和电路。

7.1.4　量子阱(QW)激光器

QW激光器的几何结构与通常的DH激光器类似，只是有源层很薄，其厚度约为50～100Å，与受限电子的德布罗意波长(或电子自由程)相当，从而对载流子起着显著的量子限制作用。而在DH激光器中，有源层厚度约1 000～3 000Å，虽然对载流子和光子起着限制作用，但它的电子学性质和光学性质仍然与体材料相同。由于量子限制作用，QW激光器具有比较优越的性能。实际中可以不止一个量子阱作为有源区，而是采用层厚5～10nm的多层有源区，构成所谓多量子阱(MQW)激光器。采用多量子阱，电子和空穴在空间上受到更大限制，复合发光的几率更大，器件有更好的性能。我们的讨论只限于单个量子阱的情形，介绍这类激光器的一些基本知识。

1. 量子阱中的载流子

图7.9表示GaAs QW激光器的分层结构和能带边，下面我们着重讨论量子阱导带内

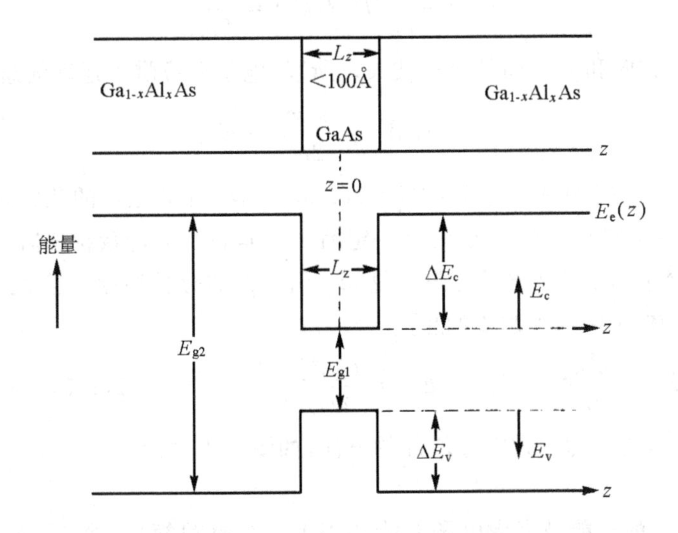

图7.9　AlGaAs/GaAs/AlGaAs QW激光器的分层结构和能带边

电子的运动。设垂直于阱壁的方向为z方向，则电子在平行于阱壁的平面(x-y面)内是自由的，而在z方向的运动受到限制，故称为二维电子气。对于$Al_xGa_{1-x}As$/GaAs异质结，导带边不连续量(势垒高度)$\Delta E_c \sim 1.25x$(eV)。为简单起见，我们把ΔE_c看作无限大(对于摩尔分数$x \gtrless 0.3$和阱宽$L_z \gtrless 100$Å的情形，这是一个很好的近似)，即电子沿z方向是在一个

无限深的势阱内运动，相应的电子波函数 $u(z)$ 满足薛定谔方程：

$$\frac{\hbar^2}{2m_n}u(z)+Eu(z)=0 \tag{7.96}$$

E 为电子沿 z 方向运动的能量，而限制电子运动的势能函数 $V(z)$ 可表成

$$V(z)=\begin{cases}0 & (-L_z/2<z<L_z/2)\\ \infty & (z<-L_z/2, z>L_z/2)\end{cases} \tag{7.97}$$

由于势垒无限高，电子不能逸出势阱，即在 $z=\pm L_z/2$ 处波函数 $u(z)$ 必须是零。利用这一条件可以得出，电子沿 z 方向运动的能量只能取下述的分立值：

$$E_{lc}=\frac{(\pi\hbar)^2}{2m_n}\left(\frac{l}{L_z}\right)^2 \quad l=1,2,3,\cdots \tag{7.98}$$

相应的波函数为

$$u_l(z)=\begin{cases}\cos l\dfrac{\pi}{L_z}z, & l=1,3,5,\cdots\\ \sin l\dfrac{\pi}{L_z}z, & l=2,4,6,\cdots\end{cases} \tag{7.99}$$

另一方面，电子在 x-y 平面内自由运动，能量连续变化，

$$E_{\perp}=\frac{\hbar^2}{2m_n}(k_x^2+k_y^2)=\frac{\hbar^2k_{\perp}^2}{2m_n} \tag{7.100}$$

k_x 和 k_y 分别为 x 方向和 y 方向的电子波矢。所以，电子在势阱中运动的总能量为

$$E_c(k_{\perp},l)=\frac{\hbar^2k_{\perp}^2}{2m_n}+E_{lc} \tag{7.101}$$

导带底为能量零点。在上式中，l 取整数($l=1,2,3,\cdots$)，$k_{\perp}$ 在 0 至∞的范围内连续取值，电子的最低能量对应 $l=1$ 和 $k_{\perp}=0$ 的状态。l 一定而 $k_{\perp}$ 不同的所有能量状态构成一个子能带。

用空穴有效质量 m_p 代替电子有效质量 m_n，则上面的分析结果完全适用于量子阱中的空穴。这样，空穴在势阱中运动的总能量为

$$E_v=\frac{\hbar^2k_{\perp}^2}{2m_p}+E_{lv}\ ,\ E_{lv}=\frac{(\pi\hbar^2)}{2m_p}\left(\frac{l}{L_z}\right)^2 \quad (l=1,2,3,\cdots) \tag{7.102}$$

价带顶为能量零点，向下为空穴能量增加的方向，如图 7.10 所示。

能态密度

现在对于 $l=1$ 的子能带考虑电子的能态密度。为书写简单，令 $k=k_{\perp}$，但必须记住波矢 $\boldsymbol{k}$ 只有 x 方向和 y 方向两个分量，是二维情形。对于实际空间的单位面积，落入半径为 k、宽度 $\mathrm{d}k$ 的圆环内的状态数为

$$\rho(k)\mathrm{d}k=2\times\frac{2\pi k\mathrm{d}k}{(2\pi)^2} \tag{7.103}$$

因子 2 是因为每个 k 的本征值有两种自旋状态。$\rho(k)$ 为二维 $\boldsymbol{k}$ 空间的能态宽度，由式(7.103)有

$$\rho_{QW}(k) = k/\pi \tag{7.104}$$

在式(7.101)中令 $l=1$，即得相应情形下量子阱中电子总能量 E 和 k 的关系：

$$k = \sqrt{\frac{2m_n}{\hbar^2}(E - E_{1c})} \tag{7.105}$$

式中 $E_{1c} = \hbar^2\pi^2/2m_nL_z^2$。由 $\rho(k)\mathrm{d}k = \rho(E)\mathrm{d}E$，得到量子阱中电子的能态密度

$$\rho_{QW}(E) = \frac{m_n}{\pi\hbar^2} \tag{7.106}$$

这是一个与能量无关的常数。

需要注意，上面的分析只考虑 $l=1$ 的子能带。当 $E>E_{2c}$ 时，电子既可以在 $l=1$ 的状态，也可以在 $l=2$ 的状态，故能态密度应为 $m_n/\pi\hbar^2$ 的 2 倍；在 E 超过 E_{3c} 时应为 3 倍；等等。能级 E_{lc} 每提高一级，总的能态密度增加 $m_n/\pi\hbar^2$，数学上表示为

$$\rho_{QW} = \sum_{l=1} \frac{m_n}{\pi\hbar^2} H(E - E_{1c}) \tag{7.107}$$

其中函数 $H(x)$ 在 $x>0$ 时为 1，$x<0$ 时为 0，$H(x)$ 称为阶跃函数。

图 7.10(a)表示了二维量子阱中电子和空穴的两个最低能级($l=1,2$)及其本征波函数；图 7.10(b)表示了量子阱中电子的能态密度分布(台阶状)，并画出了相应的体材料能态密度 ρ_{3D}(抛物线)作为比较。在抛物线能带结构中，由于靠近能带底部的态密度较小，处在这些能态上的载流子对受激发射不能产生有效的贡献，而在导带与价带的较高能态之间产生受激辐射复合之前又必须先填充这些能态，这必然会导致较高的阈值电流密度；换句话说，由于台阶状的能态密度分布，使量子阱激光器比起双异质结激光器来有较低的阈值电流密度。正如以前所指出的，由于这一原因以及量子阱层(有源层)很薄，使得量子阱激光器的阈值电流可比双异质结激光器低一个数量级以上，达到亚毫安水平。

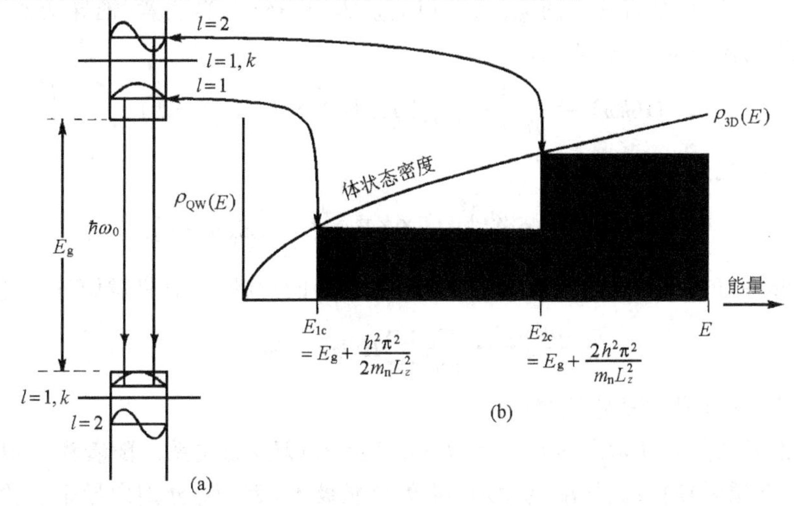

图 7.10　(a) 量子阱中电子和空穴的两个最低能态；(b) 能态密度分布

偏振分析

由于能态被电子占据的几率(费米分布函数)从低能态到高能态减小,导带 $l=1$ 的能态容易被电子占据,价带 $l=1$ 的能态容易被空穴占据,所以量子阱的峰值光增益将来自 $l=1$ 的状态对之间的带间跃迁。我们就从这种跃迁着手,简短讨论量子阱中跃迁的选择定则。根据量子力学,跃迁速率(或光增益)正比于初、终态和极化量(x,y 或 z)三者相乘的积分的平方,而根据公式(7.99),最低状态的电子和空穴的波函数正比于 $\cos(\pi z/L_z)$,由于

$$\int_{-L_z/2}^{L_z/2} z\cos^2(\pi z/L_z)\,\mathrm{d}z = 0$$

所以光场 $\mathscr{E}$ 必须沿 x 或 y 方向偏振(即必须位于量子阱平面内),沿 z 方向偏振的电场不能激发两个位置最低的能级之间的跃迁,从而不能引起光放大(或吸收)。这种光学跃迁是横电(TE)偏振。

2. 量子阱中的光增益

这里,我们采用前面讨论体材料中光放大的方法,来得到量子阱的光增益系数。对于引起光放大的跃迁,导带电子态和价带空穴态(价带中没有被电子占据的能态)有相同的 l 值和 k 值,所以跃迁能量为

$$\begin{aligned}\hbar\omega = E_{\mathrm{n}} - E_{\mathrm{p}} &= E_{\mathrm{g}} + E_{\mathrm{c}}(k,l) + E_{\mathrm{v}}(k,l)\\ &= E_{\mathrm{g}} + \frac{\hbar^2}{2m_{\mathrm{r}}}\left(k^2 + l^2\,\frac{\pi^2}{L_z^2}\right)\end{aligned} \tag{7.108}$$

其中 m_{r} 是电子、空穴对的折合质量,

$$m_{\mathrm{r}} = \frac{m_{\mathrm{n}} m_{\mathrm{p}}}{m_{\mathrm{n}} + m_{\mathrm{p}}} \tag{7.109}$$

先考虑 $l=1$ 这一对最低子能带之间跃迁引起的光增益。我们从表示体材料中光增益的公式(7.10)出发,只是将其中的 $g_{\mathrm{cv}}(\hbar\omega)$ 以 ρ_{QW}/L_z 代替(应当注意,推导增益系数时必须用反转载流子的体密度)。这样,有

$$G(\hbar\omega) = \frac{\hbar\lambda^2}{4\bar{n}^2\tau_{\mathrm{r}}L_z}\rho_{\mathrm{QW}}[f_{\mathrm{n}}(E_{\mathrm{n}}) + f_{\mathrm{p}}(E_{\mathrm{p}}) - 1] \tag{7.110}$$

将 $\rho_{\mathrm{QW}} = m_{\mathrm{r}}/\pi\hbar^2$ 代入上式,有

$$G(\hbar\omega) = \frac{m_{\mathrm{r}}\lambda^2}{2h\bar{n}^2\tau_{\mathrm{r}}L_z}[f_{\mathrm{n}}(E_{\mathrm{n}}) + f_{\mathrm{p}}(E_{\mathrm{p}}) - 1] \tag{7.111}$$

一般情形下,还应当考虑其他子能带($l=2,3,\cdots$)的贡献,这时只需做下述变换:

$$\frac{m_{\mathrm{r}}}{\pi\hbar^2} \longrightarrow \frac{m_{\mathrm{r}}}{\pi\hbar^2}\sum_{l=1} H(\hbar\omega - \hbar\omega_l)$$

其中 $\hbar\omega_l$ 是第 l 对子能带的带底之差。

现在讨论光增益 $G(\hbar\omega)$ 和占据几率 $f_{\mathrm{n}}(E_{\mathrm{n}})$ 及 $f_{\mathrm{p}}(E_{\mathrm{p}})$ 的关系。随着注入电流的增加,注入量子阱(有源区)的载流子浓度增加,准费米能级 E_{Fn} 和 E_{Fp} 分别向导带和价带深入,从而光频 ω 在较大范围内满足光放大的反转分布条件

$$f_n(E_n)+f_p(E_p)-1>0$$

$f_n(E_n)$和 $f_p(E_p)$通过参与光跃迁的导带能态 E_n 及价带能态 E_p 与光频 ω 有关。对于能态密度分布为阶梯函数的理想情形，ω 的下限显然对应

$$\hbar\omega=E_g+\frac{\pi^2\hbar^2}{2m_rL_z} \tag{7.112}$$

即 $\hbar\omega$ 等于 $l=1$ 这一对子能带的带底($k=0$)之间的能量差。由于能态被占据的几率从低能态到高能态减小，这一频率的反转因子 $f_n(E_{1c})+f_p(E_{1v})-1$ 为最大，即峰值增益 G_{max} 由下式给出：

$$G_{max}=\frac{m_r\lambda^2}{2h\bar{n}^2\tau_rL_z}[f_n(E_{1c})+f_p(E_{1v})-1] \tag{7.113}$$

E_{1c}和 E_{1v}分别为最低能量($l=1,k=0$)的导带子带边和价带子带边。所以，量子阱激光器的增益峰总是发生在最低能量子带边的跃迁，并不随注入电流改变（在有源区是体材料的双异质激光器中，增益峰的位置高于带边而强烈依赖于注入电流，或者说载流子浓度）；但随注入电流增加，它趋向于极限值 $m_r\lambda^2/(2h\bar{n}^2\tau_rL_z)$。

与体材料相比，量子阱的能态密度减少了一个维度的贡献，准费米能级 E_{Fn}和 E_{Fp}容易向各自的能带深入，亦即较低的注入电流密度（或载流子浓度）即可实现粒子数反转分布，以及载流子浓度较小变化将导致反转因子的较大变化。这样，与通常的双异质结激光器相比，量子阱激光器由于透明载流子浓度 n_T 较小和有源区极薄而有较低的阈值电流密度，并且有较高的微分增益(dG_{max}/dn)。由前面关于激光器工作特性的讨论可知，微分增益高的激光器具有响应带宽（或响应速度）大和激光线宽小的优点。

进一步，我们着重考虑 $l=1$ 这一对能量最低的子能带，来讨论光增益和载流子浓度的关系。对于这种情形，不难证明（参见公式(4.80)），占据几率和载流子浓度 $n(=p)$的关系由下述公式表示：

$$f_n(E_{1c})=1-\exp(-n/N) \tag{7.114}$$

$$f_p(E_{1v})=1-\exp(-n/P) \tag{7.115}$$

其中，

$$N=\frac{4\pi m_nk_BT}{h^2L_z}\quad,\ P=\frac{4\pi m_pk_BT}{h^2L_z} \tag{7.116}$$

结合方程(7.113)，(7.114)和(7.115)，得到

$$G_{max}=\frac{m_r\lambda^2}{2h\bar{n}^2\tau_rL_z}[1-\exp(-n/N)-\exp(-n/P)] \tag{7.117}$$

$$\frac{dG_{max}}{dn}=\frac{m_r\lambda^2}{2h\bar{n}^2\tau_rL_z}\left[\frac{1}{N}\exp(-n/N)+\frac{1}{P}\exp(-n/P)\right] \tag{7.118}$$

显然，对于对称能带($m_n=m_p=m$)结构，正如双轴应变量子阱层的情形那样，$N=P$，方程(7.117)简化为

$$G_{\max}=\frac{m_{\mathrm{r}}\lambda^2}{2h\bar{n}^2\tau_{\mathrm{r}}L_z}[1-2\exp(-n/N)] \tag{7.119}$$

透明载流子浓度定义为 $G_{\max}=0$ 时所需的载流子浓度，这给出

$$n_{\mathrm{T}}^{\mathrm{S}}=N\ln 2 \tag{7.120}$$

对称能带结构量子阱透明载流子的面密度为

$$N_{\mathrm{T}}^{\mathrm{S}}=n_{\mathrm{T}}^{\mathrm{S}}L_z \tag{7.121}$$

结合方程(7.116)，(7.120)和(7.121)，得到

$$N_{\mathrm{T}}^{\mathrm{S}}=\frac{4\pi mk_{\mathrm{B}}T}{h^2}\ln 2 \tag{7.122}$$

利用方程(7.118)，并假定透明时 $N=P$ 和 $2\mathrm{e}^{-n/N}=1$，得到透明时的微分增益为

$$\frac{\mathrm{d}G_{\max}}{\mathrm{d}N}=\frac{\lambda^2\hbar}{(\ln 2)8\bar{n}^2\tau_{\mathrm{r}}k_{\mathrm{B}}T} \tag{7.123}$$

3. 应变层量子阱

构成量子阱的两种材料的晶格常数必须十分接近，以保证它们之间的晶格匹配，避免在其界面区产生大量失配位错而影响器件的性能。这就大大限制了量子阱结构材料选择的自由度。一个重大的进展是1986年提出了应变层量子阱的概念，它不仅开拓了量子阱材料选择的范围，而且展现出一系列优异特性。

应变层量子阱就是利用晶格不匹配的两种材料，用单原子层外延技术(MBE或MOCVD)生长在一起；由于生长层非常薄，从而使界面层保持在弹性限度之内，能够承受由于晶格失配导致的内部应力，而保持一个经调整后的统一的晶格系统。在应变层量子阱结构中，阱材料将承受来自生长平面内的双轴应力，而发生应变。以 $\mathrm{InP/In_xGa_{1-x}As/InP}$ 量子阱结构为例，虽然在 $x=0.53$ 时 $\mathrm{In_xGa_{1-x}As}$ 同 InP 晶格匹配，但双轴应变会来自 $x<0.53$时的张应变和$x>0.53$时的压应变。当 $x<0.53$ 时，$\mathrm{In_xGa_{1-x}As}$ 的晶格常数比 InP 的小，它的晶格在生长面(x,y)的方向受到拉伸，结果 z 方向(生长方向)的晶格常数减小；相反，$x>0.53$ 时，在生长平面内晶格受到压缩，z 方向的晶格常数会拉长。理论分析表明，双轴应变下的价带结构会发生变更，导带不连续性会增加。图7.11说明 $\mathrm{In_xGa_{1-x}As}$ 在压应变和张应变下的能带结构。在无应变的情形下，重空穴(HH)带和轻空穴(LH)带在布里渊区中心简并，重空穴的有效质量比导带中电子的有效质量大得多，而轻空穴的有效质量和电子的相近。光学跃迁发生在导带和重空穴带之间。在应变下，由于双轴应力的作用，LH带和HH带将发生分离，轻、重空穴的混合行为减弱。由图7.11可见，在压应变下，LH带往下移动，光学跃迁将是横电(TE)偏振；而量子阱平面内HH带的形状变得陡峭，这意味着重空穴有效质量减小，对于典型的量子阱厚度，平面内有效质量估计是电子有效质量的1.5倍。这导致涉及光跃迁的导带和价带具有近似对称的能带结构。正是由于平面内有效质量的减小(z 方向仍保持原来的状态)，总的HH带态密度也将显著变小，从而使透明载流子浓度下降，使非辐射的俄歇复合和价带内的吸收下降。这些效应以及应变层内导带不连续的

增加，使应变层量子阱激光器的阈值电流密度下降，量子效率提高。在张应变下，LH 带往上移动，电子-轻空穴间的跃迁成为主要跃迁，光学跃迁是横磁（TM）偏振。当应变大于 1% 和阱宽也增大时，LH 带和 HH 带分开足够大，使混合效应降低，从而空穴有效质量下降，结果阈值电流密度显著下降。但对于更大的应变，阱宽度变得比维持弹性限度的临界厚度大，往往产生失配位错，使阈值电流密度增加。

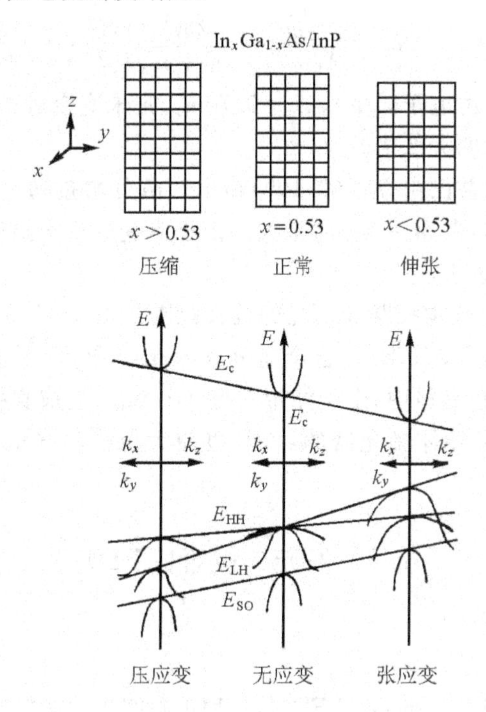

图 7.11　$In_xGa_{1-x}As/InP$ 应变量子阱的能带（HH 为重空穴带，LH 为轻空穴带，SO 为自旋和轨道耦合分裂出的能带）

为了说明阈值电流密度下降，我们考虑导带和价带对称（$m_n=m_p=m$）的能带结构。对于对称结构的量子阱，透明载流子浓度（面密度）已由式（7.122）给出，为

$$N_T^S = \frac{4\pi m k_B T}{h^2}\ln 2 \tag{7.124}$$

而对于非对称能带结构（$m_p>m_n$）的量子阱，透明载流子面密度 $N_T(=n_T L_z)$ 可在方程（7.103）中令 $G_{max}=0$ 得到，即 n_T 满足下述方程：

$$\exp(-n_T/N)+\exp(-n_T/P)=1 \tag{7.125}$$

或

$$\exp(-n_T/N)\left\{1+\exp\left[n_T\left(\frac{1}{N}-\frac{1}{P}\right)\right]\right\}=1 \tag{7.126}$$

由于 $m_p>m_n$（即 $P>N$），方程（7.126）中的花括号是一个大于 2 的因子，故有

$$N_T > N_T^S = \frac{4\pi m k_B T}{h^2}\ln 2 \tag{7.127}$$

这说明比起对称能带结构来，非对称情形下必须有较大的 N_T 值，才能满足 $G_{max}=0$ 的光透明条件。为了具体比较，对于非对称能带结构量子阱的透明载流子面密度，我们采用下述直观推理公式近似：

$$N_T = \left(\sqrt{\frac{m_p}{m_n}} + \frac{2m_p}{m_p+m_n}\right)\frac{N_T^S}{2} \tag{7.128}$$

设 $m_n=0.041m_0$（m_0 为自由电子质量），$m_p=0.70m_0$，则未应变量子阱激光器的透明载流子浓度比应变量子阱激光器的大 2 倍。

透明时的最大微分增益已由方程(7.109)给出。微分增益随电子和空穴的有效质量之间的非对称性下降而增加，在 $m_n=m_p$ 时最大。由于应变层量子阱激光器中微分增益增加，调制带宽增大，激光线宽减小。

顺便指出，Ge_xSi_{1-x} 合金本征跃迁发光的波长范围是 1.3～1.55μm，这正是长距离光纤通信理想的波长窗口。但是，Ge_xSi_{1-x} 合金是间接禁带半导体，不适合直接用作发光材料；而在 Ge_xSi_{1-x}/Si 的应变超晶格中，由于能带交叠，Ge_xSi_{1-x} 变成直接禁带材料，提供了利用成熟的 Si 器件工艺制造半导体激光器的可能，也使大规模的光电子单片集成将能成为现实。

7.2 发光二极管(LED)

7.2.1 概述

发光二极管(light-emitting diode, LED)是一种正向偏置时发光的 pn 结（通常用 n^+p 结）。在正向偏压下，pn 结上的势垒下降，允许载流子从一侧中性区穿越势垒注入另一侧的中性区，在那里变为少数载流子，它们边扩散边和多数载流子复合。这种复合大体上发生在一个扩散长度范围内。在直接禁带半导体（例如 GaAs）中，电子和空穴直接复合，即电子从导带向下跃迁填充价带中的空位，动量不发生变化，复合所释放的能量通常以光子的形式发射出去（在间接禁带半导体中，例如硅中的电子和空穴的复合需要伴随动量的改变和能量的损失，这样直接复合不容易发生）。这种电子-空穴对复合发光的器件称为 LED。在 LED 中，光子的发射彼此独立，可以有不同的相位和不同的偏振方向，能量（波长）也不完全一样，即发射为自发辐射。

LED 主要用Ⅲ-Ⅴ族半导体材料制造。一般，采用复合几率高的直接禁带半导体材料；当没有合适的直接禁带材料时，也用间接禁带半导体材料。LED 发射的光的波长 λ 与半导体的禁带宽度 E_g 有关，为

$$\lambda(\mu m) = \frac{1.24}{E_g(eV)} \tag{7.129}$$

表 7.1 列出了几种材料发光二极管的波长。对可见光 LED 而言，最重要的是 $GaAs_{1-y}P_y$ 与

$In_{1-x}Ga_xN$ 等三元合金的Ⅲ-Ⅴ族化合物系统，对红外光 LED，包括 GaAs 与许多Ⅲ-Ⅴ族化合物，特别是四元合金 $In_{1-x}Ga_xAs_yP_{1-y}$。为了实现晶格匹配，衬底应选用晶格常数十分接近的材料。

表 7.1　主要 LED 的材料及波长

半导体材料	衬底	波长/nm	能带	发光色
$In_{1-x}Ga_xAs_yP_{1-y}$ $\begin{pmatrix}0<x<0.47\\ y\approx 2.2x\end{pmatrix}$	InP	1.0～1.6μm	直接	红外
$GaAs(Z_n)$	GaAs	900	直接	红外
GaAs(Si)	GaAs	940	直接	红外
GaP(Zn,O)	GaP	700	间接	红
$GaAs_{1-y}P_y(N)(y>0.45)$	GaP	560～700	间接	红、黄、橙
GaP(N)	GaP	565	间接	绿
InGaN	GaN 或蓝宝石	450	直接	蓝
SiC(Al,N)	Si,SiC	470	间接	蓝

GaAsP 是 GaAs 和 GaP 的三元合金，其中，As 和 P 原子无规则地分布在通常 GaAs 中 As 原子的位置上，当 $y<0.45$ 时，合金 $GaAs_{1-y}P_y$ 是直接禁带半导体，电子-空穴对复合为直接过程，发光波长为 630nm($GaAs_{0.55}P_{0.45}$)至 870nm(GaAs)；当 $y>0.45$ 时，$GaAs_{1-y}P_y$ 是间接禁带半导体，电子-空穴对复合要通过复合中心，并涉及晶格振动或其他散射媒介以保持动量守恒，所以几乎不发射光子。但是，对 $y>0.45$ 的 $GaAs_{1-y}P_y$ 及 GaP 这样的间接带隙半导体，如果引进一些特殊的复合中心，发光的几率就可以显著增加。例如，在 $GaAs_{1-y}P_y$ 中加入少量的 N 原子，使之置换一部分 P 原子，由于 N 和 P 都是Ⅴ族元素，对 P 的取代并不成为施主或受主；但它的核心结构却和 P 原子不同，原子核受电子的屏蔽作用较弱，容易俘获附近的自由电子(导带电子)，形成一个电子陷阱能级(称为等电子中心)，进而通过库仑作用吸引并俘获附近的空穴，进行有效复合而发射光子。在 GaP 中掺 N(发绿光)和掺 Zn-O(发红光)等都可以形成这样的复合中心。等电子复合中心能大大提高间接禁带半导体的辐射跃迁几率。当然，发射的光子能量比发光材料的禁带宽度稍小(波长稍长)，辐射效率也不如直接复合。

GaN($E_g=3.4$eV，直接禁带半导体)和相关的Ⅲ-Ⅴ族氮化物半导体，是目前制造高亮度蓝光 LED 的主要材料。随着半导体外延技术的进步，已经能够在蓝宝石(Al_2O_3)上生长高质量的 GaN。InGaN 的禁带约为 2.7eV，InGaN/GaN LED 的波长正好对应蓝光波长 450nm；而四元合金 AlGaInN，其直接禁带范围由 1.95eV 至 6.2eV，相对应的波长范围由 0.2μm 至 0.63μm。已经被研究过的材料还有：Ⅱ-Ⅵ族化合物的硒化锌(ZnSe)、Ⅳ-Ⅳ族的 SiC。然而，Ⅱ-Ⅵ族化合物在工艺上难以进行适当掺杂制作 pn 结；而 SiC 则因为是间接禁带，发出的蓝光亮度太低。白光 LED 需要红、绿、蓝三种颜色的 LED，当这些颜色 LED(尤其是蓝光 LED)的成本能够降至与传统光源相当时，则白光 LED 因为效率高和寿命长而得到广泛应用。

LED 通常采用 n^+p 结，由电子注入 p 区发光，有效发光区(有源区)大体上等于电子的扩散长度。为了使 LED 产生光输出，而不被半导体材料重新吸收，发光区应当靠近表面，或者采用异质结。在表面附近，缺陷密度比较高，部分注入电子将通过表面缺陷中心复合，这种非辐射复合使光输出效率下降。所以，为了提高输出光强度，LED 往往采用双异质结构。图 7.12 表示由 $E_g=1.34$eV 的 InP 和 $E_g=0.8$eV 的 InGaAsP($In_{0.58}Ga_{0.42}As_{0.9}P_{0.1}$)组成的 n^+-InP/p-InGaAsP/p-InP双异质结构，其中 p-InGaAsP 层很薄(0.2μm)，并且低掺杂。加正向偏压时，电压主要降落在 n^+-InP/p-InGaAsP 结上，n^+-InP 内的电子向 p-InGaAsP 区注入，它们将受到 p-InGaAsP 和 p-InP 之间的势垒 ΔE_c 阻挡，被限制在 p-InGaAsP 内。注入的电子在p-InGaAsP内同空穴复合，导致光子的自发发射。InP 的禁带比 InGaAsP 的大，不会吸收产生的光子，从而提高了光子的发射量。

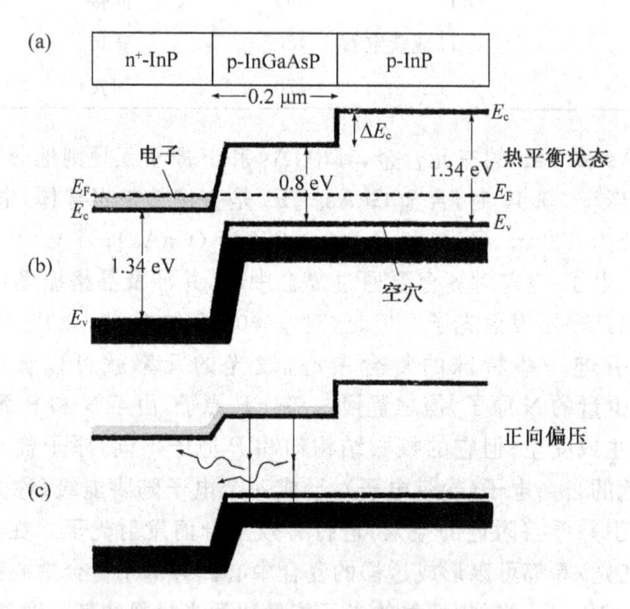

图 7.12　一种典型的 n^+p 异质结(DH 结构)

图 7.13 表示一种表面发射 LED 及其与光纤的耦合。环氧树脂被用来固定光纤；并且，由于它的折射率介于光纤和 LED 材料二者的折射率之间，有利于把光线导入光纤内。如上所述，利用异质结可以提高光子的发射量，因为大禁带宽度的限制层不会吸收从小禁带宽度有源区发出的光线。

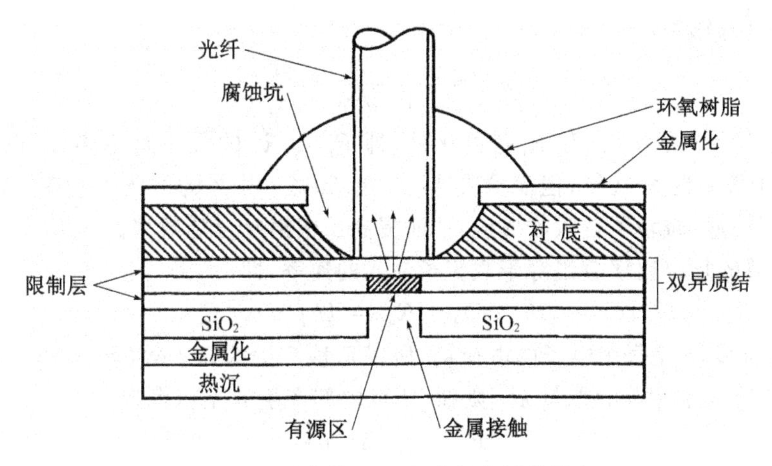

图 7.13　面发射 LED 及其与光纤的耦合

LED 应用广泛，红外光 LED 用于光隔离和近距离光通信，可见光（波长 0.4～0.7μm）LED 主要用于显示，白光 LED 作为普通光源，由于其节能和寿命长的特点，会有广阔的前景。

7.2.2　基本特性

1. 光输出功率和量子效率

在注入的载流子中，只有一部分能够辐射复合发光，我们把这个比值定义为内量子效率，以 η_{int} 表示，即

$$\eta_{int}=\frac{\text{内部产生的光子数}}{\text{注入的载流子数}}=\gamma\eta_{rad} \tag{7.130}$$

η_{int}是注入效率 γ 和辐射复合与总复合之比 η_{rad}的函数。

在正偏的二极管中有三种电流成分：少数载流子的扩散电流 J_n 和 J_p，空间电荷内的复合电流 J_R。J_R 来自空间电荷区内的复合中心复合，并且是非辐射过程。对于优异的 LED，空间电荷区内几乎没有复合中心，J_R 可以忽略。一般，电子的迁移率比空穴的高得多，LED 中发光主要靠注入电子复合，我们可以定义注入效率为电子电流与总电流之比：

$$\gamma=\frac{J_n}{J_n+J_P+J_R} \tag{7.131}$$

对于 n^+p 结二极管，J_P 比 J_n 小得多，而 J_R 如上所述可以忽略，所以注入效率趋近于1。

注入电子在 p 区的复合过程包括辐射复合和非辐射复合。我们以 R_r 表示辐射复合的速率，以 R_{nr}表示非辐射复合速率，则在注入效率 $\gamma=1$ 的条件下，有

$$\eta_{int}=\frac{R_r}{R_r+R_{nr}} \tag{7.132}$$

如果用辐射复合寿命 $\tau_r=n/R_r$ 和非辐射复合寿命 $\tau_{nr}=n/R_{nr}$（n 为注入电子浓度）表示，则

式(7.132)由下式代替：

$$\eta_{\text{int}} = \frac{1}{1+\tau_r/\tau_{nr}} = \frac{\tau}{\tau_r} \tag{7.133}$$

一般，对直接带隙半导体，τ_r 和 τ_{nr}是可比的，即 R_r 和 R_{nr}的大小差不多，所以简单同质结LED的内量子效率约为 50%；但双异质结可以有 60%～80%的内量子效率，这是因为这些器件的有源区很薄，减轻了自吸收效应，从而提高了辐射复合的效率。

稳定时，总的复合速率应当等于载流子注入的速率，即

$$R_r + R_{nr} = I/q \tag{7.134}$$

I 是注入电流强度，q 是每个电子的电荷量，所以每秒产生的光子数(等于 R_r)为 $\eta_{\text{int}} I/q$。假定所有光子具有几乎相等的能量 $\hbar\omega$，则在 LED 内部产生的光功率为

$$\begin{aligned} P_i &= \eta_{\text{int}}(\hbar\omega/q)I \\ &= \eta_{\text{int}} \frac{hcI}{q\lambda} \end{aligned} \tag{7.135}$$

LED 内部产生的光子不是都能发射出去，因此在计算输出的光功率 P_o 时，应当引入外量子效率

$$\eta_{\text{ext}} = \frac{\text{发射出去的光子数}}{\text{内部产生的光子数}} \tag{7.136}$$

η_{ext}也表示了输出功率在产生功率中占据的比例，所以输出的光功率可表示为

$$P_o = \eta_{\text{ext}} P_i = \eta_{\text{ext}} \eta_{\text{int}} (\hbar\omega/q) I \tag{7.137}$$

为了求得 η_{ext}，我们必须考虑 LED 内部光子的损耗。主要的损耗机制包括被半导体材料重新吸收，以及在半导体和外部环境(例如空气)的界面处的反射损耗，特别是大于临界角 θ_c 入射时的全反射。例如光子从 GaAs($\lambda \approx 0.8\mu$m 时 $\bar{n}_2 = 3.66$)发射到空气($\bar{n}_1 = 1$)时，临界角是

$$\theta_c = \sin^{-1}\left(\frac{\bar{n}_1}{\bar{n}_2}\right) = 15.9^\circ$$

任何大于这个角度入射的光子都将反射回半导体。图 7.14 表示界面处折射(透射)和反射。

现在，我们只考虑反射损耗，来估算 η_{ext}，从上述可知，只有临界角 θ_c 限定的圆锥体内的入射光线能发生折射，有一定几率透射(发射)出去。透射系数 $T(\theta)$与入射角 θ 有关。这时有

$$\begin{aligned} \eta_{\text{ext}} &= \frac{1}{4\pi}\int_{\Omega} T(\theta)\,\mathrm{d}\Omega \\ &= \frac{1}{4\pi}\int_0^{\theta_c} T(\theta)(2\pi\sin\theta)\,\mathrm{d}\theta \end{aligned}$$

对于垂直半导体-空气界面($\theta=0$)向外发射的情形，透射系数为

$$T(0) = 1 - R(0) = 1 - \left(\frac{\bar{n}-1}{\bar{n}+1}\right)^2 = \frac{4\bar{n}}{(\bar{n}+1)^2}$$

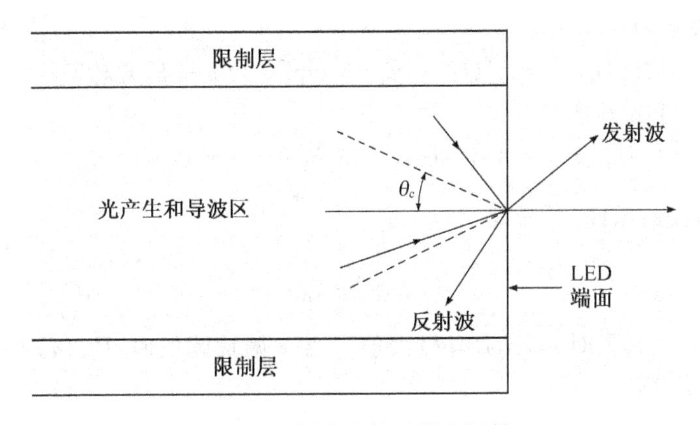

图 7.14　界面处的反射和折射

$R(0)$是入射角 $\theta=0$ 时的反射系数,$\bar{n}$ 是半导体的折射率。为简单起见,假定 $T(\theta)$为常数且等于 $T(0)$,则我们可以得到

$$\eta_{\text{ext}} \approx \frac{1}{\bar{n}(\bar{n}+1)^2}$$

例如,假定 $\bar{n}=3.5$ 时,$\eta_{\text{ext}}=1.4\%$。这说明 LED 内部产生的光子只有极小的一部分能够发射出去。实际上,η_{ext}的典型值在 0.1%～10%范围。

式(7.137)表示,LED 的 P_o-I曲线应该是线性的,但实际上只有注入电流 I 较小时才接近线性。I 较大时,P_o-I曲线会出现饱和现象,原因是随 I 增大 pn 结的温度升高,非辐射复合(特别是俄歇复合)的速率增加,使内量子效率降低而影响输出功率。

LED 的电光转换效率为

$$\eta = \frac{P_o}{VI} \times 100\% \tag{7.138}$$

V 是外加电压,由于串联电阻的影响,实际上加在 pn 结上的电压比 V 要小;I 是通过器件的电流,由于泄漏电流等因素的存在,实际的注入电流比 I 要小。所以,为了提高 LED 的输出效率,应当尽量减小串联电阻和泄漏电流。

2. 光谱特性

从 LED 发射的光子能量并不简单等于发光半导体材料的禁带宽度 E_g,因为导带中电子按能量分布有一定范围,其最大浓度也不在导带底 E_c 处。可以证明,对于玻尔兹曼分布情形,电子浓度的取大值在 $E_c+(1/2)k_BT$ 处,有效分布范围(半最大值的全宽度)约为 $2k_BT$。价带中的空穴也是如此。显然,自发辐射跃迁产生的光子有相应的能量分布(能谱)。

根据 1.4.3 小节,自发辐射能谱实际上由

$$(\hbar\omega - E_g)^{1/2} f_n(E_n) f_p(E_p)$$

决定。在小注入情形下,费米分布可用玻尔兹曼分布近似,自发辐射速率(每秒自发辐射产

生的光子数)可表示为

$$R_{sp}(\hbar\omega) = A_0(\hbar\omega - E_g)^{1/2}\exp[-(\hbar\omega - E_g)/k_B T] \tag{7.139}$$

A_0 为常数,或者将上式写成

$$R_{sp}(x) = A_0 x^{1/2}\exp(-x/k_B T), \quad x = \hbar\omega - E_g \tag{7.140}$$

由 $\frac{dR_{sp}(x)}{dx}=0$ 的极值条件,可得到

$$x_m = \frac{1}{2}k_B T$$

即当 $\hbar\omega=E_g+(1/2)k_B T$ 时,$R_{sp}(\omega)$有极大值。当 ω 偏置此值时,$R_{sp}(\omega)$将下降。以 Δx 表示半最大值的宽度,有

$$A_0(x_m+\Delta x)^{1/2}\exp[-(x_m+\Delta x)/k_B T] = \frac{1}{2}A_0 x_m{}^{1/2}\exp(-x_m/k_B T)$$

或

$$(x_m+\Delta x)^{1/2}\exp(-\Delta x/k_B T) = \frac{1}{2}x_m^{1/2}$$

用迭代法可解出 $\Delta x \approx 1.35k_B T$,故半最大值的全宽度(FWHM)为

$$2\Delta x \approx 3k_B T$$

即产生光子的能量范围为 $\Delta E_{ph}\approx 3k_B T$。我们可以通过下式将发射的光波长 λ 同光子能量 E_{ph}联系起来:

$$\lambda = \frac{hc}{E_{ph}} \tag{7.141}$$

h 是普朗克常数,c 是真空中的光速,λ 对 E_{ph} 微商,得到

$$\frac{d\lambda}{dE_{ph}} = -\frac{hc}{E_{ph}^2} \tag{7.142}$$

用微小变化量代替微分量,即 $\Delta\lambda/\Delta E_{ph}\approx|d\lambda/dE_{ph}|$,则有

$$\Delta\lambda \approx \frac{hc}{E_{ph}^2}\Delta E_{ph} \tag{7.143}$$

或者写成

$$\Delta\lambda \approx \lambda^2\,\frac{3k_B T}{hc} \tag{7.144}$$

所以,LED 的光线宽度随波长 λ 的平方增加,对于发射波长在 1.3μm 的 InGaAsP LED,室温下的光线宽度为 105nm。

LED 用作光纤通信的光源时,适合于几公里以下的短距离通信,通常用在渐变折射率多模光纤系统。在渐变光纤中,折射率在纤芯中心最大,沿径向往外以抛物线的形式逐渐减小,这时靠近光纤包覆层的光线传输速度(由于折射率较低)将大于沿着轴线的光线传输速度,但传输的路程要长。这样一来,由于不同波长光线所走路径不同(从而到达终点的时间不同)所引起的脉冲展宽会显著减小。也就是说,由于光源有一定线宽引起的色散对这种光纤来说并不十分重要。所以,尽管 LED 的光谱比激光二极管的要宽得多,但是由于价格低

廉、驱动简单、使用寿命长等优点，以及能够提供必需的功率，在短距离通信系统（例如局域网）中得到了广泛应用，对于长距离和宽带的光通信，则总是使用激光二极管（LD），因为LD的输出功率大，光线宽度小（单模时的线宽小于0.1nm），可以用在衰减小的阶跃折射率单模光纤系统中。

3. 调制响应特性

LED是一个少数载流子注入发光区（有源区）的正向偏置的pn结。对注入载流子（电子）进行调制，就能调制器件的光输出，达到传送信息的目的。LED的调制响应特性主要取决于载流子寿命、有源区掺杂浓度和器件的结电容。注入不是十分小时，结电容的作用并不重要，LED对于调制的响应速度主要由注入载流子的有效寿命 $\tau(\tau^{-1}=\tau_r^{-1}+\tau_{nr}^{-1})$ 决定。因此，可以从速率方程出发来讨论LED的调制响应特性。注入电子浓度 n 变化的速率方程为

$$\frac{dn}{dt}=\frac{I}{qV}-\frac{n}{\tau} \tag{7.145}$$

V 为有源区的体积。假设注入电流受到正弦变化的信号电流调制：

$$I(t)=I_0+i_1\exp(i\omega t) \tag{7.146}$$

I_0 是编置电流，i_1 是调制电流的幅度，ω_1 是调制频率，在小信号（$i_1 \ll I_0$）调制下，电子浓度 n 可表为

$$n=n_0+n_1\exp(i\omega t) \tag{7.147}$$

由式(7.145)至式(7.147)可得

$$n_0=\frac{\tau I_0}{qV} \tag{7.148}$$

$$n_1=\frac{\tau i_1/qV}{1+i\omega_1\tau} \tag{7.149}$$

受调制部分的输出功率与 $|n_1|$ 成正比。我们关心的是调制响应函数 $H(\omega_1)$：

$$H(\omega_1)=\frac{n_1(\omega)}{n_1(0)}=\frac{1}{1+i\omega_1\tau} \tag{7.150}$$

所以，当注入电流受到频率为 ω_1 的信号调制时，光输出功率随频率的变化可表示为

$$P(\omega_1)=P(0)[1+(\omega_1\tau)^2]^{-1/2} \tag{7.151}$$

调制带宽定义为 $P(\omega_1)=\frac{1}{2}P(0)$ 时的频率，故有

$$f_{3dB}=\frac{\sqrt{3}}{2\pi\tau} \tag{7.152}$$

对于AlGaAs LED，τ 的典型值为2～5ns，相应的调制带宽在50～140MHz的范围。激光二极管中载流子的复合寿命依赖于存在的光子，所以要短得多（接近10ps），调制带宽也就大得多。

4. 温度特性

温度升高会使LED的发光效率降低，主要原因包括两个方面，其一，非辐射复合（特别是俄歇复合）的速率增加，俄歇过程强烈依赖于载流子浓度，后者则依赖于温度，这种温度依

赖关系在窄禁带半导体材料中更加显著。其二，注入载流子的分布范围变大，其中一部分可能从发光区泄漏出去，对发射光子没有贡献。

另外，由于半导体的禁带宽度随温度增加而减小，LED 的发光谱的峰值将向波长增加的方向移动。对于 GaAsLED，$\frac{d\lambda}{dT}\approx 0.35\text{nm/K}$；对 InGaAsP LED，$\frac{d\lambda}{dT}\approx 0.6\text{nm/K}$。

7.3 光电二极管

光电二极管是一类最重要的光探测器件，其最基本的结构是 pn 结，工作时加反向偏压。受到光照时，光电二极管可以在很宽的范围内产生与入射光强度成正比的光生电流，所以能把光信号变成电信号，达到探测光信号的目的。在光纤通信系统中，实际使用的是 pin 光电二极管和雪崩光电二极管，它们具有较高的量子效率和响应速度。

7.3.1 pn 结的光电流

图 7.15 可以说明光电二极管的构造和基本原理。半导体吸收光之后，产生电子-空穴

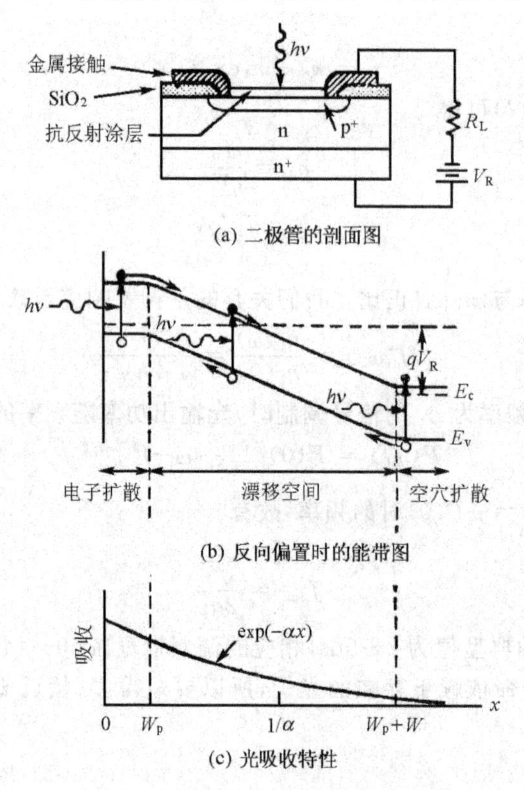

图 7.15 光电二极管的工作原理

对。产生在耗尽层内或在耗尽层外载流子扩散长度内的电子-空穴对，最后将被电场（外加反向偏压引起的电场或自建电场）分开，它们漂移通过耗尽层，便在外电路产生电流。

假定热产生电流可以忽略，并且 p 型表面层很薄（$W_p \approx 0$）以致其中的光吸收可以忽略。这样，电子-空穴对的产生率为

$$G(x) = \alpha \Phi_0 \exp(-\alpha x) \tag{7.153}$$

Φ_0 是入射到受光面上的光子流密度，即 $x=0$ 处每秒每单位面积的光子数；α 为半导体的吸收系数。因此，耗尽层内产生的载流子所形成的漂移电流密度 J_{dr} 为

$$J_{dr} = q\int_0^W G(x)\mathrm{d}x = -q\Phi_0[1-\exp(-\alpha W)] \tag{7.154}$$

式中 W 为耗尽层宽度。

$x>W$ 时，半导体体内的少数载流子（空穴）密度由一维扩散方程决定：

$$D_p \frac{\mathrm{d}^2 p_n}{\mathrm{d}x^2} - \frac{p_n - p_{n0}}{\tau_p} + G(x) = 0 \tag{7.155}$$

式中，D_p 为空穴扩散系数，τ_p 为过剩空穴寿命，p_{n0} 为平衡空穴浓度。取 $x\to\infty$ 时 $p_n = p_{n0}$ 和因反偏（或零偏）而在 $x=W$ 时 $p_n=0$ 的边界条件后，方程(7.155)的解[①]为

$$p_n(x) = p_{n0} - [p_{n0} + C_1\exp(-\alpha W)]\exp[(W-x)/L_p] + C_1\exp(-\alpha x) \tag{7.156}$$

$$C_1 = \left(\frac{\Phi_0}{D_p}\right)\frac{\alpha L_p^2}{1-\alpha^2 L_p^2} \tag{7.157}$$

式中，$L_p = \sqrt{D_p\tau_p}$。耗尽层以外的半导体（n 层）内光生载流子扩散到耗尽层内形成的电流密度 J_{di} 为

$$J_{di} = qD_p\left(\frac{\mathrm{d}p_n}{\mathrm{d}x}\right)_{x=W} = -q\Phi_0\frac{\alpha L_p}{1+\alpha L_p}\exp(-\alpha W) - qp_{n0}\frac{D_p}{L_p} \tag{7.158}$$

由式(7.154)和(7.158)得到总的光电流密度为

$$J_L = -q\Phi_0\left(1-\frac{\exp(-\alpha W)}{1+\alpha L_p}\right) - qp_{n0}\frac{D_p}{L_p} \tag{7.159}$$

在正常工作状态下，含 p_{n0} 的项要小得多，可以忽略。同时，若受光面的反射率为 R_1（即实际上进入器件的光子部分为 $1-R_1$），则光电流为

$$I_L = -qA\Phi_0(1-R_1)\left(1-\frac{\exp(-\alpha W)}{1+\alpha L_p}\right) \tag{7.160}$$

前面的负号表示光电流方向由 n 侧流向 p 侧（反方向）。上式说明光电流与入射光强成正

---

① 方程(7.155)的标准形式为 $y''-\frac{y}{L_p^2}+\alpha\frac{\Phi_0}{D_p}\exp(-\alpha x)=0$，其解为 $y=A\exp(x/L_p)+B\exp(-x/L_p)+$ 特解，特解可令 $y=C_1\exp(-\alpha x)$ 代入微分方程，从而确定常数 C_1 以后得到。

比。

表示光探测器效率的一个量是光电子流密度与入射光子流密度之比：

$$\eta_{探测} = \frac{I_L}{qA\Phi_0} = (1-R_1)\left(1-\frac{\exp(-\alpha W)}{1+\alpha L_p}\right) \tag{7.161}$$

为了得到高的 $\eta_{探测}$，必须 R_1 小（在受光面上镀抗反射膜）和 W 大（采用 pin 结构以增加耗尽层宽度）。

光照时 pn 二极管的伏-安特性实际上为 pn 结特性加上光电流。在忽略串联电阻和表面泄漏电流的理想情形下，其电流 I 为

$$I = I_s[\exp(qV/mk_BT)-1]-I_L \tag{7.162}$$

其中 I_s 是暗态饱和电流；m 称为理想系数，是表示 pn 结的特性参数，通常在 1～2 之间。作为光探测器，二极管外加反向偏压，将光信号转变为电信号；作为太阳电池，二极管不加偏压，将光能转换成电能。

7.3.2 pin 光电二极管和雪崩光电二极管

1. pin 光电二极管

在 p 层和 n 层中间夹入一层本征（或低掺杂）的 i 层，以增加耗尽层的宽度，这种结构的光电二极管称为 pin 光电二极管。pin 光电二极管是常用的光探测器之一。

由于器件反向偏置，暗态电流为二极管反向饱和电流 I_s，与偏压无关；光电流 I_L 主要由耗尽层（i 层）产生的载流子引起。假定 i 层比电子或空穴的扩散长度厚得多，则根据式（7.160）可得

$$I_L = qA\Phi_0[1-\exp(-\alpha W)](1-R_1) \tag{7.163}$$

Φ_0 是入射的光子流密度，W 是耗尽层宽度。因为 W 越大，i 层越能吸收更多的光能，所以能够得到更大的光电流，即更高的响应度。但是，如果 W 太大，载流子的渡越时间就会很长，从而降低器件的响应速度。对于高速器件，W 为微米量级甚至更小。

在长距离光纤通信系统中，pin 光电二极管常采用 p-InP/i-InGaAs/n-InP 的双异质结结构。InP 的禁带宽度为1.35eV，对波长大于 0.92μm 的光不吸收；而 InGaAs 的禁带宽度为0.75eV（对应截止波长 1.65μm），在 1.3～1.6μm 波段上表现出较强的吸收，几微米厚的 i 层就可以获得很高的响应度。这样，对于光纤通信的低损耗波段，光吸收只发生在 i 层，完全消除了扩散电流的影响。

2. 雪崩光电二极管（APD）

APD 也是最常用的一类光探测器，它利用器件内部的雪崩倍增过程使光吸收产生的电流得到放大。通常的 pin 光电二极管没有这种放大作用。

图 7.16 表示 APD 的典型结构和反向偏压 V_R 下的电场分布。V_R 足够大时，n^+p 结的强电场将引起雪崩倍增，在这里形成“倍增区”，使光生电流放大；i 层的厚度比较大（直接禁带材料为微米量级，间接禁带材料为几十微米），是光吸收的区域（吸收区），其间的电场不足

以发生碰撞电离，但通常能使载流子以饱和漂移速度 v_s 运动。n 型保护环的作用是防止 n^+p结的边缘击穿，注意到中间 n^+p 结将先于 np 结保护环击穿就不难理解这一点。

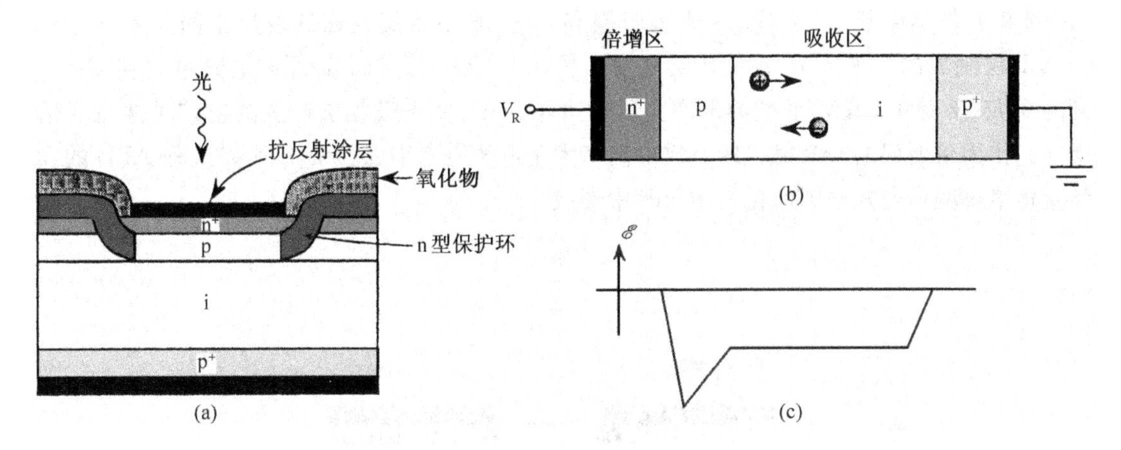

图 7.16　APD 的典型结构

假设雪崩过程在厚度为 d 的倍增区上 $x=0$ 处开始并且 $x=d$ 处只有电子注入，即 $I_n(d)=I$，I 是通过器件的总电流。这样，根据在 2.6 节中的讨论，器件的直流倍增因子 $M_0=I_n(d)/I_n(0)$可表示为

$$M_0=\frac{1}{1-\int_0^d\alpha_n\left[\exp\left[-\int_0^x(\alpha_n-\alpha_p)\mathrm{d}x'\right]\right]\mathrm{d}x}$$

$$=\frac{1-\alpha_p/\alpha_n}{\exp[-(\alpha_n-\alpha_p)d]-\alpha_p/\alpha_n} \tag{7.164}$$

上式的后一步假设了 α_n，α_p 与位置 x 无关。由上式可知，倍增因子与碰撞电离率的比值 α_p/α_n有很大关系，当 $\alpha_p=0$ 时(只有电子参加雪崩倍增过程)，有

$$M_0=\exp(\alpha_n d)$$

倍增因子随倍增区的厚度 d 指数增加；如果 α_n 和 α_p 相同，则有

$$M_0=\frac{1}{1-\alpha_n d}$$

击穿电压相当于 $\alpha_n d=1$ 的情形。尽管在 α_n 和 α_p 相近的情形下可以从很窄的倍增区获得较高的增益，但这时 APD 的噪声很大，且响应速度(带宽)大大减小。所以 APD 的倍增区常采用 α_n 和 α_p 差别很大的材料。

本章的叙述一再说明Ⅲ-Ⅴ族化合物半导体是制造光电器件的重要材料。原则上，在直接禁带半导体的情形下，光探测器的吸收区不必很长，APD 可以由很薄的吸收区和倍增区构成。但是，对于窄禁带材料(例如 InGaAs 的禁带宽度只有 0.75eV)，碰撞电离所需的强电场会引起很大的来自带间隧道效应的漏电流。为了避免这种现象，通常采用分别吸收和倍增(简写为 SAM)的 APD 结构,光吸收发生在窄带材料内,雪崩倍增过程发生在宽禁带材料内。图 7.17 表示 1.5～1.65μm 波长的光通信用 InGaAs APD 的典型结构,它是在 n^+-InP 衬底上外延生长 n^--InGaAs 光吸收层和 n^--InP 倍增层并在这两层中间夹入 n^--InGaAsP 层制成的。夹入 InGaAsP 层是用来缓和 InGaAs 层和 InP 层间的禁带宽度 E_g(分别为 0.75eV 和 1.35eV)的差异所产生的价带不连续,使光吸收层产生的空穴迅速流入倍增层。作为倍增层的 InP 材料的空穴电离率大于电子电离率($\alpha_p > \alpha_n$),所以这种 APD 的设计是倍增过程由空穴碰撞而在 n 型 InP 中形成。

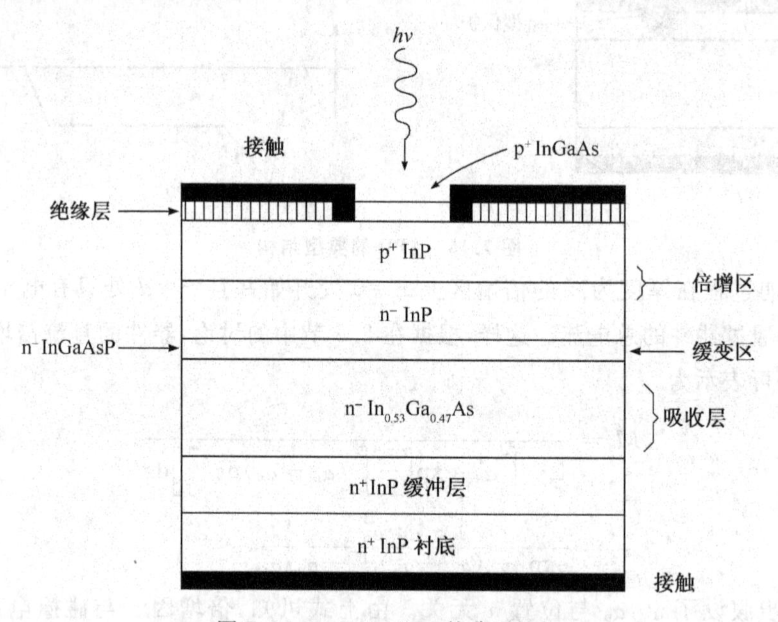

图 7.17 InGaAs APD 的典型结构

7.3.3 光电二极管的特性参数

1. 量子效率和响应度

量子效率是每个入射光子产生的电子-空穴对数目:

$$\eta = \frac{I_L/q}{P_0/h\nu} \tag{7.165}$$

I_L 是吸收波长为 λ(相应的光子能量为 $h\nu$)、功率为 P_0 的入射光产生的光电流,P_0 和入射光子流密度 Φ_0 的关系为 $P_0 = A(1-R_1)\Phi_0 h\nu$。于是,利用式(7.163)可得

$$\eta = 1 - \exp(-\alpha W) \tag{7.166}$$

η 和吸收系数 α 的关系十分密切。图 7.18 表示了一些半导体的光吸收系数随波长的变化情况。$\alpha = 0$ 时的波长 λ_c 称为截止波长,这对应光子能量 $h\nu = E_g$,

$$\lambda_c = \frac{1.24}{E_g} \tag{7.167}$$

波长的单位为 μm。光电二极管只能探测 $\lambda<\lambda_c$(或 $h\nu>E_g$)的光辐射。光响应也有短波限，这是因为波长很短时，α 值很大，大部分辐射在表面附近被吸收，而表面的复合时间又很短，因此光生载流子在被 pn 结收集之前就已经被复合掉了。

响应度表征光电二极管的转换效率，定义为光电流与光功率之比：

$$R = \frac{I_L}{P_0} \tag{7.168}$$

用量子效率 η 表示，有

$$R = \eta \frac{q}{h\nu} = \frac{\eta\lambda(\mu\text{m})}{1.24} \tag{7.169}$$

R 的单位为 A/W。

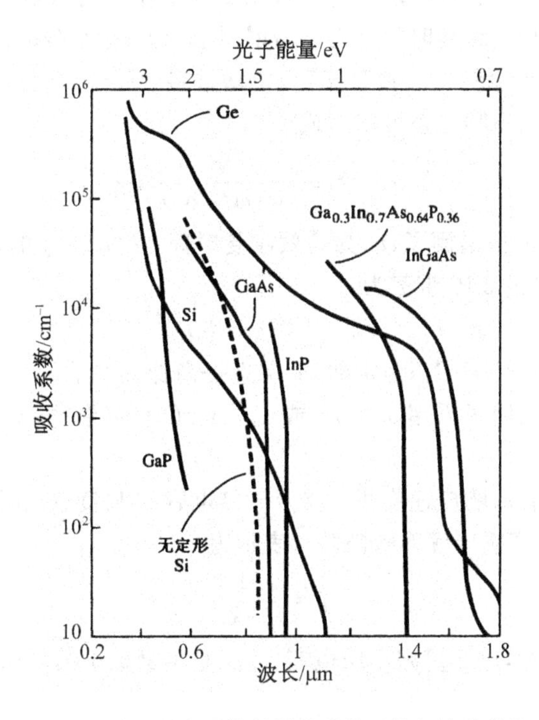

图 7.18　几种不同半导体材料的吸收系数与波长的关系

2. 响应速度(带宽)

在光纤通信系统中，要求光电二极管对入射光强度受到高频调制引起的变化快速响应。载流子渡越耗尽层的时间 t_r 将限制响应速度(即响应带宽)。分析表明，当调制频率 ω 满足下述关系时，交流光电流的大小下降到低频时的 $1/\sqrt{2}$倍：

$$\omega t_r = 2.4 \tag{7.170}$$

这一频率称为 3dB 频率，或 3dB 带宽，我们以 f_{3dB}表示，它与耗尽层宽度 W 和饱和漂移速率 v_s 的关系为

$$f_{3dB} = \frac{2.4}{2\pi t_r} = 0.44\,\frac{v_s}{W} \tag{7.171}$$

显然，减小耗尽层宽度，器件的响应带宽将增加；但另一方面，器件的响应度因吸收光子较少而下降。

对于 APD，设雪崩过程由电子注入倍增区引起，则产生的电子与原始电子一道通过倍增区，而产生的空穴朝相反的方向漂移。如果这些空穴不太可能产生新的电子（即 $\alpha_p \to 0$），则所有电荷移出耗尽层的时间等于电子和空穴的渡越时间之和，带宽和倍增因子无关。但是，如果初始雪崩产生的空穴在倍增区内产生电子-空穴对的几率显著，则或多或少有新的电子产生。这一过程是再生雪崩过程，它导致原始电子在扫出倍增区以后在该区长时间内存在电子，从而引起附加的渡越时间延迟。倍增因子越大，附加的时间越长。由于这个时间的存在，在频率 ω 的高频调制光入射下，APD 的增益将会下降，从而形成对器件响应带宽的限制。分析表明，器件的高频增益可以写成

$$M(\omega) = \frac{M_0}{[1 + (\omega t_1 M_0)^2]^{1/2}} \tag{7.172}$$

式中，M_0 为 APD 的直流倍增因子；t_1 为等效渡越时间，在 $\alpha_n > \alpha_p$ 的情形下，$t_1 \approx (\alpha_p/\alpha_n)t_r$。由式(7.172)可得 APD 的 3dB 带宽为

$$f_{3dB} = (2\pi t_1 M_0)^{-1} \tag{7.173}$$

上式表明了器件的增益-带宽乘积为常数，如果想提高探测微弱光信号的灵敏度，就必然降低器件的响应带宽；也表明了采用 $\alpha_p \ll \alpha_n$（或 $\alpha_n \ll \alpha_p$）的材料制作 APD，可望获得较高的响应带宽。

实际上，光电二极管的响应速度往往受限于结电容 C 和负载电阻 R 所决定的时间常数 RC。在这种情形下，最高响应频率（带宽）可表示为

$$f = \frac{1}{2\pi RC} \tag{7.174}$$

所以，为了提高响应带宽，应尽量减小结电容，尤其是尽量减小结面积。

3. 噪声性能

噪声是信号上附加的无规则起伏，从而信号变得模糊甚至被淹没。所以，噪声是通信中的一种基本限制。在光电二极管中，主要有散粒噪声和热噪声，下面讨论这两类噪声。

散粒噪声是由一个个光子产生的不均匀的或杂乱的电子-空穴对引起的，也就是说由通过器件的粒子（电子或空穴）数无规则起伏引起的。假定粒子数偏差服从高斯分布，则当时间间隔 Δt 内通过的平均粒子数为 $\overline{N}(=a\Delta t,\ a$ 为粒子流强度）时，在 Δt 内得到 N 个粒子（$N \gg 1$）的几率为

$$P(N,\Delta t)=\frac{1}{\sqrt{2\pi(a\Delta t)}}\exp\left[-\frac{(N-a\Delta t)^2}{2a\Delta t}\right]$$
$$=\frac{1}{\sqrt{2\pi\overline{N}}}\exp\left[-\frac{\Delta N^2}{2\overline{N}}\right]\tag{7.175}$$

其中 $\Delta N=(N-\overline{N})$是偏离平均值的起伏。当 $N=\overline{N}$ 时，该几率分布函数有最大值。根据统计学原理和利用式(7.175)，不难得到粒子数的均方根偏差(噪声)为

$$\sqrt{\overline{(\Delta N)^2}}=\sqrt{\overline{(N-\overline{N})^2}}=\sqrt{\overline{N}}\tag{7.176}$$

即

$$\sqrt{\overline{(\Delta N)^2}}=\sqrt{a\Delta t}\tag{7.177}$$

在式(7.177)中，a 为粒子流强度，它与电流强度 I 的关系为

$$a=\frac{I}{q}\tag{7.178}$$

Δt 是观测时间，或者说高度为 I 的电流脉冲的宽度。利用傅里叶频谱分析，得到它的归一化的功率谱密度分布为

$$S_{\mathrm{f}}=\left|\frac{1}{\Delta t}\int_{-\Delta t/2}^{\Delta t/2}\exp(\mathrm{i}2\pi ft)\,\mathrm{d}t\right|^2$$
$$=\left|\frac{\sin\pi f\Delta t}{\pi f\Delta t}\right|^2$$

S_{f} 的峰值是 1，分布曲线下的面积为

$$\int_0^{\infty}\left|\frac{\sin\pi f\Delta t}{\pi f\Delta t}\right|^2\mathrm{d}f=\frac{1}{2\Delta t}$$

用一个面积和高度(峰值)都与之相等的矩形来等效，矩形的宽度被定义为有效带宽，我们以 Δf 表示。对于我们所讨论的情形，显然有

$$\Delta f=\frac{1}{2\Delta t}\tag{7.179}$$

实际上，对于典型的电流脉冲(例如高斯型电流脉冲 $\exp[-2\pi t^2/(\Delta t)^2]$)，$\Delta f=1/(2\Delta t)$是表示测量仪器所需带宽 Δf 的常用公式，其中 Δt 是测量时间。

从式(7.177)，(7.178)和(7.179)可以得到探测器电流的均方根噪声(即散粒噪声)电流

$$i_{\mathrm{ns}}=q\frac{\sqrt{\overline{(\Delta N)^2}}}{\Delta t}=\sqrt{2qI\Delta f}\tag{7.180}$$

通常写成

$$i_{\mathrm{ns}}^2=2qI\Delta f\tag{7.181}$$

热噪声来自阻值为 R 的电阻体发出的电磁辐射的低频部分，由载流子无规则散射引起。实际上，任何一个温度高于绝对零度的物体都要发出这种噪声。根据普朗克的黑体辐射理论，热噪声的功率是

$$P=\left(\frac{h\nu}{\exp(h\nu/k_B T)-1}\right)\Delta f \tag{7.182}$$

式中，括号内的项是频率为 ν 的电磁振动方式的平均能量，Δf 是探测用的频带宽度。在电磁辐射的高频部分，$k_B T$ 和 $h\nu$ 比起来很小，热噪声的功率很小。所以，在加有偏压的光电二极管中，主要是因入射光无规则地产生载流子而引起的散粒噪声，热噪声并不重要。但是，在探测装置中设置有放大器的场合下，热噪声是放大器的主要噪声，它将限制光探测器可探测到的最小光信号功率(即探测器的灵敏度)。

在电磁辐射的低频部分，即对微波高频或任何更低的频率，除人工产生的极低温度外，式(7.182)可近似为

$$P=k_B T\Delta f \tag{7.183}$$

此功率是电阻体 R 产生的最大噪声功率，释放给与之匹配的负载。如果接在 R 上的负载电阻 R_L 不等于 R，则释放的噪声功率比上式给出的要少，电路中的电阻 R 产生热噪声功率的情形可由下述两种等效电路之一代替：(a)与 R 串联的噪声发生器，其均方噪声电压为

$$V_{nt}^2=4k_B TR\Delta f \tag{7.184}$$

(b)与 R 并联的噪声电流发生器，其热噪声电流(均方值)为

$$i_{nt}^2=\frac{4k_B T\Delta f}{R} \tag{7.185}$$

电阻 R 的热噪声表示法如图 7.19 所示。

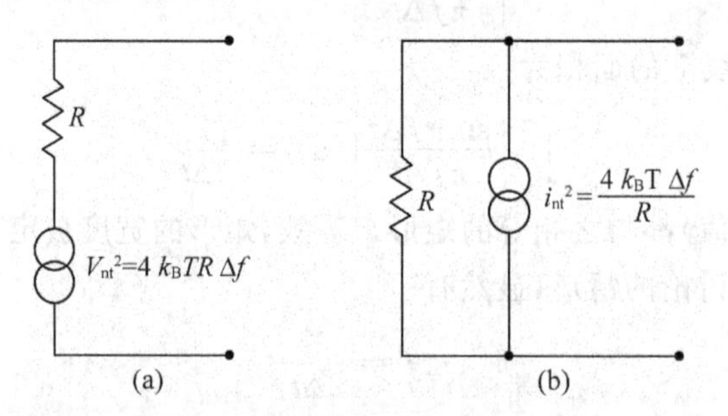

图 7.19 电阻 R 的(a)电压和(b)电流噪声等效电路

将式(7.181)和式(7.185)相加，就得到光电二极管在接有输入电阻为 R_L 的噪声电流 i_n^2(均方值)为

$$i_n^2=2q(I_L+I_D)\Delta f+\frac{4k_B T\Delta f}{R_L} \tag{7.186}$$

其中，I_L 是入射光在光吸收层中产生的电流，即信号电流 i_s；I_D 是光吸收层中与入射光无关的、由热激发的载流子引起的电流，即暗电流。

利用式(7.165)，可将光电二极管的信号电流 i_s(令 $i_s=I_L$)简单地表示为

$$i_s=\frac{q\eta P_0}{h\nu} \tag{7.187}$$

η 为量子效率，$h\nu$ 为入射光的光子能量，P_0 为入射光的光功率。在负载 R_L 两端产生的信号功率为

$$P_s = i_s^2 R_L \tag{7.188}$$

信噪比(S/N)　信噪比是信号功率 P_s 与噪声功率 $i_n^2 R_L$ 之比，即

$$\frac{S}{N} = \frac{(q\eta P_0/h\nu)^2}{2q(q\eta P_0/h\nu + I_D)\Delta f + 4k_B T\Delta f/R_L} \tag{7.189}$$

下面讨论两种特殊情况：

(1) 忽略暗电流和热噪声，信噪比为

$$\frac{S}{N} = \frac{\eta P_0}{2h\nu\Delta f} \tag{7.190}$$

(2) 信号功率很小时，热噪声占优势，信噪比为

$$\frac{S}{N} = \frac{(\eta q P_0/h\nu)^2 R_L}{4k_B T\Delta f} \tag{7.191}$$

公式(7.189)容易推广到光检测器有内部增益的情形。如果内部增益为 M，则信号电流放大 M 倍，而信号功率放大 M^2 倍；散粒噪声电流也放大 M 倍，所以其均方值放大 M^2 倍，散粒噪声功率也是如此；热噪声不受影响，因为它不是在光检测器内产生的。通过上述考虑，式(7.189)变成

$$\frac{S}{N} = \frac{(M\eta q P_0/h\nu)^2 R_L}{M^2 2qR_L\Delta f(I_D + \eta q P_0/h\nu) + 4k_B T\Delta f} \tag{7.192}$$

如果增益足够大，散粒噪声将大大超过热噪声。在这种情形下(假定暗电流可以忽略)，得到

$$\frac{S}{N} = \frac{\eta P_0}{2h\nu\Delta f} \tag{7.193}$$

对于雪崩器件，还应考虑雪崩噪声，这种噪声是由雪崩倍增过程的随机性产生的。在APD中，散粒噪声功率随 M^n(n 在 2～3 的范围内)增加，引入过剩噪声因子 $F=M^n/M^2$，则表示器件散粒噪声的公式(7.181)应被下式取代：

$$i_{ns}^2 = 2qM^2 F\Delta f \tag{7.194}$$

而表示信噪比的公式则进一步修正为

$$\frac{S}{N} = \frac{(M\eta q P_0/h\nu)^2 R_L}{M^2 F 2qR_L\Delta f(I_D + \eta q P_0/h\nu) + 4k_B T\Delta f} \tag{7.195}$$

在电场均匀的情形下，

$$F = M\left[1-(1-k)\left(\frac{M-1}{M}\right)^2\right] \tag{7.196}$$

当 M 很大时，上式近似为

$$F = 2(1-k) + kM \tag{7.197}$$

其中，$k=\alpha_p/\alpha_n$ 或 α_n/α_p，前者对应雪崩过程由电子注入倍增区引起，后者对应由空穴引起。式(7.197)表明，为了减小雪崩噪声，应当选用 α_n 和 α_p 相差很大的半导体，这和前面谈到的

提高器件的响应速度对材料的要求是一致的。硅的 α_n 比 α_p 大得多，因此硅 APD 的雪崩噪声比锗和砷化镓的都小，在 0.85μm 光谱区的接收装置中多数使用这种器件。此外，由于散粒噪声随 M 迅速增加，APD 的内部增益不能过大。

等效噪声功率(NEP) NEP 被定义为产生与探测器噪声输出大小相等的信号所需要的入射光功率。如果入射光功率小于噪声功率，信号就会“淹没”在噪声之中；反之，就能被检测出来。所以，NEP 标志探测器可探测的最小光功率。为了简单说明它的意义，考虑一个受热噪声限制的 pin 检测器。为此，在方程(7.191)中令 $S/N=1$，解出功率 P_0，得到

$$P_{\min} = \frac{h\nu}{q\eta}\left(\frac{4k_B T\Delta f}{R_L}\right)^{1/2} \tag{7.198}$$

以 $S/N=1$ 作为检测标准，这是最小可检测功率。所以，对于热噪声限制情形，等效噪声功率为

$$\text{NEP} = \frac{h\nu}{q\eta}\left(\frac{4k_B T\Delta f}{R_L}\right)^{1/2} \tag{7.199}$$

同样，不准证明，对于暗电流限制、并且没有倍增情形，等效噪声功率为

$$\text{NEP} = (h\nu/q\eta)(2qI_D\Delta f)^{1/2} \tag{7.200}$$

这时，如果检测器面积 A 增加，I_D 成比例增加；同时，如果 Δf 增加，NEP 随$\sqrt{\Delta f}$增加。

探测率 D 定义为

$$D = \frac{1}{\text{NEP}} \tag{7.201}$$

为了排除探测器面积 A 和带宽 Δf 这些变量的影响，经常应用比探测率 D^*：

$$D^* = \frac{(A\Delta f)^{1/2}}{\text{NEP}} \tag{7.202}$$

D^* 是探测器的常用优值，选用探测器时，一旦带宽条件满足，就应当选用 D^* 值高的器件。

7.4 太阳能电池

太阳能电池(solar cell)基本上是一种大面积的不加偏压的 pn 结器件。这些器件以高效率把太阳电磁辐射的能量直接转换成电能，可以长期为人们提供动力，已经在人造卫星及其他空间飞行器中得到广泛使用，并在提供乡村和住宅用电方面显示出巨大前景。

7.4.1 概述

图 7.20 表示一个单晶硅太阳能电池的典型结构，其核心部分是一个 n 区很薄的 pn 结(浅 pn 结)，衬底用 p 型材料，是因为 p 型硅中的少数载流子(电子)的扩散长度比 n 型硅中的长。表面的抗反射涂层(减反射膜)使入射光透射到硅中的比例大大提高(达到 80%～90%)，常用材料有 Si_3N_4，TiO_2 和 Ta_2O_5 等，涂层厚度约为光在其中的 1/4 波长。正面电极用指状条形欧姆接触。由于金属反射光，所以表面金属电极占据的面积越大，太阳能电池

的效率越低；但是，当面积小时，因为电流流动的电阻大，效率也会降低，所以应当把电极宽度和电极间距设计成最佳值。

太阳电磁辐射覆盖由紫外光至红外光(0.2～3μm)的波长范围。图 7.21 是关于太阳光谱照度(每单位面积每单位波长的功率)的两条曲线。AM0(空气质量 0)的曲线是大气层外的太阳辐照光谱，这是在空间飞行器应用中所关心的；AM1.5(空气质量 1.5)的曲线是常用的地球表面的太阳辐照光谱，关系到地面应用领域中太阳能电池的性能。在太阳光谱中，只

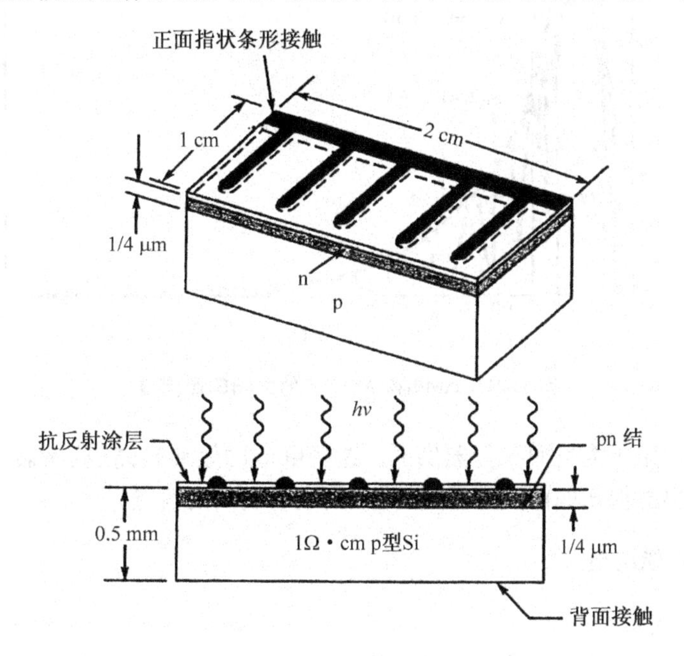

图 7.20　硅 pn 结太阳能电池的示意图

有光子能量 $h\nu$ 超过半导体带隙 E_g(或者说波长 λ 小于半导体光吸收截止波长 λ_c)的光，能够被半导体吸收。$h\nu<E_g$ 的光由于透射出去被浪费掉了，Si 具有较小的带隙，所以在这方面比 GaAs 优越；但是，$h\nu>E_g$ 的光只能取出能量与 E_g 相当的部分，而有 $h\nu-E_g$ 的能量通过放出声子而转换成热能，被损失掉了，GaAs 具有较大的带隙，所以在这方面比 Si 优越。综合来看，有一个最佳的 E_g 使得能量的转换效率最高。分析表明，这一最佳值约为1.4eV，与 GaAs 的带隙接近，利用 GaAs 已实现了转换效率高于 25%的太阳能电池，而最好的硅电池的性能目前也已经接近这个水平。

硅是太阳能电池中最重要的半导体材料，它无毒，而且是地壳中含量仅次于氧的元素，即使大量使用，也不会造成环境污染或资源衰竭的危险；而且，硅广泛应用于微电子工业，已有了完备的技术基础。

Ⅲ-Ⅴ族化合物及其合金可以提供许多不同禁带宽度但晶格常数十分接近的材料，非常适合制作串联结构的太阳能电池(叠层电池)，例如 AlAs/GaAs，GaInP/GaAs，InP/GaInAs

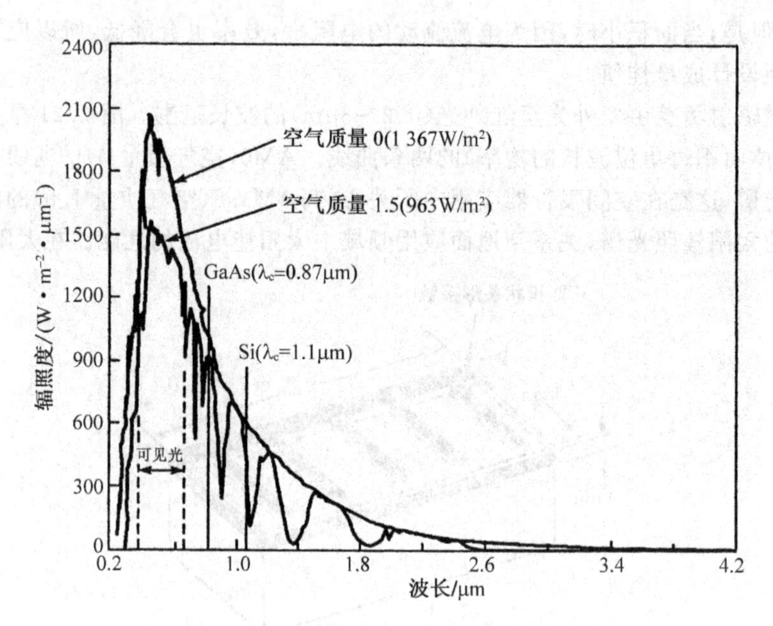

图 7.21 AM0 和 AM1.5 的太阳辐照能谱

类的叠层电池已被用于为空间飞行器供电。这些电池的效率较高(从而额定功率下面积较小),以及抗宇宙辐射损伤的能力较强,补偿了其成本较高的弱点。

7.4.2 pn 结太阳能电池

1. 电流-电压特性

在利用半导体光吸收产生光电流的工作机理方面,太阳能电池和光电二极管检测器是相同的,只是太阳能电池不加电压(光电二极管加反向电压),依靠耗尽层的自建电场把光生的电子-空穴对分开。所以,pn 结太阳电池的能带图基本上和反偏电压为零时光电二极管的(参见图 7.15)相同,其理想伏-安特性也由方程(7.162)描述,即

$$I = I_s[\exp(qV/mk_BT) - 1] - I_L \tag{7.203}$$

I_s 为暗态饱和电流。光电流 I_L 为

$$I_L = -qA\phi_0(1-R_1)\left(1-\frac{\exp(-\alpha W)}{1+\alpha L_n}\right) \tag{7.204}$$

其中 L_n 是 p 型中性区内电子的扩散长度,这是考虑到 n 区很薄(~0.2μm)从而光吸收主要发生在耗尽区和 p 型中性区得出的结果;其他各量的物理意义与该处所作说明相同。

由式(7.203)可得开路($I=0$)电压 V_{oc} 为

$$V_{oc} = \frac{mk_BT}{q}\ln\left(1+\frac{I_L}{I_s}\right) \tag{7.205}$$

乍一看来,温度 T 越高时开路电压 V_{oc} 也越高,实际上正好相反。原因是 $I_s \propto n_i^2 \sim \exp$

$(-E_g/k_B T)$，这是至关重要的一项。

图 7.22 表示了光照时太阳能电池典型的伏-安特性。图中，I_{sc}是短路电流，$I_{sc}=I_L$；V_{oc}是开路电压；阴影面积是最大功率矩形（$P_m=I_mV_m$）。

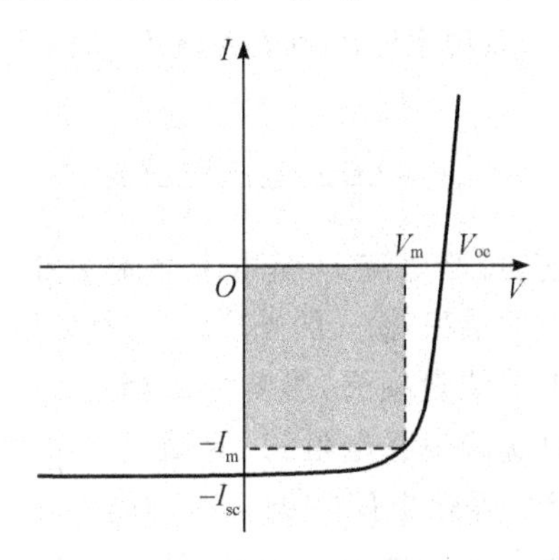

图 7.22　光照下太阳电池的伏-安特性

2. 输出功率

太阳能电流的输出功率为

$$P = VI = V[I_L - I_s(\exp(qV/mk_B T) - 1)] \tag{7.206}$$

当 $dP/dV=0$ 时，得到产生最大功率时的电压 V_m 满足下述方程：

$$\left(1 + \frac{qV_m}{mk_B T}\right)\exp(qV_m/mk_B T) = 1 + \frac{I_L}{I_s} \tag{7.207}$$

上式也可以写成

$$V_m = \frac{q}{mk_B T}\ln\left(\frac{1 + I_L/I_s}{1 + \dfrac{qV_m}{mk_B T}}\right) = V_{oc} - \frac{q}{mk_B T}\ln\left(1 + \frac{qV_m}{mk_B T}\right) \tag{7.208}$$

$V=V_m$ 时的电流为

$$I_m = I_L - I_s\left[\left(\frac{1 + I_L/I_s}{1 + \dfrac{qV_m}{mk_B T}}\right) - 1\right] \approx I_L\left[1 - \frac{mk_B T}{qV_m}\right] \tag{7.209}$$

最大输出功率则为

$$P_m = I_m V_m \approx I_L\left[V_{oc} - \frac{mk_B T}{q}\ln\left(1 + \frac{qV_m}{mk_B T}\right) - \frac{mk_B T}{q}\right] \tag{7.210}$$

式(7.210)表明，太阳能电池的输出功率总是小于乘积 $V_{oc}I_L$，这一特性可引入填充因子 FF 来描述，其定义为

$$\mathrm{FF} \equiv \frac{V_m I_m}{V_{oc} I_L} = 1 - \frac{mk_B T}{qV_{oc}}\ln\left(1 + \frac{qV_m}{mk_B T}\right) - \frac{mk_B T}{qV_{oc}} \tag{7.211}$$

FF 的典型值为 0.7～0.85。

3. 转换效率

太阳能电池接上负载就可以得到功率输出，也就是太阳能发电。以 R_L 表示负载电阻，则图 7.22 所示的光照时的伏-安特性与负载线的交点为工作点，负载消耗的功率随负载电阻值而变。当串联电阻为零，因而功率输出为最大值 P_m 时，P_m 与入射太阳光的功率 P_{in} 之比为理想转换效率，

$$\eta = \frac{V_m I_m}{P_{in}} = \frac{FF I_L V_{oc}}{P_{in}} \tag{7.212}$$

对于给定的大气质量(AM)状态，短路电流 I_L 是电子电荷 q 和太阳能光谱内 $h\nu \geqslant E_g$（E_g 是半导体的禁带宽度）的有用光子数的乘积，输入的光功率 P_{in} 是太阳能光谱中所有光子的积分。

有许多因素造成太阳光中的能量损失，影响太阳能电池的转换效率。首先是正面欧姆串联电阻和 pn 结复合电流（泄漏电流）引起的损耗，等效电路如图 7.23 所示。图中，串联电阻 R_s 与结深度、p 区和 n 区杂质浓度、正面电极排列等因素有关；并联电阻 R_{sh} 相当于阻止 pn 结产生泄漏电流的电阻；恒流源 I_L 相当于与光强度成比例的二极管反向电流。由等效电路图可以得出太阳能电池两端的电流和电压的关系为

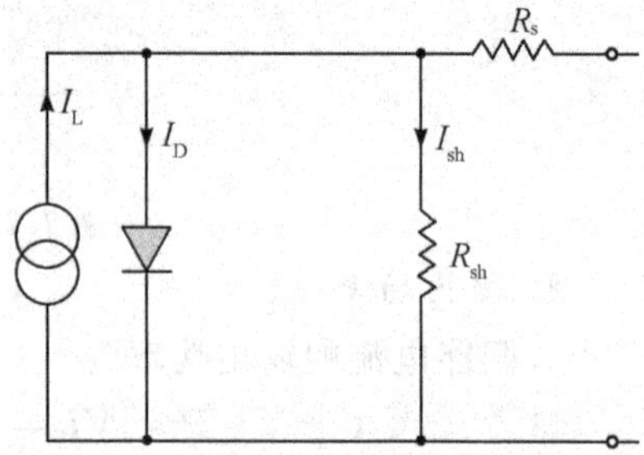

$$I = I_L - I_s\left[\exp\left\{\frac{q(V + R_s I)}{mk_B T}\right\} - 1\right] - \frac{V + R_s I}{R_{sh}} \tag{7.213}$$

图 7.23　太阳电池的等效电路

为了使太阳能电池输出更大的功率，必须尽量减小串联电阻，增大并联电阻；也就是说，必须尽量降低表面的反射，减小由于表面以及界面缺陷引起的复合，优化电极结构。

在太阳光的能量损失中，还有一部分是不可避免的，这就是前面提到过的，$h\nu < E_g$ 的光不被吸收，而 $h\nu > E_g$ 的光则有 $h\nu - E_g$ 的能量损失。太阳光的能量分布较宽，而任何一种半导体材料都只能吸收能量比其能隙值大的光子，能量较小的光子则透射出去。但是，若把太阳光按波长分离成一系列窄带，用能隙与这些子带匹配最好的材料做成电池，并按能隙从窄到宽的顺序从下到上相叠，从而波长最短的光被最上面的宽带隙电池利用，波长较长的光能够透射进去让较小能隙材料的电池利用，就有可能将光能最大限度地转变成电能。这种电池就是所谓叠层电池。理论上，这种串联式结构电池的效率可以达到 60％以上。

7.4.3　几种典型的太阳能电池

1. PERL 电池

图 7.24 表示了转移效率高达 24％的硅 PERL(passivated emitter rear locally-diffused，无源发射极背面局部扩散)电池的结构。此电池最显著的特点是顶部采用了倒置的角锥体结构，这是(100)晶向硅片在各向异性刻蚀下形成的，这时(111)的四个等价面因刻蚀速度较

慢被暴露出来。这种角锥硅体结构使垂直于电池的入射光二次或多次照射硅表面(即(111)面),从而降低了光反射。如果硅表面有抗反射涂层,二次照射后反射光减少到1%左右,而通常有10%~20%的反射。此外,背面接触通过一个氧化层与硅分隔,具有比铝层更好的背面反射。至今,PERL电池展现了高达24%的转换效率。

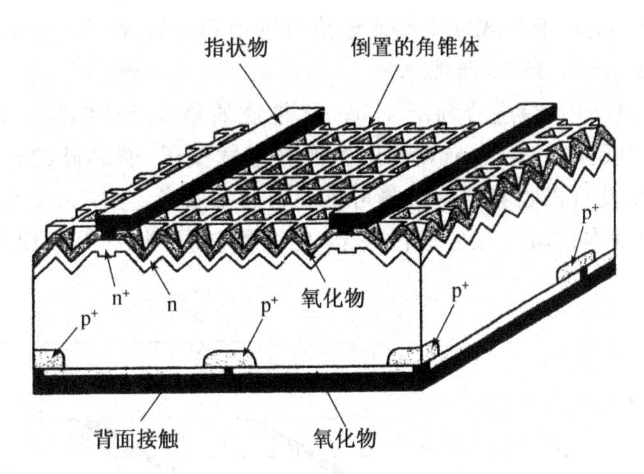

图 7.24 PERL(passivated emitter rear locally diffused)电池

2. 叠层"串联"电池

通过选择合适的Ⅲ-Ⅴ族合金,可在衬底上淀积成一晶格匹配的串联式电池。图7.25

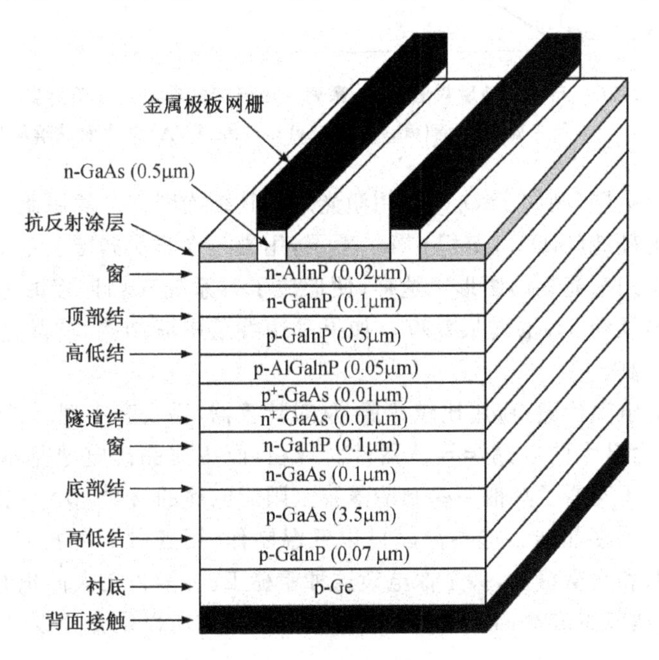

图 7.25 单片的串联式太阳能电池

表示这种太阳能电池的典型结构，其衬底为 p 型锗，它具有与 GaAs 和 $Ga_{0.51}In_{0.49}P$ 非常接近的晶格常数，而且有较好的机械性能和热性能。底部的结是 GaAs pn 结（$E_g=1.42eV$），顶部的结是 GaInP 结（$E_g=1.9eV$），隧穿的 p^+n^+ GaAs 结置于两结之间起连接作用，高低结有益于电池吸收光生载流子以提高 V_{oc} 和 I_{sc}。显然，底部 GaAs 电池可以吸收顶部 GaInP 电池没有吸收的光。这种串联式的太阳能电池可以得到高达 30％的效率。

3. 氢化非晶硅(a-Si：H)太阳能电池

在太阳能电池设计中，最适合利用 a-Si：H 性质的是 p^+in^+ 结构。掺杂层通常做得很薄（<50nm），其作用是建立电场，收集 i 层中的光生载流子，非晶硅的光吸收能力很强，大约0.5μm的 i 层厚度就可以收集足够数量可供利用的太阳光。图 7.26 表示串行连接的 a-Si：H 太阳能电池的基本结构。在玻璃衬底上，先淀积一层 SiO_2，接着淀积宽禁带的高掺杂

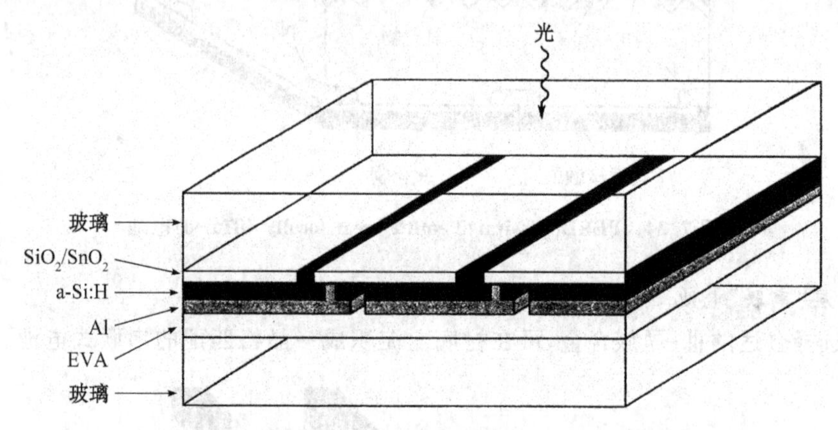

图 7.26 淀积在玻璃衬底上，一系列互相连接的非晶硅太阳能电池，用乙烯醋酸酯(ethylene vinyl acetate,EVA)与背面玻璃粘接

的半导体的透光导电层（例如 SnO_2），并用激光定出其结构图案。然后此衬底在射频等离子体放电系统中分解硅烷（SiH_4），淀积 p^+in^+ 叠层，用激光在非晶硅层上定出其结构图案。随后溅射铝层并再次用激光刻出图形。这样，便形成了一系列互相连接的电池。这种电池具有最低的制造成本及约 5％的转换效率。如果采用叠层串联结构，非晶硅太阳能电池的性能还可以进一步提高。

非晶硅太阳能电池价廉，应用比较普通，从对计算器、手表和小型玩具供电，直到为住宅区供电，是市场潜力最大的非晶半导体器件。现在，商用非晶硅电池基本单元的面积达到 m^2 数量级。此外，还发展了其他一些制造薄膜太阳能电池的材料，其中包括 CdTe，$CuInSe_2$(CIS)及其合金，以及多晶硅。这些薄膜可以低温制作，用各种制备技术（例如化学气相淀积，辉光放电，溅射和真空蒸发，甚至像电镀这种粗糙工艺）淀积在大面积的衬底（例如玻璃）上，薄膜太阳能电池节省成本，而且能制成大面积的外形，所以是十分吸引人的。

习 题

7.1 一个 1.3μm InGaAsP 激光器,$L=300\mu$m,$\bar{n}=3.5$。计算纵模间距:(1) 用 nm 表示;(2) 用GHz 表示。

7.2 一个 GaAs 激光器,$L=300\mu$m,$\bar{n}=3.5$。(1) 计算端面损耗 α_m;(2) 若其中一个端面镀银,反射率达到 90%,阈值电流下降的百分比是多少? 设 $\alpha_i=10\text{cm}^{-1}$。

7.3 设一个 GaAs 激光器有下述参数:谐振腔长度 $L=120\mu$m,有源区横截面为 $3\mu m\times 0.1\mu m$,端面反射率 $R=0.31$,折射率 $\bar{n}=3.5$,输出功率为 5×10^{-3}W,腔内损耗 $\alpha_i=10\text{cm}^{-1}$,计算:(1) 光子寿命 τ_{ph};(2) 腔内光子密度 S_0;(3) $AS_0=(\sigma_G c/\bar{n})S_0$ 之值;(4) 最高调制频率 f_R。

7.4 设题 7.3 考虑的激光器中,$\alpha_c^2=30$,$n_{sp}=2$,计算激光线宽 $\Delta\nu$,当激光器的谐振腔长度 L 增大时,$\Delta\nu$ 将如何变化?

7.5 DFB 激光器的光栅间距 $\Lambda=0.22\mu$m,光栅长 $L=400\mu$m,介质的有效折射率 $\bar{n}=3.5$,假定是一级光栅($k=1$)。计算布拉格波长 λ_B 和激光基模波长 λ_0。

7.6 对于一个波长 820nm 的 AlGaAs LED,(1) 计算 AlGaAs 的禁带宽度 E_g;(2) 如果三元合金 $Al_xGa_{1-x}As$ 的禁带宽度 E_g 服从下述经验公式:$E_g(\text{eV})=1.424+1.247x$,计算组分 x;(3) 加在 LED 上的电压为 1.5V,通过的正向电流为 40mA,耦合进多模光纤的光功率是 25μW,计算总效率 η。

7.7 一个波长 1310nm 的双异质结 InGaAsP LED,辐射复合和非辐射复合时间分别为 30ns 和 100ns,注入电流为 40mA。计算:(1) 内量子效率 η_{int};(2) 产生的光功率 P_i。

7.8 对于题 7.7 的 LED,计算光谱线宽度 $\Delta\lambda$ 和调制响应带宽 f_{3dB}。

7.9 考虑题 7.7 中的 LED。设禁带宽度随温度的变化率是 $dE_g/dT=-4.5\times10^{-4}$eV/K。计算温度改变 10℃时波长的变化。温度增加时,波长是增加还是减小。

7.10 一个 pin 光电二极管,i 区宽度 $W=12\mu$m,在接收 0.85μm 波长时的吸收系数 $\alpha=10^3\text{cm}^{-1}$。求:(1) 量子效率 η 和响应度 R;(2) 受渡越时间限制的响应带宽 f_{3dB},取 $v_s=10^7$cm/s。

7.11 考虑由题 7.10 中的 pin 二极管构成的光检测器,设检测器的带宽 $\Delta f=10$MHz,暗电流 $I_D=2$nA,负载电阻 $R_L=50\Omega$,接收到的光功率 $P_0=0.4\mu$W,温度 T=300K,计算:(1) 检测到的信号电流 i_s;(2) 负载上产生的信号功率 P_s;(3) 散粒噪声功率 P_{ns};(4) 热噪声功率 P_{nt};(5) 信噪比 S/N。

7.12 对于题 7.10 中的光电二极管,设暗电流 $I_D=2$nA,求 300K 时 NEP(或 P_{min})和负载电阻 R_L 的关系;若 $R_L=100\Omega$,带宽 $\Delta f=1$MHz,最小可探测功率 P_{min}是多少?

7.13 考虑一个长的硅 pn 结太阳能电池,其面积为 1cm^2,掺杂为 $N_A=5\times10^{18}\text{cm}^{-3}$和 $N_D=10^{16}\text{cm}^{-3}$,且已知 $\tau_n=\tau_p=10^{-7}$s,$D_n=5\text{cm}^2/\text{s}$,$D_p=10\text{cm}^2/\text{s}$,以及光电流 $I_L=25$mA,在 $T=300$K 时,求:(1) 开路电压 V_{oc}和短路电流 I_{sc};(2) 若采用聚光方法使

太阳光强增加至100倍，开路电压V_{oc}将如何变化？

7.14 计算填充因子FF的一个经验公式是：

$$FF=\frac{v_{oc}-\ln(v_{oc}+0.72)}{v_{oc}+1}$$

式中$v_{oc}=V_{oc}/(mk_BT/q)$为归一化开路电压。试利用此式计算题7.13中太阳能电池的最大输出功率P_m，以及相应的输出电压V_m和电流I_m。

7.15 若以题7.14的太阳能电池组成理想阵列，产生9V电压和10W功率的输出，请问需要多少个这样的太阳能电池？

参考文献

[1] Variv A. Optical Electronics, 4th ed. Holt, Rinehard and Winston, 1991.

[2] Singh J. Optoelectronics: An Introduction to Materials and Devices. New York: Mc Graw-Hill, 1996.

[3] Kasap S O. Optoelectronics and Photonics: principles and practices. NJ: Prentice-Hall, 2001.

[4] Palais J C. Filber Optic Communications NJ: Prentice-Hall, 1992.

[5] Sze S M Ed. 现代半导体器件物理. 刘晓彦，贾霖，康晋锋，译. 北京：科学出版社，2001.

[6] Sze S M. 半导体器件：物理和工艺（第二版）. 赵鹤鸣，钱敏，黄秋萍，译. 苏州：苏州大学出版社，2002.

[7] （日）栖原敏明. 半导体激光器基础. 周南生，译. 北京：科学出版社，2002.

附录A　单位制和半导体常用数表①

A.1　国际单位制(SI单位)

量的名称	单位名称	单位符号	量纲
长度②	米	m	
质量	千克	kg	
时间	秒	s	
温度	开[尔文]	K	
电流	安[培]	A	
光强	堪[德拉]	Cd	
角度	弧度	rad	
频率	赫[兹]	Hz	1/s
力	牛[顿]	N	$kg \cdot m/s^2$
压力	帕[斯卡]	Pa	N/m^2
能量	焦[耳]	J	N・m
功率	瓦[特]	W	J/s
电荷	库[仑]	C	A・s
电势	伏[特]	V	J/C
电导	西[门子]	S	A/V
电阻	欧[姆]	Ω	V/A
电容	法[拉]	F	C/V
磁通量	韦[伯]	Wb	V・s
磁感强度	特[斯拉]	T	Wb/m^2
电感	亨[利]	H	Wb/A
光通量	流[明]	Lm	Cd・rad

① 主要引自S M Sze主编. 刘晓彦等译. 现代半导体器件物理. 北京：科学出版社. 2001。

② 在半导体领域，用厘米表示长度，用电子伏表示能量单位更为常用，其中1厘米(cm)$=10^{-2}$米(m)，1电子伏(eV)$=1.6\times10^{-19}$焦(J)。

A.2 物理常数

量	符号	值
埃	Å	1Å=10^{-4} μm=10^{-8} cm=10^{-10} m
阿伏伽德罗常数	N_{av}	6.02214×10^{23}
玻尔半径	a_B	0.52917Å
玻尔兹曼常数	k_B	1.38066×10^{-23} J·K^{-1}
单位电荷	q	1.60218×10^{-19} C
电子静止质量	m_0	0.91094×10^{-30} kg
电子伏	eV	leV=1.60218×10^{-19} J=23.053kcal/mol
气体常数	R	1.98719cal/mol-K
真空磁导率	μ_0	1.25664×10^{-8} H·cm^{-1}
真空介电常数	ε_0	8.85418×10^{-14} F·cm^{-1}
普朗克常数	h	6.62607×10^{-34} J·s
约化普朗克常数	$\hbar$	1.05457×10^{-34} J·s
质子静止质量	M_p	1.67262×10^{-27} kg
真空光速	c	2.99792×10^{10} cm·s^{-1}
标准大气压		1.01325×10^5 Pa
300K 的热电压	k_BT/q	0.025852V
1eV 量子波长	λ	1.23984μm

A.3 重要的元素和二元半导体性质

半导体	带隙 /eV		300K 的迁移率[①] /(cm^2·$(V·s)^{-1}$)		能带[②]	有效质量 m/m_0		介电常数
	300K	0K	电子	空穴		电子[③]	空穴[④]	$\varepsilon_s/\varepsilon_0$
元素								
C	5.47	5.48	2000	2100	I	1.4/0.36	1.08/0.36	5.7
Ge	0.66	0.78	3900	1800	I	1.57/0.082	0.28/0.04	16.2
Si	1.124	1.17	1450	505	I	0.92/0.19	0.54/0.15	11.9
Sn	0	0.94	10^5@100K	10^4@100K	D	0.023	0.195	24
Ⅳ—Ⅵ								
6H-SiC	2.86	2.92	300	40	I	1.5/0.25	1.0	9.66
Ⅲ—Ⅴ								
AlAs	2.15	2.23	294	—	I	1.1/0.19	0.41/0.15	10
AlN	6.2	—	—	14	D	—	—	9.14
AlP	2.41	2.49	60	450	I	3.61/0.21	0.51/0.21	9.8
AlSb	1.61	1.68	200	400	I	1.8/0.26	0.33/0.12	12
BN	6.4	—	4	—	I	0.752	0.37/0.15	7.1

续表

半导体	带隙 /eV		300K 的迁移率[1] /(cm^2·(V·s)$^{-1}$)		能带[2]	有效质量 m/m_0		介电常数
	300K	0K	电子	空穴		电子[3]	空穴[4]	$\varepsilon_s/\varepsilon_0$
BP	2.4	—	120	500	I	—	—	11
GaAs	1.424	1.519	9200	320	D	0.063	0.50/0.076	12.4
GaN	3.44	3.50	440	130	D	0.22	0.96	10.4
GaP	2.27	2.35	160	135	I	4.8/0.25	0.67/0.17	11.1
GaSb	0.75	0.82	3750	680	D	0.0412	0.28/0.05	15.7
InAs	0.353	0.42	33000	450	D	0.021	0.35/0.026	15.1
InN	1.89	2.15	250	—	D	0.12	0.5/0.17	9.3
InP	1.34	1.42	5900	150	D	0.079	0.56/0.12	12.6
InSb	0.17	0.23	77000	850	D	0.0136	0.34/0.0158	16.8
Ⅱ—Ⅵ								
CdS	2.42	2.56	340	50	D	0.21	0.80	5.4
CdSe	1.70	1.85	800	—	D	0.13	0.45	10.0
CdTe	1.56	—	1050	100	D	0.1	0.37	10.2
ZnO	3.35	3.42	200	180	D	0.27	1.8	9.0
ZnS	3.68	3.84	180	10	D	0.40	—	8.9
ZnSe	2.82	—	600	300	D	0.14	0.6	9.2
ZnTe	2.4	—	530	100	D	0.18	0.65	10.4
Ⅳ—Ⅵ								
PbS	0.41	0.286	800	1000	I	0.22	0.29	17.0
PbTe	0.31	0.19	6000	4000	I	0.17	0.20	30.0

① 在当前最纯和最理想材料中得到的漂移迁移率值。

② I：间接；D：直接。

③ 椭圆能量表面的纵/横有效质量。

④ 非简并价带的重空穴/轻空穴的有效质量。

A.4　Si 和 CaAs 在 300K 的性质

性　质	Si	GaAs
原子/cm^3	5.02×10^{22}	4.42×10^{22}
原子量	28.09	144.63
晶格常数/Å	5.43102	5.65325
晶体结构	金刚石	闪锌矿
密度/(g·cm^{-3})	2.329	5.317
介电常数	11.7	13.1
导带的有效态密度 N_c/cm^{-3}	2.8×10^{19}	4.7×10^{17}

续表

性　质	Si	GaAs
价带的有效态密度 N_v/cm^{-3}	1.04×10^{19}	7.0×10^{18}
有效质量 m/m_0		
电子	$m_l=0.98$	0.067
	$m_t=0.19$	
空穴	$m_{pl}=0.16$	0.082
	$m_{ph}=0.49$	0.45
电子亲合势χ/V	4.03	4.07
300K 的能隙	1.124	1.424
折射率	3.42	3.3
本征载流子浓度/cm^{-3}	1.02×10^{10}	2.1×10^{6}
迁移率(漂移)/$(cm^2\cdot(V\cdot s)^{-1})$		
μ_n(电子)	1450	8500
μ_p(空穴)	505	400
熔点/℃	1412	1240
线性热膨胀系数/$℃^{-1}$	2.59×10^{-6}	5.75×10^{-6}
比热/$(J\cdot(g\cdot℃)^{-1})$	0.7	0.35
热传导系数/$(W\cdot(cm\cdot K)^{-1})$	1.31	0.46
蒸气压/Pa	1(在 1 650℃)	100(在 1 050℃)
	10^{-6}(在 900℃)	1(在 900℃)

A.5　二氧化硅和氮化硅的性质($T=300K$)

性质	SiO_2	Si_3N_4
晶格结构	无定型	无定型
原子或分子密度/cm^{-3}	2.2×10^{22}	1.48×10^{22}
密度/$(g\cdot cm^{-3})$	2.2	3.4
禁带宽度	≈9 eV	4.7 eV
介电常数	3.9	7.5
熔点/℃	≈1700	≈1900

A.6　Ⅲ—Ⅴ族三元化合物半导体的性质

镓铝砷($Al_xGa_{1-x}As$)	
晶体结构	闪锌矿
能带隙/eV	$1.424+1.087x+0.438x^2$ ($x<0.43$)
	$1.905+0.10x+0.16x^2$ ($x>0.43$)
晶格常数/Å	$5.6533+0.0078x$
电子迁移率/($cm^2\cdot(V\cdot s)^{-1}$)	$9\,200-22\,000x+10\,000x^2$ ($x<0.43$)
	$-255+1160x-720x^2$ ($x>0.43$)
空穴迁移率/($cm^2\cdot(V\cdot s)^{-1}$)	$320-970x+740x^2$
电子有效质量(m_0)	$0.063+0.083x$(Γ 能谷,态密度)
	$0.85-0.14x$(X 能谷,态密度)
	$0.56+0.10x$(L 能谷,态密度)
空穴有效质量(m_0)	重空穴:$0.50+0.14x$(态密度)
	轻空穴:$0.076+0.063x$(态密度)
介电常数	$12.4-3.12x$
铝铟砷($Al_xIn_{1-x}As$)	
晶体结构	闪锌矿
能带隙 Γ/eV	$0.37+1.91x+0.74x^2$
能带隙 X/eV	$1.8+0.4x$
带隙交叠 $Al_{0.48}In_{0.52}As$	$x=0.68, E_g=2.05eV$
	$E_g=1.45eV$,与 InP 晶格匹配
$x=0.47$ 的镓铟砷($Ga_{0.47}In_{0.53}As$)	
晶体结构	闪锌矿
能带隙/eV	0.75
晶格常数/Å	5.8687m,与 InP 晶格匹配
电子迁移率/($cm^2\cdot(V\cdot s)^{-1}$)	13800
电子有效质量(m_0)	0.041
空穴有效质量(m_0)	重空穴:0.465
	轻空穴:0.05

附录B　量子力学基础

这里简单叙述量子力学的基本原理和薛定谔波动方程。本书的许多地方，主要是在半导体基础、光器件和量子效应器件方面，用到了这些知识。对于常规晶体管或微电子半导体器件，除了有效质量是量子力学的一点修正以外，载流子的运动仍作为粒子处理，输运过程用经典的漂移-扩散方程描述。也就是说，在微电子学领域中没有考虑量子效应。但是，当器件尺寸小到与载流子的德布罗意波长相当时，粒子的波动性会十分显著，我们必须逐步适应量子力学的分析方法。为此，这里叙述的量子力学原理和随后关于量子隧道输运的两个附录将提供十分重要的基础。

B.1　量子力学的基本原理

我们首先介绍量子力学的下述三个基本原理：能量量子化原理、波粒二象性原理和不确定原理。

B.1.1　能量量子化

在量子力学研究的领域(主要是微观世界)内，有很多参量被发现是以某一最小的量(基本量)或这些基本量的整数倍出现的，它们因此被说成是量子化的，和这样一个量相联系的基本量称为该量的量子。电磁振动的能量是量子化的，其基本量是 $h\nu$，其中 ν 是振动频率，$h \approx 6.62 \times 10^{-34}$ 焦[耳]·秒是普朗克常数。为了解决黑体辐射问题，普朗克(M. Planck)在1900年，提出了这一量子化假设。

黑体是对电磁辐射的吸收率为1的物体；显然，热平衡时黑体的发射率也是1。在实验室中，我们可以用不透明材料制成开小孔的空腔，作为在任何温度下能100%吸收辐射能量的黑体模型。在封闭的空腔中，电场和磁场是由所有振动波型(振动方式或状态)的总和决定的，所以是以一种难以想象的复杂方式起伏地波动。但是，各个振动波型的平均能量则只由温度决定。计算在一定频率范围内不同振动方式的数目是可能的(参见本书第一章中关于电磁波状态密度的计算)，如果能够计算出在一定温度下每个振动方式(波型)的平均电磁能量，则可以计算出封闭空腔中总的电磁能量。

有一种曲线能表示封闭容器中一种振动方式中的能量E处于每一个固定小范围内的几率，这就是玻尔兹曼分布曲线。普朗克认为，玻尔兹曼曲线的确还是对的，但是每一种振动方式只能有一些特定的能量。如果一种振动方式的频率为 ν，它的能量只能0焦[耳]，$h\nu$ 焦[耳]，$2h\nu$ 焦[耳]，等等。因而这种振动方式的平均能量为

$$\overline{E}(\nu)=\frac{\sum_{n=0}^{\infty}nh\nu\ \exp(-nh\nu/k_BT)}{\sum_{n=0}^{\infty}\exp(-nh\nu/k_BT)}=\frac{h\nu\sum_{n=0}^{\infty}nx^n}{\sum_{n=0}^{\infty}x^n} \tag{1}$$

$$x=\exp(-h\nu/k_BT)$$

用恒等式

$$\sum_{n=0}^{\infty}x^n=\frac{1}{1-x},\quad \sum_{n=0}^{\infty}nx^n=x\frac{\mathrm{d}}{\mathrm{d}x}\sum_{n=0}^{\infty}x^n=\frac{x}{(1-x)^2} \tag{2}$$

最后得到

$$\overline{E}(\nu)=\frac{h\nu}{\exp(h\nu/k_BT)-1} \tag{3}$$

这就是人们熟知的第一个量子力学公式。

在这之前不久，瑞利(J. W. Rayleigh)和金斯(J. H. Jeans)在振动可以有任何能量的基础上也做了计算，结果为每种振动方式的平均能量都是 k_BT(这正是经典统计的能量均分定理的结果)，与振动频率无关。因为空腔内有无数种高频和更高频的振动方式，所以发射的总能量无穷大(被称为“紫外区的灾难”)，完全与实验不符。

1913年，玻尔(N. Bohr)提出了他的氢原子模型理论，特别强调能量量子化的概念。他提出，原子的稳定状态(定态)只能是能量取某些分立值(称为能级)的离散态；与之相应，电子只能在某些特定的轨道上围绕原子核公转，角动量(电子动量乘以电子至原子核的距离)只允许是普朗克常数 h 除以 $2\pi(\hbar=h/2\pi)$ 的整数倍。根据这一条件，玻尔得出了氢原子的量子化能级(势能零点在无限远处)的表示式：

$$E_n=-\frac{m_0q^4}{8\varepsilon_0^2h^2}\cdot\frac{1}{n^2}=-\frac{13.6}{n^2}\mathrm{eV},\ n=1,2,3,\cdots \tag{4}$$

m_0 为电子质量。与第 n 个能级相应的轨道半径为

$$r_n=\frac{n^2\varepsilon_0\hbar^2}{\pi m_0q^2}=n^2\times0.0529\mathrm{nm} \tag{5}$$

$a_B=0.0529\mathrm{nm}$ 称为玻尔半径。

玻尔理论解开了氢原子线状光谱之谜。当时，人们对原子光谱的研究已经十分深入，巴尔末(J. J. Balmer)利用已测出的氢原子可见光谱线的频率数据，于1885年写下了一个著名的公式：

$$\frac{1}{\lambda}=R_H\left(\frac{1}{2^2}-\frac{1}{n^2}\right),n=3,4,5,6$$

λ 是波长，$R_H=109677.6\ \mathrm{cm}^{-1}$ 为H的里德伯常数。对此，玻尔理论的解释如下。氢原子中的电子，就它自己来说，趋向于占据最低能级，对应的量子数量 $n=1$。可是，如果原子受到干扰，比如受光的照射，电子可能会被激发到量子数 n 更大的高能级上去。电子在这些能级

上时，原子的能量比平常高，过一段时间就会退激发，回到原来的基态。形象地说，电子跳(跃迁)到一个低能级上。为了保证能量守恒，多出来的能量以光的形式辐射出去，放出的能量大小是

$$h\nu = E_i - E_f$$

E_i 和 E_f 分别为初态和终态的能量。利用光速等于频率乘以波长($c=\nu\lambda$)的关系，就可以计算光谱线的波长：

$$\frac{1}{\lambda} = \frac{m_0 q^4}{8\varepsilon_0^2 h^3 c}\left(\frac{1}{n_f^2} - \frac{1}{n_i^2}\right) \tag{6}$$

整数 n_i 和 n_f 分别是初态和终态的量子数。将各物理量的数值代入，就可以计算出上式中括号前面因子的数值，结果和里德伯常数一致。图 B.1 是氢原子的能级图，它显示了光谱线和能级的关系，例如巴尔末光谱系就是电子跳到 $n=2$ 的能级($n_f=2$)产生的。

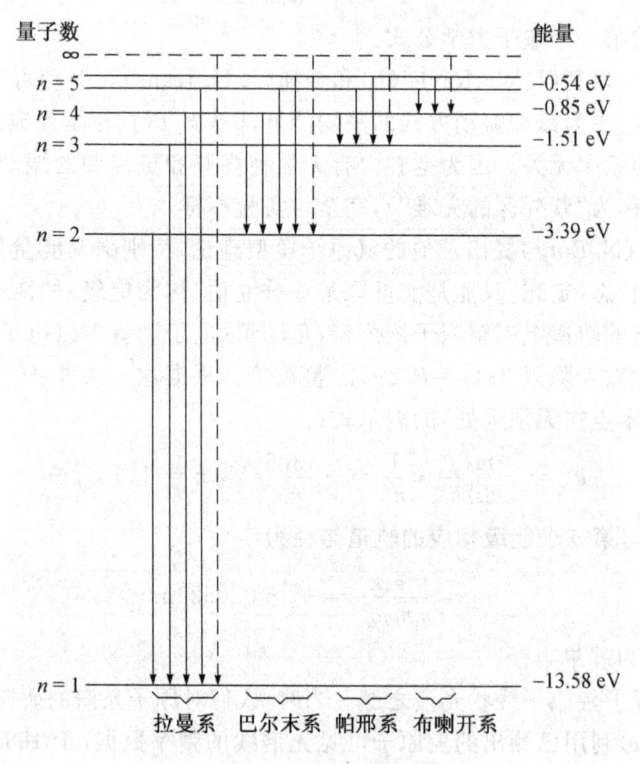

图 B.1　氢原子能级图

玻尔理论大大促进了现代量子力学的进展。但是，电子沿确定轨道运动的概念违反了量子力学的不确定原理，因而被薛定谔(E. Schrödinger)导出的几率密度模型取代。按照几率密度模型，电子不是像行星绕太阳那样围绕原子核运行，而是形成一个不动的几率波形，即所谓的“电子云”。

B.1.2 波粒二象性

1. 光和光子

光是一种电磁辐射。基于普朗克的物体以量子形式吸收或发射电磁辐射的理论，爱因斯坦(A. Einstein)提出了光量子(光子)的概念。他认为，对于频率为 ν 波长为 λ 的光，每个光子的能量为

$$E = h\nu \tag{7}$$

动量大小为

$$p = h\nu/c = h/\lambda \tag{8}$$

当光和物质相互作用时，光子或者是整个地被发射或吸收(在一点上产生或消失)，或者是像经典意义下粒子的碰撞那样发生能量和动量的转移。这一观念使当时迷惑不解的光电效应问题迎刃而解，也在后来的康普顿(A. H. Compton)散射实验中得到了直接证实。光电效应是当材料被光照射时会发射电子。这种现象和入射光的强度无关，但是入射光的频率必须高于截止频率 ν_0，即光子能量 $h\nu$ 必须大于电子逸出材料表面所需要的最小能量(脱出功，称为功函数)$h\nu_0$，光子超出 $h\nu_0$ 的那部分能量转变为光电子的动能。在康普顿散射实验中，因受到固体中电子的散射，X 射线光束的波长显著变长，并且随散射角的增大而增加，可以说这是光子把一部分能量和动量转移给了电子的结果。光电效应和康普顿效应都表明电磁辐射具有一个基本性质，即粒子性。

另一方面，光的干涉、衍射和偏振现象，表明光的传播具有波动性，满足波的叠加原理，波动性是电磁辐射的另一个基本性质。

事实上，描述电磁辐射粒子性的能量 E 和动量 p，与描述它的波动性的频率 ν 和波长 λ 之间，存在式(7)和式(8)表示的普朗克关系。这种双重性质就是电磁辐射的波粒二象性。它不同于弹性介质中的经典波动，因为它具有与波动特征相联系的粒子特征；它也不同于经典的粒子，因为它具有与粒子特征相联系的波动特征。问题在于，经典波动图像与经典粒子图像是完全不同的两个图像，我们如何把量子的波动性与粒子性统一在一个自洽的图像之中。为此，下面我们重新分析波的双缝干涉实验。

图 B.2 是双缝干涉实验的示意图，从单色光源发出的光，通过开有两道平行狭缝的薄墙(隔离屏)，射到墙后的接收屏幕上。接收屏上任何一点，都将从两个狭缝接收光。一般而言，光在到达该点时，通过一条缝隙与通过另一条缝隙所必须行进的距离不同，相位将不会相同。在某些地方，一个波的波谷和另一个波的波峰重合，会相互对消；在别的地方，波峰和波谷各自重合，波会互相加强；而在大多数地方，情形处在这二者之间，结果在屏幕上形成光强极大和极小交替出现的图样，如图 B.2(b)所示。这就是波的干涉，它被认为是光的波动性无可怀疑的证据。

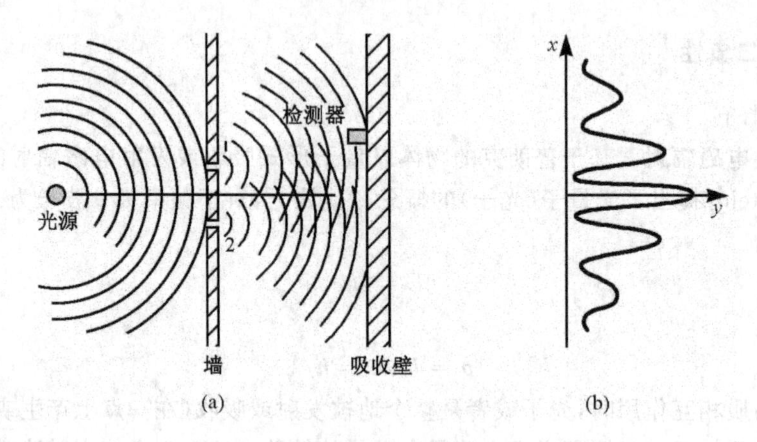

B.2 双缝干涉实验示意图

现在,设想在接收屏的平面内某处放一个微小的光子探测器,它吸收一个光子时就会发出一次卡嗒声。根据量子理论,我们可以预言,该探测器会发出一系列的、时间上无规则的这种声音,每一次都是光波通过一个光子被吸收并向屏幕转移能量的信号。当向上或向下非常缓慢地移动探测器时,卡嗒声的时率会时增时减,交替地经过极大值和极小值,正好和干涉条纹的最明和最暗相对应。这就是说,屏幕上接收到的光强实际上是光子的数目。如果光强十分弱,以致无序的时间间隔内每次只发射一个光子时,令人惊奇的是,只要实验经历的时间足够长(达数个月之久),在接收屏(底片)上仍然能够清晰形成上述的干涉条纹。这表明,虽然我们不可能预知一个光子何时会在底片上的某点出现,但是可以预言单位时间内在该点检测到的光子数目。换句话说,底片上的光强(或者说电场矢量振幅的平方$|\mathscr{E}|^2$)分布应该解释为光子出现的几率分布:底片上一点的光强正比于在该点接收到一个光子的几率;而底片上两点的光强之比,正比于在这两点接收到光子的几率之比。所以,根据量子理论,光不仅是一种电磁波,而且也是一种几率波,前者是对后者的数学描述;作为客体存在而能够被观测到的则是一个一个的光子。这一观念也有助于我们理解狭义相对论的光速不变原理。

2. 粒子和波

德布罗意(L. de Broglie)从理论上猜测,波粒二象性不只是光所具有的独特性质,而应该是遍及整个物理世界的一种普遍现象,并于 1924 年提出了物质波的假设。他提出,若已知粒子的动量为 p,则它与粒子波长的关系为

$$\lambda = h/p \tag{9}$$

λ 为表征粒子波动性质(物质波)的波长,称为德布罗意波长。上式表示粒子的波长和它的动量成反比,粒子动量越大,波长就越短。由于普朗克常数 h 太小,只有微观粒子(例如电子)的波长才有可观测的效应。

粒子的波动性已经通过许多方法得到验证。在电子的双缝实验中,用具有确定速度(即确定动量)的电子源代替光源,并且逐个地发射电子,得到和光波是同一类型的干涉条纹。

因此，电子如同波通过双缝发生干涉。这种干涉决定了电子出现在接收屏幕上的几率分布：电子出现几率大的区域对应干涉的亮纹，几率小的区域对应暗纹。相似的干涉实验用质子、中子和原子都做出来了。1999 年甚至用富勒烯 C_{60} 和 C_{70} 也做出来了。富勒烯是碳原子组成的像足球或橄榄球的分子，C_{60} 中有 60 个碳原子，C_{70} 中有 70 个碳原子。

总起来，就同时具有粒子性和波动性而言，电子、质子、原子等实物粒子与光子没有本质的区别，都是具有波粒二象性的微观量子客体。

B.1.3 不确定原理

基于微观粒子的波粒二象性及其统计解释，海森伯(W. Heisenberg)于 1927 年提出了不确定原理，可以描述共轭变量(包括粒子的坐标与动量以及能量与时间)之间的基本关系。根据不确定原理的原始表述，粒子位置的不确定程度 Δx 和动量的不确定程度 Δp 之间有下述关系：

$$\Delta x \Delta p \geqslant h$$

用粒子穿过狭缝的衍射效应(参见图 B.3)可以说明这种关系。设粒子的水平动量为 p，狭缝的宽度(即粒子在位置上的不确定量)为 d。粒子穿过狭缝后，由于衍射效应，出射的图样散开，大致分布在由第一极小值所张的角度 $\Delta\theta$ 内，这时从狭缝中央发出的波比从狭缝上沿(或下沿)发出的波多走半个波长，从而在远处相消，使得在角度 $\Delta\theta$ 以外波的幅度很小，这个条件可以写成

$$(d/2)\sin\Delta\theta \sim \lambda/2$$

或进一步写成

$$d\Delta\theta \sim \lambda$$

波的传播方向散布在衍射角 $\Delta\theta$ 内，也就是粒子动量方向散布在这个角度内。换句话说，从狭缝出来的粒子，动量不再严格地是水平的，而是在 x 方向有一个范围：$\Delta p_x = p\Delta\theta = p(\lambda/d)$。按照量子理论，波长乘动量就是普朗克常数 h，所以有 $\Delta x \Delta p_x = h$；如果把次级极小也算进去，则有[①]

$$\Delta x \Delta p_x \geqslant h \tag{10}$$

在其他两个方向也可以写出类似的关系式。

上述不确定关系表明，如果你想非常精确地测量一个粒子的位置，你将不可避免地严重干扰整个系统，从而导致动量有很大的不准确性。具体说来，为了精确测量粒子的位置，必须使用短波长也就是高频率的光，即射到粒子上光子能量很高，从而对粒子产生很大的扰动，这意味着粒子动量具有很大的不确定性。出于类似的原因，如果想精确测量动量，我们只能给粒子一个微乎其微的扰动，这就必须使用波长很长的光，这样反过来意味着位置测量

---

① 严格的理论分析给出不确定关系为 $\Delta x\Delta p \geqslant \hbar/2$。不过，一般只关注两个不确定量乘积为普朗克常数的数量级，对细微差别并不在意。

的很大的不确定性。

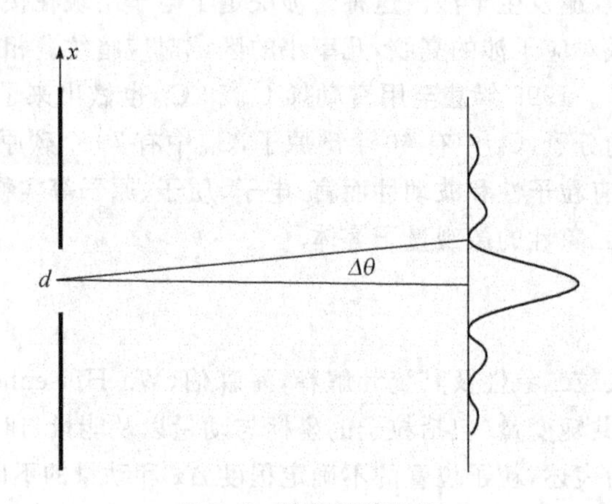

图 B.3 波的单缝衍射

类似地，由于具有波动性，粒子的能量与测量这个能量的时间也不可能同时测准。能量的不确定量 ΔE 和时间的不确定量 Δt 有下述关系：

$$\Delta t \Delta E \geqslant h \tag{11}$$

它表明，如果减小能量的测量误差 ΔE，则测量它的时间范围 Δt 就相应增加；相反，如果缩短测量的时间 Δt，则测量能量的误差 ΔE 必定增大。它们的乘积至少是普朗克常数的数量级。能量和时间的不确定关系通常用于微观量子体系的不稳定状态。例如，它可以解释原子激发态能级的有限宽度 Γ 和原子处于激发态的平均寿命 τ 之间的反比关系（$\tau\Gamma\sim h$），也可以根据测得的能谱宽度估计不稳定状态的寿命。

普朗克常数出现在不确定原理的定量表述之中，作为坐标与动量或时间与能量不能同时测准的限度。由于它非常小，所以不确定关系只有在微观现象中才明显表现出来。

B.2 薛定谔方程及其应用举例

B.2.1 薛定谔方程

根据德布罗意假设，微观粒子的运动具有波动性质，通常把这种波称为物质波。同光波一样，物质波是一种几率波。要定量地表示物质波，必须有这种波的数学表达式以及它所遵从的变化规律，前者是波函数，后者是波动方程。

先考虑波函数。既然物质波决定着微观粒子在空间不同位置出现的几率，那么，在一定时刻 t，它应当是空间位置 $\boldsymbol{r}$ 的函数，我们把这函数记作 $\Psi(\boldsymbol{r},t)$，称为波函数。$\Psi(\boldsymbol{r},t)$ 与描述光波的电场 $\mathscr{E}(\boldsymbol{r},t)$ 或磁场 $\boldsymbol{H}(\boldsymbol{r},t)$ 相当。根据波粒二象性的统计解释，t 时刻在 $\boldsymbol{r}$ 处找到一个粒子（例如电子）的几率正比于波的强度，亦即波函数的模的平方 $|\Psi(\boldsymbol{r},t)|^2$。$|\Psi(\boldsymbol{r},t)|^2$ 称为几率

密度。由于 $\Psi(\boldsymbol{r},t)$通常是一个数学上的复函数,我们求它的模的平方时,用它的复共轭 $\Psi^*(\boldsymbol{r},t)$(将 $\Psi(\boldsymbol{r},t)$中各处出现的虚数 i 换成$-i$ 即可得出)乘以 $\Psi(\boldsymbol{r},t)$。

光波是由麦克斯韦(J. C. Maxwell)波动方程确定的;对于非相对论性粒子,物质波是由薛定谔波动方程确定的。薛定谔方程是基本原理,不可能从更基本的原理导出,它一般写成

$$\mathrm{i}\hbar\frac{\partial}{\partial t}\Psi = \hat{H}\Psi \tag{12}$$

其中,

$$\hat{H} = -\frac{\hbar^2}{2m}\nabla^2 + V(\boldsymbol{r}) \tag{13}$$

是体系的哈密顿(Hamilton)算符,$V(\boldsymbol{r})$是粒子在外场中的势能,m 是粒子的质量,∇^2是拉普拉斯(Laplace)算符,若 $V(\boldsymbol{r})$中不含 t,则 $\Psi(\boldsymbol{r},t)$的空间变量和时间变量可以分开,被写成

$$\Psi(\boldsymbol{r},t) = \psi(\boldsymbol{r})\exp(-\mathrm{i}Et/\hbar) \tag{14}$$

E 是粒子的总能量(动能加势能),$\psi(\boldsymbol{r})$只是坐标 $\boldsymbol{r}$ 的函数,而与时间无关,所以它所描述的是粒子在空间的一种稳定分布(定态)。$\psi(\boldsymbol{r})$由定态薛定谔方程确定:

$$\left[-\frac{\hbar^2}{2m}\nabla^2 + V(\boldsymbol{r})\right]\psi(\boldsymbol{r}) = E\psi(\boldsymbol{r}) \tag{15}$$

下面,我们应用定态薛定谔方程,讨论无限深势阱中粒子的运动和原子中的电子态。

B.2.2 无限深势阱

1. 一维情形

量子阱结构可以作为准一维势阱的实例。在量子阱结构中,载流子在一个维度(即垂直于阱壁的方向,设为 z 方向)上受到限制,而在 x 和 y 方向的运动仍是自由的。为具体起见,我们考虑 AlGaAs/GaAs/AlGaAs 结构(参见图 7.9)中 GaAs 阱内电子的运动。设 AlGaAs/GaAs 异质结导带边的不连续量(势垒高度)ΔE_c 为无限大,则电子沿 z 方向是在一个无限深的势阱内运动。这是描述粒子处于束缚态的一个典型的量子力学问题。设阱宽为 L_z,则它的势能可以写成

$$V(z) = \begin{cases} 0, & 0 \leqslant z \leqslant L_z, \\ \infty, & z < 0, z > L_z \end{cases} \tag{16}$$

由于势能 $V(z)$与 x,y 无关,故波函数 $\psi(x,y,z)$的 z 变量可以和 x,y 变量分开,被写成

$$\psi(x,y,z) = u(z)\exp[i(k_x x + k_y y)] \tag{17}$$

$u(z)$满足方程

$$-\frac{\hbar^2}{2m}\frac{\mathrm{d}^2}{\mathrm{d}z^2}u(z) + V(z)u(z) = E'u(z) \tag{18}$$

其中 E'表示电子在 z 方向运动的能量,而势阱内电子的总能量则为 $E=E'+\frac{\hbar^2}{2m}(k_x^2+k_y^2)$。

以下我们只讨论电子沿 z 方向的运动。这时，根据上述，在势阱内部($0\leqslant z\leqslant L_z$)，薛定谔方程为

$$\frac{\mathrm{d}^2 u}{\mathrm{d}z^2}+\frac{2mE'}{\hbar^2}u=0 \tag{19}$$

在阱壁及阱外，波函数为零，特别是

$$u(0)=0,\quad u(L_z)=0 \tag{20}$$

在边界条件(20)下求解方程(19)。我们得到电子能量的本征值：

$$E'_n=\frac{\pi^2\hbar^2 n^2}{2mL_z^2},\quad n=1,2,3,\cdots \tag{21}$$

上式说明，电子的能量在运动受限的方向上是量子化的，并且量子化的能量与量子数 n 的平方成正比，两个相邻量子能级之间的能量间隔为

$$\Delta E'_{n,n+1}=E'_{n+1}-E'_n=\frac{n^2\hbar^2}{mL_z^2}\left(n+\frac{1}{2}\right) \tag{22}$$

能量间距与阱宽 L_z 的平方成反比，只有 L_z 足够小时，量子化才比较显著。能级间距与量子数 n 成正比，说明能级由势阱底算起越往上越稀疏。

对应能级 E'_n，电子沿 z 方向运动的波函数为

$$u_n(z)=A_n\sin\left(\frac{n\pi}{L_z}z\right) \tag{23}$$

对于严格的一维无限深势阱，A_n 由归一化方程（因为粒子一定在阱内）$\int_0^{L_z}|u_n(z)|^2\mathrm{d}z=1$ 确定，为

$$A_n=\sqrt{2/L_z} \tag{24}$$

根据式(21)，量子数 $n=1$ 的状态是最小允许能量的状态，称为基态。粒子趋向于处在这一能量最低的状态。对于能量更低($n=0$)的状态，$|u_n(z)|^2$ 对所有的 z 来说都等于零，这意味着阱中没有粒子。但粒子确实在里面，所以 $n=0$ 不是一个可取的量子数(n 取负数给不出新的量子态，所以也不考虑)。量子物理的一个重要结论是，被束缚的系统总是具有一定的最小能量，称为零点能。只有被束缚的粒子才必须有有限的零点能而永远不会静止。

上面的讨论可以扩大到二维和三维的情况。

量子线结构可以作为准二维势阱的实例。设电子的运动在 y 和 z 的方向上受到无限深势阱限制，在 x 方向上仍是自由的，则电子的能量（假设有效质量各向同性）可表示为

$$E=\frac{\hbar^2}{2m}k_x^2+\frac{\pi^2\hbar^2}{2m}\left(\frac{n_y^2}{L_y^2}+\frac{n_z^2}{L_z^2}\right),\quad n_y,n_z=1,2,3,\cdots \tag{25}$$

其中，L_y 和 L_z 分别为长方形量子线的宽度和厚度，n_y 和 n_z 分别为适应 L_y 和 L_z 的量子数。相应地，电子的状态波函数可表示为

$$\psi(x,y,z)=\frac{2}{\sqrt{L_yL_z}}\sin\left(\frac{n_y\pi}{L_y}y\right)\sin\left(\frac{n_y\pi}{L_z}z\right)\exp(\mathrm{i}k_x x) \tag{26}$$

在矩形盒(量子箱)中,电子在三维无限深势阱中运动,能量可以写成

$$E_{n_x,n_y,n_z} = \frac{\pi^2\hbar^2}{2m}\left(\frac{n_x^2}{L_x^2}+\frac{n_y^2}{L_y^2}+\frac{n_z^2}{L_z^2}\right), \quad n_x,n_y,n_z = 1,2,3,\cdots \tag{27}$$

其中,L_x,L_y,L_z 为 x,y,z 三个方向上的宽度,n_x,n_y,n_z 为分别适应这三个宽度的量子数。相应的波函数可以写成

$$\psi(x,y,z) = \sqrt{\frac{8}{L_xL_yL_z}}\sin\left(\frac{n_x\pi}{L_x}x\right)\sin\left(\frac{n_y\pi}{L_y}y\right)\sin\left(\frac{n_z\pi}{L_z}z\right)$$

2. 无限深球形势阱

考虑一个在球形势阱中的电子。对于半径为 a 的无限深球势阱,势能为

$$V(r) = \begin{cases}0, & r\leqslant a\\ \infty, & r>a\end{cases} \tag{29}$$

由于势能的性质是球对称的,使用球坐标(r,θ,ϕ)是非常方便的,薛定谔方程可以写为

$$\begin{cases}\left[\frac{1}{r^2}\frac{\partial}{\partial r}\left(r^2\frac{\partial}{\partial r}\right)+\frac{1}{r^2\sin\theta}\frac{\partial}{\partial\theta}\left(\sin\theta\frac{\partial}{\partial\theta}\right)+\frac{1}{r^2\sin^2\theta}\frac{\partial^2}{\partial\phi^2}+\frac{2m}{\hbar^2}E\right]\psi = 0, r<a\\ \psi(r,\theta,\phi) = 0, \quad r\geqslant a\end{cases} \tag{30}$$

并且,由于球对称性,波函数可以写成径向和角向彼此独立的分离函数。

解方程(30),可以得到本征态的能量和波函数为①

$$E_{n,l} = \hbar^2\beta_{n,l}^2/2ma^2, \quad n = 1,2,3\cdots \tag{31}$$

和

$$\psi(r,\theta,\phi) = \mathrm{Y}_{l,m}(\theta,\phi)\mathrm{j}_l(\beta_{n,l}r/a) \tag{32}$$

其中,$\mathrm{Y}_{l,m}(\theta,\phi)$是球谐波函数,$R_{n,l}(r)=\mathrm{j}_l(\beta_{n,l}r/a)$是径向波函数,$\mathrm{j}_l(x)$是 l 阶球贝塞尔(Bessel)函数,$\beta_{n,l}$是 $\mathrm{j}_l(x)$的第 n 个零点。对于较低的几个能级,$\beta_{n,l}$的取值见表B.1。例如,$\beta_{1,0}=\pi$(1s),$\beta_{1,1}\approx4.5$(1p),$\beta_{1,2}\approx5.8$(1d),$\beta_{2,0}=2\pi$(2s),$\beta_{1,3}\approx7.0$(1f),以及$\beta_{2,1}\approx7.7$(2p)。括号中的符号是关于状态的原子符号,这些态具有通常与自旋和角动量取向相联系的简并性。

表B.1 $\beta_{n,l}$的取值

l \ n	1	2	3	l \ n	1	2	3
0	π	2π	3π	4	8.183	11.705	
1	4.493	7.725	10.904	5	9.356	12.967	
2	5.764	9.095	12.323	6	10.513	14.207	
3	6.988	10.417	13.698				

① 方程(30)的求解,以及将要讨论的氢原子波函数的求解,都是比较复杂的,有兴趣的读者可参阅文献[1]。

对于半导体 CdSe 纳米晶粒，可以用上述球形模型很好地近似描述。在这种情形下，导带中电子和价带中空穴的运动都是量子化的。导带电子有效质量 $m_n=0.13m_0$，电子能级为 $E_{n,l}=(0.29\text{eV}/a^2)(\beta_{n,l}/\beta_{1,0})^2$，其中 a 是以纳米为单位的纳米粒子半径。若 $a=2\text{nm}$，则得到最低两个能级之间的能量间距为 $E_{1,1}-E_{1,0}=0.076$ eV。

随着 a 的减小，1s 电子态的能量升高，而 1s 空穴态的能量却降低，因此能隙增加。由此可知，通过改变 a，可以在较大范围内调变带隙的大小。不同尺寸下 CdSe 纳米粒子的吸收光谱表明，对于最小的半径(≈1nm)，吸收边相对体材料状态漂移近 1eV。在发射谱中也可以观察到与之类似的漂移。纳米晶的光谱可以连续地穿过可见光光谱区，因此它们可应用于从荧光标记到发光二极管的广泛区域。另外，如果用太阳光照射大小均匀的 CdSe 纳米晶粒粉末，晶粒将吸收能量高于吸收边的所有光子，即吸收波长小于截止波长 λ_c 的光。因为没有被吸收的光就被散射，纳米晶粒粉末将散射所有波长大于 λ_c 的光。我们看到粉末样品，是因为它散射的光射到我们的眼睛中了。因此，控制样品中纳米晶粒的大小，就能控制样品散射的光的波长，也就能控制样品的颜色。

B.2.3 原子中的电子态

1. 氢原子

氢原子是最简单的原子，由一个电子(电荷 $-q$)和一个质子(电荷 $+q$)组成，电子受到它们之间库仑力的作用而被束缚在作为核中心的质子周围，势能(取 $r\to\infty$ 处为势能零点)为

$$V(r)=-\frac{q^2}{4\pi\varepsilon_0 r} \tag{33}$$

r 代表电子离核的距离。

氢原子中的电子也是在球对称的势阱中运动。对应电子运动的三维，描述氢原子状态需要三个量子数，每一组量子数(n,l,m_l)表示一个特定的量子态。主量子数 n 出现在表示各态能量的公式(和玻尔理论一致)

$$E_\text{n}=-\frac{13.6\ \text{eV}}{n^2},\quad n=1,2,3,\cdots \tag{34}$$

中，角量子数 l(允许值为 $0,1,2,\cdots,n-1$)是和各量子态相联系的角动量大小的量度，磁量子数 m_l(允许值为 $-l,-(l-1),\cdots,(l-1),l$)和此角动量矢量在空间的指向有关。为具体起见，我们考虑 $n=2$ 时的量子态，这些状态的波函数如下：

$$\psi_{2,0,0}(\boldsymbol{r})=\frac{1-r/2a}{2\sqrt{2\pi}a^{3/2}}\mathrm{e}^{-r/a}$$

$$\psi_{2,1,-1}(\boldsymbol{r})=\frac{r/2a}{4\sqrt{\pi}a^{3/2}}\mathrm{e}^{-r/2a}\,\mathrm{e}^{-\mathrm{i}\phi}\sin\theta$$

$$\psi_{2,1,0}(\boldsymbol{r})=\frac{r/2a}{2\sqrt{2\pi}a^{3/2}}\mathrm{e}^{-r/2a}\cos\theta$$

$$\psi_{2,1,1}(\boldsymbol{r})=\frac{r/2a}{4\sqrt{\pi}a^{3/2}}\mathrm{e}^{-r/2a}\mathrm{e}^{\mathrm{i}\phi}\sin\theta$$

其中 a(等于 0.0529 nm)是玻尔半径。上述四个状态的能量是相等的,这个能量和玻尔理论中的能量 E_2 相同。对于一个能级来说,如果存在二个以上稳定的电子状态,则被称为简并能级,所以氢原子 $n=2$ 的能级是四重简并的。就像其他波函数那样,上面表示的那些波函数没有物理意义,但 $|\psi(\boldsymbol{r})|^2$ 具有物理意义,它是电子被检测到的几率密度(单位体积的几率)。对于 $n=2$ 和 $l=m_l=0$ 的状态。电子的几率密度 $|\psi_{2,0,0}(\boldsymbol{r})|^2$ 只是径向坐标 r 的函数,与角坐标 θ 和 ϕ 无关,是球对称的;对于 $n=2$ 和 $l=1(m_l=-1,0,+1)$ 的三个态,几率密度既是 r 的函数,也是角坐标 θ 的函数。但是,如果把这三个态的几率密度加起来,可以看出总的几率密度是球对称的,没有特定的坐标轴。于是,可以想象,电子在它的 1/3 时间内处于三个态的每一个内;并且,三个独立的波函数的加权组合,定义了一个球对称的支壳层,以量子数 $l=1$ 标记。为了标记支壳层,l 的值用字母表示,其对应关系见表 B.2。只有把氢原子置于外电场或外磁场中时,三个态才能够具有不同的能量,显示其单独存在;而外场方向就成了几率密度角分布的坐标轴。总起来,对于孤立的氢原子,我们可以想象 $n=2$ 的所有四个态组成球对称的壳层。

表 B.2 支壳层的标记

l	0	1	2	3	4	5	6
标记	s	p	d	f	g	h	i

2. 多电子原子

对于多电子原子的薛定谔方程,在数学上求解是相当困难的。但是,利用氢原子的量子理论以及某些近似考虑,再计及泡利(W. Pauli)不相容原理,就可以相当满意地阐明其电子结构。采用的近似如下。(1) 略去电子之间的关联效应,认为电子是在原子核及其他电子贡献的中心力场中运动。因此,每个电子的状态可以用量子数$(n. l,m_l)$来描述。但在多电子原子中,这个中心力场与纯库仑场 $V(r)\sim 1/r$ 有所不同,原子能级不仅与主量子数 n 有关,还与角量子数 l 有关。l 小的能极,电子靠近中心的几率大,即受到原子核的库仑引力较大,能级一般较低。(2) 略去自旋对能量的贡献,但在写出电子的状态时,要计及自旋态和泡利不相容原理。泡利原理表明,在同一个原子中,不可能有两个电子具有完全相同的量子数。因此,对每一个量子态(n,l,m_l),还要区分两种自旋态$(m_s=\pm 1/2)$,所以可容纳两个电子。而在一个能级 $E_{n,l}$上,可以容纳 $2(2l+1)$个电子。例如,Si 原子有 14 个电子,其中两个电子进入最低能量的壳层,1s 壳层,这两个电子都有 $n=1$,$l=0$,但一个有 $m_s=+1/2$,另一个有$m_s=-1/2$;8 个电子进入$n=2$的壳层,包括两个进入 2s 支壳层和 6 个进入 2p 支壳层(对 p 支壳层,$l=1$,容许 $2(2l+1)=6$ 个状态)。这 10 个电子紧紧地束缚在原子核周围,与原子核一起构成原子实,在化学反应或原子间的相互作用中,始终保持稳定的状态。剩下的 4 个电子,占据 3s 和 3p 总共 8 个允许状态中的 4 个,受原子实的束缚较弱,参与化学反应和原子之间作用的能力却很强，称为价电子。我们比较关心的是大量原子结合成为固体的情形，这时，由于原子实的电子不会被正常的原子相互作用所干扰，实际上只考虑价电子。

3. 固体的能带

固体中原子之间的电子云重叠，改变了电子的势能，因而所有电子的允许能级被改变；对于 N 个原子的系统，相应于孤立原子的每个能级都分裂成 N 个不同的允许能级，这 N 个能级彼此十分靠近，构成所谓的能带。例如，Na 原子的最外层有一个 3s 电子，形成固体时，N 个原来重叠（简并）的 3s 能级分裂成 N 条（其裂距依赖于电子云的重叠，亦即依赖于原子间距），构成 Na 的 3s 能带。同样有 Na 的 1s，2s，2p 能带。相邻能带由带隙隔开，带隙表示电子不可能具有的能量区域，称为禁带。一般地，l 支壳层的能级裂成的 l 能带有 $(2l+1)N$ 个允许能级，可以填入 $2(2l+1)N$ 个电子。对于 Na，1s 和 2s 电子各有 $2N$ 个，正好填满 1s 和 2s 能带；2p 电子有 6N 个，也填满了 2p 能带；而 3s 电子只有 N 个，所以 3s 能带只填满了一半，在填充态上面还有空的能态。靠近填充态顶部的电子很容易从外部电场获得少许能量进入到这些空状态中去，这些电子几乎像是自由电子，在外加电场的作用下可以在晶体中移动。所以 Na 是良导体，即金属。Mg 原子外层有两个 3s 电子，N 个 Mg 原子共有 $2N$ 个 3s 电子，它们的 3s 能带和 3p 能带在一定原子间距上重叠成有 $8N$ 个态的能带，$2N$ 个 3s 电子只填充了这个能带的 1/4，所以 Mg 也是金属。C，Si，Ge 原子的外层都是 2 个 s 电子和 2 个 p 电子，N 个原子共有 $4N$ 个电子，相应的能带分别是（2s，2p），（3s，3p），（4s，4p）。随着原子间距减小，s 能带和 p 能带先重叠成一个有 $8N$ 个态的能带，然后当原子间距接近金刚石晶体中原子间的平衡距离时又分裂成两个各有 $4N$ 个电子态的能带，$4N$ 个电子刚好填满下面的能带（价带），而上面的能带（导带）却是空的，中间隔着宽度为 E_g 的禁带。对于 C（金刚石），$E_g \sim 5.5\text{eV}$，室温下电子很难激发上去，所以是绝缘体。对于 Si 和 Ge，能隙比绝缘体小得多，$E_g \sim 1\text{eV}$，室温下有一定的电子激发到导带，在价带中有一定的空穴，所以它们有一定的导电性，其电导率介乎导体与绝缘体之间，并强烈依赖于温度，具有这样特性的材料称为半导体。总之，金属具有部分填充的能带，因而具有良好的导电性；绝缘体和半导体具有相似的能带结构，它们之间电学性能的差异来自禁带宽度的不同。

参考文献

[1] 曾谨言. 量子力学导论（第二版）. 北京：北京大学出版社，1998.

[2] 王正行. 近代物理学. 北京：北京大学出版社，1995.

[3] Halliday O, Resnic R, Walker J 著. 物理学基础（原著等 6 版）. 张三慧、李椿等，译. 北京：机械工业出版社，2005.

附录 C　单矩形势垒隧穿

粒子隧穿矩形势垒(一维)是一个经典的量子力学问题，几乎所有量子力学的教科书都有详细论述。此处我们用传递矩阵方法讨论，主要为叙述双势垒隧穿理论提供基础。

波函数和边界条件

设具有一定能量 E 的粒子沿 x 方向射向矩形势垒

$$V(x)=\begin{cases}0, & \text{区域 }1,3,\\ V_0, & \text{区域 }2\end{cases}$$

如图 C.1 所示。对经典情形，若粒子能量 $E<V_0$，则一定会被反射；但在量子力学情形下，粒子将有一定几率穿透这个势垒。

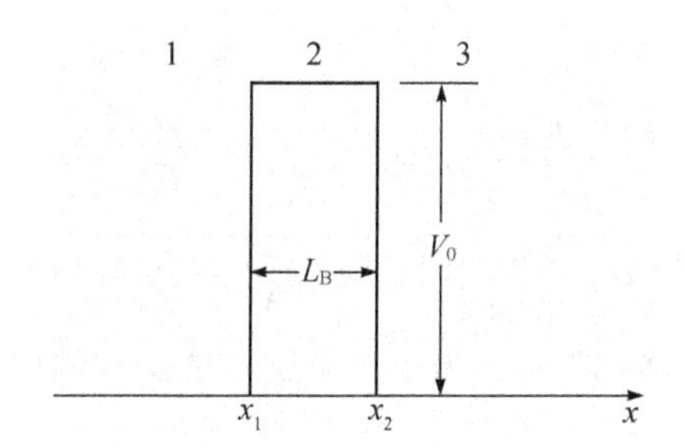

图 C.1　单矩形势垒

对于一维势垒，描述粒子行为的波函数 $\psi(x)$ 满足下述薛定谔方程：

$$-\frac{\hbar^2}{2m}\frac{\mathrm{d}^2\psi}{\mathrm{d}x^2}+V(x)\psi=E\psi \tag{1}$$

或者写成

$$\frac{\mathrm{d}^2\psi}{\mathrm{d}x^2}+\frac{2n}{\hbar^2}[E-V(x)]\psi=0 \tag{2}$$

根据方程(2)，可以将波函数写成下述一般形式：

$$\psi(x)=A\mathrm{e}^{\mathrm{i}kx}+B\mathrm{e}^{-\mathrm{i}kx} \tag{3}$$

其中

$$k=\frac{\sqrt{2m(E-V(x))}}{\hbar} \tag{4}$$

在区域 1 和 3，$V(x)=0$，故有

$$k_1=\frac{\sqrt{2m_1E}}{\hbar},\quad k_3=\frac{\sqrt{2m_3E}}{\hbar}$$

在区域 2(势垒区)有

$$k_2 = \frac{\sqrt{2m_2(E-V_0)}}{\hbar}$$

在势垒边界处,势能 $V(x)$不连续,几率流密度守恒要求波函数满足下面的边界条件:

$$\psi(x)\ 连续,\quad \frac{1}{m(x)}\frac{\mathrm{d}\psi}{\mathrm{d}x}\ 连续$$

传递矩阵方法

为了说明传递矩阵方法,我们首先考虑区域 1 和 2。在界面 x_1 处有

$$\psi_1(x_1) = \psi_2(x_1) \tag{5}$$

$$\left.\frac{1}{m_1}\frac{\mathrm{d}\psi_1}{\mathrm{d}x}\right|_{x_1} = \left.\frac{1}{m_2}\frac{\mathrm{d}\psi_2}{\mathrm{d}x}\right|_{x_1} \tag{6}$$

边界条件(5)和(6)使 x_1 两侧波函数的系数 A 和 B 有下述关系:

$$\begin{bmatrix} A_1 \\ B_1 \end{bmatrix} = N\begin{bmatrix} A_2 \\ B_2 \end{bmatrix} \tag{7}$$

其中,矩阵 N 为

$$N = \frac{1}{2}\begin{bmatrix} \left(1+\frac{k_2 m_1}{k_1 m_2}\right)\mathrm{e}^{\mathrm{i}(k_2-k_1)x_1}, & \left(1-\frac{k_2 m_1}{k_1 m_2}\right)\mathrm{e}^{-\mathrm{i}(k_2+k_1)x_1} \\ \left(1-\frac{k_2 m_1}{k_1 m_2}\right)\mathrm{e}^{\mathrm{i}(k_2+k_1)x_1}, & \left(1+\frac{k_2 m_1}{k_1 m_2}\right)\mathrm{e}^{-\mathrm{i}(k_2-k_1)x_1} \end{bmatrix} \tag{8}$$

上述矩阵依赖于界面位置,即 x_1。为了克服这一缺点,可以令

$$\psi(x) = \begin{bmatrix} U_n(x) \\ V_n(x) \end{bmatrix} = \begin{bmatrix} A_n\mathrm{e}^{\mathrm{i}k_n x} \\ B_n\mathrm{e}^{-\mathrm{i}k_n x} \end{bmatrix} \tag{9}$$

其中,$U_n(x)$为前进波(入射波或透射波),$V_n(x)$为反射波,这时,对 $x=x_1$,有

$$\begin{bmatrix} U_1(x_1) \\ V_1(x_1) \end{bmatrix} = M_1\begin{bmatrix} U_2(x_1) \\ V_2(x_1) \end{bmatrix} \tag{10}$$

其中,

$$M_1 = \frac{1}{2}\begin{bmatrix} 1+\frac{k_2 m_1}{k_1 m_2}, & 1-\frac{k_2 m_1}{k_1 m_2} \\ 1-\frac{k_2 m_1}{k_1 m_2}, & 1+\frac{k_2 m_1}{k_1 m_2} \end{bmatrix} \tag{11}$$

矩阵 M_1 中不含 x_1,位置信息包含在矢量(U,V)中,对于 $x=x_2$,可以写出与(10)式类似的方程和与(11)式类似的矩阵 M_3,x_1 至 x_2 为常数势能区间,由于在传播距离 L_B 上的相位延迟,这二点的波函数之间有如下关系:

$$\begin{bmatrix} U_2(x_1) \\ V_2(x_1) \end{bmatrix} = M_2\begin{bmatrix} U_2'(x_2) \\ V_2'(x_2) \end{bmatrix} \tag{12}$$

其中,

$$M_2=\begin{bmatrix} e^{-ik_2L_B} & 0 \\ 0 & e^{ik_2L_B} \end{bmatrix} \tag{13}$$

矩阵 M_2 只依赖于两个界面的相对位置。最后，入射区和出射区的波函数之间的关系为

$$\begin{bmatrix} U_1 \\ V_1 \end{bmatrix}=M\begin{bmatrix} U_3 \\ V_3 \end{bmatrix} \tag{14}$$

总传递矩阵 $M=M_1M_2M_3$。

方程(14)可以推广到包含多个势垒的结构。这时，有

$$\begin{bmatrix} U_1 \\ V_1 \end{bmatrix}=M\begin{bmatrix} U_n \\ V_n \end{bmatrix}=\begin{bmatrix} M_{11} & M_{12} \\ M_{21} & M_{22} \end{bmatrix}\begin{bmatrix} U_n \\ V_n \end{bmatrix} \tag{15}$$

总传递矩阵 $M=\prod_i M_i$，其中 M_i 类似(11)或(13)，M 为所有这些矩阵依次相乘。如上所述，传递矩阵 M_i 只依赖于点 $x_i(i=1,2,3,\cdots)$ 的相对位置，而与绝对位置无关，也与原点的选取无关。所以(9)式 x_i 点的波函数不是平面波的系数。

对于隧穿问题，出射端只有透射而无反射，因此令 $U_n=A_n e^{ik_nx}$ 和 $V_n=0$。整个隧穿结构的透射几率(透射波与入射波的振幅平方之比)为

$$T'=\frac{|A_n|^2}{|A_1|^2}=|M_{11}|^{-2}=t\cdot t^* \tag{16}$$

式中 t 定义为透射振幅(透射波与入射波振幅之比，一般为复数)。反射几率 R' 为

$$R'=\frac{|B_1|^2}{|A_1|^2}=r\cdot r^*=\frac{|M_{21}|^2}{|M_{11}|^2} \tag{17}$$

式中反射振幅 r 定义为反射波与入射波振幅之比。由几率流密度连续性有

$$\frac{\hbar k_1}{m_1}(|A_1|^2-|B_1|^2)=\frac{\hbar k_n}{m_n}|A_n|^2 \tag{18}$$

式中 $\hbar k/m$ 为粒子速度。

透射系数 T 是一个重要参数，定义为透射的几率流密度与入射的几率流密度之比，故有

$$T=\frac{k_n m_1}{k_1 m_n}T' \tag{19}$$

反射系数 k 也有类似定义，显然有 $R=R'$。由式(18)有

$$1-R=\frac{k_n m_1}{k_1 m_n}T' \tag{20}$$

比较(19)、(20)二式，有

$$T+R=1 \tag{21}$$

传递矩阵方法用于单矩形势垒

为简单起见，设势垒区内外有效质量相同，即 $m_1=m_2=m_3=m$，这时有

$$k_1=k_3=\frac{\sqrt{2mE}}{\hbar}=k \tag{22}$$

对于 $E<V_0$，k_2 为虚数，可表示为

$$k_2 = \mathrm{i}\frac{\sqrt{2m(V_0-E)}}{\hbar} = \mathrm{i}\,\beta \tag{23}$$

根据方程(15)及矩阵表示式(11)、(13)，有

$$\begin{bmatrix}U_1\\V_1\end{bmatrix} = \frac{1}{4}\begin{bmatrix}1+\frac{\mathrm{i}\beta}{k}, 1-\frac{\mathrm{i}\beta}{k}\\ 1-\frac{\mathrm{i}\beta}{k}, 1+\frac{\mathrm{i}\beta}{k}\end{bmatrix}\begin{bmatrix}\mathrm{e}^{\beta L_{\mathrm{B}}} & 0\\ 0 & \mathrm{e}^{-\beta L_{\mathrm{B}}}\end{bmatrix}\begin{bmatrix}1-\frac{\mathrm{i}k}{\beta}, 1+\frac{\mathrm{i}k}{\beta}\\ 1+\frac{\mathrm{i}k}{\beta}, 1-\frac{\mathrm{i}k}{\beta}\end{bmatrix}\begin{bmatrix}U_3\\V_3\end{bmatrix} = \begin{bmatrix}M_{11} & M_{12}\\ M_{21} & M_{22}\end{bmatrix}\begin{bmatrix}U_3\\V_3\end{bmatrix} \tag{24}$$

其中，

$$M_{11} = \cosh(\beta L_{\mathrm{B}}) + \mathrm{i}\frac{(\beta^2-k^2)}{2\beta k}\sinh(\beta L_{\mathrm{B}}) \tag{25}$$

$$M_{21} = -\mathrm{i}\frac{(\beta^2+k^2)}{2\beta k}\sinh(\beta L_{\mathrm{B}}) \tag{26}$$

$$M_{12} = M_{21}^*,\quad M_{12} = -M_{12}^* \tag{27}$$

$$M_{22} = M_{11}^* \tag{28}$$

在区域 3(出射区)无反射波，$V_3=0$。透射振幅为

$$t = \frac{1}{M_{11}} \tag{29}$$

隧穿几率为

$$T' = \frac{1}{|M_{11}|^2} = \frac{4\beta^2k^2}{(\beta^2+k^2)\sinh^2(\beta L_{\mathrm{B}})+4\beta^2k^2} = t\cdot t^* \tag{30}$$

反射振幅为

$$r = \frac{M_{21}}{M_{11}} \tag{31}$$

反射几率为

$$R = \frac{|M_{21}|^2}{|M_{11}|^2} = \frac{(\beta^2+k^2)\sinh^2(\beta L_{\mathrm{B}})}{(\beta^2+k^2)\sinh^2(\beta L_{\mathrm{B}})+4\beta^2k^2} = r\cdot r^* \tag{32}$$

利用 $m_1=m_3$ 以及 k 和 β 的表示式(22)和(23)，可得透射系数 T 为

$$T = T' = \left[1+\frac{V_0^2\sinh^2(\beta L_{\mathrm{B}})}{4E(V_0-E)}\right]^{-1} \tag{33}$$

其中 L_{B} 为势垒宽度，当 $\beta L_{\mathrm{B}}\gg 1$ 时，透射系数将非常小，且随以下形式而变：

$$T \approx \frac{16(V_0-E)}{V_0^2}\exp(-2\beta L_{\mathrm{B}}) \sim \exp(-2\beta L_{\mathrm{B}}) = \exp\left[-2\sqrt{2m(V_0-E)}\cdot L_{\mathrm{B}}/\hbar\right] \tag{34}$$

上述矩形势垒透射系数的近似公式可以推广到任意形状的势垒 $V(x)$。把势垒 $V(x)$ 用

一系列矩形势垒来近似，总的透射系数就等于各矩形势垒透射系数的乘积。对每个矩形势垒运用上述公式，就有

$$T \approx T_1 T_2 T_3 \cdots \approx \exp\left[-2\sum_{(\Delta x)}\sqrt{2m(V-E)}\cdot \Delta x/\hbar\right]$$

$$\approx \exp\left[-\frac{2}{\hbar}\int_{x_1}^{x_2}\sqrt{2m(V(x)-E)}\,\mathrm{d}x\right] \tag{35}$$

其中积分区间$[x_1,x_2]$是势垒高于粒子能量的区间，$V(x)\geqslant E$，x_1 和 x_2 是表示粒子能量 E 的水平线与势垒曲线 $V(x)$的交点，即经典情况下粒子运动的转折点。这个公式适用的条件，是势垒 $V(x)$的变化比较平缓，势垒区域比粒子能量高得多，而总透射系数很小，$T\ll 1$。

隧道效应对势垒高度和宽度的变化十分敏感。根据这一特点，宾宁(G Binning)和罗勒(H Rohrer)于 1982 年制成了扫描隧道显微镜(STM)。用一金属探针在一被观测的金属表面上方相距约 1nm 处平行移动进行扫描，于是探针/空气隙/金属表面构成一个电子隧穿体系。加一微小电压，从隧道电流的变化，就可以分辨出金属表面原子结构的细微特征，横向分辨率达0.1nm，纵向分辨率达 10^{-3}nm，比电子显微镜高得多。STM 可实现纳米结构的显微成像和探测，在该领域的发展中一直起着重要的作用。

附录 D　对称双势垒透射系数

为简单起见，假定电子沿 x 方向运动与在 $y-z$ 平面内运动彼此独立，并假定势能只依赖于 x 坐标。这样，对于正文中图 6.19(b)所示的对称双势垒结构，在五个区域(1,2,3,4,5)中的任一区域，电子薛定谔方程可以表示成

$$-\frac{\hbar^2}{2m_i}\left(\frac{\mathrm{d}^2\psi_i}{\mathrm{d}x^2}\right)+V_i\psi_i=E\psi_i,\quad i=1,2,3,4,5 \tag{1}$$

其中 $\hbar$ 是约化普朗克常数，m_i 为第 i 个区域的有效质量，E 是入射能量，V_i 和 ψ_i 是第 i 个区域的电势能和波函数。对于双势垒量子阱结构，在两种材料界面($x=x_1, x_2, x_3, x_4$)处，电势能$V(x)$不连续，通常采用的边界条件是 $\psi(x)$连续和$(1/m(x))(\mathrm{d}\psi/\mathrm{d}x)$连续，以保证几率流密度守恒。

可以求解上述五个不同区域的薛定谔方程来计算透射系数(透射率)，其过程预计是繁琐的，现在比较常见的是采用相干隧穿理论，用传递矩阵方法(参见附录 C)计算整个结构的透射几率 T'，进而求得透射系数 T。所谓相干隧穿(coherent tunneling)，是指电子从发射极进入集电极的整个隧穿过程中相位始终相干。通常将相干隧穿类比于光波通过法布里-珀罗腔(F-P 腔)，双势垒相当于部分透明的反射镜，中间的势阱(量子阱)相当于 F-P 腔，隧穿相当于光波进入 F-P 腔多次反射后透射出去。与之相对的是顺序隧穿(sequential tunneling)，它认为双势垒结构的隧穿是两个依次进行的隧穿过程，在阱中电子通过各种散射机制丧失相位记忆，两个隧穿过程之间无相位联系。顺序隧穿通常用 WKB 近似或巴丁(Bardeen)传输哈密顿量计算每一步的隧穿几率，然后通过电流连续方程求得隧穿电流。共振隧穿理论基本上包括这两类理论，对它的叙述偏离本书的内容太远，有兴趣的读者可参阅有关专门论述，例如夏建白、朱邦芬《半导体超晶格物理》(上海：上海科学技术出版社，1995年)中的8.2 节。

根据传递矩阵理论，对于一个完全对称的双势垒结构，入射区(区域 1)和出射区(区域 5)的波函数之间有如下关系：

$$\begin{bmatrix}U_1\\V_1\end{bmatrix}=\begin{bmatrix}M_{11} & M_{12}\\M_{21} & M_{22}\end{bmatrix}\begin{bmatrix}\mathrm{e}^{-\mathrm{i}kL_\mathrm{W}} & 0\\0 & \mathrm{e}^{\mathrm{i}kL_\mathrm{W}}\end{bmatrix}\begin{bmatrix}M_{11} & M_{12}\\M_{21} & M_{22}\end{bmatrix}\begin{bmatrix}U_5\\V_5\end{bmatrix} \tag{2}$$

$U(x)$表示入射(或透射)波；$V(x)$表示反射波；L_W 为阱宽；矩阵

$$\begin{bmatrix}M_{11} & M_{12}\\M_{21} & M_{22}\end{bmatrix}$$

为单矩形势垒的传递矩阵，其矩阵元由附录 C 中的(24)式至(28)式给出。令 $V_5=0$，即出射

一端只有透射而无反射，则由方程(2)可得

$$\frac{U_5}{U_1}=(M_{11}^2\mathrm{e}^{-\mathrm{i}kL_\mathrm{W}}-M_{21}^2\mathrm{e}^{\mathrm{i}kL_\mathrm{W}})^{-1}$$

$$=\frac{t_\mathrm{B}^2\mathrm{e}^{\mathrm{i}kL_\mathrm{W}}}{1-r_\mathrm{B}^2\mathrm{e}^{\mathrm{i}2kL_\mathrm{W}}} \tag{3}$$

上式中用到 $M_{12}=-M_{21}$，$t_\mathrm{B}=1/M_{11}$，$r_\mathrm{B}=M_{21}/M_{11}$。$t_\mathrm{B}$ 和 r_B 分别为单势垒的透射振幅和反射振幅。总透射系数为

$$T(E)=\left|\frac{U_5}{U_1}\right|^2=\left[1+\frac{4R_\mathrm{B}}{T_\mathrm{B}^2}\sin^2(kL_\mathrm{W}-\theta)\right]^{-1} \tag{4}$$

式中，$r_\mathrm{B}^2=R_\mathrm{B}\mathrm{e}^{-\mathrm{i}2\theta}$，$|t_\mathrm{B}|^2=T_\mathrm{B}$。$T_\mathrm{B}$ 和 R_B 分别为单势垒的透射系数和反射系数。

上式可见，尽管单势垒透射系数 T_B 很小，但当 $kL_\mathrm{W}-\theta=n\pi$（$n$ 为整数）时，对称双势垒的透射系数等于1。对较厚势垒 $\beta L_\mathrm{B}\gg1$，且 $\beta/k\gg1$，θ 为

$$\theta=\pi-\frac{2k}{\beta} \tag{5}$$

因此，共振隧穿条件 $kL_\mathrm{W}-\theta=n\pi$ 等价于下式：

$$k\left(L_\mathrm{W}+\frac{2}{\beta}\right)=n\pi \tag{6}$$

其中，

$$\beta=\frac{\sqrt{2m(V_0-E)}}{\hbar},\ k=\frac{\sqrt{2mE}}{\hbar} \tag{7}$$

$1/\beta$ 代表有限势阱下阱中电子透射进入一侧势垒的深度，即 $L_\mathrm{W}+(2/\beta)$ 是有效阱宽，式(6)正是单量子阱中量子化能级存在的条件。对于无限高势垒（$V_0\to\infty$），量子阱中的能级分布为

$$E_\mathrm{n}=\left(\frac{\pi^2\hbar^2}{2mL_\mathrm{W}^2}\right)n^2 \tag{8}$$

式(8)可以作为初值，对式(6)用试探法估算对称双势垒量子阱中的共振能级。

附录E 习题参考解答

第一章

1.1 (1) 5×10^{22}个/cm^3,2.33g/cm^3;

(2) $6.78\times10^{14}\text{cm}^{-2}$(100),$9.59\times10^{14}\text{cm}^{-2}$(110),$7.83\times10^{14}\text{cm}^{-2}$(111)。

1.2 取这些截距的倒数,得到(1,1/2,1/2),按比例换成三个最小整数(2,1,1),这就是该晶面的米勒指数,即该晶面为(211)。

1.3 我们采用平面极坐标(θ,k),$k=\sqrt{k_x^2+k_y^2}$。对$n=1$的态,E-k关系可写为

$$E-E_1=\frac{\hbar^2k^2}{2m}$$

(1) 处在半径从k到$k+\mathrm{d}k$的圆环内的电子状态数为

$$\mathrm{d}N=2\times\frac{2\pi k\mathrm{d}k}{(2\pi)^2}$$

或

$$\mathrm{d}N=\left(\frac{m}{\pi\hbar^2}\right)\mathrm{d}E$$

故有

$$D(E)=\frac{\mathrm{d}N}{\mathrm{d}E}=\frac{m}{\pi\hbar^2}$$

(2)

$$n_{2\mathrm{D}}=\int_{E_1}^{\infty}D(E)f(E)\mathrm{d}E=\frac{m}{\pi\hbar^2}\int_{E_1}^{\infty}\frac{\mathrm{d}E}{1+\exp[(E-E_\mathrm{F})/k_\mathrm{B}T)]}$$

令$x=\exp[-(E-E_\mathrm{F})/k_\mathrm{B}T]$,则有

$$n_{2\mathrm{D}}=-\frac{mk_\mathrm{B}T}{\pi\hbar^2}\int_{x(E_1)}^{0}\frac{\mathrm{d}x}{1+x}=\frac{mk_\mathrm{B}T}{\pi\hbar^2}\ln\{1+\exp[(E_\mathrm{F}-E_1)/k_\mathrm{B}T]\}$$

通常写成

$$n_{2\mathrm{D}}=N_{2\mathrm{D}}F_0(\eta_\mathrm{F})$$

其中,$N_{2\mathrm{D}}$称为二维导带有效态密度,

$$N_{2\mathrm{D}}=\frac{mk_\mathrm{B}T}{\pi\hbar^2}$$

$F_0(\eta_\mathrm{F})$为0阶费米-狄拉克积分,$\eta_\mathrm{F}=(E_\mathrm{F}-E_1)/k_\mathrm{B}T$。

(3)

$$\bar{v}_x = \int v_x f(E) \mathrm{d}k_x \mathrm{d}k_y \Big/ \int f(E) \mathrm{d}k_x \mathrm{d}k_y$$

注意,k_y 的积分范围为$(-\infty,\infty)$,k_x 的积分范围为$(0,\infty)$,改用平面极坐标后,角积分范围为$(-\pi/2,\pi/2)$,径向积分范围为$(0,\infty)$;另外,$v_x=\hbar k_x/m=(\hbar k/m)\cos\theta$。分别完成对分子和分母的积分以后,可得

$$\bar{v}_x = v_\mathrm{T} \frac{F_{1/2}(\eta_\mathrm{F})}{F_0(\eta_\mathrm{F})}, \quad v_\mathrm{T} = \sqrt{\frac{2k_\mathrm{B}T}{\pi m}}$$

$\mathrm{F}_{1/2}(\eta_F)$为 1/2 阶费米-狄拉克积分。

1.4 答案列表如下:

	Si	GaAs
电子(m_{dn}/m_0)	1.08	0.067
空穴(m_{dp}/m_0)	0.56	0.48

m_0:自由电子质量。

1.5 令 $x=E-E_\mathrm{c}$(即规定导带底 E_c 为能量的参考点),则相对 E_c,导带电子浓度的能量分布为 $n(x)=A_0x^{1/2}\mathrm{e}^{-x/k_\mathrm{B}T}$。

(1) 由 $\mathrm{d}n(x)/\mathrm{d}x=0$ 的极值条件,可得

$$x_\mathrm{m} = \frac{1}{2}k_\mathrm{B}T$$

即导带底附近 $k_\mathrm{B}T/2$ 处电子浓度有最大值(峰值)。

(2) 以 Δx 表示半峰值时能量的增加量,即当 $x=x_\mathrm{m}+\Delta x$ 时,电子浓度下降到峰值的一半。按照这一说明,可得

$$(x_\mathrm{m}+\Delta x)^{1/2/}\mathrm{e}^{-\Delta x/k_\mathrm{B}T} = \frac{1}{2}x_\mathrm{m}{}^{1/2}$$

试探法求解上式,得到

$$\Delta x \approx 1.35k_\mathrm{B}T$$

半最大值的全宽度为

$$\mathrm{FWHM} \approx x_\mathrm{m} + \Delta x \approx 2k_\mathrm{B}T$$

即导带电子主要分布在导带底附近大约 $2k_\mathrm{B}T$ 的能量范围内。

(3) 根据平均值定义$\overline{x}=\int_0^\infty xn(x)\mathrm{d}x\Big/\int_0^\infty n(x)\mathrm{d}x$,可得

$$\overline{x} = \frac{3}{2}k_\mathrm{B}T$$

即导带电子的平均能量(动能)为$\frac{3}{2}k_\mathrm{B}T$。

1.6 (1) $n_i=2.5\times10^{13}\text{cm}^{-3}$； (2) 空穴浓度为 $1\times10^{14}\text{cm}^{-3}$，电子浓度为 10^6cm^{-3}，$E_F-E_v=0.30\text{ eV}$； (3) 空穴浓度为 $1.06\times10^{14}\text{ cm}^{-3}$，电子浓度 $5.9\times10^{12}\text{ cm}^{-3}$，$E_F-E_v=0.47\text{ eV}$。

1.7 由 τ 的定义，粒子在单位时间内发生碰撞的几率为 $1/\tau$。设 $g(t)$ 是 τ 时刻尚未受到碰撞的几率，则有

$$\frac{dg(t)}{dt}=-g(t)/\tau$$

由上式可得

$$g(t)=\exp(-t/\tau)$$

可见，粒子在 $t=0$ 时刻没有受到碰撞，而在 $t\to\infty$ 时由于碰撞被散射，这样，在 t 至 $t+dt$ 之间被散射的几率 Pdt 为

$$P(t)dt=\left[1-\int_0^t g(t')dt'\right]dt=\frac{1}{\tau}\exp(-t/\tau)dt$$

类似的分析也可用于器件的可靠性。在可靠性分析中，我们以失效率 λ 取代 $1/\tau$，则可靠性函数(在时刻 t 器件尚未失效的几率) $R(t)$ 可表示为

$$R(t)=\exp(-\lambda t)$$

而失效几率(器件在 t 时刻或在此之前已经失效的几率) $F(t)$ 为

$$F(t)=\lambda\exp(-\lambda t)$$

1.8 (1) 0.19ps； (2) 8.5×10^6 cm/s； (3) 4.5×10^7 cm/s。

1.9 (1) $n_i=2.26\times10^6\text{cm}^{-3}$，$\rho_i=3.25\times10^8\Omega\cdot\text{cm}$；

(2) $n_i=1.06\times10^9\text{cm}^{-3}$；

(3) $E_F-E_c=2.0\times10^{-2}\text{eV}$，$\rho=2.6\times10^{-3}\Omega\cdot\text{cm}$。

1.10 $m_\sigma=0.26m_0$，$\tau=2.2\times10^{-13}$s。

1.11 (1) $R_\square=250\Omega/\square$，$\overline{\rho}=R_\square x_j=2.5\times10^{-2}\Omega\cdot\text{cm}$； (2) 1.24kΩ。

1.12 (1) $\tau_p=10^{-8}$s，$S_{pr}=20$cm/s； (2) $p_s\approx5\times10^{15}\text{cm}^{-3}$。

1.13 (1) 0.6μs； (2) 0.57μs。

1.14 (1) 在式(1.197)中令 $\bar{n}=1$，我们得到黑体内光子密度按频率 ν 分布的公式：

$$\rho(\nu)=\frac{8\pi\nu^2}{c^3}[\exp(h\nu/k_BT)-1]^{-1}$$

由偏离法线角度 θ 观察表面积为 dA 的黑体辐射时，单位时间内能观察到的是体积 $c\cos\theta dA$ 内的光子，c 是真空中的光速。如果黑体看观察领域的立体角为 $d\Omega$，则总光子数的 $d\Omega/4\pi$ 处于立体角内；与之相应，单位时间内单位面积发射的光子数为 $c\rho(\nu)\cos\theta d\Omega/4\pi$。通过 dA 向一方(外侧)发射全部光子的速率是对 $d\Omega$ 积分。用球面极坐标 (θ,ψ) 得到 $d\Omega=\sin\theta d\theta d\psi$，注意 ψ 的积分范围为 $(0,2\pi)$，θ 的积分范围为 $(0,\pi/2)$。于是，对单位面积得到

$$N_{pk}(\nu)=\frac{c\rho(\nu)}{4\pi}\int_0^{2\pi}d\psi\int_0^{\pi/2}\cos\theta\sin\theta d\theta=\frac{c}{4}\rho(\nu)$$

$$= (2\pi\nu^2/c^2)[\exp(h\nu/k_B T) - 1]^{-1}$$

(2) 辐射强度为

$$H = \int_0^\infty N_{ph}(\nu) \cdot h\nu \mathrm{d}\nu$$

$$= \int_0^\infty \frac{2\pi h\nu^3}{c^2}[\exp(h\nu/k_B T) - 1]^{-1}\mathrm{d}\nu$$

$$= \frac{2\pi(k_B T)^4}{h^3 c^2}\int_0^\infty F(x)\mathrm{d}x, \quad F(x) = x^3(\mathrm{e}^x - 1)^{-1}$$

式中的积分有确定值:

$$\int_x^\infty x^3(\mathrm{e}^x - 1)\mathrm{d}x = \frac{\pi^4}{15}$$

故有

$$H = \sigma T^4$$

常数 σ 为

$$\sigma = \frac{2\pi^5 k_B^4}{15h^3 c^2} = 5.67 \times 10^{-8}\,\mathrm{W/m^2K^4}$$

太阳的辐射强度为

$$\sigma T^4 = (5.67 \times 10^{-8})(5800)^4 = 6.41 \times 10^7\,\mathrm{W/m^2}$$

(3) 以 Ω 表示太阳对地球所张的立体角,则太阳对地面的辐照来自这一立体角内,没有大气层吸收和散射时的辐照强度为 $(\Omega/4)\sigma T^4$。Ω 由 A/R^2 给出,其中 A 是该角度下在半径为 R 的球面上所对应的面积。以 θ 表示太阳直径对地球张开的视角,则 $\Omega \approx \pi(R\tan(\theta/2))^2/R^2 \approx (\pi/4)\theta^2$。已知 $\theta = 32'00''$,即 9.3×10^{-3} 弧度,故太阳常数为

$$(\Omega/\pi)\sigma T^4 = \frac{(\pi/4)(9.3 \times 10^{-3})^2}{\pi}(6.41 \times 10^7) = 1390\,\mathrm{W/m^2}$$

1.15　在经典理论中,自由载流子在电场(设为 $\mathscr{E} = \mathscr{E}_0\exp(-\mathrm{i}wt)$)作用下的运动方程(一维情形)为

$$m\frac{\mathrm{d}^2 x}{\mathrm{d}t^2} = -m\frac{\mathrm{d}x}{\mathrm{d}t}/\tau_m + q\mathscr{E}$$

x 是载流子在电场作用下的位移;m 是有效质量;τ_m 是动量弛豫时间,一般是载流子能量的函数,这里假定为常数。上述方程右方的第一项为阻力,第二项为电场作用力。

设载流子位移与电场同步,即 $x = x_0\exp(-\mathrm{i}wt)$,代入运动方程后得到

$$x_0 = -\frac{q\mathscr{E}_0/m}{w^2 + \mathrm{i}w/\tau_m}$$

进一步,利用极化强度 $P = nq\chi$ 和极化率 $\chi = P/\varepsilon_0\mathscr{E}$,可求得

$$\chi = -\frac{nq^2/m\varepsilon_0}{w^2 + \mathrm{i}w/\tau_m}$$

n 为注入载流子浓度,q 为载流子的电荷量。

第二章

2.1 (1) 0.775V； (2) 0.105μm； (3) 1.48×10^5 V/cm。

2.2 91%。这一结果表明，突变结两侧的掺杂浓度相差一个数量级以上时，反向电压主要降落在轻掺杂一侧；掺杂浓度比越大，越接近单边突变结。

2.3 对泊松方程

$$\frac{d^2\psi}{dx^2}=-Bx^m\cdot\frac{q}{\varepsilon_s}$$

积分二次，并利用n型中性区($x\geqslant W$)内的电场$\mathscr{E}(=-d\psi/dx)$为0和耗尽层上的电压为$V_{bi}+V_R$的边界条件，可得耗尽层宽度W为

$$W=\left[\frac{\varepsilon_s}{qB}(m+2)(V_{bi}+V_R)\right]^{1/(m+2)}$$

所以耗尽层电容C_j为

$$C_j=\frac{\varepsilon_s}{W}\propto V_R^{-1/(m+2)}$$

对于超实变结($m=-3/2$)，$C_j\propto V_R^{-2}$。当这种变容二极管接到谐振电路中的电感L上时，谐振频率ω_r随二极管上的外加电压V_R呈线性变化：

$$\omega_r=\frac{1}{\sqrt{LC_j}}\propto V_R$$

2.4 (1) 9.7×10^{-16}A； (2) 正向电流5.3×10^{-4}A，反向电流9.7×10^{-16}A。

2.5 (1) 复合电流2.5×10^{-7}A，产生电流2.6×10^{-11}A；(2) 正向电流4.8×10^{-7}A，反向电流2.6×10^{-11}A. 上述结果说明，反向电流主要来自耗尽区内的产生电流；在外加正向偏压较小时，耗尽区内的复合电流不可忽略。

2.6 (1) 扩散电流4.9×10^{-4}A； (2) 复合电流3.6×10^{-4}A。

2.7 $G_d=2.0\times10^{-2}$S，$C_d=3.7\times10^{-9}$F。

2.8 (1) 查图2.12，$N_B=4\times10^{15}$cm^{-3}； (2) 3.9×10^5V/cm； (3) 6.0μm。

2.9 (1) 由击穿条件$\int\alpha dx=1$可求得临界电场$\mathscr{E}_c=2.73\times10^5$V/cm，故

$$V_B=\mathscr{E}_cW=273\text{V}$$

(2) $V_B=88.7$V。

第三章

3.1 (1) 606μA； (2) 10^{-6}A。

3.2 (1) 0.80μm； (2) $p_E(-x_E)=5.75\times10^{11}$cm^{-3}，$n_p(0)=2.3\times10^{13}$cm^{-3}；

(3) 1.5×10^{-14}C。

3.3 (1) $L_{pE}=1.7\mu m(>W_E)$，$L_n=22.4\mu m$，$L_{pc}=24.5\mu m$；

(2) $\gamma=0.9950$；$\alpha_T=0.9994$；

(3) $\alpha_0=0.9934$，$\beta_0=150$。

3.4 $I_E=1.156\times10^{-4}$A，$I_C=1.150\times10^{-4}$A，$I_B=6.0\times10^{-7}$A。

3.5 (1) 用 Gummel 数表示，发射效率的公式(3.44)变成

$$\gamma=\frac{1}{1+\frac{D_{PE}}{D_n}\frac{Q_{GB}}{Q_{GE}}}$$

其中，Q_{GE}(单位面积中性发射区杂质总量，即发射区 Gummel 数)为

$$\int_0^{W_E}N_E(x)\mathrm{d}x\approx N_E(0)\lambda=3.5\times10^{15}\mathrm{cm}^{-2}$$

有效值为 $7.0\times10^{13}\mathrm{cm}^{-2}$，把它除以中性发射区宽度 W_E($=0.6\mu m$)得到平均掺杂浓度 $N_E=1.2\times10^{18}\mathrm{cm}^{-3}$。

$$Q_{GB}=N_BW=4\times10^{12}\mathrm{cm}^{-2}$$

查图 1-17，或假设电子和空穴的迁移率在 $T=300$K 可以表示为

$$\mu_n=88+\frac{1252}{1+0.698\times10^{-17}N},\quad \mu_p=54.3+\frac{407}{1+0.374\times10^{-17}N}$$

并利用爱因斯坦关系式 $D=(k_BT/q)\mu$，可得到 $D_n=26\mathrm{cm}^2/\mathrm{s}$，$D_p=3\mathrm{cm}^2/\mathrm{s}$。由以上数据可得

$$\gamma=0.9930$$

(2) $\alpha_T=1-\dfrac{W^2}{2L_n^2}=0.9994$， $\beta_0=\dfrac{\gamma\alpha_T}{1-\gamma\alpha_T}=130$。

3.6 $S_{eff}=20\mu m$。

3.7 (1) 由式(2.16)可以得到集电结耗尽区深入原始基区的宽度为

$$x_{CB}=(3.87\times10^{-6})(V_{bi}+V_{CB})^{1/2}\mathrm{cm}$$

$V_{bi}=0.726$V 为自建电压。由 $W\approx W_B-x_{CB}$，有

$$V_{CB}=2\mathrm{V},\qquad W=0.636\mu m,$$

$$V_{CB}=10\mathrm{V},\qquad W=0.573\mu m$$

容易看出，当 V_{CB}从 2V 增加到 10V 时，中性基区宽度 W 近似减小 10%。

(2) 由式(3.42)可得

$$|J_C|=\frac{9.2\times10^{-5}}{W}\mathrm{A/cm^2}$$

当 $V_{CB}=2\mathrm{V}(V_{CE}=2.6\mathrm{V})$时，

$$|J_C|=1.45\mathrm{A/cm^2}$$

$V_{CB}=10\mathrm{V}(V_{CE}=10.6\mathrm{V})$时，

$$|J_C| = 1.60\text{A/cm}^2$$

结果表明,J_C 增大约 10%,即 J_C 按 W 减小的比例增大。

(3) 由图 3.11,V_A 和 I_C-V_{CE}曲线斜率 dI_C/dV_{CE}的关系可表示为

$$\frac{dJ_C}{dV_{CE}}\bigg|_{V_{CB}=0} = \frac{J_C}{V_{CE}+V_A} \approx \frac{\Delta J_C}{\Delta V_{CE}}$$

用(2)的计算结果,可得

$$\frac{1.45}{2.6+V_A} \approx 1.875\times 10^{-2}/\text{V}$$

所以,$V_A \approx 75\text{V}$。

3.8 (1) $V_{pT}=7.53\text{V}$,由图 2.12 可知,该结的雪崩击穿电压大于 150V。所以在正常击穿之前,穿通就已经发生了。(2) $W_C > 1.8\mu\text{m}$。

3.9 $BV_{CB0}=222.5\text{V}$,$N_C=1.5\times 10^{15}\text{cm}^{-3}$,$W_C=13\mu\text{m}$。

3.10 $I_C = I_{CE0} \approx \frac{1-\alpha_F\alpha_R}{1-\alpha_F} I_{R0}$。

3.11 (1) 有关的四个时间常数如下:

发射结充电时间	$\tau_E=(k_BT/qI_c)C_{jE}=20.7\text{ps}$
基区渡越时间	$\tau_B=W^2/(2D_n)=50\text{ps}$
集电结渡越时间	$\tau_D=x_{dc}/v_s=20\text{ps}$
集电结充电时间	$\tau_C=(k_BT/qI_C+r_C)C_{jC}=28\text{ps}$
发射区到集电区的总延迟时间	$\tau_{EC}=\tau_E+\tau_B+\tau_D+\tau_C=118.7\text{ps}$

(2) $f_T=(2\pi\tau_{EC})^{-1}=1.34\text{GHz}$。

3.12 考虑到基区内载流子浓度线性变化,少子浓度分布为三角形,多子浓度分布在基区准中性条件下是从发射结向集电结递降的梯形,利用公式(3.127)即可得证。

3.13 $Q_B(t_2)=2\times 10^{-13}\text{C}$。基极电流在 t_2 时刻下降到零,关断期间基区电荷的控制方程为

$$-\frac{dQ_B}{dt} = \frac{Q_B}{\tau_n}$$

经历时间 t_s 以后,Q_B 下降到 $Q_s = I_{cs}\tau_B$,故可得

$$t_s = \tau_n \ln\left[\frac{Q_B(t_2)}{Q_S}\right] \approx 1.2\times 10^{-7}\text{s}$$

3.14 着重考虑热平衡情形。当异质结加偏压 V 时,只需将自建电压 V_{bi}用 $V_{bi}-V$ 代替,有关公式仍然成立。

将方程(3.162)积分一次,则在 p 区(半导体 1)有

$$\mathscr{E}_1 = -\frac{qN_A}{\varepsilon_1}(x-x_1) \quad (0 < x \leqslant x_1)$$

在 n 区(半导体 2)有

$$\mathscr{E}_2 = \frac{qN_D}{\varepsilon_2}(x+x_2) \quad (-x_2 \leqslant x < 0)$$

其中 ε_1 和 ε_2 分别为 p 区和 n 区的介电常数。从上式可知，在 $x=-x_2$ 和 $x=x_1$ 时，电场强度 $\mathscr{E}$ 均为 0。在 $x=0$ 处，电位移连续，即 $\varepsilon_1\mathscr{E}_1=\varepsilon_2\mathscr{E}_2$，故有

$$N_A x_1 = N_D x_2$$

此式表明，p 区的净电荷量等于 n 区的净电荷量，这和同质 pn 结中的情况一样。

两个区域的自建电压分别为

$$V_{b1} = \frac{1}{2}\mathscr{E}_1(0)x_1 = \frac{qN_A}{2\varepsilon_1}x_1^2$$

和

$$V_{b2} = \frac{1}{2}\mathscr{E}_2(0)x_2 = \frac{qN_D}{2\varepsilon_2}x_2^2$$

故有

$$\frac{V_{b1}}{V_{b2}} = \frac{\varepsilon_2 N_A}{\varepsilon_1 N_D}\cdot\frac{x_1^2}{x_2^2} = \frac{\varepsilon_2 N_D}{\varepsilon_1 N_A}$$

总的自建电压为

$$V_{bi} = V_{b1} + V_{b2} = \frac{qN_A}{2\varepsilon_1}x_1^2 + \frac{qN_D}{2\varepsilon_2}x_2^2$$

以计算 x_1 为例。利用 $x_1/x_2=N_D/N_A$。将 $x_2=(N_A/N_D)x_1$ 代入上式，得

$$x_1 = \left[\frac{2\varepsilon_1\varepsilon_2 N_D V_{bi}}{qN_A(\varepsilon_1 N_A + \varepsilon_2 N_D)}\right]^{1/2}$$

结上加偏压 V 时，

$$x_1 = \left[\frac{2\varepsilon_1\varepsilon_2 N_D (V_{bi} - V)}{qN_A(\varepsilon_1 N_A + \varepsilon_2 N_D)}\right]^{1/2}$$

同理，

$$x_2 = \left[\frac{2\varepsilon_1\varepsilon_2 N_A (V_{bi} - V)}{qN_D(\varepsilon_1 N_A + \varepsilon_2 N_D)}\right]^{1/2}$$

正向偏置时 V 是正的。反向偏置时 V 是负的。正偏时，耗尽层内正的(或负的)电荷量减小，单位面积耗尽层电容定义为

$$C_i = -\frac{dQ}{dV}$$

$Q=qN_Dx_2$(或 qN_Ax_1)。由定义，可得

$$C_i = \left[\frac{qN_A N_D \varepsilon_1\varepsilon_2}{2(\varepsilon_1 N_A + \varepsilon_2 N_D)(V_{bi} - V)}\right]^{1/2}$$

最后，我们通过比值 $V_{b1}/V_{b2}=(\varepsilon_2/\varepsilon_1)(N_D/N_A)$ 和图 3.24(b)，就掺杂浓度比 N_D/N_A 对异质结能带结构的影响作简单讨论。通常，ε_1 和 ε_2 具有同样的数量级，所以低掺杂区有较大的势垒。例如，随着 p 区掺杂浓度的上升或 n 区掺杂浓度的下降，n 区能带弯曲增大而 p 区能带弯曲减小。当 p 区能带弯曲减小至小于 ΔE_c 时，异质结上的尖峰高于 p 区的导带边。这时，电子注入电流 J_n 将受到导带尖峰的限制，并且不再是扩散电流，而是越过尖峰的

热电子发射电流；空穴电流 J_p 仍可以由势垒

$$\phi_{BP} = \frac{E_{c1} - E_{c2} + \Delta E_g}{q}$$

来描述，因此，比值 J_n/J_p 和晶体管的电流增益都将降低。当基区(p 区)高掺杂以致所有的能带弯曲都发生 n 区内时，J_n/J_p 的比值不像缓变结那样依赖于 $e^{\Delta E_g/k_B T}$，而是依赖于 $e^{\Delta Ev/k_B T}$。

3.15

$$I = \frac{(1+\beta_1)}{1-\beta_1\beta_2}[\beta_2 I_{CB01} + I_{CB02}]$$

转折条件为 $\beta_1\beta_2 = 1$。

第四章

4.1 (1) $q\phi_{Bn} = 0.62\text{eV}$；

(2) $V_{bi} = 0.42\text{V}(qV_n \approx E_g/2 - k_B T\ln(N_D/n_i) = 0.20\text{eV})$；

(3) $W = 0.23\mu\text{m}, \mathscr{E}_m = 3.6\times10^4\text{V/cm}$。

4.2 (1) $\phi_{Bn} = 0.84\text{V}$； (2) $J_n/J_p = 9.4\times10^9$，可见多数载流子电流比少数载流子电流将近大 10 个数量级。

4.3 (1) $\Delta\phi = 21\text{meV}$； (2) $V_R = 1.56\text{V}$。

4.4 在理想接触的情况下，对于金属-n 型半导体，$\phi_m > \phi_s$：整流特性；$\phi_m < \phi_s$：欧姆特性。对于金属-p 型半导体，$\phi_m < \phi_s$：整流特性；$\phi_m > \phi_s$：欧姆特性。

首先考虑金属-n 型硅接触，这时有

$$\phi_m - \phi_s = \phi_m - x - V_n \approx \phi_m - x - E_g/2q + \frac{k_B T}{q}\ln\frac{N_D}{n_i}$$

将已知数据代入运算后得出，当 $N_D > 3.23\times10^{11}\text{cm}^{-3}$ 时 $\phi_m - \phi_s > 0$，亦即形成肖特基势垒；对于金属-p 型硅接触，则有

$$\phi_m - \phi_s = \phi_m - \chi - E_g/2q - \frac{k_B T}{q}\ln\frac{N_A}{n_i} \approx -\frac{k_B T}{q}\ln\frac{N_A}{n_i}$$

不难看出，不论 N_A 为何值都有 $\phi_m - \phi_s < 0$，即对任何程度的 p 型掺杂都是整流接触。

4.5 $V_p = 1.38\text{V}, V_T = -0.62\text{V}$，耗尽型。

4.6 $V_{DS} > V_{Dsat}$，器件工作在饱和区。

(1) $I_{Dsat} = 4.05\times10^{-4}\text{A}$； (2) $g_m = 1.38\text{mA/V}$； (3) $f_r = 12.6\text{GHz}$。

4.7 (1) $V_T = -1.18\text{V}$，耗尽型； (2) $N_s = 1.75\times10^{12}\text{cm}^{-2}$。

4.8 $g_m = 4.7\times10^{-5}\text{S}, f_T = 63.4\text{GHz}$。

4.9 N_s 应低于下面的值：

$$\frac{qB}{h} = 2.4 \times 10^{11}\,\text{cm}^{-2}$$

当固定 N_s 而逐渐降低磁场 B 时，电子将逐渐填充一个、二个、三个、…朗道能级，在实验中观察到整个系列的整数量子霍尔效应。

由题 4.7，N_s 与掺杂层厚度 d_1 和阈值电压 V_T 有关，而 V_T 也与 d_1 有关。将已知数据代入，可以得到一个关于 N_s 和 d_1 之间关系的方程

$$N_s = \frac{6.81 \times 10^6}{d_1 + 11 \times 10^{-7}}(1.47 \times 10^{11} d_1^2 - 0.62)$$

将 $N_s = 2.4 \times 10^{11}\,\text{cm}^{-2}$ 代入上式，整理后得到下述近似方程：

$$d_1^2 - 2.4 \times 10^{-7} d_1 - 4.48 \times 10^{-12} = 0$$

解之，得

$$d_1 = 2.24 \times 10^{-6}\,\text{cm}，\text{或 } 22.4\text{nm}$$

可见，为了降低 N_s，掺杂层厚度 d_1 应减小；本题中 d_1 不能超过 22.4nm。

第五章

5.1 (1) $V_{FB} = -0.90\text{V}, V_T = 0.07\text{V}$； (2) $V_{FB} = -0.97\text{V}, V_T = 0$；
(3) $V_{FB} = 0.15\text{V}, V_T = 1.12\text{V}$。

5.2 (1) 降落在 SiO_2 层上和硅表面耗尽层上的总电压可算出为

$$\phi_s - \phi_m = \chi + E_g/2q + \phi_F - \phi_m = 0.85\text{V}$$

类似单边突变 pn 结，耗尽层电荷 Q_b(C/cm^2)和电压(表面势 ψ_s)的关系为

$$Q_b = -qN_A x_d = -\sqrt{2q\varepsilon_s N_A \psi_s}$$

由于 SiO_2 中不存在电荷，栅电荷 $Q_g = -Q_b$，故 SiO_2 层上的电压为

$$\psi_{ox} = Q_g/C_{ox} = \sqrt{2q\varepsilon_s N_A \psi_s}/C_{ox}$$

由 $\psi_s + \psi_{ox} = 0.87\text{V}$ 得到

$$\psi_s + \sqrt{2q\varepsilon_s N_A \psi_s}/C_{ox} - 0.85 = 0$$

这是一个关于 $\sqrt{\psi_s}$ 的二次代数方程，将已知数值代入，可解出

$$\psi_s = 0.354\text{V}$$

(2) 表面耗尽层厚度为

$$x_d = 2.14 \times 10^{-5}\,\text{cm}，\text{或 } 214\text{nm}$$

表面电场强度为

$$\mathscr{E}_s = \frac{qN_A}{\varepsilon_s} x_d = 3.29 \times 10^4\,\text{V/cm}$$

5.3 (1) $C_{ox} = \dfrac{\varepsilon_{ox}}{d_{ox}} = 6.9 \times 10^{-8}\,\text{F/cm}^2$；

(2) C_{FB}为平带状态($\psi_s=0$)时的 MOS 电容。将公式(5.52)中的指数项展开为级数并取前三项,化简整理后得到

$$C_s \approx \frac{\varepsilon_s}{L_D} \cdot \frac{[1-\beta\psi_s/2+e^{-2\beta\phi_F}(1+\beta\psi_s/2)]}{[1+e^{-2\beta\phi_F}]^{1/2}}$$

在平带状态下,$\psi_s \to 0$,$C_s \to (C_s)_{FB}$;并注意到$\beta\phi_F \gg 1$,故有

$$(C_s)_{FB} \approx \frac{\varepsilon_s}{L_D}, \quad L_D = \sqrt{\frac{\varepsilon_s k_B T}{q^2 N_A}}$$

$$C_{FB} = \frac{C_{ox}}{1+C_{ox}/(C_s)_{FB}} = \frac{\varepsilon_{ox}}{d_{ox}+(\varepsilon_{ox}/\varepsilon_s)L_D} = 5.4 \times 10^{-8}\,\mathrm{F/cm^2}$$

(3) C'_{min}为表面耗尽层厚度最大($\psi_s=2\phi_F$)时的 MOS 电容,这时

$$C_s = \frac{\varepsilon_s}{x_{dm}}, x_{dm} = \sqrt{\frac{2\varepsilon_s}{qN_A}(2\phi_F)}$$

$$C'_{min} = \frac{\varepsilon_{ox}}{d_{ox}+(\varepsilon_{ox}/\varepsilon_s)x_{dm}} = 2.3 \times 10^{-8}\,\mathrm{F/cm^2}$$

5.4 $d_{ox}=40.5\,\mathrm{nm}$。

5.5 $V_{Tn}=0.77\mathrm{V}$,$V_{TP}=-1.26\mathrm{V}$。

5.6 (1) $V_T=0.616\mathrm{V}$,增强型;(2) $V_{DS}>V_{GS}-V_T$,器件处于饱和区,用长沟模型计算,可得$I_{Dsat}=0.8\mathrm{mA}$,$g_{msat}=1.15\mathrm{mA/V}$。

5.7 (1) 计算得出$\phi_F=0.41\mathrm{V}$,$V_T=0.45\mathrm{V}$,$C_{ox}=2.3\times10^{-7}\mathrm{F/cm^2}$,$C_D=\sqrt{qN_A\varepsilon_s/2(2\phi_F)}=8.4\times10^{-8}\mathrm{F/cm^2}$. 由式(5.95)得到

$$S = 81\mathrm{mV/dec}$$

(2) $V_G=0$ 时的亚阈值漏极电流为$I_D=I_D(V_T)\times10^{-(0.45/0.081)}\approx0.8\mathrm{pA}$,大约等于$V_G=V_T$时漏极电流的0.0003%($<10^{-5}$)。

(3) $V_{SB}=0.24\mathrm{V}$。

本题说明,亚阈值斜率(摆幅)S的大小非常重要。例如。MOSFET 处在“关”态的标准是当$V_G=0$时流过的漏极电流不超过$V_G=V_T$时的0.001%,则由S就可以求出V_T的下限。在 MOS 数字电路中,开/关态的电流比要求限制了可用阈值电压的范围。晶体管的阈值电压较高,可以限制关态电流,从而降低静态功耗;但某些电路为了达到所要求的性能,需要其中有一部分晶体管在开启状态下能够提供较大的电流,以保证高速工作,这些器件的阈值电压就应当较低,付出的代价则是较高的关态电流,为了避免这一点,可以在这些晶体管不工作的时候,施加反偏的衬底电压来提高它们的阈值电压。

5.8 请参考正文中等式(4.131)的推导过程。

5.9 根据下式

$$f_T = \frac{g_{msat}}{2\pi C_{in}}$$

很容易证明。其中,g_{msat}是 MOSFET 的饱和区跨导,$C_{in}=C_{GS}+C_{GD}$是输入电容。

5.10 在电荷共享模型中,栅控耗尽层电荷限于边长 L 和 L'的梯形区域,占栅下耗尽层总电荷的比例为

$$\frac{Q'_b}{Q_b}=\frac{\frac{1}{2}(L+L')x_d}{Lx_d}=1-\frac{L-L'}{2L}$$

另一方面,有下述几何关系:

$$\left(x_j+\frac{L-L'}{2}\right)^2+x_d^2=(x_j+x_d)^2$$

由上述两个方程得到式(5.152),即

$$\frac{Q'_b}{Q_b}=1-\frac{x_j}{L}\left(\sqrt{1+\frac{2x_d}{x_j}}-1\right)$$

栅控电荷由长方形(长沟道)变为梯形将导致阈值电压 V_T 下降:

$$\Delta V_T=V_{T,短沟道}-V_{T,长沟道}$$
$$=-\frac{qN_Ax_d}{C_{ox}}\left[\frac{x_j}{L}\left(\sqrt{1+\frac{2x_d}{x_j}}-1\right)\right]$$

5.11 $V_{DS}=4.05V$。

5.12 对于 $L=0.2\mu m$ 和 $Z=20\mu m$ 的器件,$V'_{Dsat}=0.74V(<V_{DS}=1.5V)$,

$$I'_{Dsat}=Zv_sC_{ox}(V_{GS}-V_T-V'_{Dsat})=8.6mA$$

对于 $L=2\mu m$ 和 $Z=20\mu m$ 的器件,$V'_{Dsat}=1.9V(>V_{Ds}=1.5V)$,

$$I_D=\frac{Z}{2L}\mu_{eff}C_{ox}(2V'_{GS}-V_{DS})\frac{V_{DS}}{1+V_{DS}/L\mathscr{E}_c}=2mA$$

($V'_{GS}=V_{GS}-V_T$,v_s 假定为 $8\times10^6cm/s$)

5.13 (1)$V_{DS}<V_{Dsat}$,器件工作在非饱和区,沟通内任意位置 y 的电子速度可表示为(请自行证明)

$$v(y)=\frac{1D}{ZC_{ox}\sqrt{(V_{GS}-V_T)^2-2I_Dy/(ZC_{ox}\mu_n)}}$$

或利用 $I_D=(Z/2L)\mu_nC_{ox}[2(V_{GS}-V_T)V_{DS}-V_{DS}^2]$,写成

$$v(y)=\frac{\mu_n}{2L}\frac{2(V_{GS}-V_T)V_{DS}-V_{DS}^2}{\sqrt{(V_{GS}-V_T)^2-[2(V_{GS}-V_T)V_{DS}-V_{DS}^2]y/L}}$$

代入已知数据得到

$$v(y=0)=7.57\times10^6cm/s,\quad v(y=L)\rightarrow\infty$$

(2) $V'_{Dsat}=1.46V$,$V_{DS}>V'_{Dsat}$,器件工作在饱和区。

$$v(y=0)=\frac{V_{GS}-V_T-V'_{Dsat}}{V_{GS}-V_T}v_s=2.92\times10^6cm/s,\quad v(y=L)=v_s$$

5.14 (1) $\mathscr{E}_m=2.59\times10^5\,\text{V/cm}$； (2) $I_b/I_D=4.31\times10^{-3}$； (3) $I_b/I_D=1.48\times10^{-3}$；

(4) $I_G/I_D=2.18\times10^{-9}$。

(2)和(3)存在的差异说明，这些计算公式有较大的近似性，特别是公式中的一些参数必须依赖实验数据，所以一般只能用于定性分析，对器件设计起一定指导或参考作用。

5.15

(1) $I_D/I_D=7.4\times10^{-4}$。

(2) $V_{DS(max)}=4.30\text{V}$。

提示：此时漏极饱和电压 V'_{Dsat} 与栅压 V_{GS} 之间有关系式(参见文献[2]中的 9.2.6 节)

$$K_i=\frac{(V_{GS}-V_T-V'_{Dsat})}{(V_{GS}-V_T)}$$

K_i 称为漏极电流理想因子，对一定的沟道长度 L 和栅氧层厚度 d_{ox} 可从下图得到：

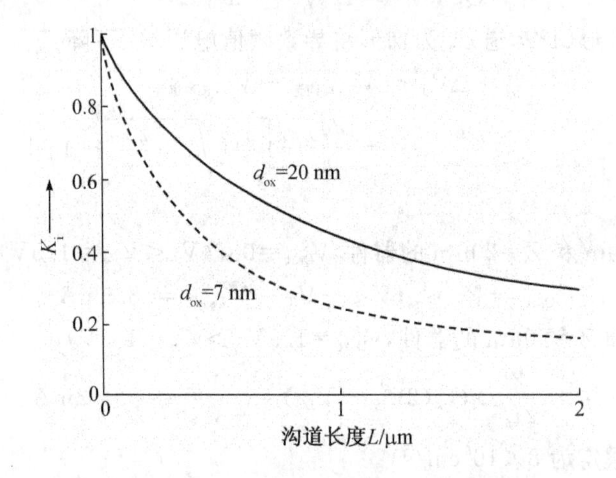

(3) $V_{DS}=7.5\text{V}$。

5.16 (1) $J_G=9\text{mA/cm}^2$；

(2) $\Delta V_T=\Delta V_{FB}=\dfrac{1}{C_{ox}}\left(\dfrac{0.9d_{ox}}{d_{ox}}\right)Q_{ox}$ 或

$$Q_{ox}=\frac{C_{ox}}{0.9}\Delta V_T=3.84\times10^{-8}\,\text{C/cm}^2,t=\frac{Q_{ox}}{10^{-6}J_G}=4.2\text{s}$$

5.17 $\tau=B_1(I_b)^{-m}=1.23\times10^5(0.248)^{-2.99}=7.95\times10^6$ 分钟≈15 年，其中 B_1 和 m 可利用测试 1 和 2 的结果确定。

5.18

(1) $N_I=0$ 时，$V_{Tn}=-0.18\text{V}$，$V_{Tp}=-1.62\text{V}$。

(2) 离子注入前，NMOS 的 $V_{Tn}<0$，为耗尽型，为使 V_{Tn} 增加，应注入 p 型杂质(例如硼)以使衬底的有效表面浓度增加；同时，因为 n 阱的有效表面浓度降低，$|V_{Tp}|$ 下降。根据式(5.61)有 $\Delta V_T=qN_I/C_{ox}$，故在离子浅注入后($N_I\neq0$)有

$$V_{\mathrm{Tn}}(N_{\mathrm{I}} \neq 0) = V_{\mathrm{Tn}}(N_{\mathrm{I}} = 0) + qN_{\mathrm{I}}/C_{\mathrm{ox}}$$

$$|V_{\mathrm{Tp}}(N_{\mathrm{I}} \neq 0)| = |V_{\mathrm{Tp}}(N_{\mathrm{I}} = 0)| - qN_{\mathrm{I}}/C_{\mathrm{ox}}$$

由 $V_{\mathrm{Tn}}(N_{\mathrm{I}}\neq 0)=|V_{\mathrm{Tp}}(N_{\mathrm{I}}\neq 0)|$的条件可得

$$\frac{qN_{\mathrm{I}}}{C_{\mathrm{ox}}} = \frac{1}{2}[|V_{\mathrm{Tp}}(N_{\mathrm{I}} = 0)| - V_{\mathrm{Tn}}(N_{\mathrm{I}} = 0)] = \frac{1}{2}[1.62 + 0.18] = 0.90\mathrm{V}$$

所需注入离子剂量为

$$N_{\mathrm{I}} = \frac{C_{\mathrm{ox}}}{q}\Delta V_{\mathrm{T}} = 9.6 \times 10^{11}\,\mathrm{cm}^{-2}$$

经浅注入 p 型杂质后，$V_{\mathrm{Tn}}=0.72\mathrm{V}$，$V_{\mathrm{Tp}}=-0.72\mathrm{V}$，NMOS 和 PMOS 均为增强型。

5.19 (1) $t_{\mathrm{s}}<49\mathrm{nm}$； (2) $V_{\mathrm{T,bd}}=0.248\mathrm{V}$。

5.20 (1) $\tau_{\mathrm{T}}=2\tau_0 N_{\mathrm{A}}/n_{\mathrm{i}}=0.2\mathrm{s}$；

(2) $Q_{\mathrm{sig}}\approx(V_{\mathrm{G}}-V_{\mathrm{T}})C_{\mathrm{ox}}A=8.63\times 10^{-14}\mathrm{C}$；

(3) 由 $P=3fVQ_{\mathrm{sig}}$，得到

$$f = \frac{P}{3VQ_{\mathrm{sig}}} \approx 2.5\mathrm{MHz}$$

5.21 $f_{\mathrm{T}}\approx 6\mathrm{MHz}$。

第六章

6.1 (1) 由图 6.1 有 $\mathscr{E}_{\mathrm{c}}-\mathscr{E}_{\mathrm{i}}=(qN_{\mathrm{D}}/\varepsilon_{\mathrm{s}})x_{\mathrm{A}}$，故可得 $\mathscr{E}_{\mathrm{i}}\approx 3.64\times 10^4\mathrm{V/cm}$；

(2) $V_{\mathrm{B}}\approx 117\mathrm{V}$；

(3) 选择渡越时间为振荡周期的一半，并取电子饱和源移速度为 $10^7\mathrm{cm/s}$，则可得 f=5GHz。

6.2 由图 6.4d(d)可知，外部电流在 $0\leqslant\omega t\leqslant\pi$ 之间是 0，而在 $\pi\leqslant\omega t\leqslant 2\pi$ 之间是 I_0，故有

$$\eta = \frac{\int_{\pi}^{2\pi}\left(\frac{V_{\mathrm{B}}}{2}\sin\omega t\right)I_0\,\mathrm{d}(\omega t)}{\left(\frac{V_{\mathrm{B}}}{2}I_0\right)2\pi} = \frac{1}{\pi} = 32\%$$

6.3

(1) $n_0>10^{16}\mathrm{cm}^{-3}$。

(2) 由图 6.8 查得偶极畴运动速度 $v_{\mathrm{D}}\approx 2.3\times 10^7\mathrm{cm/s}$，故 $I=qn_0v_{\mathrm{D}}A=3.4\mathrm{A}$，外加偏置则为 $V=(\mathscr{E}_{\mathrm{T}}/2)L=0.525\mathrm{V}$，所以器件消耗功率为

$$P = VI = 1.9\mathrm{W}$$

6.4 (1) 查图 6.8 得到 $v_{\mathrm{D}}=1.4\times 10^7\mathrm{cm/s}$，所以 $f=v_{\mathrm{D}}/L=14\mathrm{GHz}$；

(2) $I_{\mathrm{p}}=qn_0v_{\mathrm{p}}A=0.336\mathrm{A}$，$I_{\mathrm{v}}=0.224\mathrm{A}$；

(3) 用经验公式，等面积法则可改写为

$$\int_{y_1}^{y_h}\frac{v(\mathscr{E}_h)-v_p}{v_p}dy=\int_{y_1}^{y_h}\left[\frac{Ay}{\cosh y}+0.5\tanh y-0.67\right]dy=0$$

式中，$y_1=4.4\times10^{-4}(\mathscr{E}_T/2)=0.71$，$\cosh y_1=\frac{1}{2}(e^{y_1}+e^{-y_1})\approx\frac{1}{2}e^{y_1}$，即在上式的积分范围内可以假设 $y/\cosh y\approx 2ye^{-y}$，并由上式可得一个关于 y_h 的代数方程：

$$(y_h+1)e^{-y_h}-0.292\ln(\cosh y_h)+0.391y_h=1.05$$

用试探法解之，得

$$y_h=8.5, \text{或 } \mathscr{E}_h=19.32\text{kV/cm}$$

(4) 过剩电压为

$$V_{ex}=\frac{\varepsilon_s}{2qN_D}(\mathscr{E}_h-\mathscr{E}_T/2)^2=1.08\text{V}$$

外加电压应为

$$V=V_{ex}+(\mathscr{E}_h-\mathscr{E}_T/2)L=2.68\text{V}$$

6.5 (1) $qV_n=0.16\text{eV}$，$qV_p=0.10\text{eV}$；

(2) 势垒电压 $V_b=1.48\text{V}$，故耗尽层宽度为

$$W=\left[\frac{2\varepsilon_s}{q}\left(\frac{1}{N_A}+\frac{1}{N_D}\right)V_b\right]^{1/2}=21.7\text{nm}$$

6.6 (1) $\mathscr{E}=6.82\times10^5\text{V/cm}$； (2) $J_P=0.023\text{mA/cm}^2$。

6.7 利用附录 D 中的方程(6)可得：$E_1=33.5\text{meV}$，$E_2=120\text{meV}$。

6.8 (1) $T_B(E_1)=6.54\times10^{-3}$； (2) $v_r=4.2\times10^7\text{cm/s}$；

(3) $2\Delta E_1=0.14\text{meV}$，$\tau=4.7\times10^{-12}\text{s}$； (4) $t_W=3.1\times10^{-14}\text{s}$。

6.9 3.7×10^2。

6.10 根据公式(6.159)，最大的电导为

$$G_{max}=M\frac{2q^2}{h}$$

M 由于 Z 方向受限二维子带分裂产生的一维子带数目，用一维无限深势阱模型，可得

$$M=\text{Int}\sqrt{\frac{E_F-E_c}{\pi^2\hbar^2/2mZ^2}}\approx Z\sqrt{\frac{2n_s}{\pi}}$$

$\text{Int}(x)$表示取小于 x 的最大整数。上式的最后一步用到

$$n_s=\frac{m}{\pi\hbar^2}(E_F-E_c)$$

R_{min} 由 $1/G_{max}$ 给出，故有

$$R_{min}Z=\frac{h}{2q^2}\sqrt{\frac{\pi}{2n_s}}\approx160\Omega\cdot\mu\text{m}$$

若进一步考虑到硅有 6 个导带能谷，在受限方向(z 方向)相应引起二组一维子带，则最小接触电阻应是上述估计值的一半，即 $R_{min}Z\approx80\Omega\cdot\mu\text{m}$。

6.11 (1) $C=2.8\times10^{-16}$F, $q^2/C=0.6$meV。 (2) 岛中的电子数为

$$N=\pi r^2 n_s=\pi r^2\left(\frac{m}{2\pi\hbar^2}E_F\right)=\frac{mr^2E_F}{2\hbar^2}$$

n_s 为 2DEG 密度,在这里我们没有考虑电子自旋简并,取 2DEG 的能态密度为 $m/2\pi\hbar^2$。于是,电子能级的平均间距为

$$\Delta E=\frac{E_F}{N}=\frac{2\hbar^2}{mr^2}$$

用 $m=0.067m_0$, $r=300$nm,由上式得知

$$\Delta E=0.025\text{meV}$$

在本题的结果中,$\Delta E\ll q^2/C$,即能级间距远小于充电能。但是,这一结论对半导体量子点不一定普遍有效。特别是,在半导体中电子有效质量小和三维势阱中电子低能态的能级间距大的情形下,能级间距和充电能有可能是同等重要的。

第七章

7.1 (1) $\Delta\lambda=0.8$nm; (2) $\Delta f=(c/\lambda^2)\Delta\lambda=142$GHz。

7.2 (2) $\alpha_m=39\text{cm}^{-1}$; (2) 6.3%。

7.3 (1) $\tau_{ph}=(\bar{n}/c)\left[\alpha_i-\frac{1}{L}\ln R\right]^{-1}=1.08\times10^{-12}$s;

(2) 光子密度 S_0 可通过关系式 $(1-R)(c/\bar{n})S_0h\nu=$功率/面积以及令 $h\nu=E_g$ 得到,为

$$S_0=1.24\times10^{15}\text{ 光子 /cm}^3$$

(3) $AS_0=(\sigma_G c/\bar{n})S_0=1.59\times10^9\text{s}^{-1}$;

(4) $f_R=\frac{1}{2\pi}\sqrt{\frac{AS_0}{\tau_{ph}}}=6.1\times10^9$Hz。

7.4 $\Delta\nu=86.5$MHz. 当 L 增大时,α_m 减小,$\Delta\nu$ 下降。

7.5 $\lambda_\beta=\frac{2\Lambda\bar{n}}{k}=1.540\mu$m, $\lambda_0=1.5395\mu$m 或 1.5404μm。

7.6 (1) $E_g=1.512$eV; (2) $x=0.07$; (3) $\eta=0.042\%$。

7.7 (1) $\eta_{int}=76.9\%$; (2) $P_i=29.2$mW。

7.8 $\Delta\lambda=107$nm, $f_{3dB}=12$MHz。

7.9 取 $\lambda\approx hc/E_g$,可得

$$\frac{d\lambda}{dT}=-\frac{\lambda^2}{hc}\left(\frac{dE_g}{dT}\right)=\frac{(1310\times10^{-9})^2}{(6.626\times10^{-34})(3\times10^8)}(4.5\times10^{-4}\times1.6\times10^{-19})$$
$$=6.22\times10^{-10}\text{m/K. 或 }0.622\text{nm/K}$$

对于 $\Delta T=10$℃,$\Delta\lambda=6.22$nm。由于 E_g 随温度减小,λ 随温度增加。

7.10 (1) $\eta=70\%$, $R\approx0.5$A/W; (2) $f_{3dB}=3.7$GHz。

7.11 (1) $i_s = R \cdot P_0 = 0.2\mu A$； (2) $P_s = i_s^2 R_L = 2\times 10^{-12}$ W； (3) 与 i_s 相比，暗电流 I_D 可忽略，故 $P_{ns} = 2qi_s R_L \Delta f = 3.2\times 10^{-17}$ W； (4) $P_{nt} = 4k_B T\Delta f = 1.66\times 10^{-13}$ W； (5) $S/N \approx P_s/P_{nt} = 12$，或 10.8dB。

7.12 对于最小可探测功率，散粒噪声可忽略，由等式(7.189)可得

$$\frac{S}{N} = \frac{(R \cdot P_0)^2}{2qI_D\Delta f + 4k_B T\Delta f/R_L}$$

$R = q\eta/h\nu$ 为响应度。上试中含 $S/N=1$，并注意到 $R=0.5$A/W，即得

$$\mathrm{NEP} = \sqrt{(2.56\times 10^{-27} + 6.63\times 10^{-20}/R_L)\Delta f}$$

根号下的第一项来自暗电 流，和第二项(热噪声)相比，直至 R_L 超过 1MΩ 是可忽略的。对于 $R_L = 100\Omega$ 和 $\Delta f = 1$MHz，有

$$P_{min} = 25.8\text{nW}$$

7.13 (1) 由器件参数可求出暗态饱和电流 $I_s = 1.6\times 10^{-11}$A，故有

$$V_{oc} = \frac{k_B T}{q}\ln\left(1 + \frac{I_L}{I_S}\right) = 0.55\text{V}$$

(2) $V_{oc} = 0.67$V。所以，太阳光集中使器件开路电压增加，效率也将有所提高。

7.14 令理想因子 m=1，得到 $FF=0.815$，进一步由等式(7.211)可得

$$P_m = 11.2\text{mW}, V_m = 0.45\text{V}, I_m = 24.9\text{mA}$$

7.15 产生 9V 输出电压时每列需要串接的太阳能电池数为 20，产生 10W 功率需要并接的行数为 45，所以总共需要 900 个太阳能电池组成 45×20 的理想阵列。